LEHRBUCH

DER

ELEKTROTECHNIK

VON

PROF. E. STÖCKHARDT
DIPLOMINGENIEUR UND STUDIENRAT

DRITTE UMGEARBEITETE AUFLAGE

MIT MEHREREN HUNDERT ABBILDUNGEN

BERLIN UND LEIPZIG 1925
WALTER DE GRUYTER & CO.
VORMALS G. J. GÖSCHEN'SCHE VERLAGSHANDLUNG • J. GUTTENTAG, VERLAGS-BUCHHANDLUNG • GEORG REIMER • KARL J. TRÜBNER • VEIT & COMP.

Druck von Metzger & Wittig in Leipzig.

Vorwort.

Das Buch stellt sich die Aufgabe, bei geringem Umfang das für die Anwendung Wichtigste aus dem Gebiete der Elektrotechnik, wie sie in der Mehrzahl der Betriebe uns entgegentritt, von Grund auf einfach darzustellen und zu einem Ganzen zu vereinen, worauf weiter aufgebaut werden kann. Vielleicht wird das Buch auch manchem Maschineningenieur zur Berichtung auf elektrotechnischem Gebiet genügen und dem rechnerisch genügend vorgebildeten Elektro-Installateur dazu dienen, das Verständnis für die Dinge, die ihn täglich umgeben, zu befestigen. So soll das Buch einer weiten technischen Allgemeinheit dienen, wobei sich nicht vermeiden läßt, daß mancher Bekanntes darin finden und auf Sondergebieten ein tieferes Eindringen vermissen wird.

Da das Buch auch zugleich als Lehrbuch an Schulen gedacht ist, wird die helfende Hand des Lehrers leicht Lücken ausfüllen können. Vor allem ist nichts von einem Laboratorium gebracht, das wohl überall an den Schulen die Elektrotechnik begleitet. Aber hierzu sind die Einrichtungen und Anforderungen zu verschieden, als daß eine solche Erweiterung Sinn gehabt haben würde. Jedoch werden manche Betrachtungen des Buches die Laboratoriumsarbeit unterstützen.

In bezug auf Einzelheiten sei ein Geleitwort vermieden, da der aufmerksame Leser selbst finden wird, warum Aufbau und Auswahl aus dem Vorhandenen gerade so getroffen sind. In gewissem Sinne für den einzelnen den Weg zu gehen, den die Menschheit in der Erkenntnis und Anwendung dieser Dinge gegangen ist, erschien ratsam, obgleich auch andere Verfahren gewürdigt werden müssen.

Die erste Auflage dieses Lehrbuches erschien am Ende des Jahres 1900 mit der Jahreszahl 1901. Ihre Veranlassung war das damalige Fehlen einer schulmännischen Bearbeitung der Elektrotechnik in kleinem Umfange und in deutscher Sprache. Sie griff zunächst zurück auf die Behandlungsweise im Beginn des Unterrichtes des Physikalischen Vereins Frankfurt a. M. (Epstein), die jedoch nur in ihren Anfängen dem Verfasser bekannt war. Der Inhalt wurde von da aus weiter übergeleitet in einen vereinfachten Auszug dessen, was die Technischen Hochschulen damals als Grundlage anwandten. Der grundlegende elektrotechnische Lehrstoff ist seitdem wenig dem Wandel unterworfen gewesen, wenn nicht die neue Atomlehre zum Ausgangspunkt der Elektrizitätslehre gemacht werden soll. Das schließt aber weite Kreise aus und würde das Buch zu etwas anderem formen, als es sein sollte. Deshalb ist das Neue am Schluß gebracht.

In der zweiten Auflage wurde die Lehre vom Magnetismus erweitert, und mit der vorliegenden Auflage wird der Versuch gemacht, da Differential- und Integralrechnung immer weitere Kreise beschäftigt, diese Rechnungsweise im Gebiete des Wechselstromes zugleich mit Kürzung des Textes in den Text aufzunehmen.

Der letzte Hauptteil bringt einige Erweiterungen des Lehrstoffes, die nach ihrer geschichtlichen Entwicklung dahin gehören.

Die Verbandsvorschriften und Vereinheitlichungsbestrebungen sind im Buche nicht in dem Maße hervorgekehrt, wie sie in den Betrieben beachtet werden müssen. Der in den Betrieben Stehende braucht die jeweilig gültigen Vorschriften und Normen, die er von Jahr zu Jahr sich anschaffen und zu eigen machen muß. Die Vorschriften und Normen des Verbandes Deutscher Elektrotechniker allein haben jetzt schon einen Umfang, der denjenigen dieses Lehrbuches überschreitet (Normalienbuch). Kurze Angaben aus diesen Vorschriften sollen nur die Richtung dessen andeuten, was in den Vorschriften zu finden ist, und auch das nur im Rahmen des Gebotenen.

Elberfeld, den 5. Juni 1925.

E. Stöckhardt.

Inhalt.

I. Elektrische Erscheinungen.

II. Grundsätzliches über die Stromquellen 11

III. Übersicht über die Anwendungen der Stromwirkungen.

IV. Beobachtungen und Rechnungen am Gleichstromkreise.

V. Leitungen und Zubehör.

VI. Beleuchtung.

VII. Magnetismus.

XI. Wechselstrom.

XII. Weitere Errungenschaften.

I. Elektrische Erscheinungen.

1. Elektrostatik und Blitzableiter.

A. Grundbegriffe. Streicht man zwei verschiedene Körper *a* und *b* aneinander, beispielsweise diejenigen, die in der folgenden Tabelle auf derselben Zeile stehen,

	a	*b*
1	Glas	Seidentuch
2	Hartgummi	Fuchsschwanz

so ziehen sich die aneinander gestrichenen Körper gegenseitig an, während übers Kreuz Abstoßung auftritt. Die gestrichenen Stellen werden elektrisch.[Z2]) Die Körper der Tabelle sind Nichtleiter der Elektrizität, ebenso isoliert auch die umgebende trockne Luft. Alle Stoffe lassen sich einteilen in Leiter (Konduktoren) und Nichtleiter (Isolatoren). Leiter sind hauptsächlich die Metalle, Nichtleiter außer den oben genannten Glimmer, Quarz, Harze Paraffin u. a.; sämtliche Körper, auch die Leiter, zeigen obige Eigenschaft, wenn sie isoliert angefaßt werden. Man unterscheidet positive und negative Elektrizität (Pole). Streicht man zwei beliebige Körper aneinander, so wird stets der eine positiv, der andere negativ. Im Falle 1 ist *a* positiv (+), *b* negativ (—), im Falle 2 ist *a* negativ und *b* positiv. Ungleichnamige Elektrizitätsmengen (+ mit —) ziehen einander an, gleichnamige (+ mit +, — mit —) stoßen einander ab (elektrostatische Kräfte).

Entfernt man den geriebenen Körper *a* und das Reibzeug *b* voneinander, so wird gegen die elektrischen Kräfte Arbeit geleistet. Zwischen *a* und *b* besteht ein elektrisches Feld, was daran zu erkennen ist, daß ein dritter elektrischer Körper nach einer bestimmten Richtung getrieben wird. Der dritte Körper, der Probekörper, ist klein und besitzt eine geringe Elektrizitätsmenge, damit durch ihn das Feld der beiden Hauptkörper *a* und *b* nicht wesentlich beeinflußt wird. Den Probekörper denkt man sich stets positiv geladen. Die Richtung, nach der ein positiv geladener Körper durch die elektrostatischen Kräfte getrieben wird, ist die Richtung des Feldes.

Die Größe der Kraft von zwei aufeinander wirkenden Körpern ist bestimmt durch das Coulombsche Gesetz:

$$P = c \cdot \frac{Q_1 \cdot Q_2}{r^2}, \quad (1^*)$$

wobei Q_1 und Q_2 die Elektrizitätsmengen jedes einzelnen der beiden Körper und r den gegenseitigen Abstand der beiden aufeinander wirkenden Körper bedeuten. Die Konstante c hängt von den Maßen für Kraft, Elektrizitätsmenge und Entfernung ab. Üben zwei gleiche Elektrizitätsmengen im Abstande 1 cm aufeinander 1 Dyn aus, so bilden sie die elektrostatische Elektrizitätsmengen-Einheit im absoluten Maßsystem (Einheitspol).

Sind die beiden Hauptkörper sehr weit auseinandergezogen (r sehr groß), so daß sie sich gegenseitig nicht merklich beeinflussen, und wird angenommen, daß beide Hauptkörper elektrisch geladene Metallkugeln seien, der eine positiv, der andere negativ, dann verläuft das Feld in der Nähe dieser Körper radial, bei der positiv geladenen Kugel von der Kugel ab, bei der negativ geladenen auf die Kugel zu, wobei die Kräfte, die auf einen bestimmten Probekörper ausgeübt werden, sich mit wachsendem Abstand des Probekörpers von der Kugel rundum gleichmäßig verkleinern, im doppelten Abstand auf $^1/_4$, im dreifachen auf $^1/_9$ usw.

Leiter dulden bei ruhender Elektrizität kein Feld in sich. Nur Nichtleiter gestatten das Auftreten elektrischer Kräfte zwischen Elektrizitätsmengen in dem von ihnen erfüllten Raume. Zeichnet man an allen Stellen im Raume Linien, die die Richtung der elektrischen auf den Probekörper ausgeübten Kräfte angeben, so entstehen die elektrischen Feldlinien. Werden auf den Einheitspol an einer Stelle eine Anzahl Dyn ausgeübt, so denkt man sich ebenso viele Feldlinien auf das Quadratzentimeter der rechtwinklig zu den Feldlinien stehenden Querschnittsfläche gezeichnet. Dieser Wert ist die Feldstärke im absoluten elektrostatischen Maßsystem. Bei Vorhandensein mehrerer Ladungen im Raume sind die Einzelkräfte nach dem Parallelogrammverfahren zu addieren, dabei werden die Feldlinien gekrümmt.

Die Feldlinien endigen an der Metalloberfläche rechtwinklig zu ihr und dringen ohne Leistungszufuhr nicht in das Metall oder einen in ihm vorhandenen Hohlraum ein. Geladene Körper suchen ihre Ladung in die Umgebung abzuschieben; das wird daran erkennbar, daß sie einem Leiter, den man mit ihnen in Berührung bringt, einen Teil ihrer Ladung abgeben und ihn dann abstoßen. Außerdem ist das Abschieben der Ladung von den geladenen Körpern weg in feuchter Luft zu erkennen, indem in ihr die Ladung allmählich abnimmt. Auch die Erde leitet die Elektrizität. Ein mit der Erde verbundener Leiter ist „geerdet“ und kann nicht in den Ladezustand versetzt werden, da alle Elektrizitätsmengen, die man auf ihn zu bringen sucht, sofort zur Erde abströmen.

Ein mit einem elektrischen Felde erfüllter Raum stellt ein Arbeitsvermögen dar, wie ja auch das Auseinanderziehen des geriebenen Körpers und des Reibzeuges ein Arbeitsvorgang ist. Wird von einem Hauptkörper weg gleichnamige Elektrizität zum anderen Hauptkörper abgeschoben, so verringert sich das im Felde aufgespeicherte Arbeitsvermögen schließlich bis zum Werte Null. Überträgt man dagegen in einem Felde von außen her Elektrizitätsmengen zu den gleichnamigen Hauptkörpern hin, so steigert sich das Arbeitsvermögen des Systems unter Zuführung mechanischer Arbeit von außen.

Entlang der Feldlinien tritt Spannung auf. Sie ist in dem gedachten System der beiden Hauptkörper am größten zwischen den beiden Hauptkörpern. Als dritter Körper kommt die große Erde hinzu, gegen die auch jeder einzelne der betrachteten anderen Körper eine Ladung, also auch Spannung, haben kann. Die Spannung eines Körpers gegen die Erde nennt man das Potential dieses Körpers. Die Spannung zweier Körper gegeneinander ist gleich der Differenz ihrer Potentiale. Der geerdete Körper hat das Potential Null, d. h. er kann keine Wirkung gegen Erde und andere geerdete Körper ausüben.

Die gesamte Metallmasse eines beliebigen Metallkörpers befindet sich auf dem gleichen Potential, falls nicht elektrische Arbeit ständig von außen zugeführt wird. Dasselbe gilt von zwei Metallmassen nach einer Berührung, wodurch die Wirkungen zwischen ihnen aufgehoben sind.

Je mehr Elektrizitätsmenge verschiedenen Vorzeichens auf den beiden Hauptkörpern angesammelt wird, d. h. je mehr Arbeit auf die Einrichtung übertragen wird, um so höher steigert sich die Spannung zwischen den Hauptkörpern. Sind beide Hauptkörper gegen Erde isoliert, so kann dabei das Potential dieser Körper gegen Erde beliebig sein, wenn nur die Potentialdifferenz erhalten bleibt. Ein Abströmen von einem einzelnen Hauptkörper zur Erde hin ist am wenigsten zu erwarten, wenn das Potential des einen Hauptkörpers nach der positiven Richtung hin gleichwertig ist demjenigen des anderen nach der negativen Richtung hin, d. h., wenn der elektrische Zustand der Erde in der Mitte zwischen demjenigen der beiden Hauptkörper liegt.

Je größer der Krümmungsradius der unter Spannung stehenden Leiter ist, um so weniger tritt das Bestreben auf, die Ladung abzuschieben, daher werden die Leiter und Leiterenden in Kugelform am meisten verwendet. Wo hingegen sehr kleine Krümmungsradien auftreten (an Spitzen), wird die Ladung leichter in das umgebende Isoliermittel abgeschoben.

Der hier gebrauchte Spannungsbegriff ist derselbe, wie er unter IV, 4 B dieses Lehrbuches entwickelt wird. Mit den dort angegebenen Maßbezeichnungen gilt: Die Erde besitzt ein elektrisches Feld, in den unteren Schichten etwa 150 Volt/m*, nach der Erdoberfläche hin gerichtet. Die Flächen gleichen Potentiales würden im elektrischen Ruhezustande, der tatsächlich niemals vorhanden ist, wagerechte „Erde“ vorausgesetzt, wagerechte Ebenen sein. Das elektrische Feld der

* 300 Volt/cm ist diejenige Feldstärke, bei der auf den aus dem Coulombschen Gesetz gewonnenen Einheitspol 1 Dyn ausgeübt wird.

Erde nimmt aber nach oben hin erheblich ab, in 1 km Höhe etwa auf 25 Volt/m und in 6 km Höhe auf nur noch 8 Volt/m. Da die Luft eine gewisse Leitfähigkeit besitzt, bedingt das elektrische Feld der Erde einen ständigen senkrecht nach unten gerichteten Strom, der gewöhnlich, außer bei Regenwetter, etwa $2{,}2 \cdot 10^{-12}$ Ampere/qm beträgt (etwa 1 Amp. über ganz Deutschland). So klein auch dieser Strom ist, müßte er doch die durchschnittlich negativ geladene Erde positiv machen, die obersten Schichten negativ. Der Regen führt aber in Pausen immer wieder durchschnittlich die gesamte negative Elektrizität herunter.

B. Influenz. Bringen wir einen unelektrischen isolierten Metallkörper in ein Feld, so nimmt er ein seiner Stelle entsprechendes Potential an. Die Feldlinien aber endigen auf der einen und beginnen auf der anderen Seite seiner Oberfläche. Auf der einen Seite hat der Körper negative, auf der anderen positive Eigenschaften. Entfernen wir den Körper aus dem Felde, so ist er wieder unelektrisch wie zuvor. Berühren wir, als geerdeter Leiter, aber den im Felde befindlichen Körper an derjenigen Seite, an der Feldlinien endigen, so verändern wir das Feld, denn dadurch verschwinden die Feldlinien, die vorher an dem Körper geendigt hatten; dem Felde wird ein Teil seines Arbeitsvermögens entzogen. Es gehen jetzt nur noch Feldlinien von dem Körper aus. Er behält positive Eigenschaften, auch wenn er aus dem Felde herausgenommen wird. Berühren wir aber im Gegensatz dazu den unelektrisch in das Feld hineingebrachten Körper da, wo die Feldlinien beginnen, so verschwinden diejenigen Feldlinien, die vorher an dem Körper begonnen hatten; dem Felde wird ebenfalls ein Teil seines Arbeitsvermögens entzogen. Es gehen jetzt nur noch Feldlinien auf den Körper zu. Er behält negative Eigenschaften auch nach der Herausnahme aus dem Felde. Befand der Körper sich ursprünglich im Felde im Gleichgewicht, so tritt nach der erstgenannten Berührung eine Kraft in der Richtung des Feldes an ihm auf, nach der zweitgenannten Berührung gegen die Richtung des Feldes.

Es kann auch ein der Influenz ausgesetzter Körper rechtwinklig zum Felde geteilt werden. Führen wir die Ladungen beider Hälften nun gegen die elektrischen Kräfte den gleichnamigen Ladungen der Hauptkörper zu, so leisten wir mechanische Arbeit, verstärken das Feld und können die entladenen Hälften des Körpers als unelektrische Körper wieder zu einem gleichen neuen Vorgang vereinigen. Es tritt also bei dauernder Wiederholung dieses Vorganges eine fortgesetzte Steigerung des Feldes und des Spannungszustandes zwischen den Hauptkörpern bis zu einem Grenzwert ein, der durch weitere, hier nicht betrachtete Umstände bedingt ist (Influenzmaschine).

C. Ausgleich. Das Verschwinden von Feldern oder von Teilen eines Feldes ist gleichbedeutend mit dem Verschieben von Ladungen, d. h. mit einem elektrischen Strom, dessen Erscheinungen unter I, 2A angegeben sind, und von denen hier nur die Wärme herausgegriffen ist. Dabei leisten die verschwindenden Feldlinien Arbeit. Das isolierende Zwischenmittel, das Dielektrikum, verträgt nur eine gewisse Potentialdifferenz auf die

Längeneinheit der Feldlinie gerechnet, also eine gewisse Anzahl Volt/cm. Wird der Grenzwert überschritten, so bricht sich ein Kanal in Form eines Funkens durch den Nichtleiter. Die hohe Temperatur wird in Luft erkennbar an dem weißglühenden Aufleuchten der erhitzten Luft- und Leiterteilchen, die von der Angriffsstelle aus mitgerissen werden. Am Metall und an benachbarten festen Isolierstoffen entstehen Brandspuren. Außer dem Funken gibt es in Luft noch das Glimmen, die Büschelentladung und den Büschellichtbogen. Dunkle Entladungen sind mit Ozonentwicklung verbunden. In verdünnten Gasen wird der Ausgleich erleichtert (Geißlerröhren), bei hochgradiger Luftleere entstehen Kathodenstrahlen. Die Verschiedenheit der Erscheinungen an beiden Polen deutet ebenfalls auf einen bestimmten Richtungssinn elektrischer Erscheinungen hin.

Zwischen Kugeln von 2 cm Durchmesser und kleinen gegenseitigen Abständen rechnet man 30000 bis 40000 Volt/cm als die Spannung, bei der ein Funke die Luft durchbricht. Für Schlagweiten über 10 bis 15 cm sind nur noch etwa 5000 Volt Zunahme auf 1 cm Schlagweitenzunahme erforderlich. Das größte Potentialgefälle vordringender Ladungen herrscht an den vorausgeschobenen Büschelenden, während der Büschelstiel (der Funke) besser leitet. Die Büschel dringen oft ruckweise vor. Jedem weiteren Vorstoße entspricht ein Neuaufflackern der Strömung im bisherigen Entladungskanal. Blitze hinterlassen im Sande oft Blitzröhren, das sind durch die Wärmewirkung des Kanals in den oberen Sandschichten zusammengeschweißte Sandteilchen. Auf Basalt hinterlassen Angriffsstellen der Blitze magnetische Spuren, die zur Feststellung der Stromrichtung und Stromstärke des Blitzes gedient haben. Nach F. Pockels und M. Toepler herrscht die Richtung Erde $\div$ Wolke vor, die Stromstärken wurden aus Basaltspuren zwischen 6400 und 20000 Ampere ermittelt. Die Blitzdauer beträgt nach Rood zwischen 1:1600 und 1:20 Sekunde. Für die mutmaßlichen Spannungen können bei 30000 Volt/cm in den Blitzköpfen einige Hundert —, bei 5000 Volt/cm, die vorausgesandt werden, einige Zehnmillion Volt als Gesamtspannung von Blitzen einiger Kilometer Länge angesehen werden. Als in Blitzschlägen entladene Elektrizitätsmengen gibt W. Kohlrausch aus Schmelzwirkungen unter Annahme der Blitzdauer zwischen 0,001 und 0,03 Sek. den Betrag von 52 bis 270 Coulomb, wobei 1 Coulomb = 1 Amperesekunde, an.

D. Kondensatoren dienen zur Aufnahme von Elektrizitätsmengen vermöge der elektrostatischen Erscheinungen. Die beiden Hauptkörper nehmen zweckmäßig die Form dünner großflächiger Metallbeläge, zwischen denen sich ein dünnes großflächiges isolierendes Zwischenmittel, das am Rande etwas über die einander gegenüberstehenden Beläge herausragt, an. Die ältesten Formen sind die Franklinsche Tafel und die Leidener Flasche. Für die niederen Spannungen der breiten Technik legt man entweder zwei Stanniolstreifen und zwei mit Paraffin getränkte Papierstreifen abwechselnd aufeinander und rollt die vier genannten Streifen auf, wodurch die Beläge doppelseitig wirken, oder man läßt ebene Stanniolblätter zwischen ebenen dünnen Isolierschichten fingerförmig zwischeneinander übergreifen, wodurch auch der Kondensator großflächig wird und die Beläge doppelseitig wirken. Bei der Leidener Flasche oder der Franklinschen Tafel ist einer der beiden Beläge zweckmäßig mit der Erde zu verbinden, auf den anderen läßt man die Funken etwa einer Influenzmaschine springen. Eine leitende Verbindung zwischen den beiden Belägen bewirkt den Ausgleich.

Luft ist kein geeignetes Dielektrikum, da bei den geringen Abständen zu bald der Ausgleich in Form eines Funkens eintritt.

Ist die vom Felde eingenommene Querschnittsfläche (die Fläche der Beläge) F und die Dicke des Dielektrikums d, so ist bei großem $F:d$ das Feld überall gleich stark, und die Feldlinien sind parallel und rechtwinklig zu den Belägen gerichtet. Sei hier die Feldstärke H Volt/cm, so ist die Spannung E zwischen den Belägen $E = H \cdot d_{\mathrm{cm}}$; die Übertragung einer geringen Elektrizitätsmenge Q', die das Feld nicht merkbar ändern soll, durch das Feld würde mit der Arbeitsleistung verbunden sein $A' = Q' \cdot H \cdot d = Q' \cdot E$. Bezeichnet Q die gesamte Ladung, so muß berücksichtigt werden, daß ihr Verschwinden zugleich auch H zum Verschwinden bringt und zwar proportional, daher ist die Gesamtarbeit

$$A = \tfrac{1}{2} Q \cdot H \cdot d = \tfrac{1}{2} E \cdot Q\,. \qquad (1)$$

Die Ladung ist der Spannung und dem Verhältnis $F:d$ verhältnisgleich, außerdem ist das Dielektrikum von Einfluß in dem Sinne, daß z. B. Paraffin 2, Hartgummi 2,5, Glas 5 und Glimmer 6 mal soviel Ladung bei gleicher Feldstärke ergibt, als Luft oder genauer der leere Raum. Diese Zahlen sind die Dielektrizitätskonstanten ε dieser Stoffe, wobei ε des leeren Raumes als Einheit gesetzt ist. Wenn k eine Proportionalitätskonstante sein möge, so wird bei der Spannung E die Ladung

$$Q = E \cdot k \cdot \varepsilon \cdot F : d\,; \qquad (2)$$

für einen bestimmten Kondensator ist der Wert

$$C = k \cdot \varepsilon \cdot F : d \qquad (3)$$

ein Festwert, die Kapazität. Damit wird die Ladung

$$Q = C \cdot E \qquad (2a)$$

und die Arbeit

$$A = \tfrac{1}{2} \cdot C \cdot E^2. \qquad (1a)$$

Mit E in Volt und Q in Amperesekunden kommt man zu C in Farad [Z26]); sind F in Quadratzentimeter und d in Zentimeter ausgedrückt, so wird

$$C = \frac{1}{4\pi \cdot 9 \cdot 10^{11}} \cdot \frac{\varepsilon \cdot F}{d} \text{ Farad.} \qquad (3a)$$

E. Blitzableiter suchen die persönlichen Schäden und die Sachschäden, die der Blitz zur Folge haben kann, zu vermeiden. Persönliche Schäden entstehen hauptsächlich durch die physiologische Wirkung der strömenden Elektrizität (Lähmung, Tod), daneben auch durch die Wärmewirkung (Brandstellen am Körper). Sachschäden entstehen fast nur aus der Wärmewirkung (Schmor- und Brandstellen an den Angriffspunkten der Blitze, Zündung brennbarer Stoffe an diesen Stellen und auf dem Wege bis zur Erde), denn auch das Durchschlagen und Sprengen von Wänden, Holzwerk und ähnlichen schlechten Leitern kommt durch die plötzliche Vergasung des in ihnen enthaltenen Wassers zustande.

Der Schutz der Gebäude gegen diese Erscheinungen besteht aus einer mit der Erde elektrisch gut verbundenen metallischen Leitung, die das Gebäude in allen Teilen möglichst engmaschig umspannt und so stark ist, daß sie bei den auftretenden Wärmewirkungen an der Angriffsstelle des Blitzes und auf dem Wege zur Erde standhält. Sie heißt die Gebäudeleitung und wird gewöhnlich an den oberen Teilen mit hervorragenden Metallstangen, den Fangstangen mit Spitze, verbunden. Man sucht durch das Netzwerk den Metallkörper herzustellen, in den die Feldlinien nicht eindringen, in dessen Innerem also elektrische Erscheinungen nicht auftreten. Diesem Metallkörper sucht man das Potential der Erde zu geben, damit auch gegen Ende hin keine elektrischen Erscheinungen auftreten. Mit der Plötzlichkeit des Auftretens und Verschwindens der Energie, und weil während des Vorganges Energie zugeführt wird, liegen die Verhältnisse nicht so einfach, wie bei ruhender Elektrizität, jedoch bleibt bestehen, daß der Schutz um so besser ist, je enger die Maschen des Netzes, je dicker und besser leitend seine Drähte und je besser und kürzer sie mit der Erde verbunden sind. Überflüssige Ecken und Krümmungen, vor allem Schleifen in der Gebäudeleitung sind zu vermeiden, Bogen müssen möglichst großen Krümmungsradius haben.

Ein sehr engmaschiges Netz verwendet man zum Schutz von Sprengstofflagern: Das Gebäude befindet sich in einer Grube. Die Erde ist rundum zu einem Damm aufgeworfen. In Höhe der Dammkrone spannt man über die ganze Öffnung das Netz, dem zweckmäßig das Gebäude nicht zu nahe kommt. Vom Damme aus nach außen verzweigen sich die Enden der Netzdrähte in der Erde rundum.

An Gebäuden gewöhnlicher Art führt man massive Kupferdrähte von mindestens 25 qmm Querschnitt an allen Ecken und Kanten entlang, die besonders hervorragen. Sind die Ecken und Kanten selbst mit Metall belegt (First- und Gratbleche, Regenrinnen, Regenabfallrohre usw.), so genügt es, dieses Metall als Teile der Gebäudeleitung zu verwenden, wenn der Querschnitt genügt; besondere Leitungen werden dort verlegt, wo das Metall zum Schließen der Maschen fehlt und wo der Hauptweg zu der Erdleitung führt. In letzterem Falle ist bei Einzelleitungen der Querschnitt 50 qmm zu wählen. Regenabfallrohre sind unten an die Erdleitung anzuschließen. Die Gebäudeleitungen werden mit Mauerhaken und Schellen ohne Isolation verlegt, da keine Isolation den beim Ausgleich auftretenden Potentialdifferenzen standhält. Der bessere Leiter wird ohnehin von der Elektrizität als Weg vorgezogen. Verbindungen zwischen den Metallteilen sollen großflächig sein, und zwar verlötet, verschraubt oder vernietet. Statt des Kupfers kann auch Eisen mit vorgeschriebenen größeren Querschnitten verwendet werden. Im Handbereich wird die Gebäudeleitung mit besonderem Schutz versehen, etwa durch übergeschobene Eisenrohre, die mit in die Erde hineinragen.

Die Erdleitungen bestehen aus Metallkörpern, die sich in der Erde unter Benutzung feuchter Stellen wenigstens nach einer Richtung möglichst weit ausbreiten (Erdplatten, Erdnetze, verzweigte Drähte, Eisenstangen, Eisenrohre). Je ausgedehnter diese Teile sind, um so leichter wird der Übergang. Es empfiehlt sich, mehrere Erdleitungen anzubringen, die auf verschiedenen voneinander abweisenden Wegen um das Haus verteilt und in die Erde verlegt werden. Diese Erdleitungen bilden durch die Gebäudeleitung ein zusammenhängendes Ganzes. Die weitest verbreiteten in der Erde liegenden Metallkörper sind die Gas- und Wasserrohre der Städte, sowie die Straßenbahnschienen. Der Übergang durch diese Metallkörper zur Erde ist besonders leicht und kann durch nichts übertroffen werden. Der Blitz springt auf diese Körper leicht über und richtet so an ihnen und auf der Zwischenstrecke leicht Schaden an. Daher werden Gebäudeleitungen oder Erdleitungen auf dem kürzesten Wege mit ihnen verbunden. Die Genehmigung des Anschlusses muß in der Regel nachgesucht werden. Sie wird gewöhnlich unter der Bedingung erteilt, daß diese Erde nicht als einzige Erdanschlußstelle verwendet wird.

Folgende Metallteile hält man der Gebäudeleitung, die außen liegt, und deren Metall nicht wesentlich in das Haus eindringen soll, möglichst fern: Eiserne Treppen und Treppengeländer, Aufzüge, Maschinen, also solche Teile, die häufig von Menschen berührt werden.

Die Feuerversicherungsgesellschaften begünstigen die Anbringung von Blitzableitern.

2. Die Erscheinungen strömender Elektrizität (Stromwirkungen).

A. Grundlehre. In Bild 1 bedeutet *S* eine Stromquelle (einen Sammler), *h* einen Schalthebel, *1* einen dünnen Draht, *2* die Spitzen eines Kohlestiftpaares, *3* ein Gefäß mit Kupfersulfatlösung und zwei Kohleplatten, *4* eine frei drehbare Magnetnadel in der Nähe eines Leiters, *5* einen drehbaren Bügel aus Metall *a b c d*, dem ein anderer Leiter *e f* desselben Stromkreises genähert werden kann, *6* einen mit den Windungen eines isolierten Leiters umgebenen Eisenkern (Elektromagneten), *7* eine Spule, in deren Nähe ein Eisenkern frei beweglich aufgehängt ist, und *8* eine aus zwei gegeneinander isolierten Spulen bestehende Einrichtung;

von *7* aus führt eine Leitung zu einer der Klemmen *p* der einen Spule, während die andere Klemme *p* derselben Spule über *e f* mit der Stromquelle verbunden ist; an die Klemmen *SS* der zweiten Spule wird bei *G* anfänglich eine der Einrichtung *4* ähnliche Einrichtung, ein Galvanometer, später eine der Einrichtung *1* ähnliche, eine Glühlampe, gelegt.

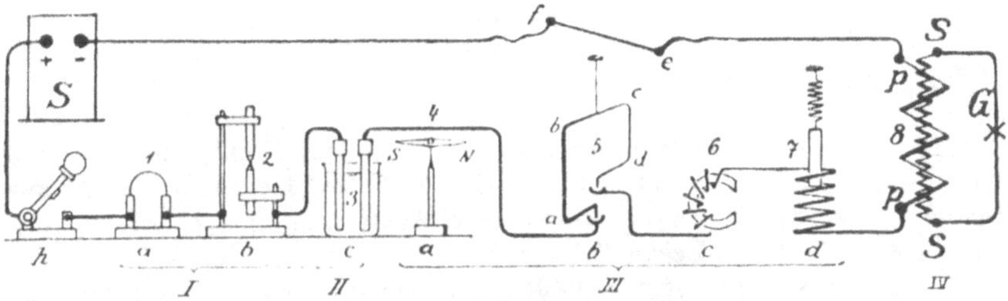

Bild 1. Versuchsanordnung zur Erläuterung der Stromwirkungen.

Der Strom tritt mit folgenden Erscheinungen auf:

1. Wärmewirkungen: Er entwickelt in den durchflossenen Querschnitten Wärmemengen a) im festen Leiter (z. B. *1*), b) im gasförmigen Leiter (z. B. *2*, Lichtbogen) und c) im flüssigen Leiter (z. B. *3*, Kupfersulfatlösung).

2. Chemischen Wirkungen: Zersetzbare Leiter, hauptsächlich wäßrige Lösungen von Säuren, Salzen (z. B. *3*, Kupfersulfat) und einigen Basen, leiten den Strom, indem sie sich zersetzen.

3. Magnetischen Wirkungen (hauptsächlich in der Umgebung der Leiter):

a) Kraftwirkungen zwischen Strom und Dauermagnet (*4*),
b) Dynamischen Wirkungen; stromdurchflossene Leiter üben Kräfte aufeinander aus (*5*),
c) Magnetisierenden (elektromagnetischen) Wirkungen, weiches stromumflossenes Eisen wird magnetisch gemacht (*6*), und
d) Weicheisenwirkungen, weiches Eisen wird zu den Stromwindungen hingezogen (*7*).

4. Induktionswirkungen: Durch Änderungen des Magnetismus treten im Kreise der vom Magnetismus durchsetzten Spulen elektrische Erscheinungen auf (*8*).

B. Lehrsätze zu den Stromwirkungen. Stromwirkungen werden nur im geschlossenen Kreise wahrgenommen (*h* eingelegt).

Die Richtung, nach der (2.) die Metalle und bei der Wasserzersetzung der Wasserstoff wandern, heißt die Richtung des Stromes. In entgegengesetzter Richtung wandert bei der Wasserzersetzung der Sauerstoff und bei Salzen der Säurerest (Wanderteilchen, Ionen*), z. B.:

* ἰέναι = gehen.

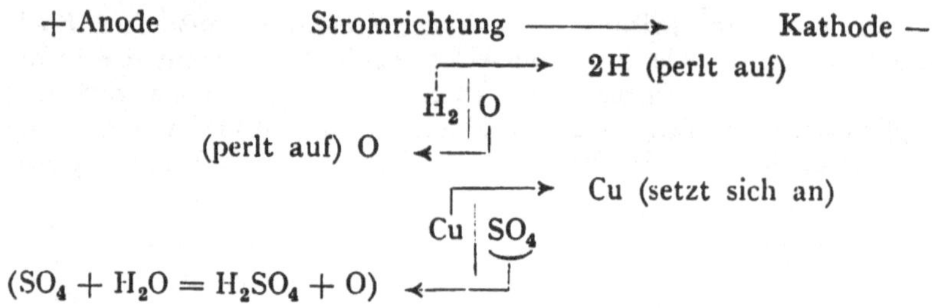

Faradays[Z26]) Gesetz: An beiden Elektroden, Anode und Kathode treten äquivalente Mengen auf, so daß sich bei Kenntnis der Atomgewichte und der Wertigkeiten die eine Ausscheidung aus der anderen berechnen läßt (s. 1. Beispiel).

Stromkreis: Der Strom fließt vom positiven Pol der Stromquelle durch den Außenkreis zum negativen Pol und in der Stromquelle von dem negativen zum positiven Pol zurück (Innenkreis).

Ampèresche[Z20] Schwimmregel (zu 3a): Man denke sich mit dem Strome schwimmend, den Kopf voran, mit dem Blick auf die Magnetnadel, so zeigt der ausgestreckte linke Arm, nach welcher Richtung der sonst nach Norden sich einstellende Pol der Nadel, der Nordpol, ausschlägt.

Ampèresche Gesetze (zu 3b): Parallele gleichgerichtete Ströme ziehen einander an, parallele entgegengerichtete Ströme stoßen einander ab, sich kreuzende Ströme suchen sich parallel und gleichgerichtet einzustellen.

Bewicklung eines Elektromagneten (zu 3c): Eine stromdurchflossene Spule hat den Nordpol an dem Ende, nach dem eine in der Spule frei drehbar gedachte Magnetnadel mit ihrem Nordpol (Ampèresche Schwimmregel) zeigen würde (Bild 2 und 3).

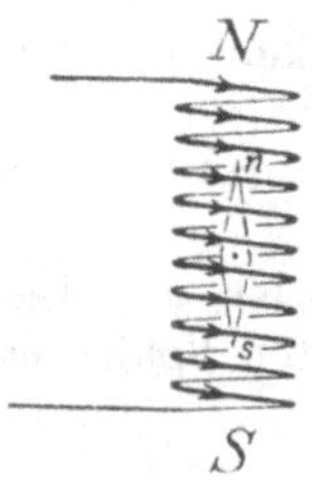

Bild 2. Magnetische Pole einer Stromspule.

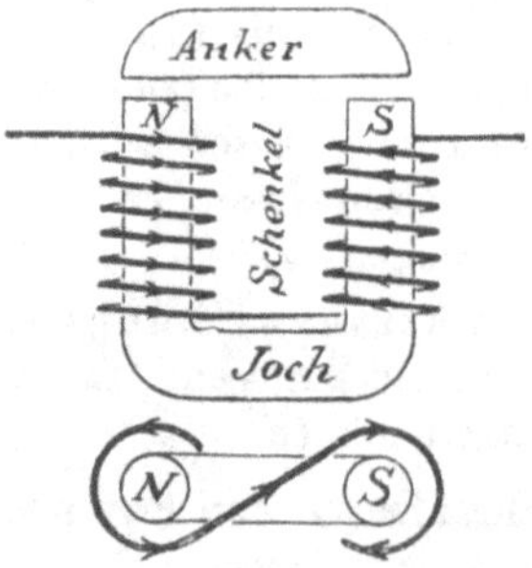

Bild 3. Bewicklung der Schenkel eines Hufeisenmagneten.

Induktionserscheinung (zu 4.): Bei Gleichstrom werden durch Induktion Ausschläge an der Nadel eines in den Kreis der Sekundärspule S geschalteten Galvanometers nur wahrgenommen, wenn in der Primärspule p der Strom α) ein- oder β) ausgeschaltet, gegebenenfalls α) verstärkt oder β) geschwächt wird; Ausschläge bei α oder β nach links oder rechts.

Vertauschung der Pole an der Stromquelle S kehrt den Richtungssinn der Wirkungen 2 und 3a um, während die übrigen Erscheinungen unverändert auftreten; demnach werden umkehrbare und nichtumkehrbare Wirkungen unterschieden.

Hintereinanderschaltung von mehr Akkumulatoren (Sammlern) führt zur Verstärkung der Wirkungen.

Tritt eine der Wirkungen stärker auf, so treten an demselben Außenkreise auch die übrigen stärker auf, d. h. der Strom ist stärker.

Wechselstrom ändert seine Richtung in schneller Folge, z. B 100 mal in der Sekunde. Bei ihm verschwinden die umkehrbaren Wirkungen, während die übrigen bestehen bleiben. Dazu hat er die Eigenschaft, bei dauernder Einschaltung dauernde Induktionswirkungen hervorzurufen, z. B. leuchtete eine Glühlampe im Sekundärkreise so lange, als der Hebel h eingeschaltet blieb.

Wirkungen bei dauernder Einschaltung:

Gleichstrom:	Wechselstrom:
Wärmewirkungen,	Wärmewirkungen,
Chemische Wirkungen,	Magnetische Wirkungen außer 3a,
Alle magnetischen Wirkungen.	Induktionswirkungen.

1. Beispiel. Ein Strom scheidet in einer Sekunde aus Silbernitrat 0,001118 g, also in der Minute $60 \cdot 0{,}001118 = 0{,}06708$ g oder $p_{Ag} = 67{,}08$ mg Silber aus. Das Atomgewicht des Silbers beträgt $\gamma_{Ag} = 107{,}88$ und dasjenige des Kupfers $\gamma_{Cu} = 63{,}57$. Wieviel Kupfer wird durch den gleichen Strom in der Minute aus einer Kupfervitriollösung ausgeschieden? Kupfer tritt bei Ausscheidung aus Sauerstoffverbindungen zweiwertig auf, Silber ist einwertig.

Für den Zeitraum einer Minute gilt:

$$p_{Cu} = p_{Ag} \cdot \frac{1}{2} \cdot \frac{\gamma_{Cu}}{\gamma_{Ag}} = 67{,}08 \cdot \frac{1}{2} \cdot \frac{63{,}57}{107{,}88} = 19{,}76 \text{ mg.}$$

II. Grundsätzliches über die Stromquellen.

Die Stromwirkungen sind Zeichen des Auftretens eines Verbrauches mechanischer Arbeit, also muß eine ursächliche Arbeit, die Folge eines in der Stromquelle aufgespeicherten Arbeitsvermögens oder einer ständig in anderer Form der Stromquelle zugeführten Arbeit, vorhanden sein.

Man erzeugt elektrische Ströme außer dem in I, 1 C gegebenen Verfahren:

1. Durch einen Aufwand von Wärmemengen (Thermoelektrizität) (Bild 4).

Zwei verschiedene Metalle (Beispiel Kupfer Cu und Wismut Bi) berühren sich an einer erwärmten Stelle *I*, während die zu einem Galvanometer führende Leitung an die kalt bleibenden Klemmen *II* gelegt ist.

Bild 4. Schema eines Thermoelementes.

Bei einem Temperaturunterschied zwischen *I* und *II* fließt ein Strom im Kreise. Die erwärmte Stelle nimmt bei geöffnetem Kreise eine höhere Temperatur an, als bei geschlossenem. Einrichtungen dieser Art werden gewöhnlich nur zu Temperaturmessungen angewendet (Thermoelemente).

2. Durch Aufwand chemischen Arbeitsvermögens (galvanische Elektrizität) (Bild 5): Ein Glas mit Elektroden aus Kohle oder Platin ist

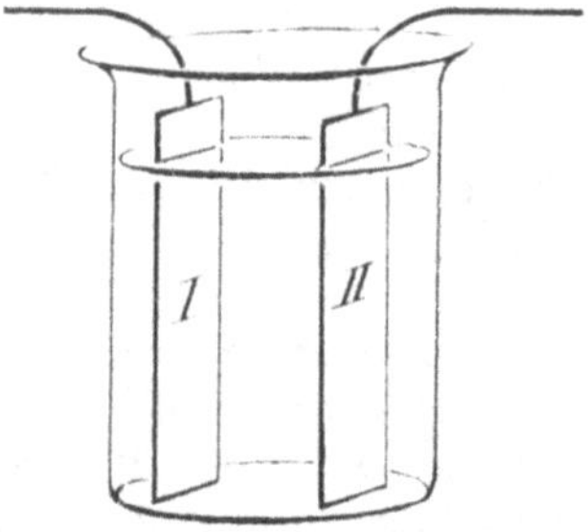

Bild 5. Elektroden als Schema für ein galvanisches Element.

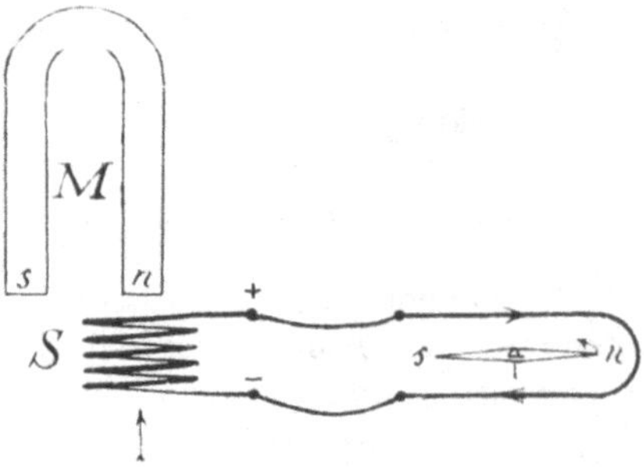

Bild 6. Erzeugung durch Induktion.

mit angesäuertem Wasser gefüllt. Nach Stromdurchgang von *I* zu *II* enthält *I* Sauerstoff-, *II* Wasserstoffblasen. Nach Herausnahme dieser Zelle aus dem Stromkreis wird an *I* und *II* ein Galvanometer gelegt, wodurch die Stromlieferung dieser Zelle erkannt und *I* als Plus-, *II* als Minuspol ermittelt wird. Solange getrennter Wasserstoff und Sauerstoff vorhanden ist, dauert die Stromlieferung der geschlossenen Zelle an; durch die Stromlieferung werden aber die getrennten Stoffe verbraucht, da nun der Strom in einer solchen Richtung fließt, daß zum Wasserstoff Sauerstoff und zum Sauerstoff Wasserstoff kommt. Es wird Wasser zurückgebildet; das sonst beim Knallgas als Verbrennungswärme wahrnehmbare Arbeitsvermögen tritt in elektrischer Form auf. Stromquellen dieser Art (Sekundärelemente) sind die Akkumulatoren (Sammler). Primärelemente besitzen Elektroden aus Stoffen, die von Anfang an verschieden sind [z. B. Kohle (+) und Zink (—)], und erzeugen bei Stromentnahme chemische Änderungen, durch die ebenfalls Arbeit frei wird, wie beim Verbrennungsvorgang.

3. Durch Aufwand mechanischer Arbeit (Kraft × Weg) mit Hilfe von Magneten (Induktionselektrizität) (Bild 6): Wird die Spule *S* über einen Schenkel des Magneten *M* geschoben, so fließt ein Strom im Kreise, solange die Bewegung dauert. Der Strom wird erkannt an einem Galvanometer. Das Herausziehen der Spule ergibt umgekehrte Stromrichtung. Bei der Bewegung sind Kräfte zu überwinden, wenn der Stromkreis geschlossen ist. Bei offenem Stromkreise tritt die widerstehende Kraft nicht auf. Die technischen Stromerzeuger (Dynamomaschinen, Generatoren) arbeiten mit dieser Erscheinung. Die Induktionswirkung (4) im elektrischen Stromkreise kann elektrische in elektrische Arbeit in ruhenden Einrichtungen umsetzen im Umspanner (Transformator).

Technische Stromquellen für Wechselstrom sind nur mit der Induktionserscheinung arbeitende Maschinen, die Wechselstromerzeuger.

III. Übersicht über die Anwendungen der Stromwirkungen.

1. Wärmewirkungen.

A. Schmelzsicherungen. Entsprechend bemessene Metalldrähte werden bei unzulässig starkem Strome so heiß, daß sie durchbrennen, wodurch der Stromkreis unterbrochen und die Gefahr unerwünschter Wärmeentwicklung an anderer Stelle beseitigt wird.

B. Glühlampen benutzen die Wärmeentwicklung eines stromdurchflossenen festen Leiters zur Beleuchtung.

C. Bogenlampen und Scheinwerfer beleuchten mit Lichtbogen. Die Kohlen werden zur Berührung gebracht, ein wenig auseinandergezogen und während des Abbrennens der Kohlestäbe nachgeschoben.

D. Heizkörper. Ein fester Leiter nimmt bei Stromdurchgang eine Temperatur an, die zur Heizung eines Gebrauchsgegenstandes oder eines Raumes geeignet ist.

E. Hitzdraht-Meßgeräte verwenden die mit der Wärmeausdehnung eines Leiters verbundene Längenänderung zu Meßzwecken (Gleichstrom oder Wechselstrom). In Bild 7 ist *AB* der Hitzdraht, wobei *A* und *B* feste Punkte. *A* und *A'* sind die Klemmen des Meßgerätes. *CD* ist ein nicht durchflossener, den Leiter *AB* nach unten ziehender Draht, *D* ein weiterer fester Punkt. Eine Feder *F* spannt *CD* von *E* aus mit einem über eine Rolle der Zeigerachse geführten Faden. Die Längenänderung des Hitzdrahtes bewirkt einen Zeigerausschlag mit

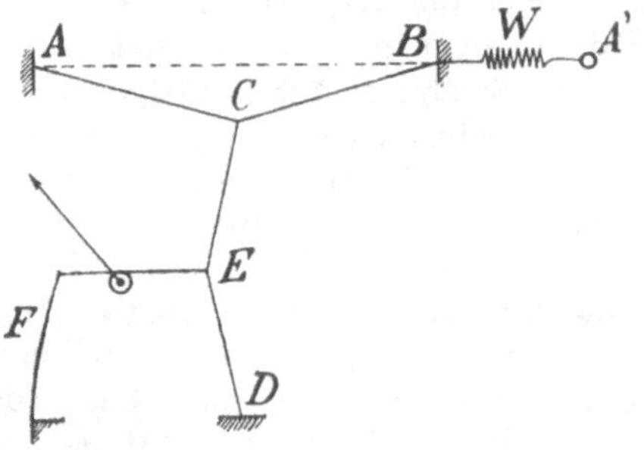

Bild 7. Schema eines Hitzdraht-Meßgerätes von Hartmann & Braun.

einer Übersetzung, die durch die doppelte Knickführung in erwünschter Weise über den Bereich des Teilblattes veränderlich ist.

F. Elektrische Schweißung. Die Stromwärme an der Berührungsstelle zweier Metallteile wird benutzt, die Metalle miteinander zu verschmelzen.

G. Elektrische Öfen stellen unter dem Einfluß der Stromwärme einen Schmelzfluß zum Erreichen chemischer Wirkungen oder zum Glühen von Werkzeugen, die gehärtet werden sollen, her. Soll keine chemische Wirkung des Stromes dazu benutzt werden, so wird Wechselstrom verwendet (z. B. Kalziumkarbidgewinnung, Härteöfen). Ist der Schmelzfluß ein Erz, so wird außer der Wärmewirkung auch die elektrolytische Metallausscheidung bei Verwendung von Gleichstrom angewandt (Aluminiumherstellung).

2. Chemische Wirkungen.

A. Galvanoplastik. Aus wäßrigen Lösungen von Salzen wird durch Gleichstrom das Metall an der Kathode niedergeschlagen, entweder um billige Metalle mit besseren zu überziehen, oder um die Niederschläge, die genügend stark geworden sind, abzuheben. Von diesen Niederschlägen lassen sich Abbilder ebenfalls elektrolytisch herstellen, deren Schärfe derjenigen des Urbildes sehr nahe kommt (Schriftsätze, Bildstöcke, Radierungen).

B. Kupferreinigung. Langsam (mit schwachem Strome) aus seinen Lösungen ausgeschiedenes Kupfer ist sehr rein, auch wenn die sich auflösende Anode (Schwarzkupfer, Hüttenkupfer) unrein ist; der Sättigungsgrad der Lösung bleibt bestehen:

Stromrichtung ⟶

Anode | $Cu \mid SO_4$ | Kathode

$Cu + SO_4 = CuSO_4$ ⟵ | | Cu

Die Unreinigkeiten der sich auflösenden Anode lösen sich oder fallen zu Boden des Gefäßes. Durch Elektrolyse gereinigtes (elektrolytisches) Kupfer dient zu elektrischen Leitungen.

C. Sammler (Akkumulatoren). Nach II 2 werden durch den Ladestromdurchgang chemische Veränderungen hervorgerufen; bei der Stromabgabe, der Entladung, werden die Stoffe zum Ausgangszustand zurückgeführt. Das Verhalten ist einer Stromaufspeicherung gleichwertig. Der Bleiakkumulator speichert, da die Ausscheidungserzeugnisse haltbar und fast unlöslich sind, günstig auf.

Das Ausgangsmetall für die häufigst vorkommenden Sammler ist reines Blei. Auf ihm befindet sich die wirksame Masse. Sie besteht an der positiven Platte aus Bleisuperoxyd PbO_2 (braunschwarz) und an der negativen Platte aus Bleischwamm Pb (grau). Die wirksame Masse kann durch die Formierung, d. h. durch häufige Wiederholung von Ladungen und Entladungen hergestellt werden, nach Planté[Z47]) aus Blei, nach Faure[Z52]) aber vielfach auch aus aufgetragener Masse aus staubförmigen Bleiverbindungen, wozu die Platten die Form eines Trägergerüstes bekommen. Die Lösung ist chemisch reine Schwefelsäure vom spezifischen Gewicht 1,2 beim fertig geladenen Akkumulator, während sie im Entladezustand auch gelöstes Bleisulfat enthält.

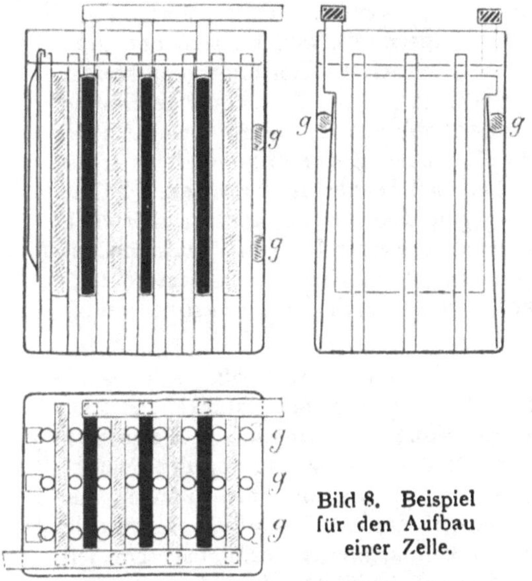

Bild 8. Beispiel für den Aufbau einer Zelle.

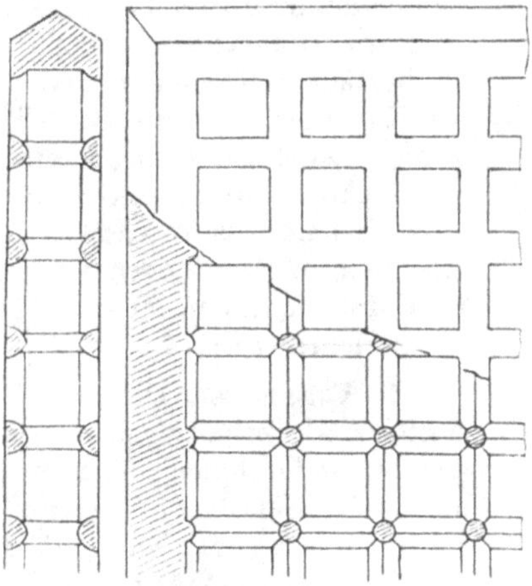

Bild 9. Gitter.

Den Aufbau eines Beispieles einer Zelle zeigt Bild 8, ein Beispiel eines Trägergerüstes Bild 9. Die Platten sind mit Fahnen an Stützplatten aus Hartgummi oder Glas aufgehängt. Mit Gummipolstern *g* und Bleistreifen ist dafür gesorgt, daß bei Ausdehnung der Platten das Gefäß nicht zerdrückt wird.

Ein Sammler darf nie in entladenem Zustande längere Zeit stehen. Bei unmittelbarer Verbindung der Pole eines Sammlers wird die Zelle durch den unzulässig stark auftretenden Strom zerstört. Der Sammler ist zu laden, bis beide Plattengebilde lebhaft gasen. Die zu den Zellen angegebenen Stromstärken dürfen nicht überschritten werden. Der positive Pol des Sammlers wird für die Ladung an den positiven Pol der Stromquelle gelegt, von einem Kraftwerk aus zweckmäßig für einzelne kleine Sammler unter Zwischenschaltung geeigneter Glühlampengruppen, worauf dann auch die Minuspole von Akkumulator und Stromquelle miteinander verbunden werden (der Sammler verbindet z. B. die Kontakte eines einpoligen offenen Glühlichtausschalters).

D. Polreagenzpapier dient zum Erkennbarmachen der Pole, z. B. für das Laden von Akkumulatoren, für Galvanoplastik und für das Anschließen von Bogenlampen. Mit besonderen Mitteln getränkte Papiere werden befeuchtet, auf eine isolierende Grundlage gelegt und unter Einschaltung einer geeigneten Glühlampe in den Prüfkreis mit aufgedrückten Drahtenden angeschlossen. Die meisten Papiere arbeiten mit Phenolphtalein und erzeugen am negativen Pol einen roten Fleck.

E. Elektrolytische Gleichrichter. In Eisen-Aluminiumzellen werden Ströme nur nach einer Richtung durchgelassen, denn die Al-Elektrode, an der der Sauerstoff entwickelt wird, sperrt ab, weil sie sich mit einer Al-Oxydhaut überzieht. Al-Oxyd ist Nichtleiter. Bei entgegengesetzter Stromrichtung verschwindet die Oxydhaut sofort. Zweckmäßige Lösung ist borsaures Ammonium oder doppeltkohlensaures Natron, wobei auch als Kathode an Stelle des Eisens Blei oder Kohle angewendet werden kann. Die Einrichtungen dienen bei Gleichstrom in besonderen Fällen zum Schutz von Sammlerbatterien gegen Rückströme, können aber auch dazu dienen, aus Wechselstromanlagen aussetzenden (intermittierenden) Gleichstrom zum Laden von Sammlern zu beziehen. Für letztere Aufgabe sind sie in den meisten Fällen überholt durch die Quecksilberdampf-Gleichrichter (XII, 2).

F. Voltameter. Die nach dem Faradayschen Gesetz ausgeschiedenen Stoffe sind verhältnisgleich zu dem Produkt aus Stromstärke und Zeit des Stromdurchgangs und in weitem Maße unabhängig von Form und Größe der Gefäße, vom Sättigungsgrade der Lösung und von der Temperatur der Lösung. Nur muß der Strom, der auf die Flächeneinheit des Durchgangsquerschnittes bei Metallvoltametern entfällt, so niedrig bleiben, daß das Metall in fester zusammenhängender Form ausgeschieden wird. Gasvoltameter (Wasserzersetzung) bedürfen einer Umrechnung auf den Normalzustand des Gases. Die Voltameter dienen somit zur Messung von Stromstärken aus den Ausscheidungsstoffen.

3. Magnetische Wirkungen.

A. Wagnerscher Hammer. In Bild 10 bedeuten *A* den Anker eines Elektromagneten und *1* und *2* die Anschlüsse von einer Stromquelle her, wobei *1* durch einen am beweglichen Anker angebrachten Kontakt angeschlossen ist. Der ruhende Anker federt gegen den Kontakt. Wird der Anker angezogen, so wird der Strom an diesem Kontakt unterbrochen, der Magnet verliert die Zugkraft, der Anker federt zurück und wird nach einer Verzögerungsperiode von neuem gegen die Pole hin beschleunigt. Das sich fortsetzende Spiel dient zur Herstellung eines aussetzenden (intermittierenden) Gleichstromes (z. B. an Induktionsapparaten) und zur elektrischen Schelle, sowie zum Erzeugen von Summergeräuschen in der Telegraphie.

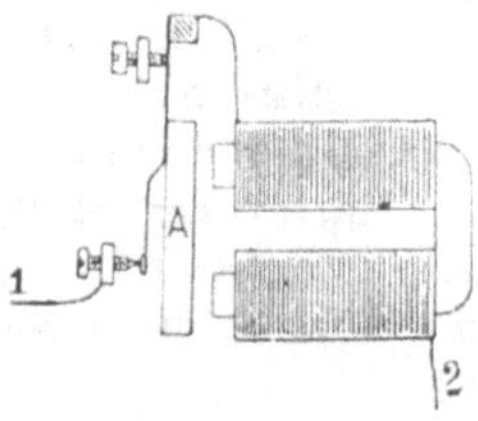

Bild 10. Wagnerscher Hammer.

B. Elektrische Schelle. Bild 11 zeigt die Anordnung aller Teile an einem eisernen Rahmen. Nur für das Muttergewinde der Stellschraube ist ein Futter aus Isolierstoff nötig. Zwei oder drei galvanische Elemente in Hintereinanderschaltung werden durch eine Leitung, die einen Druckknopf enthält, an die Klemmen *1* und *2* gelegt. Nebeneinander geschaltete Knöpfe ermöglichen den Gebrauch mit vereinbarten Zeichen von mehreren Stellen aus. Wird von jedem der nebeneinander geschalteten Drücker die Leitung bis in die Nähe der Glocke geführt, so können dort in den einzelnen Leitungen befindliche Magnetspulen Fallnummern auslösen, die den Ausgangspunkt des Zeichens angeben.

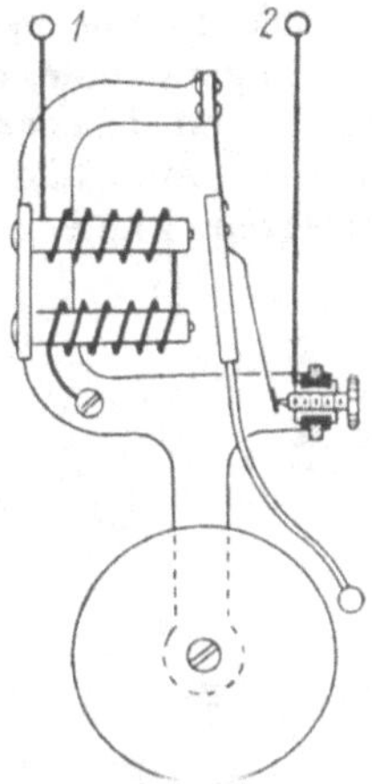

Bild 11. Schema einer elektrischen Schelle.

C. Morseschreiber (Telegraph). In Bild 12 bedeutet *S* die Stromquelle, *T* die Taste, *L* die Leitung, *A* die Apparatspule und *E* die zur Rückleitung dienende Erde. Bei dieser Anordnung (Morseschaltung für Arbeitsstrom) kann jede der beiden Stellen Geber und Empfänger sein; Zwischenstellen können wie angedeutet geschaltet werden und führen zur Morselinie. Durch Drücken einer Taste sprechen die Apparate der

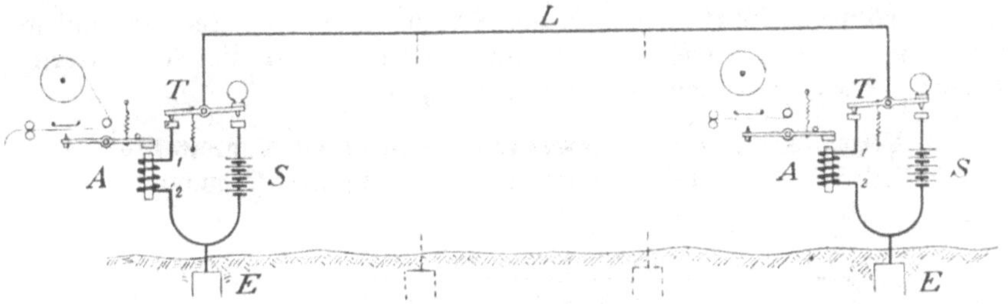

Bild 12. Morseschaltung.

ganzen Linie an. Besondere Zeichen, aus Strichen und Punkten zusammengesetzt, ergeben das Morsealphabet; besondere Rufzeichen für jede Stelle gestatten es, eine bestimmte Stelle aufmerksam zu machen. Durch Ingangsetzen eines Papierstreifens werden die Nachrichten in Strich- und Punktform aufgeschrieben.

Das Relais: Zu viele Stellen an einer Linie sind unzweckmäßig, vor allem, wenn die Entfernungen groß sind, da die Ströme an den Empfängerstellen zu schwach sein würden. Beim Relais (Bild 13) zieht ein

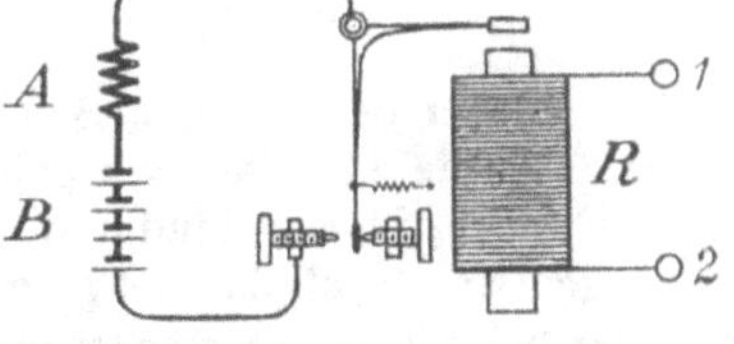

Bild 13. Schema des Relais mit dem Ortsstromkreis.
R = Relaisspule, *A* = Apparatspule,
B = Batterie des Ortsstromkreises.

mit vielen dünnen Windungen bewickelter Elektromagnet *R* einen leichten, leicht beweglichen Hebel an, der einen stärkeren Strom (Ortsstromkreis) von der Ortsbatterie aus schließt. Im Ortsstromkreise liegt die Apparatspule, die den Schreibhebel bewegt. Durch Anschließen der mit *1* und *2* benannten Klemmen des Bildes 13 an die gleichbenannten Stellen von Bild 12 entsteht die Arbeitsstromschaltung für weite Strecken, während Bild 14 eine Ruhestromlinie andeutet:

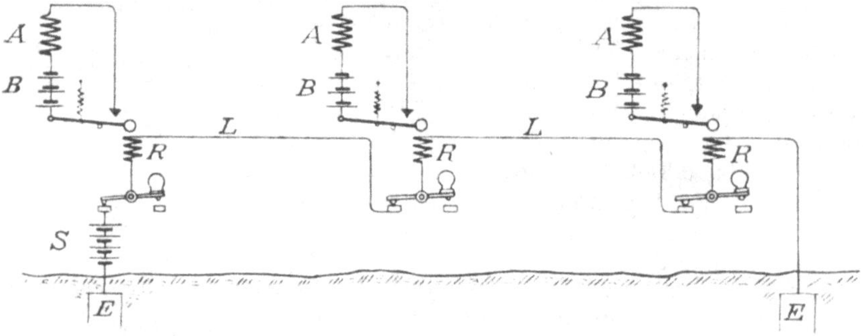

Bild 14. Schema für eine Ruhestromlinie.

Die Fernleitung führt in der Ruhe Strom; man gibt Zeichen, indem man diesen Strom an einer Taste unterbricht. *S* ist die Fernbatterie, *B* sind die Ortsbatterien, *A* die Apparatspulen.

D. Fernsprecher ohne Anwendung von Induktionserscheinungen. Die Schallwellen der Luft treffen eine Schallplatte (Membran) M_1 in

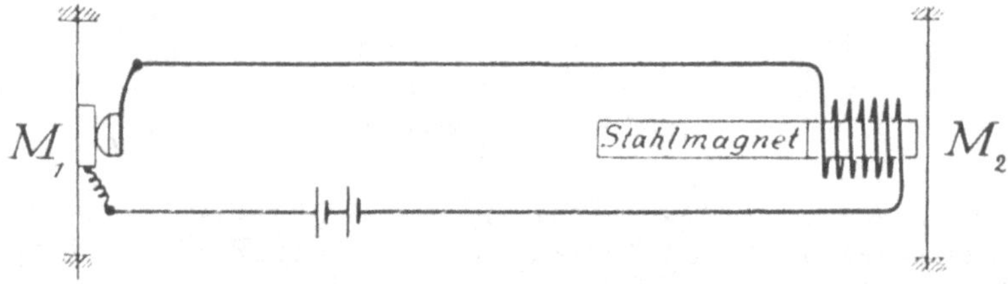

Bild 15. Schema einer Mikrophon-Telephonübertragung.

Bild 15, hinter der ein Kohlekontakt angebracht ist (Geberstelle, Mikrophon). Kohle läßt bei verschiedenem Anpressungsdruck Ströme von verschiedener Stärke hindurch. Die Geberstelle entsendet daher bei schwingender Schallplatte Ströme, die in der zeitlichen Aufeinanderfolge der Schwingungen stärker und schwächer werden. An der Empfängerstelle werden diese periodisch veränderlichen Ströme durch die Spule eines Elektromagneten geschickt, der durch einen Stahlmagneten unterstützt wird und eine eiserne Schallplatte M_2 in derselben Weise in

Schwingungen versetzt, wie sie die Geberstelle liefert (Empfänger, Telephon). Bild 16 zeigt eine für kurze Entfernung anwendbare hierauf beruhende Einrichtung mit Batterieanruf.

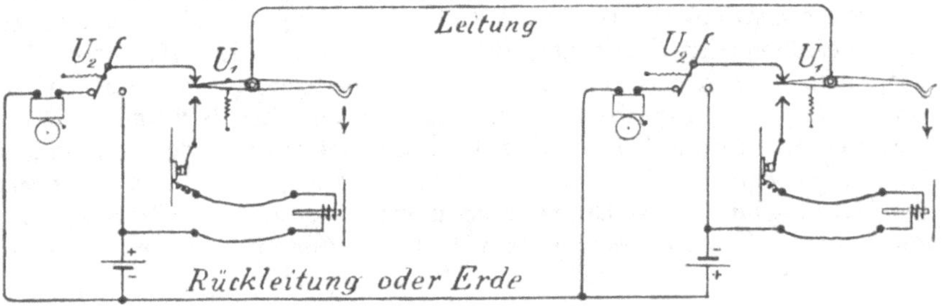

Bild 16. Schema einer zweiseitigen Mikrophon-Telephonanlage ohne Induktionsspulen mit Batterieanruf.

E. Fernsprecher mit Anwendung von Induktionserscheinungen. Wesentliche Bestandteile sind (Bild 17) der Magnetinduktor, der für das Geben des Anrufes gebraucht wird, und Bild 18, die Wechselstromschelle (ohne Kontaktstelle, Anker polarisiert). Eine Spule mit Eisenkern (Bild 17) wird zwischen den Polen eines Stahlmagneten gedreht und erzeugt dadurch Wechselstrom (bei jeder Drehung je einen positiven

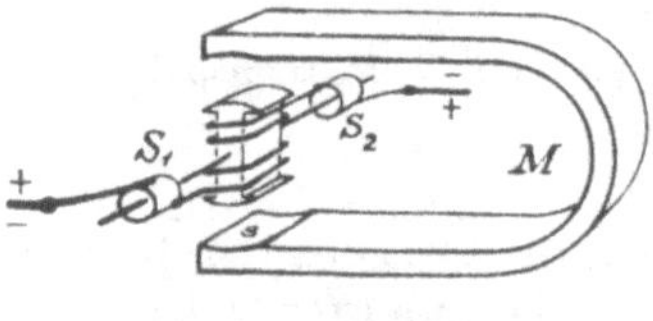

Bild 17. Magnetinduktor.

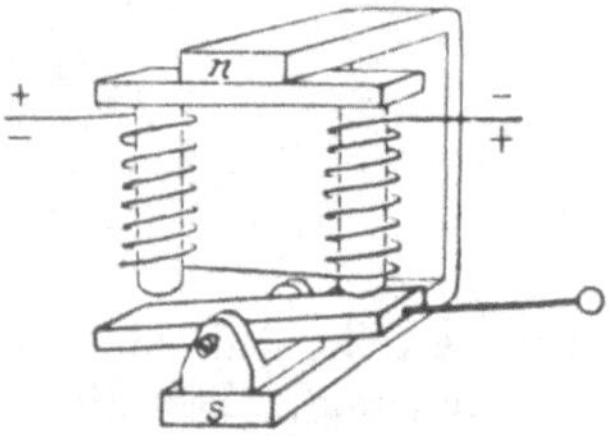

Bild 18. Wechselstromschelle.

und einen negativen Wechsel), der an den Schleifringen S_1 und S_2 abgenommen wird. Dieser Wechselstrom durchfließt die Spulen der Schelle (Bild 18) und bewirkt, daß der drehbare Anker beim einen Wechsel links angezogen und rechts abgestoßen, beim anderen Wechsel rechts angezogen und links abgestoßen wird. Weitere wesentliche Bestandteile sind außer dem Mikrophon und Telephon die Induktionsspulen mit den Klemmen *p p* und *s s* in Bild 19; diese Spulen ermöglichen die Übertragung auf weite Entfernungen (vgl. unter III, 4 A): Der Primärkreis (stark gezeichnet) tritt nur an der Geberseite auf; er enthält die Batterie *S*, ein Mikrophon, die Primärspule und eine Kontaktfeder, die beim Sprechen niedergedrückt wird. Die Pulsationen des Primärstromes rufen im Eisenkern des Induktionsspulenpaares der Geberseite magnetische Änderungen hervor und erzeugen dadurch in der Sekundärspule, die aus sehr vielen sehr feinen Windungen besteht, einen Wechselstrom hoher Spannung, der auf weite Entfernungen geleitet werden kann. Der Wechselstromkreis besteht aus der Sekundärspule der Geberseite, dem Telephon der Geberseite, der Hinleitung L_1, dem Telephon der Empfängerseite, der Sekundärspule der Empfängerseite und der Rückleitung L_2. Die Sprache ist also ohne weiteres herüber und hinüber übertragbar. Durch den Druck auf die Sprechtaste *ST*, der von beiden Beteiligten während des Gesprächs ausgeübt wird, oder durch Abheben des Hörers von seinem Haken werden nicht nur die Primärkreise eingeschaltet, sondern es wird auch ein Umschalter auf die Leitung zum

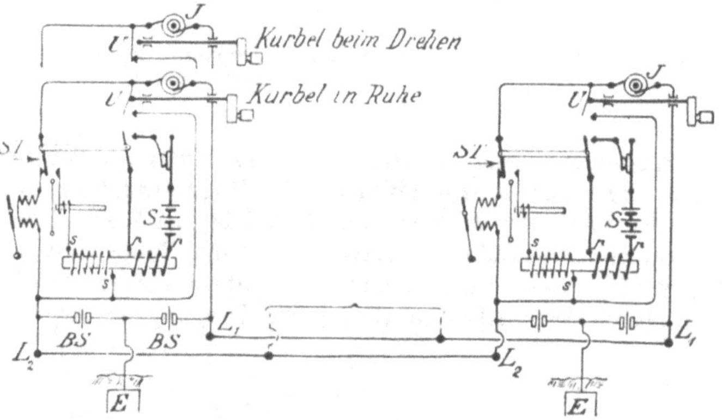

Bild 19. Mikrophon-Telephonübertragung mit Induktionsspulen und Induktoranruf.

Telephon gestellt, während beim Loslassen der Sprechtasten die Schellen eingeschaltet sind. Der die Schelle erregende Induktor *J* ist derjenige der Gegenseite. Ein Umschalter *U* an der Induktorkurbel schließt den Induktor bei ruhender Kurbel, also während des Gespräches und während eines ankommenden Anrufes kurz, was durch eine geringe Verschiebung der Kurbelachse in ihrer Längsrichtung erreicht wird. Der Induktor würde für den Sprechstrom und den ankommenden Rufstrom nur ein Hindernis sein; nun aber fließt der Strom durch die Kurzschlußeinrichtung um den Induktor herum. Für das Geben des Anrufzeichens aber löst sich diese unmittelbare Verbindung der Induktorklemmen bei *U* durch die Verschiebung der Achse, und der Induktor kann seine Wirkung ausüben. Mit dem Drehen der Kurbel wird aber auch die eigene Schelle kurzgeschlossen, damit sie nicht als Hindernis im Rufstromkreise auftritt. Durch die angedeutete Einschaltung von Zwischenstellen kann eine Fernsprechlinie gebildet werden. Weiterhin bedeuten *BS* Blitzschutzvorrichtungen und *E* Erdplatten.

F. Elektrische Nebenuhren werden durch eine Hauptuhr betrieben, die nach jeder Minute je einen Stromstoß wechselnder Richtung aussendet. Die Nebenuhren mit polarisiertem Anker ausgerüstet (Beispiel Bild 20), sprechen nur auf wechselnde Stromstöße an, damit Stromstöße der Atmosphäre keine Störungen verursachen.

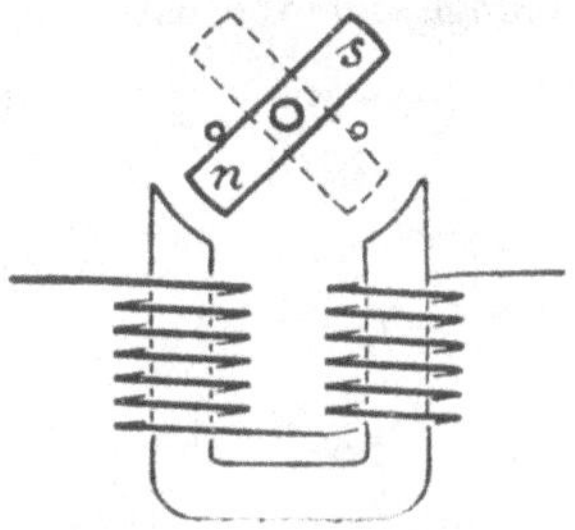

Bild 20. Schema für die Bewegung eines polarisierten Ankers.

G. Eisenbahnsignale usw. werden aus diesem Grunde ebenfalls mit wechselnden Stromstößen ausgelöst, die aber durch Drehen eines Induktors erzeugt werden.

H. Elektrische Betreiber (Elektromotoren) arbeiten mit magnetischen Kräften. An belasteten Stromerzeugern müssen die Antriebseinrichtungen magnetische Kräfte überwinden.

I. Elektromagnetische Kupplungen. Der eine Wellenstrang enthält einen Elektromagneten, dem der Strom durch Schleifringe zugeführt wird. Der andere Wellenstrang enthält einen scheibenförmigen Anker, vor dem die Pole des ersten Wellenstranges sich vorbeibewegen. Durch Einschaltung des Stromes wird der zweite Wellenstrang mitgenommen, nachdem eine Zeitlang Reibungskräfte überwunden worden sind. Bei solchen Kupplungen tritt kein Schub in Richtung der Achse auf.

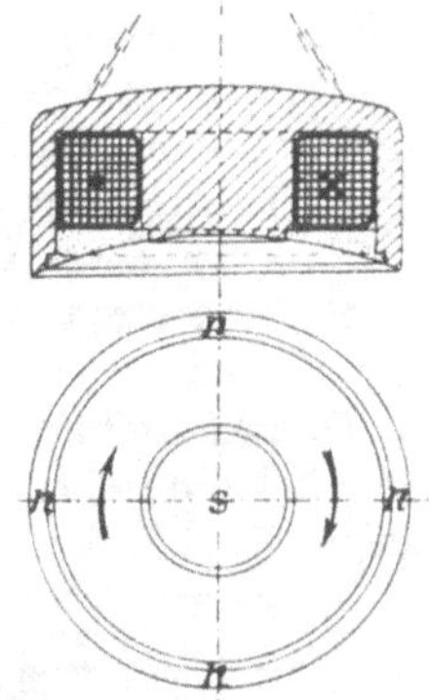

Bild 21. Topfmagnet.

J. Lastmagnete werden auf sonst schwer zu fassende eiserne Lasten aufgesetzt, mit Strom versehen, gehoben und bewegt und erst dann ausgeschaltet, wenn die Last zu ihrem Bestimmungsort gelangt ist (Masseln, Blechpakete, Schrot, Schienen). Der Topfmagnet (Bild 21) enthält eine Spule, deren Querschnitt doppelt schraffiert ist, in einer ringförmigen Ausdrehung. Der im Querschnitt punktierte ringförmige Deckel bedeutet unmagnetisches Metall. Der Spulenkern bildet den einen Pol, im Bilde Süd, der Rand des Mantels den anderen Pol, im Bilde Nord. Für den Pfeil der Stromrichtung gilt die Ansicht von unten. Hohe Hübe sind zu vermeiden, wenn herabfallende Teile Schaden anrichten können. Sicherheitseinrichtungen, z. B. gegen Herabfallen von Eisenbahnschienen, sind im Gebrauch.

K. Magnetscheider dienen zur elektromagnetischen Scheidung von Metall- und Eisenspänen und zur Wiedergewinnung von Eisenresten aus dem Sande der Gießereien und Putzereien.

L. Aufspannplatten und Aufspannfutter (Bild 22) halten eiserne Werkstücke für ihre Bearbeitung magnetisch fest. Finger des einen Pols liegen in den Zwischenräumen der Finger des anderen. Den Drehbankfuttern dienen in Isolierstoff eingebettete Schleifringe (am Umfang) zur Stromzuführung. Für die meisten Stücke ist nach der Bearbeitung nötig, zu entmagnetisieren, zweckmäßig, indem die Stücke in eine an Wechselstrom angeschlossene Spule getaucht und von ihr entfernt werden, solange der Wechselstrom fließt.

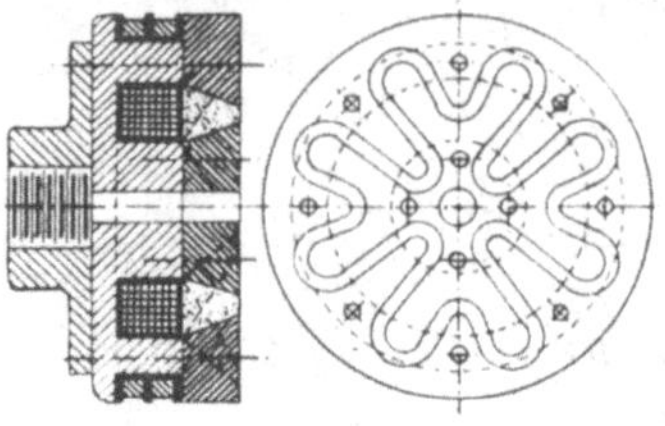

Bild 22. Elektromagnetisches Aufspannfutter.

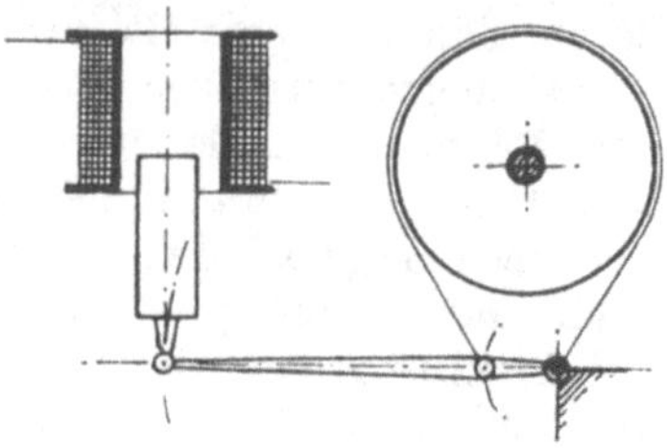

Bild 23. Schema einer Lösungsbremse.

M. Lüftungsbremsen heben bei Stromdurchgang durch ihre Spulen einen Eisenkern (Bild 23), wodurch eine Bremse gelöst oder gelüftet wird, und lassen bei Stromunterbrechung den Eisenkern fallen (Bremse fest). Die Bremsen dienen an Webstühlen und Druckerpressen zum schnellen Anhalten bei Fehlern, gewöhnlich in Verbindung mit elektrischem Antrieb, und bei elektrisch betriebenen Hebezeugen beim betriebsmäßigen Ausschalten zum schnellen Anhalten des Getriebes und zum Festhalten der Last, wenn das Triebwerk nicht selbsthemmend ist. Hier dient die Lösungsbremse zugleich als Sicherheitseinrichtung gegen das Stürzen der Last bei ausbleibendem Strome.

N. Regelungsvorrichtungen an Bogenlampen besorgen die unter III, 1 C genannten Bewegungen elektromagnetisch.

O. Selbstschalter (Maximal- und Minimalautomaten) dienen als Sicherheitseinrichtungen und schalten aus, wenn der Strom seine zulässige Stärke über- oder unterschreitet (Bild 24 und 25).

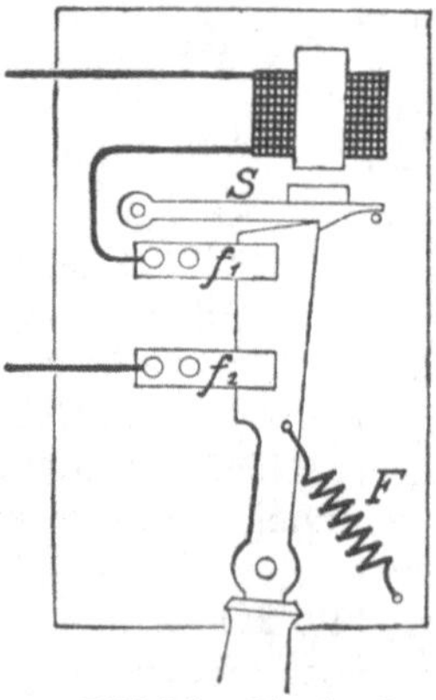

Bild 24. Maximalautomat (Schema).

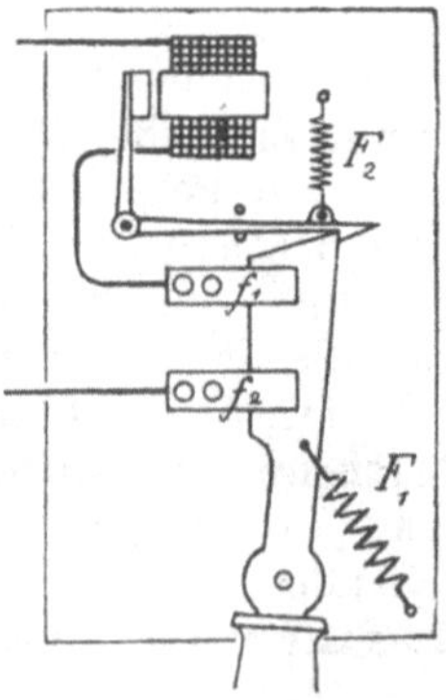

Bild 25. Minimalautomat (Schema).

P. Stromrichtungszeiger. Eine in einem Gehäuse untergebrachte Magnetnadel zeigt durch Rechts- oder Linksausschlag die Stromrichtung an. Man unterscheidet hiermit z. B. in Sammlerkreisen die Lade- und

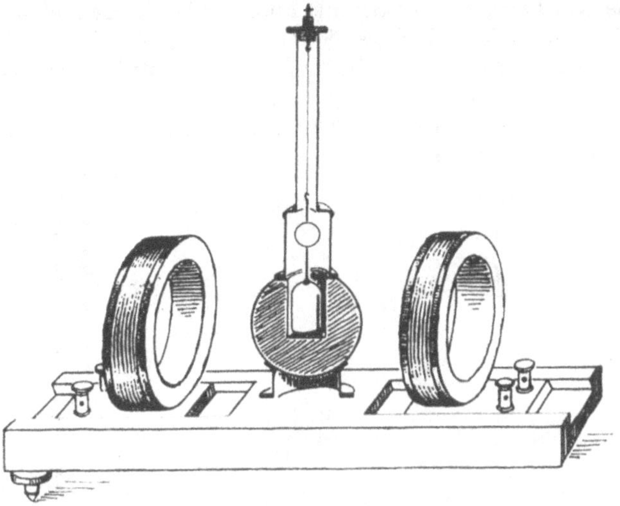

Bild 26. Erdmagnetisches Galvanometer.

Entladestromrichtung, wenn nicht die Meßgeräte die Richtung des Stromes angeben.

Q. Meßgeräte mit Stahlmagnet. Je nach Größe der Kraftwirkung zwischen Strom und Stahlmagnet wird unter Verwendung einer geeigneten Gegenkraft ein Zeiger bewegt, nach dessen Ausschlag die Stärke des Stromes oder die Höhe der Spannung bestimmt werden kann. Meßgeräte dieser Art sind nur für Gleichstrom anwendbar. Mit Benutzung der magnetischen Richtkraft der Erde als Gegenkraft entstehen erdmagnetische Meßgeräte (Bild 26), mit Benutzung von Spiralfedern zur Ausübung der Gegenkraft bei festem Magneten und beweglicher Spule (eine Feder leitet den Strom zu, die andere fort) entstehen die

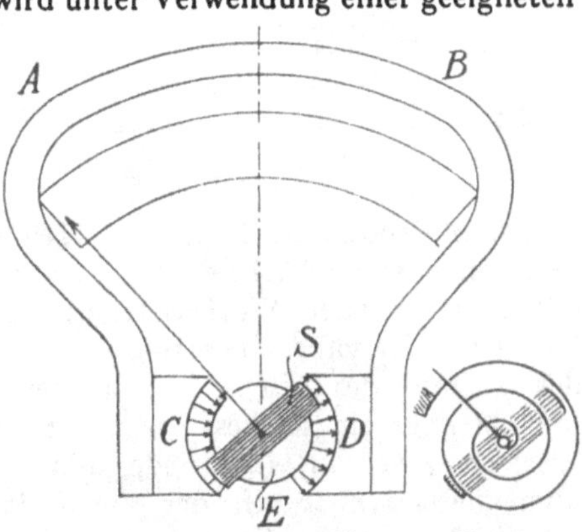

Bild 27. Schema eines Westonmeßgerätes.

nach Deprez und d'Arsonval gebauten Weston- (Drehspul-) Meßgeräte (Bild 27), in dem *AB* den Stahlmagneten, *CD* die angesetzten Weicheisenpolschuhe, *E* einen festen Weicheisenkern und *S* die drehbare Spule bedeuten.[Z 55]) Bei Benutzung des Meßgerätes für Strom in beiden

Richtungen liegt der Nullpunkt in der Mitte des Teilblattes, wobei *S* in der Ruhelage mitten unter den Polschuhen steht.

R. Meßgeräte mit Spulen ohne Eisen (Dynamische Meßgeräte). Durch die Kraftwirkung der Ströme aufeinander werden entweder Zeiger oder umlaufende oder schwingende Teile bewegt, so daß Ströme, Spannungen, Leistungen oder in bestimmten Zeitabschnitten verbrauchte Arbeiten gemessen werden können. Im letzten Falle handelt es sich um Zähler. Meßgeräte dieser Art sind für Gleichstrom und Wechselstrom verwendbar (weiteres XI, 1).

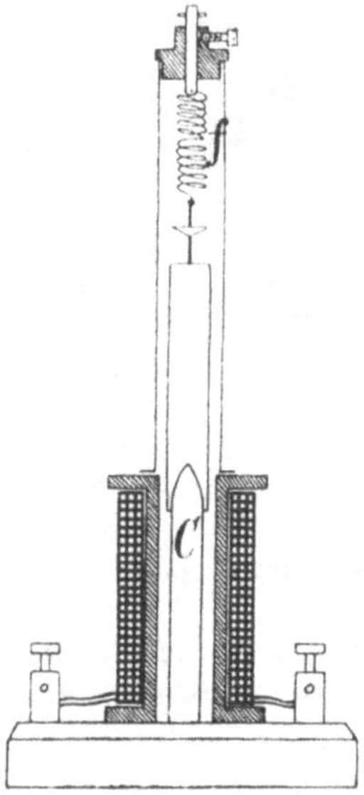

Bild 28. Schema zum Kohlrauschstrommesser.

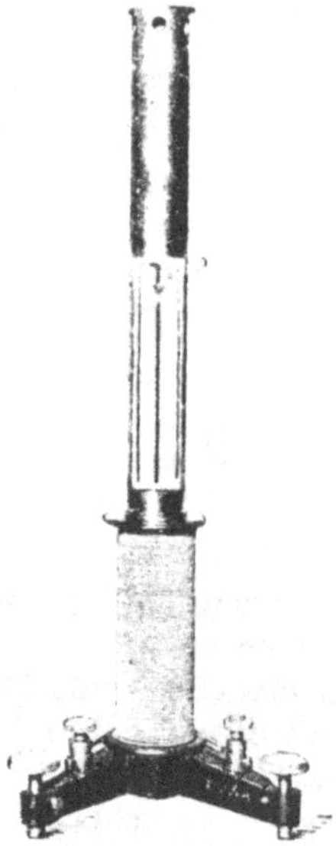

Bild 29. Kohlrauschstrommesser.

S. Meßgeräte mit Spule und Weicheisenkern (Weicheisen-Meßgeräte). Setzt man einen leichten Weicheisenteil der Kraftwirkung einer Spule (Gleichstrom oder Wechselstrom) aus und verwendet man geeignete Mittel zur Hergabe einer Gegenkraft, so gestattet die Einrichtung, aus der Stellung des Eisens Ströme oder Spannungen zu messen. Bild 28 und 29 zeigt ein solches Gerät mit einem in der Achse verschieblichen Eisenkern, der an einer Feder hängt. *C* bedeutet einen Zylinder aus unmagnetischem Stoff, der die Luft aus dem Hohlraum des dünnwandigen Eisenzylinders langsam austreten läßt, damit die Schwingungen des beweglichen Teiles gedämpft werden. Andere Meßgeräte übertragen die Bewegung des Eisenkernes bei ähnlicher Anordnung durch einen Winkelhebel auf ein im wesentlichen wagerecht verlaufendes Teilblatt. Eine andere Art der Aufhängung gibt dem Eisen eine Drehbewegung, wobei eine an der Achse angebrachte Spiralfeder gespannt wird. Schließlich zeigt Bild 30 eine im Innern einer Spule frei drehbar aufgehängte Eisenfahne *F*, an deren Achse *A* der Zeiger *Z* angebracht ist. Der Schwerpunkt *S* des Pendels wird auf einer Kreisbahn (Bild 31) gehoben,

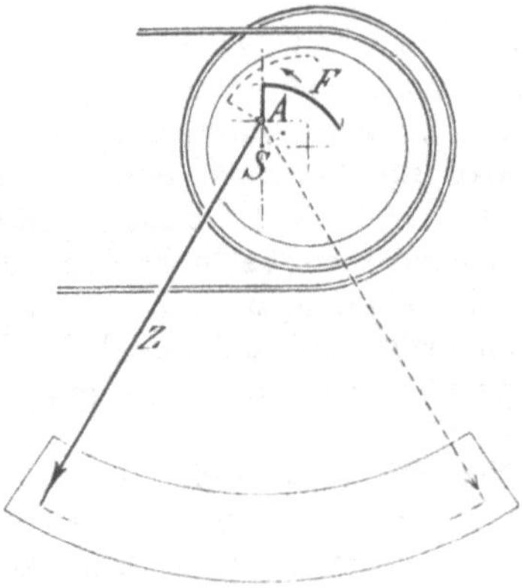

Bild 30. Schema zum Hummelinstrument.

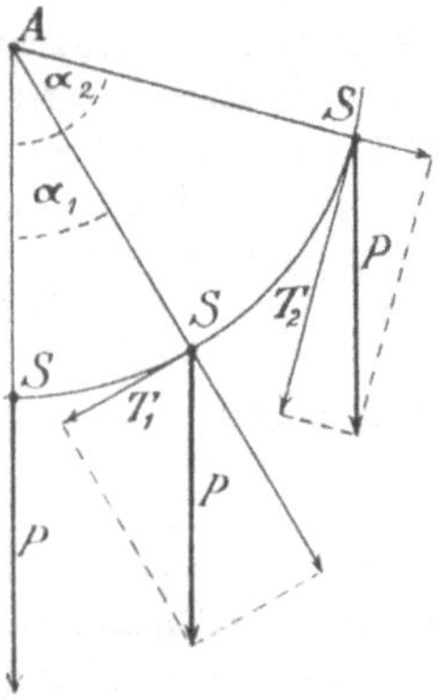

Bild 31. Kräftezerlegung am Hummelinstrument.

wobei eine bis zum Ausschlag $\alpha = 90^0$ steigende Seitenkraft *T* des Gewichtes *P* das zurücktreibende Drehmoment liefert. Die Fahne *F* muß sich dabei stets den Windungen der Spule nähern.

4. Induktionswirkungen.

A. Umspanner (Transformatoren). Wie V, 7 zeigen wird, ist es bei weiten Entfernungen zweckmäßig, mit hoher Spannung zu übertragen; das würde z. B. bei Akkumulatoren heißen, es müssen viele Zellen hintereinandergeschaltet werden. Ist z. B. die Zellenzahl verdoppelt, so wird der Strom für die Übertragung einer bestimmten Leistung nur halb so stark gebraucht. Die halbe Stromstärke läßt aber bei doppelter Spannung ein Viertel des Leitungsquerschnittes zu, wenn der Wirkungsgrad der Übertragung derselbe bleiben soll. Man kann also mit bestimmtem Aufwand an Leitermetall weiter übertragen, wenn man mit höherer Spannung arbeitet.

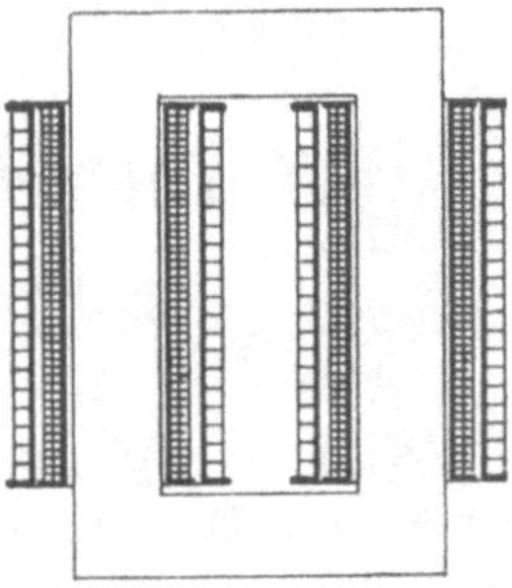

Bild 32. Transformator.

Den Übergang von niederer Spannung zu höherer und umgekehrt, je nach Bedarf, gestattet bei Wechselstrom ein Induktionsspulenpaar mit geblättertem Eisenkern, wobei die Verluste genügend gering sind. Dabei wird diejenige Seite, die von der Stromquelle her die Leistung zugeführt bekommt, als Primärseite, diejenige, die nach den Stromverbrauchern hin die Leistung abgibt, als Sekundärseite bezeichnet. Die Windungszahlen der beiden Spulen sind ihren Spannungen verhältnisgleich. Zur Umspannung nach unten hat die primäre Spule viele, die sekundäre wenige Windungen (Bild 32, geschlossenes Eisen).

B. Induktionsapparate bestehen, wie der Umspanner, aus einer primären, in diesem Falle dickdrähtigen, und einer sekundären Spule aus äußerst vielen sehr feinen Windungen, die mit Hartgummi und Paraffin sehr sorgfältig isoliert sind. Häufig wird die Sekundärspule in viele einzelne Spulen von geringer Ausdehnung in Achsenrichtung zerlegt. Ein Eisenkern aus Drähten oder Blechen durchsetzt beide Spulen. Der Primärspule wird Gleichstrom zugeführt, den ein Wagnerscher Hammer oder eine andere Einrichtung ständig schließt und unterbricht. Um die Unterbrecherstelle herum ist ein Kondensator aus Blätterpaketen geschaltet, um die Wirkung zu erhöhen.[Z 38])

Die magnetischen Änderungen, die der intermittierende Gleichstrom bringt, üben in Zusammenwirkung mit dem Kondensator in der Sekundärspule Induktionswirkungen aus, die einen ausgeprägten Richtungssinn haben, während ohne Kondensator die positiven und negativen Stöße in der Sekundärspule gleich sind.

C. Kerzenzündung der Verpuffungsmotoren. Ein Magnetinduktor enthält auf dem umlaufenden Anker eine primäre und eine sekundäre Wicklung. Der primäre Teil wird für gewöhnlich geschlossen gehalten, wird aber im Augenblick der größten Umlaufinduktionswirkung plötzlich unterbrochen. Um den Unterbrecher herum ist ein Kondensator geschaltet. Im Augenblick der Unterbrechung des primären Kreises entsteht durch Induktion im Sekundärteile eine hohe Spannung. Im Sekundärkreise liegt die Zündkerze. Durch die hohe Spannung wird die Luftstrecke der Kerze durchschlagen, und es folgt ein lichtbogenartiger Funke, der das im Zylinder des Verbrennungsmotors zusammengedrückte Gasgemisch zündet.*

IV. Beobachtungen und Rechnungen am Gleichstromkreise.

1. Der Maßstab der Stromstärke.

Nach III, 2 F bildet die chemische Wirkung des Stromes in der Zeiteinheit den Maßstab für die Stromstärke. Nach dem Reichsgesetz vom Juli 1898 wird die Einheit der elektrischen Stromstärke dargestellt durch den unveränderlichen elektrischen Strom, der bei dem Durchgange durch eine wäßrige Lösung von Silbernitrat in einer Sekunde 0,001118 g Silber niederschlägt; die Einheit der Stromstärke ist das Ampere (A). Nach

* R. Bosch, Stuttgart, ETZ 09, S. 175.

dem 1. Beispiel ist diesem Niederschlag eine Ausscheidung von 19,76 mg Kupfer in der Minute aus einer Kupfersulfatlösung gleichwertig.

2. Beispiel. Kupfervoltameter (Bild 33). Ein Strommesser wurde geprüft, indem er mit einem Kupfervoltameter hintereinandergeschaltet wurde. Der Strom wurde nach Bestimmung des 1. Kathodengewichtes $G_1 = 57{,}810$ g $10^h\ 38^{min}\ 0^{sec}$ geschlossen. Das Gerät gab in der Mitte der einzelnen Minuten sechsmal 3,19 [A] und viermal 3,18 [A], im Mittel also 3,186 [A] an. Der Strom wurde $10^h\ 48^{min}\ 0^{sec}$ unterbrochen. Die

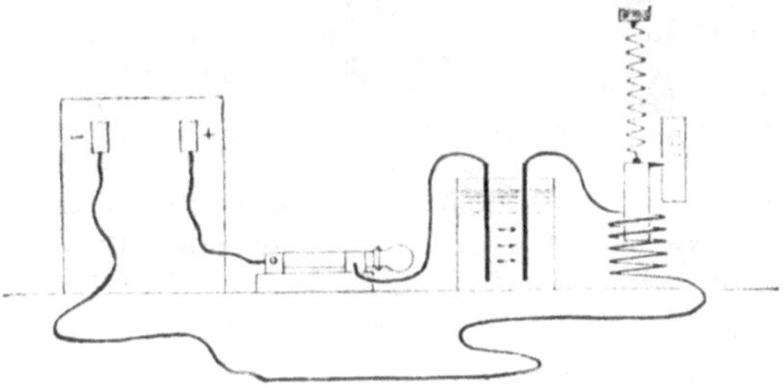

Bild 33.

zweite Wägung der Kathode ergab $G_2 = 58{,}439$ g. Wird die Dauer des Stromdurchgangs mit $t = 10$ Min. eingesetzt, so ergibt sich die wirkliche Stromstärke

$$I = \frac{G_2 - G_1}{19{,}76 \cdot t} = \frac{58{,}439 - 57{,}810}{19{,}76 \cdot 10} = 3{,}181 \text{ A}.$$

Die Berichtigung des Strommessers beträgt demnach — 0,005 [A], denn es wird gerechnet: Ablesung + Berichtigung = wirkl. Wert.

2. Drähte aus gleichem Stoff

(Nickelin) wurden bei verschiedener Länge und verschiedenem Querschnitt an eine veränderliche Anzahl gleicher Stromquellen (Akkumulatoren in Hintereinanderschaltung) (Bild 34), angeschlossen, im

Bild 34. Versuchsanordnung.

wesentlichen als einzige Widerstände des Kreises. Dabei ergaben sich folgende Werte:

Drahtlänge m	Drahtdurchmesser mm	Drahtquerschnitt qmm	Zahl der Akk.	Stromstärke A
2	2,206	3,81	1	8,4
2	2,206	3,81	2	16, (8)
1,5	2,206	3,81	1	11, (2)
2	1,72	2,32	1	5,1
2	1,72	2,32	2	10, (2)
1	1,72	2,32	1	10, (2)
2	1,31	1,35	1	2,96
2	1,31	1,35	2	5,9 (2)
1	1,31	1,35	2	11,8 (4)
2,5	1,31	1,35	5	11,8 (4)

Die Werte zeigen, daß die Stromstärken sich in dem gleichen Verhältnis wie die Querschnitte und die Zellenzahl (Produkt aus beiden) und im umgekehrten Verhältnis zur Länge einstellen. Kleine Abweichungen davon beruhen auf der geringen Verschiedenheit der Leiterstoffe, auf Versuchsungenauigkeiten und darauf, daß der durch die Zahlen ausgedrückte Leiter nicht allein den Stromkreis bildet.

3. Drähte aus verschiedenen Stoffen

aber gleicher Länge und gleichen Querschnittes wurden an einen Akkumulator angeschlossen. Dabei ergaben sich folgende Stromstärken:

Nickelin	2 m	lang,	0,5 qmm	Querschnitt	1	Amp.
Eisen	2 „	„	0,5 „	„	2,6	„
Messing	2 „	„	0,5 „	„	7	„
Kupfer	2 „	„	0,5 „	„	20 (17)	„

Der Versuch zeigt, daß der Stoff des Leiters von wesentlichem Einfluß ist. Auch wurde erkannt, daß das Kupfer in der Erwärmung einen schwächeren Strom (eingeklammerter Wert) und durch Abkühlung wieder einen stärkeren Strom führte. Die Rechnungen zu diesen Erscheinungen behandelt:

4. Das Ohm sche Gesetz.

Den Stromquellen wohnt eine elektrizitättreibende (elektromotorische) Kraft (EMK) inne. Durch Hintereinanderschalten von Stromquellen wird die EMK des Kreises stufenweise vermehrt. Jeder Leiter besitzt einen aus Länge, Querschnitt und Stoff (sowie der Temperatur) bestimmten Widerstand. Der größere Widerstand hat einen in demselben Maße schwächeren Strom zur Folge.

Als Widerstandseinheit, das Ohm [Z22]) (Ω), gilt (Reichsgesetz) der Widerstand eines Quecksilberfadens von 1 qmm Querschnitt und 1,063 m Länge bei 0°.

A. Einzelleiter (Temperaturerhöhung). Beliebige Widerstände werden nach dem Ausdruck berechnet:

$$w = \frac{l \cdot c}{q}, \tag{4}$$

dabei bedeutet l die Länge des betr. Leiters in Meter, c den spezifischen Widerstand des Stoffes, für die Technik diejenige Anzahl Ohm, die dieser Stoff bei 1 m Länge und 1 qmm Querschnitt bei 15° aufweist, und q den Querschnitt in Quadratmillimeter. Damit wird der Widerstand in Ohm errechnet.

Hat ein Leiter eine andere Temperatur als 15°, so geht man nach der Formel vor:

$$w_{t_2} = w_{t_1}[1 + \alpha(t_2 - t_1)], \tag{4a}$$

dabei bedeutet t_2 die höhere Temperatur, t_1 die niedere Temperatur (15°) und α den Widerstandstemperaturkoeffizienten, d. h. diejenige Anzahl Ohm, um die sich ein Ohm des betreffenden Stoffes bei 1° Erhöhung vermehrt. Mittlere Erfahrungswerte sind.

Nr.	Stoff	c (bei 15°)	α (nahe 15°)	Spez. Gewicht
1	Silber	0,016	0,0038	10,55
2	Kupfer (für Leitungen)	0,0175 ∼ 1 : 57	0,004	8,9
3	Aluminium	0,029	0,0039	2,7
4	Wolfram	0,053	0,0052	19,8
5	Zink	0,066	0,0036	7.2
6	Messing (70 Cu, 30 Zn)	0,071	0,0016	8,6
7	Platin	0,094	0,0024	21,5
8	Nickel	0,13	0,0036	9,0
9	Eisen	0,135	0,0048	7,8
10	Tantal	0,165	0,0030	16,8
11	Platinsilber (20 vH. Pt)	0,20	0,0002	11,9
12	Blei	0,207	0,0039	11,3
13	Neusilber* (Cu, Ni, Zn)	0,30	0,0003	8,6
14	Manganin* (84 Cu, 12 Mn, 4 Ni)	0,47	± 0,0000 (1)	8,44
15	Nickelin* (Cu, Ni)	0,50	0,00001	8,8
16	Kruppin* (Fe, Ni)	0,85	0,0007	8,1
17	Quecksilber	0,9535	0,0009	13,6
18	Wismut	1,2	0,00354	9,8
19	Kohle	36 bis 100	− 0,0003	1,3 bis 2,3
20	Schwefelsäure	13000	− 0,0162	1,22
21	Gesättigte Kochsalzlösung	49770	− 0,0209**	1,192
22	Hartgummi	$4{,}2 \cdot 10^{13}$	—	1,15

3. Beispiel. Ein Kupferdraht ist 228 m lang und hat 2,5 qmm Querschnitt. Wie groß ist sein Widerstand bei 15° und wie groß bei 60°? Wie groß ist der spezifische Widerstand des Kupfers bei 60°?

* Diese Stoffe sind für Widerstände künstlich zusammengestellt.

** α unter der Bedingung, daß die Lösung bei höheren Temperaturen gesättigt bleibt.

Es beträgt:

Der Widerstand . . bei 15° $w_{15} = \frac{l \cdot c_{15}}{q} = \frac{228}{2{,}5 \cdot 57} = 1{,}60$ Ohm,

„ „ . . „ 60° $w_{60} = 1{,}60[1 + 0{,}004\,(60 - 15)] = 1{,}89$ Ohm,

„ spez. Widerstand „ 60° $c_{60} = \frac{1{,}89 \cdot 2{,}5}{228} = 0{,}0208$ oder $\sim 1:48$.

4. Beispiel. Ein Aluminiumdraht von 36 m Länge hat 0,8 Ohm Widerstand. Wie groß ist sein Querschnitt?

Aus $w = \frac{l \cdot c}{q}$ folgt $q = \frac{l \cdot c}{w} = \frac{36 \cdot 0{,}029}{0{,}8} = 1{,}302$ qmm.

5. Beispiel. Von einem Nickelindraht von 0,8 mm Durchmesser sind 5 Ohm abzumessen. Wie lang ist der Draht?

Aus $w = \frac{l \cdot c}{q}$ folgt $l = \frac{w \cdot q}{c} = \frac{5 \cdot 0{,}8^2 \cdot \pi}{0{,}5 \cdot 4} = 5$ m.

6. Beispiel. Ein Wasserwiderstand (Leitungswasser) von 192 Ohm hat als Länge des Stromweges 0,30 m bei einem rechteckigen Querschnitt von 233 mm Breite und 174 mm Tiefe. Welchen Widerstand hat das Wasser auf 1 m Länge und auf 1 qmm Querschnitt?

Aus $w = \frac{l \cdot c}{q}$ folgt $c = \frac{w \cdot q}{l} = \frac{192 \cdot 233 \cdot 174}{0{,}3} = 2{,}59 \times 10^7$.

B. Spannung, Strom und Widerstand in Hintereinanderschaltung. Schickt man durch einen Widerstand w die Stromstärke I, so beansprucht dieser Leiter, wenn keine chemischen, induktiven und kapazitiven Erscheinungen an ihm auftreten, eine Spannung

$$K = I \cdot w, \tag{5}$$

welche zwischen der Strom-Ein- und -Austrittsstelle zu messen ist. Diese Spannung ist ein Spannungsabfall; ein Gegenwert dazu muß von der Stromquelle aufgebracht werden. Die EMK der Stromquelle muß als Einnahme, was der Leiter verbraucht, als ein Teil der Ausgabe des Stromkreises angesehen werden.

Zur Bemessung der Spannung ist als Einheit diejenige Spannung eingeführt worden, das Volt [Z12]) (V), die zwischen Anfang und Ende eines von 1 A durchflossenen Leiters von 1 Ω auftritt.

Hintereinander geschaltete Widerstände (Bild 35 w_1, w_2, w_3, R, dazu der Widerstand der Leitungsdrähte w_{LL}) (Serienschaltung), sind zusammenzuzählen, damit man den Widerstand des Außenkreises erhält.

$$w_a = w_1 + w_2 + w_3 + R + w_{LL}\,. \tag{6}$$

Zu dem Kreise gehört auch der innere Widerstand, das ist der Widerstand der Stromquelle selbst.

Messen kann man Ströme und Klemmenspannungen. Mißt man die Klemmenspannung K_S an den Klemmen einer Stromquelle, die die Stromstärke I führt, und kennt man den inneren Widerstand w_i, so erhält man den Spannungsverlust der Stromquelle als $I \cdot w_i$; die EMK der arbeitenden Stromquelle ist

$$E = K_S + I \cdot w_i \,. \tag{7}$$

Die Summe der Einzelwiderstände des Außenkreises, der äußere Widerstand w_a, vermehrt um den inneren Widerstand w_i, ist der Gesamtwiderstand des Kreises

$$w_g = w_a + w_i \,, \tag{8}$$

und es gilt auch

$$E = I \cdot w_g = I\,(w_a + w_i)\,, \tag{9}$$

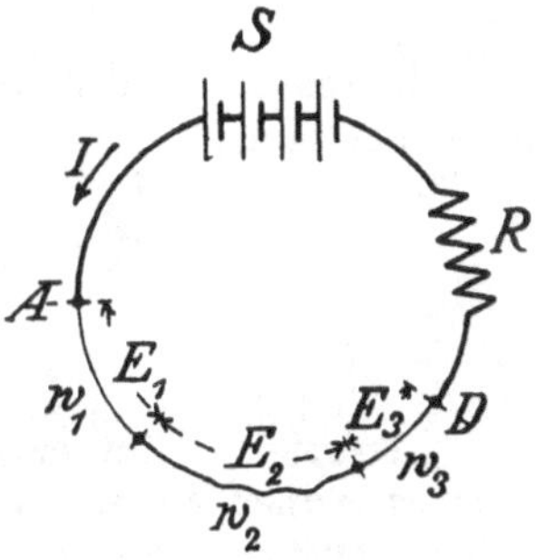

Bild 35.

da $I \cdot w_a = K_S$ nach (5) ist. Sind die Pole der Stromquelle durch eine Leitung (LL in Bild 36) herangeführt, so entsteht von gleichbleibender EMK E der Stromquelle aus bei Entnahme der Stromstärke I an den Leitungsklemmen am Ende der Leitung die Spannung

$$K = E - I\,(w_{LL} + w_i)\,, \tag{10}$$

die zugleich auch die Klemmenspannung des den Strom I führenden Widerstandes R

$$K = I \cdot R \qquad \text{nach (5)}$$

ist. Also K nimmt mit wachsender Stromstärke ab; zur Vergrößerung der Stromstärke muß R verkleinert werden, und zwar um so mehr, je größer w_{LL} und w_i sind. In den Anlagen der Technik wird der innere Widerstand und der Widerstand der Leitungen sehr gering gehalten, damit die Spannungsverluste in den bis zur Verbrauchsstelle führenden Teilen des Stromkreises gering sind. Man hält den Betriebsstrom, wo es nötig ist, gewöhnlich wenn keine elektromotorischen Gegenkräfte auftreten, durch entsprechende Bemessung des Nutzwiderstandes R in Grenzen, während eine Verbindung, bei der der äußere Widerstand zu gering ist, einen unzulässig starken Strom herbeiführen würde, der die Leitungen und die Stromquelle (Dynamomaschine, Transformator bei Wechselstrom) zu stark erwärmen könnte, während Akkumulatoren andere Schäden leiden. Eine unmittelbare Verbindung zweier Punkte heißt ein Kurzschluß. Der in der Betriebsanlage beim Kurzschluß zwischen zwei gegeneinander Spannung führenden Leitungen entstehende starke Strom heißt ein Kurzschlußstrom. Hiermit erklärt sich auch, wie notwendig es ist, Sicherheitseinrichtungen gegen zu hohe Stromstärken zu gebrauchen.

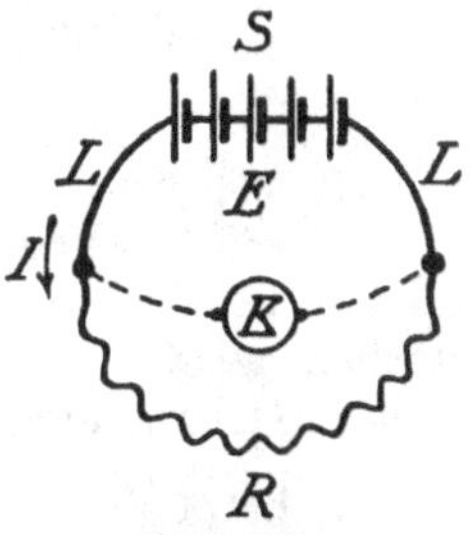

Bild 36.

An hintereinander geschalteten Widerständen gilt: Die Stromstärken sind gleich, die Spannungen an den einzelnen Widerständen sind zusammenzuzählen

$$E_1 + E_2 + E_3 = K_{AD} \text{ (Bild 35).} \qquad (11)$$

Die Spannungen an den einzelnen Widerständen verhalten sich wie die Widerstände

$$\frac{E_1}{E_2} = \frac{I \cdot w_1}{I \cdot w_2} = \frac{w_1}{w_2} \text{ usw. (Bild 35).} \qquad (12)$$

---

7. Beispiel. Ein einzelner Widerstand führt $I = 12$ A, während zwischen seinen Klemmen $K = 3$ V gemessen werden. Wie groß ist der Widerstand?

Der Widerstand beträgt $w = \frac{K}{I} = \frac{3}{12} = 0{,}25\ \Omega$. nach (5)

8. Beispiel. Durch einen Widerstand $w = 11\ \Omega$ sollen $I = 20$ A geschickt werden. Welche Klemmenspannung ist erforderlich?

Die Klemmenspannung muß betragen

$$K = I \cdot w = 20 \cdot 11 = 220 \text{ V}. \qquad (5)$$

9. Beispiel. An $K = 65$ V gleichbleibend zu rechnende Klemmenspannung wird ein Widerstand $R = 2\ \Omega$ gelegt. Welche Stromstärke ist zu erwarten?

Die Stromstärke muß betragen

$$I = \frac{K}{R} = \frac{65}{2} = 32{,}5 \text{ A}. \qquad \text{nach (5)}$$

10. Beispiel. An einem $I = 40$ A führenden Akkumulator werden $K_S = 1{,}980$ V gemessen, während sofort nach der Stromunterbrechung 1,996 V gelesen werden, die als EMK während der Stromlieferung angesehen werden können. Wie groß ist: a) der äußere Widerstand? b) der Gesamtwiderstand? c) der innere Widerstand?

Es beträgt:

a) Der äußere Widerstand

$$w_a = K_S : I = 1{,}980 : 40 = 0{,}0495\ \Omega, \qquad \text{nach (5)}$$

b) der Gesamtwiderstand

$$w_g = E : I = 1{,}996 : 40 = 0{,}0499\ \Omega, \qquad \text{nach (9)}$$

c) der innere Widerstand

$$w_i = w_g - w_a = (E - K_S) : I = 0{,}0499 - 0{,}0495$$
$$= (1{,}996 - 1{,}980) : 40 = 0{,}0004\ \Omega.$$

11. Beispiel. Der innere Widerstand einer Sammlerbatterie, deren EMK E unveränderlich zu 110 V angenommen sei, betrage $w_i = 0{,}02\ \Omega$, der Widerstand einer sich daran anschließenden Leitung $w_{LL} = 0{,}18\ \Omega$. Welche Klemmenspannung am Ende der Leitung ist bei a) $I = 0$ A, b) $I = 10$ A, c) $I = 20$ A zu erwarten?

Es beträgt:

Die Klemmenspannung

$$K = E - I\,(w_{LL} + w_i)\,, \tag{10}$$

a) $= 110 - 0\,(0{,}18 + 0{,}02) = 110$ V bei 0 A,

b) $= 110 - 10\,(0{,}18 + 0{,}02) = 108$ V bei 10 A,

c) $= 110 - 20\,(0{,}18 + 0{,}02) = 106$ V bei 20 A.

12. Beispiel (Hintereinanderschaltung). In Bild 35 betrage $w_1 = 3{,}8\ \Omega$, $w_2 = 5{,}4\ \Omega$, $w_3 = 4{,}6\ \Omega$, $R = 1{,}2\ \Omega$, $w_{LL} = 0{,}16\ \Omega$, $w_i = 0{,}04\ \Omega$ und $K_S = 74{,}5$ V. a) Wie groß ist die Stromstärke? b) Wie groß ist die EMK der Stromquelle. c) Wie groß ist die Klemmenspannung zwischen den Punkten A und D?

Es beträgt:

a) Die Stromstärke

$$I = \frac{K_S}{w_1 + w_2 + w_3 + R + w_{LL}} = \frac{74{,}5}{3{,}8 + 5{,}4 + 4{,}6 + 1{,}2 + 0{,}16} = 4{,}915 \text{ A.}$$

nach (5) u. (6)

b) Die EMK

$$E = K_S + I \cdot w_i = 74{,}5 + 4{,}915 \cdot 0{,}04 = 74{,}697 \text{ V}\,. \tag{7}$$

c) Die Klemmenspannung AD

$$K_{AD} = E_1 + E_2 + E_3 = (w_1 + w_2 + w_3)\,I = K_S - (R + w_{LL})\,I \quad \text{nach (11)}$$

$$= (3{,}8 + 5{,}4 + 4{,}6) \cdot 4{,}915 = 74{,}5 - (1{,}2 + 0{,}16) \cdot 4{,}915 = 67{,}82 \text{ V.}$$

C. Elektromotorische Gegenkraft (EMGK) ist der treibenden EMK des Kreises entgegengeschaltet. Sie hat im Gleichstromgebiet Bedeutung bei der Ladung von Akkumulatoren und im Betrieb von Elektromotoren. Die gleichnamigen Pole beider elektromotorischen Kräfte sind miteinander verbunden. Die größere EMK E_1 ist die treibende, die kleinere E_2 die EMGK. Hier gilt

$$I = \frac{E_1 - E_2}{w_g}\,, \tag{9a}$$

d. h. die Summe der elektromotorischen Kräfte ist algebraisch zu nehmen. Wenn $E_1 = E_2$, so ist $I = 0$. Geringes w_g hat hohes I zur Folge, wenn $E_1 - E_2$ gering.

Eine im Sinne der Uhrzeigerdrehung auftretende Stromstärke und eine im Sinne dieser Stromrichtung treibende EMK ist positiv.

13. Beispiel (Bild 37). Ein Sammler S' werde von der Stromquelle S aus geladen. Die EMK von S sei gleichbleibend zu $E_1 = 10$ V, die EMGK von S' steigend von $E_2 = 2{,}0$ bis 2,7 V angenommen. Der Widerstand von S, S', dem Strommesser A und der Leitungswiderstand werde vernachlässigt. Wie groß muß der durch Zickzacklinie angedeutete Widerstand (R) a) zu Beginn und b) am Ende der Ladung sein, wenn die Stromstärke der Ladung $I = 6$ A betragen soll?

Es beträgt:

a) der anfängliche Widerstand . . . . $R_a = \frac{10 - 2{,}0}{6} = 1{,}333\ \Omega$,

b) der Widerstand am Ende der Ladung $R_b = \frac{10 - 2{,}7}{6} = 1{,}217\ \Omega$.

14. Beispiel. Die EMK einer Stromquelle betrage $E_1 = 220$ V. Im Kreise befinde sich ein bei $I = 6$ A laufender Elektromotor. Sämtliche hintereinander geschaltete Widerstände des Kreises für Stromquelle,

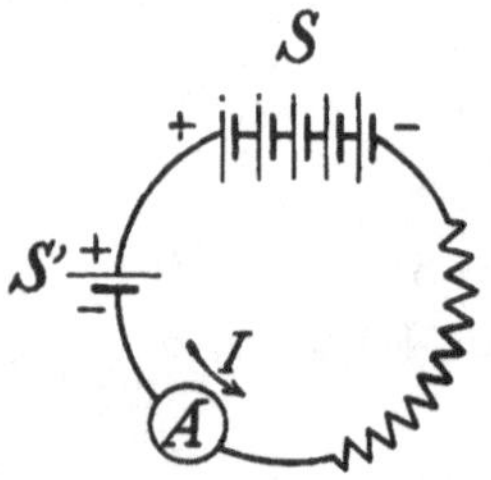

Bild 37. Stromkreis mit gegengeschaltetem Element.

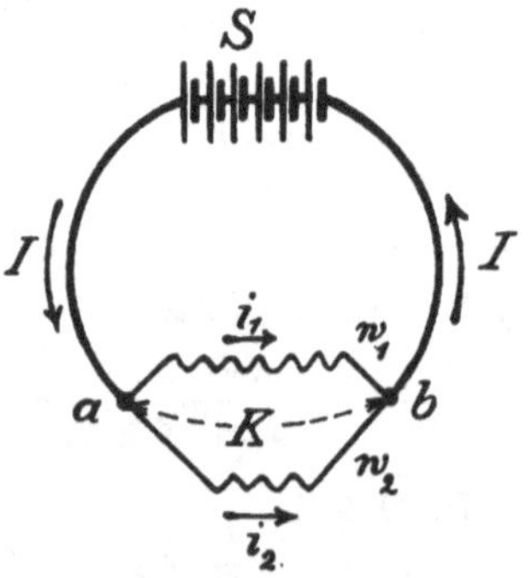

Bild 38. Stromverzweigung.

Leitung und Motor zusammen betragen $w_g = 2{,}4\ \Omega$. Wie groß ist die EMGK des Motors?

Sie beträgt $E_2 = E_1 - I \cdot w_g = 220 - 6 \cdot 2{,}4 = 205{,}6$ V. nach (9a)

D. Nebeneinander geschaltete Widerstände (Bild 38, w_1 und w_2) bilden eine Stromverzweigung (Parallelschaltung). Die Klemmenspannung zwischen den Verzweigungspunkten ist für alle Zweige gleich. Die Summe der Stromstärken der einzelnen Zweige ergibt die Stromstärke im unverzweigten Teil. Die Stromstärken verhalten sich umgekehrt wie die Widerstände. Der Ersatzwiderstand einer Verzweigung wird errechnet, indem die reziproken Werte der Widerstände zusammengezählt werden und diese Summe nochmals reziprok genommen wird.

$$K = i_1 w_1 = i_2 w_2 , \qquad (13)$$

$$I = i_1 + i_2 , \qquad (14)$$

$$\frac{i_1}{i_2} = \frac{w_2}{w_1} , \qquad \text{(aus 13)} \quad (15)$$

$$R = \frac{K}{I} = \frac{1}{\frac{1}{w_1} + \frac{1}{w_2}} \cdot \qquad \text{(aus 13 und 14)} \quad (16)$$

15. Beispiel. In Bild 38 sei der Widerstand der Stromquelle $w_i = 0{,}1\,\Omega$, der Widerstand der Leitung $w_{LL} = 0{,}5\,\Omega$, $w_1 = 2\,\Omega$ und $w_2 = 3\,\Omega$. Die EMK der Batterie betrage gleichbleibend $E = 10$ Volt. Wie groß ist a) die Gesamtstromstärke I des Kreises? b) Die Stromstärke i_1 und i_2 der einzelnen Zweige? c) Die Klemmenspannung K zwischen den Verzweigungspunkten a und b?

Es beträgt:

Der Ersatzwiderstand

$$R = \frac{1}{\frac{1}{w_1} + \frac{1}{w_2}} = \frac{w_1 \cdot w_2}{w_1 + w_2} = \frac{2 \cdot 3}{2 + 3} = \frac{6}{5} = 1{,}2\,\Omega\,. \qquad (16)$$

Der Gesamtwiderstand des Kreises

$$w_g = R + w_{LL} + w_i = 1{,}2 + 0{,}5 + 0{,}1 = 1{,}8\,\Omega\,. \qquad \text{nach } (7)$$

a) Die Stromstärke des Kreises

$$I = \frac{E}{w_g} = \frac{10}{1{,}8} = 5{,}55\cdots = 5^5/_9\ \text{A}\,. \qquad (8)$$

b) Die Stromstärke

$$i_1 = I \cdot \frac{R}{w_1} = 5{,}55 \cdot \frac{1{,}2}{2} = 3{,}33\cdots = 3^3/_9\ \text{A}\,.$$

Die Stromstärke

$$i_2 = I \cdot \frac{R}{w_2} = 5{,}55 \cdot \frac{1{,}2}{3} = 2{,}22\cdots = 2^2/_9\ \text{A}\,. \qquad (15\text{a})$$

Zur Probe . . . . $I = i_1 + i_2 = 5{,}55\cdots = 5^5/_9$ A. (14)

c) Die Klemmenspannung

$$\left.\begin{aligned} K &= E - I\,(w_{LL} + w_i) = 10 - 5{,}55\cdots(0{,}5 + 0{,}1) \\ &= i_1 \cdot w_1 = 3{,}33\cdots 2 = \\ &= i_2 \cdot w_2 = 2{,}22\cdots 3 = 6{,}66\cdots \text{V}\,. \end{aligned}\right\} \qquad (17)$$

Der reziproke Wert des Widerstandes eines Leiters ist der Leitwert, der reziproke Wert des spezifischen Widerstandes eines Stoffes die Leitfähigkeit (z. B. für Kupfer 57). Übungsfrage: Wie lauten die Stromverzweigungsgesetze mit Leitwerten?

Enthalten die Zweige sowohl Widerstände als auch elektromotorische Kräfte (Bild 39), so gilt das Verfahren:

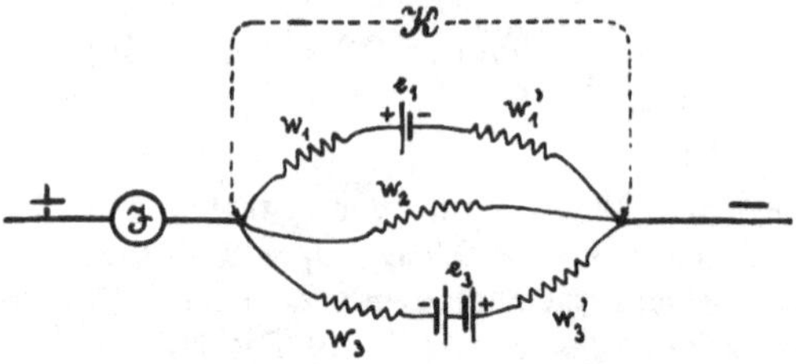

Bild 39. Zweige mit elektromotorischen Kräften.

$$\left.\begin{aligned} i_1 &= \frac{K - e_1}{w_1 + w_1'} \\ i_2 &= \frac{K}{w_2} \\ i_3 &= \frac{K + e_3}{w_3 + w_3'} \end{aligned}\right\} i_1 + i_2 + i_3 = I\,. \quad (18)$$

16. Beispiel. Es sind zwei Akkumulatoren nebeneinander geschaltet, der eine habe $E_1 = 1{,}98$ V, der andere $E_2 = 1{,}96$ V als EMK; der Widerstand des ersten sei $w_1 = 0{,}01\ \Omega$, der des anderen $w_2 = 0{,}012\ \Omega$. Welche Stromstärken führen die einzelnen Akkumulatoren, wenn im Außenkreise $I = 8$ A entnommen werden?

Es gilt: $$E_1 - i_1 \cdot w_1 = E_2 - i_2 \cdot w_2 \;(= K) \text{ und} \qquad (19)$$

$$i_1 + i_2 = I. \qquad (14)$$

Aus (14) $i_1 = I - i_2$ in (19) eingesetzt, ergibt:

$$1{,}98 - (8 - i_2) \cdot 0{,}01 = 1{,}96 - i_2 \cdot 0{,}012;$$

$$i_2\,(0{,}01 + 0{,}012) = 1{,}96 - 1{,}98 + 8 \cdot 0{,}01;$$

$$i_2 = \frac{0{,}06}{0{,}022} = 2{,}73 \text{ A};$$

$$i_1 = 8 - 2{,}73 = 5{,}27 \text{ A}.$$

Die beiden Akkumulatoren führen durch ihre scheinbar geringfügigen Unterschiede wesentlich verschiedene Stromstärken.

17. Beispiel (Bild 40). Zur Vergrößerung des Meßbereichs eines Strommessers wird ein geeigneter Widerstand neben den Strommesser geschaltet. Es sei der Widerstand eines Strommessers vom Meßbereich bis $i_1 = 2$ A bekannt als $w_1 = 0{,}8\ \Omega$. Wie stark muß der Strom i_2 im Nebenschluß im Höchstfalle sein, und welchen Widerstand w_2 muß der Nebenschluß haben, damit bis zu $I = 10$ A gemessen werden kann?

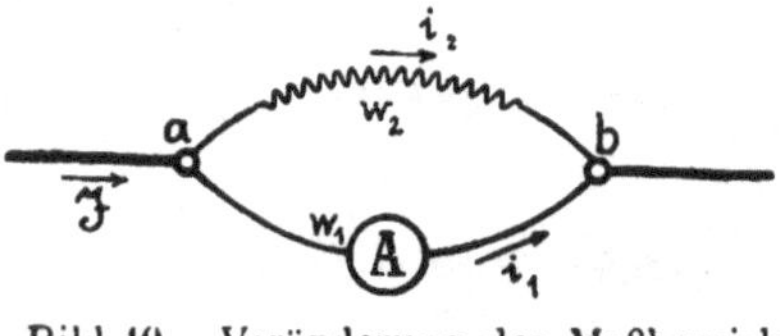

Bild 40. Veränderung des Meßbereichs eines Strommessers.

Es beträgt:

Der Höchststrom im Nebenschluß $i_2 = I - i_1 = 10 - 2 = 8$ A. (14)

Das Verhältnis der Widerstände $\frac{w_1}{w_2} = \frac{i_2}{i_1} = \frac{8}{2} = \frac{4}{1} = \frac{0{,}8}{w_2}$. (15)

Der Nebenschlußwiderstand $w_2 = \frac{0{,}8}{4} = 0{,}2\ \Omega$.

Zum Ver-z-fachen des Meßbereichs eines Strommessers sind $w_2 = \frac{w_1}{z-1}\ \Omega$ nebenzuschalten.

Spannungsmesser liegen meistens im Nebenschluß zu anderen Stromleitern geringeren Widerstandes. Der Widerstand des Spannungsmessers ist sehr groß, daher ist seine Stromstärke verschwindend gegen diejenige des anderen Stromleiters. Je größer der Widerstand des Spannungsmessers, um so mehr verschwindet der Einfluß seiner Zuleitungsdrähte. Je größer der Widerstand eines Spannungsmessers, um so besser ist der Spannungsmesser unter sonst gleichen Verhältnissen. Bei geringen Spannungsmesserwiderständen muß mit der Ersatzformel gerechnet werden, um den Widerstand des parallel geschalteten Leiters aus Stromstärke und Spannung zu bestimmen.

18. Beispielᵛ (Bild 41). Zur Vergrößerung des Meßbereichs eines Spannungsmessers wird ein geeigneter Widerstand hinter den Spannungsmesser geschaltet. Ein Spannungsmesser vom Widerstand $W_1 = 300\ \Omega$ diene unmittelbar zur Messung bis höchstens $e_1 = 3$ V. Wie groß muß die Spannung e_2 im Höchstfalle und wie groß der dahinter geschaltete Widerstand W_2 sein, wenn bis $K = 150$ V gemessen werden soll?

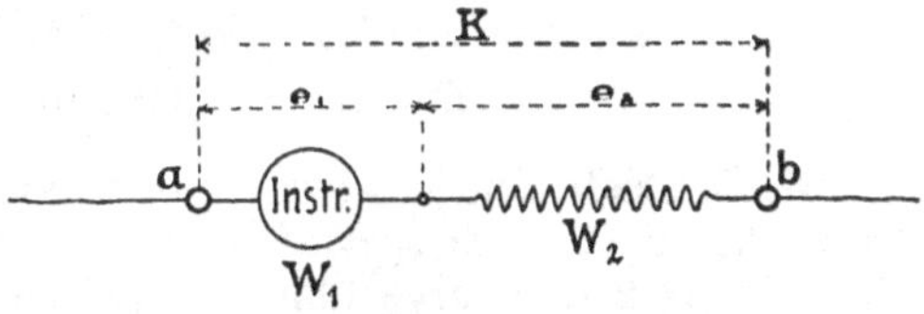

Bild 41. Spannungsmesser-Vorschaltwiderstand.

Es beträgt:

Die Spannung $e_2 = K - e_1 = 150 - 3 = 147$ V. nach (11)

Der Widerstand

$$W_2 = W_1 \cdot \frac{e_2}{e_1} = 300 \cdot \frac{147}{3} = 300 \cdot 49 = 14700\ \Omega. \quad \text{nach (12)}$$

Zum Ver-z-fachen des Meßbereichs eines Spannungsmessers sind $W_2 = W_1 (z-1)\ \Omega$ dahinter zu schalten.

Die Nebeneinanderschaltung hat deshalb große Bedeutung, weil die Stromverbrauchsstellen eines Elektrizitätswerks nebeneinander geschaltet werden. Da die Widerstände der Leitungen gering sind, können die Leitungen am Verbrauchsort als die Klemmen der Stromquelle angesehen werden. Daher muß durch die Beschaffenheit jedes Stromzweiges dafür gesorgt sein, daß er die Stromstärke in den nötigen Grenzen hält. So werden z. B. Glühlampen, Heizkörper und Motoren für bestimmte Spannungen gebaut. Glühlampen und Heizkörper halten durch bestimmte Bemessung des Widerstandes den Strom auf den zulässigen Wert. Die Stromstärken der einzelnen Lampen addieren sich. Je mehr Lampen eingeschaltet werden, um so geringer wird der Widerstand der Verzweigung. Auch addieren sich die Stromstärken der einzelnen Verbrauchsgruppen, so daß in den Anlagen ohne Umspannung die Stromquelle die

Summe aller Stromstärken der einzelnen Stromverbraucher führt. Bei der Nebeneinanderschaltung an Leitungen geringen Widerstandes ist jeder Stromzweig vom anderen fast unabhängig, so daß die Stromverbraucher nach Bedarf ein- und ausgeschaltet werden können, ohne andere zu stören.

19. Beispiel. In einem Hause werden $z = 100$ gleiche Glühlampen zu $K = 222$ V und $i = 0{,}225$ A gleichzeitig gebraucht. Welche Stromstärke führt die Zuleitung? Welchen Widerstand hat die einzelne Lampe und die Stromverzweigung des ganzen Hauses?

Es beträgt:

Die Stromstärke in der Zuleitung

$$I = z \cdot i = 100 \cdot 0{,}225 = 22{,}5 \text{ A} . \qquad \text{nach (14)}$$

Der Widerstand der einzelnen Lampe

$$W = K : i = 222 : 0{,}225 = 988 \, \Omega .$$

Der Ersatzwiderstand der Verzweigung

$$R = W : z = 988 : 100 = 9{,}88 \, \Omega . \qquad \text{nach (16)}$$

20. Beispiel. Ein Kraftwerk gibt an drei Häuser in einem bestimmten Augenblick die Ströme $i_1 = 20$, $i_2 = 25$ und $i_3 = 30$ A durch eine Leitung ab. Welche Stromstärke führt die Leitung a) zwischen Kraftwerk und 1. Abzweig? b) zwischen 1. und 2. Abzweig? c) hinter dem 2. Abzweig?

Es beträgt:

Die Stromstärke im Teile a) $i_a = i_1 + i_2 + i_3 = 20 + 25 + 30 = 75$ A,

„ „ „ „ b) $i_b = i_2 + i_3 = 25 + 30 = 55$ A,

„ „ „ „ c) $i_c = i_3 = 30$ A.

E. Wheatstonesche Brücke. Nach Bild 42 kann ein unbekannter Widerstand x durch Vergleich mit einem bekannten Widerstande w, einem Rheostaten, gemessen werden, indem der Ausschlag eines Galvanometers durch Verschieben eines Schleifkontaktes auf einem Meßdraht gleich Null gemacht wird. Die Leitung des eingestellten Galvanometers verbindet somit zwei Punkte, zwischen denen die Spannung Null herrscht (die Punkte liegen auf gleichem Potential). Da der Meßdraht auf jedem Zentimeter gleichen Widerstand hat, kann an ihm das Verhältnis der Widerstände $w_a : w_b$ dem Verhältnis der Längen $a : b$ gleichgesetzt werden. Die Stromlosigkeit des Galvanometers tritt auf, wenn

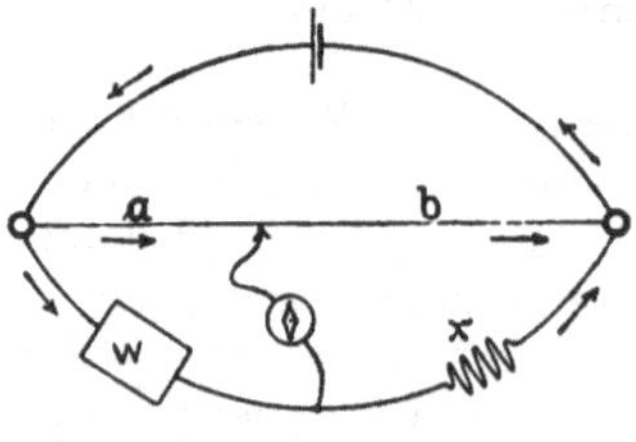

Bild 42. Wheatstonesche Brücke.

$$\frac{w}{x} = \frac{a}{b} \qquad \text{(vgl. 12)} \quad (20)$$

ist; in diesem Falle werden in a und w gleiche Spannungen und entsprechend auch in b und x gleiche Spannungen verbraucht.

21. Beispiel. Bei $w = 200\ \Omega$ hat der Teil des Meßdrahtes auf Seite von w die Länge $a = 586$ mm, derjenige auf Seite einer Kohleglühlampe x beträgt $b = 414$ mm. Wie groß ist der Widerstand der Glühlampe?

Er beträgt

$$x = w \cdot \frac{b}{a} = 200 \cdot \frac{414}{586} = 141{,}1\ \Omega. \qquad \text{nach (20)}$$

Die Wheatstonesche[Z35]) Brücke wird viel angewendet, auch um andere Messungen auf Widerstandsmessungen zurückzuführen, so z. B. beim Rauchgasprüfer von Siemens & Halske: Die Wärmeleitvermögen der Rauchgasbestandteile N, O und CO sind beträchtlich höher als dasjenige von CO_2. Wird dasjenige der Luft gleich 100 gesetzt, so bleiben die erstgenannten ebenfalls in der Nähe von 100, während dasjenige des CO_2 sich auf 59 beläuft. Daher kann die Messung des CO_2-Gehaltes durch ein mit dem Wärmeleitvermögen arbeitendes Verfahren ersetzt werden. Die vier Teile a, b, w und x der Schaltung (Bild 42) werden durch dünne Platindrähte gebildet, die durch vier Bohrlöcher eines Metallklotzes gespannt sind. Durch die Bohrungen der Drähte a und x wird Luft, durch die Bohrungen von b und w das Rauchgas geführt. Die Stromquelle erwärmt die Platindrähte mäßig. In dem schlechter wärmeleitenden Rauchgas erwärmen sich dabei die Drähte mehr und erhalten dadurch größeren Widerstand. Das Blatt des Galvanometers kann nach CO_2-Gehalt eingeteilt werden. In der Zuleitung zur Verzweigung befindet sich ein Strommesser und ein veränderlicher Widerstand zum Einstellen der konstanten vorgeschriebenen Stromstärke.

Zum Messen des CO-Gehaltes dient eine ähnliche Anordnung, nur ist die Temperatur der Platindrähte so hoch, daß das CO in der Nähe des Drahtes zu CO_2 verbrennt. Die im Rauchgas liegenden Drähte werden weniger durch schlechte Wärmeleitung, als vielmehr durch die Verbrennung des CO höher erhitzt, als die in Luft gespannten Drähte.

Liegen ganze Netze mit elektromotorischen Kräften und Widerständen an beliebigen Stellen vor, so können die von Kirchhoff[Z37]) angegebenen Regeln für die Berechnung zu einem Gleichungsaufbau herangezogen werden:

1. Entlang jeder Masche ist die algebraische Summe sämtlicher EMKe (Einnahme und Ausgabe) gleich Null.

2. An jedem Knotenpunkt ist die algebraische Summe sämtlicher Stromstärken (zu- und abfließender Ströme) gleich Null.

5. Die Stromwärme

wurde mit einer Versuchsanordnung nach Bild 43 gemessen, indem Drahtlocken des Widerstandes w, $2\,w$ und $3\,w$ nacheinander in einem luftdicht verschlossenen Glaskolben mit den Stromstärken 1, 2 und 3 A

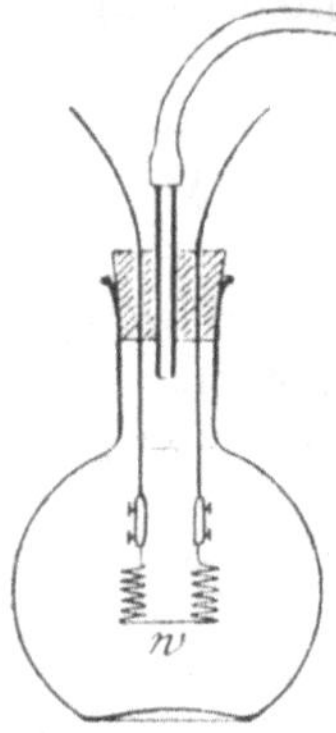

Bild 43. Anordnung zur Erläuterung des Jouleschen Gesetzes.

belastet wurden. Nach Gay-Lussac ist die Raumdifferenz einer Gasmenge unter gleichem Druck zur Temperaturdifferenz verhältnisgleich. Daraus folgt: Ein an den Kolben angeschlossener Alkoholfaden wandert zwischen einer Anfangs- und Endstellung im gleichen Maße wie die vom Kolbeninnern aufgenommene Wärmemenge.

Es ergaben sich die Wege des Fadens:

in	bei	beim Widerstand w	beim Widerstand $2\,w$	beim Widerstand $3\,w$
	1 A	10 mm	20 mm	30 mm
10 Sek.	2	40	80	120
	3	90	180	270
	1 A	20 mm	40 mm	60 mm
20 Sek.	2	80	160	240
	3	180		
	1 A	30 mm	60 mm	90 mm
30 Sek.	2	120	240	
	3	270		

Die Versuchsreihe zeigt, daß die Wärmemenge im gleichen Verhältnis zur Zeit und zum Widerstand und im quadratischen Verhältnis zur Stromstärke auftritt.

Das Joulesche[Z 31]) Gesetz behandelt die Rechnung mit diesen Erscheinungen:

$$Q = i^2 \cdot w \cdot t\,; \tag{21}$$

dabei bedeutet i die Stromstärke in Ampere, w den Widerstand in Ω, t die Zeit in Sekunden und Q die Wärmemenge in Joule (J), wobei 1 Joule die in einem Leiter von 1 Ω bei 1 A in 1 Sek. entwickelte Wärmemenge ist.

$$4189 \text{ Joule} = 1 \text{ Kalorie (kcal)}. \tag{22}$$

Da 1 Kalorie = 427 mkg ist, wenn Wärme in mechanische Arbeit oder Arbeit in Wärme umgesetzt wird, so gilt auch für die Arbeit:

$$A = \frac{427}{4189} \cdot i^2 \cdot w \cdot t = \frac{1}{9{,}81} \cdot i^2 \cdot w \cdot t \quad \text{mkg}, \tag{23}$$

oder 1 mkg ist gleichwertig 9,81 Joule.

Zusammen mit dem Ohmschen Gesetz $K = i \cdot w$ gilt, wenn an einem Leiterteil nur Wärme erzeugt wird, demnach auch:

$$Q = K \cdot i \cdot t \quad \text{J}; \tag{24}$$

zugleich gilt aber auch dieser Ausdruck für die Arbeit des elektrischen Stromes, zunächst nur für Gleichstrom, wenn außer Wärmemengen auch andere Stromwirkungen auftreten, die mit Arbeitsabgabe verbunden sind. Dazu gehört die chemische Wirkung (z. B. beim Laden von Sammlern) und die Arbeitsabgabe eines elektrischen Betreibers, beides Erscheinungen, die mit elektromotorischen Gegenkräften auftreten. Hierzu gehört aber nicht die dauernde Magnetisierung eines Raumes (gleichgültig ob mit oder ohne Eisen), bei der nur Arbeit in Form von Wärme durch den Widerstand (z. B. der Spulen) abgegeben wird. Also es gilt

$$A = \frac{1}{9{,}81} \cdot K \cdot i \cdot t \quad \text{mkg}. \tag{25}$$

Nur die Wärmemenge $i^2 \cdot w \cdot t$ (Joulesche Wärme) gewöhnlicher Leiter entspricht vollkommen der zugeführten elektrischen Arbeit. Die chemische und mechanische Arbeit ist stets nur ein Teil der zugeführten elektrischen Arbeit, schon da keine Einrichtung den Widerstand Null hat; ein Teil der zugeführten Arbeit tritt also immer als Wärmemenge auf, ein anderer als chemische oder mechanische Arbeit. Da es aber bei solchen Einrichtungen gewöhnlich auf die Wärmemenge nicht ankommt, betrachtet man diesen Teil der Arbeit als Verlust, den anderen als Nutzarbeit und drückt das Verhältnis der Nutzarbeit zur aufgewendeten Arbeit durch den Wirkungsgrad η aus, der stets < 1 ist. Betrachtet man nun A als die aufgewendete Arbeit, die z. B. ein Motor bezieht, so ist obige Formel richtig, seine Nutzarbeit beträgt aber nur

$$A_2 = \frac{\eta}{9{,}81} \cdot K \cdot i \cdot t \quad \text{mkg}; \tag{26}$$

ähnlich liegen aber auch die Dinge bei einem Akkumulator, der ein Arbeitsspeicher ist, nur führt man im Zeitraum der Ladung elektrische Arbeit zu, während die Entladearbeit Nutzarbeit ist. Auch hier gilt ein Wirkungsgrad. Das Produkt aus der EMGK und der Stromstärke einer der genannten Einrichtungen kommt, mit der Zeit multipliziert, der Nutzarbeit schon näher.

6. Die Leistung

ist bei zeitlich gleichmäßig fortschreitender Arbeitsübertragung die in der Zeiteinheit übertragene Arbeit. Hierdurch wird in obigen Ausdrücken der Faktor $t = 1$, und es gilt:

$$L = K \cdot i\,, \tag{27}$$

wobei K und i gleichzeitig auftretende Werte der Klemmenspannung und der Stromstärke an einem Stromkreise, zunächst aber nur für Gleichstrom, bedeuten. Die Leistungseinheit, die z. B. auftritt, wenn ein Stromleiter zwischen zwei Punkten 1 V führt, zwischen denen ein Strom 1 A fließt (zunächst nur für Gleichstrom), ist das Watt (W), und es gilt hiernach:

$$L = K \cdot i \quad \mathrm{W}\,, \tag{27}$$

$$L = \frac{K \cdot i}{9{,}81} \quad \text{und} \quad L_2 = \frac{\eta \cdot K \cdot i}{9{,}81} \ \mathrm{mkg/sk}\,, \tag{28}$$

oder 1 mkg/Sekunde ist gleichwertig 9,81 Watt.

Tausend Watt sind ein Kilowatt (kW), 75 mkg/sk eine Pferdestärke (PS), demnach gilt auch:

$$L = \frac{K \cdot i}{1000}\ \mathrm{kW}\,, \quad N = \frac{K \cdot i}{9{,}81 \cdot 75} = \frac{K \cdot i}{736}\ \mathrm{PS}\,, \tag{29}$$

oder N PS sind gleichwertig $N \cdot 736$ Watt.

Wird elektrische Leistung nur in Joulesche Wärme umgesetzt, so gilt auch:

$$L = i^2 \cdot w\,, \tag{30}$$

da $K = i\,w$ ist (5).

Werden einer Einrichtung vom Wirkungsgrade η in elektrischer Form L W zugeführt, so erhält man

$$N_2 = \frac{L \cdot \eta}{736}\ \mathrm{PS} \tag{31}$$

Nutzleistung, oder soll eine Einrichtung N_2 PS Nutzleistung abgeben, so muß man

$$L = \frac{N_2 \cdot 736}{\eta}\ \mathrm{W} \tag{32}$$

elektrisch zuführen.

7. Die Arbeit.

Das Produkt einer Leistung L und des Zeitraumes t, während dessen sie aufgetreten ist, ergibt eine Arbeit. Größere Arbeiten werden gemessen in Kilowattstunden (kWh)*, kleinere in Wattsekunden (Wsk). In Joule werden nur Wärmemengen ausgedrückt, während Arbeit jeder

* hora (lateinisch) die Stunde.

Form in Wattsekunden ausgedrückt werden kann, im übrigen sind das Joule und die Wattsekunde gleichwertig.

$$A = L \cdot t. \tag{33}$$

Für den Wirkungsgrad braucht der Zeitraum der Arbeits- oder Leistungsaufnahme nicht zusammenzufallen mit dem Zeitraum der Arbeits- oder Leistungsabgabe, wie beim Akkumulator; im Wechselstromgebiet gilt das auch beim Umspanner, dem das ganze Jahr hindurch Leistung zugeführt und nur zeitweilig Leistung entnommen wird. Der Wirkungsgrad über eine bestimmte Zeit ist der Quotient aus der Summe der zugeführten und der Summe der entnommenen Arbeiten über diesen Zeitraum.

---

22. Beispiel. Welche Leistung verbraucht eine Glühlampe, die bei $K = 110$ V von $i = 0{,}455$ A durchflossen wird? Welche Wärmemenge und Arbeit beansprucht diese Lampe, wenn sie eine Stunde lang brennt?

Es beträgt:

Der Leistungsverbrauch:

$$L = K \cdot i = 110 \cdot 0{,}455 = 50 \text{ W}. \tag{27}$$

Der Wärmeverbrauch:

$$Q = L \cdot t = 50 \cdot 3600 = 180000 \text{ J} \quad \text{oder} \quad \frac{180\,000}{4189} = 43 \text{ kcal}.$$

Der Arbeitsverbrauch:

$$A = Q_J : 9{,}81 = 180000 : 9{,}81 = 18\,350 \text{ mkg}.$$

23. Beispiel. Eine Spule, deren Kupfergewicht $P = 0{,}2$ kg und deren Widerstand $w = 1{,}5\ \Omega$ beträgt, soll kurze Zeit hindurch von einem starken Strom durchflossen sein, den sie nicht dauernd verträgt. Die entwickelte Wärmemenge soll vom Kupfer der Spule aufgenommen werden. Die Ausgangstemperatur betrage $\tau_1 = 15^0$, die höchstzulässige Temperatur $\tau_2 = 85^0$. Wie lange dürfen $i = 30$ A durch diese Spule fließen, wenn die spezifische Wärme des Kupfers zu $\sigma = 0{,}093$ gerechnet wird?

Es beträgt:

Die aufnehmbare Wärmemenge:

$$Q = P \cdot (\tau_2 - \tau_1) \cdot \sigma = 0{,}2 \cdot (85 - 15) \cdot 0{,}093 = 1{,}303 \text{ kcal} \tag{34}$$

oder

$$1{,}303 \cdot 4189 = 5458 \text{ J}.$$

Die zulässige Stromdauer:

$$t = \frac{Q_J}{i^2 \cdot w} = \frac{5458}{30^2 \cdot 1{,}5} = 4{,}04 \text{ Sekunden.} \qquad \text{aus (21)}$$

24. Beispiel. Zur Heizung eines Straßenbahnwagens sollen in 1 Stunde $Q = 1000$ kcal durch einen Strom entwickelt werden, der von

$K = 500$ V entnommen wird. Welche Stromstärke braucht die Heizung und wie groß ist der erforderliche Wert des Heizwiderstandes?

Es beträgt:

Die Stromstärke $i = \frac{Q \cdot 4189}{K \cdot t} = \frac{1000 \cdot 4189}{500 \cdot 3600} = 2{,}33$ A.

Der Widerstand des Heizkörpers $w = K : i = 500 : 2{,}33 = 215{,}5\ \Omega$.

25. Beispiel. Eine Beleuchtungsanlage erfordert bei $K = 110$ V $i = 30$ A. Wie groß ist die Nutzleistung an den Klemmen der Anlage und wie groß ist die aufgewendete Leistung einer Antriebsmaschine, wenn der Wirkungsgrad vom Schwungrad bis zu den Klemmen der Anlage $\eta = 0{,}74$ betragen möge?

Es beträgt:

Die Nutzleistung $L_2 = K \cdot i = 110 \cdot 30 = 3300$ W. (27)

Die aufgewendete Leistung $N = \frac{L_2}{736 \cdot \eta} = \frac{3300}{736 \cdot 0{,}74} = 6{,}05$ PS. (35)

Ein Leiter nimmt bei Durchgang eines Dauerstromes diejenige Temperatur an, bei der in der Zeiteinheit ebensoviel Wärmemenge in die Umgebung abströmt, als der Strom zuführt. Wenn ein solcher Dauerzustand erreicht ist, gilt:

Als zulässigen Wärmeumsatz auf 1 qcm frischluftbespülte Oberfläche rechnet man für blank auf Porzellan usw. verlegte Drähte, die $\sim 200^0$ warm werden dürfen, ~ 1 W, für Spulen aus baumwollisolierten Draht, die $\sim 70^0$ warm werden dürfen, $\sim 0{,}1$ W.

26. Beispiel. Ein blanker Nickelindraht ($c = 0{,}4$) von $d = 1{,}5$ mm Durchmesser sei auf einen Porzellanzylinder vom mittleren Durchmesser $D = 7$ cm, $h = 2$ mm Ganghöhe des Gewindes und $H = 14$ cm freier bewickelter Höhe aufgebracht. Welche Stromstärke verträgt nach obigem Grundsatz der Widerstand?

Es beträgt:

Die Länge des Drahtes:

$$l = D \cdot \pi \cdot \frac{H}{h} = 7 \cdot \pi \cdot \frac{140}{2} = 1540 \text{ cm} \quad \text{oder} \quad 15{,}4 \text{ m}.$$

Der Querschnitt des Drahtes: $q = d^2 \cdot \frac{\pi}{4} = 1{,}5^2 \cdot \frac{\pi}{4} = 1{,}76$ qmm.

Der Widerstand des Drahtes: $w = \frac{l \cdot c}{q} = \frac{15{,}4 \cdot 0{,}4}{1{,}76} = 3{,}5\ \Omega$.

Die Oberfläche des Zylinders: $F = D \cdot \pi \cdot H = 7 \cdot \pi \cdot 14 = 308$ qcm.

Der zulässige Wärmeumsatz: $L = F \cdot 1 = 308$ W.

Die zulässige Stromstärke: $i = \sqrt{\frac{L}{w}} = \sqrt{\frac{308}{3{,}5}} = 9{,}4$ A. nach (30)

27. Beispiel. An einer Spule, deren Draht $d_{Cu} = 2$ mm Kupferdurchmesser und $d_a = 2{,}5$ mm Außendurchmesser aufweist, mißt man innen zwischen den Windungen $D_i = 30$ mm lichten Durchmesser, während die äußersten Windungen $D_a = 50$ mm Außendurchmesser aufweisen. In Richtung der Achse besitze die Spule eine Höhe $H = 90$ mm. Wie groß ist der Widerstand der Spule und welche Stromstärke verträgt die Spule nach obigem Grundsatz, wenn ihre Mantelfläche allein zur Kühlung in Rechnung gezogen werden soll, für warmes Kupfer bei $c = 1:48$?

Es beträgt:

Die Zahl der Schichten des Drahtes: $z_1 = \dfrac{D_a - D_i}{2 \cdot d_a} = \dfrac{50 - 30}{2 \cdot 2{,}5} = 4$.

Die Zahl der Windungen einer Schicht: $z_2 = H : d_a = 90 : 2{,}5 = 36$.

Die Zahl der Windungen der Spule: $z = z_1 \cdot z_2 = 4 \cdot 36 = 144$.

Der mittl. Windungsdurchmesser: $D = \dfrac{D_a + D_i}{2} = \dfrac{50 + 30}{2} = 40$ mm.

Die Drahtlänge der Spule:

$$l = z \cdot D \cdot \pi = 144 \cdot 40 \cdot \pi = 18100 \text{ mm oder } 18{,}1 \text{ m}.$$

Der Widerstand der Spule: $w = \dfrac{l \cdot c}{q} = \dfrac{18{,}1}{\pi \cdot 48} = 0{,}12\ \Omega$.

Die Mantelfläche der Spule: $F = D_a \cdot \pi \cdot H = 5 \cdot \pi \cdot 9 = 141$ qcm.

Der zulässige Wärmeumsatz: $L = F \cdot 0{,}1 = 14{,}1$ W.

Die zulässige Stromstärke: $i = \sqrt{\dfrac{L}{w}} = \sqrt{\dfrac{14{,}1}{0{,}12}} = 10{,}85$ A. nach (30)

Vom Strom erwärmte Wicklungen sind im Innern stets wärmer als außen, da in jedem Querschnitt die Wärmezufuhr in der Zeiteinheit die gleiche, die Wärmeabfuhr aber an der Oberfläche wesentlich größer, als für die inneren Teile ist. Eine Temperaturmessung durch Anlegen eines Thermometers läßt daher den Wärmegrad viel zu niedrig erscheinen, während aus zwei Widerstandsmessungen, kalt und warm, ein besser brauchbares Mittel der Temperatur erhalten wird. Aber auch beim Gebrauch dieses Mittels ist zu beachten, daß innere Teile wärmer sind, als der gemessene Wert.

28. Beispiel. Eine Kupferspule habe bei $t_1 = 18^0$ $w_{t_1} = 50\ \Omega$, nach längerer Benutzung $w_{t_2} = 62\ \Omega$. Welcher Mittelwert der Temperatur t_2 ergibt sich daraus?

Aus $w_{t_2} = w_{t_1}[1 + \alpha(t_2 - t_1)]$ (4)

folgt

$$t_2 = t_1 + \frac{w_{t_2} - w_{t_1}}{\alpha \cdot w_{t_1}} = 18 + \frac{62 - 50}{0{,}004 \cdot 50} = 78^0. \qquad (36)$$

29. Beispiel (Bild 44). Von einem Kraftwerk aus, dessen Spannung vom Ausgangspunkt der Leitung aus $K_a = 550$ V beträgt, sollen $N_2 = 48$ PS abgegeben werden, und zwar so, daß die Spannung am Endpunkt der Leitung an den Klemmen des Betreibers, dessen Wirkungsgrad

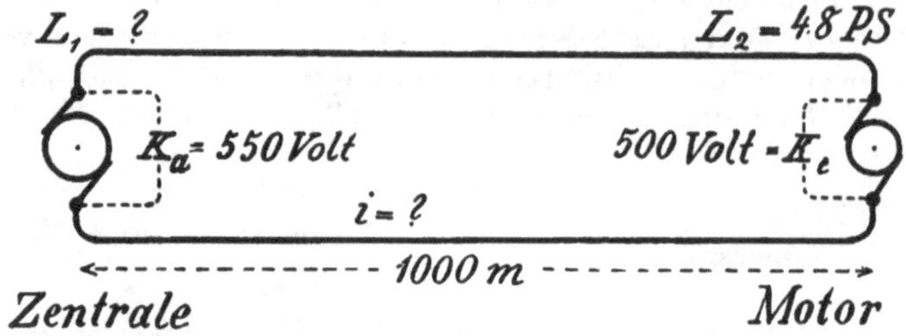

Bild 44. Übertragung.

$\eta_B = 0{,}872$ sei, $K_e = 500$ V betragen möge. Einmal gemessen sei die Strecke der Leitung $l' = 1$ km lang. Wie groß muß der Querschnitt der Kupferleitung sein? Welche Leistung tritt am Ausgangspunkt der Leitung auf? Wie groß ist der Wirkungsgrad der Leitung?

Es beträgt:

Die Stromstärke: $i = \frac{N_2 \cdot 736}{K_e \cdot \eta_B} = \frac{48 \cdot 736}{500 \cdot 0{,}872} = 81 \text{ A}.$ nach (32)

Der Widerstand der Leitung:

$$w = (K_a - K_e) : i = (550 - 500) : 81 = 0{,}617\ \Omega .$$

Der Querschnitt der Leitung: $q = \frac{2 \cdot l' \cdot c}{w} = \frac{2 \cdot 1000}{0{,}617 \cdot 57} = 56{,}8$ qmm.

Die Ausgangsleistung: $L_1 = K_a \cdot i = 550 \cdot 81 = 44\,600$ W.

Der Wirkungsgrad der Leitung:

$$\eta_L = \frac{N_2 \cdot 736}{\eta_B \cdot L_1} = \frac{48 \cdot 736}{0{,}872 \cdot 44\,600} = \frac{K_e}{K_a} = \frac{500}{550} = 0{,}91 .$$

30. Beispiel. Eine Wasserkraftanlage hat zwischen Ober- und Unterwasserspiegel eine Stauhöhe $H = 8$ m bei einer Wasserstromstärke $j = 12$ cbm/sk. Wieviel Glühlampen zu $L' = 50$ W können mit diesem Werk betrieben werden, wenn sein Wirkungsgrad $\eta = 0{,}76$ sein möge?

Es beträgt:

Die im Wasser enthaltene Leistung:

$$L_1 = H \cdot j \cdot 9{,}81 \cdot 1000 = 8 \cdot 12 \cdot 9810 = 941\,800 \text{ W}. \qquad (37)$$

Die Nutzleistung an den Glühlampen:

$$L_2 = L_1 \cdot \eta = 941\,800 \cdot 0{,}76 = 715\,700 \text{ W}.$$

Die Zahl der Glühlampen: $z = L_2 : L' = 715\,700 : 50 = 14\,314.$

31. Beispiel. Eine Last $P = 5000$ kg soll mit $v = 0{,}06$ m/sk gehoben werden. Welche Stromstärke nimmt der Motor aus einer Gleichstromanlage, deren Spannung unveränderlich $K = 500$ V betragen möge, bei der gegebenen Belastung auf, wenn hierbei der Wirkungsgrad von Motor und Hebezeug zusammen $\eta = 0{,}58$ sei?

Es beträgt:

Die Nutzleistung: $L_2 = P \cdot v \cdot 9{,}81 = 5000 \cdot 0{,}06 \cdot 9{,}81 = 2943$ W. (38)

Die aufgenommene Leistung: $L_1 = L_2 : \eta = 2943 : 0{,}58 = 5050$ W.

Die Stromstärke: $i = L_1 : K = 5050 : 500 = 10{,}1$ A.

8. Der Anschlußwert.

Unter dem Anschlußwert eines Kraftwerkes versteht man die Summe des Leistungsbedarfes (kW) aller daran angeschlossener Verbrauchsmittel. Die Benutzungsdauer ist die Bruchzahl aus der im Jahre gelieferten elektrischen Arbeit (kWh als Zähler) und der größten verfügbaren Leistung des Werkes (kW als Nenner).

32. Beispiel. An ein Kraftwerk sind 50000 kW angeschlossen, während die größte verfügbare Leistung des Werkes 30000 kW beträgt. Wie groß ist die Benutzungsdauer des Werkes, wenn im Jahre $36 \cdot 10^6$ kWh abgegeben worden sind? Wieviel Stunden im Jahre müßte jeder Stromverbraucher mit seiner vollen Leistungsentnahme eingeschaltet sein, damit die Jahresarbeit herauskommt?

Es beträgt:

Die Benutzungsdauer des Kraftwerkes:

$$t = \frac{36 \cdot 10^6}{30000} = 1200 \text{ Stunden.}$$

Die Betriebszeit bezogen auf den Anschlußwert:

$$t' = \frac{36 \cdot 10^6}{50000} = 720 \text{ Stunden.}$$

V. Leitungen und Zubehör.

1. Zweck der Leitungen.

Leitungen sollen elektrische Leistungen wirtschaftlich günstig vom einen Ort zum anderen übertragen. Unter welcher Voraussetzung können verschiedene Leitermetalle miteinander in Wettbewerb treten? Zwei Leitungsdrähte gleicher Länge l und gleichen Widerstandes w müssen dieselben Metallkosten M bereiten; gilt die 1 für den einen, die 2 für den anderen Stoff, so heißt das:

Aus $w = \frac{l \cdot c_1}{q_1} = \frac{l \cdot c_2}{q_2}$ folgt $q_1 = q_2 \cdot \frac{c_1}{c_2}$, da l sich hebt.

Das in die Gleichung der Kosten

$M = l \cdot q_1 \cdot \gamma_1 \cdot k_1 = l \cdot q_2 \cdot \gamma_2 \cdot k_2$, (39) wobei γ = spez. Gewicht,
k = Kosten der Gewichtseinheit,

eingesetzt, ergibt:

$$q_2 \cdot \frac{c_1}{c_2} \cdot \gamma_1 \cdot k_1 = q_2 \cdot \gamma_2 \cdot k_2 ;$$

oder es muß sein:

$$c_1 \cdot \gamma_1 \cdot k_1 = c_2 \cdot \gamma_2 \cdot k_2 . \qquad (40)$$

Nach diesem Grundsatz kommen für Leitungen in Frage Kupfer, Bronzen, Aluminium, Zink und Eisen. Andere Gründe schließen Zink und Eisen fast aus, so daß sie nur als Notmetalle gelten.

33. Beispiel. Kann Eisen als Leitermetall gegen Kupfer in Frage kommen, wenn die Preise der Gewichtseinheiten sich verhalten wie 1:5,5?

Die Einsetzung der zugehörigen Werte für Eisen (1) und Kupfer (2) ergibt: Es muß sein

$$\frac{k_1}{k_2} = \frac{s_2 \cdot c_2}{s_1 \cdot c_1} = \frac{8{,}9 \cdot 0{,}0175}{7{,}8 \cdot 0{,}135} = \frac{1}{6{,}76} \quad \text{oder} \quad \frac{0{,}813}{5{,}5},$$

also kann das Eisen bei dem gegebenen Preisverhältnis nicht mit dem Kupfer in Wettbewerb treten, es muß vielmehr auf das 0,813 fache seines Preises herabgesetzt werden.

2. Ausgangsspannung, Spannungsverlust, Endspannung.

Der Widerstand einer Leitung w_{LL} ist die Summe der Widerstände w_h der Hin- und w_r der Rückleitung

$$w_{LL} = w_h + w_r = \frac{l_h \cdot c_h}{q_h} + \frac{l_r \cdot c_r}{q_r} ; \qquad (41)$$

sind Hin- und Rückleitung gleich und bedeutet l die in Hin- und Rückleitung zusammen in Hintereinanderschaltung durchflossene Drahtlänge, l' die einzelne Drahtlänge der Hin- oder Rückleitung und q den einzelnen Leitungsquerschnitt der Hin- oder Rückleitung, so wird

$$w_{LL} = \frac{l \cdot c}{q} = \frac{2\, l' c}{q}; \qquad (42)$$

bei der Stromstärke i ist der Spannungsverlust der Leitung (Gleichstrom*):

$$e_v = i \cdot w_{LL} = \frac{l\, i\, c}{q} = \frac{2 l' i\, c}{q} \qquad (43)$$

* Alle weiteren Rechnungen auch dieses Abschnittes beziehen sich auf Gleichstrom. Wird eine Wechselstromanlage nur mit Glühlampen belastet, dagegen nicht mit Spulen, Transformatoren und Motoren, so liegen die Verhältnisse ähnlich, so daß auch Ergebnisse dieses Abschnittes dem Sinne nach auf Wechselstromanlagen übertragen werden können, soweit das geschehen ist; nach diesem Abschnitt errechnete Zahlen würden aber auf größere Wechselstromanlagen in den meisten Fällen nicht angewendet werden können. Die Wechselstromrechnungen sind unter XI. des Buches behandelt.

oder für einen bestimmten Spannungsverlust bei der Stromstärke i muß der Leitungsquerschnitt betragen

$$q = \frac{l\,i\,c}{e_v} = \frac{2\,l'\,i\,c}{e_v} \,. \tag{44}$$

Der Spannungsverlust ist die Differenz der Ausgangsspannung K_a und der Endspannung K_e

$$e_v = K_a - K_e \,. \tag{45}$$

Das Produkt der Verlustspannung mit der Stromstärke ist ein Leistungsverlust, d. h. die erzeugten Wärmemengen sind unerwünscht. Der Leistungsverlust wird deshalb klein gehalten; das kann, da der eine Faktor i für die Leistungsübertragung gebraucht wird, nur geschehen, indem der andere Faktor e_v klein gehalten wird, und das läuft auf ein kleines w_{LL} hinaus (vgl. 11. und 29. Beispiel, sowie die Bemerkungen vor dem 19. Beispiel).

34. Beispiel. Die Ausgangsspannung an den Klemmen eines Kraftwerkes betrage unveränderlich $K_a = 226$ V. An die Klemmen sei eine Kupferleitung von $q = 35$ qmm Querschnitt und $l' = 160$ m Länge angeschlossen. Am Ende der Leitung befinde sich eine Verbrauchsanlage, bestehend aus 36 Glühlampen zu je 0,225 A. Zwischen welchen Grenzen schwankt die Endspannung K_e von der Belastung Null bis zur Einschaltung aller Lampen?

Bei $i = 0$ A ist $e_v = \dfrac{2\,l'\,i\,c}{q} = 0$ V, also $K_e = K_a = 226$ V.

Bei $i = 36 \cdot 0{,}225 = 8{,}1$ A ist $e_v = \dfrac{2\,l'\,i\,c}{q} = \dfrac{2 \cdot 160 \cdot 8{,}1}{35 \cdot 57} = 1{,}3$ V,

also $$K_e = K_a - e_v = 226 - 1{,}3 = 224{,}7 \text{ V}.$$

Die Endspannung schwankt zwischen 226 und 224,7 V.

3. Abstufung der Querschnitte.

Im 29. Beispiel hätte der Querschnitt unmittelbar nach (44) gerechnet werden können zu

$$q = \frac{2 \cdot 1000 \cdot 81}{50 \cdot 57} = 56{,}8 \text{ qmm};$$

ein durch Rechnung ermittelter Leitungsquerschnitt ist auf einen der erhältlichen Querschnitte abzurunden und außerdem auf Erwärmung zu prüfen. Auch der Spannungsverlust ist auf den gewählten Querschnitt umzurechnen. Folgende Tafel enthält die Handelsquerschnitte zugleich mit Angabe der zugehörigen Nennstromstärken, für die auch die

Sicherungen zum Schutz dieser Leitungen einzusetzen sind (Verband deutscher Elektrotechniker):

$I_{Amp.}$	q_{qmm}					$I_{Amp.}$	q_{qmm}	
	Cu			Al			Cu	Al
6	0,5	0,75	1	1	1,5	200	95	120
10	—	—	1,5	—	2,5	225	120	150
15	—	—	2,5	—	4	260	150	
20	—	—	4	—	6	300	185	
25	—	—	6	—	10	350	240	
35	—	—	10	—	16	430	300	
60	—	—	16	—	25	500	400	
80	—	—	25	—	35	600	500	
100	—	—	35	—	50	700	625	
125	—	—	50	—	70	850	800	
160	—		70		95	1000	1000	

Der oben gerechnete Querschnitt von 56,8 qmm wird zweckmäßig auf 50 qmm abgerundet. Hierfür sind 125 A zulässig, und da im 29. Beispiel nur 81 A in Frage kommen, kann hier dieser Querschnitt ausgeführt werden. Bei 50 qmm würde in diesem Beispiel der Spannungsverlust $50_V \cdot \frac{56,8}{50} = 56,8\,V$ betragen, also müßte, wenn $K_e = 500\,V$ im 29. Beispiel gleich bleiben sollte, auch mit einer Ausgangsspannung von ~ 557 V gerechnet werden können.

4. Das Strommoment.

Das Produkt aus der Gesamtlänge l und der Stromstärke i der Übertragung ist das Strommoment. Es spielt eine Rolle wie in der Biegungslehre das Biegungsmoment, nur treten an Stelle der Kraft der Strom und an Stelle des Hebelarmes die Leitungslänge. Das Strommoment wird ausgedrückt in Meterampere (mA), zu ihm ist bei gleichem Spannungsverlust der Querschnitt oder bei gleichem Querschnitt der Spannungsverlust verhältnisgleich.

5. Der wirtschaftliche Spannungsverlust.

Je mehr Spannung bei einer Übertragung verbraucht werden darf, um so geringer wird unter sonst gleichen Voraussetzungen der Leitungsquerschnitt und damit zugleich auch der Aufwand für das Leitermetall bei der Errichtung der Anlage.

Je mehr Spannung bei einer Übertragung verbraucht wird, um so mehr Kosten verursacht die durch die Übertragung in der Leitung verlorene Arbeit.

Beim Betrieb über längere Zeit, z. B. über ein Jahr, rechnet man mit der Verzinsung des im Metall der Leitung angelegten Kapitales und mit den Kosten des Arbeitsaufwandes innerhalb dieser Zeit. Beide Teile der laufenden Kosten stehen in Wechselbeziehung zueinander: die dünne Leitung kostet wenig Zinsen im Jahr, aber verursacht große Kosten für den Arbeitsverlust. Die dicke Leitung kostet viel an Zinsen für das aufgewendete Kapital, aber wenig an Arbeitsverlust.

Der wirtschaftliche Spannungsverlust ist mit dem Geringstwert des jährlichen Aufwandes für die beiden genannten Posten verbunden. Er hat nach Anhang (1) den Wert

$$e_v = l\sqrt{\frac{c\cdot\gamma\cdot k_m\cdot p}{k_a\cdot t}}\,. \tag{46}$$

Dabei bedeutet:

e_v den Spannungsverlust der Übertragung in V,
l die Gesamtlänge der Leitung hin und zurück zusammen in m,
c den spezifischen Widerstand des Leitermetalles,
k_m die Kosten der Gewichtseinheit des Leitermetalles in M/kg,
p den jährlichen Verzinsungssatz des Leitermetalles, z. B. 0,04,
k_a den Einheitspreis der elektrischen Arbeit in M/kWh und
t die Betriebszeit im Jahre bezogen auf die gerechnete Leistung h/J.

Der wirtschaftliche Spannungsverlust wächst unter sonst gleichen Bedingungen im gleichen Verhältnis zur Übertragungsweite. Die Kosten der Verzinsung des Leitermetalles und der verlorenen Arbeit im gleichen Zeitraume sind beim wirtschaftlichen Spannungsverlust gleich. Der mit dem wirtschaftlichen Spannungsverlust auftretende Wirkungsgrad ist der wirtschaftliche Wirkungsgrad der Übertragung.

35. Beispiel. Die einfach gemessene Streckenlänge einer Leitung betrage $l' = 500$ m; das Leitungsmetall sei Kupfer, der Verzinsungssatz $p = 0{,}04$, die Betriebszeit 1200 Stunden im Jahre, während das Verhältnis der spezifischen Kosten $k_m : k_a = 25{,}3$ betragen möge. Wie groß ist der wirtschaftliche Spannungsverlust und der wirtschaftliche Wirkungsgrad bei 200 V Ausgangsspannung? Wie stark muß die Leitung gewählt werden, wenn 16,4 A übertragen werden sollen?

Es beträgt:

Die Gesamtlänge der Leitung: $l = 2\,l' = 2\cdot 500 = 1000$ m.

Der wirtschaftliche Spannungsverlust:

$$e_v = l\sqrt{\frac{c\cdot\gamma\cdot p}{t}\cdot\frac{k_m}{k_a}} = 1000\cdot\sqrt{\frac{8{,}9\cdot 0{,}04}{57\cdot 1200}}\cdot 25{,}3 = 11{,}5\ \text{V}\,.$$

Der wirtschaftliche Wirkungsgrad: $\eta = (200 - 11{,}5) : 200 = 0{,}944$.

Der Querschnitt der Leitung: $q = \frac{1000\cdot 16{,}4}{57\cdot 11{,}5} = 25$ qmm.

Unter Annahme bestimmter Werte für k_m und k_a sind in Bild 45 die jährlichen Kosten in Abhängigkeit vom Spannungsverlust mit Bezug auf das 35. Beispiel eingetragen. Die Spannungsverluste wurden der Reihe nach zu 2, 4, 8, 16 und 32 V eingesetzt und die zugehörigen Werte berechnet. Die Kosten der verlorenen Arbeit ergeben eine gerade Linie durch den Nullpunkt. Der Betrag für die Verzinsung ist durch eine gleichseitige Hyperbel ausgedrückt. Die darüberliegende Hyperbel ist die Summenlinie.

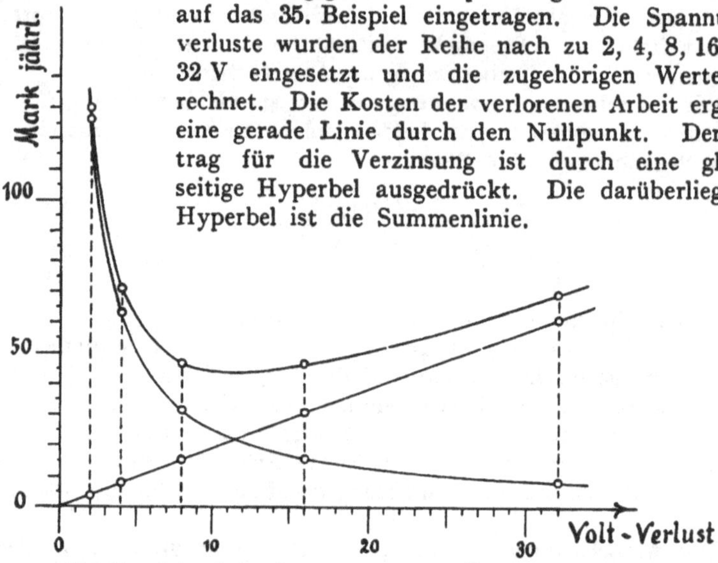

Bild 45. Schaulinien für die jährlichen Übertragungskosten.

6. Der Spannungsverlust der Beleuchtungsanlagen.

Ein großer Spannungsverlust kann im allgemeinen für Beleuchtungsanlagen nicht verwendet werden, da die Lampen bei belastetem und unbelastetem Betrieb mit zu großer Verschiedenheit der Helligkeit brennen würden. Bei Beleuchtungsanlagen sind gewöhnlich von der Stromquelle bis zur weitest entfernten Lampe zum Erreichen ruhigen Lichtes nur 2 vH. Spannungsverlust zugelassen. Das Glühlicht von 800 Stunden Betriebszeit verursacht größere Leitungsquerschnitte als wirtschaftlich, bei 2 V Verlust, wenn die einfache Entfernung > 100 m, bei 4 V Verlust, wenn die einfache Entfernung > 200 m ist.

Um bei Beleuchtungsanlagen auf weitere Entfernungen hin den wirtschaftlichen Spannungsverlust anwenden zu können, führt man besondere Leitungen, die Speiseleitungen, zu bestimmten Punkten des beherrschten Gebietes. Der Endpunkt jeder Speiseleitung wirkt wie eine Stromquelle für den betreffenden Teil des Gebietes. Von hier aus beträgt der Spannungsverlust bis zu den äußersten Stromverbrauchern 2 vH., und die Spannung des Speisepunktes wird vom Kraftwerk aus geregelt. In der Speiseleitung selbst tritt bei voller Belastung der Anlage der zu dieser größeren Entfernung gehörende größere wirtschaftliche Spannungsverlust auf, daher kann die Speiseleitung dünner ausgeführt werden, als wenn 2 vH. der Spannung von dem Kraftwerk aus bis zur letzten Lampe verloren gingen. Das Kraftwerk muß gegen die Gebrauchsspannung der Lampen eine um so viel höhere Spannung erzeugen, als in der längsten Speiseleitung und in dem sich daran anschließenden Teil zusammen verloren geht; in diesem Falle muß der Widerstand der übrigen Speiseleitungen durch Vorschaltwiderstände im Kraftwerk so geregelt werden können, daß auch diese Speiseleitungen, die ja alle von derselben Maschinenspannung ausgehen, am Ende gerade die höchstzulässige Glühlampenspannung haben. Andernfalls können aber auch in die Speiseleitungen besondere Maschinen eingeschaltet werden, die selbsttätig so viel Spannung dazu erzeugen, als in der Speiseleitung verloren geht. Auch für Straßenbahnen werden Speiseleitungen angewendet, die stets eine gewisse Teilstrecke mit Strom zu versorgen haben.

---

7. Die Wahl der Spannung

einer Anlage ist von Einfluß auf ihre Wirtschaftlichkeit der Übertragung. Bedeutet L_a und K_a die Leistung und die Spannung am Ausgangspunkt einer Leitung und η den Wirkungsgrad der Leitung, so wird, da

$$e_v = K_a - \eta K_a = K_a (1 - \eta) \quad \text{und} \quad I = L_a : K_a ,$$

der Leitungsquerschnitt

$$q = \frac{l \cdot L_a \cdot c}{K_a^2 (1 - \eta)} , \tag{47}$$

also umgekehrt verhältnisgleich zum Quadrat der Spannung. Die Spannung braucht nur genügend hoch gewählt zu werden, so bleibt der wirtschaftliche Spannungsverlust innerhalb eines beliebig klein gewünschten Bruchteiles der Ausgangsspannung, und damit kommt der Wirkungsgrad der Übertragung beliebig nahe an 1 heran. Die Höhe der Spannung wird aber begrenzt dadurch, daß mit wachsender Höhe eine Anlage um so gefährlicher wird, und dadurch, daß Glühlampen über 220 V für geringe Lichtstärken nicht leicht hergestellt werden können. Mit einem Körperübergangswiderstand von 10000 Ω und mit einer größten erträglichen Stromstärke von 0,025 A kommt man zu der Niederspannungsgrenze 250 V des Verbandes deutscher Elektrotechniker, innerhalb deren für Gleich- und Wechselstrom gewöhnliche elektrische Anlagen zu den üblichen Bedingungen errichtet werden dürfen. Darüber hinaus gelten Hochspannungsvorschriften zu wesentlich erschwerten Bedingungen.

8. Umspannmöglichkeit bei Wechselstrom.

Weit ausgedehnte Anlagen erhalten Wechselstrom-Hochspannung, mit der auf alle wirtschaftlich vorkommende Entfernungen entweder unmittelbar mit 2 vH. Spannungsverlust in Hochspannungsleitung, Umspanner (vgl. III, 4 A) und Niederspannungsleitung zusammen transformiert werden kann oder mittelbar die Schwankung der Gebrauchsspannung innerhalb der 2 vH. gehalten wird. Hochspannungsräume sind nur den Angehörigen des Kraftwerkes zugängig, während die Niederspannung von 110 oder 220 V für den Gebrauch in die Häuser geleitet wird. Bild 46 ist ein Sinnbild der Umspannstelle, in dem K_1 die primäre Hochspannung, K_2 die sekundäre Niederspannung, Z_1 die höhere primäre und Z_2 die niedere sekundäre Windungszahl bedeutet. Es verhält sich im Leerlauf

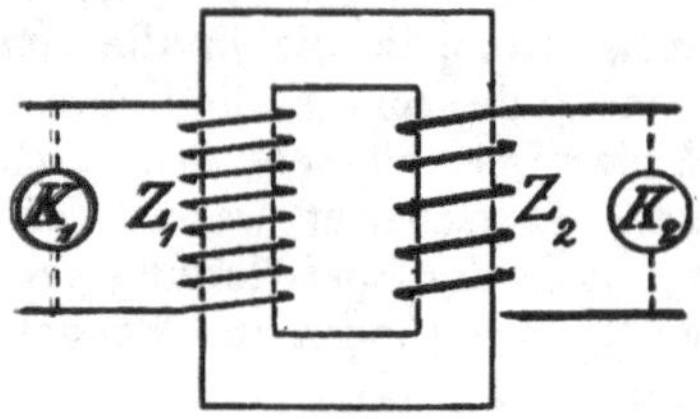

Bild 46. Umspannstelle (Schema).

$$K_1 : K_2 = Z_1 : Z_2\,, \qquad (48)$$

während bei der Belastung die Ströme im primären und sekundären Teil sich ungefähr umgekehrt wie die Spannungen verhalten (XI, 3).

9. Die Dreileiteranlage

gestattet für Gleichstrom (Bild 47) und gewöhnlichen (einphasigen) Wechselstrom eine Steigerung der Stromquellenspannung auf den doppelten Wert der Gebrauchsspannung. Das Kraftwerk hat den Vorteil dieser Steigerung, ohne daß die Verbraucher den Nachteil davon haben.

Die Stromquelle besteht aus zwei hintereinander geschalteten gleichen Einrichtungen, die zusammen die Außenleiterspannung (440 V) ergeben. *I* und *III* sind die Außenleiter. An der Verbindungsstelle beider Einzelstromquellen greift der Mittelleiter *II* an, der mit der Erde in großflächiger feuchter Berührung steht: Der Mittelleiter ist „geerdet". Er befindet sich dadurch stets auf dem elektrischen Potential der Erde, das als Nullpunkt der Potentialskala gilt. Der Mittelleiter wird daher auch als „Nulleiter" bezeichnet; entsprechend heißen die Außenleiter bei Gleichstrom „Plus-" und „Minusleiter". Die Dreileiteranordnung findet man bei Wechselstromanlagen nur im Niederspannungsteil (XI, 3).

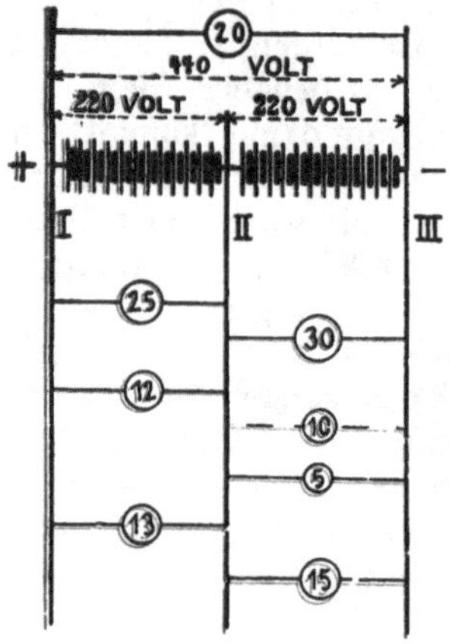

Bild 47. Dreileiteranlage.

Die einzelnen Entnahmestellen werden entweder zwischen *I* und *II* oder *II* und *III* gelegt. Die Anlagen dieser Häuser können nach Niederspannungsvorschrift errichtet werden, da niemals in einem solchen Hause zwischen zwei Punkten mehr als ∼ 220 V auftreten können. Sicherungen und Ausschalter werden nur am Außenleiter angewendet, oder der Mittelleiter wird mit dem Außenleiter zusammen zwangläufig abgeschaltet. Der Mittelleiter führt die Differenz der Außenleiterstromstärken, und damit diese Differenz gering ist, müssen die Stromverbraucher nach Stromstärke und Benutzungszeit auf beide Hälften der Verbrauchsanlage gleichmäßig verteilt sein.

Betreiber in Betriebsräumen werden an die Außenleiter gelegt, weil sie durch ihre wechselnde Belastung hiermit nur halb so viel Spannungsschwankung hervorbringen, als im anderen Falle, und weil sie so auch beide Stromquellenhälften gleichmäßig beanspruchen. Betriebsräume sollen nur unterwiesenen Leuten zugänglich sein.

10. Einphasige Wechselstromanlagen

sind nur für reine Beleuchtungsanlagen vorteilhaft, da einphasige Wechselstrommotoren mit bequemem Betriebsverhalten teuer sind und nur mit Umständen zu genügenden Anlaufdrehmomenten gebracht werden können. Ein bequemerer Betreiber von Werkstätten usw. ist der Drehstrommotor. Man bezeichnet bei Wechselstrom die Zeitdauer zweier aufeinander folgender Wechsel eine Periode.

11. Drehstromanlagen

arbeiten mit drei an einer Maschine erzeugten um $^1/_3$ Periode zueinander versetzten Wechselströmen, die durch drei oder vier Leitungen übertragen und mit dreischenkligen Umspannern transformiert werden können.

Jede Glühlampenleitung ist eine gewöhnliche Doppelleitung, die gewöhnlichen Wechselstrom führt, und die von zweien der Leiter abzweigt. Die Spannung zwischen je zweien der drei Leiter und die Stromstärke in den drei Leitern ist bei einem Motor ordnungsmäßigen Zustandes und bei gleichmäßiger Verteilung der Lampen auf die drei Teile der Verbrauchsanlage im wesentlichen dieselbe. Die Stromstärke schwankt dabei nur um die Zufälligkeiten der Zu- und Abschaltung von Glühlampen, die Spannung um die dadurch bedingten Beträge des Spannungsverlustes.

---

12. Einfache Nebeneinanderschaltung

von Glühlampen zeigt Bild 48, von Verbrauchsstellen, deren jede eine größere Anzahl Verbrauchseinrichtungen vereinigen möge, Bild 49. Wo die Wahl gelassen ist, legt man die Hauptstränge möglichst mitten durch

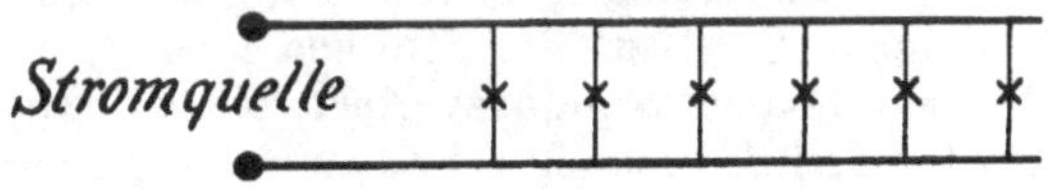

Bild 48. Nebeneinander geschaltete Glühlampen.

die Absatzgebiete. Der Gesamtspannungsverlust bis zu einer bestimmten Stelle ist gleich der Summe der Spannungsverluste der einzelnen Strecken auf dem Wege bis zu dieser Stelle.

36. Beispiel. In der Verteilung nach Bild 49, in dem die Zahlen in den Kreisen abgenommene gleichzeitig auftretende Stromstärken und *I* und *II* die Pole der Stromquelle bedeuten, ist der Spannungsverlust von *a* bis *f* nachzurechnen unter der Voraussetzung, daß für die Strecken (Kupfer)

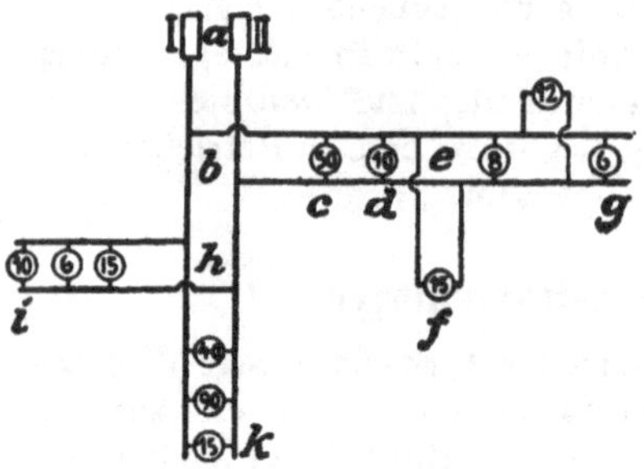

Bild 49. Einfache Nebeneinanderschaltung der Verbrauchsstellen.

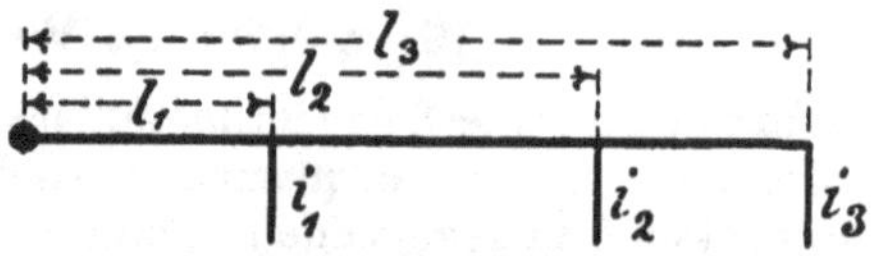

Bild 50. Einseitig gespeiste Doppelleitung mit 3 Abzweigstellen.

a b	die Gesamtlänge	$l_1 = 170$ m	und der Querschnitt	$q_1 = 185$	qmm
b c	„ „	$l_2 = 150$ m	„ „ „	$q_2 = 50$	„
c d	„ „	$l_3 = 90$ m	„ „ „	$q_3 = 50$	„
d e	„ „	$l_4 = 80$ m	„ „ „	$q_4 = 50$	„
e f	„ „	$l_5 = 240$ m	„ „ „	$q_5 = 10$	„

beträgt; zugleich sind die Klemmenspannungen der einzelnen Abzweigstellen anzugeben, wenn die Ausgangsspannung $K_a = 230$ V sein möge.

Strecke	Länge m	Stromstärke A	Querschnitt qmm	Sp.-Verl. V	Kl.-Sp. V
a b	170	277	185	4,45	*b*) 225,55
b c	150	101	50	5,32	*c*) 220,23
c d	90	51	50	1,61	*d*) 218,62
d e	80	41	50	1,15	*e*) 217,47
e f	240	15	10	6,58	*f*) 210,89

Der Gesamtspannungsverlust von *a* bis *f* beträgt

$$e_v = 4{,}45 + 5{,}32 + 1{,}61 + 1{,}15 + 6{,}58 = 19{,}11 \text{ V}.$$

Zweigen von einer überall gleich starken Doppelleitung an verschiedenen Stellen die Ströme i_1, i_2, i_3 usw. ab, wozu vom Anfangspunkt der Leitung aus einmal gemessen die Strecken l_1, l_2, l_3 usw. gehören, so berechnet sich der Gesamtspannungsverlust bis zu einer bestimmten Stelle nach dem für drei Ströme (Bild 50) wie folgt gegebenen Verfahren

$$\left.\begin{aligned} e_v &= \frac{2 \cdot l_1 \cdot (i_1 + i_2 + i_3)\, c}{q} + \frac{2 \cdot (l_2 - l_1) \cdot (i_2 + i_3) \cdot c}{q} + \frac{2 \cdot (l_3 - l_2) \cdot i_3 \cdot c}{q} \\ &= \frac{2 \cdot c}{q} \, (l_1 i_1 + l_2 i_2 + l_3 i_3)\,. \end{aligned}\right\} \quad (49)$$

37. Beispiel (Bild 50). $l_1 = 20$, $l_2 = 52$, $l_3 = 77$ m (einmal gemessen)

$i_1 = 5$, $i_2 = 15$, $i_3 = 10$ A.

Wie groß muß der Kupferquerschnitt q sein, wenn bis zum Abzweig i_3 der Spannungsverlust $e_v = 0{,}9$ V betragen soll?

Der Kupferquerschnitt dieser Leistung beträgt

$$q = \frac{2}{57 \cdot 0{,}9}(20 \cdot 5 + 52 \cdot 15 + 77 \cdot 10) = 64{,}33 \text{ qmm.}$$

Die Abrundung auf 70 qmm, zulässig bis 160 A, während hier bis zu 30 A auftreten, bringt den Spannungsverlust $0{,}9 \cdot \frac{64{,}33}{70} = 0{,}826$ V.

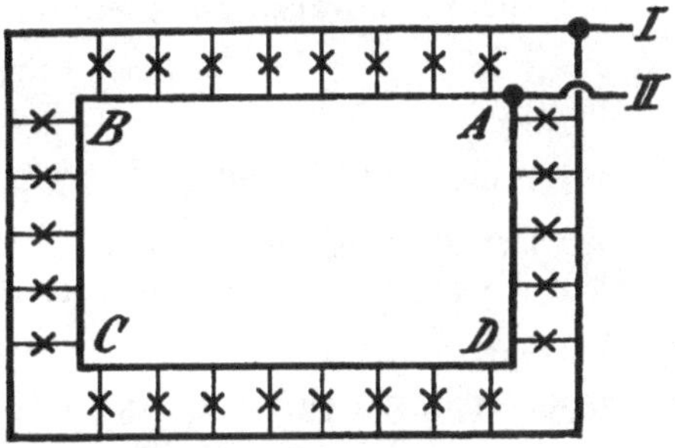

Bild 51. Ringleitung.

13. Die Ringleitung

wird angebracht, wo die Stromverbraucher angenähert in einem in sich geschlossenen Linienzuge liegen (Bild 51).

Jeder Leiter wird zu seinem Ausgangspol zurückgeführt. Damit verteilen sich von der Eintrittsstelle (I, II) aus Ströme nach links und rechts, deren letzte Ausläufer zu der Abzweigstelle größten Spannungsverlustes zusammenlaufen. Entspricht die einseitig gespeiste Doppelleitung dem einseitig eingespannten Träger, so entspricht die Ringleitung dem Träger auf zwei Stützen.

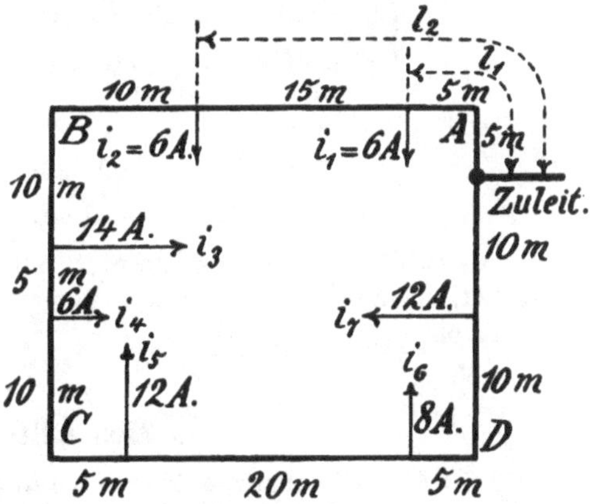

Bild 52. Plan einer Ringleitung mit 7 Abzweigen.

38. Beispiel. Es ist eine kupferne $l = 110$ m lange Ringleitung (Doppelleitung) nach Bild 52 für 1 V gesamten Spannungsverlust zu berechnen. Die Strecken seien einmal gemessen von Abzweig zu Abzweig. Der Querschnitt sei überall gleich. Wie stark muß er sein?

Es beträgt:

Das im Drehsinn des Uhrzeigers gerechnete halbe Strommoment:

$$\left. \begin{aligned} z_0' &= 10 \cdot 12 + 25 \cdot 8 + 45 \cdot 12 + 60 \cdot 6 + 65 \cdot 14 + 85 \cdot 6 + 100 \cdot 6 \\ &= 3240 \text{ m A}. \end{aligned} \right\} \quad (50)$$

Die Stromstärke zwischen Zuleitung und Abzweig i_1:

$$i'' = \frac{z_0'}{l} = \frac{3240}{110} = 29{,}45\,\mathrm{A}\,. \tag{51}$$

Das entgegengesetzt zur Uhrzeigerdrehung gerechnete halbe Strommoment:

$$\left.\begin{aligned} z_0'' &= 10\cdot 6 + 25\cdot 6 + 45\cdot 14 + 50\cdot 6 + 65\cdot 12 + 85\cdot 8 + 100\cdot 12 \\ &= 3800\,\mathrm{mA}\,. \end{aligned}\right\} \tag{52}$$

Die Stromstärke zwischen Zuleitung und Abzweig i_7:

$$i_0' = \frac{z_0''}{l} = \frac{3800}{110} = 34{,}55\,\mathrm{A}\,; \tag{53}$$

Probe: $34{,}55 + 29{,}45 = 12 + 8 + 12 + 6 + 14 + 6 + 6 = 64$ A.

Der Abzweig des größten Spannungsverlustes liegt bei i_4, denn hier geht die algebraische Summe der Ströme von beiden Seiten durch Null:

$$\left.\begin{aligned} &34{,}55 - 12 - 8 - 12 &&= +2{,}55 \text{ (noch positiv)} \\ &34{,}55 - 12 - 8 - 12 - 6 &&= -3{,}45 \text{ (negativ)} \\ &29{,}45 - 6 - 6 - 14 &&= +3{,}45 \text{ (noch positiv)} \\ &29{,}45 - 6 - 6 - 14 - 6 &&= -2{,}55 \text{ (negativ)} \end{aligned}\right\} \quad \text{Probe: } i_4 = 3{,}45 + 2{,}55 = 6\,\mathrm{A}\,.$$

Das halbe Strommoment links und rechts bis zu i_4 ist:

$$z = \left\{\begin{aligned} z' &= 10\cdot 12 + 25\cdot 8 + 45\cdot 12 + 60\cdot 2{,}55 \\ z'' &= 10\cdot 6 + 25\cdot 6 + 45\cdot 14 + 50\cdot 3{,}45 \end{aligned}\right\} = 1013\,\mathrm{mA}\,. \tag{54}$$

Der Querschnitt ergibt sich zu

$$q = \frac{2\cdot z\cdot c}{e_v} = \frac{2\cdot 1013}{1\cdot 57} = 35{,}55\,\mathrm{qmm}\,. \tag{55}$$

Gewählt werden 35 qmm, zulässig bis 100 A, während im Höchstfalle 34,55 A auftreten. Der wirkliche Spannungsverlust beträgt $1\cdot\frac{35{,}55}{35} = 1{,}015$ V.

14. Das Leitungsnetz

(Bild 53 für Gleichstrom-Zweileiteranlage) ist eine Zusammenstellung mehrerer Ringleitungs-Vielecke mit gemeinsamen Seiten. Die Leitungen sind in Bild 53 nur zur Unterscheidung verschieden stark gezeichnet. Bei Dreileiteranlagen wird der Mittelleiter gewöhnlich dünner ausgeführt, als die Außenleiter. Bei Drehstrom besteht jede Vieleckseite aus drei gleich starken Leitern. In den Städten verlaufen die Leitungen entlang der Straßen. In dem Netz Bild 53 ist gedacht, daß vom Kraftwerk aus bis zur äußersten Lampe der Spannungsverlust innerhalb 2 vH. bleibt (einfaches Leitungsnetz). Für größere Entfernungen entsteht

15. Das Leitungsnetz mit Speisepunkten

nach Bild 54, indem für besonders ausgewählte Punkte des Netzes nach V, 6 Abs. 2 verfahren wird. Dasselbe Bild kommt in Betracht für manche städtische Wechsel- oder Drehstromanlagen mit Hochspannungsverteilung, nur greift in diesem Falle die Speiseleitung nicht unmittelbar an die Netzleitung an, sondern an jedem Speisepunkt durch einen Umspanner, dessen Sekundärklemmen mit dem Netz verbunden sind. Auch bilden vielfach in solchen Anlagen auch die Hochspannungsleitungen ein Netz.

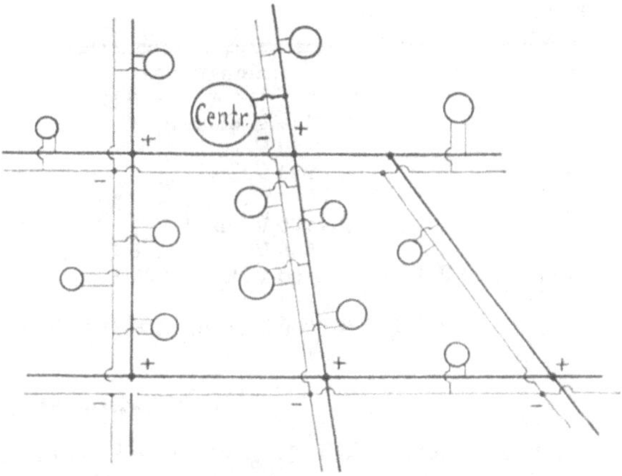

Bild 53. Leitungsnetz.

16. Übersicht über Verteilungsanlagen.

Die Kraftwerke in Städten wenden, damit der Betrieb wirtschaftlich bleibt, höchstens bis zu 4 kg Leitungskupfer für jede mit anderen gleichzeitig brennende Fünfzigwattlampe oder deren Ersatzwert an. Im

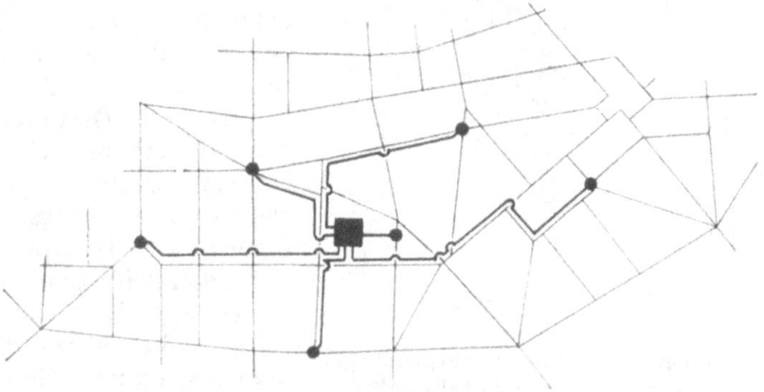

Bild 54. Leitungsnetz mit Speisepunkten.
Jeder Strich bedeutet eine Doppel- oder Mehrfachleistung.

allgemeinen kann folgende Übersicht der Verteilungsanlagen für verschiedene Entfernungen gelten. In den Abkürzungen dieser Tafel bedeutet L = allgemeine Licht- und Wärmeabgabe, K = allgemeine Kraftabgabe, A = Ladung von Akkumulatorbatterien, St = Kraft- und Lichtbetrieb von Straßenbahnen, *F* = Spannung zwischen Fahrdraht und Erde. *Kg* = Kraftabgabe an Großbetriebe, *Gl* = Gleichstrom, *Sp* = Speiseleitung, *We* = Wechselstrom, *Dr* = Drehstrom, *H* = Hoch-, *N* = Niederspannung, *P* = Perioden in der Sekunde, *U* = Umformung, *Glr* = Gleichrichtung.

Nr.	Stromart	Verteilungsanlage	Entfernung	Geeignet für	
1	Gl	110 V ohne Sp	bis 300 m	L K A	U
2	Gl	220 V „ „	„ 600 m	L K A	U
3	Gl	2 × 220 V „ „	„ 1200 m	L K A	U
4	Gl	2 × 220 V mit Sp	„ 2400 m	L K A	U
5	Gl	550 V „ „ , F 500 V	Städte beliebig	St Kg A	U
6	We 50 P	H bis 6000 V N bis 220 V	„ „	L	U Glr
7	Dr 50 P	H bis 6000 V N bis 220 (380) V	„ „	L K Kg	U Glr

17. Freileitungen,

im Freien durch die Luft gespannte Leitungen außerhalb von Gebäuden, werden aus reinem, hartgezogenem Kupfer, Kupfer mit Zusätzen zur Erhöhung der Festigkeit (Bronzen, Siliziumbronze) und Aluminium hergestellt und meistens blank, d. h. ohne isolierende Umhüllung verwendet. Ein Zinnüberzug des Kupfers dient zum Schutz. Im allgemeinen ist die Einmetalligkeit Grundbedingung für das Freie, damit keine elektrolytischen Zerstörungen vorkommen. Man verlegt die gewöhnlichen Leitungen an aufrecht stehenden Isolierglocken (Bild 55) aus Porzellan, die auf den Querträgern der Gestänge oder auf Häuserkonsolen mittels eiserner Stützen befestigt werden. Der geringste Querschnitt ist 10 qmm. Als Verteilungsleitungen werden sie entlang der Straßenzüge gelegt. Sie führen die Gebrauchsspannung, die Niederspannung, und werden dann nicht tiefer als 5 m von der Erdoberfläche entfernt angebracht. Bei Hochspannung werden sie auf besonderen Hochspannungs-Isolierglocken (Bild 56) verlegt und an Fahrstraßen durch Schutznetze gegen Herabfallen gesichert. Hochspannungs-Freileitungen müssen in ihren tiefsten Punkten mindestens 6 m, bei Wegübergängen mindestens 7 m von der Erde entfernt sein.

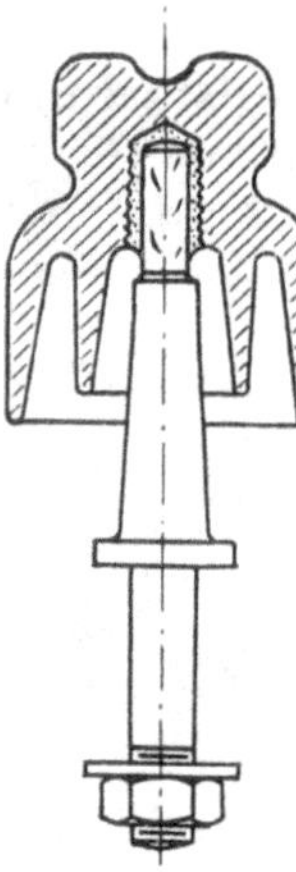

Bild 55. Isolierglocke auf gerader Stütze.

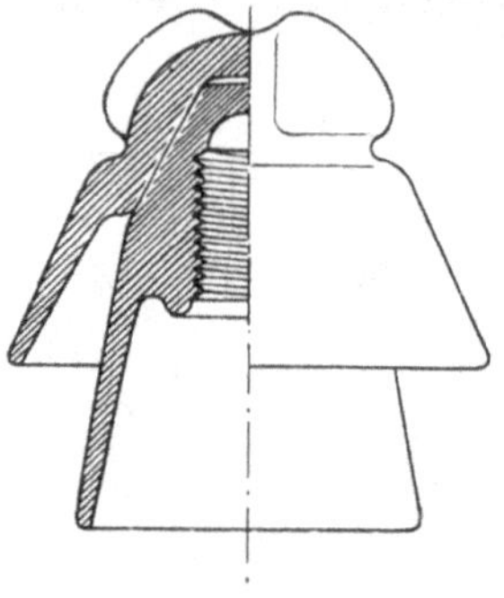

Bild 56. Hochspannungsglocke (Porzellanfabrik Hermsdorf).

Für sehr hohe Spannungen kommen nur kettengliedförmig aneinandergereihte Porzellanisolatoren in Frage. Der Leitungsdraht hängt an der Kette. Die Abstände der Leitungsdrähte höchster Spannungen betragen mehrere Meter.

Der kupferne verzinnte Leitungsdraht gewöhnlicher Anlagen wird mit kupfernem, verzinntem Bindedraht am Kopf der Isolierglocke befestigt. Für das Gestänge kommen hölzerne getränkte* oder eiserne Maste zur Verwendung. Letztere werden als Gittermaste (Flachmaste, Bild 57, und aus Winkeleisen zusammengesetzte Quadratmaste), Rundmaste [Mannesmann- (Bild 58) und schraublinig geschweißte Maste] und als Rippenrohrmaste ausgeführt. Die Querträger, aus Eichenholz oder aus Eisen hergestellt, sind gewöhnlich 8 cm hoch und werden je nach Art des Mastes mit Ziehbändern oder mit Kopfbolzen und Mutter befestigt. Stärke und Zahl der Maste in gerader Strecke bestimmt man nach dem Winddruck, der auf die Leitungen entfällt, und der die Stangen auf Biegung beansprucht, mit 125 kg/qm. Übliche Mastabstände sind 30 bis 40 m. Holzmaste sind in der Anschaffung billiger, halten aber im Mittel nicht länger, als etwa 6 Jahre. Im allgemeinen stellen sich Eisenmaste im Gebrauch günstiger. Bei Holzgestängen werden wenigstens an den Knickpunkten Eisenmaste verwendet, da ein Mast an einem Knickpunkt schwer auszuwechseln ist. Bei Masten an Knickpunkten kommt neben dem Winddruck der Zug der Leitungen in Frage, der in Richtung der Resultierenden aus den Spannkräften des Drahtes den Mast auf Biegung beansprucht.

Die Drähte werden paarweise zugleich rechts und links vom Mast gespannt, beim Spannen durch Klemmvorrichtungen gepackt und durch Flaschenzug angezogen.

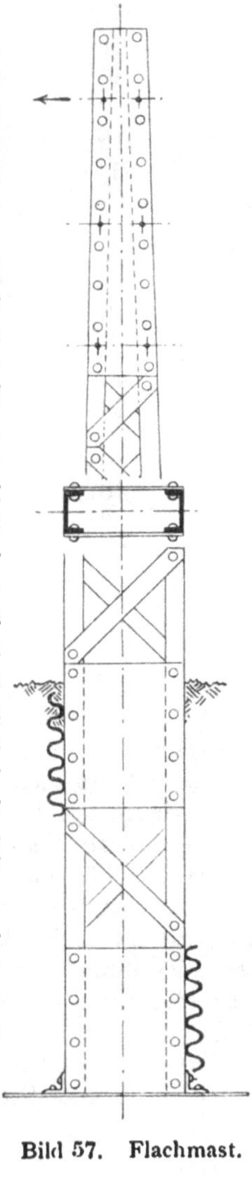

Bild 57. Flachmast.

Bild 58.

* Karbolineum, Kupfervitriol, Sublimat, Zinkchlorid.

Den Durchgang der Drähte bemißt man bei der Verlegung so, daß der Zug in der Leitung bei kältestem Wetter und gleichzeitigem Winddruck den zulässigen Wert nicht überschreitet. Die in den Handel kommenden Hartkupfersorten (Straßenbahndraht usw.) können bis 1300 kg/qcm mit mehr als vierfacher Sicherheit beansprucht werden. Hierfür ergeben sich bei Verwendung blanker massiver Drähte folgende Zahlen, wobei die Durchhänge für Windstille und 40 m Spannweite gelten*:

	Temperatur (° Cels.)	Durchhang (cm)	Beanspruchung (kg/qcm)	Zug im Draht (kg)
für 50 qmm:	— 20	16	1136	568
	— 10	18,5	970	485
	0	22	822	411
	10	26,5	686	343
	20	32	562	281
	30	39	454	227
für 25 qmm:	— 20	18,7	970	242,5
	— 10	22,2	810	202,5
	0	26,7	670	167,5
	10	32,3	550	137,5
	20	39,1	450	112,5
	30	47,1	370	92,5
für 10 qmm:	— 20	32,8	555	55,5
	— 10	39,6	460	46,0
	0	46,4	390	39,0
	10	53,4	337	33,7
	20	60,8	300	30,0
	30	68,6	265	26,5

Kommt bei — 20° gleichzeitig ein seitlicher Winddruck von 125 kg/qm hinzu, so wird in den drei Fällen die Beanspruchung von 1300 kg/qcm erreicht, wobei ohne Eiskruste gerechnet ist.

Die Zahlentafel lehrt auch, daß der Einfluß des Winddruckes bei dünnen Drähten deutlicher hervortritt, als bei dicken, und hiermit ist es erklärlich, daß die oben angegebenen geringsten Querschnitte nicht unterschritten werden können.

Beim Verlegen ist es zweckmäßig, Federwagen (Dynamometer) zwischen Klemmstück und Flaschenzug anzubringen und unter Benutzung obiger oder ähnlicher Zahlentafeln zu spannen, bis der zugehörige Zug im Draht erreicht ist. Dieses Verfahren ist bequemer als die Messung des Durchhanges. Durchhang und Abstand der Drähte desselben Leitungszuges richten sich nach dem Verhalten des dünnsten Drahtes; der dünnere Draht gehört an die untere Stelle.

* Nach ETZ. 1903, S. 38.

Wegen der hohen vorkommenden Zugkräfte müssen Drahtverbindungen so ausgeführt werden, daß die Verbindungsstelle die gleiche Zugfestigkeit besitzt, wie die Leitung selbst. Lötungen haben den Nachteil, daß das Leitungsmetall dadurch weich wird. Diesen Übelstand vermeiden die Nietverbinder (Bild 59).

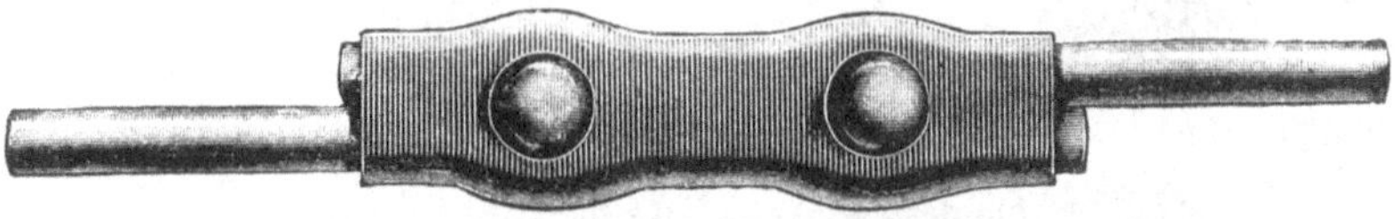

Bild 59. Nieterverbinder (J. W. Hofmann, Kötzschenbroda).

Vorzüge der Freileitungen gegen Kabel sind: geringere Anschaffungskosten, Sichtbarkeit der Leitungen und leichte Ausbesserungsmöglichkeit; Nachteile der Freileitungen gegen Kabel sind: Verunzierung des Straßenbildes, leichte Gefährdung der Leitungen durch zufällige Beschädigung und Witterungseinflüsse, näher liegende Gefährdung der Menschen und Tiere durch Leitungsbrüche.

18. Kabelleitungen.

In ganzer Länge mit gutem Isoliermittel umgebene und gegen Zutritt von Feuchtigkeit geschützte Leitungen heißen Kabelleitungen. Sie werden aus reinem, verseiltem Kupfer (oder Al) hergestellt und gewöhnlich mit durchtränktem (Harzöl) Papier oder Faserstoff isoliert. Die mit Kabelpapierstreifen umwickelte Seele wird in luftverdünntem Raume bei erhöhter Temperatur ($\sim 60^0$) getrocknet und getränkt und in der heißen Tränkmasse bei stetigem Betrieb der Luftpumpe so lange liegen gelassen, bis die Masse das Papier ganz durchdrungen hat, also keine Luft- und Wasserdampfblasen mehr aufsteigen. Man isoliert auch mit Gummi, bei Unterseekabeln mit Guttapercha. Durch einfachen oder doppelten Bleimantel (Benutzung des teigartigen Zustandes des Bleies zwischen dem festen und flüssigen) wird das Kabel gegen Feuchtigkeitszutritt gesichert (KB blanke Kabel). Gegen chemische Beschädigung schützt man die Kabel außerhalb des Bleimantels durch Umhüllung mit Faserstoff und Tränkung mit Asphaltgemischen (KA asphaltierte Kabel), gegen mechanische Beschädigung durch eine Bewehrung (Armierung) mit Eisenband oder Eisendrähten (KE eisenbewehrte Kabel). Kabel kommen hauptsächlich für die Verteilungsleitungen in den Straßen zur Verwendung und werden in Sand gebettet und mit einem äußeren Schutz versehen (Kabelschutzeisen oder Kabelsteinen) etwa 60 $\div$ 80 cm tief in die Erde gelegt. Sie können entweder die Gebrauchsspannung (Niederspannung) führen oder auch (Hochspannungskabel) als Speiseleitungen von einem Wechselstromkraftwerk aus zu den Umspannern dienen. Bei eisenbewehrten Kabeln für Wechselstrom müssen sämtliche zu einem Stromkreis gehörende Leitungen in demselben Kabel enthalten sein. Man unterscheidet einadrige (Bild 60) und mehradrige Kabel. Letztere werden als konzentrische (Bild 61) oder als verseilte (Bild 62)

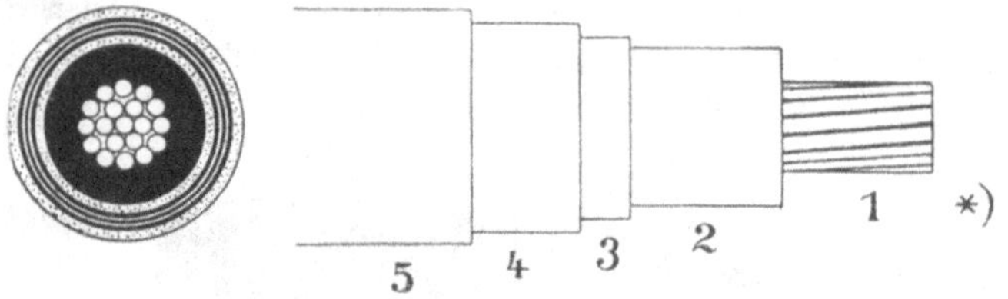

Bild 60. Einadriges asphaltiertes Kabel.

Kabel ausgeführt. Konzentrische Kabel haben Nachteile gegen die verseilten und werden daher nicht mehr zu neuen Anlagen verwendet.

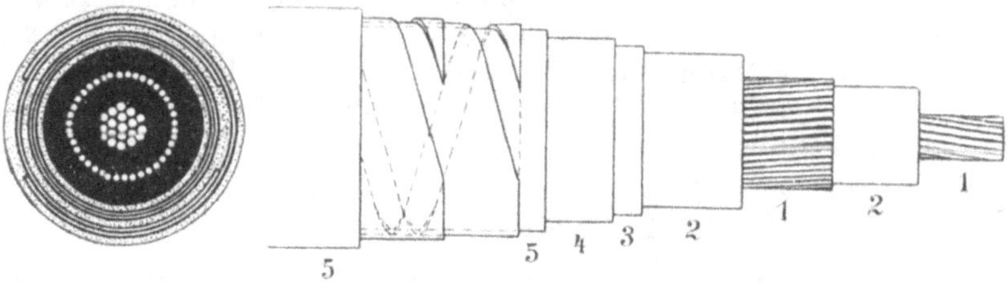

Bild 61. Konzentrisches eisenbandarmiertes Kabel.

Dreifach verseilte Kabel werden in Drehstromanlagen gebraucht. Ein bestimmter, von den Kabelwerken vorgeschriebener Krümmungsradius darf nicht unterschritten werden, da sonst der Bleimantel und die Isolierung zerstört werden würde; auch dürfen Kabel nicht bei Frost gebogen oder verlegt werden. In den Zwischenräumen zwischen den Adern verseilter Kabel ordnet man vielfach Prüfdrähte an, die zu Spannungsmessungen oder zu Kontroll- und Schutzschaltungen dienen.

Bild 62. Querschnitt eines vierfach verseilten eisendrahtarmierten Kabels.

Hochspannungskabel können nur für größere Querschnitte (70 qmm und mehr) bis zu 60 kV verwendet werden. Die im folgenden behandelten Ausrüstungsteile werden bis etwa 6000 V angewandt.

Zur Verbindung von Kabeln verwendet man Ausrüstungsteile (Kabelarmaturen, -garniturteile), die mindestens ebenso gut und sicher

* *1* = Kabelseele, *2* = Isolierstoff, *3* = Füllstoff (Jute), *4* = doppelter Bleimantel, *5* = asphaltierter Hanf.

isolieren, wie das Kabel selbst und genügende mechanische Festigkeit gewähren. Sie bestehen aus zweischaligen, gußeisernen Kästen, die mit Hälsen versehen sind, an denen die mit getränktem Papier gepolsterten Kabel durch Schellen fest aber ohne übermäßige

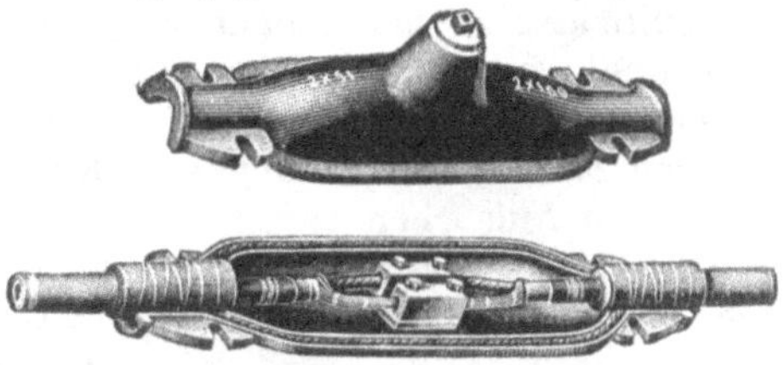

Bild 63. Kabelverbindungsmuffe für konzentrisches Kabel.

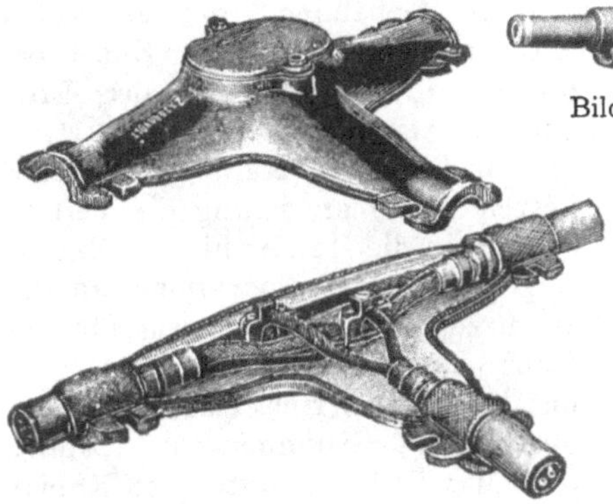

Bild 64. Abzweigmuffe für verseiltes Kabel.

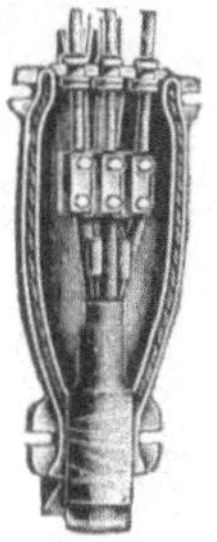

Bild 65. Kabel-Endverschluß.

Formänderung im Kabelinnern angefaßt werden. Nach Herstellen der Verbindung wird der Deckel des Kastens abgedichtet aufgebracht und

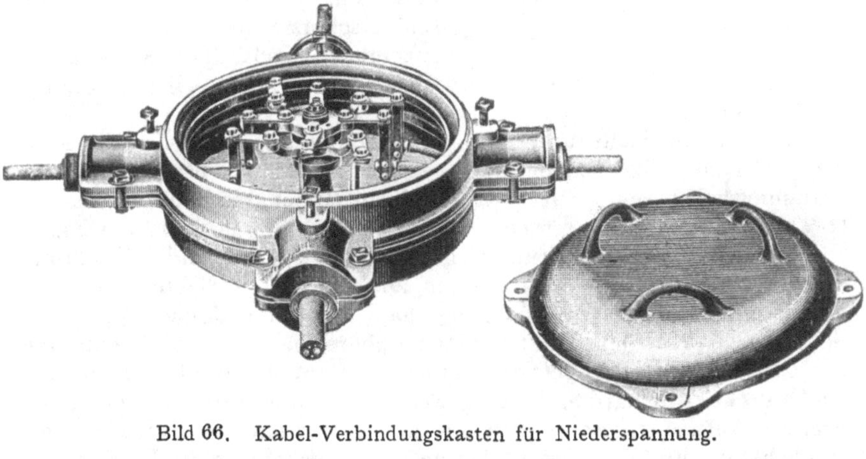

Bild 66. Kabel-Verbindungskasten für Niederspannung.

die ganze Höhlung mit Kabelfüllmasse, einem Asphaltgemisch, das keine Sprünge bekommen darf, also stets dickflüssig bleibt, vergossen. Man unterscheidet an Kabelausrüstungsteilen die Verbindungsmuffen (Bild 63), die Abzweigmuffen (Bild 64), die Kabelendverschlüsse (Bild 65) und

Kabelsicherungs- oder Schaltkästen (Bild 66). Die Kabelverbindungskästen werden so weit vergossen, daß die Verbindungsstreifen über der Füllmasse zu liegen kommen. Der Deckel wird mit Gummieinlage luft- und wasserdicht aufgeschraubt. Der Kasten wird meistens so eingebaut, daß er ohne Erdarbeiten zugängig ist. Man ermöglicht dadurch leichte Abtrennung von Kabelstrecken in besonderen Fällen, z. B. beim Aufsuchen von Fehlern.

Außerhalb des Erdreiches, auch in Gebäuden, müssen Kabel mit denselben Ausrüstungsteilen versehen sein. Armierte Kabel bedürfen auch außerhalb der Erde eines weiteren Schutzes nicht.

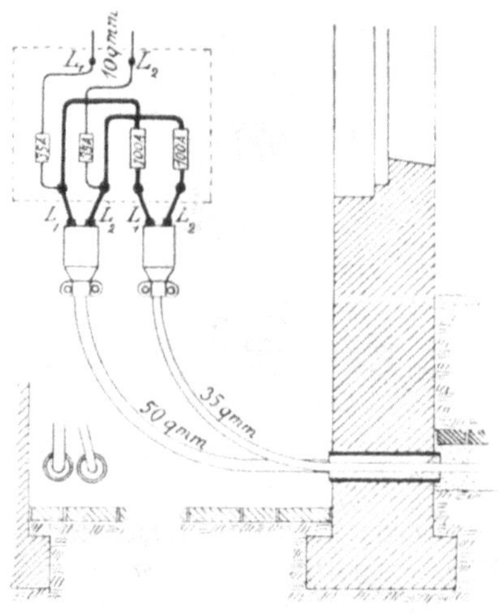

Bild 67. Kabelschalttafel mit Abzweig.

An Stelle der Kabelverbindungskästen legt man häufig die Verbindungen in die Häuser hinein. Bild 67 zeigt eine solche Anordnung, an der auch zugleich ein Abzweig für das Haus angebracht ist. Man geht mit einzementierten Gußrohrstücken durch die Grundmauern. Außen muß das Erdreich unter den Kabeln fest sein, daher sind auch die Kabel zweckmäßig in gleicher Höhe durchzuführen. Innen sind die langen Bogen mit Schellen zu halten, die Kabel werden daher nahe einer Querwand durchgeführt, an der auch die Endverschlüsse und die Schalttafel angebracht sind. Die Sicherungen sind als Röhrensicherungen zu denken, die auch als Schalter benutzt werden können.

Werden an Stelle unterirdischer Verbindungs- und Abzweigstellen die Kabelenden in Gebäude hineingezogen, so können besondere Hochspannungskabel mit zugehörigen Hochspannungsendmuffen bis zu 60000 Volt verwendet werden. Die Baulängen betragen etwa 600 m.

Vorzüge der Kabelleitungen gegen Freileitungen sind: Erhaltung des Straßenbildes und Schutz gegen zufällige Beschädigung, mit Ausnahme von Erdarbeiten, sowie bei gänzlich unterirdischer Verlegung Schutz gegen die Elektrizität der Atmosphäre und geringere Gefährdung der Öffentlichkeit bei Betriebsunfällen. Nachteile der Kabelleitungen sind: große Anschaffungskosten, wegen der Unsichtbarkeit oft langwieriges Aufsuchen von Fehlern und dadurch erschwerte Ausbesserungsmöglichkeit. Ein einfaches Verfahren zum Aufsuchen eines Erdschlusses an einer Kabelstrecke gleichen Querschnittes gestattet die Wheatstonesche Brückenschaltung: Man zieht oberirdisch einen Meßdraht die Kabelstrecke entlang, schaltet daneben eine Leitung, die ein Galvanometer enthält, und legt an jedem Ende der abgeschalteten Kabelstrecke diese beiden Drähte an die Kabelenden. Die zur Messung dienende Batterie wird einerseits an Erde, anderseits an den Meßdraht gelegt, und zwar probeweise an verschiedenen Stellen, wobei man das Galvanometer beobachtet. Hat man am Meßdraht diejenige Stelle gefunden, bei der der Ausschlag des Galvanometers gleich Null ist, so muß sich der Erdschluß des Kabels unter dieser Stelle befinden. Es sind dann Erdarbeiten nur an dieser Stelle nötig.

Kabelsteine, die ein nachträgliches Auswechseln der Kabel ohne Erdarbeiten ermöglichen, sind vielfach in Aufnahme gekommen. Durch die Öffnung des fertig verlegten Kabelsteines wird von dem einen Kabelschacht zum anderen ein Stahldrahtseil durchgeschoben. An das Seil wird das Kabel befestigt und mit Windwerken durchgezogen.

19. Leitungen in Gebäuden

sind ganz besonders in den „Vorschriften für die Errichtung und den Betrieb elektrischer Starkstromanlagen nebst Ausführungsregeln“ bedacht worden, da diese Errichtungsvorschriften aus dem Bestreben heraus entstanden sind, die Frage zu beantworten: Wie muß eine elektrische Anlage beschaffen sein, damit sie die mögliche Gewähr für Feuersicherheit und Leben bietet? Diese und andere Vorschriften sind vom Verbande Deutscher Elektrotechniker herausgegeben und haben so weite öffentliche Anerkennung gefunden, daß die Anschaffung dieser Vorschriften und ihre Durcharbeitung für jeden unerläßlich ist, der mit elektrischen Anlagen in irgendwelche Beziehung treten will. Die Vorschriften und Normen, die bisher alljährlich weiter vervollkommnet worden sind, sind in Berlin bei Jul. Springer erschienen, die Hauptteile werden aber auch in dem alljährlich bei R. Oldenbourg, München, erscheinenden Kalender Deutscher Elektrotechniker wiedergegeben. Wegen ihres Umfanges können die Vorschriften nicht im Rahmen dieses Lehrbuches gebracht und wegen ihrer Feinheiten auch nicht gekürzt werden; hingegen sei hervorgehoben, daß die folgende Beschreibung der Leitungen in Gebäuden und ihres Zubehöres auf diesen Vorschriften beruht. Die Verbandsvorschriften legen vor allem die Beschaffenheit des Leitungskupfers und anderer Leitermetalle, Beschaffenheit, Abstufung, Isolierungs- und Verlegungsart der Leitungen, die Niederspannungsgrenze, die Erschwerungen außerhalb der Niederspannungsgrenze und in besonders gefährlichen Räumen, sowie die Erleichterungen in Betriebsräumen, die nur von unterwiesenen Leuten betreten werden, fest. Die unter V, 3 angegebene Tafel der Leitungsquerschnitte und der zugehörigen Nennstromstärken, dazu der hier nicht wiedergegebenen Höchststromstärken, ist vom Verbande aufgestellt mit der Maßgabe, daß eine zum Schutze des Leiters verwendete Sicherung der zugehörigen Nennstromstärke des Leiters entsprechen muß. Damit die Sicherungen eher abtrennen, als die Leiter und ihre Isolierung durch Stromwärme geschädigt werden, sind in den Vorschriften für die Konstruktion und

Prüfung von Installationsmaterial nähere Anweisungen über die Beschaffenheit der Sicherungen gegeben, die einzuhalten Aufgabe der die Sicherungen herstellenden Firmen ist. Ein Ausbessern durchgebrannter Sicherungen ist verboten. Die Teilung des Glühlichtes in 6-A-Stromkreise, wodurch es möglich geworden ist, die Sicherungen eines Gebäudeteiles zusammenzulegen, verdanken wir ebenfalls der Verbandstätigkeit.

Die Tafel der Leitungsquerschnitte zeigt für dünnere Leitungen geringere Strombelastung auf 1 qmm Querschnitt, als für dickere, weil die abkühlende Oberfläche bei Vergrößerung des Querschnittes weniger zunimmt als die Querschnittsfläche.

Außer den besonderen Fällen der Anwendung von blanken Leitungen in Gebäuden und von Kabeln kommt in Gebäuden fast nur die Gummiader in ihren verschiedenen Formen vor. „Gummiader" bedeutet einen nahtlos mit vulkanisiertem Gummi umgebenen Leiter. Der Gummi wird in unvulkanisiertem Zustande mit feinem Schwefel vermischt und um den Leiter gepreßt. Die Vulkanisierung wird durch Erwärmung der umpreßten Leiterbunde in Dampfkesseln bei $\sim$ 6 atm und 160° vorgenommen. Wir unterscheiden:

1. für feste Verlegung:

a) Gummiaderleitungen für Spannungen bis 750 V mit massiven Cu-Leitern von 1 bis 16 qmm, mit mehrdrähtigen von 1 bis 1000 qmm. Die Kupferseele ist feuerverzinnt. Über dem Gummi folgt eine Hülle gummierten Bandes und eine getränkte Umhüllung aus Faserstoff.

b) Spezialgummiaderleitungen für alle Spannungen.

c) Rohrdrähte bis 250 V sind Gummiaderleitungen, Einzel- oder Mehrfachleitungen, die mit einem gefalzten enganschließenden Metallmantel umgeben sind.

d) Panzeradern bis 1000 V sind Spezialgummiaderleitungen, die als Einzel- oder Mehrfachleitungen eine Hülle von Metalldrähten erhalten. Diese Hülle muß eine Unterlage von einem dichten Geflecht haben, die gegen das Durchstechen abgerissener Drähte Schutz bietet.

2. für Beleuchtungskörper:

a) Fassungsader bis 250 V besteht aus einem massiven oder mehrdrähtigen Cu-Leiter von 0,5 qmm. Die Kupferseele ist feuerverzinnt. Über dem Gummi folgt eine Umklöpplung aus Baumwolle, Hanf usw., die auch in geeigneter Weise getränkt sein kann. Diese Adern können auch mehrfach verseilt werden.

b) Pendelschnüre bis 250 V sind verdrillte sehr biegsame mit einer Tragschnur verseilte Gummiaderschnüre, jedoch von

0,75 qmm Cu und meistens in gemeinsamer Umklöpplung zum Anschluß von Schnurzugpendeln. Die Tragschnur trägt die Lampe oben und unten, während die Leiter, die vom Zug entlastet sein sollen, in einem kleinen Bogen eingeführt werden.

3. für ortsveränderliche Stromverbraucher:

a) Gummiaderschnüre (auch geeignet für feste Verlegung bis 1000 V, jedoch in der Notlage nur für ihre eigentliche Bestimmung zu verwenden) bis 500 V von 1 bis 6 qmm Cu. Die Seele besteht aus verseilten Einzeldrähten von höchstens 0,3 mm Durchmesser, die feuerverzinnt und zur Vermeidung des Heraustretens einzelner Drähte mit Baumwolle umwickelt sind. Darüber folgt die Gummihülle. Jede einzelne Ader ist mit Seide oder Glanzgarn umklöppelt. Diese Adern werden gewöhnlich als Doppel- oder Dreifachleitung umeinander verdrillt zu Mehrfachschnüren.

b) Leichte Anschlußleitungen: Gummiaderschnüre einzeln mit gummiertem Baumwollband bewickelt, verdrillt, nochmals gummiertes Baumwollband und getränkter Kordelschutz (für geringe Beanspruchung in Werkstätten).

c) Werkstattschnüre für mittlere mechanische Beanspruchung in Werkstätten und Wirtschaftsräumen in Niederspannungsanlagen bis 16 qmm sind wie Gummiaderschnüre gebaut, jedoch ist bei den Querschnitten über 6 qmm ein Drahtdurchmesser von 0,4 mm zulässig. Die Gummihülle jeder einzelnen Ader ist mit gummiertem Band bedeckt. Zwei oder mehr solcher Adern sind rund zu verseilen und mit einer dichten Umklöpplung aus Faserstoff zu versehen. Darüber ist eine zweite Umklöpplung aus besonders widerstandsfähigem Stoff anzubringen.

d) Gummischlauchleitungen, e) Spezialschnüre, f) Hochspannungsschnüre, g) Leitungstrossen.

Für isolierte Leitungen bei Verlegung in Rohr, auf Porzellan-Isolierrollen (Bild 68) oder -Isolierklemmen (Bild 69), deren Abstand nicht mehr als 1 m voneinander entfernt sind, und für den Anschluß ortsveränderlicher Stromverbraucher ist der geringste zulässige Querschnitt 1 qmm. Schellen und Isolierkörper werden an Holzwänden mit Holzschrauben, an Steinwänden entweder unter Verwendung von Einschlagdübeln, die ein Innengewinde besitzen, mit zugehörenden Schrauben, oder unter Verwendung von eingegipsten Blei- und Spiraldübeln mit zugehörenden Holzschrauben angeschraubt. Die Leitungen läßt man parallel zu den Wänden und zur Decke verlaufen. Gummiader wird mit Bindedraht an den Isolierkörpern befestigt und gespannt, Schnur bei fester Verlegung wird nur an Eckpunkten mit Faden angebunden, im übrigen auf die Rollen geknöpft und mäßig gespannt. Verbindungsstellen der Leitungen sollen von Zug entlastet sein. Werden die Leiter einzeln und mit Abstand verlegt, so ist Lötung und Umwicklung mit Isolierband üblich, während Mehrfachschnüre im verdrillten Teil keine Lötungen enthalten dürfen. Mehrfachschnüre, die im allgemeinen nicht fest verlegt werden sollen, werden mit Klemmen auf isolierender Grundlage

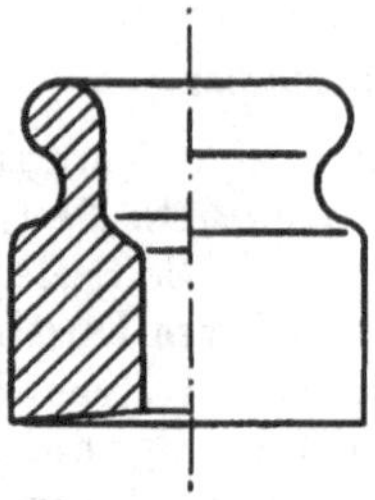

Bild 68. Isolierrolle.

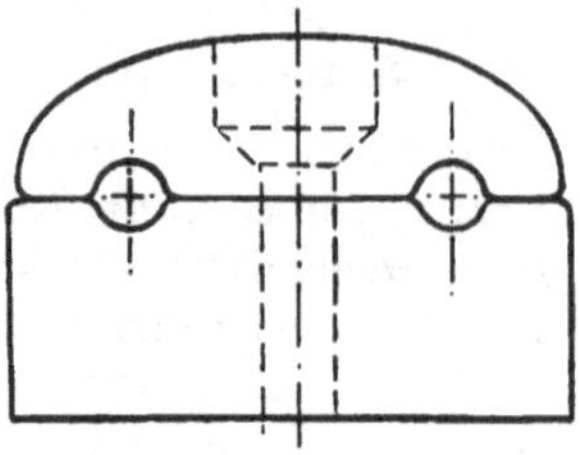

Bild 69. Isolierklemme.

(Abzweigscheibe, Bild 70) verbunden und abgezweigt. Die dünnen Einzelleiter sind an der Anschlußstelle miteinander zu verlöten. Massive Einzelleiter bis zu 16 qmm können ohne weiteres und Schnüre oder Drahtseile bis zu 6 qmm mit verlöteten Enden durch angebogene Ösen angeschraubt werden. Darüber hinaus sind Kabelschuhe (Bild 71) oder

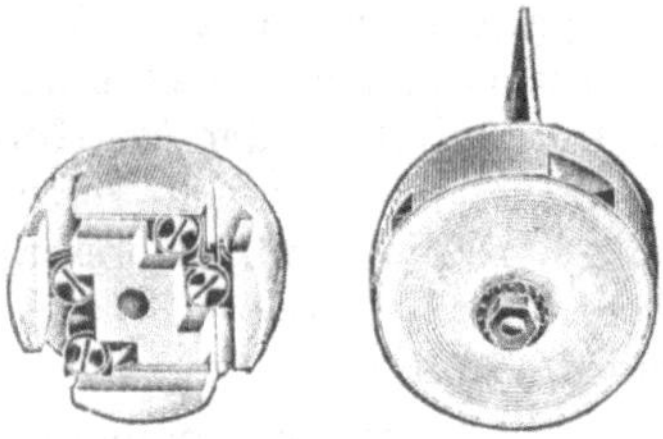

Bild 70. Abzweigscheibe (Siemens-Schuckertwerke).

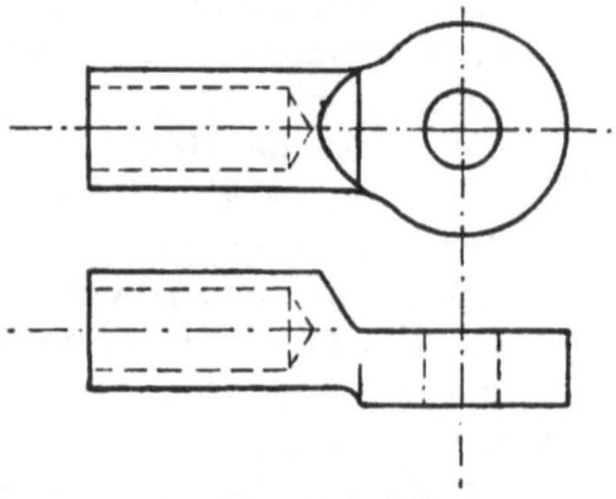

Bild 71. Kabelschuh.

gleichwertige Mittel erforderlich. Bewegliche Leitungen dürfen nur mittels lösbarer Kontakte und mit allpoliger Sicherung im festen Teile (Anschlußdose und Steckkontakt, Bild 72) angeschlossen werden. Kreuzungen von Leitungen unter sich und mit sonstigen Metallteilen sind so auszuführen, daß Berührung ausgeschlossen ist.

Soweit festverlegte Leitungen der mechanischen Beschädigung ausgesetzt sind, oder soweit sie im Handbereich liegen, müssen sie durch Verkleidungen (gewöhnlich durch Rohre) geschützt sein. Bewehrte Kabel, Panzerader und Rohrader, sowie sämtliche Leitungen in elektrischen Betriebsräumen unterliegen dieser Vorschrift nicht. Holz ist als Isoliermittel verboten, ebenso die Verlegung von Leitungen in Holzleisten.

Bei Rohrverlegung sind die Leitungen zum besseren Schutz ganz in Rohren untergebracht. Man unterscheidet Papierrohre mit dünnem

Metallmantel aus Messing oder Eisen, mit starkem, nahtlosem Mantel aus Eisen (Panzerrohre), Panzerrohre ohne isolierende Auskleidung und Peschelrohre. Die Rohre werden ohne Leitungen verlegt und in geeigneten Abständen mit Rohrdosen versehen, deren Deckel abnehmbar ist. Nach Verlegung der Rohre werden die Drähte von Dose zu Dose nach Vorschieben eines Stahldrahtbandes eingezogen und in den Dosen miteinander verbunden. Im Rohr dürfen sich keine Leitungsverbindungen vorfinden.

Rohre können unter Putz verlegt sein. Nur die Deckel der Dosen ragen über den Putz hervor. Auch Schalter, Wandanschlußdosen und Verteilungstafeln werden in die Wand versenkt. Die Rohre werden zweckmäßig im Rohbau des Hauses verlegt; mit Leitungen werden sie versehen, kurz bevor die Anlage gebraucht wird.

Bild 72. Anschlußdose mit Steckkontakt.

Nur solche Leitungen dürfen in einem Rohre liegen, die durch eine und dieselbe (meistens zweipolige) Sicherung geschützt sind. Eisenrohre müssen bei Wechsel- und Drehstrom die Hin- und Rückleitung mit einem Kreise umschließen (algebraische Summe der Ströme innerhalb des Eisenrohres in jedem Augenblick gleich Null!).

Erhältliche lichte Rohrdurchmesser sind 7, 9, 11. 13,5, 16, 23, 29, 36 und 48 mm. Rohre für mehr als einen Draht müssen wenigstens 11 mm weit sein. Die Isolierung der Leitungen darf durch vorstehende Teile und scharfe Kanten in den Rohren nicht gefährdet sein. Die Rohre sind so zu verlegen, daß Wasser sich in ihnen nicht ansammeln kann.

Panzer- und Peschelrohre sind metallisch leitend miteinander verbunden, daher kann der Metallmantel in Gleichstrom-Dreileiteranlagen mit geerdetem Mittelleiter als Mittelleiter dienen.

Bei Wand- und Deckendurchführungen werden die Leitungen entweder durch weite Kanäle frei durchgespannt oder durch haltbare ganze Rohre aus Isolierstoff (Papierrohre mit Metallmantel, Hartgummirohre) gezogen, deren aufgesetzte Porzellan-Endtüllen mit glatten runden Rändern genügend vorstehen. Ins Freie führen, falls nicht frei durchgespannt wird, dichte Rohre aus Porzellan, die außen nach unten gekrümmt (Pfeifen) oder für Hochspannung mit glockenartigen Erweiterungen versehen sind.

Über Fußböden stehen Durchführungsrohre zur Fernhaltung des Scheuerwassers mindestens 10 cm vor. Sie werden gegen den Fußboden abgedichtet und gegen mechanische Beschädigung geschützt.

Bewehrte Kabel, Panzerader, Rohrader, Rohre und betriebsmäßig geerdete Leitungen werden ohne weiteres durch die Wände geführt.

20. Schalter

sollen das Schließen und Unterbrechen eines Stromkreises vermitteln. Sie bestehen aus den auf unverbrennlichem Isolierstoff angebrachten Kontakten, zwischen denen ein leitendes Schlußstück eingelegt werden kann. Die Erwärmung beim Durchgang der Nennstromstärke muß gering bleiben; bei Hebelschaltern (in Betriebsräumen verwendbar) darf die Übertemperatur 50°, bei Drehschaltern (überall verwendbar) 10° nicht überschreiten. Das wird erreicht durch gut leitendes genügend bemessenes Leitermetall und blanke, gut und fest aufliegende genügend bemessene und leicht geölte Kontaktflächen, die beim Einschalten aufeinander schleifen. Ist das erfüllt, so hält sich beim Höchststrom nur eine verschwindend geringe Spannung zwischen den Kontakten auf. Die Kontakte dürfen bei der Unterbrechung durch die Wärme des Lichtbogens nur in ganz geringem Maße geschädigt werden, daher sind genügend weit bemessene Schaltwege notwendig, damit der Lichtbogen verlöschen kann, und daher muß schnell ausgeschaltet werden, damit die Wärmemenge, die mit einem Faktor der Zeit des Stromdurchganges auftritt, so gering wie möglich wird. Federn unterstützen die Geschwindigkeit des Auseinanderreißens. Da höhere Stromstärken mehr Wärme entwickeln und höhere Spannungen längere Lichtbogen ergeben, sind Stromstärke und Spannung auf den Schaltern anzugeben. Auch ein gegen die Unterbrecherstelle gerichteter Luftstrom, ein an der Unterbrecherstelle erzeugtes, geeignet gerichtetes magnetisches Feld und die Verlegung des Schaltvorganges unter Öl verkürzt die Unterbrecherzeit und verringert die Unterbrecherwärme (magnetische Ausblasung, Ölschalter).

Die Unterbrechung in der einen oder anderen Zuleitung heißt einpolig. Einpolige Unterbrechung ist nur an einzelnen Glühlampengruppen hinter 6-A-Sicherungen zugelassen.

Bei einpoliger Unterbrechung bleibt der andere Pol in Verbindung mit der Stromquelle. Ist nun derjenige Pol, an dem der Ausschalter liegt, mit der Erde leitend verbunden, so kann auch an dem abgeschalteten Kreise mit der Erde ein Kurzschluß entstehen, es können an feuchten Stellen durch Strom zersetzende Wirkungen gegen Erde hin auftreten, oder man kann zu Schaden kommen, indem man sich zwischen Leitung und Erde einschaltet. Das vermeidet zweipolige, und bei Drehstromanlagen dreipolige Abschaltung: Jede Zuleitung enthält je einen Schalter in mechanischer Kupplung zueinander. Der geerdete Mittelleiter in Dreileiteranlagen soll entweder nicht, oder mit den Außenleitern zwangläufig zusammen abschaltbar sein. Da hintereinander geschaltete Lichtbogen bei gleicher Stromstärke und Gesamtspannung zusammengerechnet viel kürzer sind, als ein Lichtbogen, wirkt auch die mehrpolige Abschaltung in diesem Sinne gut.

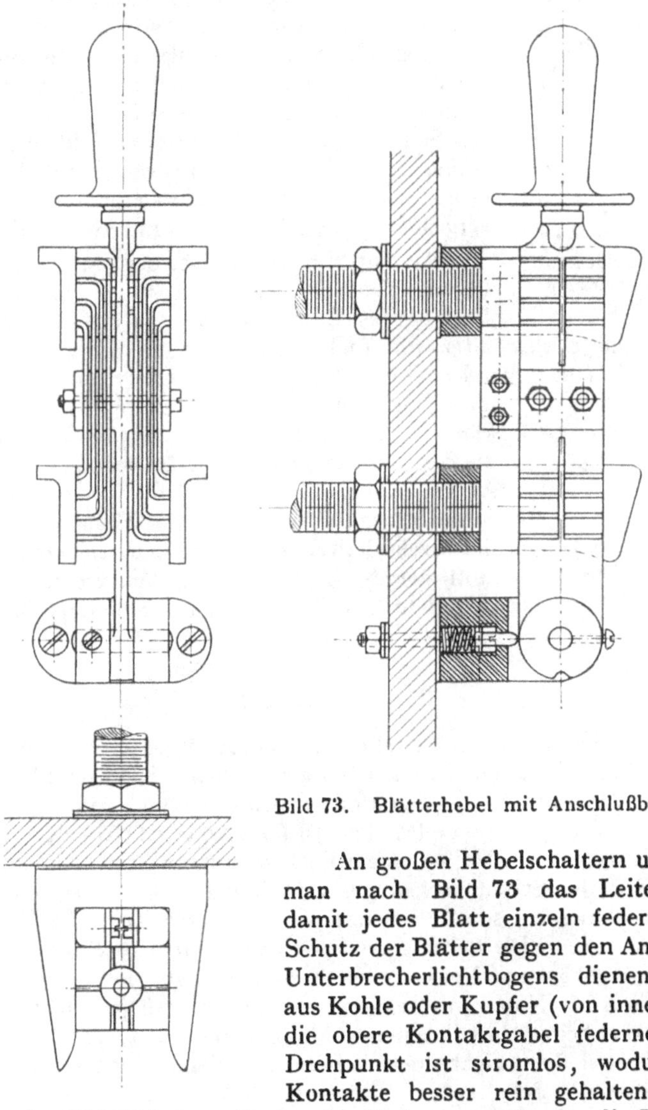

Bild 73. Blätterhebel mit Anschlußbolzen.

An großen Hebelschaltern unterteilt man nach Bild 73 das Leitermetall, damit jedes Blatt einzeln federt. Zum Schutz der Blätter gegen den Angriff des Unterbrecherlichtbogens dienen Klötze aus Kohle oder Kupfer (von innen gegen die obere Kontaktgabel federnd). Der Drehpunkt ist stromlos, wodurch die Kontakte besser rein gehalten werden können. In Bild 73 halten die Anschlußbolzen aus Kupfer die Kontaktgabeln auf der Marmorschalttafel fest. Schalthebel dieser Art dienen nur in Ausnahmefällen zur Unterbrechung derjenigen Stromstärke, für deren Durchgang sie gemacht sind.

Freileitungsschalter werden mit Hilfe einer Stange von unten bedient. Außer den Hauptkontakten sind gewöhnlich Nebenschlüsse aus Kupferdraht vorhanden, an denen die letzte Unterbrechung auftritt. An ihnen wird die Hörnerwirkung verwendet, die einen Sonderfall der magnetischen Ausblasung bildet: Bild 74 zeigt, daß gegenüberliegende Teile einer Stromschleife dynamisch einander abzustoßen suchen, d. h. die Schleife sucht sich zu vergrößern. Ist ein Teil der Schleife der Lichtbogen (vgl. Bild 75), so vergrößert sich die Stromschleife tatsächlich, da sie nicht mehr an den Metallweg gebunden ist; sie vergrößert sich schnell bis zum Abreißen.

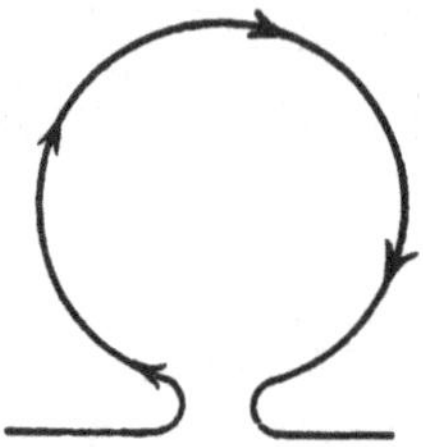

Bild 74. Erläuterung der Hörnerwirkung.

Das Unterbrechen kleiner Leistungen bei Niederspannung durch jedermann ist bei uns nach dem Vorbild des Gashahnes nur durch Drehbewegung üblich. Die Drehschalter für Licht sollen bei unvollendeter Schaltbewegung in eine vollendete Schaltstellung springen, ein oder aus, jedoch nicht auf einer Zwischenstellung stehen bleiben können (Momentschalter). Gewöhnlich machen die Drehstücke eine kleine Bewegung entlang der Achse, wobei die durch Federn hervorgebrachte Schaltbewegung ausgelöst wird. Gehäuse und Griffe der Drehschalter sollen aus feuersicherem Isolierstoff hergestellt sein. Entgegengesetzte Drehung soll nicht zur Zerstörung des Schalters führen.

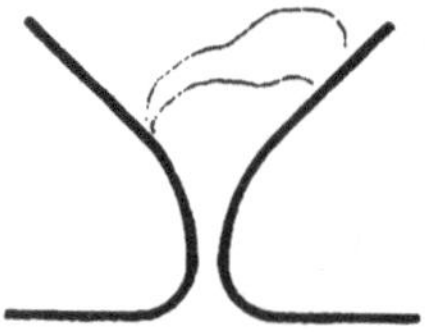

Bild 75. Hörnerpaar.

21. Sicherungen

dienen zum Schutz der elektrischen Einrichtungen gegen zu hohe Stromstärke. Letztere kann durch Überlastung oder Kurzschluß zu hoch werden. Die am Schmelzstreifen entwickelte und zur Abtrennung führende Wärmemenge befolgt das Joulesche Gesetz, in dem die Zeit als Faktor auftritt. Also bei einem noch so starken Strome ist stets eine gewisse Zeit des Stromdurchganges erforderlich. Nennstromstärke und Höchstspannung müssen auf dem auswechselbaren Teile der Sicherung angegeben sein. Eine Leitung darf höchstens durch eine Sicherung mit der ihr zugehörigen Nennstromstärke geschützt sein (V, 3), z. B. 1 qmm Cu 6 A. Nun kann es aber vorkommen, daß jede beliebig hohe Stromstärke beim Durchbrennen der Sicherung unterbrochen werden muß, daher ist die Aufgabe der Sicherungen viel schwieriger zu erfüllen, als diejenige der Schalter.

Verbandsvorschrift: Sicherungen mit eingeschlossenen Schmelzeinsätzen für Stromstärken bis 60 A sind gemäß folgender Tabelle auf Überlastungsfähigkeit zu prüfen:

Nennstrom A	Minimaler Prüfstrom	Maximaler Prüfstrom
bis 10	1,5 × Nennstrom	2,10 × Nennstrom
15 bis 25	1,4 × „	1,75 × „
35 bis 200	1,3 × „	1,60 × „

Den Minimalprüfstrom müssen die Sicherungen bis 60 A mindestens 1 Stunde, diejenigen bis 200 A mindestens 2 Stunden aushalten; mit dem Maximalprüfstrom belastet müssen sie innerhalb derselben Zeiten abschmelzen.

Schnell durchbrennende Sicherungen erzeugen eine explosionsartige Erscheinung, die bei schlechten Erzeugnissen die umgebenden Teile zertrümmert und verschmort. Langsam, d. h. mit allmählich gesteigertem Strome durchbrennende kleine Sicherungen zeigen nur geringe Lichterscheinung, und der Schmelzstreifen selbst bleibt teilweise erhalten. Brennbare Teile sind der Umgebung von Sicherungen fernzuhalten. Für die Gehäuse kommen nur feuersichere Stoffe (Porzellan) in Frage.

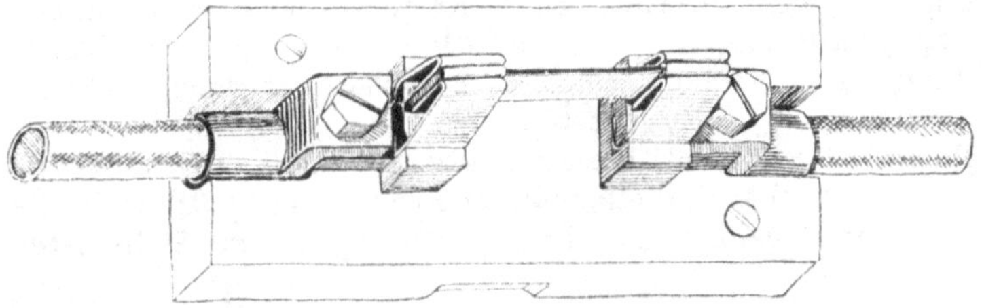

Bild 76. Streifensicherung.

Wo im Betriebe Sicherungen durchbrennen, ist zuerst der Fehler aufzusuchen und zu beseitigen, und dann erst ist die neue Sicherung einzusetzen.

Gewöhnliche Schmelzstreifen (Bild 76), nur in Betriebsräumen gestattet, erfordern Unterbrechung des Stromkreises an anderer Stelle vor dem Einsetzen neuer Streifen. Bei mehrpoliger Abschaltung empfiehlt sich hierbei von der Stromquelle aus die Reihenfolge „Ausschalter—Sicherung". An Ringleitungen ist in beiden Strängen auszuschalten. Hierdurch werden Kurzschlüsse an mehrpoligen Sicherungen, Durchbrennen des Streifens in der Hand bei nicht entferntem Kurzschluß im Kreise und elektrische Schläge beim Einsetzen des Streifens unter Voraussetzung von Erdschluß vermieden.

Sicherungspatronen können durch jedermann bedient werden, da die Lichterscheinung in einem allseitig geschlossenen Raume auftritt; da aber ein großer Überdruck beim Durchbrennen entsteht, ist festestes Porzellan zu verwenden, möglichst wenig Metall zu verdampfen (Anwendung von Silber oder versilbertem Kupfer) und so anzuordnen, daß die Abschlußdeckel des Schmelzraumes beim Einsetzen der Patrone durch die äußere Umgebung gehalten sind. Da man den Patronen gern äußerlich gleiche Abmessung gibt, müssen die Sicherungen gegen ein

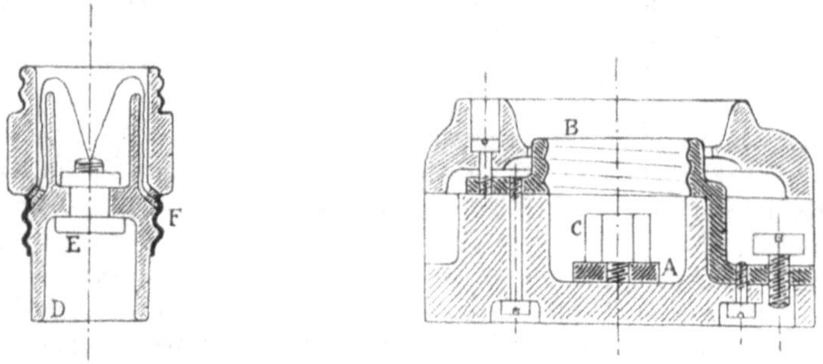

Schmelzeinsatz. Sicherungselement.

Bild 77. Stöpselsicherung (Porzellan) (1898).

versehentliches Einsetzen zu starker Patronen geschützt werden (Unverwechselbarkeit). So sind die in der Reihenfolge geschichtlicher Entwicklung geordneten Bilder 77 bis 81 zu verstehen. Bild 77 (Längsabstufung) zeigt schon eine wesentliche Verbesserung des alten Edisonschen Z 51) Sicherungsstöpsels.

Bild 78 und 79 stellt die Ringbolzenpatrone von Siemens & Halske dar, der eine weitere Vervollkommnung in der Flachpatrone der Siemens-Schuckertwerke gefolgt ist (Längsabstufung durch Stellmuttern und

Bild 78. Patronensicherung für Einzelverwendung (1900).

Raum hierfür von verschiedener Tiefe; die weite Öffnung geht für die Patrone der geringsten Stromstärke ganz durch). Bild 80 gibt eine Zusammenstellung von 8 Elementen nach Bild 79 zu einer zweipoligen Verteilungstafel für 4 Stromkreise mit drei Zuleitungen.

Diazedsicherungen, Bild 81, vereinigen das Edisongewinde, den kräftigen, rundum geschlossenen Porzellankörper mit Kontaktkappen, die durch die zusammengesetzte Sicherung fest aufgepreßt werden, die gleiche Schmelzraumlänge für alle Stromstärken, die Kenneinrichtung mit vorderem Fensterchen, die Unverwechselbarkeit und die Erhaltung des Stöpselkopfes, so daß nur der billige, zylindrische Einsatz ausgewechselt zu werden braucht. Die Einsätze sind dadurch unverwechselbar, daß für die stärkeren Ströme größere Durchmesser der unteren Kontaktkappe angeordnet werden. In den Fuß der Sicherung wird eine

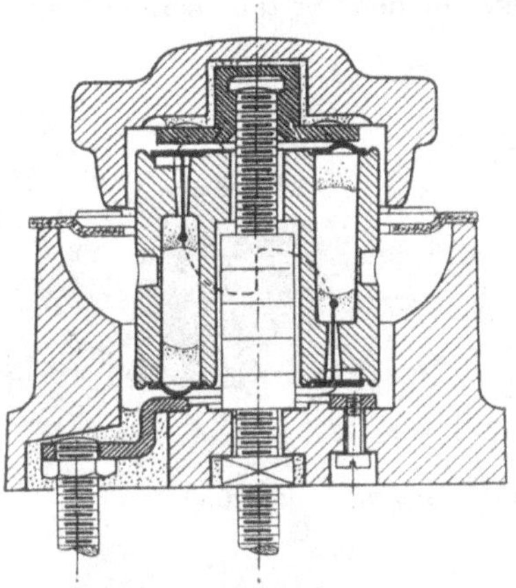

Bild 79. Patronensicherung für Verteilungstafeln (1904).

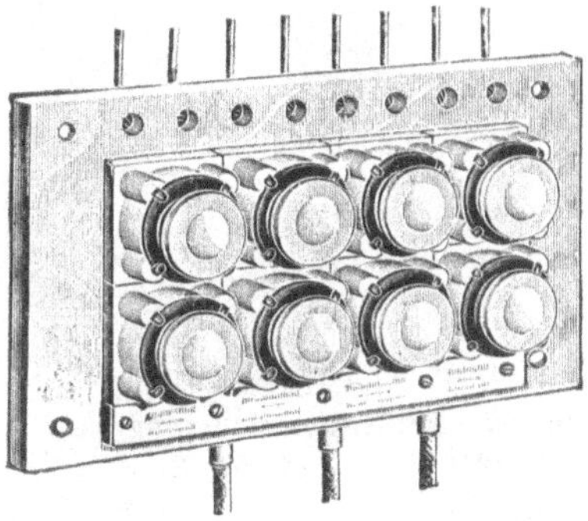

Bild 80. Verteilungstafel (1904).

Paßschraube aus Porzellan eingesetzt, die je nach der Stromstärke, für die die Sicherung eingerichtet werden soll, einen zylindrischen Hohlraum von größerem oder kleinerem Durchmesser erhält. Auf dem Grunde dieses Hohlraumes befindet sich das Metall, das mit der ankommenden

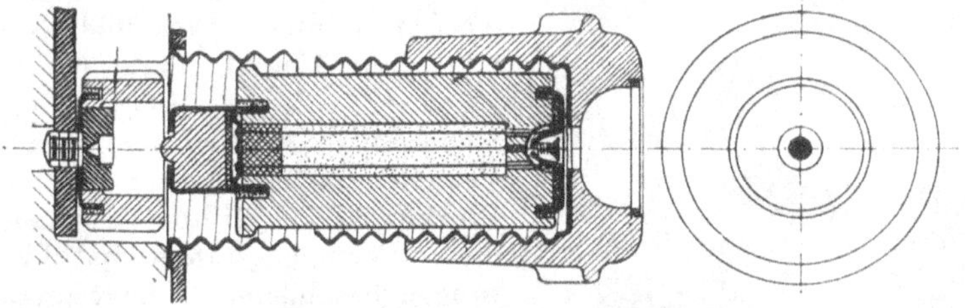

Bild 81. Diazedsicherung (1910).

Leitung, am Edisongewinde dasjenige, das mit der fortführenden Leitung in Verbindung steht. Eine zu starke Patrone erreicht den unteren Kontakt nicht, indem die Kontaktkappe nicht durch die Paßschraube hindurchgeht. Eine vorstehende Porzellankuppe an der unteren Kontaktfläche verhindert die Verwendung in gewöhnlichen Edisonsicherungen, da hier die Patronen verwechselbar sein würden.

Die Freileitungssicherung (Bild 82) enthält eine Patrone, die durch ein Regendach aus Porzellan geschützt ist. Die fliegende Sicherung (Bild 83) wird in die Freileitung eingespannt. Ein mit Isolierstoff umpreßter Metallbolzen mit einem Kopf, der von einer Kappe umgeben ist, nimmt den Zug der Leitung auf. Die Röhrensicherung (Bild 84) für 5000 Volt ist für Innenräume bestimmt. Der Unterbrecherlichtbogen innerhalb eines Asbestrohres treibt die heißen Gase heftig zu beiden Seiten heraus, wo-

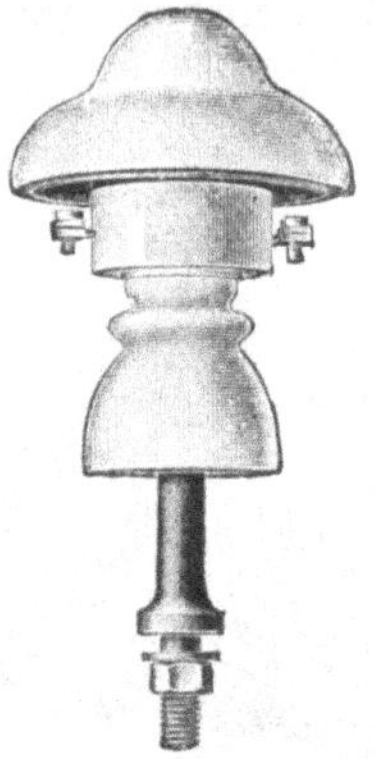

Bild 82. Freileitungssicherung (Siemens-Schuckertwerke).

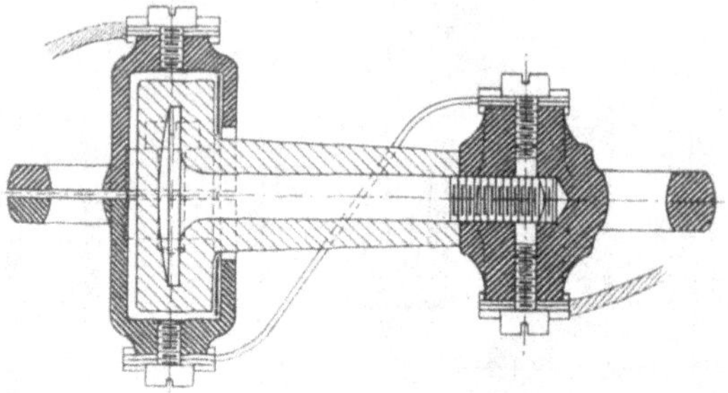

Bild 83. Fliegende Sicherung.

durch sie sich abkühlen und der Strom unterbrochen wird. Der Raum der Feuergarben ist freizulassen.

Bild 84. Zweipolige Hochspannungs-Röhrensicherung.

Zu Bild 93: Wäre überall nach Bild 85 und 86 gesichert, so würde man Sicherungen im ganzen Hause zerstreut vorfinden, so daß durchgebrannte Sicherungen nur umständlich und mit Leitern aufgesucht werden könnten. Nach Bild 93 führt eine am Hausanschluß (Bild 92) gesicherte starke Steigleitung zu mehreren in Reichhöhe angebrachten Verteilungstafeln, etwa für jedes Stockwerk eine. Hinter den Schienen dieser Verteilungstafeln sind die Leitungen besonderer Stromverbraucher (Starklichtquellen, Betreiber, Heiz- und Kocheinrichtungen) nach ihrem Querschnitt gesichert; von diesen Leitungen dürfen dünnere nicht abzweigen. Das Glühlicht aber wird in Gruppen zu 6 A zusammengefaßt, die mit 6 A Nennstrom gesichert werden. Da der dünnste Draht, der verwendet werden darf, bis zu 6 A Nennstrom geeignet ist, ist er gesichert, und es braucht an seiner Abzweigstelle nicht neu gesichert zu

Sicherungen werden angebracht: | Nach: | An:

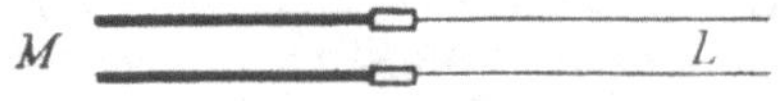

Bild 85 | Leitungsverlängerungen mit dünnerem Draht.

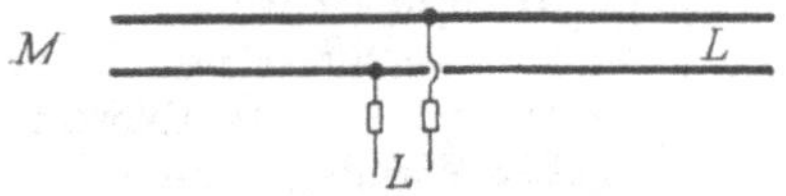

Bild 86 | Abzweigen mit dünnerem Draht.

Bild 87 | Stromerzeugern und Betreibern.

Bild 88 | Sammlern.

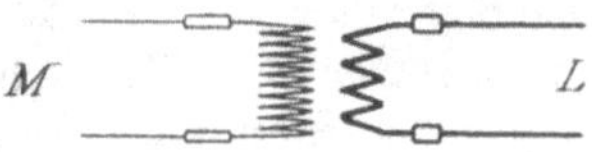

Bild 89 | Umspannern.

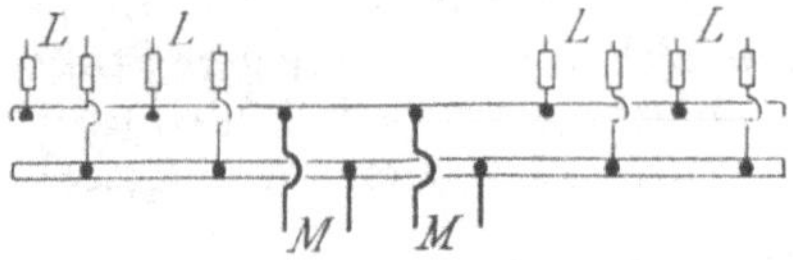

Bild 90 | Sammelschienen.

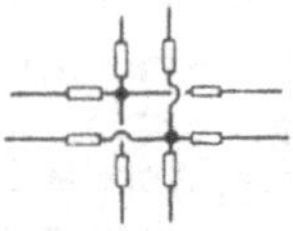

Bild 91 | Kreuzungspunkten in Leitungsnetzen.

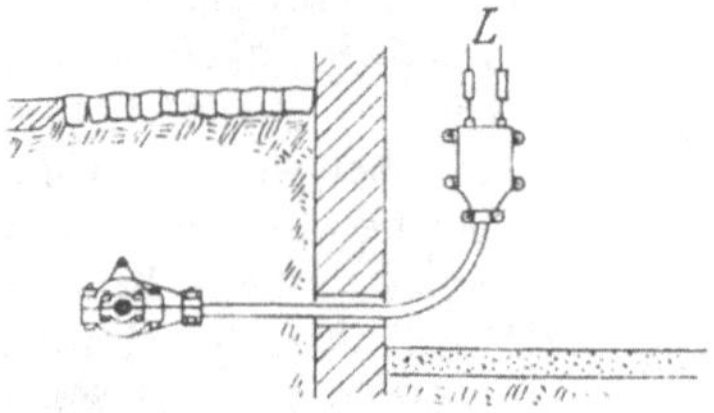

Bild 92 | Hausanschlüssen.

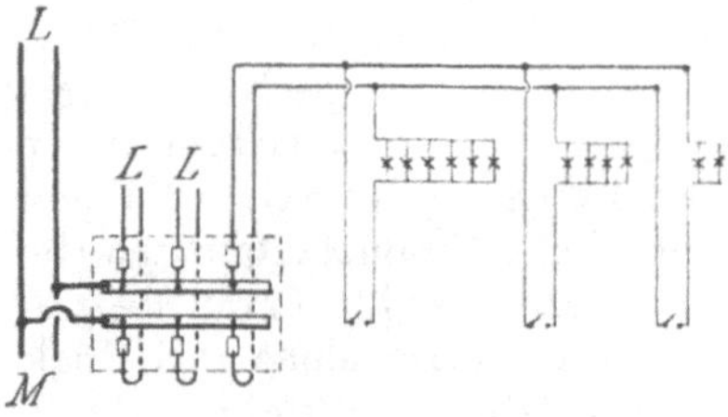

Bild 93 | Verteilungstafeln.

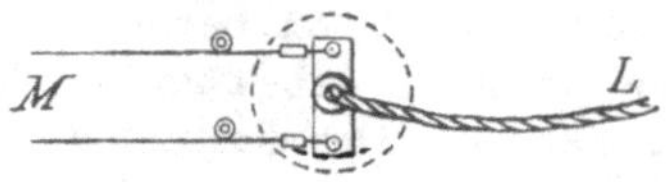

Bild 94 | dem Übergang von fest verlegter zu beweglicher Leitung (an Anschlußdosen).

M = Seite nach der Maschine hin. *L* = Seite nach den Lampen hin.

werden, auch wenn die Leitung bis zu dieser Stelle zum Erreichen geringen Spannungsverlustes stärker ist. Die meisten Kurzschlüsse in Beleuchtungsanlagen kommen an den Fassungen der Lampen vor. Hierauf ist beim Suchen von Fehlern zuerst zu achten, in zweiter Linie auf Abzweigscheiben, Wandanschlußdosen, Drahtlocken der Zuglampen, Wanddurchführungen und feuchte Räume.

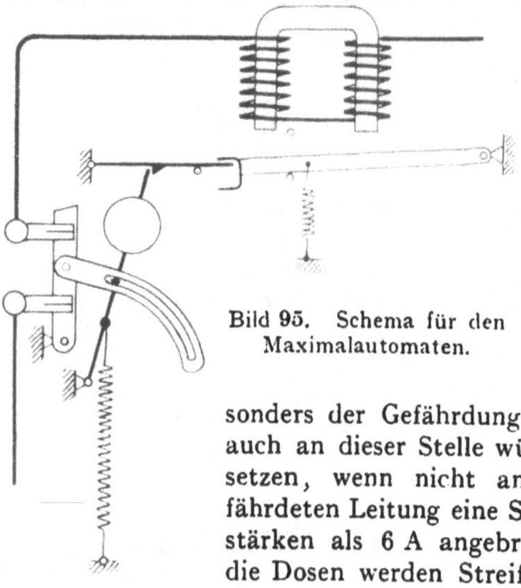

Bild 95. Schema für den Maximalautomaten.

Zu Bild 94: Bewegliche Leitung an Tischlampen, Teekannen, Schnurzugpendeln usw. ist ganz besonders der Gefährdung ausgesetzt. Ein Kurzschluß auch an dieser Stelle würde ganze Räume ins Dunkle setzen, wenn nicht an dem Übergang zu der gefährdeten Leitung eine Sicherung für geringere Stromstärken als 6 A angebracht wäre (vgl. Bild 72). In die Dosen werden Streifen für 2 oder 4 A eingesetzt.

22. Selbstschalter (III, 2, O)

wirken ähnlich wie Sicherungen, lassen sich sehr genau einstellen und verursachen nicht jedesmal durch ihre Wirkung Kosten, sind aber in der Anschaffung teurer als Sicherungen. Die Geschwindigkeit des Ausschaltens kann hochgetrieben werden. Außerdem gewährt der Magnetismus die bequeme Möglichkeit des Minimalautomaten. Maximalautomaten sind üblich, wo häufiger Kurzschlüsse oder Überlastungen erwartet werden (Speiseleitungen elektrischer Bahnen, Werkzeugmaschinenantriebe), Minimalautomaten bei der Ladung von Sammlern und im Parallelbetrieb von Gleichstromerzeugern zur Vermeidung von Rückströmen. Bild 95 und 96 drückt das Verfahren für die scharfe Einstellbarkeit aus; der Anker beginnt seine Bewegung frei, sammelt lebendige Arbeit und schlägt am Ende der Bewegung die Sperrklinke heraus. Der Festpunkt der Feder am Anker ist regelbar.

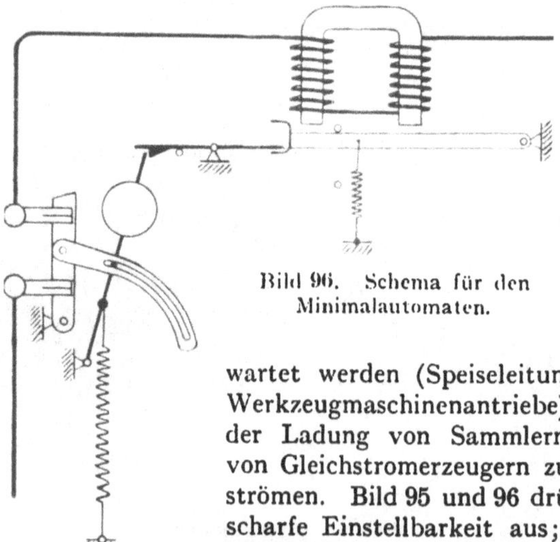

Bild 96. Schema für den Minimalautomaten.

Magnetisch zwangläufige Rückstromausschalter unterbrechen sicherer als Minimalautomaten, da sehr kurze Stromwendung unter Umständen dem letzteren keine Zeit zur Ausschaltung läßt. Bei Zwangläufigkeit ist der Anker gewöhnlich zurückgezogen wie beim Maximalautomaten. Der Elektromagnet besitzt zwei einander gegenläufige Spulen, deren Magnetismen sich gewöhnlich aufheben. Die eine Spule ist wie ein Strommesser, die andere wie ein Spannungsmesser geschaltet. Entfernen sich die Stromverhältnisse von den gewöhnlichen Werten, so überwiegt die eine oder die andere Spule, der Anker wird angezogen und die Einrichtung schaltet aus. Erst recht wird der Anker angezogen, falls die Richtung in den Stromwindungen sich umkehrt und beide Spulen im gleichen Sinne magnetisieren. Ein solcher Schalter ist zugleich Maximal- und Minimalautomat.

Bild 97. Maximalautomat (Siemens-Schuckertwerke).

Der Selbstschalter (Bild 97) ist bis 650 V verwendbar. Außer dem erkennbaren Hauptschaltstück aus geblätterten Kupfer besitzt er ein teilweise verdecktes Schaltstück aus dickerem Kupfer, das sich zwischen zwei in einem Schlot untergebrachte Kupferhörner einschiebt. Der Hörnerkontakt liegt im Nebenschluß zum Hauptkontakt und schaltet zuletzt aus. Die Strombegrenzerspule dient zugleich als Bläser. Eine Klinke überträgt die Einschaltbewegung vom Griff zum Schaltstück, so daß diese Klinke auch während der Schaltbewegung herausgeworfen und der Strom unterbrochen wird, wenn die Stromstärke beim Einschalten zu groß ist.

Bei Hochspannung über 6000 V können Schmelzsicherungen nicht verwendet werden. An ihre Stelle treten Ölschalter mit Maximalunterbrechung. Da aber weite Gebiete beherrscht werden, können die Ursachen der Stromüberschreitung in der Regel nicht nachgeforscht werden, und unnötige Unterbrechung würde weite Gebiete stören. Die Einrichtungen müssen daher bei geringen Stromüberschreitungen erst nach längerer, bei erheblichen aber nach kürzerer Zeitdauer ausschalten, wie das den vorhandenen Maschinen, Transformatoren und Leitungen zuträglich ist (Zeitrelais). Hat ein Ölschalter unterbrochen, so bleibt in vielen Fällen nichts weiter übrig, als nach einiger Zeit versuchsweise wiedereinzuschalten, da angenommen werden kann, daß die Störung inzwischen beseitigt ist. Mehrmals nacheinander unter Kurzschluß auszuschalten, ist eine schwere Aufgabe für den Ölschalter, und hierbei treten bisweilen Ölschalterbrände auf. Die Einrichtungen der Schalthäuser müssen so getroffen sein, daß Brände örtlich bleiben und die Umgebung der Schaltzelle nicht verschmutzen.

23. Überspannungsschutz.

Überspannung tritt 1. durch Berührung mit fremden Leitungen, 2. bei Wechselstrom- und Drehstrom-Niederspannungsanlagen durch Isolierungsfehler an den Umspannern, 3. vornehmlich an Hochspannungsanlagen durch Schaltvorgänge und 4. an allen Anlagen durch Gewitter auf. Die Mittel gegen letzteren Fall sind die Blitzschutzvorrichtungen. Sowohl plötzlich auftretende und verschwindende, als auch schnell schwingende Elektrizitätsmengen bevorzugen eine kurze Luftstrecke l in Bild 98 gegenüber einem gewundenen Leiter (Blitzspule) bei A und B zu ihrem Ausgleich. Der Ausgleich würde bedeutungslos sein, wenn nicht

Bild 98. Blitzschutzschema.

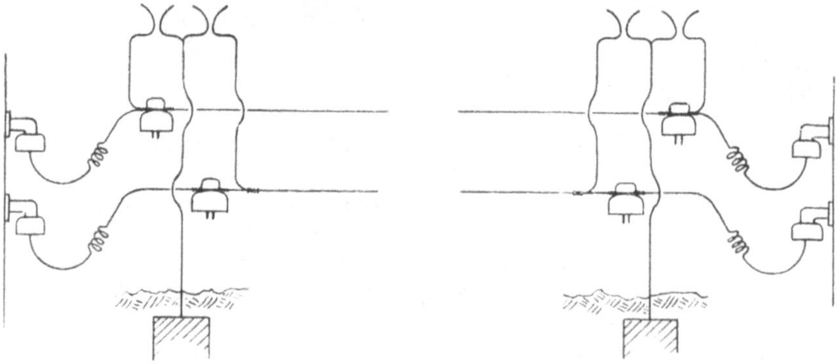
Bild 99. Blitzschutzschema einer Doppelleitung.

die Betriebsspannung vorhanden wäre, die dem Ausgleichsfunken einen Kurzschlußlichtbogen folgen läßt, denn die Leitung AB hat man sich zwei- oder dreipolig vorzustellen, und jede der gezeichneten Einrichtungen befindet sich an jedem Pol, und bei einfachen Leitungen liegt der andere Pol an Erde (Straßenbahn). A und B sind die Eintrittsstellen einer Freileitung in die Häuser, zu denen die Überspannung nicht gelangen soll.

Die Anordnung für eine Doppelleitung zeigt Bild 99. Am letzten Mast vor der Einführung sind beide Funkenstrecken an höchster Stelle zwischen einem Hörnerpaar angebracht, dessen Ausführung beispielsweise Bild 100 zeigt (600 V, 5 mm Abstand). Die Blitzspulen bestehen etwa aus 10 Windungen eines starken Kupferdrahtes von 10 cm Windungsdurchmesser, in Luft leicht gespannt. Die Wege des Blitzes zur Erde hin sind mit langen Bogen abzurunden. Die Erdleitung steht mit der Erde in großflächiger feuchter Berührung. Die Hörner dienen zur Löschung des Kurzschlußlichtbogens. Bei höheren Spannungen legt man in die zur Erde führende Leitung passend bemessene Widerstände, um nicht nach Fall 3 durch zu starken Stromstoß schädliche neue Überspannung zu erzeugen. Der Überspannungsschutz von Hochspannungsanlagen kann hier nicht weiter behandelt werden, vielmehr sei verwiesen auf Brion, „Überspannungen in elektrischen Anlagen" (Leipzig, Hachmeister & Thal).

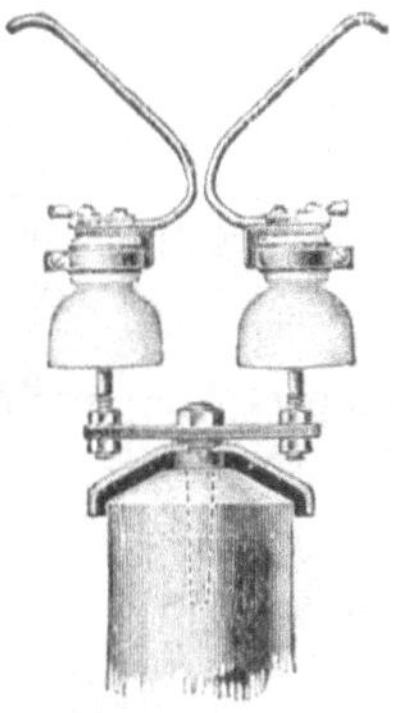

Bild 100. Blitzschutz-Hörnerpaar (Siemens-Schuckertwerke).

Spannungssicherungen nach Bild 101 schützen in Fall 1 und 2 zur Vermeidung von Lebensgefahr. Sie werden gewöhnlich an Umspannstellen angebracht und enthalten in einer einschraubbaren Patrone einige sehr kurze Luftstrecken (Dicke einer Glimmerscheibe ~ 0,125 mm ansprechend bei ~ 350 V), die durch Löcher einer Glimmerscheibe gebildet werden. Bei Auftreten von Überspannung wird die Luftstrecke durchschlagen, und das Metall der Platten, zwischen denen die Glimmerscheibe eingepreßt ist, bildet Perlen, wodurch die gefährdete Leitung geerdet und ungefährlich wird. Das Edisongewinde steht über die seitliche Schraube mit der Erde in Verbindung, während am Mittelkontakt die zu schützende Leitung liegt.

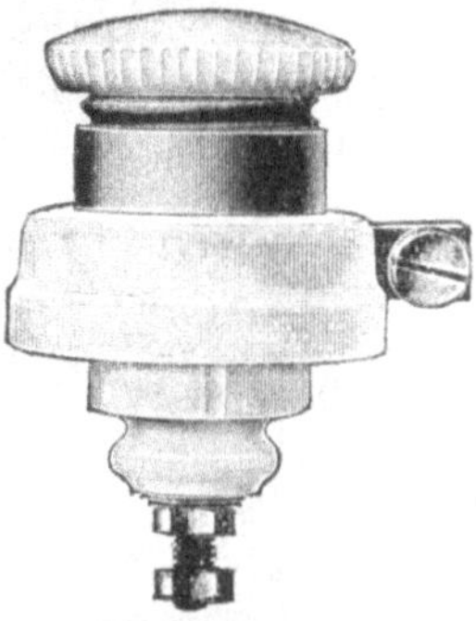

Bild 101. Spannungssicherung (Siemens-Schuckertwerke).

24. Meßwiderstände

müssen möglichst unveränderlich (s. Zahlentafel IV, 4 Nr. 14 und 15) und scharf feststellbar sein. Manganin (Isabellenhütte, Dillenburg) wird von der Physikalisch-Technischen Reichsanstalt überwacht. Möglichste Unveränderlichkeit erreicht man durch geringe Strombeanspruchung, die also auch geringe Erwärmung mit sich führt (einige Grad über Zimmertemperatur). Damit bei Wechselstrom keine Induktionsspannungen an den Meßwiderständen auftreten, wird zweidrähtig gewickelt (Bild 102), wodurch der Strom zwei nahe beieinander liegende Wege in einander entgegengesetztem Sinn durchfließt. Stöpselwiderstände (Bild 103 und 104) bestehen aus mehreren nach diesen Grundsätzen hergestellten Einheiten, die durch Metall-

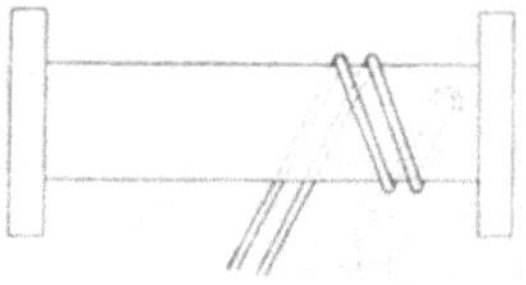

Bild 102. Zweidrähtige Wicklung.

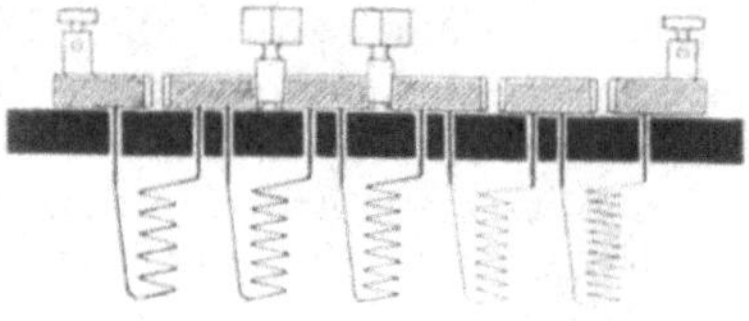

Bild 103. Stöpselrheostat.

stöpsel kurzgeschlossen werden können. Stuft man z. B. nach den Werten 1, 2, 2, 5, 10, 20, 20 50 usw. Ohm ab, so können mit wenig Einheiten viele Widerstandswerte eingestellt werden. Beim Arbeiten mit diesen Widerständen zieht man zweckmäßig zuerst die Stöpsel der neu gebrauchten und steckt darauf die Stöpsel der kurz zu schließenden Stufen. Jede Stufe dieser Widerstände, wie auch jeder der Widerstände Bild 105 und 106, kann gewöhnlich mit 1 Watt belastet werden, d. h.

Bild 104. Stöpselrheostat (Hartmann & Braun).

	1000,	100,	10,	1,	0,1,	0,01,	0,001	Ω
mit	0,032,	0,1,	0,32,	1,	3,2,	10,	32	A oder
mit	32,	10,	3,2	1,	0,32,	0,1,	0,032	V.

Bild 105. Normalwiderstand von 0,1 Ohm (O. Wolff, Berlin).

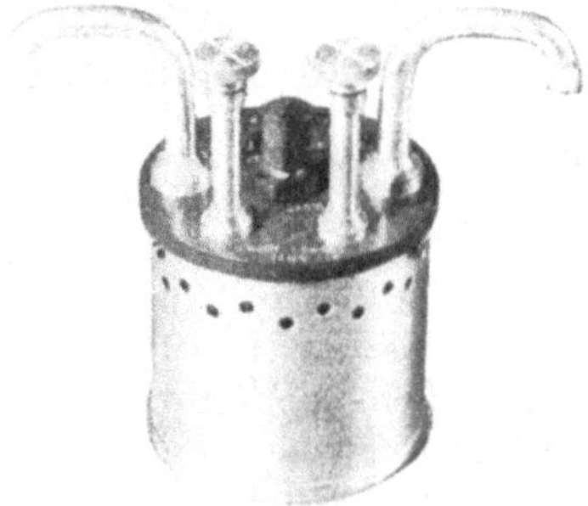

Bild 106. Normalwiderstand von 0,01 Ohm (desgl.).

Durch die Physikalisch-Technische Reichsanstalt ist Meßwiderständen die Form Bild 105 und 106 gegeben worden. In einem Metallgehäuse mit Hartgummideckel befindet sich der Widerstandskörper, dessen Enden mit den herausragenden Kupferbügeln in Verbindung stehen. Die Bügelenden hängen zur Stromzuleitung in Quecksilbernäpfen. Beim Gebrauch befindet sich der Widerstand zu seiner Kühlung bis über den oberen Löchern des Gehäuses unter Petroleum. Die Temperatur wird durch ein in die mittlere Öffnung des Deckels gestecktes Thermometer gemessen. Die Reichsanstalt untersucht und beglaubigt solche Widerstände, wenn sie ihren Bedingungen entsprechen. Die vorderen Klemmen an dem Widerstande (Bild 116) dienen zur Spannungsmessung.

25. Betriebswiderstände

läßt man bis zu 200⁰ warm werden, da das Widerstandsmetall ausgenutzt werden soll, jedoch ist jede erkennbare, auch die dunkelste Rotglut nicht mehr zulässig. Die Wärmeabgabe wird durch reichliche Luftumspülung oder bei kurzzeitigem Betrieb durch Ölkühlung gesteigert. Mit 1 W/qcm der luftgekühlten Oberfläche nehmen die Metalle etwa die genannten 200^0 an; in diesem Sinne vertragen Nickelindrähte (ι — 0,5) folgende Stromstärken:

Durchmesser mm	Querschnitt qmm	Stromstärke Amp.	Durchmesser mm	Querschnitt qmm	Stromstärke Amp.
0,2	0,0314	0,628	1,6	2,01	14,2
0,4	0,126	1,77	1,8	2,54	17,1
0,6	0,283	3,26	2,0	3,14	19,9
0,8	0,503	5,01	2,2	3,80	22,9
1,0	0,785	7,01	2,4	4,52	26,1
1,2	1,13	9,22	2,6	5,31	28,6
1,4	1,54	11,63	2,8	6,16	32,8

Die Leiter werden entweder schraubenförmig gewunden, d. h. zu Drahtlocken gewickelt und gespannt oder als Bänder gewellt. Sicherer ist die Unterbringung des Metalles auf Trägern aus Porzellan, Schiefer usw. Widerstände sind gegen zufällige Berührung zu schützen. Brennbare Teile sind aus der Umgebung von Widerständen fernzuhalten. Eine n-fache Stromsteigerung hat die n^2fache Steigerung der sekundlich auftretenden Wärmemenge zur Folge.

Porzellanzylinder: Ein zylinderförmiger Porzellankörper enthält am Umfang ein Porzellangewinde, auf dessen Grund der Draht fest aufgelegt wird. Die Porzellanrippen zwischen den Gängen sind so hoch, daß auch der erwärmte und dadurch gelockerte Draht nicht herausspringen kann. Anfang und Ende des Drahtes sind am Porzellankörper befestigt. Die Stromzuführung erfolgt bei größeren Zylindern nach Bild 107 durch übergeschobene aufgeklemmte und daher einstellbare Ringe, wobei die Drähte über den Porzellanrippen vorstehen. Bei kleineren Widerstandszylindern geschieht die Verbindung durch Verklemmen und Verlöten der Drahtenden. Die Zylinder werden nach Bedarf aufgereiht und zu Widerstandsrahmen vereinigt.

Bild 107. Porzellanzylinder.

Man unterscheidet feste, einstellbare und regelbare Widerstände. Einstellbar ist z. B. der Zylinder Bild 107, dessen Ringe etwa in einer Bogenlampenanlage einmal eingestellt werden und bleiben. Soll dagegen ein Widerstand häufig verändert werden, so wird er in Stufen unterteilt und mit Kurbel und zugehöriger Kontaktbahn nach Bild 108 geregelt. Eine Feder, die breiter ist, als der gegenseitige Abstand der Kontakte, schleift fest auf den letzteren. Bild 109 zeigt das Gegenstück für nebeneinander geschaltete Widerstände.

Zu Bild 108 und 109 geben Bild 110 und 111 Ausführungsformen. Ein gelochtes Schutzblech ist vor der Aufnahme von Bild 111 abgenommen. Die Widerstandsdrähte sind in Schmelz eingebettet und die Widerstandskörper erinnern an Rippenheizkörper. Der Metallsektor wird an jedem Kontakt zwischen zwei Bronzefedern geschoben.

Anordnungen nach Bild 112 und 113 trifft man häufig in Versuchs- und Prüfräumen. Der Widerstand der stark gezeichneten Stufen zusammen ist der gleiche, wie derjenige einer schwach gezeichneten. Man kann z. B. mit 10 Stufen zu je 1 Ω und 10 Stufen zu je 0,1 Ω bis zu 11 Ω von Zehntel zu Zehntel einstellen, und das

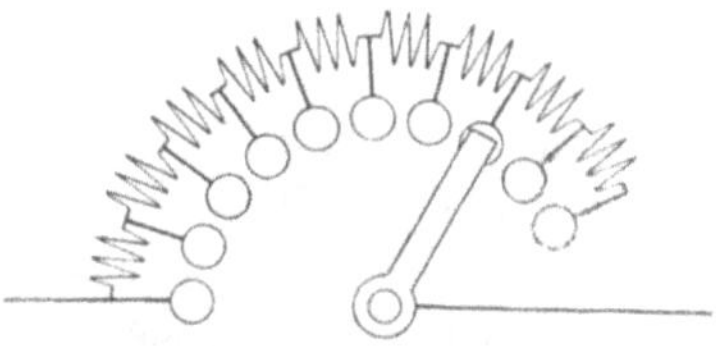

Bild 108. Schema eines Kurbelwiderstandes (Hintereinanderschaltung).

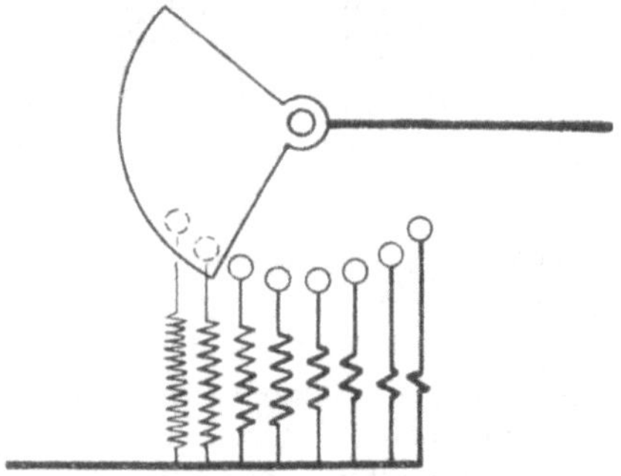

Bild 109. Nebeneinanderschaltung.

Verfahren nach Bild 112 läßt sich zu größeren und kleineren Werten hin fortsetzen. Die Anordnung nach Bild 113 dient zur Spannungsregelung zwischen den Klemmen *1* und *2*, während an *I* und *II* eine gleichbleibende Spannung, die höchste, die verwendet werden soll, liegt.

Betriebswiderstände werden je nach ihrer Aufgabe verschieden abgestuft. Häufig findet man eine Anlehnung an geometrische Reihen, wodurch auch angenähert die Stromstufe des nächsten Kontaktes bei gleichbleibender Spannung ein bestimmtes Vielfaches der Stromstufe des vorhergehenden Kontaktes bildet.

Bild 110. Kurbelwiderstand.

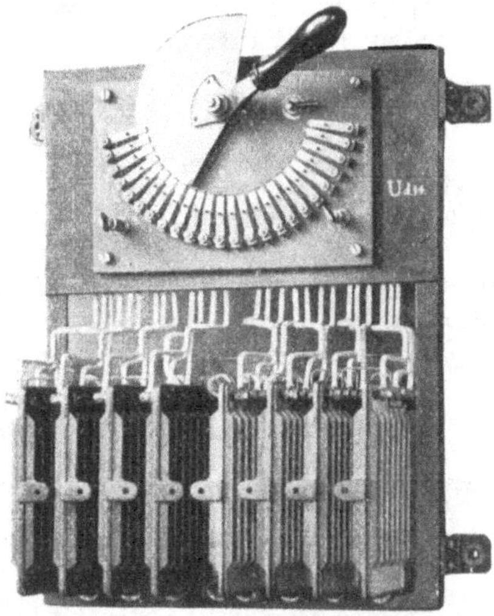

Bild 111. Widerstand in Parallelschaltung.

39. Beispiel. Es sei ein Widerstand für einen Bildwerfer zu berechnen; der Lichtbogen brauche eine stets gleiche eingeregelte Spannung $K_1 = 40$ V. Die Betriebsspannung an den Klemmen der Leitung sei dauernd $K = 110$ V. Die Widerstände der Leitungsdrähte sollen vernachlässigt werden. Die Stromstärke des Lichtbogens soll auf 3, 3,68, 4,5, 5,52, 6,75, 8,28 und 10,15 A gebracht werden können. Für den Widerstand werde Nickelindraht ($c = 0{,}5$) zu Schraubenfedern gespannt verwendet. Außer der Länge und dem Querschnitt des Drahtes der einzelnen Stufen ist ein Schaltungsschema anzugeben.

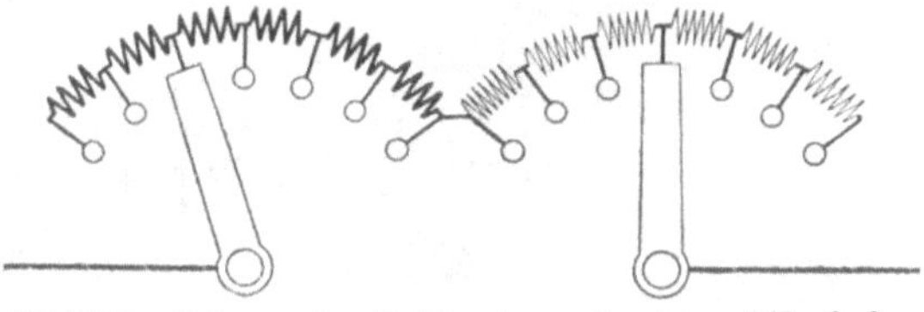

Bild 112. Schema für die Regelung durch zwei Kurbeln.

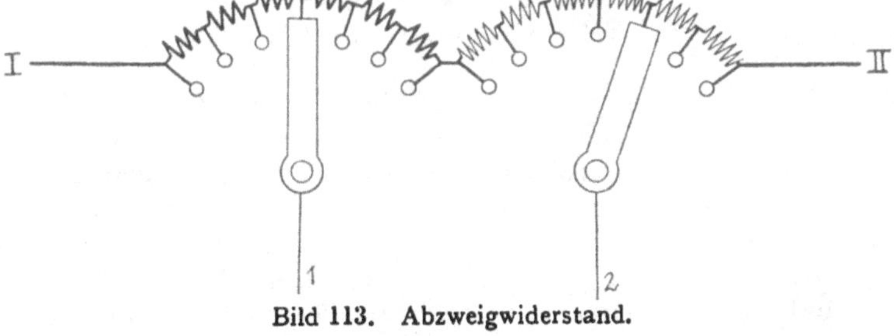

Bild 113. Abzweigwiderstand.

Am Widerstand liegt während des Betriebes der Lampe dauernd die Spannung $K_2 = K - K_1 = 110 - 40 = 70$ V. Zwischen den Zuleitungen des Widerstandes müssen jedesmal

$$W = \frac{K_2}{I} \, \Omega$$

liegen, wobei I die jedesmalige Stromstärke bedeutet. Die Einzelwiderstände w von Kontakt zu Kontakt werden stets durch Bildung der Differenz zweier aufeinanderfolgender Werte W gefunden. Die Drahtquerschnitte werden nach der Zahlentafel S. 85 durch Abrundung nach oben aus den Stromstärken bestimmt. Die Längen l der Drähte zwischen den einzelnen Stufen erhält man zu

$$l = \frac{w \cdot q}{c} .$$

Stufe	$I_{\text{Amp.}}$	W_{Ohm}	w_{Ohm}	d_{mm}	q_{qmm}	l_{m}
1	3	23,33	4,28	0,8	0,503	4,31
2	3,68	19,05	3,50	0,8	0,503	3,52
3	4,5	15,55	2,86	0,8	0,503	2,88
4	5,52	12,69	2,33	1,0	0,785	3,66
5	6,75	10,36	1,90	1,0	0,785	2,99
6	8,28	8,46	1,56	1,2	1,13	3,53
7	10,15	6,90	6,90	1,4	1,54	21,30

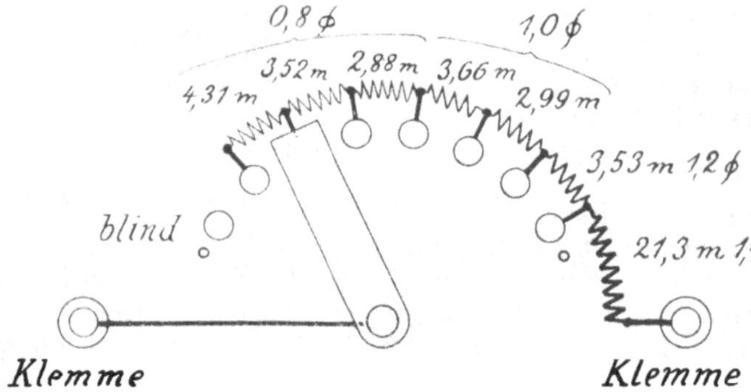

Nickelin ($c = 0,5$)

Bild 114. Schema des berechneten Widerstandes.

Das Schema für den Widerstand dieses Beispieles zeigt Bild 114.

Flüssigkeitswiderstände eignen sich in manchen Fällen bei vorübergehendem Bedarf und lassen sich leicht einstellen, indem man ein Gefäß zunächst mit reinem Wasser füllt, Elektroden hineinbringt und in einen Stromkreis schaltet, der auch einen Strommesser enthält. Durch vorsichtiges Zusetzen einer Säure oder eines Salzes (Schwefelsäure, Soda) unter ständigem Umrühren und unter Beobachtung des Strommessers erhält man den gewünschten Widerstandswert. Außerdem kann der gegenseitige. Abstand der Elektroden oder die Eintauchtiefe verändert werden. Große Flüssigkeitswiderstände setze man wegen der Gasentwicklung ins Freie. Man vermeidet unerwünschte Kurzschlüsse durch Sicherung des Elektrodenabstandes auch bei bewegter Flüssigkeit. An Fässern wird gegebenenfalls der obere Metallreifen vor ihrer Verwendung als Widerstandsgefäß beseitigt. Sollen an Flüssigkeitswiderständen die elektromotorischen Gegenkräfte vermieden werden, so verwende man kupferne Anode und Kathode in nichtmetallischem Gefäß in nahezu gesättigter Kupfersulfatlösung bei höchstens 2 A/qdm mit verstellbarem Elektrodenabstand. Wird die eine Elektrode zu stark und die andere zu schwach, so kehre man die Stromrichtung um.

Glühlampen eignen sich als Widerstandskörper in besonderen Fällen, vor allem, wenn die Widerstandsänderungen mit der Temperatur zweckmäßig sind. Kohle verringert, Metalldraht erhöht mit steigender Temperatur den Widerstand. Eine Glühlampenbatterie ist eine Zusammenstellung mehrerer Glühlampen, gewöhnlich in Nebeneinanderschaltung.

VI. Beleuchtung.

1. Glühlampen.

Es gilt, für möglichst hohe Temperaturen einen hitzebeständigen Leiter zu schaffen und dafür zu sorgen, daß dieser Leiter unter Aufwand möglichst geringer Leistung die hohe Temperatur beibehält. Die Entwicklung führte über die Kohle-, Osmium- und Tantal- zur Wolframlampe, die alle mit Luftleere arbeiten. Die Luftleere schützt hochgradig gegen Fortleitung der Wärme, während die fortgestrahlte Wärme durch sie nicht vermieden werden kann, und gegen Verbrennung des Leiters, d. h. gegen das Zustandekommen einer Verbindung des Leiterstoffes mit dem Sauerstoff. Luftleere Kohlefaden- und Wolframdrahtlampen werden noch hergestellt, obgleich die gasgefüllte Wolframdrahtlampe eine weitere Vervollkommnung bildet. Der Wolframleiter wird nämlich nicht durch Schmelzung zerstört, sondern durch Zerstäubung, indem sich kleinste Teilchen von der Oberfläche ablösen, die abgestoßen und gegen die Glaswände der Birne geschleudert werden. Der Vorgang erinnert an das Verdunsten des Wassers oder des Eises. Unter der Luftpumpe, d. h. bei geringerem Druck findet dieser Vorgang schon bei niedrigeren Temperaturen statt, als in der Atmosphäre, und es kann auf diese Weise Eis schnell verdunsten, ohne daß es vorher in den flüssigen Zustand gelangt war. Ähnliches gilt für den Wolframleiter: Die anfänglich geschätzte Luftleere wurde als Ursache der Zerstäubung des Leiters schon bei niedrigeren Temperaturen, etwa 2200°, erkannt, während die

Schmelztemperatur des Wolframs wesentlich höher liegt. Es mußte also an Stelle der Luftleere ein Gasdruck, der noch kein Überdruck gegenüber der Atmosphäre zu sein braucht, angewendet werden. Ein dazu passendes Gas ist der Stickstoff, der mit dem Wolfram auch bei den hohen Temperaturen keine Verbindungen eingeht, dazu einige Edelgase, Neon, Argon, Helium usw.; aber da die letzten Reste der atmosphärischen Luft nicht nur aus dem Hohlraum der Birne, sondern auch aus der Innenschicht des Glases und aus den Leitern und übrigen Metallkörpern, die sich im Innern der Birne befinden, herausgezogen werden müssen, geht der Füllung mit den hochgradig reinen Gasen ein gründlicher Auspumpvorgang voraus. Um die fortgeleitete Wärme gering zu halten, wird der Draht zu feinen Locken gewickelt und dadurch auf kleinen Raum zusammengedrängt.

Die Kohlefaser wurde längere Zeit hindurch hergestellt, indem Holz zu feinem Staub geschliffen, seiner Säfte beraubt, mit sirupartigen Bindemitteln zu einem Brei geknetet und mit Spritzen durch enge Öffnungen getrieben wurde; die Fäden wurden schnell getrocknet und auf Spulen aus Graphit gewickelt, die ihnen sogleich die Form der künftigen Kohlefaser gaben. Sodann wurden die Fäden in Kohle übergeführt, indem sie samt ihren Spulen in eisernen Kästen unter Graphitstaub etwa einen Tag lang auf 600° erhitzt wurden. Dieses Spritz- und Karbonisierungsverfahren wurde anfänglich auch auf die einer anderen Bearbeitung schwer zugänglichen spröden Metalle Osmium und Wolfram ausgedehnt, wozu das Metall zu feinem Staub gemahlen wurde. Aus den Fäden wurde der Kohlenstoff entfernt, indem sie in einer Wasserdampf und geeignete reduzierende Gase enthaltenden Umgebung durch Strom erhitzt wurden; dabei bildete sich nach

$$C + H_2O = CO + 2H$$

Wassergas, und der noch porenreiche Faden mußte beim Gebrauch der Lampe zusammensintern. Die Kaltbrüchigkeit der Fäden und die Notwendigkeit, solche Lampen nur mit der Spitze nach unten anzuordnen, ließen das Streben nach Lampen mit gezogenen Drähten aufkommen, deren erste Vertreterin die Tantallampe von Siemens & Halske war. Diese Lampe enthielt auch den jetzt allgemein angewandten Drahtträger in Form einer Glassäule mit Drahtsternen.

An der Entwicklung der neueren Lampen sind besonders beteiligt die Deutsche Gasglühlichtgesellschaft (Auer v. Welsbach), die Wolfram-Lampen-A.-G. (A. Just), Jul. Pintsch (H. Kuzel), Siemens & Halske, die Westinghouse-Gesellschaft, die Allgemeine Elektrizitätsgesellschaft und die Bergmann-Elektrizitätswerke. In der Entwicklung ist der letzte Schritt gewesen, das Wolfram durch Ziehen in die Form eines Drahtes zu bringen. Die ersten Lampen mit gezogenem Wolfram kamen im Herbst 1911 von Amerika herüber, aber fast gleichzeitig trat auch die Auergesellschaft damit hervor.

Wolfram* wird aus Wolframtrioxyd durch Reduktion bei etwa 1000° im Wasserstoffstrom als feines Pulver gewonnen; es oxydiert schon bei niederen Temperaturen in Luft und muß daher bei jeder Warmbearbeitung von Wasserstoff umgeben sein. Das für Glühlampen verwendete Metall darf kein Wolframoxyd, kein Nickel und kein Eisen enthalten. Schädliche Verunreinigungen sind außerdem Arsen, Wismut, Antimon, Molybdän, Kieselsäure und Kohlenstoff. Das Pulver wird unter ~ 5000 kg/qcm zu kleinen griffelförmigen Stäben gepreßt. Der Zusammenhalt der Stäbe ist gering. Zur Verdichtung wird der Stab ansteigend eine Stunde lang bis auf etwas über 1000° erhitzt. Dann läßt man den Stab unter Anwendung allmählich gesteigerten elektrischen Stromes bis auf 2850°, d. i. nahe der Schmelztemperatur des Wolframs, zusammensintern. Der kalte Stab würde nun beim Fall aus 30 bis 40 cm Höhe zerbrechen, obgleich er mit der Hand kaum durchgebrochen werden kann. Er wird erst in der Hämmermaschine gefügiger. Bei etwa 400 Umdrehungen in der Minute gibt diese Maschine nahezu 4000 Schläge/Min., die stets paarweise gegenüber und völlig gleichmäßig um den Stab herum fallen müssen, und zwar so, daß auch nicht zwei Schläge auf dieselbe Stelle kommen. Der vorher auf 1300° erhitzte Stab wird auch in der Hämmermaschine von einem Wasserstoffstrom begleitet. Bis zum Erreichen von 0,75 mm Durchmesser muß der Stab mehr als 50 mal durch die Maschine gehen. Damit ist das Wolfram so weit streckbar geworden, daß es durch erhitzte Diamantdüsen zu Draht gezogen werden kann. Es sind etwa 100 Düsen erforderlich, um einen Draht von 0,65 mm auf 0,025 mm Durchmesser zu bringen. Ist der Draht auf 0,18 mm Durchmesser gezogen, dann kann er bei Zimmertemperatur ohne zu brechen um den Finger gewickelt werden. Durch weiteres Ziehen wird der Draht geschmeidiger und kann von 0,1 mm Durchmesser ab durch Düsen von Zimmertemperatur gezogen werden. Der fertige Wolframdraht erreicht eine Zugfestigkeit bis 460 kg/qmm, ist silberweiß und hält sich an der Luft bei Zimmertemperatur sehr gut. Er oxydiert erst bei Rotglut und bildet bei heller Rotglut Wolken von Wolframtrioxyd. Der Durchmesser des Drahtes für Lampen zu 220 V und 16 Kerzen beträgt 0,015 mm, die mittlere Länge des Drahtes gewöhnlicher Lampen ~ 0,5 m.

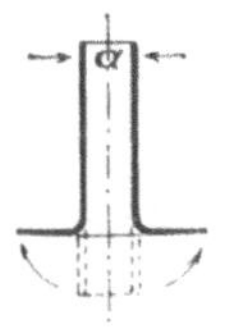

Bild 115. Tellerbildung.

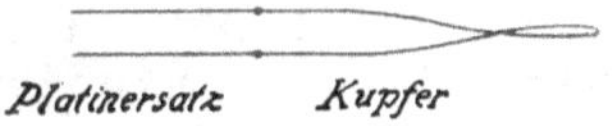

Bild 116. Vorbereiteter Leitungsdraht.

Die Herstellung einer gewöhnlichen Drahtlampe mit Luftleere sei wie folgt, kurz beschrieben: Die Tellermaschine fertigt aus einem Glasröhrchen (Bild 115) durch Erwärmung und Umlegung des Randes unter gleichzeitigem Drehen die Teller der Füßchen. Ein Stück Kupferdraht, an das beiderseits ein Stück Platinersatz angelötet ist (Bild 116) wird

* Nach Z. d. V. d. I. 1913, S. 1516.

durch das Füßchen gesteckt, dazu das eine Ende der Glassäule. Die Teile werden zentrisch eingespannt, unter langsamer Drehung durch sechs gegen den Rand des Röhrchens gerichtete Stichflammen (bei *a* Bild 115) miteinander verschmolzen und mit einer Zange an der Schmelzstelle breitgedrückt. Die Drahthalter sind Molybdändrähte, dünn an beiden Sternen, denn da der Wolframdraht während des Gebrauchs der Lampe sich verkürzt, müssen die Drahthalter erheblich nachfedern. Der Wolframdraht wird an den Platinersatz durch Anklemmen befestigt. Ist das Füßchen mit Drahtträger und Draht, Bild 117, fertiggestellt, so wird es nach Bild 118 mit der Birne verschmolzen, der zunächst das in Bild 119 oben gezeichnete Entlüftungsrohr angesetzt werden mußte. Die Birne

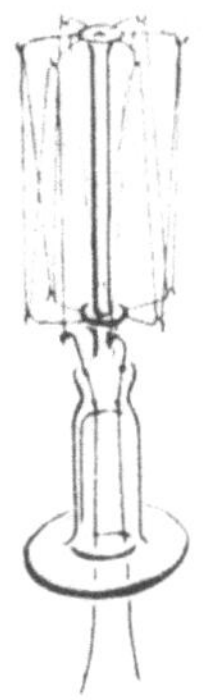

Bild 117. Füßchen und Drahtträger.

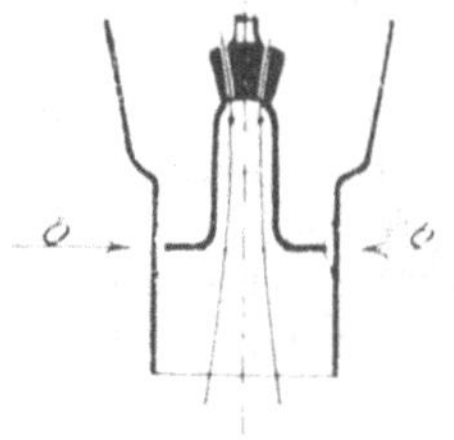

Bild 118. Verschmelzen von Birne und Teller.

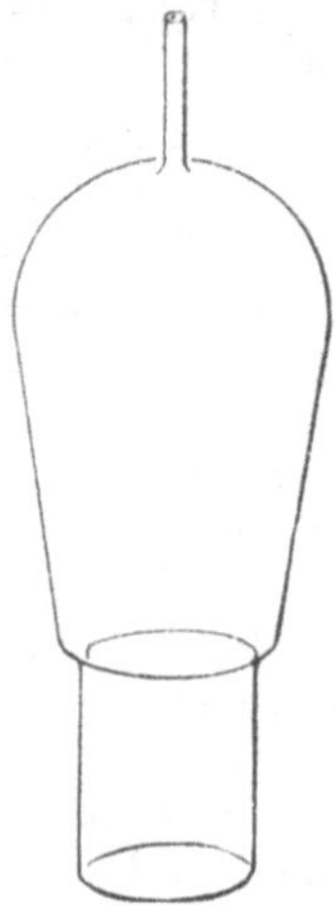

Bild 119. Vorbereitete Birne.

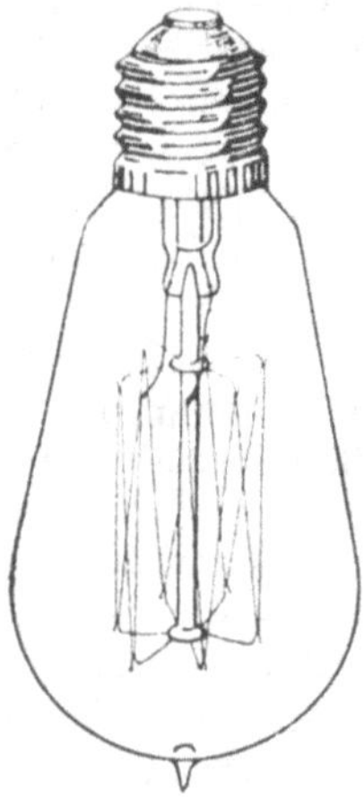

Bild 120. Fertige Drahtlampe.

wird zentrisch über das zentrierte Gestell, Bild 117, gestülpt und eingespannt. Unter langsamer Drehung wird ein Kranz von Stichflammen gegen den Hals der Birne bei der Stelle *b*, Bild 118, gerichtet; das Gas zieht sich dabei gegen den Teller zusammen und wird mit ihm verschmolzen, während der untere Teil des Halses heruntersinkt. Nun werden die Lampen mit dem Entlüftungsrohr an die gläserne Leitung der Luftpumpe angeschmolzen, die viele Lampen auf einmal entlüftet. Gegen das Ende der Entlüftung werden die Lampen angeheizt, von außen mit Flammen und von innen mit Strom, damit die in den Stoffen der Lampe enthaltene Luft herausgetrieben wird. Schließlich wird der Druck, der etwa 0,05 mm Quecksilbersäule betragen soll, gemessen, und wenn das erfüllt ist, wird die Lampe mit einer Stichflamme von der Leitung der Luftpumpe abgetrennt. Die Enden der Leuchtkörper einer Lampe sollen weit genug voneinander entfernt sein, damit nicht Wanderteilchen (Ionen, XII, 1) durch den fast leeren Raum von einem Pol zum anderen in der Dichte übergehen können (Edisoneffekt), daß die Erscheinung sich zu einem Lichtbogen ausbildet, der die Lampe zerstören würde. Aus diesem Grunde darf auch die Luftleere nicht zu hoch getrieben werden. Auch hat sich eine Chemie der Glühlampen herausgebildet, die neben anderen Absichten auch die verfolgt, den Edisoneffekt zu vermeiden.

Der Sockel der Lampe gestattet, die Lampe bequem in die Fassung einzusetzen. Der weitaus häufigste Sockel ist der Edison [Z51]-Sockel, der an der fertigen Lampe, Bild 120, zu erkennen ist. Das eine Ende des aus dem Füßchen kommenden Kupferdrahtes ist an das Edisongewinde, das andere an den Mittelkontakt angelötet. Durch Einschrauben der Lampe in eine Edisonfassung wird die Lampe angeschlossen, da das Muttergewinde der Fassung mit dem einen, der Mittelkontakt der Fassung mit dem anderen Leitungsdraht verbunden ist. Außerdem trifft man häufig, vor allem an erschütterten Lampen, den Swan [Z 51])-Sockel, der die Lampe in einer Bajonettfassung festhält und den Strom durch zwei federnde Stifte aus dieser Fassung zugeführt bekommt.

Das Isoliermittel der Fassungen ist Porzellan. An Fassungen sollen keine spannungsführende Teile außen liegen, auch der Fassungsring aus Porzellan soll spannungführende Teile der Lampe überdecken. Das Edisongewinde wird in verschiedenen Größen hergestellt. „Normal": Steigung $^1/_7{}''^{e}$ = 3,628 mm, mittlerer Durchmesser $1''^{e}$ = 25,45 mm, wozu 26,6 mm als Außen- und 24,3 mm als Kerndurchmesser gelten; für die Schraube (Lampe und Sicherungspatrone) werden diese Maße um 0,2 mm erniedrigt, für die Mutter (Fassung) um 0,2 mm erhöht.

Die Lampen müssen ordnungsmäßig mit dem Lichtnetz verbunden und entsprechend ihrem Gebrauch gut befestigt und gegen Einflüsse ihrer Umgebung geschützt sein. Die Mittel hierzu sind die Beleuchtungskörper, feste, wie Kronen, Rohrpendel, Schnurpendel, Wandarme, und bewegliche, wie Zugpendel, Stehlampen, Handlampen. Auch unterscheidet man die Ausrüstungen für die Anbringung in Innenräumen, im Freien, in feuchten Räumen und in Räumen mit Säuredämpfen oder leicht entzündlichen Gasen. In letzteren Fällen kommen wasserdichte und explosionssichere Einrichtungen mit Überglocken aus Glas und noch dazu mit Schutzkörben in Betracht. Auch sind von den Glühlampen leicht entzündliche Stoffe fernzuhalten. Die Temperatur der luftleeren Birnen bleibt nur dann niedrig, wenn der fortgestrahlten Wärme kein Hindernis entgegentritt; wenn aber die Birnen in Papier oder Stoff eingehüllt werden, oder Stoff oder Staub den Birnen auch einseitig nahekommt, steigt die Temperatur sehr bald auf eine solche Höhe, daß die brennbaren Teile Feuer fangen oder die Glasbirnen so heiß werden, daß sie nicht standhalten und Staubverpuffungen hervorbringen. Nippel dienen zur Befestigung der Fassungen an den Beleuchtungskörpern. Die Fassungsadern verbinden die Kontakte der Fassungen eines Beleuchtungskörpers mit den Anschlußstellen des Netzes. Wird die Leitung an der Außenseite des Beleuchtungskörpers geführt, muß sie so befestigt sein, daß sie nicht verschoben oder durch scharfe Kanten verletzt werden kann. Die Beleuchtungskörper dürfen nicht so angebracht sein, daß durch ihre Bewegung oder Drehung die Zuleitungen beschädigt werden können. Zum Anschluß von Kronen und Rohrpendeln verwendet man häufig Lüsterklemmen oder Abzweigscheiben. An Schnurpendeln müssen die Anschlußstellen oben und unten von Zug entlastet sein, wozu in manchen Fällen Klemmvorrichtungen zugelassen sind. Bei den Zugpendeln hingegen, die ein Auf- und Abschieben der Lampen ermöglichen, muß die Tragschnur oben am Deckenhaken und unten am Ringnippel die Kräfte aufnehmen, während die Anschlußstellen in einem leichten Bogen der Leitung liegen. Kronen und Pendel hängen an Deckenhaken, die mit Holzschraubengewinde in das Holz der Deckenbalken eingeschraubt sind, oder es hängen die Beleuchtungskörper an den mit Haken ausgerüsteten Verschlußkappen der Gasrohrenden. Manche Werke verlangen isolierte Aufhängung der

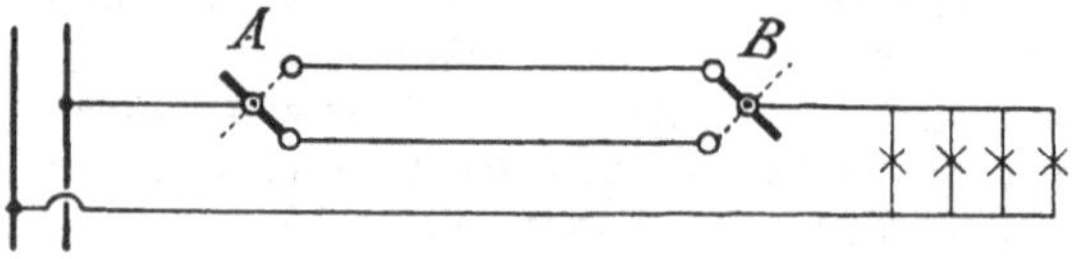

Bild 121.

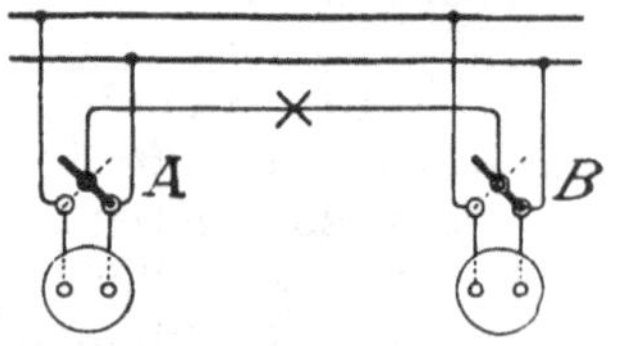

Bild 122.

Wechselschaltung.

Beleuchtungskörper. Besondere allpolige Sicherungen und Lösbarkeit der Kontakte sind vom Verbande vorgeschrieben an Stehlampen und Standlampen, während manche Werke diese Vorschrift auch auf Zugpendel ausdehnen.

Sind viele Metalldrahtlampen eingeschaltet, während eine Sicherung der Verteilungstafel abtrennt, so müssen die Lampen vor dem Einsetzen

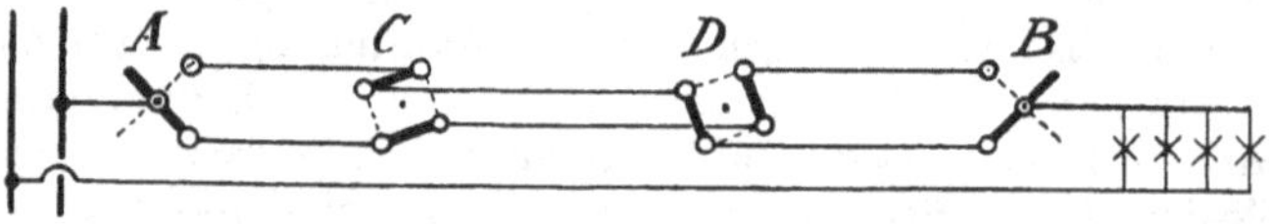

Bild 123. Treppenschaltung.

einer neuen Sicherung ausgeschaltet werden, da der Widerstand der kalten Lampen viel geringer ist, als derjenige der brennenden Lampen. Ein gleichzeitiges Einschalten aller Metalldrahtlampen des Kreises mit dem Einsetzen der Sicherung würde häufig sofort wieder zum Durchbrennen der Sicherung führen, obgleich der Fehler vorher beseitigt wurde.

Besondere Schaltungen an Glühlampen sind die Wechselschaltung, die Treppenschaltungen und die Gruppenschaltung.

Bei der Wechselschaltung wird von 2 Stellen aus (*A* und *B* in Bild 121 und 122) ein- und ausgeschaltet. Die Schalter in Bild 122 müssen kurzschlußsicher sein, da beide Kontakte an der Hauptleitung liegen.

An der Treppenschaltung (Bild 123) brennt alles Licht des Treppenhauses, wenn eingeschaltet, und keines, wenn ausgeschaltet ist. Zwischen den Wechselschaltern *A* und *B* (unten und oben) befinden sich Kreuzschalter *C* und *D* (in den Zwischenstockwerken), die die Wechselschalterleitungen nach Bedarf kreuzen. Andere Treppenschaltungen bestehen aus einer Aneinanderreihung von Wechselschalteranlagen, oder man schaltet von Hand oder durch Uhrwerke in Verbindung mit Zeitschaltern um, so daß die Treppenlampen — nicht — dauernd — oder kurzzeitig — brennen.

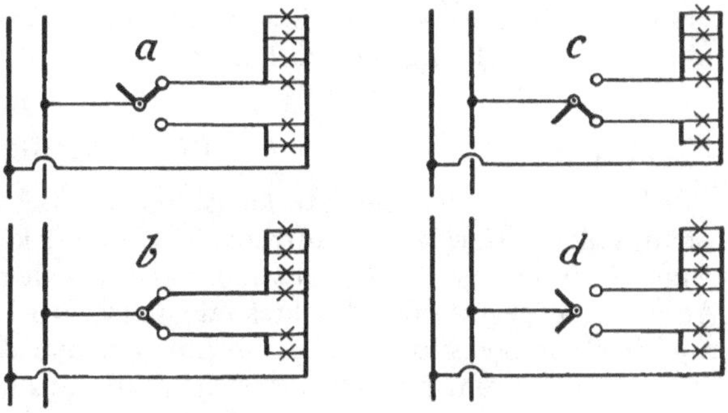

Bild 124. Gruppenschaltung.

Die Gruppen- (Serien-)schaltung (Bild 124) gestattet von einem Schalter aus — die eine — die andere — oder beide — Lampengruppen einzuschalten oder ganz zu unterbrechen.

2. Bogenlampen und Scheinwerfer.

Zu Stäben geformte Kohlen werden beim Einschalten zur Berührung gebracht, dann ein kleines Stück auseinandergezogen, wodurch sich der Lichtbogen bildet, und weiterhin dem Abbrand entsprechend nachgeschoben. Man unterscheidet Reinkohlen, Kohlen mit Leuchtzusätzen, Homogen- und Dochtkohlen, Kohlen für Gleich- und Wechselstrom und Kohlen für offene und eingeschlossene Lichtbogen. Die Spannung am Lichtbogen liegt zwischen 40 und 45 V, in besonderen Fällen zwischen 30 und 60 V, sowie für photographische Verwendung noch höher. Die Stromstärken liegen zwischen 3 und 30 A, für Scheinwerfer bis mehrere tausend A. An den selbsttätigen Regelungen werden unterschieden die Hauptschluß-, Nebenschluß- und Differentiallampen, die mit Anwendung magnetischer Kräfte auf gleichen Strom, gleiche Spannung und gleichen Lichtbogenwiderstand regeln. Lampen ohne Regelwerk — Jablochkoff[Z49]), Beck-, sind vorübergehend verwendet worden. Dadurch, daß große Gasfüllungslampen, die keiner Wartung bedürfen, den Wettbewerb aufnehmen konnten, haben Bogenlampen an Bedeutung verloren, so daß außer den großen Scheinwerfern Bogenlampen nur noch für die Herstellung von Lichtbildern und zu ihrer Vervielfältigung (Lichtpauseinrichtungen) und Bogenlampen für Kohlen mit Leuchtzusätzen und zugleich Abbrand im eingeschlossenen Raum für die Beleuchtung im Freien verwendet werden. Außerdem gibt es Quecksilberdampflampen, die ebenfalls den Bogenlampen zugezählt werden müssen und mit Luftleere arbeiten. Die Temperatur des atmosphärischen Lichtbogens liegt in der Nähe von 4000° abs.; Lichtbogen unter niederem Druck erhalten geringere, unter höherem Druck höhere Temperaturen der Angriffsstellen. Druckbogenlampen, zu denen hoch erhitzbare durchsichtige, druckbeständige Stoffe gehören würden, sind Gegenstand weiterer Entwicklung der Technik.*

3. Lichtmessungen.

Die Einheit der Lichtstärke ist die in der wagerechten Ebene des Lichtes der Hefnerlampe auftretende Lichtstärke bei ruhigstehender, in reiner Luft frei brennender Flamme, die aus dem Querschnitt eines mit Amylacetat gesättigten Dochtes aufsteigt, der ein kreisrundes Dochtröhrchen aus Neusilber von 8 mm innerem und 8,3 mm äußerem Durchmesser und 25 mm freistehender Länge voll ausfüllt, bei einer Flammenhöhe von 40 mm vom Rande des Dochtröhrchens bis zur Spitze und

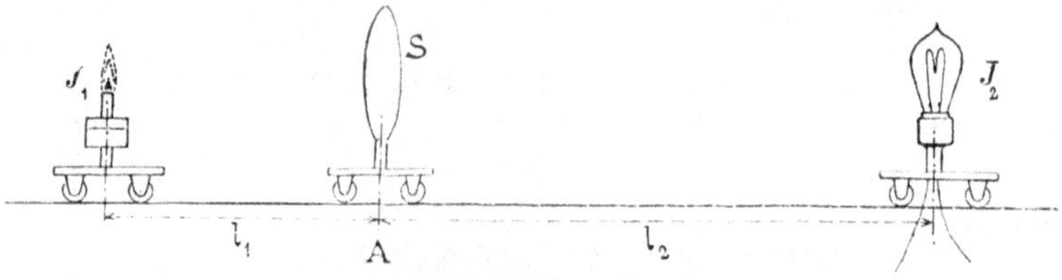

Bild 125. Lichtmeßbank.

wenigstens 10 Minuten nach dem Anzünden gemessen. Diese Einheit ist die Hefnerkerze (1 HK). Zur Messung stellt man die Lichteinheit J_1 (Bild 125) auf die eine, die zu untersuchende Lampe mit der Lichtstärke J_2 auf die andere Seite einer Meßbank in einer gegenseitigen Entfernung mehrerer Meter. Zwischen beiden Lichtquellen, den einzigen des Meßraumes, befindet sich rechtwinklig zur Lichtmeßachse ein Schirm S, eine beiderseits mattweiße undurchsichtige Platte, der so eingestellt wird, daß er auf beiden Seiten gleich hell erscheint. Damit herrscht auf beiden Seiten des Schirmes die gleiche Beleuchtung. Sei A diese Stelle, zu der die Entfernungen l_1 und l_2 gehören, so gilt

$$\frac{J_1}{J_2} = \frac{l_1^2}{l_2^2} \quad \text{oder} \quad J_2 = J_1 \cdot \frac{l_2^2}{l_1^2} \,. \tag{56}$$

Eine Einrichtung nach Bild 126, der Lichtmesser (das Photometer) von Lummer und Brodhun, läßt die beiden beleuchteten Flächen nebeneinander erscheinen. Die durch zwei gleiche Spiegel zurückgeworfenen Strahlen durchlaufen zwei Prismen aus gleichem Glase, die z. T. mit Kanadabalsam aufeinandergeklebt, z. T. durch dünne Luftschichten voneinander getrennt sind, in gleichen Strecken. Durch

* O. Lummer, Grundlagen, Ziele und Grenzen der Leuchttechnik (Oldenbourg 1918).

die geklebten Stellen verläuft der Strahl wie durch eine einzige Glasmasse rechtwinklig zu den Begrenzungsflächen gradlinig durch, an den übrigen Stellen dagegen tritt volle Spiegelung (Totalreflexion) unter 45° ein. Eine Doppelmessung mit Umlegung der Einrichtung beseitigt etwaige Fehler.

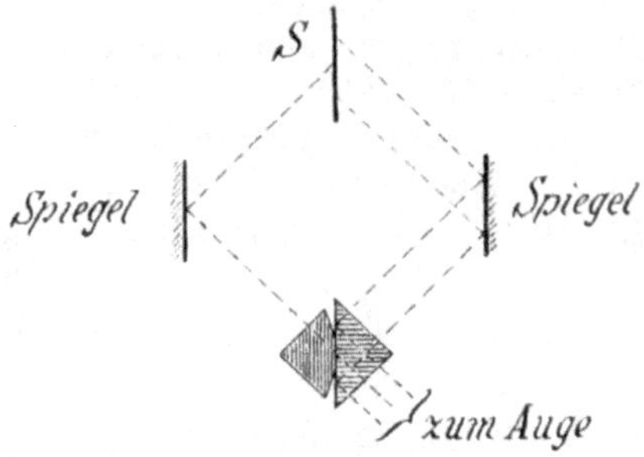

Bild 126. Lichtmesser von Lummer und Brodhun.

Die Beleuchtung E einer rechtwinklig zum Lichtstrahl stehenden Fläche ist der Quotient aus der Lichtstärke J (in HK) und dem Quadrat der Entfernung (in m) der Fläche von der Lichtquelle; ihre Einheit ist das Lux (Lx), die Beleuchtung des Schirmes in 1 m Abstand von der Hefnerkerze. Bei eingestelltem Schirm ist:

$$E = \frac{J_1}{l_1^2} = \frac{J_2}{l_2^2} \,. \tag{57}$$

Nur eine leuchtende Kugel würde nach allen Richtungen im Raume gleiche Lichtstärke zeigen, da sie von allen Seiten gleich groß erscheint.

Ist eine Fläche F qm mit E Lx beleuchtet, so trifft sie der Lichtstrom

$$L = F \cdot E \text{ Lumen} \; ; \tag{58}$$

Die Einheit des Lichtstromes ist das Lumen (Lm), der 1 qm mit 1 Lx beleuchtende Lichtstrom. Von einem nach allen Richtungen mit 1 HK leuchtenden Körper gehen so viele Lumen aus, als eine um den Körper gelegte Kugel von 1 m Halbmesser qm Oberfläche hat. Da die Kugeloberfläche $4\,r^2\,\pi$ und hier $r = 1$ ist, gilt: Von einem nach allen Richtungen mit 1 HK leuchtenden Körper gehen $4\,\pi$, von einem mit J HK leuchtenden $4\,\pi\,J$ Lumen aus. Die Beleuchtung kann auch erklärt werden als das Verhältnis

$$E = L : F \text{ Lx} \,. \qquad \text{nach (58)}$$

Ein Lichtstrom läßt sich durch Spiegel, helle Flächen, Schirme, Prismen, Linsen, Glocken usw. richten, auch sammeln oder zerstreuen, jedoch stets mit einer Einbuße, da diese Teile dabei erwärmt werden.

Wie groß würde die Lichtstärke einer Lichtquelle mit ungleicher Lichtverteilung sein, wenn derselbe Lichtstrom, der von ihr ausgeht, nach allen Seiten gleichmäßig verteilt wäre? Es müßte also die Lichtstärke nach jedem Flächenteilchen der Einheitskugel hin gemessen und mit der Größe des Flächenteilchens multipliziert werden. Die Produkte würden zusammenzuzählen und durch $4\,\pi$ zu teilen sein. Die so erhaltene Lichtstärke ist die räumliche Lichtstärke, als Formelgröße J_0 bezeichnet; vgl. Anhang (2).

Die räumliche Lichtstärke einer Glühlampe kann annähernd wie folgt gemessen werden: Die Achse der Lampe rechne vom Mittelkontakt des Sockels zur Spitze. Eine durch die Achse gelegte Ebene schneidet aus einer um den Schwerpunkt des Leuchtkörpers gelegten Kugel einen Achskreis (Meridian), eine im Schwerpunkt des Leuchtkörpers rechtwinklig zur Achse gelegte Ebene den Umkreis (Äquator) aus. Man mißt die Lichtstärke in gleichen, in 180° aufgehenden, Winkelabständen entlang des Umkreises und bildet daraus das arithmetische Mittel J_{hm}. Nun läßt man die Lampe auf einem der untersuchten Punkte stehen und dreht sie um einen Viertelachskreis zur Spitze hin. Von hier aus mißt man in gleichen, in 90° aufgehenden, Winkelabständen die Lichtstärken entlang eines halben Achskreises bis zum Sockel hin. Man bildet die mittlere Lichtstärke des untersuchten Achskreises zeichnerisch nach Bild 127, indem man die Bogenteile auf eine zur Achse parallele Gerade wirft und von dieser aus die zugehörigen Lichtstärken aufträgt. Die Ausgleichslinie, die zur einen Seite so viel von der Fläche abschneidet, als nach der anderen Seite zur Vervollständigung des Rechteckes zugefügt werden muß, hat als Abstand die mittlere Lichtstärke J_{vm}. Sei nun an dem Kreuzungspunkt die Lichtstärke J, so gilt

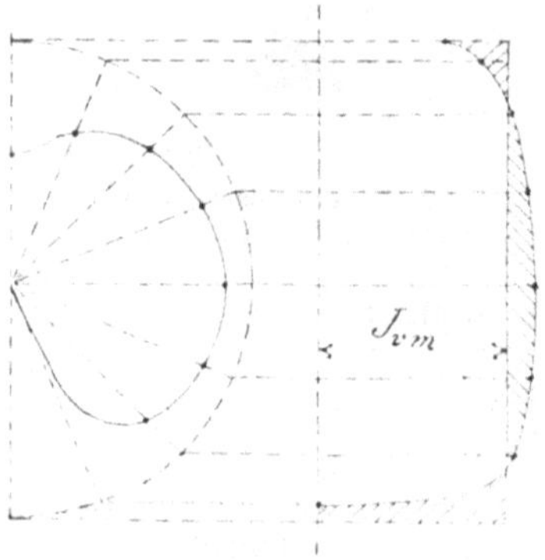

Bild 127. Lichtverteilung im Achskreis einer Kohleglühlampe.

$$J_0 = J_{hm} \cdot \frac{J_{vm}}{J} . \tag{59}$$

Nach der räumlichen Lichtstärke ist eine Lampe in bezug auf Ausnützung der zugeführten Leistung richtig beurteilt. Wird hingegen nur das unterhalb des Umkreises fallende Licht berücksichtigt und über die untere Halbkugel gleichmäßig verteilt gerechnet, so erhält man die halbräumliche Lichtstärke; sie ist bei Bogenlampen wesentlich größer als die räumliche, da an ihnen meistens wenig Licht nach oben fällt.

Hat man eine Glühlampe räumlich gemessen, so gestattet die Ulbrichtkugel, Bild 128, die räumliche Lichtstärke jeder anderen Lichtquelle mit nur einer Messung zu bestimmen: Die Lichtquelle wird in eine innen mattweiß gestrichene, für Licht undurchlässige Hohlkugel gebracht. Das Licht wird an den Kugelwänden zurückgeworfen und immer wieder zurückgeworfen, so daß die Beleuchtung der Hohlkugel durch zurückgeworfenes Licht an allen Stellen die gleiche ist, wie verschieden auch die Verteilung des vom Leuchtkörper ausgehenden Lichtes sein mag.*

* Ulbricht, Das Kugelphotometer (Oldenbourg 1920).

Die Kugel enthält an ihrem Umkreis eine Mattscheibe M, die durch Blenden (B_1 und B_2) gegen unmittelbar wirkendes Licht geschützt ist. Das von M nach außen tretende Licht wird auf der Lichtmeßbank gemessen, das eine Mal, während die in ihrem J_0 bekannte Glühlampe G,

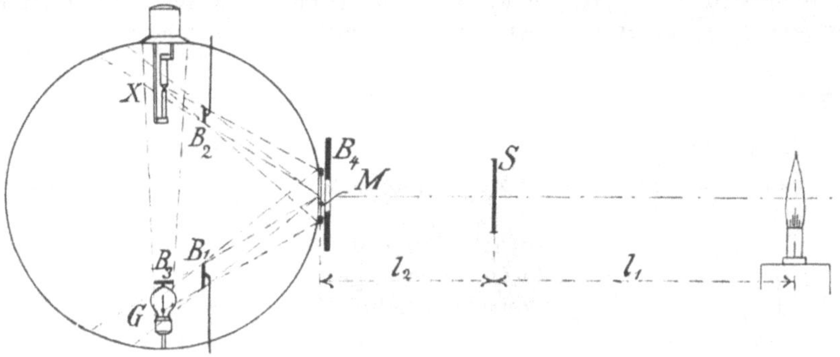

Bild 128. Ulbrichtsche Kugel.

das andere Mal, während die unbekannte Lichtquelle X leuchtet. Seien die Lichtstärken der Mattscheibe durch gestrichene Werte und entsprechenden Anhänger angedeutet, so ergibt sich die räumliche Lichtstärke von X zu

$$J_{x_0} = J_0 \cdot \frac{J_x'}{J_0'} \text{ HK}. \tag{60}$$

Zur Ermittlung der halbräumlichen Lichtstärke schneidet man oben eine Kalotte von der Kugel ab und bringt den Lichtpunkt genau in die Schnittebene, während man das nach oben gerichtete Licht auf mattschwarze Flächen fallen läßt. Das sonst auf die oben beschriebene Weise erhaltene Ergebnis ist mit 2 zu multiplizieren.

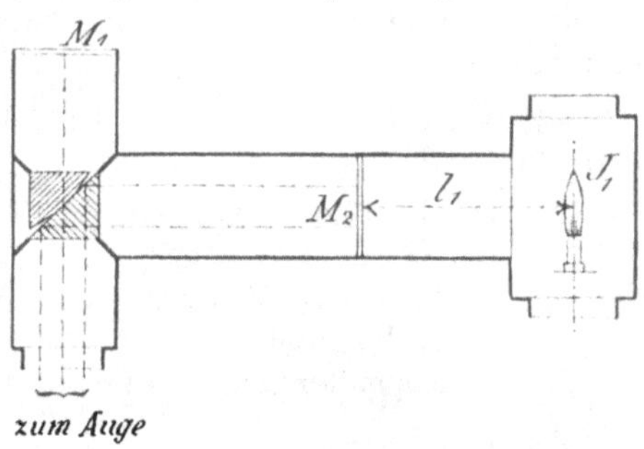

Bild 129. Lichtmesser von L. Weber.

Bei der Auslichtung eines Raumes ist die an bestimmten Stellen auftretende Beleuchtung durch Versuch zu bestimmen. So z. B. muß sich für einen Zeichensaal von qm zu qm des Grundrisses für eine wagerechte Fläche in Höhe der Zeichentische die Beleuchtung innerhalb gewisser Grenzen halten. Zu Versuchen dieser Art dient der Lichtmesser von Leonhard Weber (Bild 129). Er besteht aus einem für Licht undurchlässigen, innen mattschwarzen Hohlkörper mit einem wagerechten und einem senkrechten Teil. Letzterer ist oben durch eine Mattscheibe M_1 abgeschlossen, auf die das zu untersuchende Licht fällt.

Die Mattscheibe M_2 ist im wagerechten Teil verschiebbar. Auf sie fällt das Licht der Vergleichslampe, deren Lichtstärke J_1 sei. Durch eine geeignete Einrichtung, in der Abbildung durch das Lummer-Brodhunsche Prismenpaar, können beide Mattscheiben zugleich gesehen werden. Man verschiebt M_2, bis beide Scheiben gleich hell erscheinen, mißt die Strecke l_1 in Meter und bekommt die gesuchte Beleuchtung

$$E = \frac{J_1}{l_1^2} \text{ Lx}. \qquad \text{nach (57)}$$

Es beanspruchen:

Zeichentische, Arbeitsplätze für feinere Arbeiten . .	50 Lx
Schreiben und Lesen	25 „
Grobe Arbeiten, Aufenthaltsräume	10 „
Vorplätze, Treppenhäuser, Bahnsteige	3÷5 „
Straßen und Plätze, Verschiebebahnhöfe	0,1÷1 „

4. Rechnungen.

Bei allen Glühlampen wird mit größerer Leistungszufuhr die Lichtstärke und die Temperatur des Leuchtkörpers höher, das Licht weißer, der Wattverbrauch auf die Hefnerkerze, die Nutzbrenndauer und die Lebensdauer geringer. Die Glühlampen werden nach ihren Gesamtkosten, bestehend aus der Summe der Anschaffungskosten und der Stromkosten, bezogen auf die von ihnen abgegebenen Hefnerkerzenstunden beurteilt. Für andere Lampen kommen Bedienungskosten hinzu, die nicht vernachlässigt werden dürfen. Die Tafel von S. 101 ordnet verschiedene Lichtquellen ohne Rücksicht auf Bedienungskosten in wirtschaftlicher Hinsicht. Die Angaben beziehen sich auf räumliche Lichtstärken.

40. Beispiel. Es soll eine 110-Volt-Gleichstrom-Beleuchtungsanlage bestehen aus:

1. 100 Gasfüllungs-Wolframglühlampen zu 40 W,
2. 36 „ „ „ „ 150 W,
3. 82 luftleeren Wolframglühlampen zu 275 Lm,
4. 10 Kohleglühlampen zu 176 Lm und
5. 6 Bogenlampen zu 42 V und 12 A.

Die angegebenen Werte seien die Handelsbezeichnungen, zu denen für 1 und 2 mit 0,06 W/Lm zu 3 mit 0,1 W/Lm und zu 4 mit 0,3 W/Lm gerechnet werden möge.

a) Welche Stromstärken beanspruchen die unter 1 bis 4 genannten Stromverbraucher einzeln und zusammen?

b) Wie sind die Bogenlampen zu schalten, welche Stromstärken beanspruchen sie zusammen und in welchen Gruppen können sie gebrannt werden? Welche Vorschaltwiderstände sind nötig?

Nr.	Art des Lichtes	Kosten der Speisung	Speisebedarf auf die Stunde u. HK	Speisekosten auf die Std. u. HK	Ersatzkosten	Ersatzkosten auf die Std. u. HK	Gesamtkosten auf die Std. u. HK
1	Gelbes Bogenlicht	1 kWh (selbsterzeugt) 15 Pf	0,4 Wh	0,006 Pf	1 Kohlenpaar 700 HK, 10 St., 42 Pf	0,006 Pf	0,012 Pf
2	Gasfüll. Wolframglühlampe	1 „ („) 15 „	0,68 „	0,0102 „	1 Lampe 300 „ 1000 „ 1800 „	0,006 „	0,0162 „
3	Gewöhnl. Bogenl. (Klarglasgl.)	1 „ („) 15 „	1,0 „	0,015 „	1 Kohlenpaar 600 „ 10 „ 24 „	0,004 „	0,019 „
4	Gewöhnl. Bogenl. (Milchglasgl.)	1 „ („) 15 „	1,2 „	0,018 „	1 „ 600 „ 10 „ 30 „	0,005 „	0,023 „
5	Gelbes Bogenlicht	1 kWh (bezogen) 50 Pf	0,4 Wh	0,02 Pf	1 Kohlenpaar 700 HK, 10 St., 42 Pf	0,006 Pf	0,026 Pf
6	Luftleere Wolframglühlampe	1 „ (selbsterzeugt) 15 „	1,5 „	0,0225 „	1 Lampe 32 „ 1000 „ 300 „	0,0095 „	0,032 „
7	Gasglühlicht	1 cbm Leuchtgas 15 „	2,2 l	0,033 „	1 Strumpf 60 „ 500 „ 30 „	0,001 „	0,034 „
8	Petroleumglühlicht	1 kg Petroleum 23 „	1,5 g	0,035 „	1 „ 60 „ 500 „ 30 „	0,001 „	0,036 „
9	Gasfüll.-Wolframglühlampe	1 kWh (bezogen) 50 Pf	0,68 Wh	0,034 Pf	1 Lampe 300 HK, 1000 St., 1800 Pf	0,006 Pf	0,04 Pf
10	Gew. Bogenl. (Klarglasgl.)	1 „ („) 50 „	1,0 „	0,05 „	1 Kohlenpaar 600 „ 10 „ 24 „	0,004 „	0,054 „
11	Acetylenglühlicht	1 cbm Acetylen 150 „	0,4 l	0,06 „	1 Strumpf 60 „ 500 „ 30 „	0,001 „	0,061 „
12	Gewöhnl. Bogenl. (Milchglasgl.)	1 kWh (bezogen) 50 „	1,2 Wh	0,06 „	1 Kohlenpaar 600 „ 10 „ 30 „	0,005 „	0,065 „
13	Kohleglühlampe	1 kWh (selbsterzeugt) 15 Pf	4,5 Wh	0,067 Pf	1 Lampe 16 HK, 800 St., 50 Pf	0,004 Pf	0,071 Pf
14	Luftleere Wolframglühlampe	1 „ (bezogen) 50 „	1,5 „	0,075 „	1 „ 32 „ 1000 „ 300 „	0,0095 „	0,0845 „
15	Gewöhnl. Petroleumlampe	1 kg Petroleum 23 „	4 g	0,092 „	— —	—	0,092 „
16	Spiritusglühlicht	1 „ Brennspiritus 45 „	2,5 „	0,113 „	1 Strumpf 60 „ 500 „ 30 „	0,001 „	0,114 „
17	Gaslicht Rundbrenner	1 cbm Leuchtgas 15 Pf	10 l	0,15 Pf	— —	—	0,15 Pf
18	Acetylenlicht	1 „ Acetylen 150 „	1 l	0,15 „	— —	—	0,15 „
19	Kohleglühlampe	1 kWh (bezogen) 50 „	4,5 Wh	0,225 „	1 Lampe 16 HK, 800 St., 50 Pf	0,004 Pf	0,229 „
20	Gaslicht Schnittbrenner	1 cbm Leuchtgas 15 „	17 l	0,255 „	— —	—	0,255 „

Bei anderen Preisen kann, da alle Voraussetzungen angeführt sind, leicht umgerechnet werden.

c) Welche Leistung beansprucht die voll eingeschaltete Beleuchtungsanlage und welche Leistung muß ein Betreiber an den Stromerzeuger dieser Anlage abgeben, wenn der Wirkungsgrad der Anlage von der Riemscheibe des Betreibers bis zur Schalttafel $\eta = 0{,}75$ betragen möge? Die Spannungsverluste von der Schalttafel bis zu den Stromverbrauchern sollen sich auf 2 vH. belaufen.

Es beträgt:

Zu a)

Die Stromstärke einer Lampe unter 1.	$40 : 110 =$	0,364 A
„ „ „ „ „ 2.	$150 : 110 =$	1,364 A
„ „ „ „ „ 3.	$275 \cdot 0{,}1 : 110 =$	0,250 A
„ „ „ „ „ 4.	$176 \cdot 0{,}3 : 110 =$	0,480 A
„ „ der Lampen „ 1. zusammen	$100 \cdot 0{,}364 =$	36,4 A
„ „ „ „ „ 2. „	$36 \cdot 1{,}364 =$	49,1 A
„ „ „ „ „ 3. „	$82 \cdot 0{,}250 =$	20,5 A
„ „ „ „ „ 4. „	$10 \cdot 0{,}480 =$	4,8 A
„ „ aller Glühlampen zusammen:		110,8 A

Zu b) Die Bogenlampen sind in Gruppen zu zwei hintereinanderliegenden Lampen zu schalten, da 42 in 110 nur zweimal ganzzahlig enthalten ist. Die beiden Lampen je eines Kreises müssen zusammen gebrannt werden.

Es sind $6 : 2 = 3$ Bogenlampenkreise erforderlich.

Die Stromstärke aller Bogenlampen zusammen ist die Summe der Stromstärken aller Bogenlampenkreise, also hier $3 \cdot 12 = 36$ A.

Der Bogenlampenvorschaltwiderstand jedes einzelnen Kreises muß $(110 - 2 \cdot 42) : 12 = 2{,}17\ \Omega$ betragen; es sind also drei dieser Vorschaltwiderstände nötig, von denen jeder einzelne dauernd 12 A vertragen muß.

Zu c) Bei voll belasteter Anlage muß die Spannung an der Schalttafel $110 + 2{,}2 = 112{,}2$ V betragen, daher ist der Leistungsverbrauch an der Schalttafel

$$L_2 = 112{,}2_{\text{V}}\,(110{,}8 + 36)_{\text{A}} = 16471\ \text{W} \quad \text{oder} \quad 16{,}47\ \text{kW}\,.$$

Der Betreiber hat bei voll belasteter Anlage

$$L_1 = \frac{L_2}{\eta} = \frac{16471}{0{,}75} = 21961\ \text{W} \quad \text{oder} \quad N = \frac{21961}{736} = 29{,}84 \sim 30\ \text{PS}$$

abzugeben.

Werden Gegenstände nur von solchem Licht getroffen, das unmittelbar von einer Lampe ausgeht, während also keine Teile in der Nähe der Lampe vorhanden sind, die Licht zurückwerfen, so beträgt die Beleuchtung dieser Gegenstände

$$E = \frac{J}{l^2} \cdot \sin\beta \ \text{Lx}\,, \tag{61}$$

wobei J die in Richtung auf den Gegenstand gemessene Lichtstärke in HK, l den Abstand des Leuchtkörpers von dem Gegenstand in Meter, β den Winkel zwischen dem Lichtstrahl und der Oberfläche des Gegenstandes bedeutet. Die Gültigkeit des Sinus wird durch Bild 130 erläutert, welches zeigt, daß derselbe Lichtstrom, der eine Ebene AB rechtwinklig trifft, sich auch über eine schräg zum Lichtstrom stehende Ebene CD verteilt. In dem Maße, wie CD größer ist als AB, ist die Beleuchtung der schräg zum Lichtstrahl stehenden Fläche kleiner. Fällt das Licht mehrerer Lampen auf eine Fläche, so ist von jeder Lampe aus einzeln nach obigem Ausdruck zu rechnen und die Summe der auf diese Fläche bezogenen Einzelwerte E zu bilden.

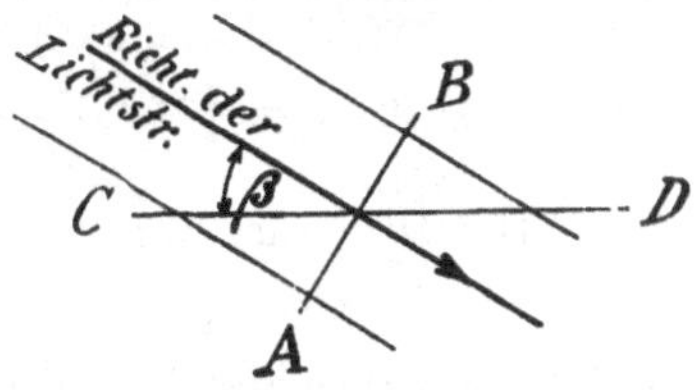

Bild 130.

41. Beispiel. Drei Lampen im Freien befinden sich im Grundriß auf den drei Ecken eines gleichseitigen Dreiecks von $a = 10$ m Seite und sind $H = 6$ m hoch über der wagerechten Ebene eines im Mittelpunkte des Dreieckes stehenden Tisches angeordnet. Jede dieser Lampen habe zum Mittelpunkt des Tisches hin die Lichtstärke $J = 318$ HK. Welche Beleuchtung bekommt der Mittelpunkt des Tisches?

Es beträgt:

Die Höhe des gleichseitigen Dreiecks: $h = \frac{a}{2}\sqrt{3} = 5 \cdot 1{,}732 = 8{,}66$ m.

Die Länge des Lichtstrahles:

$$l = \sqrt{H^2 + \left(\frac{2}{3}h\right)^2} = \sqrt{6^2 + \left(\frac{2}{3} \cdot 8{,}66\right)^2} = 8{,}33 \text{ m}$$

$$\sin\beta = H : l = 6 : 8{,}33 = 0{,}721.$$

Die Beleuchtung im Mittelpunkt des Tisches:

$$3 \cdot \frac{J}{l^2} \cdot \sin\beta = 3 \cdot \frac{318}{8{,}33^2} \cdot 0{,}721 = 9{,}92 \text{ Lx}.$$

42. Beispiel. Eine Bogenlampe habe unter den vom Lot aus gemessenen Winkeln $\alpha_1 = 30^0$, $\alpha_2 = 45^0$ und $\alpha_3 = 60^0$ die Lichtstärken $J_1 = 700$, $J_2 = 1500$ und $J_3 = 1000$ HK.

a) Wie hoch muß der Lichtpunkt der Lampe über dem wagerechten Erdboden hängen, damit seine Beleuchtung da, wo ihn der 30^0-Strahl trifft, $E_1 = 4$ Lux beträgt?

b) Wie groß ist bei dieser Höhe der Lampe die Beleuchtung des Bodens beim Auftreffen des 45^0- und 60^0-Strahles?

c) Wie weit müssen zwei gleiche Lampen gleicher Höhe voneinander entfernt sein, wenn ihre beiden 60^0-Strahlen sich in der Verbindungslinie auf dem Erdboden treffen sollen?

d) Wie groß ist die Beleuchtung des Erdbodens in der Mitte zwischen beiden Lampen?

Es beträgt:

Zu a) Die Länge des Lichtstrahls:

$$l_1 = \sqrt{\frac{J_1 \cdot \sin(90 - \alpha_1)}{E_1}} = \sqrt{\frac{700 \cdot \sin 60^0}{4}} = 12{,}3 \text{ m}.$$

Die Höhe des Lichtpunktes der Lampe:

$$H = l_1 \cdot \cos \alpha_1 = 12{,}3 \cdot \cos 30^0 = 10{,}65 \text{ m}.$$

Zu b) Die Länge des Lichtstrahls:

$$l_2 = H : \cos \alpha_2 = 10{,}65 : \cos 45^0 = 15{,}06 \text{ m}.$$

Die Beleuchtung des Bodens:

$$E_2 = \frac{J_2}{l_2^2} \cdot \sin(90 - \alpha_2) = \frac{1500}{15{,}06^2} \cdot \sin 45^0 = 4{,}68 \text{ Lux}.$$

Die Länge des Lichtstrahls:

$$l_3 = H : \cos \alpha_3 = 10{,}65 : \cos 60^0 = 21{,}3 \text{ m}.$$

Die Beleuchtung des Bodens von 1 Lampe aus:

$$E_3' = \frac{1000}{21{,}3^2} \cdot \sin 30^0 = 1{,}105 \text{ Lux}.$$

Zu c) Der Abstand beider Lampen voneinander:

$$l = 2 \cdot 10{,}65 \cdot \operatorname{tang} 60^0 = 36{,}9 \text{ m}.$$

Zu d) Die Beleuchtung des Bodens in der Mitte herrührend von 2 Lampen:

$$E_3 = 2 E_3' = 2 \cdot 1{,}105 = 2{,}21 \text{ Lux}.$$

Werfen Decke und Wände eines Raumes das Licht zurück, so kann bei mäßig guter Verteilung der Lichtquellen die Beleuchtung einer Nutzfläche angenähert gleich gerechnet werden. Da aber das Licht nur mit Verlust zurückgeworfen wird, kann durch einen Wirkungsgrad η das Verhältnis des Nutzlichtstromes L_2 zu dem aufgewendeten Lichtstrom L_1 ausgedrückt werden

$$\eta = \frac{L_2}{L_1}. \qquad (62)$$

Die Entfernung der beleuchteten Flächen von den Lichtquellen tritt bei einer solchen Rechnungsweise in besonderen Fällen mitbestimmend für die Größe von η auf, verschwindet aber sonst aus der Rechnung. Im wesentlichen ist η von dem Zustand der Decke und der Wände abhängig. Für Räume mit frischen weißen Decken und Wänden kann η als 0,6, für Räume mit dunkeln Decken und Wänden als 0,2 eingesetzt werden, wenn als Nutzfläche die Grundfläche des Raumes oder die gleiche Fläche in Tischhöhe gerechnet wird.

43. Beispiel (Lichtstrom-Wirkungsgrad-Verfahren). Ein Zimmer von 6 m Breite und 9 m Länge, dessen Decke weiß und dessen Wände hell seien und dadurch den Wirkungsgrad $\eta = 0{,}55$ berechtigt erscheinen lassen, werde durch $z = 6$ gleiche, gleichmäßig über die Grundfläche verteilte Gasfüllungslampen beleuchtet. Wie groß muß die mittlere räumliche Lichtstärke jeder dieser Lampen sein, wenn die Nutzbeleuchtung der Grundfläche $E = 44$ Lux betragen möge? Für welchen Leistungsverbrauch müssen die Lampen beschafft werden, wenn sie 0,68 W/HK_0 beanspruchen?

Es beträgt:

Die Grundfläche des Raumes: $F = 6 \cdot 9 = 54$ qm.
Der Nutzlichtstrom: $L_2 = 54 \cdot 44 = 2376$ Lumen.
Der aufgewendete Lichtstrom: $L_1 = L_2 : \eta = 2376 : 0{,}55 = 4320$ Lumen.
Der Lichtstrom einer Lampe: $L' = L_1 : z = 4320 : 6 = 720$ Lumen.
Die mittlere räumliche Lichtstärke dieser Lampe: $J_0 = 720 : 4\pi = 57{,}4$ HK.
Der Leistungsverbrauch dieser Lampe: $57{,}4 \cdot 0{,}68 = 39$ W.

Da die nächstliegenden Lampen für 40 W hergestellt werden, sind solche Lampen zu wählen.

Neuerdings wird zu den Glühlampen nicht mehr die Lichtstärke, sondern der Lichtstrom angegeben. Man erhält nach obigen Entwicklungen die mittlere räumliche Lichtstärke, wenn die für den Lichtstrom angegebene Zahl (Hefnerlumen) durch 4π geteilt wird, wie in Beispiel 43 geschehen ist.

VII. Magnetismus.

1. Vorbemerkungen.

Magnetpole üben Kräfte aufeinander aus nach dem Coulombschen[Z15]) Gesetz:

$$P = \frac{\mathfrak{m}_1 \cdot \mathfrak{m}_2}{r^2}\,. \qquad (63) \quad \text{(vgl. 1*)}$$

Dabei bedeutet P die Kraft in Dyn und r den gegenseitigen Abstand der beiden aufeinander wirkenden Pole in Zentimeter; $\mathfrak{m}_1$ und $\mathfrak{m}_2$ sind die Polstärken, das sind konstante Werte, die man den Magnetpolen beilegen kann, der Ausdruck ihrer magnetischen Menge. Sind die Magnetpole gleichnamig (N und N oder S und S, $\mathfrak{m}_1$ und $\mathfrak{m}_2$ beide positiv oder beide negativ), so ist die Kraft abstoßend, sind die Magnetpole ungleichnamig, so ziehen sie sich einander an.

Ein Raum, in dem magnetische Kräfte wirken, heißt ein magnetisches Feld. Da sich im Raume frei drehbare Magnete nach einer bestimmten Richtung einstellen, umgibt uns überall ein magnetisches Feld, das Erdfeld. Die Richtung, nach der sich der Nordpol einer nach allen Richtungen frei drehbaren Magnetnadel einstellt, ist die Richtung des Feldes. Das Feld, das einen Magnetpol umgibt, sofern ein solcher allein vorhanden sein könnte, ist nach allen Richtungen gradlinig strahlenförmig von einem Nordpol ab, zu einem Südpol hin gerichtet. Die Wirkung beider Pole eines Magnetstabes auf eine Magnetnadel zeigt Bild 131: Die von beiden Polen des Stabes herrührenden magnetischen Kräfte setzen sich an jedem Pol der Nadel zu Mittelkräften P und P' zusammen, die einen von 180° verschiedenen Winkel miteinander bilden, so daß aus ihnen nochmals nach dem Parallelogramm eine Mittelkraft bestimmt werden kann; diese letzte Mittelkraft, die durch den Drehpunkt der Nadel geht, würde die Nadel zum Magnetstab hintreiben, wenn die Nadel nicht im Drehpunkt gehalten wäre.

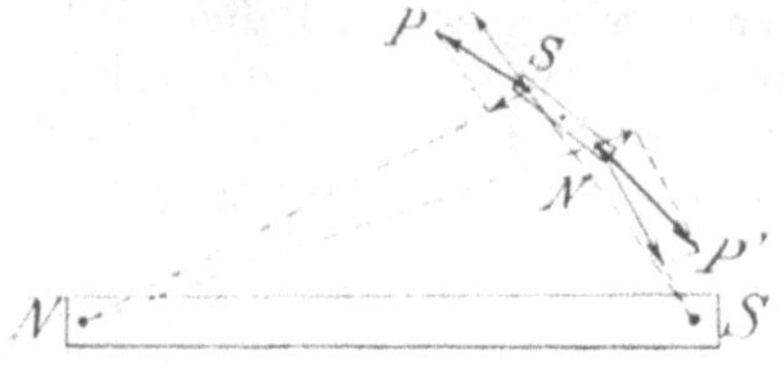

Bild 131. Vier Pole.

Zeichnet man aus den räumlich im gleichen Winkelabstand voneinander zu denkenden Strahlen zweier punktförmiger Einzelpole (Bild 132)

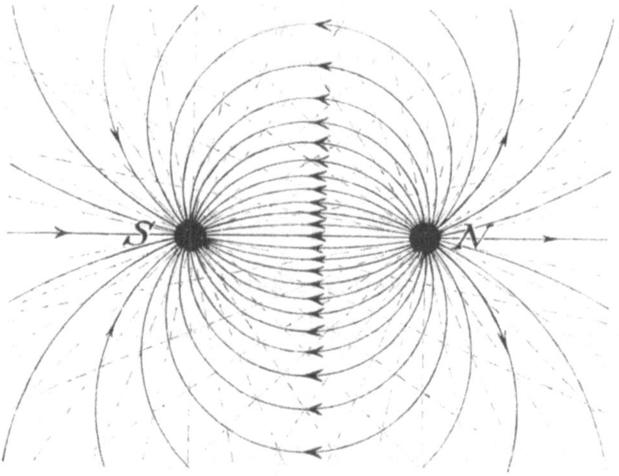

Bild 132. Feld zweier punktförmiger Magnetpole.

für eine Reihe von Stellen die Richtungen, nach denen sich die Magnetnadel einstellen würde, so erhält man dafür eine Schar von Kreisen. Die Pfeile geben an, nach welcher Richtung der Nordpol der Nadel zeigen würde. Die Linien sind zu denken als die Diagonalen der Parallelogramme, die entstehen würden, wenn man die Winkelteilung immer mehr verfeinerte, und bedeuten für jeden Punkt die Richtung des Feldes in der betreffenden Schnittebene durch den Raum.

Ein Magnetstab zeigt auf der einen Hälfte bis zur Mitte Nord-, auf der anderen Südmagnetismus. Nach Teilung des Stabes in zwei gleiche Teile erhält man wiederum zwei selbständige Magnete von halber Länge; jeder Teil zeigt bis zur Hälfte Süd- und zur anderen Hälfte Nordpoleigenschaft. Die Pole der freien Enden bleiben vor und nach der Teilung

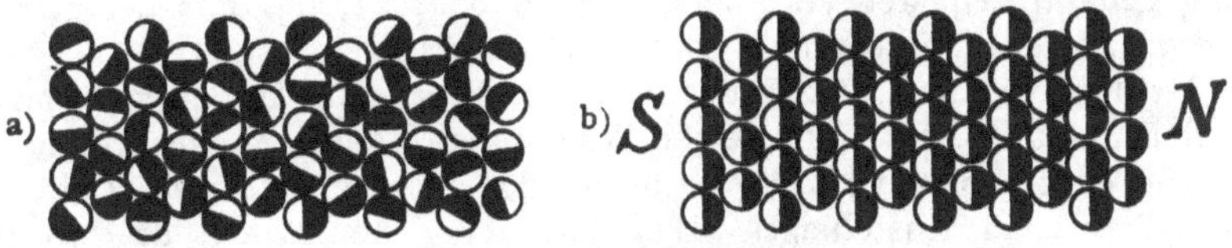

Bild 133. Molekularmagnete.

gleich. Die Zerlegung bis zu den kleinsten Teilen führt zu den Molekularmagneten. Auch wenn Stahl oder Eisen noch nicht magnetisiert worden ist, sind diese Molekularmagnete vorhanden, sie liegen dann nur nach Bild 133a wirr durcheinander; sie werden aber nach Bild 133b gleichgerichtet, wenn man sie in ein magnetisches Feld bringt. Die Nordpole sind in diesen beiden Bildern schwarz, die Südpole weiß dargestellt. Nach Bild 133a gelagerte Molekularmagnete sind unwirksam, während nach der Gleichrichtung die in Bild 133b angegebenen Poleigenschaften auftreten.

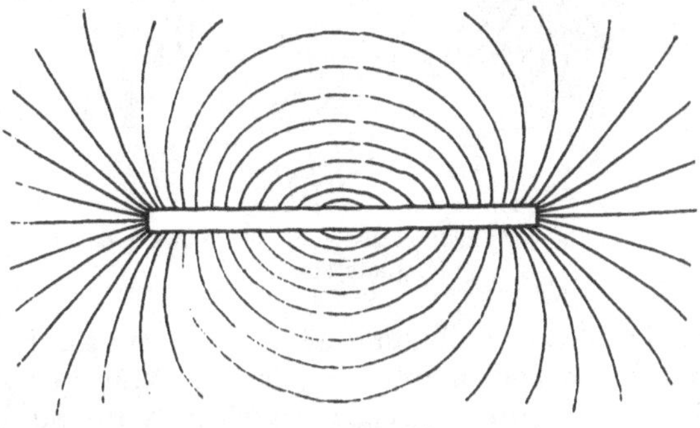

Bild 134. Feld eines Magnetstabes.

Die Umlagerung erfordert Überwindung innerer Kräfte, die je nach Art des Eisens verschieden groß sind; z. B. nehmen die Molekularmagnete des weichen Eisens mit dem Herausbringen aus dem Felde ihre regellose Lage beinahe so wie vorher wieder an, während harter Stahl die Gleichrichtung in hohem Maße beibehält (rückbleibender Magnetismus). Erschütterung und Ausglühen schwächt oder beseitigt die Reste des Magnetismus.

Eisenfeilbilder von Feldern entstehen, indem man Eisenfeilspäne mittels eines Siebes auf einen in das Feld gebrachten Bogen Papier streut und das Papier leicht erschüttert. Die Eisenfeilspäne ziehen sich gegenseitig an und bilden Linienzüge in Richtung der magnetischen Kraft. Ein gerader Magnetstab unter dem Papier führt zu Bild 134, weiches Eisen *c d* in der Nähe eines Magnetstabes *a b* zu Bild 135. Entsprechend solchen Bildern stellt man sich nach Faraday Z26) den Magnetismus im Raume als eine Schar von Linien dar, deren Richtung entweder mit einer Magnetnadel oder mit einer Induktionsspule nachgeprüft werden kann. Im letzteren Fall dreht man eine bestimmte Induktionsspule (Probespule) schnell um 180° so, daß ihre Windungsfläche vor und nach der Wendung rechtwinklig zu den Linienzügen steht (Größtwert des Ausschlages), und beobachtet den ballistischen Ausschlag an einem wenig gedämpften Meßgerät nach Bild 26 oder 27, das mit der Kraftwirkung zwischen Strom und Dauermagnet arbeitet.

Ist die Ausgangs- und Endstellung der Probespule im Raume immer die gleiche, so daß also nur gleiche Wendungen verglichen werden, so ist ein Feld entgegengesetzter Richtung an der entgegengesetzten Richtung des ballistischen Ausschlages erkennbar. Vor den Polen, da, wo die Linien zusammenlaufen, also den Raum dichter durchsetzen, schwingt die Magnetnadel schneller, woraus man schließt, daß hier die Kräfte größer sind. Zugleich ergeben sich hier auch die ballistischen Ausschläge beim Wenden der Probespule größer. Aus beidem folgt, daß hier mehr magnetische Menge in der Querschnittseinheit des Raumes auftritt. Legt man die Induktionsspule um die Mitte von cd in Bild 135, so beobachtet man bei der Wendung, an der das Stäbchen cd selbst mit teilnimmt, einen sehr großen Zeigerausschlag, während eine Magnetnadel neben der Mitte des Stäbchens cd sehr wenig Bestreben zu einer Einstellung findet: Das Eisenstäbchen zieht den nach der Induktionswirkung beurteilten Magnetismus zu seinem Querschnitt zusammen und entmagnetisiert durch die Polebildung, nach Kraftwirkungen beurteilt, den zwischen den Polen liegenden Raum.

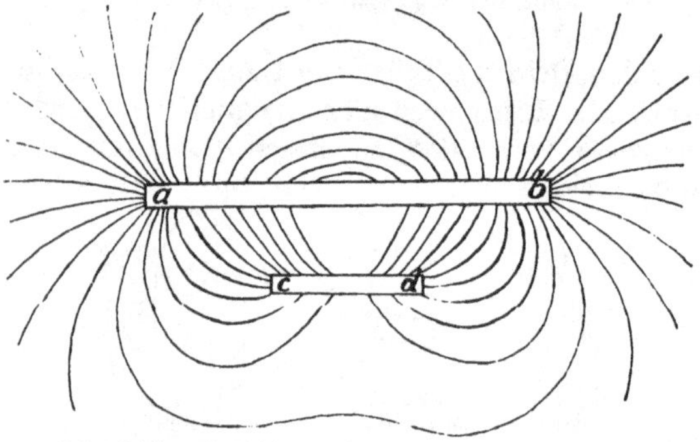

Bild 135. Weiches Eisen in der Nähe eines Magnetstabes.

Der Magnet schafft einen Spannungszustand, dem in seinem ganzen in sich geschlossenen Verlaufe eine bestimmte Richtung eigen ist, vom Nordpol des Magneten aus, in Bild 135 durch die Luft zum Südpol des Eisenstäbchens, durch den Querschnitt des letzteren hindurch von seinem Nordpol aus durch die Luft zum Südpol des Magnetstabes und im Magnetstab selbst vom Südpol zu seinem Nordpol zurück. Das Wort „Verlauf“ setzt voraus, daß etwas da ist, das nach Art einer Strömungserscheinung infolge des Spannungszustandes eine Richtung annehmen kann. Das ist die magnetische Menge beurteilt nach der Induktionserscheinung und benannt der magnetische Fluß oder Induktionsfluß. Der gesamte Verlauf dieses Flusses ist ein magnetischer Kreis. Man vergleicht ihn mit einem elektrischen Stromkreis und bezeichnet Eisen als einen besseren Leiter des magnetischen Flusses als Luft, Eisen hat einen geringeren magnetischen Widerstand als der Luftraum, der dem Eisen nebengeschaltet ist. Ähnlich wie Luft verhalten sich auch die meisten anderen Stoffe und der luftleere Raum, deshalb sei vorläufig nur Eisen und Nichteisen unterschieden; nicht mit Eisen erfüllter Raum sei durch „Luft" ausgedrückt.

Mit obigen Erscheinungen sind Maßbegriffe verbunden mit folgender Ableitung: Ein Pol der Stärke $\mathfrak{m} = 1$ (Einheitspol) ist ein solcher, der auf einen Pol gleicher Stärke in 1 cm Abstand die Kraft 1 Dyn ausübt. Andere Polstärken folgen hieraus nach dem Coulombschen Gesetz (Gl. 63), indem ebenfalls die Kräfte in Dyn und die Abstände in Zentimeter ausgedrückt werden. Die so erhaltene Einheit der Polstärke ist das Weber [Z34]). Die Ursache der Induktionserscheinung bei der Wendung der Probespule im Raume ist der Fluß pro Quadratzentimeter Querschnitt, die magnetische Dichte. Sie ist verhältnisgleich zu dem oben genannten ballistischen Ausschlag; ihre Einheit ist das Gauß [Z33]), nämlich die Dichte im Abstande $r = 1$ cm vom Einheitspol in Luft. Die auf einen Pol $\mathfrak{m}$ ausgeübte Kraft P ist bestimmt durch die Feldstärke $\mathfrak{H}$, für die

$$\mathfrak{H} = P : \mathfrak{m} \tag{64}$$

gilt, wobei P in Dyn und $\mathfrak{m}$ in Weber gemessen werden, also die Feldstärke drückt sich aus in Dyn/Weber, d. h. in bequemerer Vorstellung durch eine auf den Einheitspol ausgeübte Kraft. Die Richtung der Dichte ist gleich der Richtung des Feldes, nämlich gleich derjenigen Richtung, nach der ein Nordpol getrieben wird. Die Dichte wird durch die Formelgröße $\mathfrak{B}$ bezeichnet, so daß zunächst für Luft die beiden physikalisch verschiedenen Größen $\mathfrak{B}$ und $\mathfrak{H}$ zahlenmäßig gleich sind, und man stellt sich den Wert $\mathfrak{B}$ vor, indem man sich auf 1 qcm Querschnitt $\mathfrak{B}$ magnetische Linien gezogen denkt, wobei der Querschnitt rechtwinklig zu der Richtung der Linien steht. In Luft drückt also die Zahl der Linien/qcm zugleich die in Dyn ausgedrückte, auf den Einheitspol ausgeübte Kraft aus, und daher stammt die Bezeichnung Kraftlinien. Im Eisen aber sind die Dyn/Weber geringer, wie spätere Abschnitte zeigen werden, als die die Induktionserscheinung bedingende magnetische Dichte, die man erhält, wenn man die aus der Luft auf das Eisen zusammenlaufenden Linien durch das Eisen schließt. Die Maßbezeichnungen Gauß und Induktionslinien/qcm bedeuten dasselbe und sind auf Luft und Eisen anwendbar.

Eine Gesamtheit von Induktionslinien heißt ein magnetischer Fluß. Seine Einheit ist das Maxwell [Z39]), 1 Maxwell = 1 Induktionslinie. Durchsetzt ein Fluß in überall gleicher Dichte $\mathfrak{B}$ Gauß den Querschnitt F qcm, so beträgt der Fluß

$$\Phi = F \cdot \mathfrak{B} \text{ Maxwell}\,, \tag{65}$$

wobei der Querschnitt rechtwinklig zur Dichte einzusetzen ist; bei ungleicher Verteilung muß zur Ermittlung des Flusses eine Reihe von Produkten aus Dichte und nebeneinanderliegenden Querschnitten zusammengezählt werden. 1 Weber ist gleich 4π Maxwell, da eine Kugel von 1 cm Halbmesser 4π qcm Oberfläche hat.

Sind in einem Raume an jeder Stelle die magnetischen Kräfte gleich gerichtet und gleich groß, so heißt das Feld gleichförmig (homogen), zugleich ist damit im homogenen Stoff auch die Dichte homogen.

Die oben genannte entmagnetisierende Wirkung des polebildenden Eisens im Felde wird deutlicher durch den Vergleich der Bilder 136 bis 138. Bild 136 drücke einen gleichförmigen Fluß aus; bringt man dahinein einen Eisenstab, so entsteht an ihm ein Südpol links, ein Nordpol rechts.

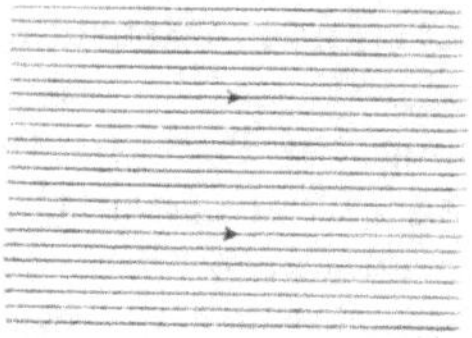

Bild 136.

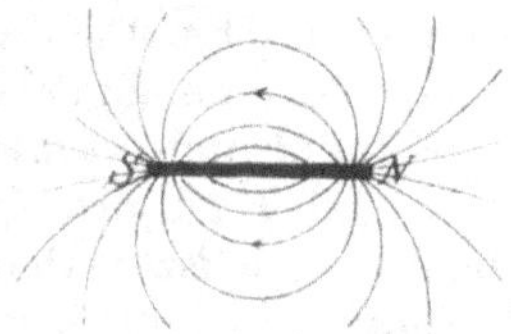

Bild 137.

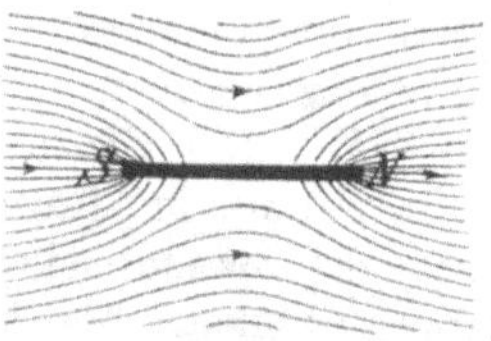

Bild 138.

Ein solcher Magnetstab allein hat ein Linienbild 137. Legt man beide Bilder aufeinander und zieht man die Resultierenden in Richtung der Diagonalen der kleinen Parallelogramme, so erhält man Bild 138.

2. Magnetisierende Wirkung von Stromleitern.

Der elektrische Strom ist mit magnetischen Wirkungen verbunden: er lenkt die Magnetnadel ab, magnetisiert Eisen, übt Kräfte auf Eisen aus, steht unter dem Einfluß von Kräften, wenn ein zweiter Strom in seiner Nähe ist und wirkt induzierend auf andere Stromkreise.

Zur Darstellung der Stromrichtung eines im Querschnitt gezeichneten Drahtes bedienen wir uns der in Bild 139 ausgedrückten Bezeichnungsweise. Fließt der Strom aus der Bildebene heraus, so kehrt der Strompfeil dem Beschauer die Spitze zu, was durch Bild 139b mit einem Punkt im Drahtquerschnitt angedeutet ist. Der in die Bildebene hinein gerichtete Strompfeil kehrt dem Beschauer die Feder zu, was nach Bild 139a durch ein Kreuz bezeichnet wird.

Bild 139.

Eine im Raume frei drehbare Magnetnadel stellt sich in der Nähe eines Stromleiters unter Abwesenheit anderer magnetischer Kräfte nach Bild 140 ein. Die magnetischen Kräfte sind um den Draht herum gerichtet. Fließt der Strom in die Bildebene hinein, so hat die Feldrichtung und der Fluß den Drehsinn des Uhrzeigers. Der auf den Beschauer zu gerichtete Strom wirkt entgegengesetzt (vgl. Ampèresche Schwimmregel).

Um den Stromleiter herum sind die magnetischen Linien in sich geschlossen. Sie sind Kreise nach Bild 141 nur im Falle eines langen geraden Leiters in der Nähe dieses Leiters. In diesem Falle steht die Feldstärke und die Dichte im umgekehrten Verhältnis zum Abstande vom Leiter. Man erhält ein entsprechendes Bild, wenn man einen senkrecht ausgespannten Draht durch ein wagerechtes Blatt Papier zieht, auf das man Eisenfeilspäne streut; ein kurzer starker Strom bei leichtem Klopfen

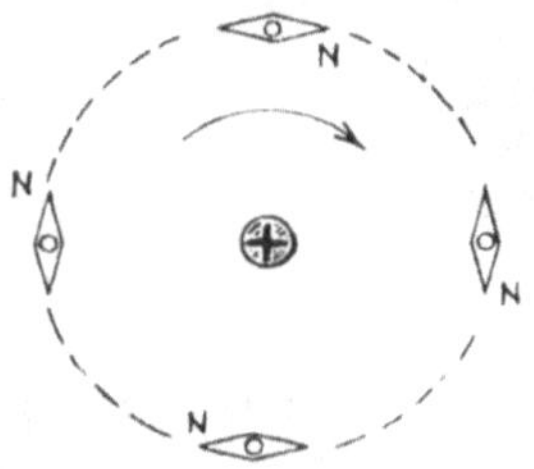

Bild 140.

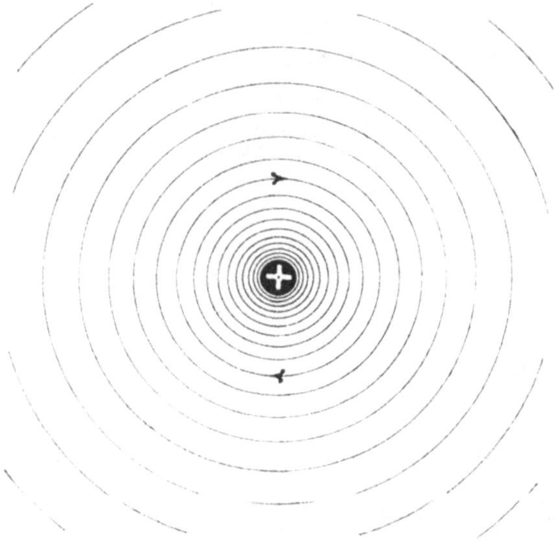

Bild 141. Das Feld eines geraden Leiters.

des Blattes ordnet die Späne um so deutlicher, je näher die betrachtete Stelle am Draht liegt.

Die Felder und Flüsse zweier paralleler gleich starker Ströme zeigen die Bilder 142 und 143. Die Bilder können durch Versuch oder dadurch

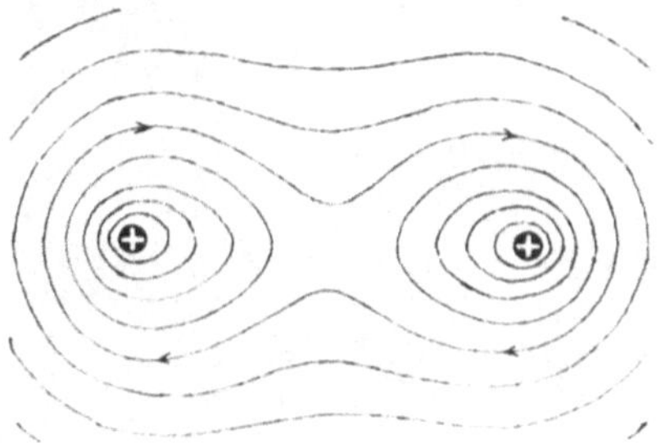

Bild 142. Das Feld zweier gleichgerichteter Ströme.

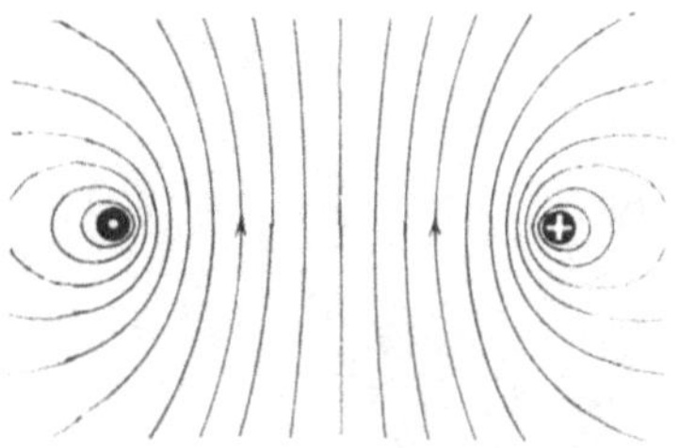

Bild 143. Das Feld zweier entgegengerichteter Ströme.

gewonnen werden, daß je zwei Kreisscharen nach Bild 141 nebeneinandergezeichnet und zu Resultierenden zusammengesetzt werden. Bild 142 ist der Ausdruck der gegenseitigen Anziehung gleichgerichteter, Bild 143 derjenige der gegenseitigen Abstoßung entgegengerichteter Ströme, denn in Richtung der magnetischen Linien herrscht Zug, rechtwinklig zu ihnen Druck (XII, 1 Ende). Damit ist die dynamische als eine magnetische Wirkung erklärt.

Bei einem kreisförmigen Leiter (Bild 144) wirkt jeder Teil des Umfanges für die umflossene Fläche in demselben Sinn. In der Mitte ist das

Bild 144. Kreisförmiger Leiter.

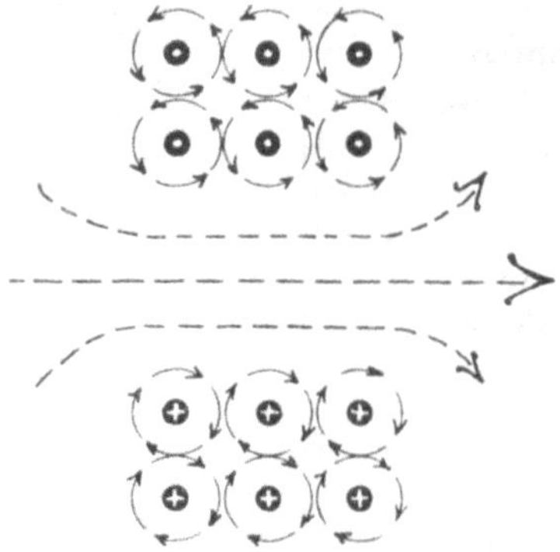

Bild 145. Spule.

Feld nahezu gleichförmig. Sämtliche Linien treten rechtwinklig durch die Windungsebene.

Auch bei einer Spule (Bild 145) wirkt jeder Teil der Windungen in dem gleichen Sinne magnetisierend auf den Hohlraum, während die magnetischen Wirkungen im Wicklungsquerschnitt sich z. T. aufheben.

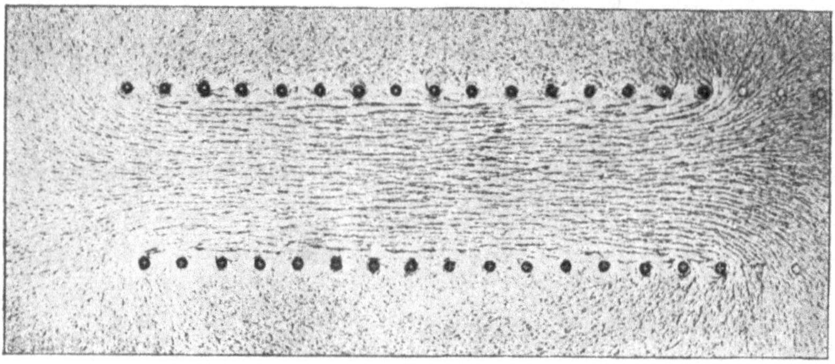

Bild 146. Das Feld einer Spule.

Die Bilder 146 und 147 geben durch Eisenfeilspäne erhaltene magnetische Linienzüge einer durch ein Blatt Papier gewundenen Spule wieder. Das Feld in Bild 146 ist für einen mittleren Teil des Hohlraumes nach Augenmaß gleichförmig, während im ganzen das Bild des Flusses an dasjenige eines geraden Magnetstabes erinnert. Die magnetischen Linien suchen die Windungen der Spule in Richtung der Achse zusammenzudrängen und den Durchmesser der Spule zu vergrößern. Bringt man weiches Eisen in die Spule, so entsteht Bild 147, das dem

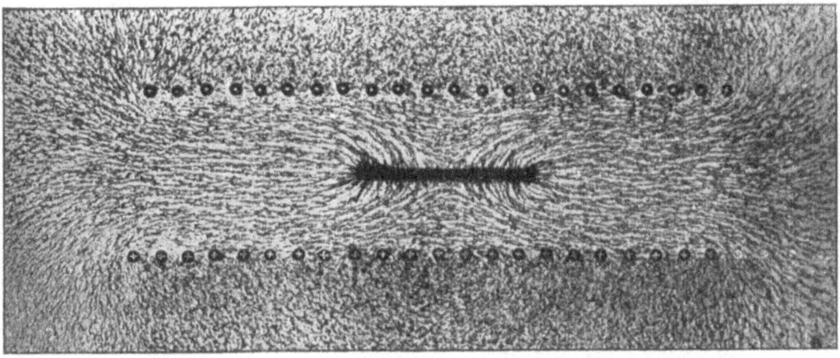

Bild 147. Das Feld einer Spule mit Eisen im Inneren.

Bild 138 entspricht. Ist nach Bild 148 das Eisen einer Spule in sich geschlossen, so verläuft der Hauptteil des magnetischen Flusses nur durch das Eisen; der Hauptteil tritt als geschlossener magnetischer Kreis auf, ein geringer Bruchteil austretender Linien wird als Streufluß bezeichnet. Es bildet also hier das Eisen im wesentlichen keine Pole und damit tritt auch die entmagnetisierende Wirkung des Eisens für den geschlossenen Kreis nicht auf. Durch elektromagnetische Erregung kann ein Fluß kurz zum Entstehen und an weichem Eisen durch Unterbrechen des Stromes fast ganz zum Verschwinden gebracht werden. Ebenso kann auch durch Umkehr der Stromrichtung der magnetische Fluß kurz umgekehrt werden.

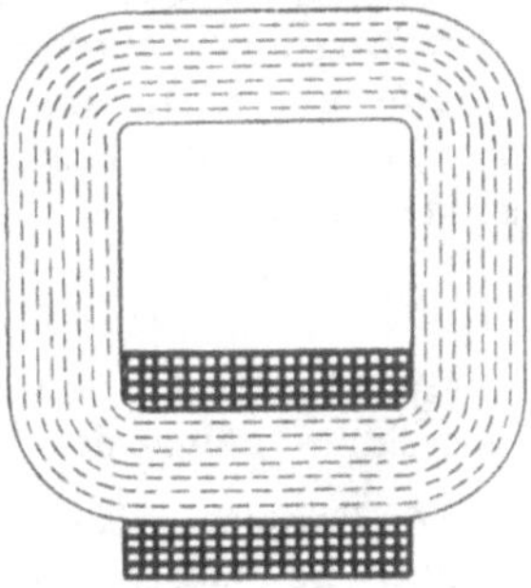

Bild 148. Geschlossener magnetischer Kreis.

Für den geschlossenen magnetischen Kreis ist es gleichgültig, an welcher Stelle die Spule angebracht ist und welche Form sie hat. Es genügt, daß die Spule und das Eisen sich gegenseitig umschließen wie zwei Kettenglieder.

Nach dem Gesetz von Biot[Z25]) und Savart übt ein Strom der Stärke i mit einem kleinen, in Bild 149 durch l bezeichneten Teile seines Laufes auf einen im Abstande r von diesem Leiterteil befindlichen Magnetpol der Stärke $\mathfrak{m}$ eine Kraft aus:

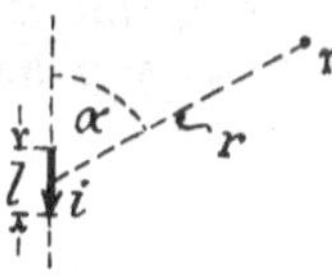

Bild 149.

$$P = \frac{\mathfrak{m} \cdot l \cdot i \cdot \sin \alpha}{r^2}, \qquad (66)$$

wobei α den zwischen der Stromrichtung dieses Teiles und r auftretenden Winkel bedeutet. Wird $\mathfrak{m}$ in Weber, r und l in Zentimeter und P in Dyn ausgedrückt, so folgt daraus die absolute Stromstärkeneinheit.

Ein Stromleiterteil von 1 cm Länge führt $i_{abs.} = 1$, wenn er auf einen Magnetpol $\mathfrak{m} = 1$ Weber im rechtwinkligen ($\alpha = 90^0$) Abstande $r = 1$ cm die Kraft 1 Dyn ausübt. Ein solcher Stromleiterteil ersetzt einen Einheitspol, aber nicht vollkommen, da die Kraftrichtung zwischen ihm und dem Einheitspol eine andere ist, als zwischen zwei Magnetpolen. Hingegen ersetzen zwei parallele Stromleiterteilchen, die sich rechtwinklig zur Verbindungslinie gegenüberstehen, zwei Magnetpole vollkommen:

Ein Stromleiterteil von 1 cm Länge führt $i_{abs.} = 1$, wenn er auf einen gleichen parallelen Leiterteil im rechtwinkligen Abstande $r = 1$ cm die Kraft 1 Dyn ausübt. Letztere ist anziehend oder abstoßend, je nach der gegenseitigen Stromrichtung.

Nach Gl. (64) ist durch P und $\mathfrak{m}$ auch die von einem langen Stromleiter herrührende Feldstärke ausgedrückt.

Der Übergang von einem Leiterteil auf einen unendlich langen geraden Leiter ist im Anhang unter (3) gegeben.

Ein Zehntel der absoluten Stromstärkeneinheit ist das Ampere. Die unter IV, 1 gegebenen, das Ampere bestimmenden Metallniederschläge sind auf Grund dieser magnetischen Beziehungen von der Wissenschaft bestimmt worden.

Die unter Anhang (3) entwickelte Feldstärke im Abstande c cm von einem unendlich langen Leiter, der die Stromstärke i Ampere führt hat den Wert:

$$\mathfrak{H} = \frac{2 \cdot i_{Amp.}}{10 \cdot c_{cm}} \text{ Dyn/Weber} . \qquad (67)$$

Technisch genügend genau gilt dieser Ausdruck, wenn c klein gegen die gesamte Länge des Leiters ist.

44. Beispiel. Ein langer gerader Leiter führe $i = 40$ A. Welche magnetische Feldstärke tritt in $c = 4$ cm Entfernung von seiner Achse auf?

Es beträgt die Feldstärke an dieser Stelle:

$$\mathfrak{H} = \frac{2 \cdot i}{10 \cdot c} = \frac{2 \cdot 40}{10 \cdot 4} = 2 \text{ Dyn/Weber.}$$

45. Beispiel. Aus dem Biot-Savartschen Gesetz folgt die Feldstärke $\mathfrak{H}$ für den Mittelpunkt einer kreisförmigen Stromschleife vom Halbmesser r cm und der Stromstärke i A zu

$$\mathfrak{H} = \frac{2\pi r \cdot i}{r^2 \cdot 10} = \frac{2\pi i}{r \cdot 10} \text{ Dyn/Weber} . \qquad (68)$$

Wie groß ist $\mathfrak{H}$ bei $r = 25$ cm und $i = 60$ A?

Es beträgt die Feldstärke an dieser Stelle:

$$\mathfrak{H} = \frac{2\pi i}{10\, r} = \frac{2\pi \cdot 60}{10 \cdot 25} = 1{,}518 \text{ Dyn/Weber} .$$

46. Beispiel. Ist für eine aus z kreisförmigen Stromschleifen bestehende Spule der Wicklungsquerschnitt kreisförmig und in seinem Durchmesser gering gegen den Durchmesser der Windungen, so beträgt die Feldstärke im Mittelpunkte dieses Reifens vom Halbmesser r cm, an dem jede Windung den Strom i A führt:

$$\mathfrak{H} = \frac{2\pi i \cdot z}{r \cdot 10} \text{ Dyn/Weber}. \tag{69}$$

Welche Stromstärke ist erforderlich, damit bei $z = 100$ Windungen und $r = 25$ cm im Mittelpunkte $\mathfrak{H} = 5$ Dyn/Weber auftreten?

Aus $\mathfrak{H} = \dfrac{2\pi i z}{10 r}$ folgt $i = \dfrac{10 \cdot \mathfrak{H} \cdot r}{2\pi z} = \dfrac{10 \cdot 5 \cdot 25}{2\pi \cdot 100} = 1{,}99$ A.

47. Beispiel. Für eine gleichmäßig bewickelte, aus z Windungen zu i A bestehende zylindrische Spule (Solenoid) der in Richtung der Achse gemessenen Länge l cm und vom mittleren Windungshalbmesser r cm gilt für einen Punkt der Achse (Bild 150)

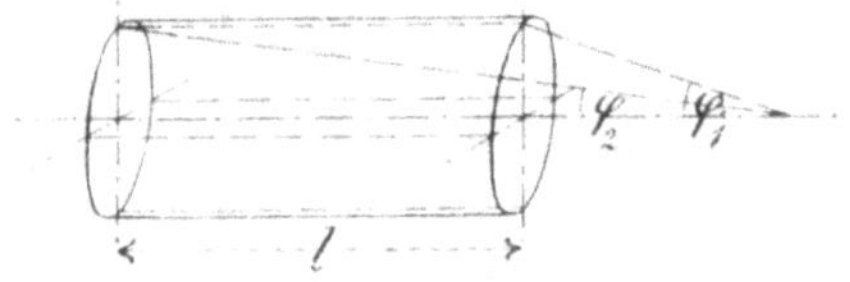

Bild 150.

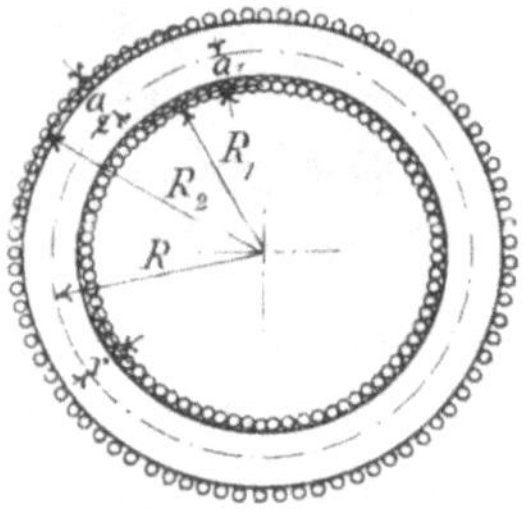

Bild 151. Toroid.

$$\mathfrak{H} = \frac{2\pi i z}{10 l} (\cos \varphi_2 - \cos \varphi_1) \text{ Dyn/Weber}, \tag{70}$$

wobei φ_1 und φ_2 die Winkel bedeuten, unter denen von dem betreffenden Punkte aus die Endhalbmesser erscheinen. Ist $l : r$ groß, so kann für den Mittelpunkt gesetzt werden

$$\mathfrak{H} = \frac{4\pi i z}{10 l} = \frac{4\pi}{10} \cdot \mathfrak{Z}' \text{ Dyn/Weber}, \tag{71}$$

da $(\cos \varphi_2 - \cos \varphi_1)$ angenähert $= 2$ ist. Der Wert $i \cdot z/l$ wird als die Amperewindungen/cm bezeichnet und sei durch $\mathfrak{Z}'$ ausgedrückt.

Wieviel AW/cm sind aufzuwenden, damit im Mittelpunkte einer langen geraden Spule $\mathfrak{H} = 60$ Dyn/Weber auftreten?

Aus $\mathfrak{H} = \dfrac{4\pi}{10} \cdot \mathfrak{Z}'$ folgt $\mathfrak{Z}' = \mathfrak{H} \cdot \dfrac{10}{4\pi} = 60 \cdot \dfrac{10}{4\pi} = 47{,}75$ AW/cm.

48. Beispiel. Für eine gleichmäßig bewickelte, aus z Windungen zu i A bestehende kreisringförmig in sich geschlossene Spule (Toroid), deren mittlerer* Halbmesser (Bild 151) R groß ist gegen den mittleren

* Schärfer genommen gilt R für die Stelle, wo $a_1 : a_2$ sich verhält wie $R_1 : R_2$.

Windungshalbmesser r, gilt auf dem ganzen Umfang von R obige Gl. (71). Wie groß ist hiermit die Feldstärke bei $z = 600$, $i = 2{,}5$ A und $2R\pi = 98$ cm?

Es beträgt:

$$\mathfrak{H} = \frac{4\pi}{10} \cdot \mathfrak{Z}' = \frac{4\pi}{10} \cdot \frac{z \cdot i}{2R\pi} = 1{,}257 \cdot \frac{600 \cdot 2{,}5}{98} = 19{,}2 \text{ Dyn/Weber.}$$

3. Induktionserscheinungen und Kraftwirkungen zwischen Strom und Fluß.

1. Versuch (gerader Draht). Ein Magnet M (Bild 152) besitze einen schmalen Luftspalt, in dem der Fluß von einem Draht AB durchkreuzt werden kann. Durch Anschluß von A und B an die Klemmen *1*

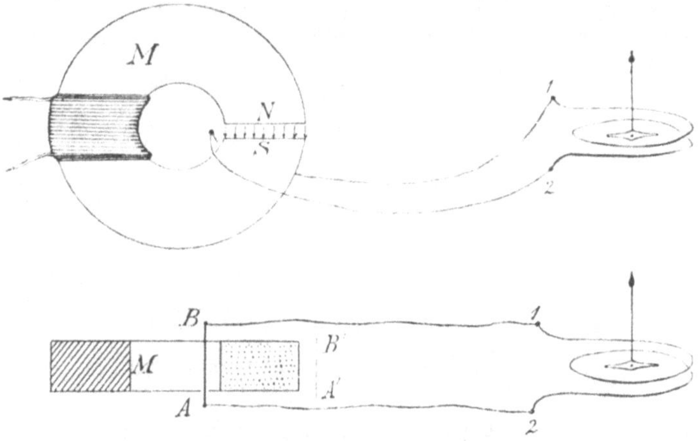

Bild 152. Versuchsanordnung.

und *2* eines mit der Kraftwirkung zwischen Strom und Dauermagnet arbeitenden Galvanometers wird eine Schleife AB *1, 2* in sich geschlossen.

Befindet sich AB zunächst am weitesten nach links (vgl. Bild 152), und wird der Draht schnell durch den Fluß bewegt bis zur Stelle $A'B'$, so zeigt das Galvanometer einen Ausschlag nach rechts. Liegt aber der Draht zunächst bei $A'B'$ und wird er dann in entgegengesetzter Richtung bewegt, so entsteht am Galvanometer ein Ausschlag nach links. Eine Reihe von Versuchen mit beliebigen Richtungen des Flusses und der Bewegung ergibt: Die drei Richtungen von Fluß, Bewegung und Induktionsstrom müssen die Achsen eines räumlichen rechtwinkligen Koordinatensystems bilden, damit die Induktionserscheinung so hoch wie möglich auftritt. Eine Handregel, bei der der Daumen, der Zeige- und der Mittelfinger zueinander rechtwinklig einzustellen sind, gibt Aufschluß über den Zusammenhang der drei Richtungen:

Regel der rechten Hand: Induktionserscheinung: Man stellt den Zeigefinger der rechten Hand in Richtung des Flusses und den Daumen in Richtung der Bewegung, so gibt der Mittelfinger die Richtung des durch Induktion erzeugten Stromes an (Bild 153).

Die Umkehr der Richtung des Flusses und der Bewegung ergibt die Induktionserscheinung in unveränderter Richtung.

Nur solche Bewegung ist wirksam, durch die der Fluß innerhalb einer Leiterschleife (hier *AB 1, 2*) geändert wird. Durch die Änderung des Flusses innerhalb der Leiterschleife wird in erster Linie eine Induktions-EMK erzeugt, und nur, wenn der Stromkreis geschlossen ist, entsteht ein Induktionsstrom. Die durch Induktion erzeugte EMK E steht mit der Änderungsgeschwindigkeit im gleichen Verhältnis. Man versteht unter der Änderungsgeschwindigkeit bei gleichmäßiger Änderung des innerhalb der Schleife fallenden Flusses den in Maxwell/Sekunde ausgedrückten Wert dieser Änderung.

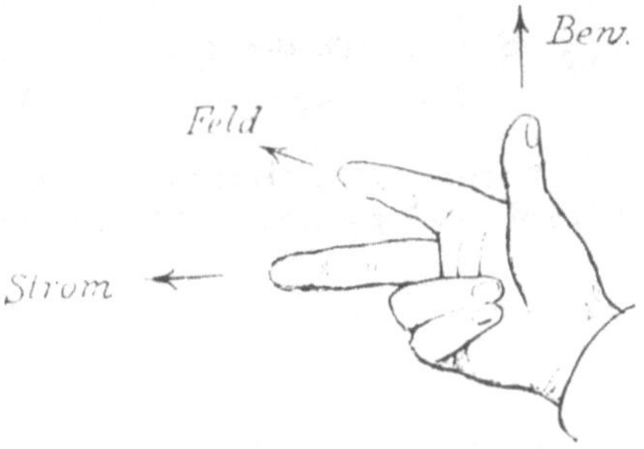

Bild 153. Regel der rechten Hand.

$$E = \mathfrak{B}_{\text{Maxw./Sek.}} \cdot 10^{-8} \text{ Volt}. \qquad (72)$$

Der Buchstabe $\mathfrak{B}$ ist der Ersatz für einen im Anhang unter (4) näher bezeichneten Ausdruck. Durch die Änderungsgeschwindigkeit 1 Maxwell/Sekunde wird die absolute Einheit der EMK erzeugt. Aus der Leistungsgleichung $L = E \cdot I$ folgt, da 1 Watt $= 10^7$ Erg/Sek. und 1 Amp. $= 10^{-1}$ abs. Einheit betragen,

$$1 \text{ Volt} = \frac{10^7}{10^{-1}} = 10^8 \text{ abs. EMK-Einheiten}$$

oder

$$E_{\text{Volt}} = E_{\text{abs.}} \cdot 10^{-8}. \qquad (73)$$

Der Induktionsstrom stellt seine Stärke I entsprechend der Induktions-EMK E und entsprechend dem Widerstande des Stromkreises w_g nach dem Ohmschen Gesetz ein:

$$I = \frac{E}{w_g} \text{ Ampere}. \qquad \text{(vgl. 9)}$$

49. Beispiel. Ein Fluß verteile sich gleichförmig mit einer Dichte $\mathfrak{B} = 5000$ über einen $b = 20$ cm breiten Raum, während die Länge des Raumes (in der Richtung, nach der der Leiter bewegt wird, und rechtwinklig zum Fluß) beliebig sei. Der Leiter durchquere die ganze Breite des Flusses und werde in ihm mit $v = 2000$ cm/Sek. rechtwinklig zum Flusse bewegt. Welche EMK wird durch Induktion erzeugt, und welche

Stromstärke tritt auf, wenn der Leiter außerhalb des Flusses zu einem Stromkreise von $w_g = 0{,}5\ \Omega$ geschlossen ist?

Es beträgt:

Die Änderungsgeschwindigkeit:

$$\mathfrak{B} = b \cdot \mathfrak{B} \cdot v = 20 \cdot 5000 \cdot 2000 = 2 \cdot 10^8 \text{ Maxwell/Sek.}$$

Die EMK des Leiters:

$$E = \mathfrak{B} \cdot 10^{-8} = 2 \cdot 10^8 \cdot 10^{-8} = 2 \text{ V.}$$

Die Stromstärke des Kreises:

$$I = E : w_g = 2 : 0{,}5 = 4 \text{ A.}$$

2. Versuch (Schleife). Nach Bild 154 wird eine Schleife an beliebigen Stellen ihres Umfanges durch den Fluß hindurchbewegt.

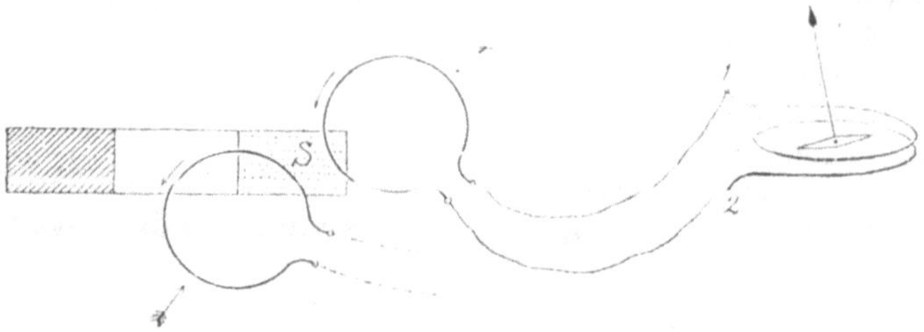

Bild 154. Versuchsanordnung.

Wenn nur die Schleife oder der Fluß nicht gewendet wird, so bleiben die Induktionserscheinungen dieselben, an welcher Stelle des Umfanges auch der Fluß den Leiter überschreitet.

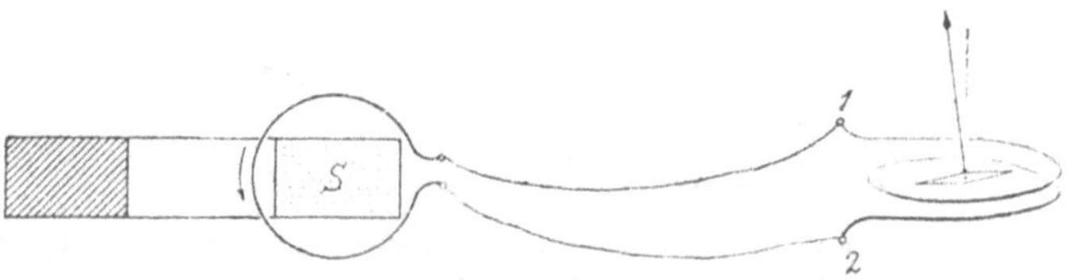

Bild 155. Versuchsanordnung.

Ist der Magnet, wie in Bild 152 angenommen, ein Elektromagnet, so wird, nachdem die Induktionsschleife um denjenigen Raum herumgelegt worden ist, der später vom Flusse durchsetzt sein soll, beim Einschalten des Erregerstromes, also beim Entstehen des Flusses, beobachtet, daß bei ruhender Schleife ein gleicher Induktionsstoß entsteht, als ob die Schleife durch den Fluß bewegt worden wäre (Bild 155), und beim Unterbrechen des Erregerstromes, also beim Verschwinden des Flusses, ein gleicher Induktionsstoß, wie er beim Herausziehen der Spule beobachtet worden war.

Dieser Versuch beweist, daß es nur auf die Änderung des Flusses innerhalb einer Schleife und nicht auf die räumliche Bewegung durch den Fluß ankommt. Die Richtung des Induktionsstromes kann trotzdem mit der Handregel festgestellt werden, indem man sich die Schleife beim Entstehen des Flusses in den als vorhanden angenommenen Fluß hineinbewegt, beim Verschwinden des Flusses aus ihm herausgezogen denkt.

Wird ein Fluß von bestimmter Richtung zuerst unterbrochen und geraume Zeit nachher ein gleicher Fluß in entgegengesetzter Richtung erzeugt, was durch Stromwendung in der Erregerspule erreicht wird, so ergibt der Versuch bei nach Bild 155 festliegender Schleife zwei gleiche Ausschläge in derselben Richtung nacheinander. Die darauffolgende Unterbrechung und abermalige Umkehr des Flusses hat wiederum zwei gleiche Ausschläge, diesmal aber beide nach der anderen Seite, zur Folge. Eine plötzliche Umkehr des Flusses zeigt nur einen Ausschlag, aber vom doppelten Werte. Zwei aufeinanderfolgende Wendungen ergeben Ausschläge nach entgegengesetzten Richtungen.

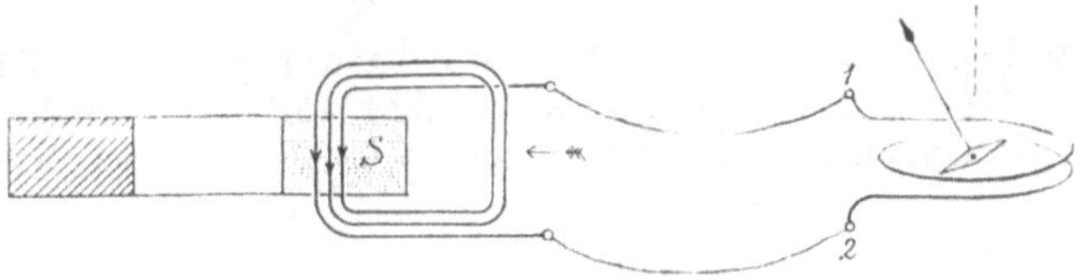

Bild 156. Versuchsanordnung.

Diese und auch die im folgenden Versuch beschriebenen ballistischen Ausschläge stellen sich scharf ein, wenn es sich um ein schwach gedämpftes Drehspul-Meßgerät nach Bild 27 handelt, dessen Eigenschwingungsdauer groß gegen die Dauer des Induktionsstoßes ist. Der bewegliche Teil des Meßgerätes befindet sich vor dem Induktionsstoß in Ruhe. Auch die Handhabung der unter 1. dieses Teiles genannten Probespule erfordert die Einhaltung dieser Bedingungen; Näheres s. im Anhang unter (5).

3. *Versuch (Spule).* Bei den Anordnungen nach den Bildern 152, 154 und 155 beschreibt der Induktionsstromkreis *eine* Windung um den veränderlichen Fluß. Bild 156 zeigt eine Anordnung, bei der der Stromkreis nach drei vollen Windungen um den vom Fluß zu durchsetzenden Hohlraum einer Induktionsspule geschlossen ist.

Sowohl die bei langsamer Bewegung einer Spulenseite durch den Fluß erzielten Dauerausschläge, als auch die bei der Wendung des Flusses auftretenden ballistischen Ausschläge, stellen sich unter sonst gleichen Verhältnissen in dem dreifachen Werte der früheren ein. Entsprechend erhält man für jede beliebige Windungszahl z ver-z-fachte Werte. Erzeugt jede Windung ihre frühere EMK, so wird durch die Hintereinanderschaltung der z gleichen EMKe für den Kreis die $z$fache EMK erzeugt. Ist der Widerstand der Induktionsspule gegen denjenigen des übrigen

Induktionsstromkreises nicht zu vernachlässigen, so müssen die Widerstände für die zu vergleichenden Versuche auf denselben Wert gebracht werden.

Das Ergebnis dieses Versuches wird in der Induktionsformel zum Ausdruck gebracht, indem die Zahl der Windungen z der Induktionsspule als Faktor auftritt; die EMK beträgt:

$$E = \mathfrak{B} \cdot z \cdot 10^{-8} \text{ Volt} . \tag{74}$$

Bedingung für die Gültigkeit dieses Ausdruckes ist, daß alle Windungen der Induktionsspule vom gleichen Fluß durchsetzt sind. Erstreckt sich der Fluß auch auf einen nicht zu vernachlässigenden Wicklungsraum der Induktionsspule, so sind die inneren Windungen von einem geringeren Fluß durchsetzt, als die äußeren, es tritt dann auf die rechte Seite des Ausdruckes auch noch ein Spulenfaktor k, der stets kleiner als 1 ist, da man die Änderungsgeschwindigkeit nach dem ganzen vorhandenen Fluß einsetzt.

$$E = \mathfrak{B} \cdot z \cdot k \cdot 10^{-8} \text{ Volt} . \tag{75}$$

4. Versuch (Verhältnis der Induktionsspule zur Erregerspule). Wir schalten entsprechend Bild 157 eine Spule M, die Magnetisierungsspule, mit einem Widerstand W in einen Stromkreis

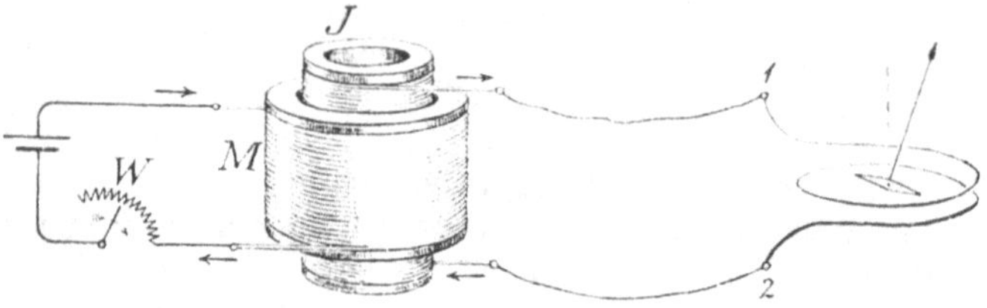

Bild 157. Versuchsanordnung.

von einer beliebigen Gleichstromquelle aus. Eine zweite Spule J, die Induktionsspule, die keine elektrische Verbindung mit M hat, befindet sich im Inneren von M. Die Klemmen von J sind mit den Klemmen des Galvanometers verbunden.

Es wird beobachtet: Stecken zwei Spulen ineinander und wird in der einen (primär) die Stromstärke verändert, so führt die zweite (sekundär) eine Induktions-EMK, solange die Änderung dauert. Der Drehsinn des mit dieser EMK erzeugten Induktionsstromes ist dem entstehenden Primärstrom entgegen-, dem verschwindenden Primärstrom gleichgerichtet (vgl. die Regel der rechten Hand). Die Rolle der beiden Spulen ist vertauschbar. Das Einführen eines Eisenkernes verstärkt den Fluß und damit die Induktionserscheinung. Mit Anwendung eines Eisenkernes brauchen die beiden Spulen nicht ineinandergesteckt zu sein, es genügt vielmehr, daß der Fluß durch beide Spulen verläuft. Die beiden Spulen unterliegen gegenseitiger Induktion.

Ist der primäre Strom Wechselstrom, so setzt sich die Induktionswirkung des verschwindenden Stromes des einen Wechsels und des entstehenden Stromes des folgenden Wechsels zu einem sekundären Wechsel zusammen (vgl. die Regel der rechten Hand), so daß die Frequenz, die Zahl der Perioden/Sek., durch die Anwendung dieser Einrichtung (vgl. Umspanner III, 4 A und V, 8) nicht geändert wird. Da an den Umspannern derselbe Fluß (genau nur im Leerlauf) die primäre und die sekundäre Spule durchsetzt, ist hiermit schon einzusehen, daß die Induktionsspannungen primär und sekundär sich wie die Windungszahlen verhalten können. Genauere Betrachtungen hierüber folgen im Wechselstromgebiet (XI, 3).

5. Versuch (Kraftwirkung zwischen Strom und Fluß). Durch den Fluß des Magneten *M* (Bild 158) fließe von einer Stromquelle her in einem beweglichen Draht ein Strom von *A* nach *B*. In der Umgebung

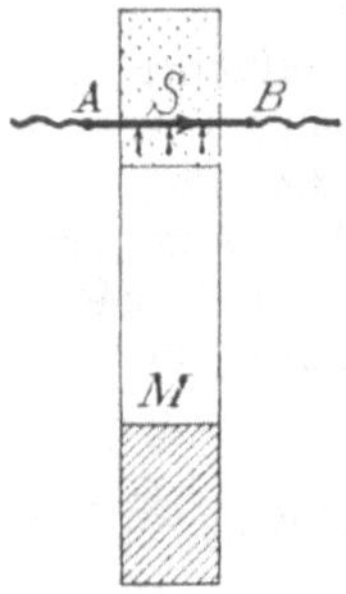

Bild 158.

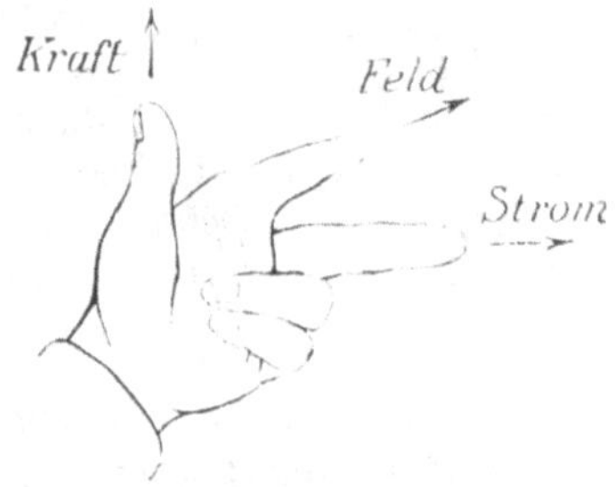

Bild 159. Regel der linken Hand.

des Drahtes verlaufe der Fluß des Magneten in die Bildebene hinein. Es zeigt sich in der angegebenen Anordnung eine den Draht nach oben treibende Kraft. Durch Umkehr der Stromrichtung im Draht oder durch Umkehr der Richtung des Flusses bekommt die Kraft umgekehrten Richtungssinn. Umkehr von Strom und Fluß zugleich gibt Kraftwirkung wie im ersten Fall.

Die Kraftwirkung hat ihren Höchstwert, wenn die Fluß-, Strom- und Kraftrichtungen zueinander rechtwinklig stehen wie die Achsen eines räumlichen rechtwinkligen Koordinatensystemes. In anderen Fällen kommen die Komponenten nach diesen Richtungen hin in Frage.

Eine Handregel, bei der der Daumen, der Zeige- und der Mittelfinger zueinander rechtwinklig einzustellen sind, gibt Aufschluß über den Zusammenhang der drei Richtungen:

Regel der linken Hand: Kraft zwischen Strom und Fluß. Man stellt den Zeigefinger der linken Hand in Richtung des Flusses und den Mittelfinger in Richtung des Stromes, so gibt der Daumen die Richtung der Kraftwirkung an. (Bild 159.)

Der gleichförmige Fluß des Magneten und der Fluß des Stromleiters vereinigen sich nach Bild 160. Aus beiden entstehen die stark ausgezogenen Linien als Diagonalen in den entstehenden Parallelogrammen. Das Mittel aus allen Kräften ist mit P bezeichnet, das aus dem Zug in Richtung der Feldlinien und dem Druck quer zu den Feldlinien sich ergibt.

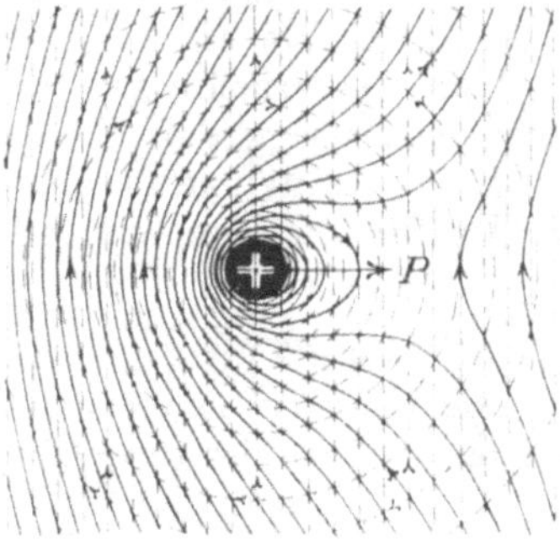

Bild 160. Stromführender Leiter im Flusse.

Auch wenn der Strom in Form eines Lichtbogens quer durch ein magnetisches Feld geleitet wird, tritt diese Kraftwirkung auf. Magnete, die den Zweck haben, auf einen Lichtbogen eine richtende Kraft auszuüben, heißen Richtmagnete, Blasmagnete oder Bläser. Schwache Blaswirkung wird bei Bogenlampen mit schrägen Kohlen verwendet, um den Lichtbogen nach unten zu treiben. Bei starker Blaswirkung reißt der Lichtbogen ab. Diese Erscheinung findet Verwendung bei Ausschaltern bis zu recht hohen Leistungen, wobei der Raumbedarf dieser Ausschalter gering sein kann.

Die Kraftwirkung befolgt den Ausdruck (vgl. Ausdr. 64 und den Ersatz eines Magnetpoles durch einen Leiterteil, Ausdr. 66):

$$P_{\text{abs.}} = \mathfrak{B} \cdot i_{\text{abs.}} \cdot l_{\text{cm}} \text{ Dyn}, \qquad (76)$$

wobei $\mathfrak{B}$ diejenige Dichte, in die der Strom gebracht wird (z. B. in Bild 160 die gradlinig gezeichnete),

$i_{\text{abs.}}$ die rechtwinklig zu den Linien fließende in absolutem Maß einzusetzende Stromstärke und

l_{cm} die wirksame, in der Dichte $\mathfrak{B}$ liegende und rechtwinklig zu $\mathfrak{B}$ und P gemessene Länge des Stromweges in Zentimeter

bedeutet. In technisches Maß umgerechnet und unter der Voraussetzung einer Erdbeschleunigung von 981 cm/Sek.² wird aus obigem Ausdruck

$$P = \frac{1}{9\,810\,000} \cdot \mathfrak{B} \cdot i \cdot l \text{ kg}, \qquad (77)$$

in den i in Ampere und l wiederum in Zentimeter einzusetzen sind.

50. Beispiel. Ein Strom $i = 30$ A fließe in $z = 100$ hintereinandergeschalteten Einzelleitern, deren Stromrichtung so gewählt ist, daß sich alle Einzelkräfte addieren, rechtwinklig zu der Dichte $\mathfrak{B} = 5000$ Gauß, die in einem Raume von der Breite $b = 20$ cm auftritt, so daß die wirksame Länge jedes Einzelleiters ebenfalls $l' = 20$ cm beträgt. Eine wie große Kraft tritt an der Leitergruppe rechtwinklig zum Fluß und zum Strome auf?

Die gesamte wirksame Länge beträgt:

$$l = z \cdot l' = 100 \cdot 20 = 2000 \text{ cm};$$

damit ergibt sich die Kraft:

$$P = \frac{1}{9810000} \cdot \mathfrak{B}\, i\, l = \frac{5000 \cdot 30 \cdot 2000}{9\,810\,000} = 30{,}58 \text{ kg}.$$

An Stelle des $\mathfrak{B}$ und i enthaltenden Ausdruckes (76) oder (77) kann auch nur mit Flüssen, oder falls beide Flüsse durch elektrische Ströme erzeugt sind, nur mit Strömen gerechnet werden. Die eine Rechnungsweise ersetzt die andere. Bequem ist es, nur mit Strömen zu rechnen, wenn für die vorhandenen Erscheinungen kein Eisen zu berücksichtigen ist, d. h. wenn es sich um dynamische Wirkung handelt. In diesem Falle kann für zwei gegeneinander und in sich unveränderte Leitergebilde, deren eines von i_1, und deren anderes von i_2 in einem bestimmten Augenblick durchflossen ist, gesetzt werden:

$$P = c \cdot i_1 \cdot i_2 \,, \tag{78}$$

wobei c eine zu den gewählten Maßeinheiten und zu der betreffenden Anordnung gehörende Konstante bedeutet. Sind die beiden aufeinanderwirkenden Ströme gleich ($i_1 = i_2 = i$), wie das z. B. bei hintereinandergeschalteten Teilen der Fall ist, so wird daraus:

$$P = c \cdot i^2 \,. \tag{79}$$

Diese Betrachtungen bilden die Grundlage für die dynamischen Meßgeräte (III, 3 R und XI, 1).

51. Beispiel. Zwei stromdurchflossene Spulen üben den bei $i_1 = 20$ A in der ersten und $i_2 = 0{,}05$ A in der zweiten Spule eine Kraft $P = 10$ g aufeinander aus. Wie groß ist die Kraft zwischen beiden Spulen derselben gegenseitigen Lage bei $i_1' = 30$ A und $i_2' = 0{,}06$ A?

Gemäß dem Gesetz:

$$P = c \cdot i_1 \cdot i_2$$

ergibt sich für den vorliegenden Fall:

$$c = \frac{P}{i_1 \cdot i_2} = \frac{10}{20 \cdot 0{,}05} = 10 \,;$$

im zweiten Falle tritt die Kraft auf:

$$P' = c \cdot i_1' \cdot i_2' = 10 \cdot 30 \cdot 0{,}06 = 18 \text{ g} \,.$$

6. Versuch (Kraftwirkung zwischen Induktionsstrom und induzierendem Fluß). Eine Spule $a\,b\,c\,d$ in Bild 161, zweckmäßig aus mehreren Windungen bestehend, kann in sich geschlossen oder unterbrochen leicht angefaßt durch den Fluß des Magneten geführt werden. Man beobachtet an der geschlossenen Spule bei

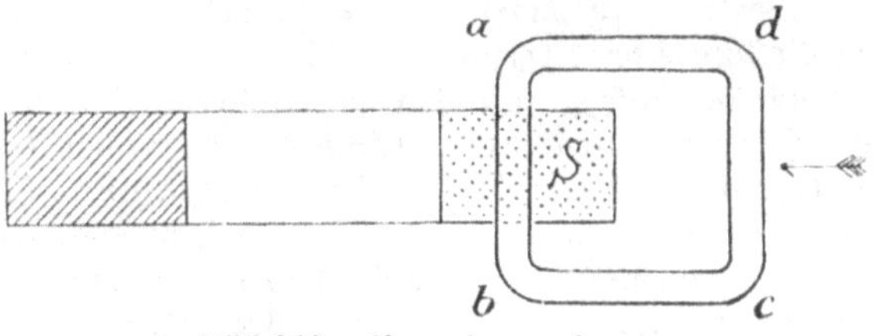

Bild 161. Versuchsanordnung.

der Bewegung eine zu überwindende Kraft, als würde sie durch eine dicke Flüssigkeit bewegt. An der unterbrochenen Spule tritt diese Kraft nicht auf.

Die Handregeln bestätigen diese Beobachtung: der Strom wird nach der Regel der rechten Hand induziert, während er seine Kraft nach der Regel der linken Hand ausübt.

Das Produkt aus der Kraft und der räumlichen Geschwindigkeit ist die aufgewendete Leistung, das Produkt der entstehenden EMK und der Stromstärke die ihr gleichwertige Gegenleistung, die in diesem Falle sich in den Windungen in Wärme umsetzt.

Aus Gl. (72) folgt

$$E = \mathfrak{B} \cdot l \cdot v \cdot 10^{-8} \text{ Volt}, \tag{80}$$

wobei $\mathfrak{B}$ die Dichte in Gauß, l die im Fluß liegende Leiterlänge in Zentimeter und v die Geschwindigkeit in cm/Sek. bedeutet. Die Leistung beträgt dann bei I Ampere

$$L = E \cdot I = \mathfrak{B} \cdot l \cdot v \cdot 10^{-8} \cdot I = P \cdot v \cdot 10^{-7} \text{ Watt}, \tag{81}$$

wobei P die Kraft in Dyn angibt. Die Leistung $P \cdot v$ würde in Dyn · cm : Sek. oder Erg/Sek. ausgedrückt sein; 10^7 Erg/Sek. sind aber 1 Watt.

52. Beispiel. Welche Kraft ist bei der Bewegung des geschlossenen Leiters des 49. Beispieles zu überwinden?

Es beträgt:

$$P = \mathfrak{B} \cdot I \cdot l \cdot 10^{-1} = 5000 \cdot 4 \cdot 20 \cdot 10^{-1} = 40000 \text{ Dyn oder } 40{,}8 \text{ g}.$$

7. Versuch (Wirbelströme). Ein aus dickem Kupferblech bestehender Sektor *a b c d* (Bild 162) ist pendelnd aufgehängt, so daß er durch den Fluß eines Elektromagneten hindurchstreichen kann, während Teile von ihm oben und unten über den vom Fluß durchsetzten Raum vorstehen. Bei unerregtem Magneten pendelt der Sektor nach einem Anstoß lange hin und her, während er sich bei erregtem Magneten langsam seiner tiefsten Lage nähert. Wird an Stelle des zusammenhängenden Metalles ein Sektor aus einzelnen, nach Bild 163 angeordneten und gegeneinander isolierten Blechen (Blättern, Lamellen) angewendet, so schwingt der Sektor auch bei erregtem Fluß weiter. Die Erscheinung ist wie folgt zu erklären:

Besteht an einer durch einen Fluß bewegten Metallmasse ein Schließungskreis geringen Widerstandes, so treten Induktionsströme erheblicher Stärke mit deutlich wahrnehmbaren Gegenkräften auf, d. h. die Bewegung wird stark gedämpft. Im vollen Metall, das z. T. im Fluß, z. T. außerhalb des Flusses liegt, treten diese Ströme wirbelförmig auf, deshalb heißen sie Wirbelströme; auch werden sie nach ihrem Entdecker Foucaultströme[Z32]) genannt. Um sie zu vermeiden oder wenigstens zu verringern, ist die Unterteilung des Metalles so vorzunehmen, daß die Induktionsstromkreise nicht oder wenigstens auf langen Wegen mit geringen Querschnitten in sich geschlossen werden. Auch können geblätterte reine Metalle durch geblätterte legierte ersetzt werden, die stets höheren spezifischen Widerstand aufweisen. Wirbelströme können aber auch nutzbar angewendet werden, z. B. zur Dämpfung bewegter Teile an Meßgeräten und zur Bremsung schnell umlaufender Motoren. Sie treten auch an ruhenden Teilen bei Vorüberbewegen von Magnetpolen und bei Wechselstrom auf. Dauernd auftretende starke Wirbelströme machen sich durch die Erwärmung des Metalles bemerkbar. Eisen-

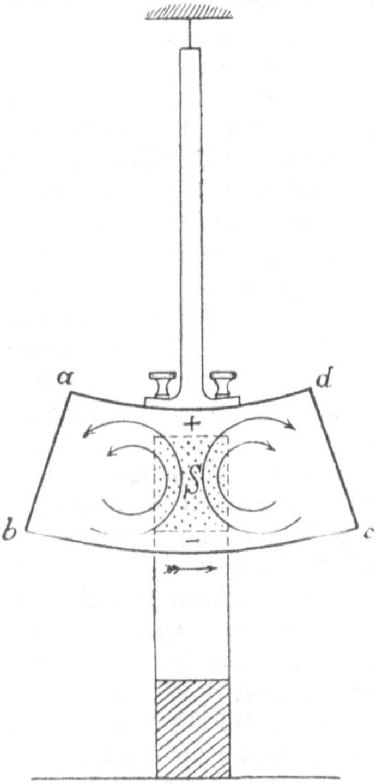

Bild 162. Waltenhofensches Pendel.

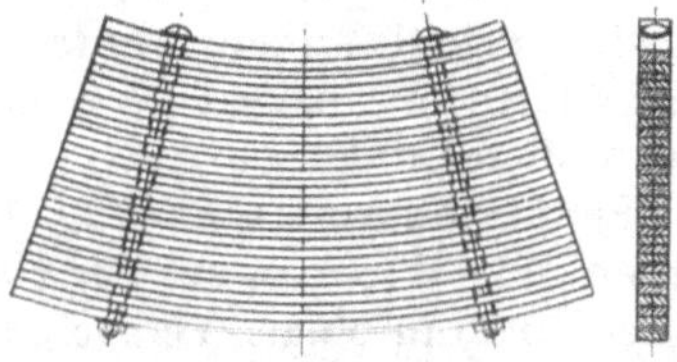

Bild 163. Unterteilter Sektor.

kerne an Wechselstrommagneten sind daher zu unterteilen, metallene Spulenhülsen für Wechselstromspulen sind vor der Bewicklung durch einen Sägeschnitt bis in den Hohlraum hinein aufzuschlitzen. Bolzen zum Zusammenhalten der Eisenbleche von Spulenkernen sind gegen das Eisen zu isolieren.

8. Versuch (Selbstinduktion). In Bild 164 bedeutet S eine Gleichstromquelle (Sammlerbatterie), U einen Unterbrecher, A einen sich schnell einstellenden Strommesser, Sp eine aus vielen Windungen bestehende, mit Eisen durchsetzte Spule und V einen Spannungsmesser (Weicheisen-, Hitzdraht- oder dynamisches Gerät). An die Stelle der Spule trete zunächst ein gewöhnlicher Drahtwiderstand gleichen Widerstandswertes. Wir beobachten mit ihm ein schnelles Anwachsen des Ausschlages an A beim Einschalten und ein sofortiges Zustreben des Zeigers von V zu seiner Ruhelage beim Ausschalten an U. Tritt an die Stelle des gewöhnlichen Widerstandes die Spule, so steigt der Strom träge (z. B. im Verlaufe mehrerer Sekunden) an, und nach dem Unterbrechen schlägt der Zeiger von V erst zu höheren Werten aus, ehe er zu seiner Nullstellung kommt.

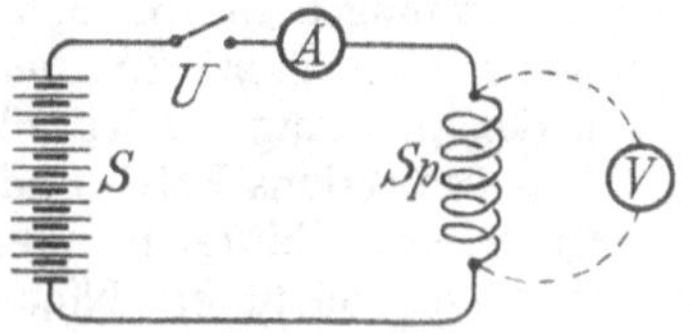

Bild 164. Versuchsanordnung.

Ändert ein Stromkreis den von ihm umfaßten Fluß dadurch, daß sich die Stromstärke des Kreises ändert, so tritt an ihm eine Spannung auf, die als Selbstinduktionsspannung bezeichnet wird, da die Induktionserscheinung auf den einzig vorhandenen Stromkreis selbst ausgeübt wird. Ein entstehender oder ein sich vergrößernder Strom erzeugt eine EMGK, daher ist die Stromstärke anfänglich kleiner, als sie sich endgültig einstellt. Ein sich verringernder Strom erzeugt eine EMK, die bestrebt ist, dem verschwindenden Strom einen Induktionsstrom in gleicher Richtung nachzuschicken. Eine Selbstinduktionsspule bezeichnet man auch als eine Drosselspule, da sie plötzliche Stromänderungen aufzuhalten oder abzudrosseln sucht (vgl. Drosselspulen an Blitzschutzvorrichtungen). Die Richtung der Selbstinduktionsspannung kann nach den beim 2. Versuch gegebenen Grundsätzen nach der Regel der rechten Hand gefunden werden, wobei die Feldrichtung nach der Ampèreschen Schwimmregel bestimmt werden muß. An einem Teil eines Stromkreises, z. B. an einem einzigen geraden Draht, ist letzterer (vgl. Bild 141) bis in den Mittelpunkt seines Flusses geführt zu denken, wenn die Richtung der Selbstinduktionsspannung beim Entstehen des Stromes ermittelt werden soll. Wie man aus der Handregel erkennt, wechselt die Spannung an der Spule in obiger Versuchsanordnung (Bild 164) beim Unterbrechen des Stromkreises ihr Vorzeichen, daher sind die besonderen Spannungsmesser nötig, wenn gezeigt werden soll, daß die Induktions-EMK am offenen Kreise höher ausfällt, als die vorher angelegte Spannung. Die bei Unterbrechung von Kreisen mit großer Selbstinduktion entstehende recht hohe Spannung sucht Auswege durch die Isoliermittel und führt bei Verwendung metallener Spulenhülsen leicht zu Durchschlägen. Die Selbstinduktionsspannung wird um so höher, je besser die Spulenenden gegeneinander isoliert sind und je weniger Wirbelströme bei dem Vorgang auftreten. Eine Unterbrechung von Kreisen mit hoher Selbstinduktion ist besonders in der Weise zu vermeiden, daß man den einen Kontakt in der einen, den anderen Kontakt in der anderen Hand hält, während zwischen beiden unterbrochen wird. Hier können lebensgefährliche Spannungen auftreten, auch wenn die Spannung der Stromquelle gering ist. Die ganze Erscheinung erinnert daran, als wäre der Strom durch den ihn umgebenden Fluß mit Masse behaftet.

Die Induktions-EMK und die EMK der Stromquelle sind bei der Unterbrechung hintereinandergeschaltet, die Unterbrecherlichtbogen werden daher leicht erheblich lang. Im Fluß ist ein Arbeitsvermögen aufgespeichert, und letzteres muß bei der Abschaltung in andere Formen übergeführt werden. Hier ist die Wärme im Unterbrecherlichtbogen der Hauptteil des Gegenwertes. Wird aber die freiwerdende Arbeit in anderer Weise als im Unterbrecherlichtbogen abgefangen, so kann die hohe EMK bei der Abschaltung vermieden werden:

a) Die Spule wird nach Bild 165 unter Vermeidung eines Kurzschlusses der Stromquelle in sich geschlossen. Der Widerstand *W* besitzt eine Kurbel, die in Ausschaltstellung zum Verbinden der Spulenenden auf einem von der übrigen Kontaktbahn isolierten Knopf *K* steht, der mit dem jenseitigen (—) Ende der Spule verbunden ist, während das diesseitige Ende (+) der Spule unter Einschaltung eines Strommessers *A* an den Kurbeldrehpunkt *D* angeschlossen ist. Von der Stromquelle *S* aus führt eine Leitung zu der Eintrittsstelle *E* der Drahtlocken des Widerstandes; *W* ist so bemessen, daß für den Augenblick der Zwischenstellung der Kurbel vor dem Ausschalten der über +, *E*, *W*, *K* zu — fließende Strom nicht zu stark wird. Führt man plötzlich die Kurbel von *K* aus auf *E*, so steigt der Ausschlag am Strommesser in der bereits erwähnten Weise langsam an; führt man die Kurbel plötzlich von *E* aus auf *K* zurück, so geht der Zeiger langsam auf Null zu, d. h. es fließt ein dem ursprünglichen gleichgerichteter Strom von der Spule aus (von -+- über *K*, *D*, *A* zu ---); die an den Spulenenden auftretenden Elektrizitätsmengen gleichen sich durch diesen Strom aus. Es entsteht daher auch nicht die hohe Selbstinduktionsspannung und die Neigung zum Durchschlagen der Spulenisolierung (funkenlose Abschaltung). Der Zeiger des Spannungsmessers strebt nach dem Abschalten sofort der Null zu.

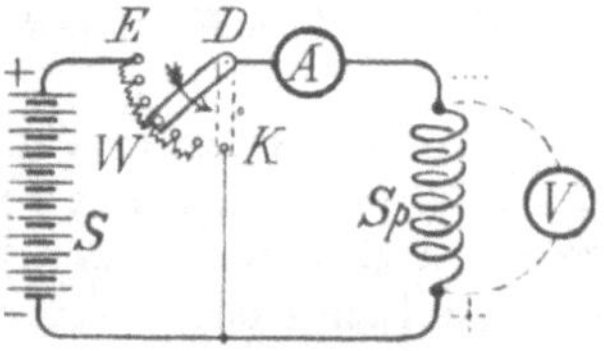

Bild 165. Funkenlose Abschaltung.

b) Neben die Spule wird ein induktionsloser Widerstand geschaltet, durch den die Spule stets in sich geschlossen bleibt. Sein Widerstandswert soll so gering sein, als gerade noch angängig erscheint. Die Stromaufnahme der Einrichtung wird nämlich dauernd um den Wert der Stromstärke in diesem Widerstand erhöht. In diesem Sinne wirkt auch, wenn auch nicht in diesem Maße, die Spulen in Harzöl auszukochen, wodurch der Isolierwiderstand herabgedrückt, die Durchschlagsfestigkeit aber erhöht wird unter Verringerung des Höchstwertes der Selbstinduktionsspannung, während trockene Baumwoll- und Papierisolierung das Gegenteil bewirken.

c) Man legt eine zweite, in sich geschlossene Spule um einen Fluß, z. B. in Form einer in sich geschlossenen Kupferhülse oder eines Zinkspulenrahmens.

Alle diese Einrichtungen hemmen das Verschwinden des Flusses und setzen das Arbeitsvermögen des Flusses an anderer Stelle als im Lichtbogen in Wärme um (Anhang 6 und 7a).

4. Die Magnetisierung von Eisen.

Der elektrische Strom, im besonderen die vom Strom durchflossene Spule, schafft einen magnetischen Spannungszustand. Das $4\pi : 10$-fache der Amperewindungen ist die magnetomotorische Kraft (MMK) $\mathfrak{K}$ des vom Strom erregten magnetischen Kreises,

$$\mathfrak{K} = \frac{4\pi}{10}\,\mathfrak{Z}, \qquad \text{(s. Gl. 10, Anhang 3)} \quad (82)$$

die verglichen werden kann mit der EMK des elektrischen Kreises. Für den magnetischen Kreis (einfachster Fall 48. Beispiel) wurde schon erkannt, daß die Feldstärke sich als das $4\pi:10$-fache der Amperewindungen/cm Weg des Flusses ergibt. Der magnetische Fluß, der mit dem elektrischen Strome verglichen werden kann, stellt sich also nach der MMK und dem zur Verfügung stehenden Querschnitt verhältnisgleich und zur Länge des Weges im umgekehrten Verhältnis ein; für Luft gilt dabei, daß $\mathfrak{B}$ und $\mathfrak{H}$ zahlenmäßig gleich sind, und damit folgt, wie aus Gl. (65) und (71) hervorgeht:

$$\text{(Luft)} \quad \Phi = F \cdot \mathfrak{B} = F\mathfrak{H} = F \cdot \frac{4\pi}{10} \mathfrak{Z}' = \frac{4\pi}{10} \cdot \frac{F}{l} \cdot \mathfrak{Z} \text{ Maxwell,} \tag{83}$$

wobei $\mathfrak{Z}$ die gesamten Amperewindungen, F die Querschnittsfläche, die der Fluß etwa nach Art des im 48. Beispiel gegebenen Falles mit überall gleichem $\mathfrak{B} = \mathfrak{H}$ einnimmt) ausgedrückt in Quadratzentimeter und l die mittlere Länge des Weges des Flusses in Zentimeter bedeutet. Ist der Fluß nicht über den Querschnitt gleichmäßig verteilt, oder ist der nur durch Luft verlaufende Fluß an manchen Stellen zusammengeschnürt, z. B. in dem Hohlraum einer nicht in sich zurücklaufenden Spule, an anderen Stellen erweitert, z. B. außerhalb der Spule, so kann immerhin durch eine Summenbildung nach beiden Veränderlichen diese Frage als gelöst gelten. Wird also ein Verhältnis

$$\frac{l'}{F'} = \mathfrak{W}' \tag{84}$$

als der magnetische Widerstand eines mit Luft erfüllten Raumteiles bezeichnet, so läßt sich durch nebeneinander und hintereinander geschaltete Einzelteile ein gesamter magnetischer Widerstand $\mathfrak{W}$ eines bestimmten Luftraumes berechnen, so daß ein dem Ohmschen Gesetz nachgebildeter Ausdruck

$$\text{(Luft)} \quad \Phi = \frac{\mathfrak{Z}}{\mathfrak{W}} \cdot \frac{4\pi}{10} = \frac{\mathfrak{K}}{\mathfrak{W}} \text{ Maxwell} \tag{85}$$

geschrieben werden kann.

Die magnetische Feldstärke (Dyn/Weber) ist zu vergleichen mit der auf die Längeneinheit beim Stromdurchgang verbrauchten EMK (V/cm); im elektromagnetischen Kreise werden an ihre Stelle Amperewindungen/cm, die mit $4\pi:10$ multipliziert worden sind, gesetzt. Wird man nun z. B. in einem Wassertrog, zwischen dessen Elektroden in jedem Falle eine konstante Spannung herrschen soll, auch noch einen Kupferdraht anbringen, der, von Wasser umgeben, ebenfalls die beiden Elektroden miteinander verbindet, so wird dieser Draht, da er besser leitet, eine größere Stromdichte führen, als das Wasser rundum, das sich nur mit einem geringen Bruchteil an der Stromleitung beteiligt. Eine ganz entsprechende Rolle spielt das Eisen im magnetischen Kreise in einem Luftraum. Das Eisen nimmt eine größere magnetische Dichte an, als die das Eisen umgebende Luft; es ist für den Induktionsfluß ein besserer Leiter, als die Luft; mit wenigen Aw/cm läßt sich eine erhebliche magnetische Dichte erreichen, wenn der magnetische Spannungszustand einen Schluß nur durch Eisen vorfindet; wenn der Querschnitt des Eisens groß ist, so wird auch der gesamte Fluß einen erheblichen Wert annehmen. Wird aber der Fluß zum Teil durch Eisen geschlossen, so gibt es Stellen ein- und austretender Induktionslinien; hier bilden sich Pole, und wenn eine kurze Luftstrecke zwischen Flächen, die den Eisenweg begrenzen, zu überwinden ist, so muß hier die Luft mit nahezu derselben Dichte durchsetzt werden, wie das Eisen, daher treten hier im Luftspalt viele Dyn/Weber auf, oder was dasselbe heißt, hier beansprucht der Kreis viele Amperewindungen/cm Weg.

Bringt man in eine in sich geschlossene Spule (Toroid) einen in sich geschlossenen Eisenkreis, so ist mit dem Eisen die magnetische Feldstärke dieselbe, wie ohne das Eisen, da das Eisen keine Pole bildet und die entmagnetisierende Wirkung also nicht hervorruft. Während aber außerhalb des Eisens die Dichte zahlenmäßig gleich der Anzahl Dyn/Weber ist, tritt im Eisen bei gleicher Anzahl Dyn/Weber eine höhere Dichte auf. Diesem Umstand wird Rechnung getragen, indem man die magnetische Durchlässigkeit (Permeabilität) μ einführt:

$$\mathfrak{B} = \mu \mathfrak{H} \; ; \qquad (86)$$

hieraus sieht man, daß μ keine unbenannte Zahl ist, denn es können auch nie Ampere gleich Volt/cm sein.

Für Luft, oder strenggenommen für den luftleeren Raum, ist $\mu = 1$ gesetzt worden, und daher konnte bisher $\mathfrak{B} = \mathfrak{H}$ geschrieben werden, während genauer durch Gl. (86) mit $\mu = 1$ gesagt ist, daß man von der einen physikalischen Größe zu einer anderen übergeht. Unter denjenigen Stoffen, deren Durchlässigkeit in der Nähe von 1 liegt, unterscheidet man die diamagnetischen ($\mu < 1$), die sich im Felde quer einstellen (Bi, Sb, Zn, Hg, Cu, Ag, Au) und die paramagnetischen ($\mu > 1$), die sich im Felde längs einstellen (Al, Pt, Sn, Pb, sowie Luft und Isolierstoffe). Für alle diese Stoffe genügt aber, für technische Rechnungen $\mu = 1$ zu setzen. Wenn man aus gewöhnlichen Maßbezeichnungen der Mechanik, die sich durch Länge, Masse und Zeit ausdrücken lassen, in das magnetische Gebiet übergeht, braucht man eine vierte Bezugsgröße, als welche man die Durchlässigkeit des leeren Raumes gewählt hat.

Für Eisen (sowie auch noch grob erkennbar für Ni und Co) erhebt sich das μ wesentlich über 1 (ferromagnetische Körper). Nun ist die Durchlässigkeit des Eisens auch keineswegs eine zu $\mathfrak{H}$ verhältnisgleiche oder sonst durch einen mathematischen Ausdruck faßbare Zahl, sondern sie ist für verschiedene Eisensorten, für verschiedene Feldstärken und zudem noch verschieden, je nach dem magnetischen Zustand, in dem das Eisen sich vorher befunden hatte. Schließlich spielt noch die Geschwindigkeit und die Art des Überganges von dem einen zu dem anderen magnetischen Zustand, die Temperatur, die mechanische Beanspruchung und das „Altern“ des Eisens eine Rolle.

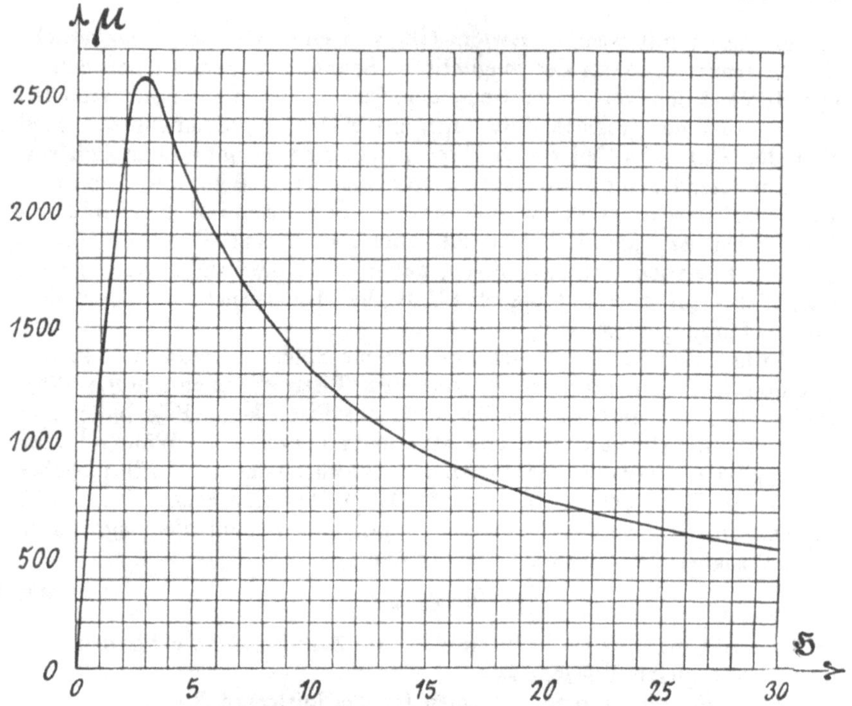

Bild 166. Durchlässigkeit schwedischen Eisens.

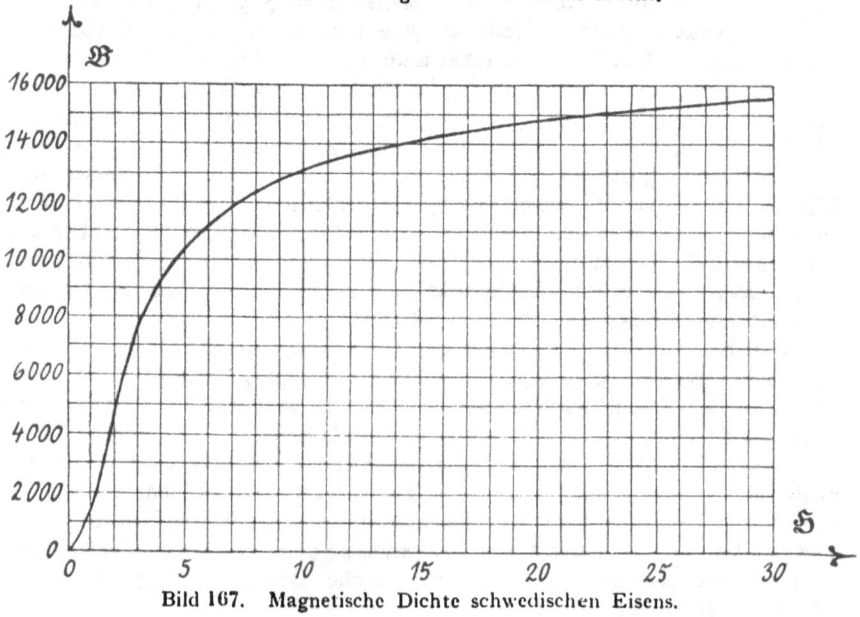

Bild 167. Magnetische Dichte schwedischen Eisens.

Ein Beispiel für ein schwedisches Eisen, das vom unmagnetischen Zustand bis zur Feldstärke $\mathfrak{H} = 30$ Dyn/Weber steigend magnetisiert wird, geben die Bilder 166 und 167. Die Durchlässigkeit dieses Eisens hat bei 2,8 Dyn/Weber ihren Höchstwert $\mu = 2570$ bei einer Dichte $\mathfrak{B} = \mu \cdot \mathfrak{H} = 2570 \cdot 2{,}8 = 7200$ Gauß. Die Durchlässigkeit ist für alle Eisensorten, die noch nicht magnetisiert worden sind, bei geringsten Feldstärken klein, wächst rasch an, erhält ihren Höchstwert, nimmt mit größer werdenden Feldstärken ab und strebt weiterhin asymptotisch dem Wert 1 zu. Dabei nimmt die Dichte von Null aus nach einem trägen Anlauf bald rasch zu, nimmt aber dann eine immer geringer werdende Neigung zur Achse der Feldstärke an, steigt aber stets. Nach Überwindung des Hauptbogens bezeichnet man das Eisen als gesättigt. In diesem Zustand bedarf es hoher Steigerungen der Feldstärke, damit seine Dichte um geringe Werte zunimmt.

Da die Feldstärke, die außerhalb des Eisens auftritt, da, wo Induktionslinien am Eisen weder ein- noch austreten, also in der umgebenden Luft nicht nur durch die Zahl der Dyn/Weber, sondern auch durch eine gleiche Zahl von Induktionslinien/qcm ausgedrückt werden kann, hat man das auch auf das Innere des Eisens, wo die gleiche Zahl der Dyn/Weber auftritt, ausgedehnt und faßt die Magnetisierung des Eisens so auf, als käme zu den Feld- oder Induktionslinien des Raumes ein gewisser Betrag vom Eisen herrührender Induktionslinien hinzu, so daß die Dichte im Eisen sich zusammensetzt als

$$\mathfrak{B} = \mathfrak{H} + \mathfrak{B}', \tag{87}$$

wobei $\mathfrak{B}'$ als der Eigenschaft des Eisens entstammend angesehen wird. Als die Intensität $\mathfrak{J}$ der Magnetisierung des Eisens versteht man aber das in Weber auf das Quadratzentimeter Querschnitt und auf das Zentimeter des Hebelarmes ausgedrückte Moment der Raumeinheit des Eisens;

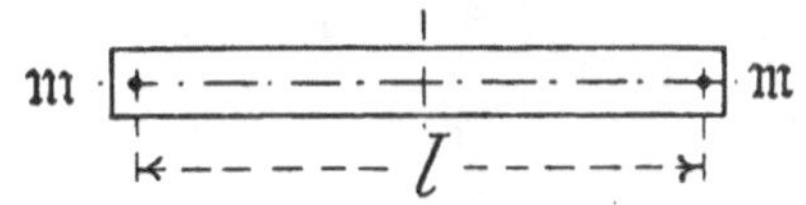

Bild 168.

für einen Stab der Polstärke $\mathfrak{m}$ Weber und des Polabstandes l cm (Bild 168) also ist das magnetische Moment ausgedrückt in Dyn × Zentimeter

$$\mathfrak{M} = \mathfrak{m} \cdot l \tag{88}$$

und die Intensität der Magnetisierung beim Querschnitt F qcm

$$\mathfrak{J} = \frac{\mathfrak{M}}{F \cdot l} \quad \frac{\text{Dyn} \times \text{cm}}{\text{ccm}} \quad \text{oder} \quad \frac{\text{Weber}}{\text{qcm}}\,. \tag{89}$$

Soll dieser Wert in Maxwell/qcm ausgedrückt werden, so ist er mit 4π zu multiplizieren, daher wird aus Gl. (87)

$$\mathfrak{B} = \mathfrak{H} + 4\pi\mathfrak{J} \text{ Maxwell/qcm oder Gauß}\,. \tag{90}$$

Man kann also auch an Stelle der Abhängigkeit $\mathfrak{B}$ von $\mathfrak{H}$ die Abhängigkeit $\mathfrak{J}$ von $\mathfrak{H}$ zur Kennzeichnung des Eisens auftragen. Das ist in Bild 169 geschehen für ein Schmiedeeisen (A) und ein Gußeisen (B), zugleich aber außer der steigenden auch für wieder abnehmende Magnetisierung und für die umgekehrte Magnetisierung, so daß schließlich bei wechselnder Magnetisierung zwischen zwei Grenzwerten positiver und negativer Feldstärken in sich geschlossene Schleifen entstehen. Diese Linien deuten an, daß man sich bei der Magnetisierung des zunächst unmagnetischen Stoffes mit steigendem $\mathfrak{H}$ auf einem zwischen den Grenzlinien liegenden Ast bewegt. Hört die Steigerung auf, und beginnt nun die Verringerung der Feldstärke, so sind bei einem bestimmten $\mathfrak{H}$ die Werte für $\mathfrak{J}$ (also auch für $\mathfrak{B}$ und μ) größer, als vorhin. Ist das Feld $\mathfrak{H} = 0$, so besitzt das

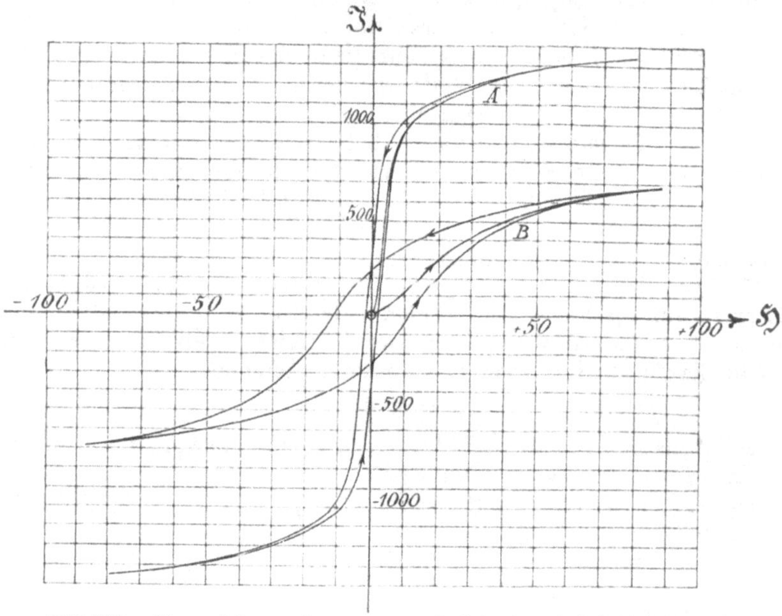

Bild 169. Magnetisierungskurven von Gußeisen und Schmiedeeisen.

Eisen noch eine Magnetisierung (also auch eine Dichte); die Intensität der Magnetisierung stellt sich hier durch die auf der Ordinatenachse liegende Strecke dar. Dieser Wert $\mathfrak{J}$ ist derjenige, der für den rückbleibenden Magnetismus in Betracht kommt und der für Dauermagnete aus hartem Stahl möglichst hoch und unveränderlich sein soll. Nur Ausglühen oder starke Erschütterung kann den früheren Ausgangszustand des Eisens wieder herstellen. Über $\mathfrak{H} = 0$ hinweg gehen die Linien des Bildes 169 zu Feldstärken entgegengesetzter Richtung über. Der Wert $\mathfrak{J} = 0$, der danach bald erreicht wird, bleibt nicht bestehen, wenn das negative $\mathfrak{H}$ aufgehoben wird. Wird $\mathfrak{H}$ im negativen Sinne weiter vermehrt, so nimmt $\mathfrak{J}$ negative, d. h. im Sinne des negativen Feldes auftretende Werte an, und es wiederholt sich in umgekehrtem Sinne das Bild der Steigerung und Abnahme von $\mathfrak{J}$ wie bei positiven Werten. Die

Grenzlinien entstehen bei wiederholter Ummagnetisierung zwischen zwei bestimmten Endwerten für $\mathfrak{H}$. Der Vorgang der vollen Ummagnetisierung bis zu demselben Punkt zurück heiße ein Zyklus (eine Periode) der Magnetisierung. Das durch den Unterschied der beiden Linienzüge für steigende und fallende Magnetisierung ausgedrückte Verhalten heißt das Nachbleiben oder die Hysterese des Eisens. Eisen, das stark diese Eigenschaft zeigt, ist stark hysteretisch. Zwischen dem weichen Schmiedeeisen und dem Gußeisen bestehen (Bild 169) große Unterschiede. Die von der Hystereseschleife umschriebene Fläche stellt für das betreffende Eisen zwischen diesen Grenzwerten für $\mathfrak{H}$ oder $\mathfrak{J}$ den in Erg/ccm ausgedrückten Wert der Ummagnetisierungsarbeit dar, der sich bei jedem Zyklus erneut in Wärme umsetzt und der durch die Überwindung der bei der Umlagerung der magnetischen Moleküle auftretenden Kräfte etwa als Reibungsarbeit zu deuten ist.

Für betriebsmäßige Ummagnetisierung kommen nur hierfür besonders hergestellte Eisensorten (Dynamo- und Transformatorenbleche) in Betracht, die hohes $\mathfrak{B}$ und geringe Hysteresearbeit/Zyklus aufweisen. Jede Periode bringt aber außerdem eine von der Geschwindigkeit des Ummagnetisierens und der Blechdicke abhängige und ebenfalls durch den Grenzwert von $\mathfrak{B}$ zu erfassende Wirbelstromarbeit mit sich. Die Hysteresearbeit/Zyklus drückt sich bei nicht zu hohen Dichten durch

$$A' = 0{,}1\,\mathfrak{J}^{1,6}_{\mathrm{max.}} \text{ oder rund } \frac{1}{6} \cdot \mathfrak{B}^{1,6}_{\mathrm{max.}} \cdot 10^{-2}\ \text{Erg/ccm} \qquad (91)$$

für mittlere Eisensorten aus (Steinmetz).

Zweckmäßiger ist es, für ν Perioden/Sek. die Leistungsverluste durch Formeln auszudrücken. Damit beträgt der Leistungsverlust obigen Eisens durch Hysterese

$$L_H = \frac{1}{6} \cdot V \cdot \nu \cdot \mathfrak{B}^{1,6}_{\mathrm{max.}} \cdot 10^{-6}\ \text{Watt} \qquad (92)$$

und durch Wirbelströme

$$L_W = 2 \cdot V \cdot \nu^2 \cdot d^2 \cdot \mathfrak{B}^2_{\mathrm{max.}} \cdot 10^{-10}\ \text{Watt}, \qquad (93)$$

wobei V den Rauminhalt des Eisens in Kubikdezimeter und d die Dicke der Bleche in Millimeter bedeutet.

Als Verlustziffer versteht man die in Watt/kg angegebene Verlustleistung durch Hysterese und Wirbelströme zusammen für $\mathfrak{B}_{\mathrm{max.}} = 10000$ Gauß und für 50 Perioden/Sek. Sie beträgt für ältere Eisensorten rund 8 Watt/kg, für gute neuere rund 3 Watt/kg, beides Bleche von 0,5 mm vorausgesetzt. Durch Herabdrückung des Kohlenstoffes auf 0,1 vH., durch die Legierung des Eisens mit 4 vH. Silicium und durch Verringerung der Blechdicke auf 0,35 mm kommt die Verlustziffer etwa auf 1,2 Watt/kg herunter. Bei $\mathfrak{B}_{\mathrm{max.}} = 20000$ Gauß und 50 Perioden/Sek. erreicht aber das ältere Eisen schon 28 Watt/kg und neueres gutes Eisen 15 Watt/kg, während die gekennzeichneten legierten Bleche dabei etwa 8 Watt/kg beanspruchen. Die Legierung verringert nur die Wirbelstromleistung, da Legierungen größere spezifische Widerstände besitzen, als die Reinmetalle, aus denen sie zusammengestellt sind. $\mathfrak{B}$ und μ gehen durch den Siliziumgehalt ein wenig zurück.

Man berechnet magnetische Kreise, die Eisen enthalten, nach dem Ausdruck

$$\Phi\left(\frac{l_1}{F_1\cdot\mu_1}+\frac{l_2}{F_2\cdot\mu_2}+\cdots\right)=\mathfrak{H}_1 l_1+\mathfrak{H}_2 l_2+\cdots; \qquad (94)$$

er bedeutet, daß ein Bündel von Φ Induktionslinien, das verschiedene, durch den Anhänger 1, 2 usw. auseinandergehaltene Teile des Querschnittes F, der Durchlässigkeit μ und der Länge l in Hintereinanderschaltung durchsetzt, diesen Teilen entsprechende MMKe beansprucht,

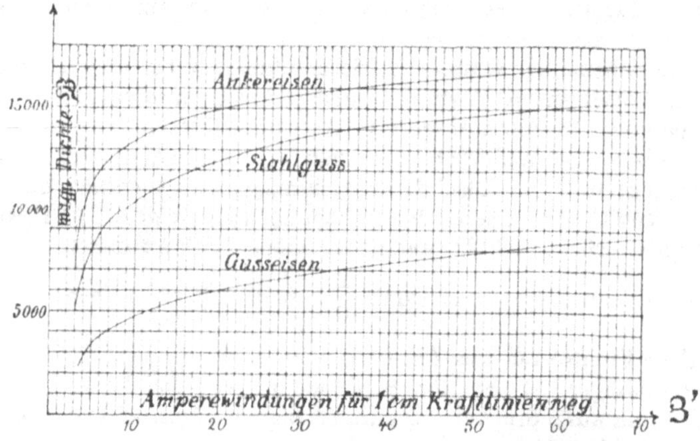

Bild 170. Mittlere Linien der magnetischen Dichte.

die für den Kreis zusammengezählt werden müssen, damit die gesamte MMK $\mathfrak{K}$ des Kreises erhalten wird. Die Einzelwerte in der Klammer der linken Seite sind die Einzelwiderstände $\mathfrak{W}_1$, $\mathfrak{W}_2$ usw. der genannten Teile, die zusammen den gesamten Widerstand $\mathfrak{W}$ des Kreises bilden, so daß in diesem Sinne zu schreiben ist

$$\Phi\cdot\mathfrak{W}=\mathfrak{K}. \qquad \text{(s. a. 85)} \quad (95)$$

Ist der magnetische Kreis elektrisch erregt und voll oder nahezu eisengeschlossen, so ist $\mathfrak{K}$ das 0,4 πfache der den Kreis an beliebiger Stelle umgebenden Amperewindungszahl. Die letztere kann ebenfalls in eine die einzelnen Teile des Kreises besonders berücksichtigende Anzahl von Werten zerlegt werden. Die Werte $\Phi : F$ der Gl. (94) stellen die magnetischen Dichten dar. Es gehört also zu jeder Dichte, mit der ein Stoff durchsetzt ist, eine gewisse Amperewindungszahl/cm Induktionslinienweg, so daß für die Stoffe im Mittel gültige Linien nach Bild 170 aufgestellt werden können; mit Hilfe dieser Linien ist die Berechnung der Amperewindungen eines Kreises einfach wie folgt vorzunehmen.

Durch Multiplikation dieser Aw/cm mit der in Zentimeter ausgedrückten Länge des zugehörigen Teiles in Richtung der mittleren Induktionslinie erhält man die für das betreffende Stück erforderliche Amperewindungszahl. Die Feldstärke in dem entsprechenden Teile erhält man, wenn man den Wert $\mathfrak{Z}'$ mit $0{,}4\,\pi$ multipliziert.

Zur Vervollständigung des Bildes 170 sei noch gegeben* für:

Ankereisen		Legiertes Ankereisen		Dynamostahlguß	
$\mathfrak{B}$	$\mathfrak{Z}'$	$\mathfrak{B}$	$\mathfrak{Z}'$	$\mathfrak{B}$	$\mathfrak{Z}'$
18000	110	10000	3,4	15000	19,5
19000	180	14000	25	17000	60
20000	300	17000	140	19000	153
21000	600	19000	440	21000	400
23000	2000	21000	2000	23000	1300
25000	3900	23000	3620	25600	3600

Für Luft und andere nicht aus Eisen bestehende Stoffe enthält Bild 171 die Gl. (71) zum Gebrauch bei der Berechnung magnetischer Kreise.

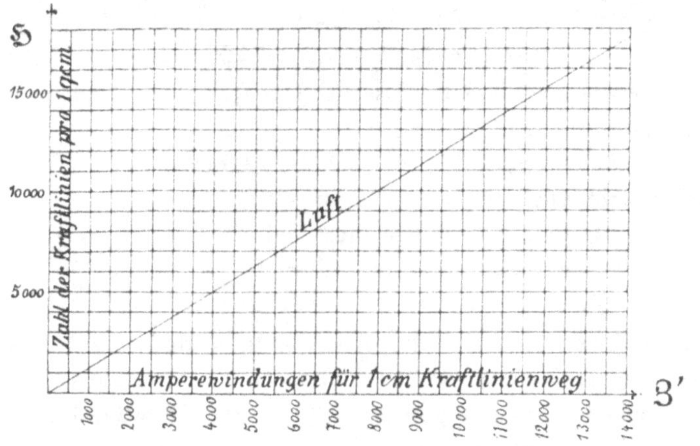

Bild 171. Darstellung für $\mathfrak{H} = 0{,}4\,\pi\,\mathfrak{Z}'$.

53. Beispiel. Ein in sich geschlossener Ring aus Ankereisen habe rechteckigen Querschnitt. Der Innendurchmesser betrage $D_i = 20$ cm, der Außendurchmesser $D_a = 26$ cm und die Breite in Richtung der Drehachse $b = 5$ cm; 0,1 der genannten Breite werde durch das zwischengelegte Papier eingenommen. Eine Spule von $z = 100$ Windungen umgebe das Eisen. Welche Stromstärke muß die Spule bekommen, damit der Ring $\Phi = 202500$ Maxwell führt?

* Aus Arnold-la Cour, Die Gleichstrommaschine 1919.

Es beträgt:

Der Eisenquerschnitt des Ringes:

$$F = \frac{D_a - D_i}{2} \cdot b\,(1 - 0{,}1) = \frac{26 - 20}{2} \cdot 5 \cdot 0{,}9 = 13{,}5 \text{ qcm.}$$

Die magnetische Dichte: $\mathfrak{B} = \frac{\Phi}{F} = \frac{202500}{13{,}5} = 15000$ Gauß.

Die Länge der Induktionslinie: $l = \frac{D_a + D_i}{2} \cdot \pi = \frac{26 + 20}{2} \cdot \pi = 72{,}25$ cm.

Die Amperewindungszahl/cm: $\mathfrak{Z}' = 20$ Aw/cm (aus Bild 170).

Die Gesamtamperewindungszahl: $\mathfrak{Z} = \mathfrak{Z}' \cdot l = 20 \cdot 72{,}26 = 1445$ Aw.

Die Stromstärke der Spule: $I = \mathfrak{Z} : z = 1445{,}2 : 100 = 14{,}45$ A.

54. Beispiel. Der Ring des 53. Beispieles besitze einen radial und parallel zur Achse geführten Luftspalt von $l_1 = 2$ mm Länge. Welche Windungszahl erfordert die Spule, wenn die Stromstärke $I = 4$ A betragen soll, während der Fluß der gleiche sei? Wie hoch ist die Feldstärke im Luftspalt und im Eisen?

Es beträgt:

Die Länge der Induktionslinie im Eisen:

$$l_2 = l - l_1 = 72{,}25 - 0{,}2 = 72{,}05 \text{ cm.}$$

Die Amperewindungszahl des Eisens: $\mathfrak{Z}_2 = \mathfrak{Z}' \cdot l_2 = 20 \cdot 72{,}05 = 1441$ Aw.

Die Feldstärke des Luftspaltes:

$$\mathfrak{H}_{Sp} (= \mathfrak{B}_{Sp}) = 15000 \cdot 0{,}9 = 13500 \text{ Dyn/Weber (Gauß).}$$

Die Amperewindungszahl/cm des Luftspaltes:

$$\mathfrak{Z}_1' = 10760 \text{ Aw/cm (aus Bild 171).}$$

Die Amperewindungszahl des Luftspaltes:

$$\mathfrak{Z}_1 = \mathfrak{Z}_1' \cdot l_1 = 10760 \cdot 0{,}2 = 2152 \text{ Aw.}$$

Die Gesamtamperewindungszahl: $\mathfrak{Z} = \mathfrak{Z}_1 + \mathfrak{Z}_2 = 2152 + 1441 = 3593$ Aw.

Die Windungszahl der Spule: $z = \mathfrak{Z} : I = 3593 : 4 \sim 898$ Windungen.

Die Feldstärke im Eisen: $\mathfrak{H}_E = 0{,}4\,\pi \cdot \mathfrak{Z}' = 1{,}257 \cdot 20 = 25{,}14$ Dyn/Weber.

55. Beispiel. Der Ring des 53. Beispieles werde durch Wechselstrom von $\nu = 50$ Per./Sek. bis zu $\mathfrak{B}_{max.} = \pm 15000$ Gauß magnetisiert. Die Dicke der Bleche betrage $d = 0{,}5$ mm. Wie groß ist nach Gl. (92) und (93) der Leistungsverlust für Hysterese und Wirbelströme?

Es beträgt:

Der Rauminhalt des Eisens:

$$V = F \cdot l = 13{,}5 \cdot 72{,}25 = 975 \text{ ccm oder } 0{,}975 \text{ cdm.}$$

Der Hystereseverlust:

$$L_H = \frac{1}{6} V \cdot \nu \cdot \mathfrak{B}_{max.}^{1,6} \cdot 10^{-6} = \frac{1}{6} \cdot 0{,}975 \cdot 50 \cdot 15000^{1,6} \cdot 10^{-6} = 39 \text{ Watt.}$$

Der Wirbelstromverlust.

$L_W = 2 \cdot V \cdot \nu^2 \cdot \mathfrak{B}^2_{max.} \cdot d^2 \cdot 10^{-10} = 2 \cdot 0{,}975 \cdot 50^2 \cdot 15000^2 \cdot 10^{-10} = 110$ W.

Die Summe der Eisenverluste:

$L_V = L_H + L_W = 39 + 110 = 149$ Watt.

56. Beispiel. Das Eisen eines magnetischen Kreises bestehe aus zwei schmiedeeisernen Magnetschenkeln von je 9 mm Durchmesser (0,635 qcm) und je 4,5 cm freier Länge, einem gußeisernen Joch von 20 mm Breite und 8 mm Dicke (1,6 qcm) und aus einem Anker aus Schmiedeeisen von 12 mm Breite und 2,5 mm Dicke (0,3 qcm), der von beiden ebenen Polflächen je 2 mm Abstand hat. In diesem Luftraum nehme der Fluß einen Kreisquerschnitt von 10 mm Durchmesser (0,785 qcm) ein. Die Länge des Weges im Joch betrage 5 cm, im Anker 6 cm. Auf jedem Schenkel befinde sich eine Spule von 100 Windungen. Welche Stromstärke ist erforderlich, damit der Luftraum zwischen Polflächen und Anker mit 6100 Gauß durchsetzt ist?

Es wird nach folgender Übersicht gerechnet:

Teil	Stoff	Dichte, Gauß	Aw./cm	Länge cm	Amperewindungen
Luftraum	Luft	6100	4850	0,4	1940
Anker	Schmiedeeisen	$6100 \cdot \frac{0{,}785}{0{,}3} = 16000$	62	6	372
Schenkel	„	$6100 \cdot \frac{0{,}785}{0{,}635} = 7550$	3	9	27
Joch	Gußeisen	$6100 \cdot \frac{0{,}785}{1{,}6} = 3000$	3,4	5	17

Summe der Amperewindungen 2356

Stromstärke der Spulen $\frac{2356}{2 \cdot 100} = 11{,}78$ A.

Tritt in dem Luftspalt eines magnetischen Kreises die über seine F qcm Querschnitt an allen Stellen gleiche Feldstärke $\mathfrak{H}_{Sp.}$ auf, so ist die Zugkraft rechtwinklig zur Spaltebene

$$P = \frac{10^{-5}}{8\pi \cdot 9{,}81} \cdot \mathfrak{H}^2_{Sp.} \cdot F = 10^{-8} \cdot 4{,}06 \cdot \mathfrak{H}^2_{Sp.} \cdot F \text{ kg}\,, \qquad (96)$$

worin bei kurzem Luftspalt und massivem Eisen an Stelle von $\mathfrak{H}_{Sp.}$ auch die magnetische Dichte des Eisens an der Trennstelle treten kann [vgl. Anhang (7)]. Bild 172 zeigt die Trennstellen eines Ringes bei *1* und *2*; die Summe dieser beiden Flächen ist der tragende Querschnitt F für die Kraft P. Ist der Luftspalt nicht sehr kurz gegen die Querabmessungen, so breitet sich der Fluß an der Trennstelle merkbar aus (mit Bezug auf

Anhang (7) nach dem Grundsatz der geringsten Arbeit). Damit wird bei gleichem Φ die Zugkraft kleiner. Im 54. Beispiel ist davon abgesehen worden. Die Linien Bild 170 können aus Abreißversuchen (Bild 173) entstanden gedacht sein, indem ein Gewicht P angehängt wird, während der Strom i stark genug ist, P zu tragen. Durch Verringerung von i etwa mit Hilfe eines Vorschaltwiderstandes fällt P ab. Aus der Windungszahl der Spule und den Eisenabmessungen können $\mathfrak{Z}'$ und $\mathfrak{B}$ aus Gl. (96) gewonnen werden, und zwar für verschiedenes P verschiedene Punkte der Linie (Bild 170). Versuche dieser Art sind jedoch ungenau, weil der

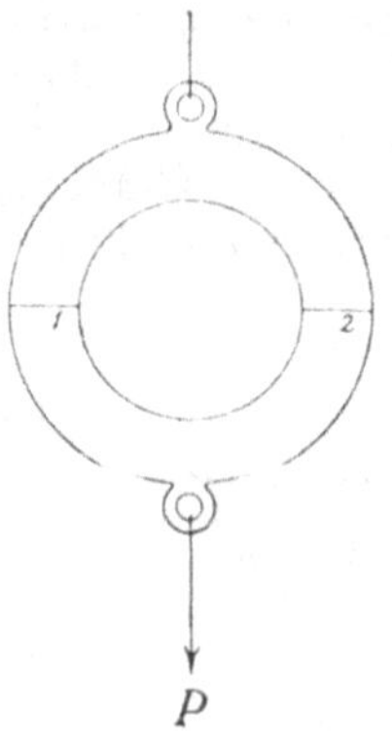

Bild 172.

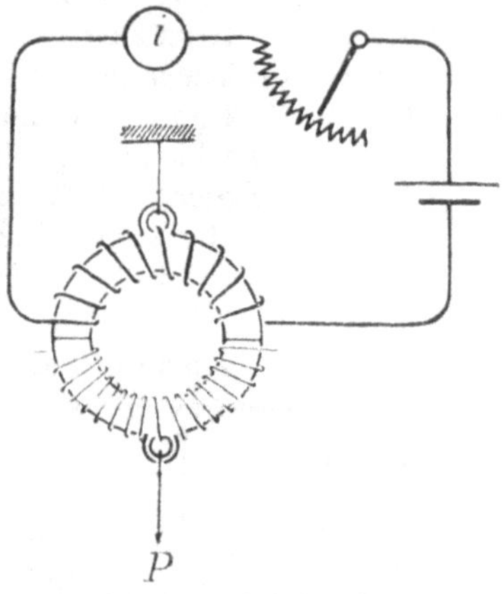

Bild 173. Versuchsanordnung.

Widerstand eines Luftspaltes zu erheblich ist gegen den Widerstand des Eisens. Hier ist das ballistische Verfahren Anhang (5) schärfer, bei dem der Ring keine Trennstellen braucht.

Aus dem quadratischen Auftreten von $\mathfrak{H}$ ist es verständlich, daß zur Herstellung möglichst großer Zugkraft ein Fluß an den Trennstellen zusammengezogen werden muß, kommt es jedoch darauf an, einen Fluß mit möglichst geringen Zugkräften und ohne Aufwand zu vieler Amperewindungen durch einen Spalt zu leiten, so ist das Eisen vor der Trennstelle zu erweitern (Polschuhe).

57. Beispiel. Der Ring des 53. Beispieles sei nach Bild 172 mit zwei Trennstellen 1 und 2 versehen, an denen je 1 mm Luftspalt vorhanden sei. Welche Zugkraft übt der Ring aus?

Es gelten hier die im 54. Beispiel berechneten Verhältnisse, so daß $\mathfrak{H}_{Sp.} = 13500$ Dyn/Weber beträgt, während die tragende Fläche

$$F = (D_a - D_i) \cdot b = (26 - 20) \cdot 5 = 30 \text{ qcm}$$

einzusetzen ist. Damit wird

$$P = 10^{-8} \cdot 4{,}06 \cdot \mathfrak{H}^2_{Sp.} \cdot F = 10^{-8} \cdot 4{,}06 \cdot 13500^2 \cdot 30 = 222 \text{ kg}\,.$$

58. Beispiel. Ein Topfmagnet, ähnlich Bild 21, enthalte eine Spule von 200 mm lichtem und 320 mm äußerem Durchmesser, während die Höhe der Spule 80 mm beträgt. Diese Maße gelten einschließlich einer 3 mm dicken, durch die Isolation eingenommenen Umhüllung. Die Wicklung bestehe aus Kupferdraht zu 0,8 mm Durchmesser, dessen Außendurchmesser mit Isolation 1,1 mm beträgt. Das Eisen sei Stahlguß, dessen untere Begrenzungsflächen eben auf eine ebene eiserne Last aufgesetzt seien, wobei aber zur Sicherheit ein Luftraum von 1 mm vor beiden Polen eingesetzt sein möge. Die Pole überragen nach unten die Spule um 15 mm und seien in dem Maße der Spulendurchmesser durch glatte Zylinderflächen begrenzt gerechnet. Das Eisen des Magneten sei durchweg mit $\mathfrak{B} = 14000$ Gauß beansprucht. Für den Stahlguß gelte Bild 170.

Wie ist das Eisen zu bemessen? Welche Zugkraft hat der Magnet ohne Berücksichtigung einer Erweiterung des Flusses an den Trennstellen? Welche Stromstärke muß die Spule führen, damit diese Zugkraft zustande kommt, wenn für die Last 25 vH. der Amperewindungen zugeschlagen werden sollen? An welche Spannung ist der Magnet zu legen, damit bei erwärmtem Kupfer ($c = 1:50$) der geforderte Strom auftritt?

Es beträgt:

Die Fläche der Trennstelle des Kernes $20^2 \cdot \pi : 4 = 314$ qcm

„ „ „ „ am Mantel ebenfalls 314 qcm

Die Dicke des Mantels $\dfrac{314}{\pi\,(32 + 2{,}9)} = 2{,}9$ cm.

Die Dicke der Haube beim Ansatz an den Kern $\dfrac{314}{\pi \cdot 20} = 5$ cm.

Die gesamte tragende Fläche $2 \cdot 314 = 628$ qcm.

Die Zugkraft $10^{-8} \cdot 4{,}06 \cdot 14000^2 \cdot 628 = 5000$ kg.

Der Weg des Flusses im Eisen des Magneten 32 cm (überschlägig).
Der Aufwand an Aw f. 1 cm „ „ „ 35 Aw (Bild 170).
„ „ für das ganze „ „ „ $32 \cdot 35 = 1120$ Aw.
„ „ an Aw für die Luft $0{,}2 \cdot 11170 = 2234$ „ (Bild 171).
„ „ „ „ „ „ Last $0{,}25 \cdot 1120 = 280$ „
„ „ „ „ zusammen 3634 „

Die Zahl der Windungen der Spule

67 Wind./Schicht · 49 Schichten = 3283 Wind.

Die Stromstärke $3634 : 3283 = 1{,}11$ Amp.

Der Widerstand der Wicklung $3283 \cdot \dfrac{0{,}2 + 0{,}32}{2} \cdot \pi \cdot \dfrac{1}{50} : 0{,}503 = 107$ Ohm.

Die erforderliche Spannung $107 \cdot 1{,}11 = 119$ Volt.

VIII. Gleichstromerzeuger.

Vorbemerkung.

Auf dem Wege über den I-Anker (Werner v. Siemens[Z 46]), der mit zwei Schleifringen (Bild 174) als Wechselstromquelle und mit zwei Halbringen (Bild 175) als Quelle pulsierenden Gleichstromes verwendet

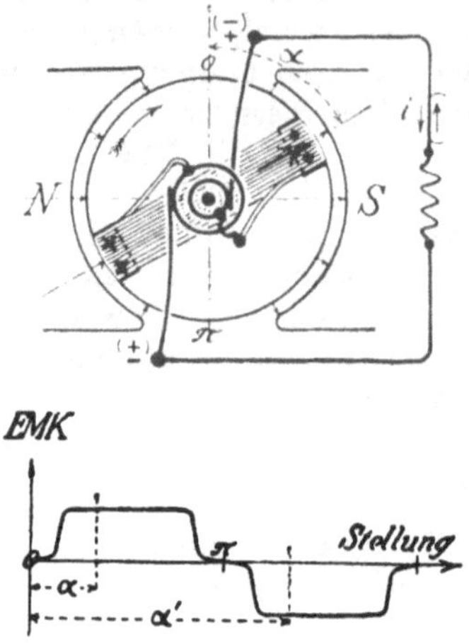

Bild 174. Doppel-*T*-Anker für Wechselstrom mit Spannungskurve.

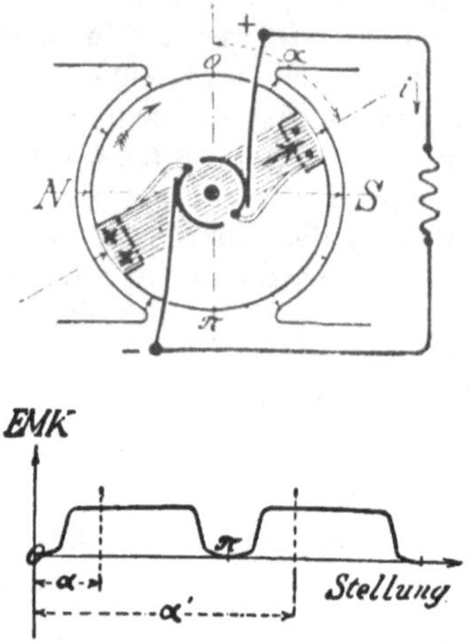

Bild 175. Doppel-*T*-Anker für Gleichstrom mit Spannungskurve.

werden kann, gelangte man von dem Magnetinduktor zur Selbsterregung (Werner v. Siemens), bis die Vereinigung der Erfindung des Ringankers (Pacinotti[Z 45]) mit der Selbsterregung zur Grammeschen Maschine führte, die gleichmäßig fließenden Strom unter Verwendung eines vielteiligen Stegringes (Kollektors) abgab. Die nächste Folge der Entwicklung bildete der Trommelanker (v. Hefner-Alteneck[Z 50]).

1. Der Anker.

A. Die Wicklung. Der Anker dient zur Erzeugung der EMK durch Induktion nach VII, 3, 1. und 2. Versuch. Der Ring (Bild 176) verbindet das hintere Ende des einen Leiters durch eine weite Bohrung mit dem vorderen Ende des benachbarten Leiters usw. (Schraubenwicklung), bis die Wicklung in sich geschlossen ist. An der Trommel (Bild 177) ist das vordere Ende des einen Leiters an der Stirnseite mit dem vorderen Ende eines ungefähr gegenüberliegenden Leiters verbunden, während das hintere Ende dieses letzteren Leiters über die andere Stirnseite, nicht mit dem Ausgangs- und nicht mit dem daneben liegenden, sondern mit dem übernächsten Leiter verbunden wird. Das setzt sich im gleichen Drehsinne weiterschreitend fort. In beiden Fällen stehen sich bei der Drehung zwei beim Ring sofort erkennbare, bei der Trommel aber durch

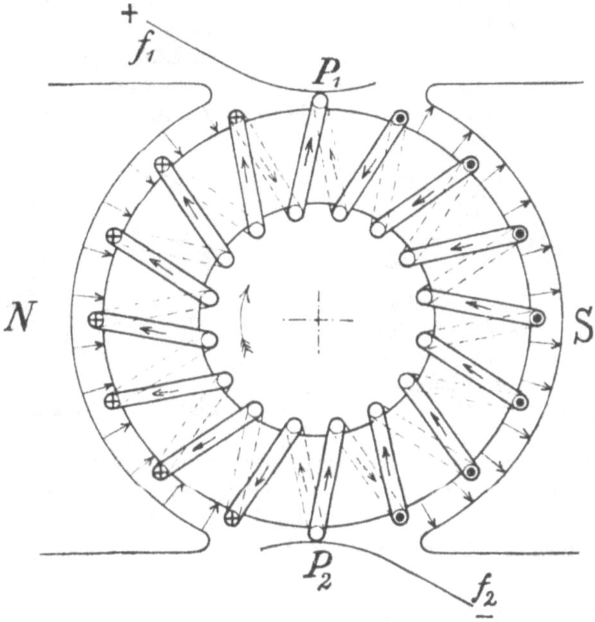

Bild 176. Ringwicklung.

gestrichene und ungestrichene Zahlen auseinandergehaltene EMKe innerhalb der Wicklung gegenüber, die beide gleich groß sind; durch Anlegen von Stromabnehmern (Bürsten, zunächst an den neutralen Stellen), die zwischen sich die Nutzstromverbraucher enthalten sollen, wird ein neuer Stromkreis geschaffen, in dem die eben unterschiedenen elektromotorischen Kräfte nebeneinandergeschaltet sind.

Liegen z-Leiter rundum, so sind $z:2$ Leiter in einem Zweige hintereinandergeschaltet; hat der einzelne Leiter den

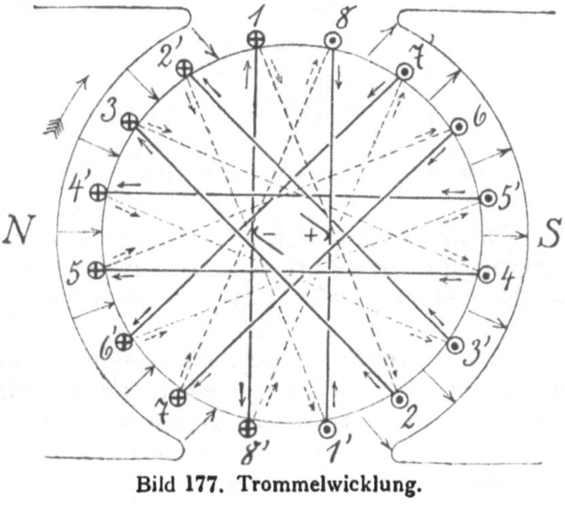

Bild 177. Trommelwicklung.

Querschnitt q, so steht dem Strom innerhalb der Wicklung der Querschnitt $2q$ zur Verfügung. Zweimal werden E Volt erzeugt, die durch die Parallelschaltung nur einmal zur Wirkung kommen; verträgt der einzelne Ankerleiter aber i Ampere, so verträgt die ganze Wicklung $2i$ Ampere.

In beiden Fällen wandern unter der einen Bürste ebenso viele Leiter von dem einen zu dem anderen Ankerzweige, wie unter der anderen Bürste vom anderen zu dem einen Zweige. Dadurch bleiben stets gleich

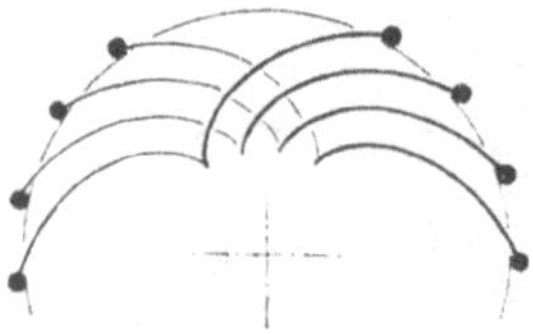

Bild 178. Stirnwicklung (Eickemeyer).

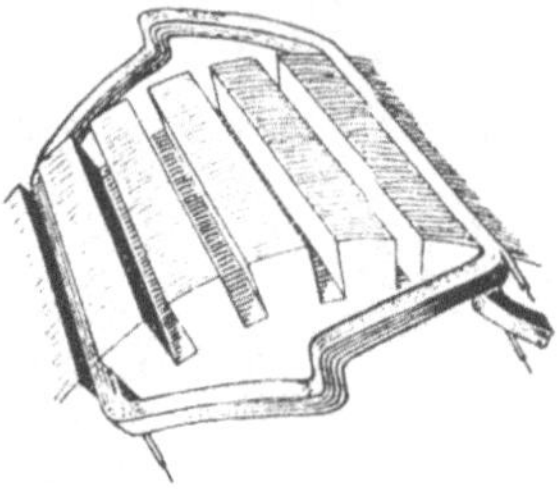

Bild 179. Mantelwicklung.

viele Leiter in jedem Zweige hintereinandergeschaltet, die gegen die jedesmal ausgetauschten Leiter in der Überzahl sein sollen; so wird die gesamte EMK E des Kreises und die Stromstärke stets fast konstant. Der Strom wird im Gegensatz zum I-Anker Teil für Teil gewendet.

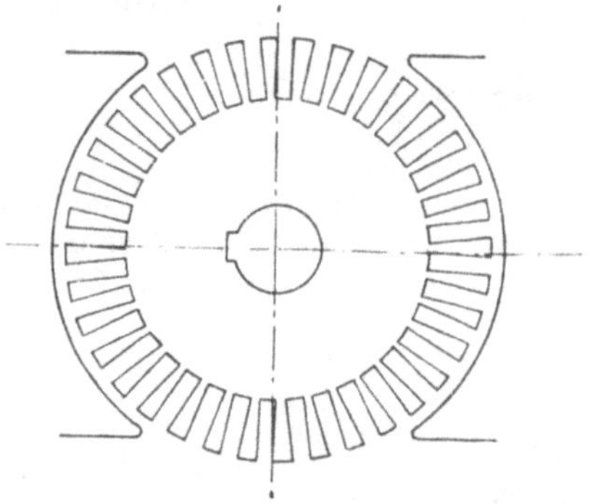

Bild 180. Ankereisen mit Zähnen.

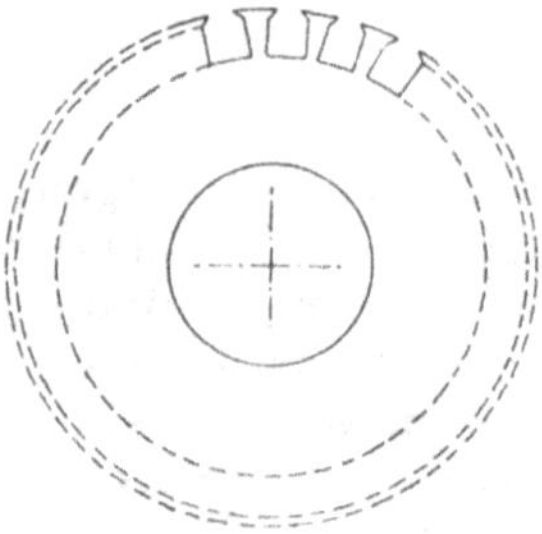

Bild 181. Überdeckte Nuten.

Vorzug des Ringes ist die leichtere Übersichtlichkeit der Wicklung, daher auch leichtere Erlernbarkeit der Herstellung. Vorzug der Trommel ist die bessere Ausnutzung der Baustoffe (Ankereisen und Kupfer). Nachteil der hier zunächst (Bild 177) gezeichneten Trommel ist der Wulst auf beiden Stirnseiten, aus dem die Wärme schlecht herausgelangt, und in dem sich die Leiter kreuzen (Handwicklung). Als weiteren Fortschritt wandte man für die Trommel die Form- (Schablonen-)Wicklung (Bild 178 und 179) an, die bei mehrpoligen Maschinen bequemer anzuwenden ist, als bei zweipoligen.

Vorher fertiggestellte Spulen oder Spulenrahmen, die mit geringem Abstand aneinander vorbeiführen, werden in Nuten des Ankereisens in zwei Schichten (Oberschicht und Unterschicht) eingelegt. Die Nuten sind parallelwandig am äußeren Umfang des Ankereisens angebracht, so daß eiserne Zähne zwischen ihnen stehenbleiben (Bild 180 bis 182), die am Fuß eng und am Kopf weit sind. In jeder Nut liegen gleich viele Leiter. Die obere Spulenseite ist gegen die darunterliegende und beide Spulenseiten sind gegen das Ankereisen isoliert.

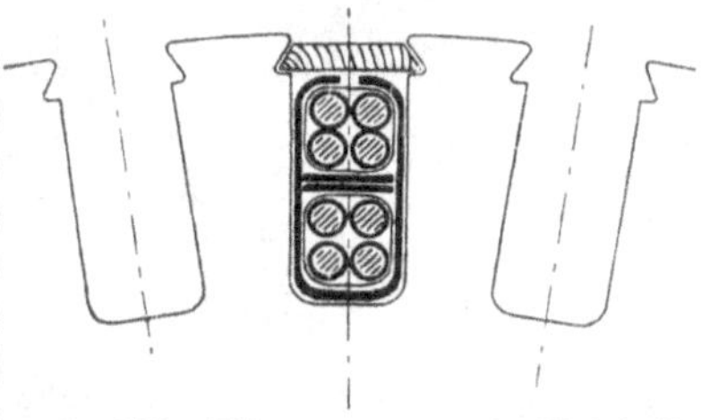

Bild 182. Offene Nuten mit Holzkeil.

Zweipolige Maschinen stellt man nicht beliebig groß her, weil die Wärme aus ihren Teilen zu schwer ausströmen kann, denn wie bei den Leitungen nimmt der wärmeerzeugende Querschnitt mit dem Quadrate, der wärmeabgebende Umfang aber mit der 1. Potenz des Durchmessers zu. Durch Anwendung mehrpoliger Maschinen, die eine bessere Unterteilung ermöglichen, werden die Abkühlungsverhältnisse gebessert. Je mehr Pole eine Maschine hat, um so mehr nimmt der Anker die Form eines Radkranzes an. Die einfache Schraubenwicklung (Bild 183), die Schleifenwicklung (Bild 184) und die Wellenparallelwicklung (Bild 185) erzeugen unter einem Magnetpol ebenso hohe Spannung, von Verlusten abgesehen, wie die Maschine liefert, während die abgebbare Stromstärke im gleichen Verhältnis mit der Zahl der Magnetpolpaare gegen die zweipolige Maschine zunimmt. Handelt es sich um höhere Spannungen, so hat das u. U. eine große Anzahl hintereinandergeschalteter Leiter/Ankerzweig, also eine feindrähtige, teuer herzustellende und viel Nutenraum für Isolierung verbrauchende Wicklung zur Folge.

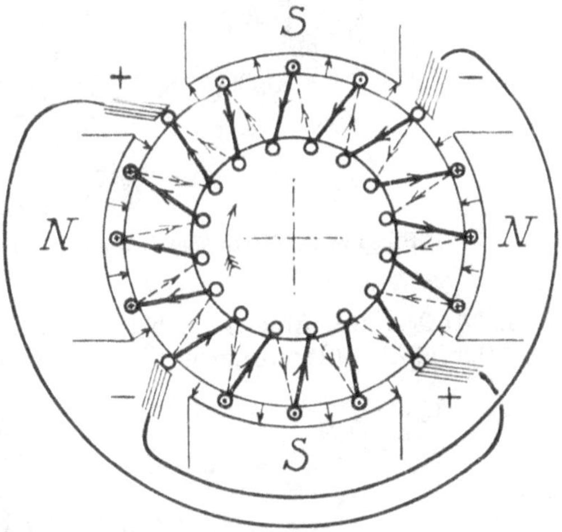

Bild 183. Gewöhnlicher Ring in vierpoliger Bohrung.

Hieraus ergibt sich das Bestreben, mehrpolige Maschinen so einzurichten, daß nur zwei Ankerzweige parallel, dafür aber die vermehrten Induktionswirkungen entsprechend der Vermehrung der Magnetpole hintereinander geschaltet werden. Man kann das mit der Wellenwicklung

(Bild 186) ausführen. So wird der zu wählende Draht stärker und die Wicklung günstiger.

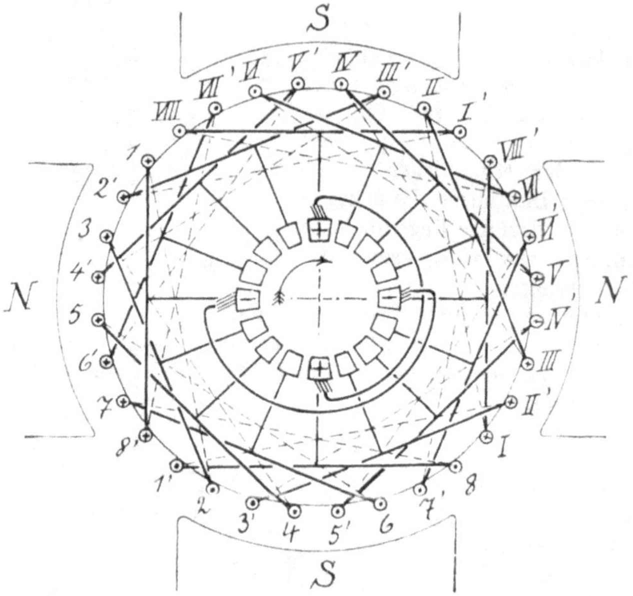

Bild 184a. Vierpolige Trommel mit Schleifenwicklung.

B. Aufbau des Ankers. Scheiben aus gestanztem Eisenblech (Dicke 0,35÷0,5 mm, kohlenstoffarm, Zusatz bis 4 vH. Si) mit Seidenpapierzwischenlage werden in solcher Zahl aufeinandergelegt, daß sie fest zusammengepreßt die Maschinenbreite ergeben. Die Zähne müssen sich dabei genau decken. Bei kleineren Maschinen werden die Bleche auf die Achse gereiht, durch eine Feder gegen Drehung gesichert, an beiden Stirnseiten durch dicke eiserne Preßbleche gefaßt und durch aufgesprengte stählerne federnde Ringe, die unter der Presse in je eine scharfkantige Eindrehung der Welle einschnappen, gehalten. Das Nutenfutter ist meistens Preßspan, der zur Vergrößerung

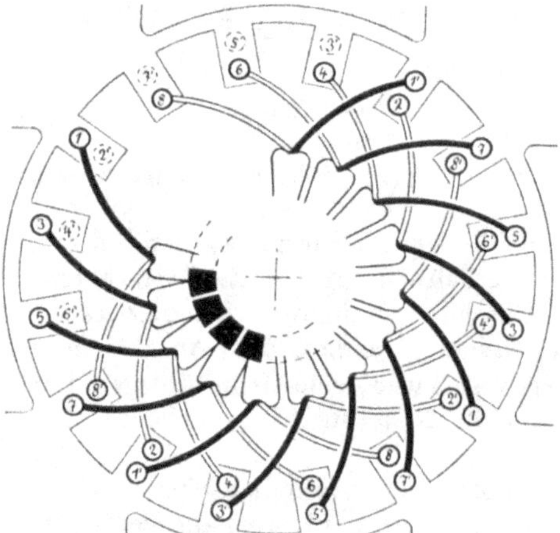

Bild 184b. Vierpolige Schleifenwicklung mit Formspulen in Nuten.

des Kriechweges an den Stirnseiten um einige Millimeter vorsteht. Ebenfalls mit Preßspan isolierte zylindermantelförmige Stützbleche an

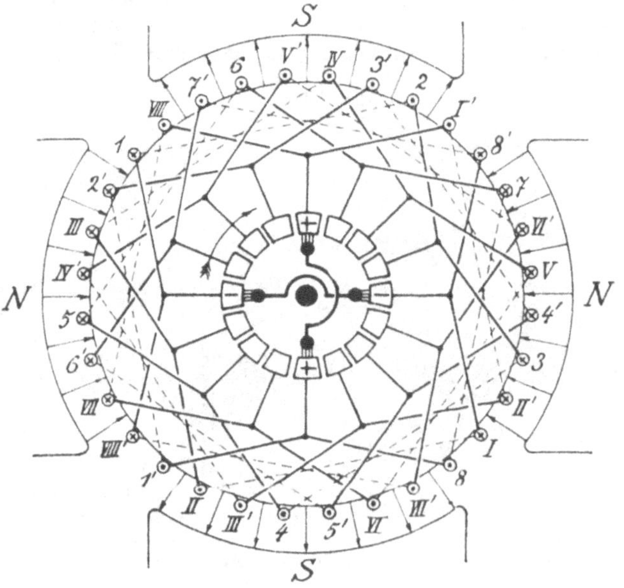

Bild 185. Vierpolige Trommel mit Wellenparallelwicklung.

den Stirnseiten dienen als Lager der Spulenköpfe. Sind die meist eingebandelten Spulen eingelegt, so wird das Nutenfutter über die Nuten geklappt. Bänder aus festem Stahldraht mit Preßspanunterlage, innerhalb der Eisenbreite der Maschine in die Oberfläche versenkt, halten die Wicklung in Richtung des Umfanges gegen Fliehkraft zusammen.

Größere Anker werden beispielsweise nach Bild 187 aufgebaut, und zwar bis zu 1 m Durchmesser, bis zu dem sich ganze Scheiben aus den Blechtafeln herstellen lassen. Die beiden Armsternhälften zentrieren die Scheiben und halten sie, da die Arme ein wenig

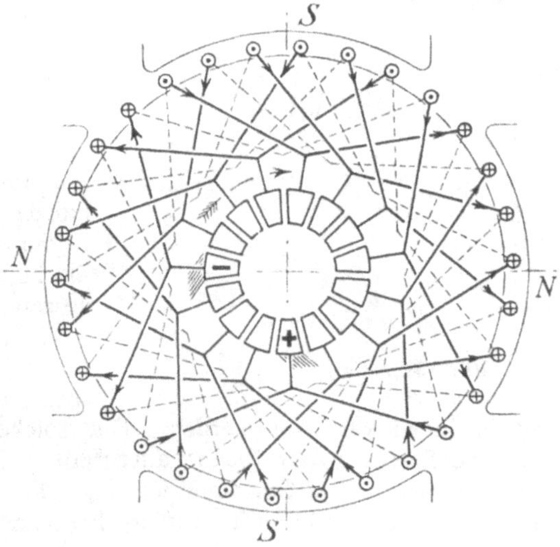

Bild 186. Vierpolige Reihenwicklung.

eingelassen sind, gegen Drehung. Der Armstern besteht aus Stahlguß. Die das Ankereisen zusammenziehenden Bolzen liegen innen, um den Querschnitt des Ankereisens nicht zu verringern. Die schmiedeeisernen Preßscheiben erhalten genügende Sprengung und sind durch Knacken am Ankereisen zentriert. An den Preßblechen sind die Stützscheiben der

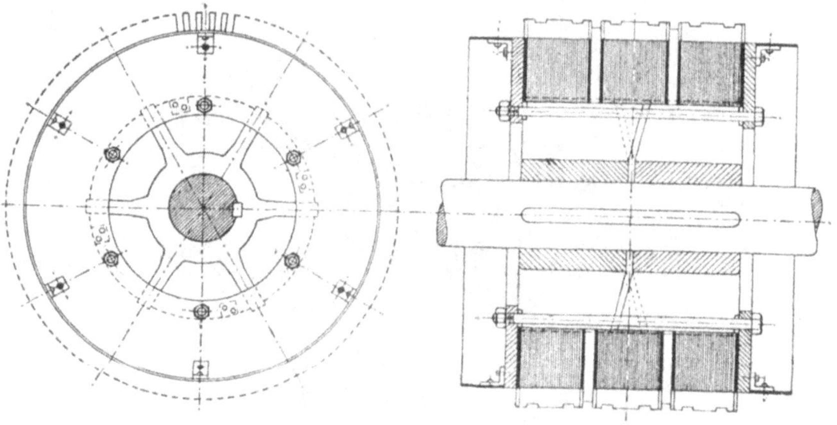

Bild 187. Aufbau größerer Anker.

Spulenköpfe durch Winkel befestigt Im Ankereisen sind Lüftungsschlitze erkennbar: Die Bleche sind in drei Pakete geteilt. Da das Eisen durch Hysterese und Wirbelströme erwärmt wird, dient ein Luftstrom, der zwischen Nabe und Innendurchmesser des Ankereisens eintritt und in dem Raume zwischen den Blechpaketen durch Fliehkraft nach außen getrieben wird, zur Kühlung des Eisens. Die Blechpakete sind durch Randbleche begrenzt. In die inneren Randbleche sind nach Bild 188 Löcher gestanzt. An eisernen Zwischenstreifen, die gegen Knicken gebogen sjnd, befinden sich Ansätze, die in diese Löcher passen und in ihnen vernietet werden. Ein solches Gebilde ist fest genug, die hohe Pressung der Bleche auszuhalten, und führt die mitgerissene Luft zugleich auch gegen die Wicklung, die dadurch mit gekühlt wird. Die herausstreichende Luft muß nach außen am Anker frei entweichen können.

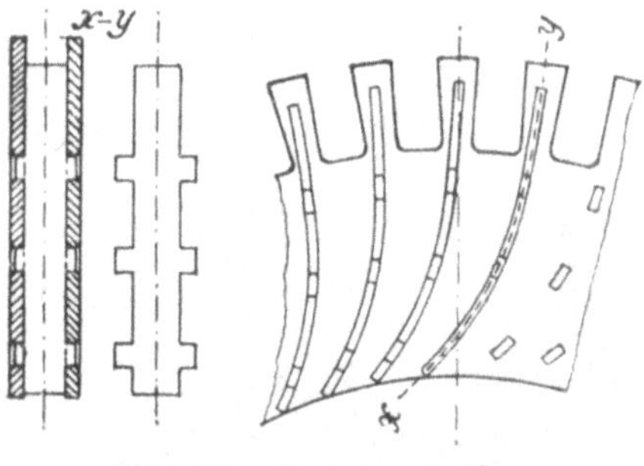

Bild 188. Zwischenstreifen.

2. Der Kollektor

ist der dauernd arbeitende Umschalter der Maschine. Festigkeit und eine gewisse Feinteiligkeit bei nicht zu dünnem Isoliermittel sind von Wert.

Die Stege werden aus reinem, hart gezogenem Kupfer im fertigen Profile hergestellt, in richtiger Zahl mit Glimmerscheiben als Isoliermittel zusammengesetzt und durch Bindedraht vorläufig gehalten. Auf Pressen, die an allen Stellen des Umfanges gleichen Druck erzeugen,

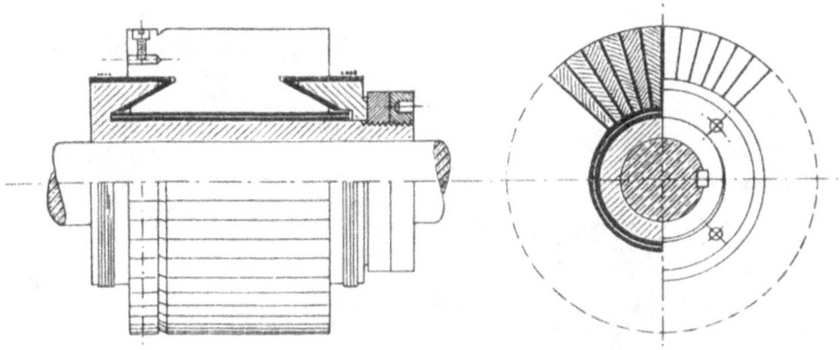

Bild 189. Kollektor kleinerer Maschinen.

wird der Stegring fest zusammengepreßt und durch Ringe mit untergelegtem Isoliermittel gegen Zurückfedern gesichert. So kommt er auf die Drehbank, an der zunächst die Stirnseiten mit kegelförmigen Ansätzen (Bild 189) und die Bohrung bearbeitet werden. Jeder Steg erhält dadurch einen Schwalbenschwanz. Ein Kollektorkörper aus Eisen, der mit den entsprechenden Hohlkegelflächen, die eine am Bunde, die andere an einem verschiebbaren Flansch, versehen ist, dient nach Einlegen isolierender Kollektorringe (Mikanit) zum Zentrieren und weiteren Zusammenhalten an der Achse der Maschine. Vor dem Einsetzen des Kollektorkörpers wird der Stegring auf Isolation von Steg zu Steg geprüft (Bild 190). Nach dem Einsetzen fällt der äußere Ring ab, so daß die äußere Zylindermantelfläche des Kollektors bearbeitet werden kann. Zur Befestigung der von den Ankerspulen kommenden Leiter an den Stegen dienen kupferne Fahnen, die gewöhnlich vor dem Zusammensetzen in Einschnitte der Stege eingelötet werden. Die Leiter werden in die Fahnen eingelötet, was als sichere Verbindung viel höher einzuschätzen ist, als die mit Bild 189 angedeutete Verschraubung. Dagegen sind Fahnen an dem Beispiel eines größeren Kollektors (Bild 191) mit *f* angedeutet. Dieser Kollektor gestattet, jedes Sechstel des Umfanges einzeln anzuziehen, indem Sektoren *a b c d* durch je 2 Stiftschrauben mit Muttern nachgezogen werden.

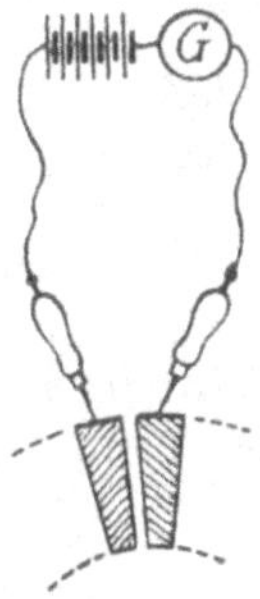

Bild 190. Isolierprüfung.

Da die Stege auf Abnutzung bemessen werden, fällt ihre Bemessung in Richtung des Radius groß aus, daher werden die isolierenden Kollektorringe stark durch Fliehkraft auf Druck beansprucht. Auch tritt das Isoliermittel zwischen den Stäben durch Fliehkraft leicht heraus; daher ist beim Bau des Kollektors das festeste Anziehen unter der Presse notwendig.

Der Kollektor soll möglichst genau zylindrisch, zentrisch und hochglänzend sein, jedoch sind die Anlauffarben und stärkere Oxydschichten,

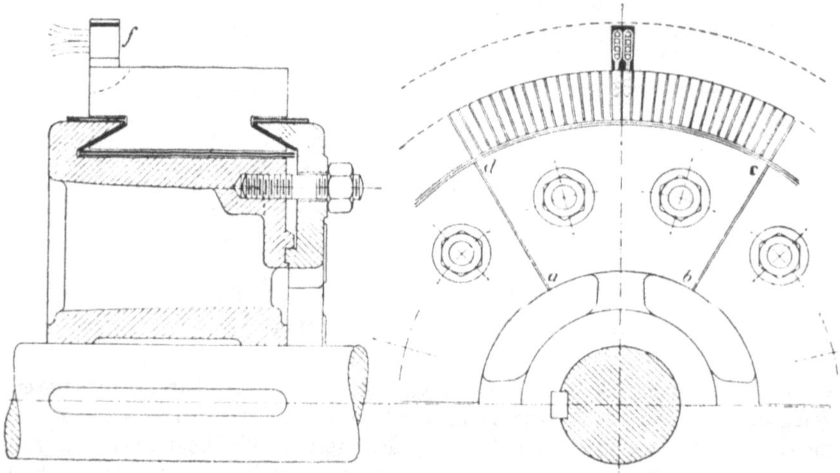

Bild 191. Aufbau größerer Kollektoren.

soweit sich die Oberfläche poliert hält, nicht zu entfernen. Zum Vortreten neigender Glimmer kann auf etwa 0,2 mm Tiefe mit feinen Feilen, die nicht stärker als das Isoliermittel sind, unter Anwendung eines Lineales versenkt werden, ohne daß die Kupferkanten verletzt werden dürfen. Die Vertiefungen dürfen sich in keinem Falle mit Kohle, die sich von den Bürsten abschleift, zusetzen. Deshalb ist auch Aufschaben des Glimmers nicht zu empfehlen.

3. Bürsten, Bürstenhalter, Bürstenbrücke.

Die Bürsten nehmen den Strom vom Kollektor ab. Sie bestehen meistens aus graphitischer Kohle und dürfen die Stege nicht unnötig durch Reibung erhitzen oder zerkratzen. Ein später weiter zu erörterndes Feuern muß vermieden werden, wozu oben genannte Eigenschaften des Kollektors und gutes Aufschleifen neu eingesetzter Kohlebürsten die ersten Bedingungen sind. Man kann im Mittel mit 10÷15 A auf das Quadratzentimeter der Bürstenlauffläche rechnen, jedoch sind höhere Werte erreicht worden. Maschinen für große Stromstärken erfordern in

Richtung der Achse groß bemessene (breite) Kollektoren mit mehreren nebeneinandergestellten Bürsten. Auch ist die Art der Kohle und die Zahl der durch die Bürsten gleichzeitig berührten Stege für den Gang der Maschine von Einfluß.

Der Bürstenhalter faßt die Bürste, sichert ihre Stellung, preßt sie mit Federkraft auf den Stegring und vermittelt die Stromleitung von der beweglichen Bürste zu dem feststehenden Bürstenstift. Kohlebürsten werden meist radial gestellt, während Kupferdrahtgazebürsten entsprechend der Drehrichtung der Maschine eine geeignete Neigung bekommen.

Die Bürstenbrücke (Bild 192) isoliert und zentriert die bei vielen Maschinen um einen Teil des Kollektors drehbaren Bürstenstifte. Durch

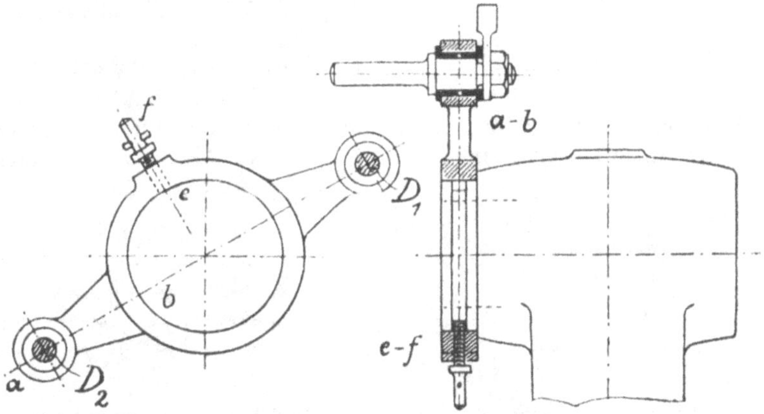

Bild 192. Bürstenbrücke.

drehbare Bürstenbrücken (an Maschinen ohne Wendepole) müssen die Bürsten jedesmal in diejenige Stellung gebracht werden, in der sie mit geringstem Feuer laufen. An den Bürstenstiften greift das zu den Klemmen der Maschine führende Bürstenkabel an.

4. Das Magnetgestell.

Das Magnetgestell führt den Kraftfluß. Es wäre denkbar, das Gestell aus Stahlmagneten zusammenzusetzen, wie das bei kleinen Maschinchen für den Anruf an Telephonen, für Signalauslösung und für Isolationsprüfer unter Benutzung des Doppel-T-Ankers tatsächlich geschieht. Für größere Maschinen ist aber ein solches Verfahren nicht anwendbar, weil es zu teueren und im Betriebe nicht regelbaren Maschinen führen würde. Man benutzt vielmehr zur Erzeugung des Flusses Elektromagnete, indem man um das Eisen eine Wicklung legt, die als Feld-, Magnet-, Schenkel oder Erregerwicklung bezeichnet wird.

Schließt sich der Fluß einseitig, wie das in den Bildern 193 und 194 angedeutet ist, so heißt das Gestell hufeisenförmig; solche Gestelle haben Nachteile, vor allem auch den, daß sie die Ankerwelle durch einseitigen

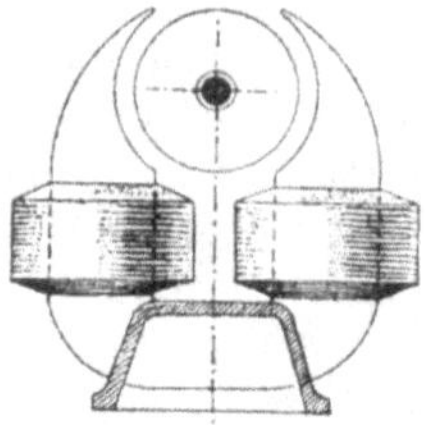

Bild 193. Gewöhnliche Hufeisenbauart.

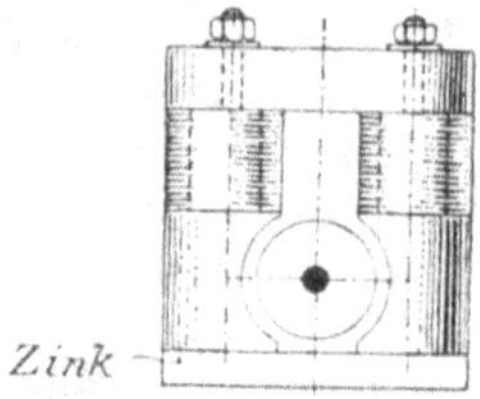

Bild 194. Verbesserte Edisonbauart.

magnetischen Zug stark auf Biegung beanspruchen und dadurch weitere Nachteile herbeiführen können.

Ein zweiseitiger Schluß des Magnetgestelles vermeidet bei zentrisch liegendem Anker einseitige magnetische Zugkräfte. Man erhält mit diesem

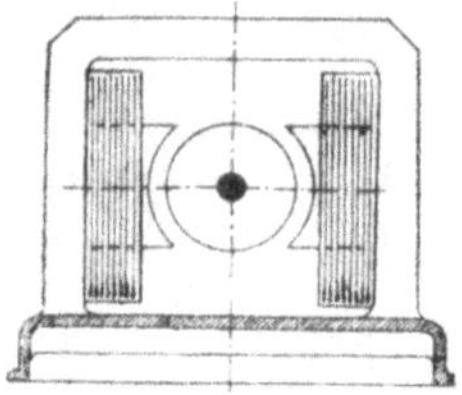

Bild 195. Lahmeyerbauart.

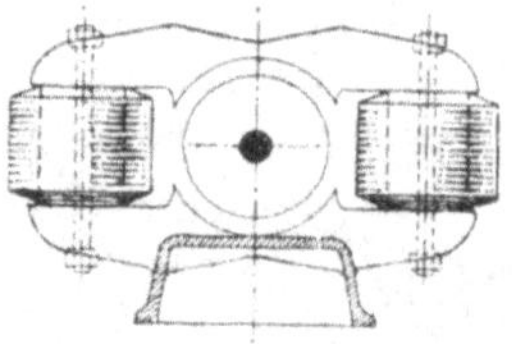

Bild 196. Manchesterbauart.

Gedanken Maschinen nach den Bildern 195 und 196. Von der Lahmeyerbauart sind die neueren Formen ausgegangen, da sie sich gegen die Manchesterbauart als wirtschaftlicher mit dem Feldkupfer ergeben hat.

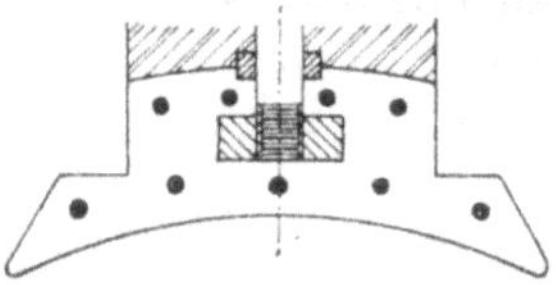

Bild 197. Polschuh aus geblättertem Eisen.

Das Magnetgehäuse wird gegenwärtig meistens rund mit angesetzten Polen hergestellt. Die Lager (meistens Ringschmierlager) befinden sich in Lagerschilden, die bei Maschinen bis zu gewisser Leistung oder Größe an dem Gehäuse zentriert angesetzt sind. Dadurch zentriert sich der Anker in der Polbohrung ohne weiteres.

Nuten, vor allem offene, haben den Nachteil, daß im vollen Eisen der Polschuhe Wirbelströme erzeugt werden, da Stellen größerer magnetischer Dichte vor den Zähnen mit Stellen geringerer magnetischer Dichte vor den Nuten wechseln. Damit tritt ein Leistungsverlust auf, der wesentlich verringert werden kann, wenn der Polschuh nach Bild 197 aus Ankereisenblechen besteht. Nieten halten die Bleche zusammen.

Eingelegte Flacheisen enthalten Muttergewinde für die Bolzen, die den Polschuh halten, oder es wird Gewinde unmittelbar in die Bleche geschnitten. Ringe zwischen Polschuh und Polkern über die Bolzen geschoben, sichern die Lage des Polschuhes bei besserer Bauart.

An den Polhörnern, d. h. da, wo die Ankerleiter gegen das Feld ein- oder austreten, muß bei Verwendung von Zahnankern für einen allmählichen Übergang, also Erweiterung des Luftraumes, gesorgt sein.

Luft führt auf Nebenwegen um den Anker herum deutliche Teilflüsse (Streuung, Streufluß), die gering gehalten werden.

5. Das Verhalten einer Maschine mit Fremderregung.

Wird der Erregerstrom einer vorhandenen Stromquelle nicht dem Anker der Maschine selbst entnommen, so heißt diese Erregungsart Fremd-, Separat- oder Außenerregung. Die Annahme der Fremderregung führt zu den grundlegenden Vorstellungen von dem Verhalten

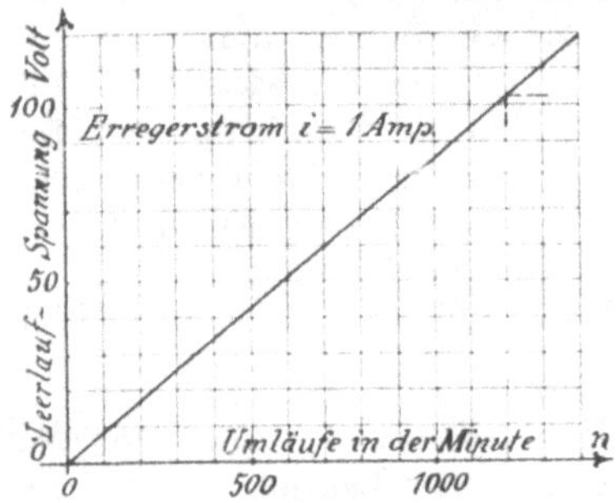

Bild 198. Leerlauflinie für konstante Erregung.

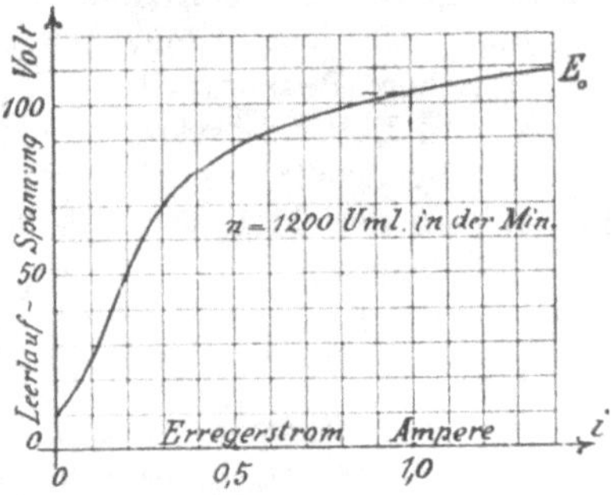

Bild 199. Leerlauflinie für konstante Umlaufszahl.

der Maschinen, das zunächst sich nur auf die Höhe der bei Leerlauf erzeugten Spannung erstrecken möge.

Versieht man eine Maschine mit konstantem Erregerstrom (i) und läßt man den Anker mit verschiedenen Geschwindigkeiten umlaufen, so mißt man Ankerspannungen, die mit den Umlaufszahl in der Zeiteinheit im gleichen Verhältnis stehen. Dieses Verhalten wird fürs Auge am besten klargemacht durch eine Schaulinie, die zwischen den Achsen der Umgangszahl / Minute (wagerecht aufgetragen) und der erzeugten Leerlaufspannung (senkrecht aufgetragen) gezeichnet werden kann, die Leerlauflinie für konstante Erregung, für die Bild 198 ein Beispiel gibt. Eine solche Linie beweist die Richtigkeit des Gesetzes von der Änderungsgeschwindigkeit (Gl. 72). Die Änderungsgeschwindigkeit $\mathfrak{V}$ wird für den gewöhnlichen Anker erhalten aus dem gesamten konstanten Fluß Φ und der Zahl der Leiter, die ihn in der Sekunde schneiden (z'); so entsteht für die Leerlaufspannung bei konstanter Erregung der Ausdruck

$$E = 10^{-8} \cdot \mathfrak{V} = 10^{-8} \cdot \Phi \cdot z' \text{ Volt} \; ; \qquad (97)$$

liegen im ganzen z Leiter rundum auf dem Anker, so ist bei der Umlaufszahl/Sek. n' zu schreiben:

$$z' = z \cdot n' \tag{98}$$

und es wird daraus für den gewöhnlichen Anker

$$E = 10^{-8} \cdot \Phi \cdot z \cdot n' \text{ Volt}. \tag{99}$$

Auf Grund derselben Gleichung sind die Verhältnisse zu durchschauen für den zweiten Fall eines Leerlaufversuches, der für konstante Umgangszahl und veränderliche Erregung gilt, und für den ein Beispiel Bild 199 gibt. Die Spannung wird, da außer z nun n konstant ist, verhältnisgleich zu dem Kraftfluß Φ; wird also die Erregerstromstärke i nach der wagerechten Achse und die Leerlaufspannung E_0 nach der senkrechten Achse aufgetragen, so entsteht der dem Eisen eigentümliche Bogen (vgl. Bild 199 mit Bild 170). Die Krümmung tritt infolge des Luftraumes nicht ganz so deutlich hervor, wie bei einem nur durch Eisen verlaufenden Kraftfluß. Die Abnahme dieser zweiten Leerlauflinie hat die große Bedeutung, daß dadurch Aufschluß über die Höhe der magnetischen Beanspruchung des Eisens und des Verhältnisses von Eisen- und Luftwiderstand erhalten wird, indem man nach der Art der Krümmung urteilt. Auch rechnerisch läßt sich diese Linie verwerten, indem man den Fluß Φ für jeden Versuchsfall nach dem Ausdruck

$$\Phi = \frac{E_{0\,\text{Volt}}}{z \cdot n'} \cdot 10^8 \text{ Maxwell} \tag{100}$$

bestimmt.

Bei dem Erregerstrome $i = 0$ ist eine Spannung vorhanden, die auf dem rückbleibenden Magnetismus des Gestelles beruht, und die bei Stahlgußmaschinen etwa 0,1 der Gebrauchsspannung der Maschine beträgt.

Beide Schaulinien zusammen zeigen, daß zur Änderung der Spannung eine Änderung der Umlaufszahl in stets gleichmäßiger Weise zum Ziele führt, während eine Erhöhung des Erregerstromes bei starker Sättigung nur eine geringe Spannungserhöhung bringt.

Eine Maschine, mit Fremderregung betrieben, gestattet für den Fall, daß die Auflagestelle der Bürsten gänzlich unbekannt ist, ein bequemes Verfahren, diese Stelle zu finden, indem man bei abgehobenen Bürsten zwei zu einem Spannungsmesser führende Drähte an zwei gegenüberliegenden Punkten auf dem Kollektor schleifen läßt (von Hand gehalten) und die Stelle sucht, bei der der Spannungsmesser den größten Ausschlag zeigt. Auf diese Stelle können die Bürsten gelegt werden, an anderen Stellen würde so starkes Feuern auftreten können, daß Kollektor und Bürsten ihre Politur verlieren.

Besteht die Magnetwicklung einer Maschine aus vielen dünnen Drähten, so muß sie nach Bild 165 angeschlossen sein, um die schädlichen Einflüsse der Selbstinduktionsspannung beim Unterbrechen zu vermeiden.

6. Die Selbsterregung; Hauptschluß-, Nebenschluß- und Doppelschlußmaschine.

Benutzt man die durch rückbleibenden Magnetismus erzeugte Ankerspannung dazu, mit ihr einen Strom in dem Sinne durch die Magnetwicklung zu schicken, daß der Magnetismus dadurch verstärkt wird, so erhöht sich mit der Vermehrung des Flusses zugleich die Ankerspannung. Die Steigerung setzt sich fort, bis die im Stromkreis verbrauchte Spannung gleich der vom Anker erzeugten EMK ist. In Anlehnung an Bild 199 stelle in Bild 200 die Linie E die EMK dieser Maschine dar. Ist W_m der Widerstand desjenigen Stromkreises, in dem sich die Magnetwicklung befindet, und i die Stromstärke in diesem Kreise, so wird nach dem Ohmschen Gesetz in dem Erregerkreise die Spannung verbraucht

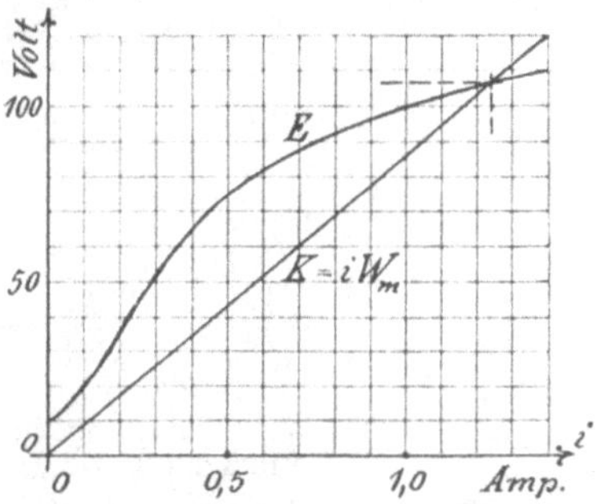

Bild 200. Elektromotorische Kraft und verbrauchte Spannung in Abhängigkeit vom Erregerstrom.

$$K = i \cdot W_m ,$$

die sich in Bild 200 als eine gerade Linie durch den Achsenschnittpunkt darstellt. Nur so lange kann die Steigerung des Flusses sich fortsetzen, als $E > K$ ist. Der Schnittpunkt von E und K ist bedingt durch den Widerstand des Erregerkreises und durch die Drehzahl des Ankers, indem ein größeres W_m eine größere Neigung der Geraden und eine veränderte Drehzahl eine in gleichem Verhältnis geänderte EMK ergibt. Der Vorgang der Steigerung heißt die Selbsterregung. Mit ihr ist es möglich, ohne fremde Stromquelle unmittelbar mechanische Leistung in elektrische umzuwandeln.

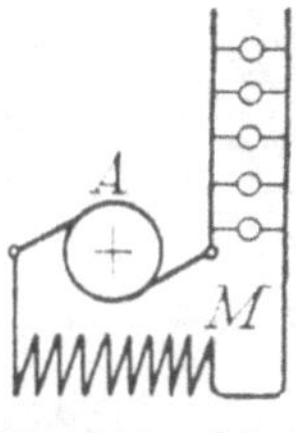

Bild 201. Schaltung der Hauptschlußmaschine.

A. Die Hauptschlußmaschine (Bild 201) ist gekennzeichnet dadurch, daß der Nutzwiderstand w in den Kreis des Ankers A und der Magnetwicklung M gelegt wird. Der Gesamtwiderstand des Kreises beträgt somit

$$w_g = w_A + w_M + w ;$$

erzeugt der Anker die EMK E im Endzustand der Selbsterregung, so gilt für die Stromstärke, die sich als Endergebnis einstellt:

$$I = E : w_g = E : (w_A + w_M + w) .$$

Als Klemmenspannung K an dem Nutzwiderstande w bleibt daher übrig:

$$K = E - I\,(w_A + w_M) ;$$

gewöhnlich wird jedoch diese Gleichung umgekehrt gebraucht:

$$E = K + I\,(w_A + w_M) . \qquad (101)$$

Bild 202 zeigt das Betriebsverhalten einer Hauptschlußmaschine. Man hat K und I abgelesen und die übrigen Werte berechnet.

B. Die Nebenschlußmaschine entsteht dadurch, daß sowohl die Magnetwicklung, als auch der Nutzstromkreis an die Ankerklemmen

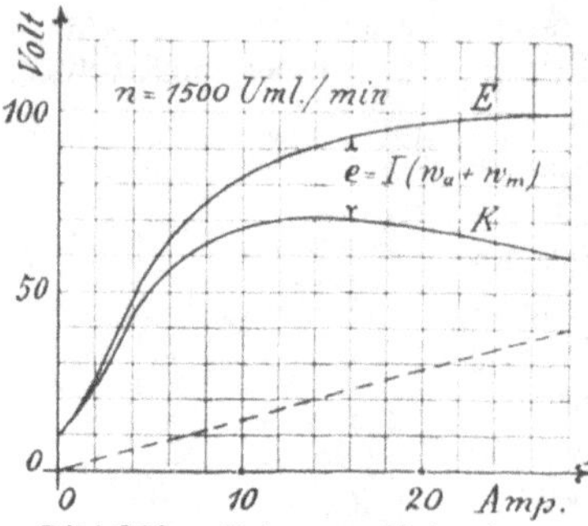

Bild 202. Belastungslinie einer Hauptschlußmaschine.

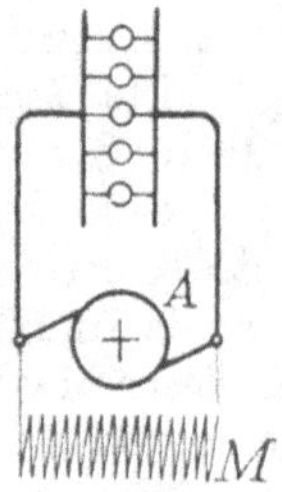

Bild 203. Schaltung der Nebenschlußmaschine.

gelegt wird (Bild 203). Magnetwicklung und Nutzkreis bilden eine Stromverzweigung, während der unverzweigte Teil des Kreises aus dem Anker besteht. Bezeichnet I die Stromstärke im Nutzkreise, so gilt demnach die Gleichung der Stromstärken

$$I_A = I + i_M .$$

Damit i_M klein bleibt, muß der Widerstand w_M groß sein, d. h. die Magnetwicklung besteht aus vielen dünnen Windungen. Damit die Verlustspannung im Anker

$$e_v = (I + i_M) \cdot w_A$$

klein ausfalle, muß der Ankerwiderstand so gering wie möglich sein. In dem Zustande der Unveränderlichkeit der Stromstärken gilt hier für die EMK der Maschine:

$$E = K + (I + i_M) \cdot w_A , \qquad (102)$$

wobei K die Klemmenspannung am Nutzkreise bedeutet.

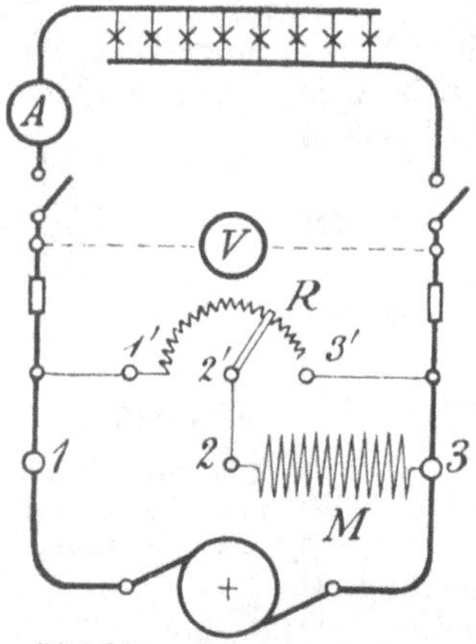

Bild 204. Betriebsschaltung einer Anlage mit Nebenschlußmaschine.

Man kann bei der Nebenschlußmaschine bequem davon Gebrauch machen, daß sich durch Vergrößerung des im Kreise der Magnetwicklung liegenden Widerstandes die Neigung der vom Magnetkreise gebrauchten und in Bild 200 mit K bezeichneten geraden Linie ändern läßt, wodurch auch die Endspannung, bis zu der sich eine Maschine erregt, also ihre Betriebsspannung leicht geregelt werden kann. In der Betriebsschaltung (Bild 204) einer Nebenschlußmaschine bedeutet:

1 die freie Ankerklemme,
2 die freie Magnetwicklungsklemme,
3 die gemeinsame Klemme von Anker und Magnetwicklung.
1' die Drahtklemme des Reglers *R*,
2' die Kurbelklemme des Reglers,
3' den Knopf der funkenlosen Abschaltung.
V den Maschinenspannungsmesser und
A den Maschinenstrommesser.

Letzterer mißt nur den Nutzstrom der Maschine. Die Schaltung nach Bild 204 ist für jeden Gebrauch der Maschine, auch zu ihrer Untersuchung zweckmäßig, denn wenn der Widerstand des Erregerkreises

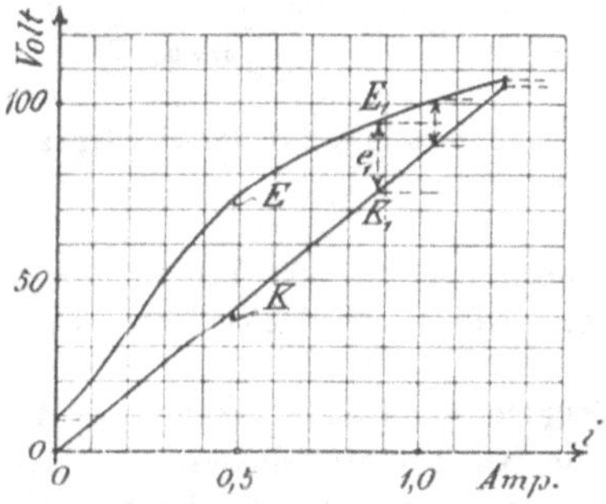

Bild 205. Hilfszeichnung.

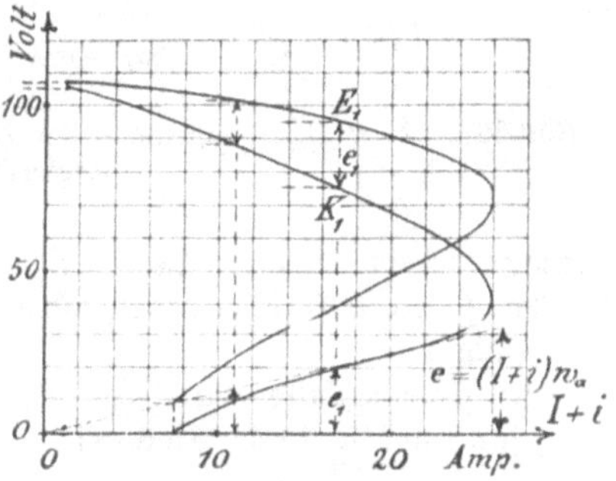

Bild 206. Belastungslinie einer Nebenschlußmaschine.

unveränderlich sein soll, bleibt die Kurbel von *R* unverändert. Als W_M gilt damit die Summe der Widerstände der Magnetwicklung und des Reglers, so daß

$$i_M = K : W_M = K : (w_M + w_R)$$

wird, wobei w_M und w_R die beiden Widerstände einzeln bezeichnen möge. Man hat also die Einstellung von i_M und damit die Veränderung des Flusses, der EMK und schließlich auch der Klemmenspannung in der Hand.

Bei gleichbleibendem W_M geben die Bilder 205 und 206 das Verhalten einer Nebenschlußmaschine wieder. Gemessen wurde bei unveränderter Drehzahl die Klemmenspannung *K*, der Nutzstrom *I* und der Strom *i* der Magnetwicklung. Die EMK *E* ist berechnet. *K* und *E* sind zum Überschauen der Zusammenhänge in Abhängigkeit von *i* und von $I + i$ aufgetragen. Die Spannung fällt bei Steigerung der Belastung ab, weil der Magnetkreis von der Klemmenspannung aus erregt wird, die sich gegen *E* um e_1 vermindert, aber bei abnehmendem i_M verkleinert sich auch *E* an sich. Von der Belastungslinie *K* in Bild 206 macht man nur in dem sanft abfallenden Stück vom Leerlauf bis zu einer um $\sim$ 30 vH. verminderten Spannung Gebrauch. Die Differenz zwischen *E* und *K* für einen bestimmten Ankerstrom ist abhängig von w_A; da aber diese

Differenz durch das Stück (Bild 205) vorgeschrieben ist, das zwischen der vom Eisen vorgeschriebenen gekrümmten Linie E und der Geraden K liegt, ist zum Erreichen hoch belastbarer Maschinen eine hohe Sättigung des Eisens notwendig. Die Belastungslinie hat einen Umkehrpunkt, von dem aus die Maschine sich zu kleiner werdenden Differenzen $E - K$

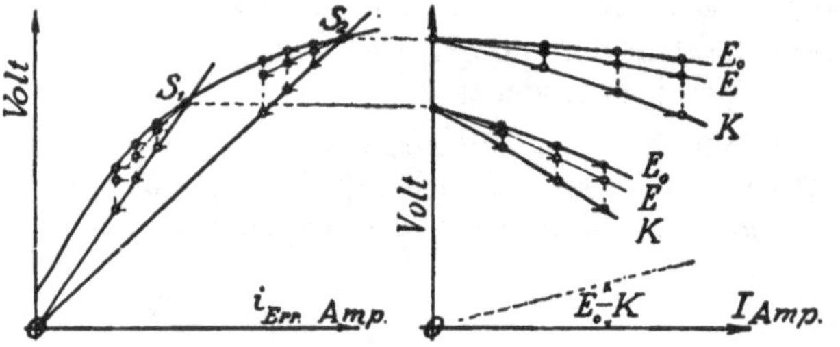

Bild 207. Zwei Belastungslinien der Nebenschlußmaschine bei verschiedener Reglerstellung.

entmagnetisiert. Dieser Punkt liegt gewöhnlich bei sehr hohen Stromstärken I, so daß Maschinensicherungen, wie in Bild 204 vorgesehen, notwendig sind.

Im Betriebsfalle wird von dem Regler Gebrauch gemacht. Die Maschine muß so beschaffen sein, daß sie bei kurzgeschlossenem Regler und ihrer gegebenen Drehzahl einige Überlastung für kurze Zeit aushält, ohne daß K unter das zulässige Maß sinkt. Bei Entlastung steigt K. Ist letzteres auf das zulässige Höchstmaß gekommen, so wird so viel Reglerwiderstand eingeschaltet, daß der zulässige Geringstwert K entsteht. Von hier ab wird eine neue Belastungslinie (Bild 207) benutzt, die jedoch nahe der ersten liegt, nur ein wenig darunter. Weitere Entlastung bringt wieder eine Steigerung von K und ein ähnlicher Vorgang wiederholt sich, so oft, bis die Maschine entlastet ist. Es entsteht so durch Beobachtung und Aufzeichnung der Werte K, I, i und der Lampenzahl, deren jede die gleiche Leistung verbraucht, das Bild 208. Die Lampenzahl ist damit ein Maßstab für die Leistung. Man erkennt: Wenn K konstant ist, beschreibt i einen flachen Bogen, aus dem zu sehen ist, daß die Amperewindungen sich aus einem konstanten und einem zur Belastung fast verhältnisgleichen Teil zusammensetzen lassen.

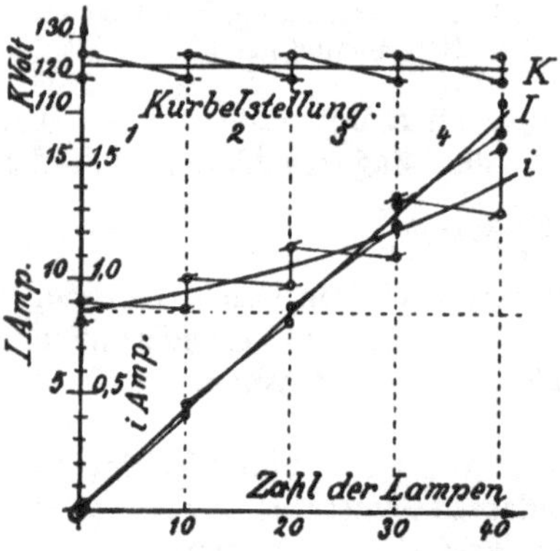

Bild 208. Klemmenspannung, Nutzstrom und Erregerstrom im Betriebsfalle.

C. Die Doppelschlußmaschine (Bild 209) sucht die Klemmenspannung in den verschiedenen Belastungsstufen selbsttätig zu halten, indem außer den Nebenschlußwindungen passend bemessene Hauptschlußwindungen im gleichen Sinne auf den magnetischen Kreis wirken. Von dem konstant gehaltenen K fließt ein konstantes i durch den Nebenschluß, der z_n Windungen haben möge, während I in $z_h = z_n \cdot i_z : I$ Hauptschlußwindungen das Eisen umfließt. i_z bedeutet hierbei die zusätzliche Stromstärke, d. h. in Bild 208 die Differenz zwischen der Linie i und der gestrichelten Wagerechten. Die Gleichungen der Doppelschlußmaschine sind verschieden, je nachdem der kurze (Bild 210) oder lange (Bild 211) Nebenschluß angewendet wird. Doppelschlußmaschinen haben in Verbindung

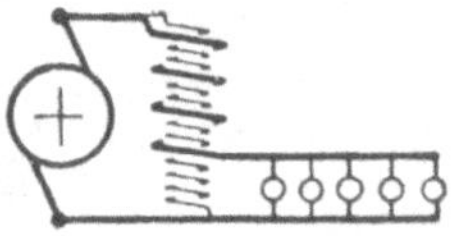

Bild 209. Windungssinn der Doppelschlußmaschine.

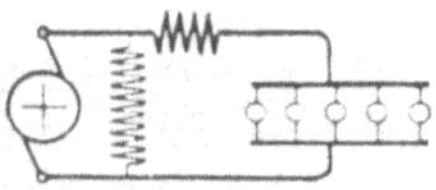

Bild 210. Kurzer Nebenschluß.

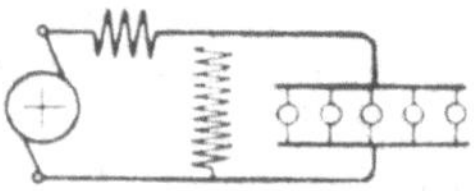

Bild 211. Langer Nebenschluß.

mit Akkumulatoren, um deretwillen man meistens zu Gleichstromanlagen greift, unbequeme Eigenschaften, so daß sie weniger häufig zu finden sind, als man nach obiger Betrachtung erwarten sollte.

7. Flußverdrehung und Bürstenverstellung, Ankerrückwirkung.

Die unter den Bürsten liegenden Ankerspulen sind durch die Bürsten kurzgeschlossen. Damit die Bürsten nicht feuern, liegt es nahe, sie da aufzulegen, wo an den Leitern der zugehörigen Spule Induktionslinien weder ein- noch austreten, d. h. an der neutralen Stelle, die im Leerlauf (Bild 212) in der Mitte

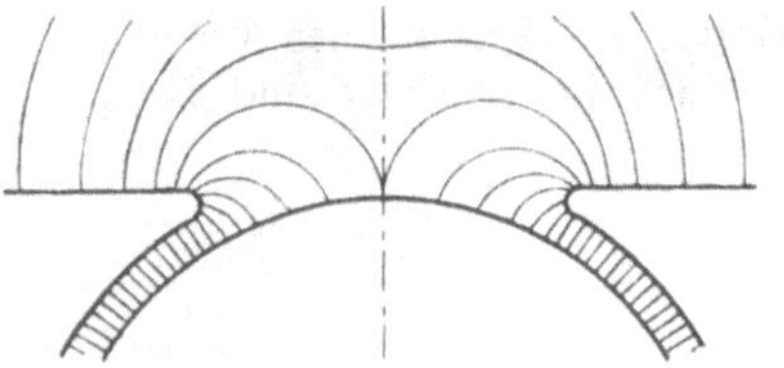

Bild 212. Neutrale Stelle im Leerlauf.

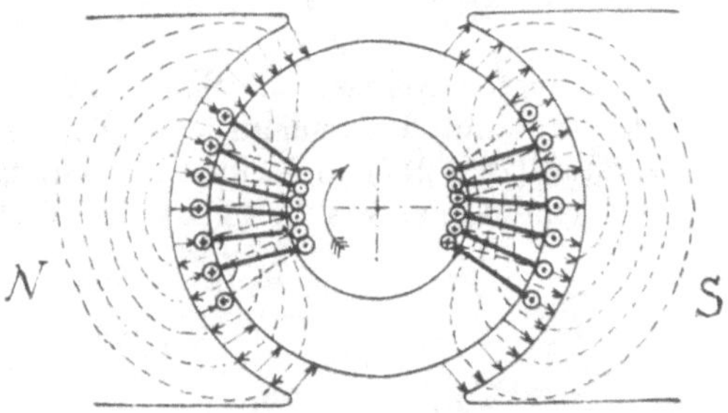

Bild 213. Ankerfluß.

zwischen den Polhörnern auftritt. Tut man das, und führt der Anker Strom (Bild 213), gleichgültig, ob Ring oder Trommel vorliegt, so entwickelt der Anker eine MMK rechtwinklig zu derjenigen der Magnetspulen, eine Erhöhung der Streuung und beim Erzeuger eine Vergrößerung der Dichte am Hinterhorn, eine Verringerung am Vorderhorn

(Flußverzerrung). Am Hinterhorn verlassen die Ankerleiter den Fluß, am Vorderhorn treten sie in den Fluß ein. Die Bilder 214 und 215

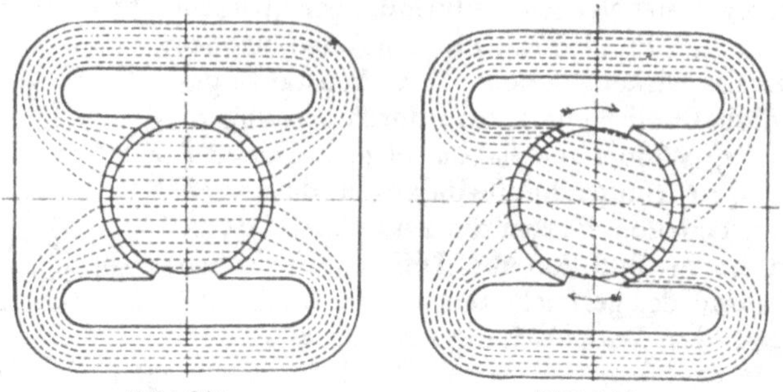

Bild 214. Bild 215.
Fluß im Leerlauf und in der Belastung.

zeigen die Flüsse und zwar Bild 214 im Leerlauf und Bild 215 den resultierenden Fluß in der Belastung. Die neutrale Stelle dreht sich damit (Bild 216) gegen Bild 212 aus der Symmetrieebene um einen mit α

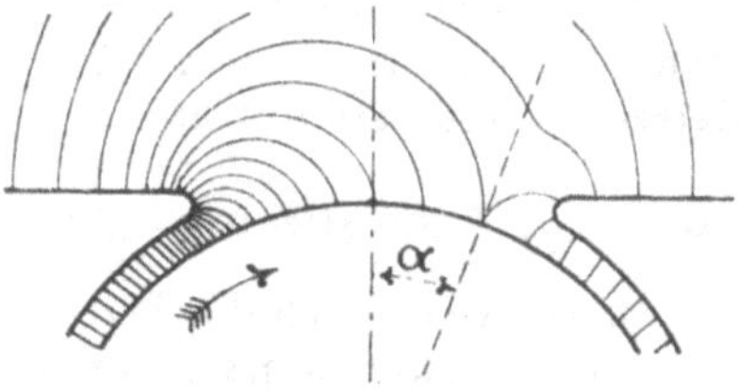

Bild 216. Neutrale Stelle in der Belastung.

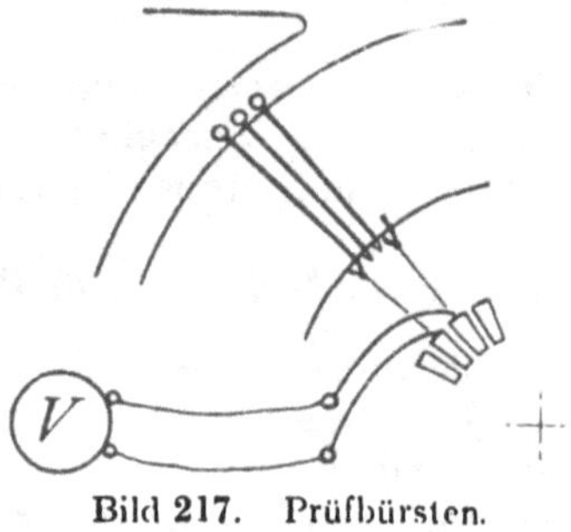

Bild 217. Prüfbürsten.

bezeichneten Winkel im Sinne des Umlaufs. Die Verschiebung des Flusses kann aufgenommen werden durch rundum einstellbare Prüfbürsten (Bild 217) und einen Spannungsmesser *V*. Ein solcher Versuch gibt eine Linie, wie beispielsweise *A* (Bild 218) im Leerlauf und *B* in

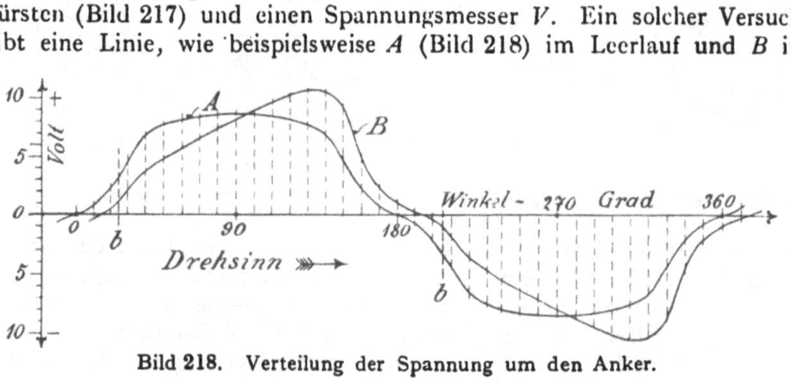

Bild 218. Verteilung der Spannung um den Anker.

der Belastung zeigt. Bei gleicher Erregerstromstärke ist der Fluß des belasteten Ankers durch die Flußverzerrung und Streuung geringer, als der unbelasteten. Daher ist auch zwischen der Leerlaufspannung E_0 und der EMK E der belasteten Maschine unterschieden worden. Bild 219 und 220 geben in diesem Sinne die Vervollständigung zu den Bildern 202 sowie 205 und 206. Die Differenz zwischen E_0 und E erscheint nicht groß; wenn man aber bedenkt, daß zum Erreichen eines E in Höhe von E_0 ein beträchtliches Stück auf der Wagerechten in dem auf der Erregerstromstärke aufgetragenen Schaubild abgeschnitten werden muß, so ist zu sehen, daß ein empfindlicher Zuschlag an Amperewindungen erforderlich ist. Blieben die Bürsten in der Symmetrieebene stehen (Bild 216),

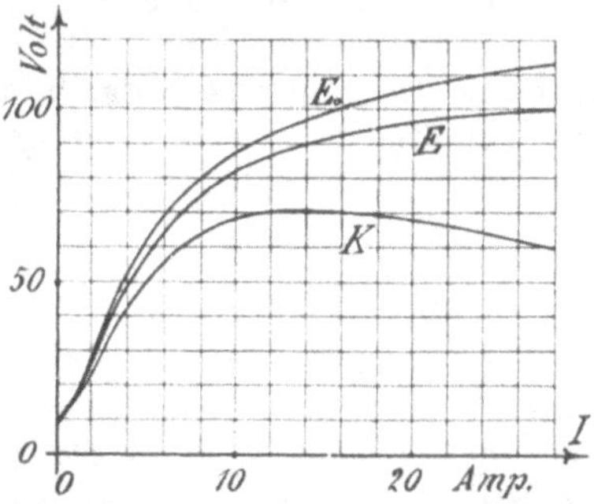

Bild 219. Linien der Hauptschlußmaschine.

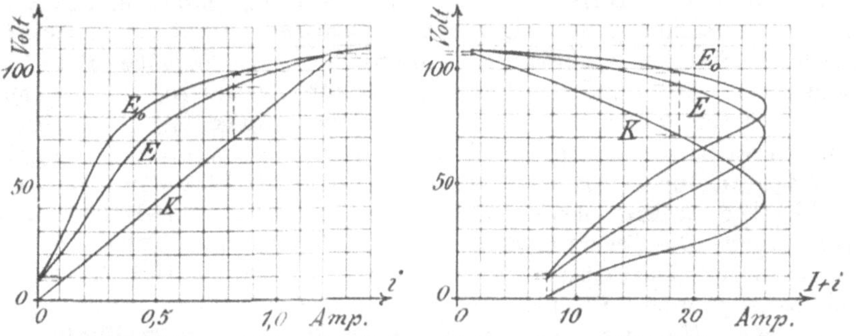

Bild 220a. Linien der Nebenschlußmaschine. Bild 220b.

so würden die dort eintretenden Induktionslinien eine EMK in den kurzgeschlossenen Spulen hervorrufen, die Feuern zur Folge haben würden. Stellt man die **Bürsten** unter dem Winkel α ein, so erreicht man die höchste EMK des Ankers, der Anker erzeugt aber zwischen den beiden in Bild 221 gerissen gezeichneten Senkrechten Gegenamperewindungen gegen die Amperewindungen der Magnetspulen. Der Anker erzeugt also eine MMGK, d. h. der Fluß wird durch die Verstellung der Bürsten herabgedrückt und die magnetische

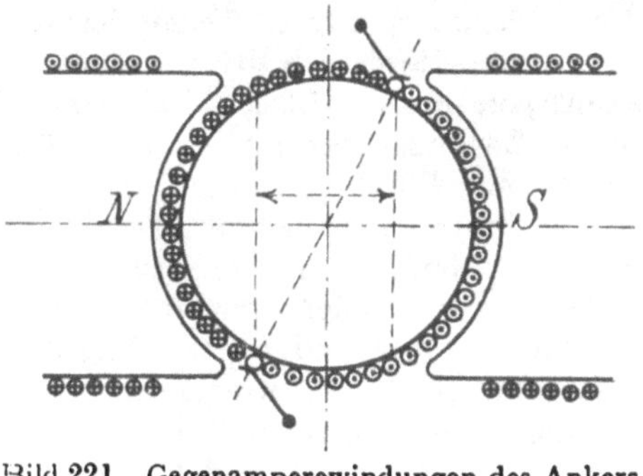

Bild 221. Gegenamperewindungen des Ankers.

Potentialdifferenz zwischen den Polen wird erhöht, so daß ein größerer Teil des Flusses als im Leerlauf den Raum um den Anker herum zum Weg wählt (die Streuung wird vergrößert). Auch diese durch Bild 221 ausgedrückte Erscheinung, die Ankerrückwirkung, führt dazu, daß die Magnetamperewindungen der belasteten Maschine erhöht werden müssen.

Tatsächlich wird die günstigste Bürstenauflagestelle durch Probieren gefunden, wenn nicht Wendepole benutzt werden.

8. Wendepole.

Wenn der zwischen zwei Kollektorstegen liegende Zwischenraum unter einer Bürste vorbeiwandert, kehrt die zwischen diesen Stegen liegende Ankerspule ihren Strom um. Das erzeugt an der Spule eine Selbstinduktionsspannung e_s entsprechend der Änderungsgeschwindigkeit 𝔅 derjenigen Induktionslinien, die diese Ankerspule umgeben. Durch die Bürsten werden die der Stromwendung unterworfenen Ankerspulen in sich geschlossen. Die Bürste muß mindestens zwei Stege (eine Ankerspule) kurzschließen, meist schließt sie mehrere kurz. In diesem Kurzschlußkreise bildet sich ein Strom infolge von e_s, dessen Richtung derjenigen des verschwindenden Betriebsstromes gleich ist. Der Kurzschlußstrom wird um so stärker, je größer e_s und je kleiner der Widerstand des kurzgeschlossenen Kreises ist; e_s wird um so größer, je größer die Windungszahl einer Spule ist, je schneller kommutiert wird und je größer die zu wendende Stromstärke ist. Kohle ist als Stoff für die Bürsten besser als Metall, weil sie in die kurzgeschlossenen Ankerspulen an die richtige Stelle einen namhaften Widerstand bringt. Das Feuern entsteht hauptsächlich durch die Unterbrechung dieser Ströme. Die Selbstinduktionsspannung kann durch eine Rotationsinduktionsspannung kompensiert werden, wodurch diese Ströme verschwinden. Um das zu erreichen, verstellt man bei gewöhnlichen, als Stromerzeuger verwendeten Maschinen die Bürsten ein Stück über den Winkel α des Bildes 216 hinaus in den Fluß des nächstfolgenden Magnetpoles; da dieser Fluß vom Werte Null bis zu der Polspitze hin allmählich zunimmt, ist die Stelle der günstigsten Wendespannung, also auch des geringsten Feuers leicht auszuproben.

Neuere Maschinen besitzen häufig Wendepole, das sind schmale Magnetpole in der Mitte zwischen den Polhörnern der Hauptpole, also in der Zone der Stromwendung. Trommelanker sind hierfür zweckmäßig mit Durchmesserwicklung versehen, d. h. beide Spulenseiten durchwandern fast zugleich die Wendepolflüsse. Die Windungen der Wendepole sind mit den Ankerwindungen hintereinandergeschaltet. Die Richtung der Wendepolamperewindungen ist entgegengesetzt derjenigen der Ankeramperewindungen. Bild 222 zeigt die Anordnung für den einfacheren Fall des Ringankers. Die Zahl der Wendepol-Amperewindungen ist so groß, daß die Ankeramperewindungen nicht nur überwunden werden, sondern daß auch die notwendige Magnetisierung in

Richtung der Wendepolamperewindungen auftritt, so daß die Selbstinduktionsspannung der kurzgeschlossenen Ankerspulen für jede vorkommende Stromstärke kompensiert wird. Dieser Fluß entsteht durch die Hintereinanderschaltung der Anker- und Wendepolwicklung günstigstenfalls zum Strome proportional, was erstrebt wird, weil auch e_s zum Strome verhältnisgleich ist, gleiche Umfangsgeschwindigkeit vorausgesetzt. Um die Proportionalität dieses Flusses zum Strome möglichst zu erreichen, dürfen keine Stellen hochgesättigten Eisens im magnetischen Kreise der Wendepole vorkommen. Die Bürsten müssen bei Wendepolen stets an derselben Stelle stehen bleiben, sowohl bei jeder Belastung, als auch in beiden Drehrichtungen. Eine Umschaltung zwischen Anker- und Wendepolwicklung darf in keinem Falle stattfinden. Sind Wendepolbürsten verbraucht, so müssen sie durch gleiche ersetzt werden, wozu gleiches Material, gleiche Auflagefläche und auch Überdeckung einer gleichen Zahl von Kollektorstegen gehört. Nachschleifen der Wendepolbürsten ist von Zeit zu Zeit erforderlich, da sich die Kohle nicht immer auf der ganzen Auflagefläche gleichmäßig abnutzt. Verstellt sich die Auflagefläche, so können Wendepolgeneratoren bei konstanter Drehzahl auf und ab wogende Klemmenspannung bekommen, während an Wendepolmotoren bei konstanter Netzspannung auf und ab wogende Drehzahl auftreten kann. Durch Wendepole läßt sich erreichen, daß Gleichstrommaschinen innerhalb der Erwärmungsgrenzen auch mit künstlicher Kühlung von Null- bis Vollast bei jeder Drehrichtung, auch als Generator oder Motor laufend, praktisch funkenlos arbeiten.

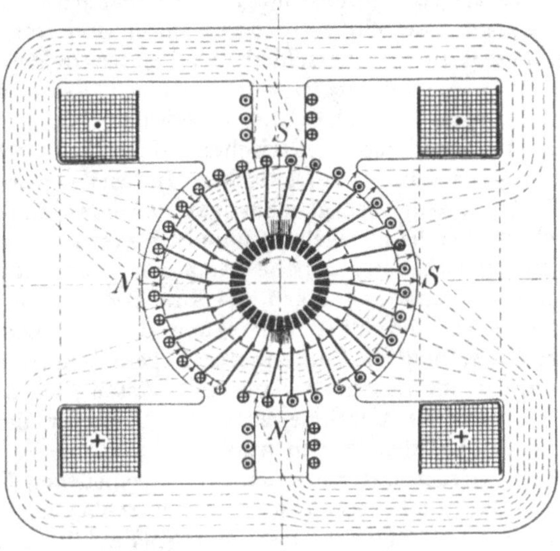

Bild 222. Wendepole.

9. Anforderungen und Regeln.

Maschinenleistungen lassen sich sehr steigern. Es ist Mißbrauch dieser Erscheinung, sie so weit auszunutzen, daß die Maschine leidet. Die Schäden sind Formänderungen und Brüche durch Überanstrengungen,

Verbrennungen der Isolierstoffe, Auflöten gelöteter Verbindungen und Zunahme des Widerstandes der Wicklungen durch die mit zu hoher Stromsteigerung entwickelte große Wärmemenge. Was vermieden werden muß, sind also mechanische Überanstrengungen, zu hohe Temperaturen und schließlich noch unangemessene Kollektor- und Bürstenabnutzungen. Dennoch strebt man danach, Leistungen zu steigern und Mittel zu suchen, die Leistungssteigerung möglich zu machen. Es gab Zeiten, in denen die Erzeugnisse sehr verschieden waren und Maschinen für gleiche Nennleistungen zu sehr verschiedenen Preisen in den Handel kamen. Auch hier hat die Führertätigkeit berufener Verbände segensreich gewirkt. Der Verband Deutscher Elektrotechniker hat „Regeln für die Bewertung und Prüfung von elektrischen Maschinen" herausgegeben und der Normenausschuß der Deutschen Industrie Normblätter aufgestellt, so daß die Erzeugnisse gleichartiger geworden sind. Vor allem enthalten auch die Verbandsregeln genaue Unterscheidungen der technisch wichtigen Betriebsfälle, genaue Angaben über die Verfahren der Untersuchungen und Prüfungen, genaue Begrenzung der zu stellenden Anforderungen und klare Festlegung der Angaben des Leistungsschildes, deren Erfüllung im Sinne dieser Regeln den Hersteller deckt, und deren Kenntnis im Zusammenhang mit diesen Regeln den Käufer über die Leistungen der Maschine aufklärt. Nur zur Berichtung im groben sei folgendes aus den Regeln genannt.

Es werden unterschieden die verschiedenen Fälle der Bauart (offene, geschützte und geschlossene sowie schlagwettergeschützte Maschinen) und der Kühlung der Maschinen (Selbstkühlung, Eigenlüftung, Fremdlüftung und Wasserkühlung). An Betriebsarten unterscheidet man den Dauerbetrieb, den kurzzeitigen Betrieb und den aussetzenden Betrieb, die scharf gegeneinander gekennzeichnet sind. Die Aufstellungen in bezug auf Wärmeentwicklung gipfeln in den Punkten, daß ungetränkte isolierende Faserstoffe nicht heißer als 85° C, getränkte Faserstoffe, Faserstoff in Füllmasse und Lackdraht nicht heißer als 95° C, Erzeugnisse aus Glimmer und Asbest nicht heißer als 115° C und Rohglimmer, Porzellan usw. beliebig heiß werden dürfen, wobei nur auf benachbarte Isolierteile anderer Art gebührende Rücksicht zu nehmen ist. Außer diesen Grenztemperaturen sind für die ersten drei Fälle Grenzerwärmungen angegeben, nämlich 50, 60 und 80° C, das sind Temperaturdifferenzen zwischen der höchst zulässig erwärmten Maschine und der Umgebung bzw. dem Kühlmittel, wobei auch für die Temperatur der Umgebung oder des Kühlmittels angegebene Höchstwerte vorausgesetzt sind.

Ohne Rücksicht auf Erwärmung nur in bezug auf mechanische und elektrische Überlastbarkeit müssen Maschinen für Dauerbetrieb im betriebswarmen Zustande während 2 Minuten den 1,5fachen Nennstrom ohne Beschädigung oder bleibende Formänderung aushalten.

Unter den Isolationsprüfungen sei hieraus die Wicklungsprobe genannt, die mit Wechselstrom von 50 Per./Sek. bei der Herstellung im Werk vorgenommen werden soll. Ein Pol der Stromquelle wird an die zu prüfende Wicklung, der andere an die Gesamtheit der untereinander und mit dem Maschinenkörper verbundenen anderen Wicklungen gelegt. Die Spannung wird so schnell als möglich auf den nachstehend angegebenen Wert gesteigert und dieser während 1 Minute innegehalten. Ist die Nennspannung E genannt und beträgt die Nennleistung weniger als 500 Watt, so soll die Prüfspannung der größere der beiden Werte $3\,E$ oder $2\,E + 500$ V sein. Ist die Nennleistung größer als 500 Watt und E bis zu 5000 V, so gilt für die Prüfspannung der größere der beiden Werte $3\,E$ oder $2\,E + 1000$ V.

Kollektoren müssen bei jeder Belastung von Leerlauf bis Nennleistung praktisch funkenfrei arbeiten, dabei wird vorausgesetzt, daß der Kollektor in gutem Zustande ist und die Bürsten gut eingelaufen sind.

Zur Prüfung der Maschine auf Fliehkraft darf die Drehzahl nur auf das 1,2fache der Nenndrehzahl getrieben werden.

10. Rechnungen.

A. Gewinn und Verlust.

Wenn eine bestimmte EMK erzeugt wird und der Ankerwiderstand gering ist, folgt aus dem Ohmschen Gesetz: Man braucht nur einen genügend kleinen Widerstand (eine genügend große Anzahl von Lampen) an die Klemmen einer Maschine zu legen, so wird der Strom beliebig stark.

Die Wirkungen im Nutzkreise werden jedoch nur mit einem Aufwand erworben nach dem Gesetz von der Erhaltung der Leistung. Die Induktionserscheinung wird durch Bewegen eines Drahtes in einem Flusse hervorgerufen und die Kraftwirkung zwischen Strom und Fluß sucht die Bewegung zu hemmen. Es gilt hier:

$$P = \frac{1}{9\,810\,000} \cdot \mathfrak{B} \cdot I \cdot l\,, \tag{82}$$

wobei $\mathfrak{B}$ die induzierende Dichte,

I den Strom im Anker (Ampere) (Summe aller Zweige),

l die in dem Flusse ($\mathfrak{B}$) liegende Drahtlänge (cm) (eines Zweiges),

P die am mittleren Wicklungsradius angreifende Kraft (kg)

bedeutet. Durch Multiplikation dieser Kraft mit der Umfangsgeschwindigkeit erhält man eine zur Erzeugung der Induktionswirkung aufzuwendende mechanische Leistung, deren Wert auf elektrisches Maß übergeführt

$$L_m = P \cdot v \cdot 9{,}81 \tag{103}$$

beträgt, wobei weiterhin unter

L_m = die mechanische, beim Induktionsvorgang auftretende Leistung (Watt),

v = die am mittleren Wicklungsradius auftretende Geschwindigkeit (m/Sek.)

zu verstehen ist. Diese mechanische Leistung ist gleich der am Anker auftretenden elektrischen Leistung L_e:

$$L_m = L_e$$

dabei ist unter

$$P \cdot v \cdot 9{,}81 = E \cdot I\,; \tag{104}$$

E = die am Anker erzeugte EMK (Volt);

I = die dem Anker entnommene Stromstärke (Ampere)

verstanden. Also bei konstantem E würde die dem Anker zuzuführende mechanische Leistung verhältnisgleich zur abgenommenen Stromstärke sein. Ein leerlaufender Stromerzeuger würde die Leistung Null aufnehmen. In welchem Maße unter Berücksichtigung auftretender Verluste außer der Nutzleistung noch weitere Leistung mechanisch zugeführt werden muß, darüber gibt eine Abrechnung Aufschluß, die in Worten lautet: Die hineingeschickte Leistung ist gleich der Summe der Nutzleistung und der Verlustleistung.

Verluste treten auf:

1. als Wärme in der Ankerwicklung,
2. als Wärme in den Magnetwindungen,
3. durch Hysterese des Ankereisens,
4. durch Wirbelströme im Ankereisen (und in den Ankerdrähten),
5. durch mechanische Reibung in den Lagern und an der Luft.

Bedeutet:

L_1 = gesamte, dem Stromerzeuger zugeführte Leistung (Watt),
L_2 = dem Stromerzeuger entnommene Nutzleistung (Watt),
L_A = Verlustleistung in der Ankerwicklung (Watt),
L_M = „ „ „ Magnetwicklung (Watt),
L_H = „ durch Hysterese (Watt),
L_W = „ „ Wirbelströme (Watt),
L_R = „ „ mechanische Reibung (Watt),
I_A = Stromstärke des Ankers (Ampere),
W_A = Ankerwiderstand (Ohm),
i_M = Stromstärke in der Magnetwicklung (Ampere),
W_M = Widerstand der Magnetwicklung (Ohm),
K = Nutzspannung an den Klemmen der Maschine (Volt),
I = Nutzstrom der Maschine (Ampere),

so lautet die Abrechnung:

$$L_1 = L_2 + L_A + L_M + L_H + L_W + L_R \tag{105}$$

oder:

$$L_1 = K \cdot I + I_A^2 \cdot W_A + i_M^2 \cdot W_M + (L_H + L_W + L_R)\,. \tag{106}$$

Der Wirkungsgrad eines Stromerzeugers ergibt sich demnach zu

$$\eta = \frac{K \cdot I}{K \cdot I + I_A^2\, W_A + i_M^2 \cdot W_M + (L_H + L_W + L_R)}\,. \tag{107}$$

Es sei hier bemerkt, daß die zugeführte Leistung L_1 mit Riemendynametern (Hefner-Alteneck, Fischinger u. a.) gemessen werden kann, und daß somit zur Bestimmung von η außer dieser Messung nur noch die Klemmenleistung L_2 gemessen zu werden braucht. Mit gleichzeitiger Messung von I_A, W_A, i_M und W_M bekommt man daher die Summe $(L_H + L_W + L_R)$ und dazu noch weitere zusätzliche Verluste, auf die hier nicht weiter eingegangen sei.

Verluste sind gering zu halten; L_A kann nur durch geringes W_A, L_M durch geringes i_M bei Nebenschlußwicklungen oder geringes W_M bei Hauptschlußwicklungen klein gehalten werden; wie L_H und der auf das Ankereisen entfallende Teil von L_W klein zu halten ist, haben die Gleichungen (92) und (93) und die darauf folgenden Betrachtungen gezeigt. Die Zahl ν der vollen Zyklen der Magnetisierung ist in diesem Falle das Produkt aus der Zahl der Polpaare der Maschine (p) und der Drehzahl in der Sekunde (n').

Für die Verlustleistung durch Reibung können schwer genaue Angaben gemacht werden, da es dabei erstens auf Güte und Art der Lagerung und Schmierung ankommt, zweitens auf die Kollektorreibung, die vom Oberflächenzustand des Kollektors, von den verwendeten Kohlebürsten und von dem erforderlichen Anpressungsdruck abhängt, und drittens auf die Luftreibung, die häufig dadurch beträchtlich ausfällt, daß die Maschine zur Kühlung reichlich durchlüftet wird. Im Mittel kommt man für roheste Annäherung aus, wenn

$$L_R = 0{,}03\, L_2 \tag{108}$$

gesetzt wird.

Die Grenze der Belastung der elektrischen Maschinen liegt bei der Grenze der Temperatur, die die Maschinenteile annehmen dürfen, und bei der Grenze des funkenlosen Ganges. Die Verluste sind also geschickt zu verteilen und mit einer guten Stromwendung in Einklang zu bringen.

B. Rechnungsgang für die Vorausberechnung einer Maschine.

Man benutzt zur Berechnung des Ankerdurchmessers eine Erfahrungsformel:

$$D^2 \cdot B = \frac{L \cdot 10^6}{C \cdot n}\,; \tag{109}$$

darin bedeutet:

D = Durchmesser des Ankereisens in Zentimeter,
B = Breite des Ankereisens (in Achsenrichtung) in Zentimeter,
L = Nutzleistung der Maschine in Kilowatt,
n = Umlaufszahl in der Minute,
C = Ausnutzungsziffer, die je nach dem verwendeten Baustoff, dessen geschickter Beanspruchung und je nach geschickter Ausnutzung der die Leistung erhöhenden Mittel (Anwendung von Wendepolen und künstlicher Durchlüftung) Werte bis zu 5 annehmen kann. Für Anfängerbeispiele gewöhnlicher zweipoliger Maschinen wird sie zweckmäßig $\leqq 1$ gewählt.

Bei einem angenommenen Verhältnis $D:B$ ist damit D aus L, C und n berechenbar. Ist D bekannt, so rechnet man den Querschnitt des Ankereisens F_A in Quadratzentimeter aus, nimmt die magnetische Dichte im Ankerkreis ungefähr zu

$$\mathfrak{B}_A = 10000$$

an, worauf man den das Ankereisen durchsetzenden Fluß erhält

$$\Phi_A = F_A \cdot \mathfrak{B}_A . \tag{110}$$

Ist F_A der einfache Umlaufsquerschnitt, so bekommt man den Fluß eines Poles zu

$$\Phi = 2 \cdot F_A \cdot \mathfrak{B}_A . \tag{110a}$$

Mit diesem Ergebnis geht man in die Gleichung (99), welche die Zahl der Ankerdrähte liefert. Falls es sich nicht um Anker mit Reihenwicklung handelt, ist die Zahl der Ankerleiter:

$$z = \frac{E}{\Phi \cdot n'} \cdot 10^8 ; \tag{99a}$$

z, die Zahl der Leiter rundum, wird auf einen Wert abgerundet, mit dem man bei einer gewählten Zahl von Nuten lauter gleiche Spulenseiten erhält, deren Leiterzahl auch so gewählt ist, daß der Raum einer Nut mit einer zweiten gleichen Spulenseite zusammen (die eine in der Ober-, die andere in der Unterschicht) gut ausgenutzt wird. E, die EMK des Ankers, ist die Summe der Nutzspannung K und des Spannungsverlustes e in der Ankerwicklung, der je nach Größe der Maschine zu 2 bis 5 vH. der Nutzspannung im voraus geschätzt werden muß. Eine Verschätzung von e oder die Abrundung von z kann durch eine Änderung der Ankerdichte $\mathfrak{B}_A$ oder der Umlaufszahl n' in der Sekunde berichtigt werden. Für die Einteilung des Ankers ist die Zahl der Kollektorstäbe von einer Plus- zu einer benachbarten Minusbürste von Einfluß; die Spannung von Kollektorstab zu Kollektorstab darf gewisse Werte (üblicherweise 10 bis 15 Volt) nicht überschreiten, so daß dadurch auch die Spulenzahl ihr Mindestmaß erhält.

Falls es sich um Anker mit Reihenwicklung handelt, wird aus Gl. 99

$$E = p \cdot 10^{-8} \cdot \Phi \cdot z \cdot n' \ \text{V}, \tag{99a*}$$

wobei p die Zahl der Magnetpolpaare der Maschine bedeutet (für vierpolige Maschinen $p = 2$, für sechspolige $p = 3$ usw.). Ob Reihenwicklung vorliegt (Bild 186), wird aus der Wicklungsformel erkannt.

Sind s Spulenseiten an einer Wellenwicklung rundum vorhanden (gerade Zahl wegen der Ober- und Unterschicht), und beträgt die Zahl der Spulenseitenteile an der Kollektorverbindung y_1 (in Bild 186 ist $y_1 = 7$) (ungerade, damit man aus der Oberschicht in die Unterschicht kommt)

(=vorderer Wicklungsschritt), während die Zahl der Spulenseitenteile der Ankerspulenweite y_2 beträgt (in Bild 186 ist y_2 ebenfalls = 7) (ungerade, damit man aus der Unterschicht in die Oberschicht kommt) (= hinterer Wicklungsschritt), so beträgt der gesamte Wicklungsschritt $y = y_1 + y_2$ (eine gerade Zahl). Wird nun

$$p \cdot y = s \pm 2\,,$$

so liegt eine Wellenwicklung mit nur zwei parallelgeschalteten Ankerzweigen vor, wie groß p auch sein mag; die Wicklung ist also auf Spannung geschaltet. Bei einer Wellenparallelwicklung muß in der Wicklungsformel an Stelle der 2 der Wert $2p$ herauskommen.

Da die Zahl der Ankerleiter nun nach Gleichung (99a) bekannt ist, läßt sich auch die Länge des Zweiges der Ankerwicklung ausrechnen, und man erhält den Gesamtquerschnitt aller Ankerzweige zusammen zu

$$q = \frac{l \cdot I_A \cdot c}{e}\,, \tag{111}$$

dabei ist:

q = gesamter Kupferquerschnitt aller Ankerzweige zusammen in Quadratmillimeter;

l = Länge des Kupferdrahtes eines der nebeneinandergeschalteten Ankerzweige von Bürste zu Bürste in Meter;

I_A = gesamte Ankerstromstärke in allen Ankerzweigen zusammen; bei Nebenschlußmaschinen ist I_A um 2 bis 5 vH., je nach Größe der Maschine höher zu schätzen als der Nutzstrom I;

e = Spannungsverlust in der Ankerwicklung, der, wie bereits erwähnt, zu 2 bis 5 vH. der Nutzspannung geschätzt werden muß;

c = spezifischer Widerstand von Kupfer = 1 : 57 (kalt), 1 : 50 (warm).

Man kennt nun den gesamten Kupferquerschnitt q der Ankerwicklung und rechnet den Querschnitt des einzelnen Ankerleiters aus, indem man q durch die Zahl der Ankerzweige dividiert. Es muß dann geprüft werden, ob die Wicklung samt der Isolierung der Drähte untergebracht werden kann. Ist diese Möglichkeit gewährleistet, so entwirft man den magnetischen Kreis, in welchem die magnetische Dichte wesentlicher Teile ein beträchtliches Maß über das Knie der Kurve des betreffenden Eisens (Bild 170) gewählt werden muß, damit man ein brauchbares Verhalten der Maschine bekommt. Nun rechnet man die Amperewindungszahl des entworfenen magnetischen Kreises aus für das oben angegebene Φ. Dabei gilt für die Berechnung der Zahnamperewindungen folgendes: Der Fluß verläuft z. T. durch das Eisen der Zähne, z. T. durch den Nutenluftraum. Der Anteil des letzteren ist nur bei großer Zahndichte erheblich und wird gefunden, indem die Amperewindungszahl, die zu der wirklichen Eisendichte des Zahnes $\mathfrak{B}_{zw}$ auf 1 cm Zahnlänge gehört, mit $0{,}4\,\pi$ und dem Luftquerschnitt des Nutenraumes multipliziert wird. Man rechnet aber gewöhnlich, als verliefe der gesamte Fluß Φ durch die Zähne, und erhält so eine Rechendichte des Zahnes $\mathfrak{B}_{zr}$, die zur besseren Baustoffausnutzung und zum Bessern der Stromwendung häufig recht hoch, bis zu 25000 und mehr, gewählt wird. Unter dem Wert $\mathfrak{B}_z = 20000$ kann der Anteil der Nut unberücksichtigt bleiben; auch kann bei diesen geringen Zahndichten die Amperewindungszahl/cm für die ganze Zahnlänge gleich und zwar als das Mittel der Werte $\mathfrak{Z}'$ für die Zahnfuß und Zahnkopfdichte gesetzt werden. Ein Annäherungswert der Dichte im Luftraum zwischen Zahnkopf und Polbogen ergibt sich, indem man rechnet, als breite sich der Fluß eines Zahnes über einen 90°-Winkel gleichmäßig zwischen den Zahnspitzen aus. Die Dichte in der Mitte zwischen Zahnkopf und Polfläche wird als gleichmäßig für die gesamte Luftweglänge der Kraftlinie zwischen Zahnkopf und Polfläche eingesetzt. Die im übrigen nach dem Verfahren von Beispiel 56 ermittelte Amperewindungszahl ist für die belastete Maschine zur Überwindung des Einflusses der Streuung und der Ankerrückwirkung um 30 bis 40 vH. zu erhöhen.

Legt man auf jeden Pol eine Magnetisierungsspule, so braucht bei der Lahmeyerbauart jede einzelne Spule nur die Hälfte der Amperewindungszahl zu erhalten, die für einen Kreis gerechnet worden ist, obgleich zwei magnetische Kreise in ihr vereinigt werden.

Aus der Stromstärke, die in den Magnetwindungen fließen soll, und der errechneten Amperewindungszahl jeder Spule ergibt sich die Zahl ihrer Windungen. Es ist wiederum zu prüfen, ob die Wicklung untergebracht werden kann, deren Querschnitt sich aus ihrer Länge, ihrer Stromstärke i_M und der Spannung an ihren Enden berechnet.

Zum Schluß ist sowohl für den Anker, als auch für die Magnetwicklung zu untersuchen, ob die in den Windungen und im Ankereisen erzeugte Wärme genügend austreten kann. Man bedarf auf 1 Watt Verlust einer abkühlenden Außenfläche von etwa 10 qcm, wenn es sich um offene Maschinen ohne künstliche Durchlüftung handelt.

Das Verhalten einer Maschine wird vorausbestimmt unter Annahme einer Reihe verschiedener, das Gestell und den Anker durchsetzender Kraftflüsse. Es lassen sich dann die zugehörigen Amperewindungen und Stromstärken des Nebenschlusses ausrechnen, so daß sich auch die Leerlauflinie für eine bestimmte Umlaufszahl ergibt. Eine Schar von Linien der elektromotorischen Kräfte in Abhängigkeit vom Ankerstrome für verschiedene Widerstände des Nebenschlußkreises und bestimmte Umlaufszahl kann nur gefunden werden, wenn die Flußschwächung durch den Ankerstrom bekannt ist. Die zugehörige Schar von Klemmenspannungslinien ist daraufhin durch Abzug der Ankerverlustspannungen zu ermitteln. Die Größe und Abstufung des Nebenschlußvorschaltwiderstandes zur Aufrechthaltung der Klemmenspannung zwischen bestimmten Grenzen ergibt sich durch Herausgreifen eines wagerechten Streifens aus dieser letzteren Linienschar.

C. Beispiel für die Vorausberechnung einer Maschine.

59. Beispiel. Es soll eine Nebenschlußmaschine berechnet werden für die Werte:

Nutzspannung	K	$= 120$ Volt,
Nutzstrom	I	$= 85$ Amp.,
Umgangszahl	n_{min}	~ 1000,
$\frac{\text{Durchmesser}}{\text{Breite}}$ des Ankers	$\frac{D}{B}$	$\sim 1{,}1$,
Ausnutzungsziffer	C	$= 0{,}57$.

Die Maschine soll als zweipolige Maschine in Lahmeyerbauart mit Gußstahlgestell ausgeführt werden.

Es beträgt:

Der Durchmesser des Ankereisens:

$$D = \sqrt[3]{\frac{120 \cdot 85 \cdot 1{,}1 \cdot 10^3}{0{,}57 \cdot 1000}} = 27 \text{ cm}. \qquad \text{(aus 109)}$$

Der Durchmesser des Ankerkernes (gewählt) gleich der äußeren Eisenbreite des Ankers:

$$D_K = B = 27 : 1{,}1 \sim 24 \text{ cm}.$$

Der innere Durchmesser des Ankereisens zum Durchbringen der Ankerbuchse (gewählt):

$$D' = 7 \text{ cm}.$$

Der Umlaufsquerschnitt des Ankereisens:

$$F_A'' = 24 \cdot (12 - 3{,}5) = 204 \text{ qcm};$$

hiervon sind bei einer Blechdicke $d = 0{,}5$ mm 10 vH. abzuziehen, da das Papier zwischen den Ankerblechen den Eisenquerschnitt verkleinert, so folgt:

Wirkliche Eisenbreite des Ankers 21,6 cm und
Eisenquerschnitt des Ankers: $F_A' = 184$ qcm.
Der Fluß eines Poles: $\Phi = 2 \cdot F_A' \cdot \mathfrak{B}_A' = 2 \cdot 184 \cdot 10000 = 3680000$.
Die Zahl der Ankerdrähte rundum:

$$z = \frac{(K + e')\,10^8}{\Phi \cdot n'} = \frac{(120 + 3)\,10^8}{3680000 \cdot 16{,}66} = 200; \qquad \text{(aus 99a)}$$

gewählt werden 192 Leiter, die in 48 offenen Nuten von 9 mm Weite und 15 mm Tiefe zu je vier Leitern untergebracht werden sollen. Zwei nebeneinander angeordnete Leiter in je einer Nut gehören zu derselben Spulenseite, also erhält man 48 Spulen und 48 Kollektorstäbe. Die Maschine ist statt mit 1000 nun mit $n = 1040$ Umdrehungen in der Minute oder $n' = 17{,}33$ Umdrehungen in der Sekunde laufen zu lassen.

Die Länge des Drahtes in einem Ankerzweig wird angenähert

$$l = \frac{z}{2}(B + 1{,}55\,D) = 96\,(24 + 42) = 6400\text{ cm} = 64\text{ m}.$$

Der Ankerstrom wird geschätzt zu

$$I_A' = I + i_M' = 85 + 2 = 87\text{ Ampere}.$$

Der Spannungsverlust im Anker wurde bereits vorläufig angenommen zu

$$e' = 3\text{ Volt},$$

daher folgt für den Kupferquerschnitt beider Ankerkreise zusammen

$$q' = \frac{l \cdot I_A' \cdot c}{e'} = \frac{64 \cdot 87}{3 \cdot 57} = 32{,}6\text{ qmm},$$

daher der Querschnitt eines Ankerdrahtes

$$q_D' = 16{,}3\text{ qmm}.$$

Gewählt wird ein Formdraht rechteckigen Querschnittes 3×5 mm, also mit

$$q_D = 15\text{ qmm},$$

so daß an Stelle von e' nun $e = 3 \cdot \frac{16{,}3}{15} = 3{,}26$ Volt im Anker verloren gehen, bei einem Ankerwiderstande $W_A = 0{,}0374$ Ohm. Dieser Formdraht habe als äußere Abmessungen mit Isolierung 4×6 mm. Der Umfang des Zahnfußkreises beträgt $24 \cdot \pi = 75{,}4$ cm; als zugehörige Zahnfußteilung erhält man $75{,}4 : 48 = 1{,}57$ cm, und es bleibt als Zahnfußdicke $1{,}57 - 0{,}9 = 0{,}67$ cm. Da bei 120 Volt 0,5 mm als Dicke des Isoliermittels zur Ausfütterung der Nutenwände genügen und zwei nebeneinander angeordnete Leiter mit Isolierung 8 mm beanspruchen, kommt man mit der anfangs angenommenen Nutenweite von 9 mm aus. Zwischen 2 Spulenseiten derselben Nut liege 1 mm Preßspanzwischenlage; damit sind 14 mm der Nutentiefe ausgefüllt und es bleibt 1 mm Eindrehung an den Bändern übrig. Der Zahnkopfkreis beträgt $27 \cdot \pi = 84{,}8$ cm; die Kopfkreisteilung ist demnach $84{,}8 : 48 = 1{,}77$ cm und die Zahnkopfdicke $1{,}77 - 0{,}9 = 0{,}87$ cm. Da auf einen Polbogen $48 \cdot 120 : 360 = 16$ Zähne kommen, entfällt auf eine Zahnteilung ein Fluß $\Phi' = 3680000 : 16 = 230000$. Damit wird die Zahnfußdichte $230000 : 0{,}67 \cdot 21{,}6 = 15900$, entsprechend 34 Aw/cm, und die Zahnkopfdichte $230000 : 0{,}87 \cdot 21{,}6 = 12250$, entsprechend 6 Aw/cm. Als Mittelwert ergibt sich somit $(34 + 6) : 2 = 20$ Aw/cm der Zahnlänge. Bei 0,4 cm Kraftlinienweg zwischen Zahnkopf und Polbogen wird die Feldstärke für diesen Raum

$$230000 : (0{,}87 + 0{,}4) \cdot 24 = 7540.$$

Diesem Wert entsprechen $7540 : 0{,}4\,\pi = 6000$ Aw/cm.

Unter Zugrundelegung eines Magnetgestelles nach Bild 223 ergibt sich folgende Tafel für die Berechnung des magnetischen Kreises, für den der Einfachheit wegen jeder Hälfte durchgehend der Fluß 1840000 angesetzt wurde:

Bez.	Stoff	Querschn. qcm	Dichte $\mathfrak{B}$	Weg cm	Aw/cm $\mathfrak{Z}'$	Aw f. d. Weg $\mathfrak{Z}$
Anker	Ankereisen	184	10000	24	3,75	90
Zähne	"	—	—	3	20	60
Luftr.	Luft	—	—	0,8	6000	4800
Pole	Stahlguß	120	15330	26	67	1740
Gestell	"	132	13900	80	34	2720
					Summe	9410
					Für Streuung und Ankerrückwirkung	2890
						12300 Ampw.

Da die Wicklung auf zwei Polen untergebracht wird, erhält jede Spule 6150 Amperewindungen. Es war von vornherein geschätzt als Erregerstromstärke

$$i_M' = 2 \text{ Ampere},$$

demnach hätte jede Spule aus 3075 Windungen zu bestehen. Die mittlere Länge einer Windung beträgt nach dem am Gestell vorgesehenen Wicklungsraume 1,27 m. Es beträgt dann die Länge des Drahtes auf einer Magnetspule

$$l_M' = 1{,}27 \cdot 3075 = 3900 \text{ m}.$$

Die Spannung an den Enden einer Magnetspule beträgt für kurzgeschlossenen Nebenschlußregler die Hälfte der Klemmenspannung der Maschine

$$e_M = 60 \text{ Volt}.$$

Daraus ergibt sich der Querschnitt des Drahtes der Magnetspule für Kupfer von $c = 1:57$ zu

$$q_M' = \frac{l_M' \cdot i_M' \cdot c}{e_M} = \frac{3900 \cdot 2}{60 \cdot 57} = 2{,}28 \text{ qmm}$$

und der Durchmesser des Drahtes $d_M = \sqrt{q_M' \cdot 4 : \pi} = 1{,}70$ mm, mit Isolierung zu 2 mm. Von diesem Draht gehen auf einen Wicklungsquerschnitt von 90×90 mm in einer Schicht 44 Windungen, während 50 Schichten übereinander Platz haben, so daß sich auf die Spule $50 \times 44 = 2200$ Windungen ergeben. Eine Magnetspule besitzt demnach einen Widerstand

$$w_M = 2200 \cdot \frac{1{,}27}{2{,}28} \cdot \frac{1}{57} = 21{,}5 \text{ Ohm},$$

so daß sich bei 60 Volt an einer Spule tatsächlich $i_M = 60 : 21{,}5 = 2{,}8$ A Erregerstrom und $2{,}8 \cdot 2200 = 6160$ Amperewindungen ergeben. Der

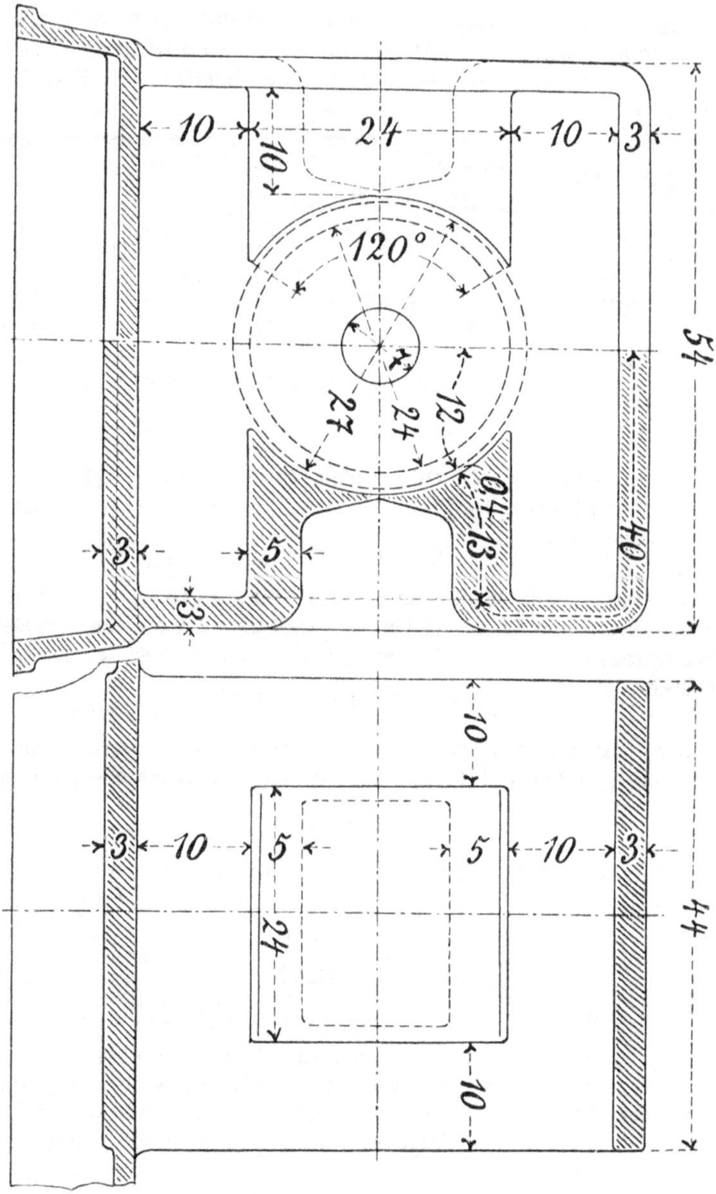

Bild 223. Magnetgestell der berechneten Maschine.

Widerstand der ganzen Erregerwicklung beträgt $W_M = 43$ Ohm. Man kommt also mit dem geschätzten Gestell und den gemachten Annahmen aus. Bei wesentlichen Abweichungen würde nach entsprechenden Änderungen die Rechnung zu wiederholen sein.

Es ist bei dieser Berechnung noch nicht berücksichtigt, daß sich die Widerstände der Maschine durch Erwärmung vergrößern. Außerdem sind die zusätzlichen Amperewindungen schätzungsweise eingesetzt. Die ausgeführte Maschine würde daher nach dieser vereinfachten Berechnungsart voraussichtlich noch erhebliche Abweichungen gegenüber der Rechnung zeigen, jedoch lassen sich durch entsprechende Änderung der Umlaufszahl die gewünschten Verhältnisse in der Regel erreichen.

Der Fluß dieser Maschine würde stark verzerrt werden, da die Zähne zu wenig Amperewindungen erfordern. Es ist zu erwarten, daß die Bürsten während des Betriebes verstellt werden müssen.

Die Bürstenauflagefläche an jedem Pol ergibt sich nach dem Grundsatz, für Kohlebürsten auf 1 qcm etwa 6 Ampere zuzulassen, zu minimal $87{,}8 : 6 = 14{,}6$ qcm. Es seien auf eine Stromabnahmestelle 2 Kohlen zu je $2{,}5 \times 3$ cm Auflagefläche gewählt. Nimmt man einen Kollektordurchmesser von 18 cm an, so ergibt sich die Kollektorteilung zu $18 \cdot \pi : 48 = 1{,}178$ cm; davon mögen auf die Isolierung 1 mm und auf den Kollektorstab 10,78 mm entfallen. Als wirksame Breite des Kollektors sollen 8 cm und als gesamte Breite 10 cm gelten.

Über die Leistung kann abgerechnet werden:

$$L_1 = KI + I_A^2 W_A + i_M^2 \cdot W_M + L_H + L_W + L_R \qquad (106)$$

$$= 120 \cdot 85 + 87{,}8^2 \cdot 0{,}0374 + 2{,}8^2 \cdot 43$$

$$+ \frac{1}{6} \cdot \frac{(2{,}7^2 - 0{,}7^2)\pi}{4} \cdot 2{,}16 \cdot 17{,}33 \cdot 10000^{1,6} \cdot 10^{-6} \qquad \text{(nach 92)}$$

$$+ 2 \cdot \frac{(2{,}7^2 - 0{,}7^2)\pi}{4} \cdot 2{,}16 \cdot 17{,}33^2 \cdot 0{,}5^2 \cdot 10000^2 \cdot 10^{-10} \qquad \text{(nach 93)}$$

$$+ 0{,}03 \cdot 120 \cdot 85$$

$$= 10200 + 288 + 336 + 84 + 18 + 306 = 10200 + 1032 \text{ Watt,}$$

woraus zu sehen ist, daß auf 10200 Watt Nutzleistung 1032 Watt Verlustleistung ohne Berücksichtigung zusätzlicher Verluste kommen. Der Wirkungsgrad beträgt demnach

$$\eta = \frac{10200}{10200 + 1032} = 0{,}908.$$

Für die im Anker auftretende Verlustleistung von $288 + 84 + 18 = 390$ Watt wird nach dem Grundsatz, daß auf 1 Watt Verlust 10 qcm abkühlende Oberfläche entfallen sollen, eine Oberfläche von 3900 qcm gefordert. Allein der äußere, roh gerechnete Zylindermantel des Ankers mit seiner Wicklung, die nach Bild 179 mit 10 cm Überstand zu beiden Stirnseiten gedacht sein soll, hat

$$27 \cdot \pi \cdot 44 = 3400 \text{ qcm}$$

Oberfläche, so daß unter Berücksichtigung der übrigen der Luft zugängigen Flächen die obige Bedingung als erfüllt anzusehen ist.

Auf jede Magnetspule kommen

$$336 : 2 = 168 \text{ Watt};$$

der äußere Umfang der Spule beträgt, roh gerechnet,

$$4 \cdot 25 + 2 \cdot 9 \cdot \pi = 157 \text{ cm}$$

und ihre Abmessung in Richtung der Achse 9 cm, so daß allein an äußerer Spulenfläche $157 \times 9 = 1410$ qcm vorhanden sind, während im ganzen für die Spule 1680 qcm zu verlangen sind. Unter Berücksichtigung der übrigen kühlenden Flächen ist die Erwärmungsbedingung der Magnetspulen also ebenfalls erfüllt.

Mechanisches. Bei einer Kollektorstabhöhe von 4 cm beträgt das Gewicht eines Stabes rund 280 g, und die an ihm auftretende Fliehkraft bei 1250 Umgängen in der Minute, die als höchstzulässiger Fall gelten mögen, wird rund 38 kg. Der Kollektor muß demnach in axialer Richtung mit mehr als $48 \cdot 38 : 2 = 912$ kg (unter Voraussetzung eines Schwalbenschwanzes von 45^0) zusammengepreßt sein, etwa mit der doppelten Kraft (1824 kg), woraus die spezifische Pressung im Isoliermittel bei 11,4 cm mittlerem Durchmesser der tragenden Kegelfläche und bei 1 cm Projektion der erzeugenden Geraden in Richtung des Radius und der Achse sich zu

$$\frac{1824 \sqrt{2}}{11{,}4 \cdot \pi} = 72{,}2 \text{ kg/qcm}$$

berechnet.

Die Beanspruchung der Bänder ergibt sich auf folgende Weise: Eine Ankerspule besteht aus einem Leiter von 0,15 qcm Querschnitt und 264 cm Länge, also vom Kupfergewicht

$$0{,}15 \cdot 264 \cdot 8{,}9 = 352 \text{ g} \quad \text{oder} \quad 0{,}352 \text{ kg};$$

mit Isolierung seien 0,37 kg gerechnet. Eine solche Spule ist bei einem mittleren Wicklungsradius von 12,75 cm und bei 1250 Umläufen in der Minute einer Fliehkraft von 83 kg ausgesetzt; 48 solcher Spulen verteilen sich auf den Umfang der Bänder von $27 \cdot \pi = 84{,}8$ cm, auf dessen Längeneinheit dadurch

$$\frac{83 \cdot 48}{84{,}8} = 47 \text{ kg/cm}$$

entfallen. Für die Umfangskraft in den Bändern kommt die Projektion aller dieser Kräfte/cm auf einen Durchmesser in Frage, so daß die Bänder in ihrem Gesamtquerschnitt

$$47 \cdot 27 = 1269 \text{ kg}$$

unter Vernachlässigung der Pressung an den Nutenwänden auszuhalten haben. Verteilt sich die Fliehkraft auf 6 Bänder (12 Querschnitte), so hat ein Querschnitt einen Zug von 106 kg aufzunehmen; dieser Zug kommt zu demjenigen hinzu, der den Bändern beim Aufwickeln gegeben wird, und der zur Vermeidung wesentlicher Formänderungen zwischen stillstehendem und laufendem Anker nicht zu gering sein darf. Für Klaviersaitenstahldraht, der bei 10000 kg/qcm zerreißt, würden bei vierfacher Sicherheit und bei Annahme des doppelten Zuges gegen den gerechneten etwa 9,4 qmm auf ein Band, also etwa 19 Umgänge eines Drahtes von 0,8 mm Durchmesser in Frage kommen, während beim Aufwickeln mit etwa 6 bis 7 kg an dem Draht zu ziehen ist.

Auf dem Anker der gerechneten Maschine liegen $48 \cdot 0{,}352 = 16{,}9$ kg Kupfer, auf den Magnetspulen $2 \cdot 2200 \cdot 1{,}27_{m} \cdot 2{,}28_{qmm} \cdot 8{,}9 = 114500$ g oder rund 114,5 kg Kupfer, ein Wert, der durch die besondere Form der Pole, indem man einen Hohlraum mit einschließt, so hoch wird. Das Ankereisen wiegt 80 kg, das Magnetgestell 225 kg. Die Summe dieser Gewichte, geteilt durch die Nutzleistung, ergibt das Einheitsgewicht zu 41,5 kg/kW.

Um über den Rahmen dieses Lehrbuches nicht hinauszugehen, sei die Rechnung an dem Stromerzeuger damit abgeschlossen; an mehreren Stellen sind die Wege gewiesen, geringeren Aufwand an Baustoffen und einfache Herstellbarkeit zu erreichen.

11. Behandlungsfragen.

Außer den selbstverständlichen Vorschriften der Ordnung, der Sauberkeit und der zuverlässigen Wartung kommen für Gleichstrommaschinen folgende Punkte hinzu:

Der Kollektor und die Bürsten bedürfen als die empfindlichsten Teile besonderer Wartung. Das Feuern muß möglichst gering gehalten werden. Bei Maschinen, die eine Nachstellung der Bürsten erfordern, hat die Nachstellung sorgfältig zu erfolgen. Eine Vorbedingung für das gute Arbeiten der Maschine bildet, daß der Kollektor mechanisch gut in Ordnung ist. Das Abschleifen des Kollektors mit von Hand angefaßtem Glas- oder Schmirgelpapier ist zu vermeiden. Man bedient sich zum Abschleifen der Schleifklötze, die genau entsprechend der Rundung des Kollektors hergestellt werden. Man legt das Papier mit der glatten Seite in die Rundung des Schleifklotzes, ohne daß ein Polstermittel dazwischen kommt, und preßt das Papier mit der rauhen Seite durch den Klotz gegen den Kollektor. Der Klotz ist hierbei nicht zu kanten. Das Verfahren bezweckt, hervorstehende Teile allein wegzunehmen, was sich sowohl auf das Kupfer als auch auf die Glimmerzwischenlagen bezieht.

Die Bürsten müssen gut aufgeschliffen sein und in ganzer Fläche berühren; Kohlebürsten spannt man, um das zu erreichen, in ihren Bürstenhalter (nach vorheriger angenäherter Herstellung der Zylinderfläche mittels der Schlichtfeile) ein und drückt sie auf den Kollektor auf, wobei zwischen Kollektor und Bürste ein Schmirgelpapierstreifen mit der rauhen Seite zur Kohle gerichtet hin und her gezogen wird. Nach dieser Behandlung stellt sich bei gutem Kollektor, guten Kohlen und gut arbeitenden Maschinen eine Politur auf den Schleifflächen der Kohlen ein, die sich dauernd erhält und höchstens durch Überlastungen ausbrennt.

Die Kollektoroberfläche behält bei gut arbeitenden Maschinen ihre Politur bei und nimmt infolge von Oxydbildung eine braune, bisweilen schillernde Farbe an, die nicht zu entfernen ist, da sie zum besseren Arbeiten der Maschine beiträgt. Kollektor und Bürsten zeigen in diesem Fall die geringste Abnutzung bei geringstem Feuern. Ein Schmieren von Kollektoren ist, so gut es eben geht, zu vermeiden. Ein Schreien der Bürsten kann vielfach durch leichte Veränderung des Anpressungsdruckes beseitigt werden. Der allergeringste Fetthauch ist im Notfall gewöhnlich ausreichend.

Der Anpressungsdruck der Bürsten soll so gering wie möglich sein. Unrunde und exzentrisch sitzende Kollektoren erfordern, um Abheben der Bürsten durch Massenkräfte zu vermeiden, größeren Anpressungsdruck. Zahlenangaben haben wegen der überall auftretenden geringen Abweichungen von der Rundung keine Bedeutung.

Feuert bei Hin- und Herschieben beider Bürsten in Richtung des Umfanges entweder die eine oder die andere Bürste, so sind die Bürsten meistens nicht richtig eingestellt. Bei Maschinen mit symmetrischem Kraftfluß genügt gewöhnlich die Einstellung nach dem Grundsatz, daß jedesmal von Bürste zu Bürste die gleiche Stabzahl liegt. Bei Maschinen mit hufeisenförmigem Magnetgestell trifft diese Regel nicht immer zu.

Falls bestimmte Stäbe besonders angegriffen werden, liegt ein Isolationsfehler am Anker oder Kollektor oder vorstehendes Isoliermittel vor.

Neigt ein Kollektor zum Heraustreten des Glimmers, was daran erkannt wird, daß der Glimmer glänzt und die Stäbe dunkel bleiben, so empfiehlt sich das Verfahren nach VIII, 2, letztem Absatz. So hergerichtete Kollektoren halten sich sehr lange, erfordern aber Vorsicht beim Reinigen, das nur bei stillstehender Maschine und durch Putzbürsten, die in Richtung der Stäbe bewegt werden, vorgenommen werden sollte.

Der Anker und der Kollektor, sowie sämtliche isolierende Teile sind frei von Kupfer- oder Kohlestaub zu halten. Beim Abschleifen verwendet man Staubfänger, die in Form von weichem Filz hinter dem Schleifklotz angebracht werden. Zieht sich die Kohle der Bürsten um den Kollektor, so ist sie zu weich, oder die Bürsten haben Öl bekommen. Auch der festsitzende Kohlestaub dieser Art ist zu beseitigen, da er zu Schlüssen zwischen den Stäben Veranlassung gibt. Scheinbar sich um den Kollektor der laufenden Maschine ziehende Funken sind das Anzeichen einer solchen Verschmutzung. Man schleife nicht an der unter Spannung stehenden Maschine ab. Übermäßiges Schleifen ist zu vermeiden; an seine Stelle tritt besser ein Abdrehen. Beim Abschleifen des Kollektors sind die Bürsten abzuheben.

Während des Betriebes kann eine Bürste im Notfalle, etwa zum Erneuern einer beschädigten Kohle oder zur Prüfung des Auflagedruckes, nur unter der Voraussetzung abgehoben werden, daß mehrere Bürsten auf einem Stift aufgereiht sind.

Nässe und Feuchtigkeit sind von den Wicklungen der Maschinen peinlich fernzuhalten, daher kommen als Räume für die Aufstellung von Maschinen möglichst trockene Räume in Frage. Sollten Wicklungen feucht geworden sein, so kann bisweilen durch vorsichtig angewandte Stromwärme Abhilfe geschaffen werden. Durch den Betrieb schützen sich die Wicklungen selbst gegen mäßige Luftfeuchtigkeit.

Versagt die Selbsterregung einer Maschine, so können dafür folgende Gründe vorliegen:

a) Ohne vorherige Betriebsänderung:

1. Es kann eine Unterbrechung im Erregerkreise vorliegen. Um sie aufzufinden, sind alle vom Erregerstrom durchflossenen Teile (vgl. Bild 204) zu untersuchen: Maschinenklemme *1*, Maschinenleitung, Abzweig zu *1'*, Reglerlocken und -kontakte, Reglerkurbel, Klemme *2'*, Leitung zu Klemme *2* der Maschine, Verbindungen von Klemme *2* zu der Magnetspule, Verbindungen der Magnetspulen untereinander, Verbindung mit Klemme *3* der Maschine, sowie die Bürstenkabel und die Bürsten unter besonderer Beachtung vorstehenden Glimmers oder zu stark schlagenden Kollektors und die Wicklungen selbst.
2. Es kann sich ein Nebenschluß zu der Erregerwicklung gebildet haben, der ihr zu viel Strom entzieht. Der Fall liegt am häufigsten vor durch Verschmutzung des Kollektors, da der Strom von einer Bürste zu der anderen über den verschmutzten Kollektor einen geringeren Widerstand vorfindet, als durch die Wicklung. Hier ist durch Reinigen des Kollektors mit Benzin oder Terpentin, im Notfall durch Abschleifen Hilfe zu schaffen. Der Fall kann außerdem vorliegen durch eine Verbindung zwischen Anfang und Ende der Erregerwicklung, wie sie bei Spulendurchschlag entsteht, falls die Erregerleitung plötzlich unterbrochen wird.
3. Die Bürsten können falsch, nahezu in der Mitte zwischen den richtigen Auflagestellen stehen. In diesem Fall entwickelt sich keine oder keine genügende Spannung.

b) An einer neu aufgestellten Maschine, vorausgesetzt, daß die Schaltung nach Bild 204 richtig hergestellt ist und die unter a) bezeichneten Fehler nicht vorliegen:

1. Der erzeugte Induktionsstrom arbeitet dem rückbleibenden Magnetismus entgegen (Abhilfe s. w. u.).
2. Die Maschine hat zu geringe Umlaufszahl.
3. Das Gestell der Maschine hat keinen genügenden rückbleibenden Magnetismus. Um ihn hervorzurufen, ist von Akkumulatoren aus eine Schaltung nach Bild 165 (Sp = Magnetwicklung, Widerstand = Regler) anzuwenden. Der Anker ist durch Ab-

heben der Bürsten oder Lösen der Bürstenkabel von den Maschinenklemmen abzuschalten, ehe die Batterie angelegt wird. Bisweilen helfen mehrere hintereinandergeschaltete primäre Elemente.

Bei Neuaufstellung einer Maschine sind folgende Grundsätze zu beachten:

Eine Maschine erregt sich bei der richtigen zur Schaltung der Maschine gehörenden Drehrichtung unabhängig von der Richtung des rückbleibenden Magnetismus.

Erregt sich eine Maschine, zeigt sie aber bei einem bestimmten gewünschten Drehsinn die Pole anders als gewünscht, so ist sie nur umzumagnetisieren, während die Verbindungen zwischen Anker und Magnetwicklung unverändert bleiben.

Arbeitet der Induktionsstrom dem rückbleibenden Magnetismus entgegen bei einem bestimmten gewünschten Umlaufsinn, so ist der Anker mit der Magnetwicklung umgekehrt zu verbinden. Bei Nebenschlußmaschinen ist es ratsam, zu diesem Zweck die vom Anker kommenden Kabel an den Hauptklemmen der Maschine (Klemmen *1* und *3* in Bild 204) zu lösen und zu vertauschen. An den Drähten der Magnetwicklung etwas zu ändern, empfiehlt sich nicht.

Soll bei umgekehrtem Umlaufsinn einer Nebenschlußmaschine diejenige Maschinenklemme positiv werden, die vor der Umkehrung positiv war, so sind nur die Verbindungen zwischen den Ankerpolen und Hauptklemmen der Maschine zu vertauschen, während die Richtung des rückbleibenden Magnetismus bestehen bleibt.

Bei Maschinen mit Wendepolen ist zwischen Anker und Wendepolwicklung keine Umschaltung vorzunehmen. Setzt man für beide unzertrennlich gedachte Wicklungen das Wort Anker, so gilt für Wendepolmaschinen jeder der unter dem letzten Strich angeführten Sätze, falls die Nebenschlußwicklung von den Klemmen der Maschine (nicht etwa von den Bürsten) abzweigt.

12. Kraftwerkschaltungen für Gleichstrommaschinen.

A. Anlage mit einer Nebenschlußmaschine.

Bild 224 wiederholt Bekanntes von der Nebenschlußmaschine. Darin bedeutet:

M die Nebenschlußmaschine,
R den Nebenschlußregler,
MS die Maschinensicherungen,
MH die Maschinenhebel,
V den Spannungsmesser,
A den Strommesser,
SS die Sammelschienen,
VL die Verteilungsleitungen mit Sicherungen und Ausschaltern.

R, MS, MH, V, A und *SS* sind gewöhnlich an einer Schalttafel vereinigt. Die zur Bedienung erforderlichen Teile liegen an der Vorderseite, die Sammelschienen und die Widerstände des Nebenschlußreglers, in manchen Fällen auch die Sicherungen, an der Rückseite.

Vorteilhaft wird der Spannungsmesser in Augenhöhe über der Kurbel des Nebenschlußreglers angebracht, damit die Wirkung des Verstellens der Kurbel bequem erkennbar ist. Für Schalttafeln gelten vom Verbande deutscher Elektrotechniker aufgestellte Vorschriften.

a) Ansetzen des Betriebes.

Vor dem Ansetzen sind *MH* und *R* in Ausschaltstellung. Es folgt das Anlassen der Arbeitsmaschine und des Stromerzeugers. Darauf wird die Kurbel von *R* so eingestellt, daß der Stromerzeuger sich erregt; wenn nötig, ist dazu der ganze Vorschaltwiderstand des Reglers durch entsprechende Kurbelstellung abzuschalten. Nach der Erregung wird die Kurbel so eingestellt, daß *V* die höchste zulässige Betriebsspannung anzeigt, d. h. etwa 1 vH. mehr, als die mittlere normale Spannung. Schließlich wird *MH* eingelegt und die Spannung, wenn erforderlich, nochmals geregelt.

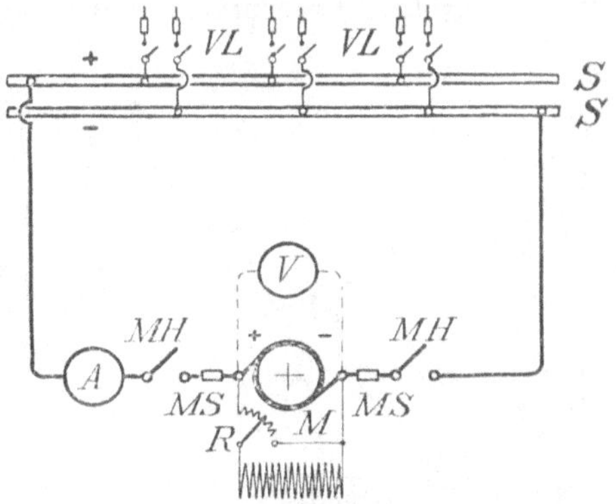

Bild 224. Schema einer Anlage mit Nebenschlußmaschine.

Die Reglerkurbel ist langsam und vorsichtig unter Beobachtung der Spannung von Knopf zu Knopf zu verstellen, da die Wirkung des Verstellens zeitlich, oft mehrere Sekunden, zurückbleibt.

b) Betrieb.

Bei steigender Belastung stellt man jedesmal dann, wenn der zulässige Geringstwert der Betriebsspannung (etwa 1 vH. unter dem mittleren Wert) erreicht ist, die Reglerkurbel so ein, daß der zulässige Höchstwert von neuem hergestellt wird. Bei abnehmender Belastung regelt man, wenn das zulässige Höchstmaß der Spannung erreicht ist, auf den zulässigen Geringstwert ein.

c) Abstellen des Betriebes.

Abgestellt wird in der Regel, wenn am Strommesser erkannt wird, daß keine Lampen und sonstige Stromverbraucher mehr eingeschaltet sind.

Zum Abstellen wird die Reglerkurbel in Ausschaltstellung gebracht und dann *MH* herausgezogen. Erst darauf werden Stromerzeuger und Antriebsmaschine abgestellt.

d) Anwendungsgebiet.

Das hier vorliegende Schema ohne Akkumulatoren empfiehlt sich in allen Fällen, wo zu bestimmter Zeit eine allgemeine Einschaltung der Beleuchtungsanlage und ebenso nach dem Lichtbetrieb eine allgemeine Ausschaltung erfolgt. Es gehört dazu, daß die Antriebsmaschine stets betriebsbereit ist. Am häufigsten liegen diese Verhältnisse bei Fabrikanlagen vor ohne Anschluß von Privaträumen.

B. Anlage mit mehreren parallelen Nebenschlußmaschinen.

Zwei oder mehrere Maschinen, gewöhnlich auch für verschiedene Leistungsabgabe bemessen, sind am Platze, wo zu bestimmten Tageszeiten wenig Strom gebraucht wird, während zu anderen Tageszeiten erheblich größere Beanspruchung der Zentrale eintritt. Auch wird durch

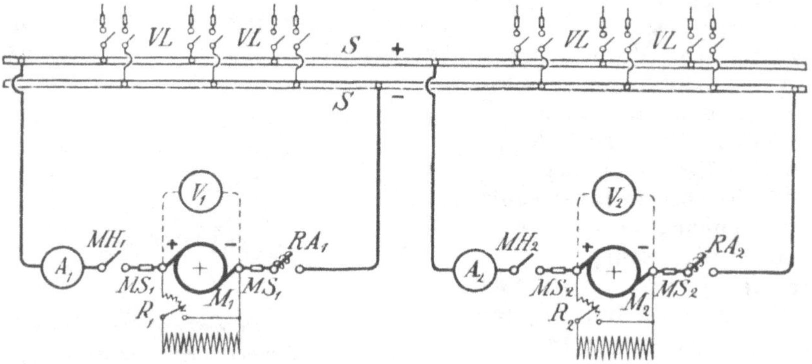

Bild 225. Zwei parallelgeschaltete Nebenschlußmaschinen.

das Vorhandensein mehrerer Maschinen eine Reserve geschaffen. Eine große Maschine bei kleiner Leistungsabgabe laufen zu lassen, hat den Nachteil, daß dadurch wesentlich höhere Leistungsverluste auftreten, als wenn die geringe Leistung durch einen kleineren Maschinensatz abgegeben wird, der in Vollbelastung und mit größerem Wirkungsgrad arbeitet. Arbeitet eine der Maschinen allein, so gilt dafür das Bisherige. Auch ist über das Verwendungsgebiet für die weitaus meisten Fälle dasselbe zu sagen.

Das Schema einer Anlage für zwei Maschinen zeigt Bild 225, in dem die Bezeichnungen des Bildes 224 gelten, nur deutet der Index die Zugehörigkeit zu der einen oder anderen Maschine an, und an Stelle eines Maschinenhebels ist auf jeder Seite ein Rückstromausschalter RA getreten.

a) Übergang vom Betrieb der ersten Maschine zum Parallelbetrieb.

M_2 wird, während MH_2 und RA_2 offen sind, angenähert auf die gleiche Spannung der belasteten M_1 gebracht. Sind beide Spannungen genau gleich, so wird durch Einlegen von MH_2 und RA_2 nichts geändert; M_2 läuft stromlos mit. Ist M_2 im Leerlauf etwas niedriger eingestellt, als M_1, so tritt Strom von M_1 aus über zu M_2 und läßt M_2 als Motor laufen. Der von M_1 zu M_2 übergehende Rückstrom tritt mit den unter X, 3 B beschriebenen Erscheinungen auf, wird also groß und betriebsgefährlich und beansprucht in seinem Entstehen eine Unterbrechung durch einen Rückstromausschalter. Wird M_2 auf etwas höhere Spannung gebracht, als M_1, so nimmt M_2 vom ersten Einschalten ab sofort an der Stromlieferung an das Netz teil und entzieht dadurch bereits der Maschine M_1 einen Teil der Belastung. Beide Stromquellen sind, bezogen auf den Stromkreis des Netzes, nebeneinandergeschaltet. War M_1 vor dem Parallelschalten auf a Volt (Bild 226), M_2 auf b Volt geregelt, wobei a und b nahe beieinander liegen sollen, so stellt sich die gemeinsame Spannung nach dem Parallelschalten auf einen solchen Wert ($K_1 = K_2$), bei dem der Maschine M_1 ein Strom i_1 entzogen wird, der als Belastungsstrom von Maschine M_2 auftritt ($I_2 = i_2$, $I_1 = I - i_1$). Dabei sei der Netzstrom I als unverändert angesehen, wodurch $i_1 = i_2$. Durch Einstellung der EMKe E_1 und E_2 beider Maschinen kann ein beliebiges Verhältnis der Ströme erreicht werden, wobei zu beachten ist, daß die gemeinsame Klemmenspannung K angenähert konstant zu halten ist, und daß die Summe der Ströme beider Maschinen $I_1 + I_2 = I$ den vom Netz beanspruchten Strom bedeutet. Bei geringen Neigungen der Belastungslinien führt eine geringe Änderung von E_1 gegen E_2 eine erhebliche Änderung des Verhältnisses der Ströme herbei.

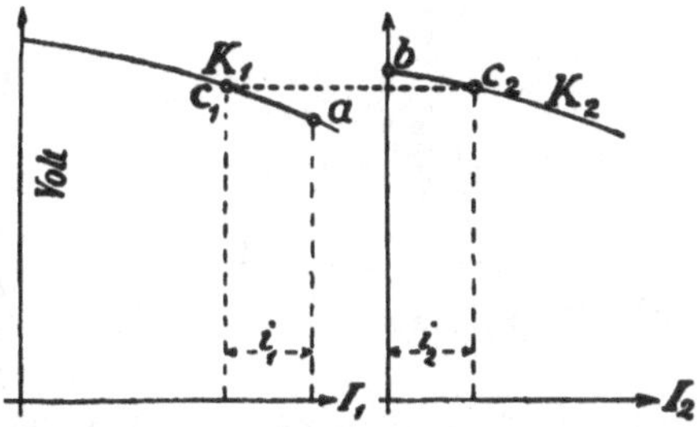

Bild 226.

E_1 und E_2 können durch die Nebenschlußregler in feinen Stufen geändert werden, daher müssen auch die Strommesser A_1 und A_2 von den Nebenschlußreglern aus bequem beobachtbar sein.

Gewöhnlich kommt man damit aus, daß die belastete M_1 vor dem Parallelschalten zunächst auf den zulässigen Geringstwert, die unbelastete M_2 auf den zulässigen Höchstwert der Netzspannung gebracht wird. Beim Einlegen von MH_2 und RA_2 stellt sich dann die von beiden Maschinen gemeinsam herrührende Netzspannung auf einen Zwischenwert ein. Durch Einstellen von R_2 zu geringerem Widerstande hin läßt sich erreichen, daß die Netzspannung ihren zulässigen Höchstwert wiederbekommt, wodurch zugleich der Stromanteil von M_2 vermehrt, von M_1 verringert wird. Weiterhin wird der Strom von M_1 aus zu M_2 verschoben durch Vermehrung des Widerstandes von R_1. Das kann geschehen, wenn die gewünschte Stromverteilung vorher noch nicht vorhanden sein sollte, bis die Netzspannung ihren zulässigen Geringstwert erreicht hat. Das abwechselnde Arbeiten an den Reglerkurbeln gestattet also eine beliebige Vergrößerung des Stromanteiles von M_2, bis der gewünschte Zustand erreicht ist, ohne daß das Netz darunter zu leiden hat. Bei jeder Anzahl parallel arbeitender Maschinen ist das Verfahren wechselseitig anwendbar.

b) Übergang vom Parallelbetrieb zum Betrieb der zweiten Maschine allein.

Nach den unter a) angegebenen Grundsätzen wird M_1 weiter entlastet, bis ihr Stromanteil nahezu gleich Null ist. Dann erfolgt das Herausspringen von $R A_1$, dem durch Herausziehen von $M H_1$ auch vorgegriffen werden kann.

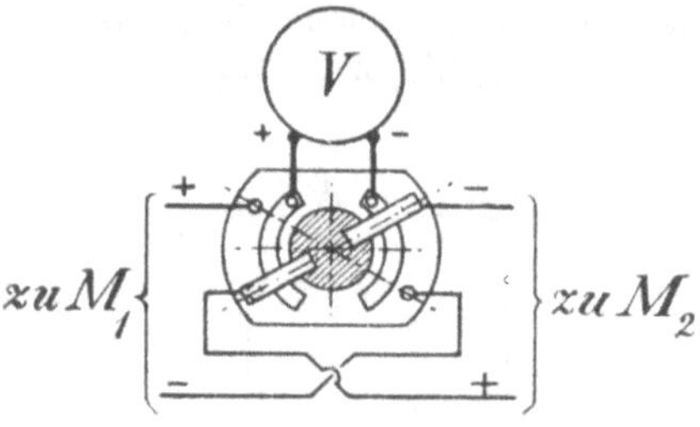

Bild 227. Spannungsmesser-Umschalter.

c) Leitender Grundgedanke bei allen Zentralenbetrieben.

Bei allen Schaltungsänderungen während des Betriebes muß die Netzspannung in den zulässigen Grenzen bleiben; zuzuschaltende Stromquellen werden zuvor auf Netzspannung gebracht, abzuschaltende Teile werden zuvor nahezu stromlos gemacht.

d) Zweck der Spannungsmesser-Umschalter.

Unter Anwendung eines Spannungsmesser-Umschalters, der für den Fall zweier Maschinen nach Bild 227 angeschlossen wird, tritt der Vorteil auf, daß die einzustellenden Spannungen an einem Meßgerät abgelesen werden können; verschiedene Meßgeräte können Verschiedenheiten aufweisen, die bei Parallelschaltung der Teile zu Störungen Anlaß geben würden.

IX. Gleichstrombetreiber.

Vorbemerkungen.

Der Erzeuger erhält mechanische Leistung zugeführt, die er in elektrische umsetzt; der Betreiber wird mit elektrischer Leistung gespeist und gibt mechanische Leistung ab. Die Betreiber benutzen die in VII, 3, 5. Versuch, behandelte Kraftwirkung zwischen Strom und Fluß, deren Richtung nach der Regel der linken Hand vorausbestimmt werden kann, und deren Größe in Gl. 77 klargestellt ist. Indem viele stromdurchflossene Leiter in einem magnetischen Flusse Kraftwirkungen in gleichem Drehsinn erzeugen, kommt man zu Kräften, die zu Betrieben herangezogen werden können. Es ist dazu eine Stromquelle erforderlich, die imstande ist, die nötige elektrische Leistung abzugeben.

Befindet sich ein stromdurchflossener Leiter, etwa in Anordnung nach Bild 228, innerhalb eines magnetischen Flusses in Ruhe, so gilt für ihn das Ohmsche Gesetz in einfachster Form. Bedeutet E die EMK des Stromkreises und W seinen Widerstand, so gilt mit oder ohne Fluß für den ruhenden Draht die Stromstärke:

$$I_{\text{max.}} = \frac{E}{W} .$$

Wird nun der im Flusse liegende Draht losgelassen, so führt er im Sinne seiner Kraftwirkung eine Bewegung durch den Induktionsfluß aus. Wenn in Bild 228 der Fluß in die Bildebene hinein verläuft, wird sich

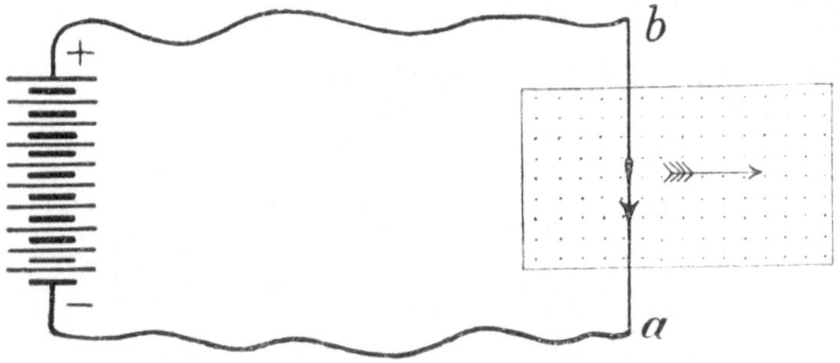

Bild 228.

der Leiter $a\,b$ nach der Regel der linken Hand von links nach rechts bewegen. Die Regel der rechten Hand zeigt, daß bei dieser Bewegung eine Spannung induziert wird, die bestrebt ist, dem fließenden Strome entgegenzuwirken. Diese Spannung bildet eine elektromotorische Gegenkraft (EMGK) zu E; ihre Formelbezeichnung sei E''. Die Stromstärke bei bewegtem Leiter beträgt nun:

$$I = \frac{E - E''}{W} ;$$

die Stromstärke ist bei konstantem E im letzteren Fall kleiner, als im ersten.

Bewegt sich der Draht so schnell durch den Fluß, daß $E'' = E$ wird, so wird die Stromstärke des Kreises der Null gleich.

1. Der Anker im konstanten Flusse.

Es liege ein Anker vor, der genau so eingerichtet ist, wie der Erzeugeranker (VIII, 1), für den zu den nächsten Betrachtungen mit Bild 229 ein Ringanker zwischen zwei Magnetpolen konstanten Flusses dargestellt ist. Dem Anker werde ein Strom durch ein Bürstenpaar zugeführt; die Bürsten mögen an derselben Stelle aufliegen, wo sie bei den ersten Betrachtungen des Stromerzeugerankers auflagen, d. h. sie mögen stets mit den in der Mitte zwischen zwei Polspitzen liegenden Ankerdrähten in Verbindung stehen. Der Pluspol der Stromquelle liege an derjenigen Bürste, die im Falle des Stromerzeugerankers (vgl. Bild 176) Pluspol war. Die Richtung des Magnetflusses sei, wie in Bild 176, von links nach rechts angenommen.

Der Strom fließt bei dieser Anordnung im Falle des Motors, der ein Stromverbraucher ist, in entgegengesetztem Sinn durch den Anker gegen

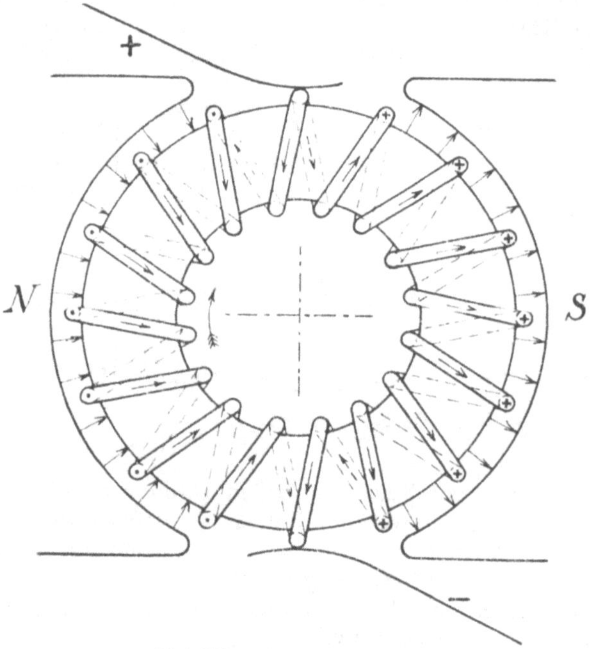

Bild 229. Motorringanker.

den Fall des Stromerzeugers. Sowohl auf der linken als auch auf der rechten Seite des Ringes in Bild 229 sind alle Drähte, die unter einem Polschuh liegen, in derselben Richtung durchflossen, es addieren sich zunächst die Kraftwirkungen der einzelnen unter einem Pole liegenden Leiter. Aus der Regel der linken Hand folgt weiterhin, daß die Leiter unter dem Nordpol, deren Strom auf den Beschauer zuläuft, eine Kraftwirkung von unten nach oben erhalten, die entgegengesetzt durchflossenen Leiter unter dem Südpol erhalten eine Kraft von oben nach unten. Beide Seiten der Wicklung suchen also den Ring in demselben Sinne zu drehen.

Der Drehsinn des Betreiberankers ist derselbe, den man anwenden muß, um am Stromerzeugeranker bei gleicher Feldrichtung an den Bürsten die gleiche elektrische Polarität zu erhalten. Hierdurch ist auch an dem Anker klargestellt, daß er, durch Strom getrieben, eine EMGK erzeugt, wie sie oben nur für einen Draht betrachtet wurde. Die gemäß Bild 229 unter einem Pol erzeugten elektromotorischen Gegenkräfte der einzelnen Leiter addieren sich, während die beiden Wicklungshälften, die beide die geiche EMGK erzeugen, parallelgeschaltet sind.

Wird der an eine konstante Netzspannung K Volt gelegte Anker festgehalten, so fehlt die Gegenspannung, und es kommt das Ohmsche Gesetz in einfachster Form in Frage:

$$I_{A\,\text{max.}} = \frac{K}{W_A}, \tag{112}$$

wobei $I_{A\,\text{max.}}$ den Ankerstrom (Ampere) und W_A den Ankerwiderstand (Ohm) bedeuten. Diese Stromstärke bildet für die vorhandenen Verhältnisse den Höchstwert, und mit ihr tritt das größte vorkommende Drehmoment auf, das zum Produkt aus Strom und Fluß proportional ist.

Läuft der Anker um, und wird dadurch die EMGK E'' erzeugt, so beträgt der Ankerstrom

$$I_A = \frac{K - E''}{W_A} = \frac{e_v}{W_A}, \tag{113}$$

also weniger, als bei fest gehaltenem Anker; e_v bedeutet die zur Überwindung des Ankerwiderstandes erforderliche Spannung (Verlustspannung), E'' ist zur Umlaufgeschwindigkeit verhältnisgleich.

Der obere Grenzfall für die Umlaufgeschwindigkeit tritt auf, wenn der Anker $E'' = K$ erzeugt, d. h. wenn die Gegenspannung gleich der angelegten Spannung ist, denn in diesem Falle wird $I_A = 0$, und die Triebkraft hört auf; der Anker verbraucht in diesem Falle keine Leistung. Der Fall ist nur denkbar unter Annahme völligen, tatsächlich nicht herstellbaren Leerlaufes, bei dem der Anker sich rein nach dem Gesetz vom Beharrungsvermögen mit konstanter Geschwindigkeit weiterbewegt.

Würde die Umlaufszahl höher und E'' größer als K gedacht, so würde der Fall eines Erzeugerankers vorliegen, der von außen angetrieben werden müßte.

Beim Stillstand des Ankers tritt die ganze Netzspannung als Spannungsverlust zur Überwindung des Ankerwiderstandes, beim reinen Leerlauf tritt sie als EMGK auf.

Wird nun an der Achse des Betreibers ein Drehmoment abgenommen, das zwischen dem zum Stillstand gehörenden und dem Werte Null liegt, so genügt eine geringere als die maximale Stromstärke, dieses Drehmoment zu überwinden. Tritt infolge zu großer Ankerstromstärke das zugeführte Drehmoment größer auf, als das Gegendrehmoment, so beschleunigt sich der Anker unter Anwachsen der EMGK und unter Abnahme des Ankerstromes; das zugeführte Drehmoment wird kleiner, bis bei einer bestimmten, gegen vorher erhöhten Umlaufszahl die Gleichheit zwischen dem zugeführten und dem Gegendrehmoment erreicht ist. Stellt der Ankerstrom ein Drehmoment her, das geringer ist, als das

Gegendrehmoment, so verzögert sich der Anker unter Abnahme der EMGK; der Ankerstrom und das Drehmoment wächst, bis bei einer bestimmten Umlaufszahl, die niedriger liegt, als die vorherige, das zugeführte und das Gegendrehmoment wieder gleich sind. Für diesen Beharrungszustand gilt in jeder Belastung infolge der Proportionalitäten zwischen EMGK und Umlaufszahl einerseits und Strom und Drehmoment anderseits für konstante Netzspannung und konstanten Fluß eine durch Bild 230a und b ausgedrückte Gesetzmäßigkeit.

Wird der zum Drehmoment proportional erforderliche Spannungsverlust von der Netzspannung abgezogen, so bleibt für die EMGK ein Rest E'', der bestimmend ist für die Umlaufszahl. Die Abnahme der

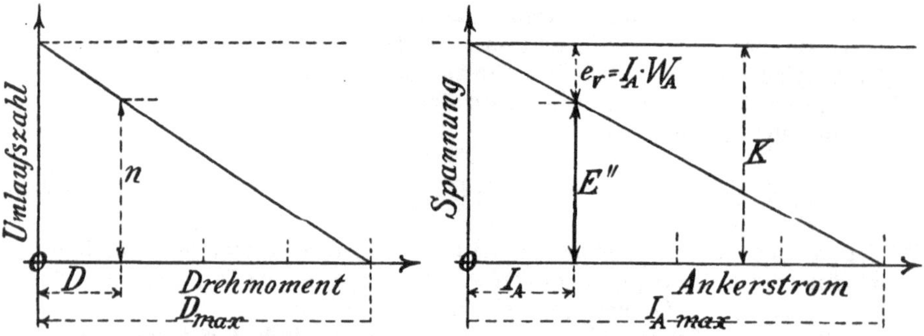

Bild 230a. Schaubild zum Magnetmotor. Bild 230b.

Umlaufszahl ist vom reinen Leerlauf aus proportional zum Drehmoment bis zum Stillstand, d. h. zwischen den Achsen der Umlaufszahl und des Drehmomentes stellen sich die Werte gemäß einer von der höchsten Umlaufszahl zum Stillstandsdrehmoment gezogenen geraden Linie ein. Entsprechend wird im Schaubild der elektrischen Größen die Netzspannung durch eine gerade Linie geteilt, derart, daß die über ihr liegenden Werte die zum Ankerstrom proportionalen Spannungsverluste, die unter ihr liegenden die elektromotorischen Gegenkräfte andeuten. In der Abbildung sind zusammengehörige Werte von Drehmoment und Ankerstrom durch Teilstriche angedeutet, während der Maßstab der Umlaufszahl so gewählt sein möge, daß von der EMGK aus direkt hinübergeschnitten werden kann.

Die Produkte aus Verlustspannung und Ankerstrom bilden die Verlustleistung, die Produkte aus EMGK und Ankerstrom die auf den Anker nutzbar übertragene Leistung. In beiden oben genannten Grenzfällen ist die Nutzleistung der Null gleich.

Eine Änderung der Netzspannung hat Änderungen zur Folge, die ersichtlich werden, wenn in den Schaubildern 230a und b die Abszissenachsen unter Einhaltung der gleichen Maßstäbe nach oben oder unten um gleiche Stücke verschoben werden.

Die gewöhnlichen Betreiber besitzen zur Kleinhaltung der Ankerverlustspannung und der Jouleschen Wärme geringe Ankerwiderstände, wie die Anker der Stromerzeuger. Daher liegt der erste Grenzfall der Belastung mit festgehaltenem Anker bei so hohen Ankerstromstärken, daß dieser Grenzfall für die Wirklichkeit nicht in Betracht kommt. Durchschmelzen von Sicherungen und Verbrennen der Ankerwicklung würde eher als der Stillstand die Folge einer Überlastung sein. Ein Anker mit geringem Widerstand erleidet auf Grund obiger Betrachtungen bis zu seiner praktischen Belastungsgrenze im konstanten Flusse einen geringen Abfall der Umlaufsgeschwindigkeit, wobei aber die Abfälle immerhin proportional zum Drehmoment bleiben.

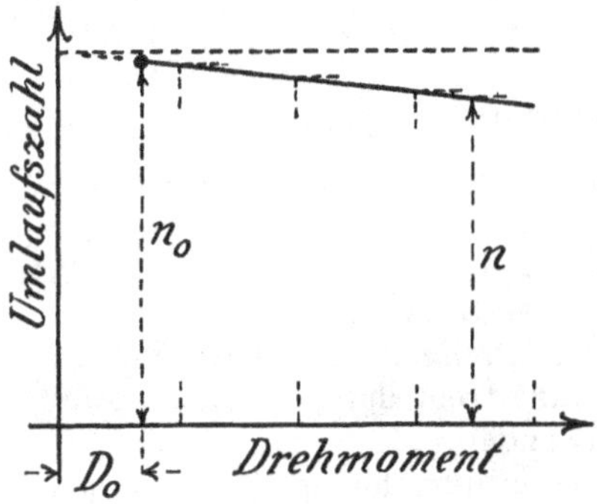

Bild 231 a.

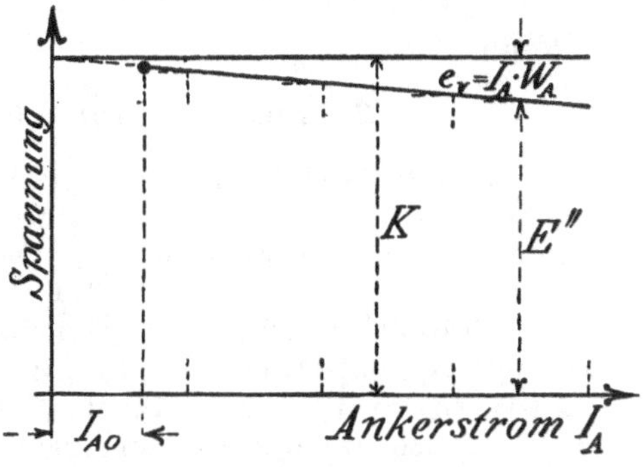

Bild 231 b.

Schaubild zum Magnetmotor mit geringem Ankerwiderstand.

Durch die am ausgeführten Anker vorliegenden Verhältnisse, Vorhandensein von geringem Ankerwiderstand und Auftreten von Hysterese-, Wirbelstrom- und Reibungsverlusten, ändert sich das durch Bild 230a und b ausgedrückte Verhalten zu dem mit Bild 231a und b dargestellten: Der nutzbringende Teil der Spannung, die EMGK E'' kommt nahe an die Netzspannung heran, so daß der Spannungsverlust e_v auch in voller Belastung nur nach geringen Bruchteilen der Klemmenspannung K zählt. Die durch das Produkt aus E'' und dem Ankerstrom I_A gebildete elektrische Leistung findet ihre mechanische Gegenleistung in dem zugehörigen Produkt aus Drehmoment und Winkelgeschwindigkeit entsprechend Bild 231a. Die äußere, an der Achse abgenommene Leistung wird erhalten, indem man von der oben genannten, mechanischen, auf den Anker übertragenen Leistung die Hysterese-, Wirbelstrom- und Reibungsverluste abzieht. Da diese Verluste auch im praktischen Leerlauf auftreten, ist der Leerlaufstrom I_{A0} ein von Null verschiedener Geringstwert. Ihm entspricht das im Leerlauf auf den Anker übertragene Drehmoment D_0, das bei der höchsten vorkommenden Umlaufszahl n_0 auftritt.

Die Drehrichtung des Ankers wird umgekehrt durch Umkehr entweder der Flußrichtung oder der Ankerstromrichtung; die Umkehr beider Richtungen ergibt Drehung in demselben Sinne.

Der Abfall der Umlaufsgeschwindigkeit von der äußeren Nullbelastung bis zur Vollbelastung ist unter sonst gleichen Verhältnissen um so geringer, je kleiner der Ankerwiderstand ist.

Die Betrachtungen zeigen, daß der üblich ausgeführte Anker im konstanten Flusse innerhalb seiner Leistungsfähigkeit ohne weiteres Zutun aus dem Netz Leistungen entnimmt, die sich der äußeren abgenommenen Leistung anpassen. Dabei zeigt er mechanisch das Verhalten anderer Antriebsmaschinen, die auf „konstante“ Drehzahl gesteuert sind, mit zunehmender Belastung ein wenig die Drehzahl zu verringern.

2. Die Folge von Flußveränderungen.

Der Motor stellt seinen Beharrungszustand so ein, daß unter Vernachlässigung von Verlustdrehmomenten das zugeführte gleich dem abgenommenen Drehmoment ist. Das Drehmoment ist proportional zum Produkt aus Strom und Fluß, folglich bringt eine Ver-z-fachung der Dichte bei gleichem abgenommenen Drehmomente eine Ver-$^1/_z$-fachung der Ankerstromstärke hervor. Man strebt daher danach, soweit das wirtschaftlich ist, hohe Dichte anzuwenden.

Technisch wichtig ist außerdem die Flußveränderung an einem Motor mit geringem Ankerwiderstand: Da E'' (Bild 231 b) bei einer bestimmten Umlaufszahl proportional zum Flusse ist, bringt eine plötzliche Verringerung des Flusses an einem laufenden Anker eine in gleichem Maße verringerte EMGK hervor und läßt bei konstanter Netzspannung eine größere Verlustspannung $e_v = I_A W_A$ zu, d. h. es stürzt zunächst ein stärkerer Strom in den Anker. Da e_v gering ist, bringt eine geringe Verringerung der Dichte eine erhebliche Stromvermehrung zustande, und das Produkt aus Dichte und Strom, das Drehmoment, wird erheblich vermehrt. Der Anker beschleunigt sich bei unverändertem abgenommenen Drehmoment und bekommt einen neuen Beharrungszustand bei einer höheren Umlaufszahl, für den die Bedingung gilt, daß I_A in gleichem Maße vermehrt ist, als der Fluß geschwächt wurde; e_v ist in dem neuen Beharrungszustand gegen den vorherigen proportional zu I_A, also ein wenig vergrößert und E'' gegen den vorherigen Beharrungszustand ein wenig verringert, so daß die neue Umlaufsgeschwindigkeit nicht ganz in dem Maße erhöht auftritt, als der Fluß verringert wurde.

60. Beispiel: Die Netzspannung eines Betreibers mit konstantem Flusse betrage $K = 100$ Volt, der Spannungsverlust vor der Flußänderung beim Strome $I_A = 40$ Ampere $e_v = 4$ Volt ($W_A = 0{,}1$ Ohm), und die Umlaufszahl in der Minute $n = 1000$. Nun werde der Fluß auf $^7/_8$ seines ersten Wertes gebracht. Welche Drehzahl tritt bei gleichbleibendem abgenommenen Drehmoment auf?

Es beträgt:

Die EMGK für den ersten Beharrungszustand $E_1'' = 96$ V.

Die EMGK sofort nach der Flußänderung $E_2'' = 96 \cdot {}^7/_8 = 84$ V.

Der Ankerstrom „ „ „ „ $I_{A2} = (100 - 84) : 0{,}1 = 160$ A.

Die erste Vergrößerung des Drehmoments $\frac{160}{40} \cdot \frac{7}{8} = 3{,}5$ fach.

Die Stromstärke im neuen Beharrungszustand $I_{A3} = 40 \cdot {}^8/_7 = 45{,}7$ A.

Der Sp.-Verl. „ „ „ $e_{v_3} = 4{,}57$ V.

Die EMGK „ „ „ $E_3'' = 100 - 4{,}57 = 95{,}43$ V.

Die Drehzahl „ „ „ $n' = 1000 \cdot \frac{8}{7} \cdot \frac{95{,}43}{96} = 1136.$

Eine Erhöhung des Flusses hat den umgekehrten Vorgang zur Folge: Im ersten Augenblick nach der Erhöhung verringert sich die Stromaufnahme, und das Drehmoment, das auf den Anker übertragen wird, der Anker, verzögert sich bei dem gleichen Gegendrehmomente und bekommt einen neuen Beharrungszustand bei niedrigerer Umlaufszahl und niedrigerer Stromstärke. Die Ströme in beiden Beharrungszuständen sind fast umgekehrt proportional zu den Flüssen unter Voraussetzung gleicher Drehmomente.

Beim Übergang von einem niedrigeren zu einem höheren Flusse kann sich unter Abgabe eines Teiles der in den umlaufenden Massen vorhandenen kinetischen Energie in Form elektrischer Arbeit an das Netz der Strom für kurze Zeit umkehren, wodurch ebenfalls eine Verzögerung der Ankerdrehung eintritt.

Die für einen Motor wichtigen Gleichungen lauten:

1. $P = \frac{1}{9{,}81} \cdot \mathfrak{B} \cdot I_A \cdot l \cdot 10^{-6},$ (114 nach 77)
2. $D = r \cdot P$ (115)
3. $\Phi = F \cdot \mathfrak{B}$ (65)
4. $E'' = \Phi \cdot z \cdot n' \cdot 10^{-8},$ (116 nach 99)
   (für Reihenanker $E'' = p \cdot \Phi \cdot z \cdot n' \cdot 10^{-8}$), (117)
5. $I_A = \frac{K - E''}{W_A},$ (113)

dabei bedeutet, bezogen auf den Radius r der Ankerwicklung:

P die auf den Anker übertragene Umfangskraft (kg),
$\mathfrak{B}$ die mittlere Dichte unter den Polschuhen (Gauß),
F den Querschnitt des von $\mathfrak{B}$ durchsetzten Raumes unter einem Polschuh (qcm), sowie außerdem
I_A den Ankerstrom in allen Zweigen zusammen (Ampere),

l die wirksame (in $\mathfrak{B}$ liegende) Länge eines Ankerzweiges (cm),
D das Drehmoment,
p die Anzahl der Magnetpolpaare,
Φ den an einem Polschuh auftretenden Kraftfluß,
K die Klemmenspannung des Ankers (Volt),
E'' die EMGK des Ankers (Volt),
W_A den Ankerwiderstand (Ersatzwiderstand aller parallelgeschalteter Zweige zusammen) (Ohm),
z die Zahl der Leiter rund um den Anker,
n' die Umlaufszahl in der Sekunde.

Aus diesen Gleichungen lassen sich eine Reihe anderer bilden, die das Verhalten eines Motors formelmäßig ausdrücken, von denen der Ausdruck für die Umlaufszahl

$$n' = \frac{K - I_A \cdot W_A}{\Phi \cdot z} \cdot 10^8 \tag{118}$$

$$\left(\text{für Reihenanker } n' = \frac{K - I_A W_A}{p \cdot \Phi \cdot z} \cdot 10^8\right) \tag{119}$$

hervorgehoben sein möge.

3. Flußverdrehung, Bürstenverstellung und Stromwendung.

Die Art des Auftretens der Flußverdrehung im Gegensatz zum Stromerzeuger (Bild 213) wird durch Bild 232 erläutert: Die Ankeramperewindungen erzeugen eine Quermagnetisierung entgegengesetzt derjenigen des Generators. Der von den Magnetspulen herrührende Fluß setzt sich mit demjenigen des Ankers zu einem resultierenden zusammen, der gegen den Leerlauf des Motors eine Verstärkung am Vorderhorn und eine Verschwächung am Hinterhorn aufweist. Die Ablenkung ist bei gleicher Drehrichtung entgegengesetzt der in Bild 215 für den Stromerzeuger gezeichneten. Ist nicht durch besondere Mittel eine Bürstenverstellung unnötig gemacht, so sind daher auch die Bürsten beim Übergang vom Leerlauf zur Belastung ein Stück gegen die Umlaufsrichtung zu verstellen. Die nach dieser Bürstenverstellung in ihrer Windungsebene mit derjenigen der Magnetspulen zusammenfallenden Ankeramperewindungen verringern ebenfalls wieder (vgl. beim Generator Bild 221) den Gesamtfluß (Bild 233).

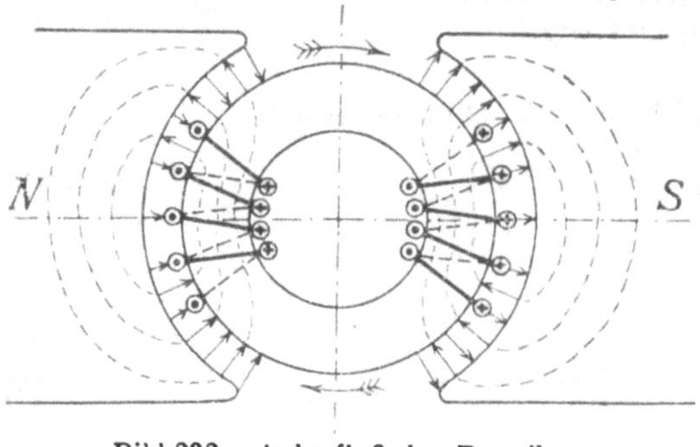

Bild 232. Ankerfluß des Betreibers.

Werden die Bürsten von der Mitte zwischen den Polhörnern aus nicht verstellt, so verringert sich auch schon durch die bloße Ablenkung des Flusses und die damit verbundene Vergrößerung des magnetischen Widerstandes die Zahl der Induktionslinien.

Dieselben Mittel wie beim Stromerzeuger drücken die Störung durch Flußverdrehung herab: genügend groß in radialer Richtung bemessener Luftraum zwischen Polschuh und Anker, genügend hoch gesättigte Ankerzähne und Wendepole.

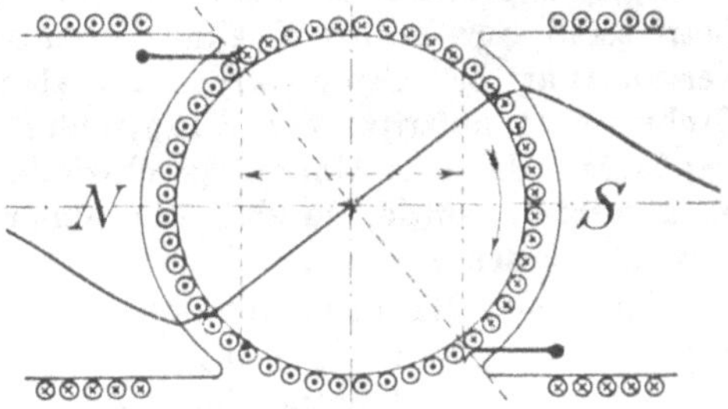

Bild 233. Ankerrückwirkung des Betreibers.

Sinngemäß auf den Motor angewendete Betrachtungen nach VIII, 8 führen zu dem Ziele, daß eine Bürstenverstellung gegen den Drehsinn über die neutrale Stelle so weit hinaus zu erfolgen hat, bis die Rotations-Induktionsspannung im Flusse des nahen Poles die Selbstinduktionsspannung der in Stromumkehr befindlichen Ankerspule kompensiert. Wendepolmotoren kompensieren in Mittelstellung der Bürsten die Selbstinduktionsspannung durch die Rotations-Induktionsspannung im Fluß der Wendepole. Bei Verwendung einer Wendepolmaschine sowohl als Stromerzeuger, wie als Motor stellt sich ohne Umschaltung zwischen Anker und Wendepol der kommutierende Fluß im richtigen Sinne ein, wenn die Maschine nur zwischen Ankerkreis und Magnetwicklung richtig geschaltet ist, so daß ohne Bürstenverstellung und ohne Umschaltung zwischen Anker und Wendepolen vom Falle des Motors zu dem des Generators und umgekehrt übergegangen werden kann. In den weiteren Entwicklungen vom Verhalten und der Steuerung von Motoren kann daher bei Wendepolmaschinen an Stelle des Wortes „Anker" stets gesetzt werden „Anker und Wendepolwicklung in unveränderter Hintereinanderschaltung".

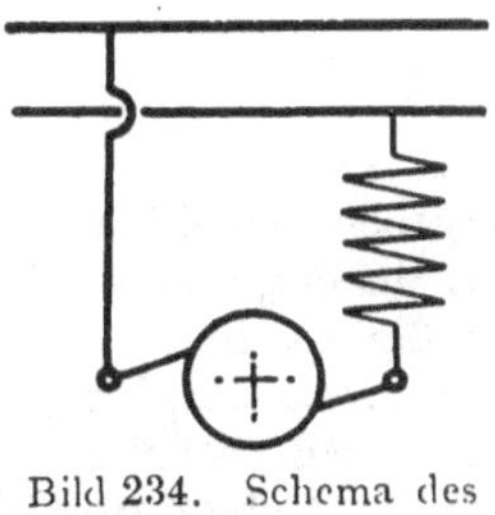
Bild 234. Schema des Hauptschlußmotors.

4. Die Erregungsarten.

A. Der Hauptschlußmotor.

An einem Hauptschlußbetreiber sind Magnetwicklung und Anker hintereinandergeschaltet (Bild 234). Anker und Magnetwicklung besitzen, wie der Hauptschluß-Stromerzeuger, dicke Kupferwindungen, wodurch $W_A + W_M$ klein bleibt. Infolge der Hintereinanderschaltung von Magnetspulen und Anker ist bei schwachem Ankerstrome der Fluß gering, bei hohem Ankerstrome hoch. Da das auf die Achse übertragene Drehmoment proportional zu dem Produkt aus Ankerstrom und Dichte ist, und da eine Flußschwächung eine Erhöhung, eine Verstärkung eine Erniedrigung der Umlaufsgeschwindigkeit verursacht, folgt für das Verhalten eines Hauptschlußmotors an konstanter Netzspannung: Die Umlaufszahl ist bei großem Drehmoment gering, bei geringem Drehmoment groß; von einem mittleren Betriebsfall aus erfordert eine Steigerung des Drehmoments eine Steigerung der Stromstärke, die aber niedriger als proportional zum Drehmoment auftritt; von einem mittleren Betriebsfall aus erfordert eine Verringerung des Drehmomentes eine Verringerung der Stromstärke, die aber höher, als proportional zum Drehmoment auftritt; der Hauptschlußmotor darf niemals vollständig leer laufen, da seine Umfangsgeschwindigkeit in diesem Falle unzulässig hoch werden würde, so daß die umlaufenden Teile durch Fliehkraft zerstört werden können.

Für einen Hauptschlußmotor tritt in den Nenner der Gl. 113 an Stelle von W_A nun $W_A + W_M$.

Wäre der Fluß proportional zum Strome ($\Phi = c \cdot I$), so würde der Stromanstieg mit Vergrößerung des auf den Anker übertragenen Drehmomentes proportional zur Quadratwurzel aus diesem Drehmoment sein, d. h. D in Abhängigkeit von I würde sich durch eine Parabel darstellen. Die Umlaufszahl würde sich nach einem Ausdruck

$$n' = \frac{10^8}{c \cdot z}\left[\frac{K}{I} - (W_A + W_M)\right] \qquad \text{(120 nach 118)}$$

und bei konstanter Klemmenspannung zu der Hyperbel

$$n' = \frac{k_1}{I} - k_2 \qquad (121)$$

ergeben, wobei k_1 und k_2 zu einem bestimmten Motor und einer bestimmten Klemmenspannung gehörende konstante Werte bedeuten. Diese Gesetzmäßigkeit bildet nur eine Anlehnung für das wirkliche Verhalten, da die Proportionalität zwischen Strom und Fluß für magnetische Kreise, die Eisen enthalten, nicht vorhanden ist; vielmehr tritt an ihre Stelle die im Gebiet des Magnetismus behandelte Krümmung auf, die auch für einen Motor entsprechend Bild 199 durch Abnahme einer Leerlaufslinie zum Vorschein kommt. Infolge der Ankerrückwirkung ist wieder die EMGK des belasteten Betreibers bei der gleichen Stromstärke geringer, als die Leerlaufspannung.

Wie sich die Verhältnisse für einen an konstanter Klemmenspannung liegenden Hauptschlußmotor tatsächlich gestalten, mögen in einem Beispiel die Schaubilder 235a und b zeigen, die für einen kleinen, an konstant 90 Volt liegenden Motor vom Widerstande $W_A + W_M = 4$ Ohm gelten. Da der Motor mit starker Sättigung arbeitet, weist die an der Bremsscheibe (vom Radius 10 cm) abgenommene Umfangskraft P mit steigender Stromstärke nur eine geringe Krümmung auf. Eine Verlängerung der Linie für P nach links unten führt nicht zum Koordinatenursprung, sondern zu dem Leerlaufstrom, mit dem in einem stark geschwächten Flusse das Leerlaufsdrehmoment überwunden werden würde.

Die Umlaufszahl verringert sich im vorliegenden Beispiel von der geringsten bis zur höchsten zulässigen Belastung etwa im Verhältnis 4,5 : 1; eine weitere Entlastung, als gezeichnet, würde ein schnelles Anwachsen der Umlaufszahl zur Folge haben. Die abgenommene Leistung L_2 wird in höherer Belastung angenähert konstant, d. h. für ein gewisses Bereich stehen P und n in umgekehrtem Verhältnis. Die zugeführte Leistung L_1 bildet in Abhängigkeit vom Strome wegen der Konstanz der Klemmenspannung genau eine Gerade. Der Höchstwert des

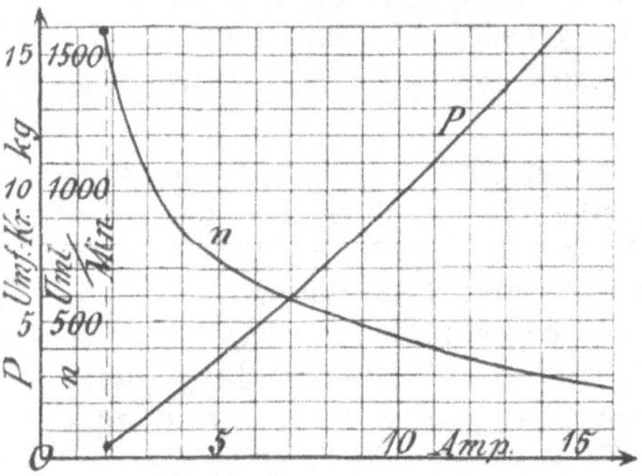

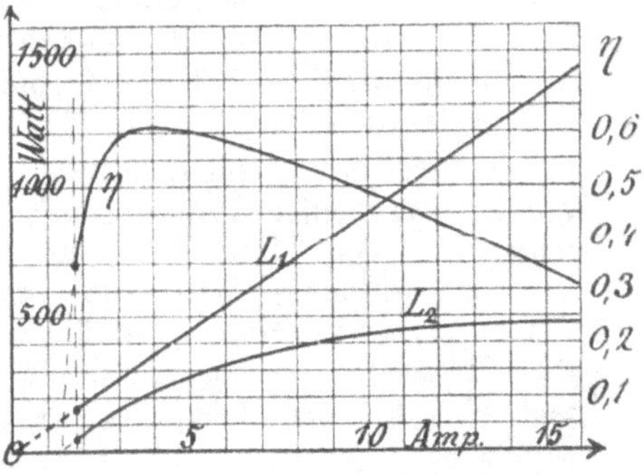

Bild 235 a. Schaubilder zum Hauptschlußmotor. Bild 235 b

Wirkungsgrades $\eta = L_2 : L_1$ wird an vorliegendem Motor in der Nähe von 4 Ampere zu $\eta_{max.} = 0{,}61$ erreicht, während 6 Ampere die maximal zulässige Dauerbelastung bilden.

Im allgemeinen ist der Hauptschlußmotor wenig sparsam mit der Leistung, vor allem, wenn das Verhalten in weiten Grenzen ausgenutzt wird. Ein hohes η ist immer nur für einen verhältnismäßig kleinen Bereich vorhanden.

Das hier skizzierte Verhalten macht den Hauptschlußmotor geeignet zum Hubmotor an Lasthebezeugen, da ohne Vorgelege eine schnelle Überwindung kleiner und eine langsame Überwindung großer Lasten erreicht wird, und zum Antrieb von Straßenbahnwagen, da das große, zum Anfahren erforderliche Drehmoment mit geringerem Strome hergestellt wird, als bei einem Motor mit einem mittleren konstanten Flusse.

Durch die Gefahr des völligen Leerlaufes ist es ausgeschlossen, an Hauptschlußmotoren Riemenübertragungen anzuwenden, da Riemen abrutschen können. Es kommen vielmehr als Übertragungsmittel nur Zahnräder- (an Straßenbahnwagen und Hebezeugen) oder Schneckenvorgelege (an Hebezeugen) in Betracht.

B. Der Nebenschlußmotor.

Ein im Betrieb befindlicher Nebenschlußmotor ist nach Bild 236 angeschlossen, in dem zwischen der Leitung und dem Motor alle Hilfseinrichtungen weggelassen sind. Das Wesentliche ist: Die Magnetwicklung wird an dieselben Klemmen gelegt, an denen der Anker mit dem Stromverbrauch I_A liegt, d. h. die Magnetwicklung liegt im Nebenschluß zum Anker. Sie besteht, wie beim Nebenschlußstromerzeuger, aus vielen dünnen Kupferwindungen. Ihr Leistungsverbrauch wird durch Kleinhaltung ihres Stromes i_M gering. So folgt für den Gesamtstrom $I = I_A + i_M$. Die Einrichtung eines Nebenschlußmotors im allgemeinen ist gleich derjenigen eines Nebenschlußgenerators, so daß eine Nebenschlußmaschine sowohl als Stromerzeuger, wie auch als Motor verwendet werden kann.

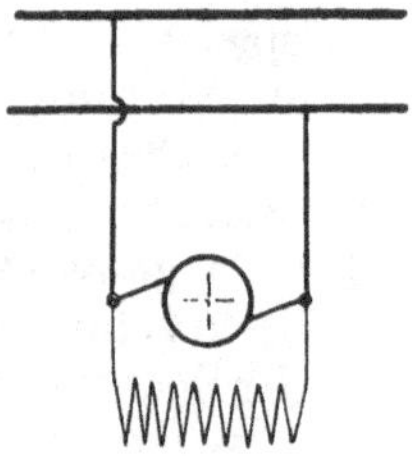

Bild 236. Schema des Nebenschlußmotors.

Durch die Parallelschaltung von Anker und Magnetwicklung sind die Ströme beider Teile voneinander unabhängig, d. h. der Strom in dem einen Teil kann ohne Störung des Stromes in dem anderen Teile geändert werden. Wird zunächst von zusätzlichen Widerständen im Erregerkreise abgesehen, so ändert sich bei konstanter Netzspannung der Strom in der Magnetwicklung nicht; die Magnetwicklung weist vielmehr in jeder Belastung des Ankers die gleiche Amperewindungszahl auf.

Da die Flußverdrehung zugleich eine Schwächung des Flusses gegen den Fall des Leerlaufes bedeutet, liegen beim Nebenschlußmotor an konstanter Spannung nicht ganz die Verhältnsse wie beim Motor mit konstantem Flusse vor; es wird der Abfall der Drehzahl nicht ganz so groß und die Ankerstromstärke etwas größer für ein bestimmtes Drehmoment, als man nach Bild 231 erwarten sollte.

Wie sich ein Nebenschlußmotor tatsächlich verhält, mögen in einem Beispiel die Schaubilder 237a und b zeigen. Es handelt sich hier um einen kleinen Motor für 110 Volt Netzspannung und 9,1 Ampere Gesamtstrom für Dauerbelastung, dessen Ankerwiderstand $W_A = 0{,}82$ Ohm und dessen Magnetwicklungswiderstand $W_m = 90$ Ohm beträgt. Die Schaulinien sind zum unmittelbaren Vergleich mit dem Hauptschlußmotor in gleiche Achsen gezeichnet, wobei hier die Abszissen I den Gesamtstrom bedeuten. Die Bremsscheibe besitzt den gleichen Halbmesser von 10 cm. Die Klemmenspannung ist auch hier wieder konstant gehalten, und zwar zu $K = 110$ Volt. Von einer Krümmung in der Linie der an der Bremsscheibe auftretenden Umfangskraft P ist praktisch nichts zu merken. Das gleiche gilt von der Umlaufszahl n. Die zugeführte Leistung L_1 bildet in Abhängigkeit vom Strome bei konstantem K genau eine Gerade, während von der abgenommenen Leistung L_2 eine Krümmung in dem Sinne bemerkbar ist, daß die Differenz $L_1 - L_2$ mit wachsendem I zunimmt. Das Verwendungsbereich geht bis auf $P = 0$ herab, wo der Motor 3,2 Ampere aufnimmt, von denen rund 1,2 Ampere auf die Erregung und 2 Ampere auf den leerlaufenden Anker entfallen. Vom Leerlauf bis nahezu zum Doppelten der normalen Belastung nimmt die Umlaufszahl schon bei diesem kleinen Motor nur um etwa 11 vH. des Leerlaufswertes ab. Der Wirkungsgrad steigt innerhalb des gezeichneten Bereiches, dessen obere Grenze für kurzzeitigen Betrieb als die äußerste praktische Grenze angesehen werden kann, bis zu $\eta = 0{,}715$.

Die völlige Entlastung eines Nebenschlußmotors, auch wenn sie plötzlich eintritt, ist ungefährlich, und es kann daher auch der Riemen, sowie jedes andere mechanische Übertragungsmittel verwendet werden. Der Nebenschlußmotor ist sparsam, da das hohe η sich über einen verhältnismäßig großen Belastungsbereich ausdehnt.

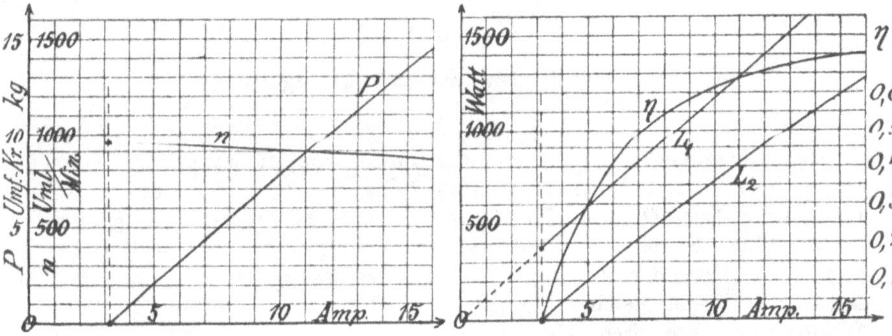

Bild 237 a. Schaubilder zum Nebenschlußmotor. Bild 237 b.

Der Nebenschlußmotor kann in seiner Wirkungsweise mit einer durch Fliehkraftregler gesteuerten Dampfmaschine verglichen werden Durch dieses Verhalten ergibt sich das weite Gebiet für die Anwendung des Nebenschlußmotors: Er kann überall an Stelle eines anderen auf angenähert gleiche Umfangsgeschwindigkeit geregelten Antriebsmotors treten und eignet sich besonders für Fabriks-, Werkstatts-, Gruppen- und Einzelantriebe, sowie zum Betrieb von Personen- und Warenaufzügen.

Abweichungen von dem hier erörterten Verhalten des Nebenschlußmotors durch äußeres Zutun und Punkte, auf die zur Vermeidung von Störungen oder Gefahr besonders hinzuweisen ist, sind unter IX, 5 behandelt.

C. Der Doppelschlußmotor.

Ein Doppelschlußmotor entsteht, wenn Hauptschlußwindungen zugleich mit Nebenschlußwindungen zur Magnetisierung verwendet werden. Hier sind zwei Fälle möglich: entweder wirken die Hauptschlußwindungen im Sinne der Nebenschlußwindungen, so entsteht ein Motor, dessen

Verhalten zwischen demjenigen des Haupt- und Nebenschlußmotors liegt; oder die Hauptschlußwindungen führen Strom in entgegengesetztem Sinne, als die vorherrschenden Nebenschlußwindungen, so wird durch den Hauptstrom das Feld geschwächt und die Umlaufszahl erhöht. Letzterer Fall tritt ein, wenn man einen Doppelschlußgenerator, wie er früher behandelt wurde, ohne Umschaltung als Doppelschlußmotor laufen läßt, und hat keine praktische Bedeutung. Die Ent- und Ummagnetisierungsmöglichkeit führt dazu, daß Doppelschlußmotoren mit dem gegenläufigen Richtungssinn des Stromes in den Hauptschlußwindungen keine Verwendung finden; besonders störend ist diese Ummagnetisierung, wenn eine Doppelschlußmaschine als Stromerzeuger laufen soll und bei der Ladung von Sammlern* durch irgendeine Zufälligkeit Rückstrom erhält. Der Rückstrom läßt den Stromerzeuger als Motor laufen, und es treten dann die unter X, 3 B angedeuteten Störungen ein.

5. Anlaß- und Steuerungsfragen.

Vorbemerkung.

Bei stillstehendem Anker fehlt die EMGK, die im Betrieb die Stromstärke in Grenzen hält, und bei unmittelbarem Anschließen des Motors würde in vielen Fällen infolge des geringen Motorwiderstandes ein unzulässig hoher Stromstoß auftreten, der Störungen im Netz verursachen würde. Der Grad der Störung richtet sich erstens nach dem Motor selbst, indem unter sonst gleichen Verhältnissen Hauptschlußmotoren geringere Anlaufströme brauchen als Nebenschlußmotoren, und indem kleine Motoren dadurch, daß sie einen größeren Teil der Klemmenspannung für den Spannungsverlust verwenden, den Anlaufstrom nicht in dem hohen Maße steigern, wie große Motoren; zweitens ist der Grad der Störung um so geringer, je weniger der Motor beim Anlauf belastet ist; drittens sind die Widerstandsverhältnisse des Motors und der Leitung für den Grad der Störung von Einfluß, indem Leitungen größeren Widerstandes bei Stromsteigerungen erheblichere Spannungsverluste aufweisen, als Leitungen geringeren Widerstandes. Lampen, die von Motorleitungen abzweigen, sind, vor allem wenn die Motorstromstärke die Lampenstromstärke überwiegt, großen Lichtschwankungen unterworfen (Straßenbahnen), die beim Anlassen am erheblichsten sind. Nebenschlußmotoren können in besonderen Fällen bei direktem Anschließen, obgleich der aufgenommene Strom hoch ist, im Anlauf versagen, nämlich dann, wenn ein sehr großer Spannungsverlust zum Motor hin auftritt, wodurch die Nebenschlußwicklung in Abzweigung von dem sehr kleinen Ankerwiderstand zu geringe Stromstärke bekommt.

Eine Grenze, bis zu der Motoren durch gewöhnliche Ausschalter angeschlossen werden können, liegt nicht fest, sie würde sich höchstens

* Vgl. die Bemerkung am Ende von VIII, 6.

danach richten, welchen Spannungsverlust man beim Anlassen als zulässig erachtet. Allgemein üblich ist es, kleinste Motoren, die durch 6-Amperesicherungen geschützt sind, ohne weiteres mit Drehschaltern anzuschließen.

Bei größeren Motoren schaltet man einen Widerstand in den Ankerkreis ein, der von vornherein den normalen Strom in den Anker treten läßt; dieser Strom läßt mit dem normalen Flusse zusammen das normale Drehmoment angreifen; der Anker beschleunigt sich, entwickelt eine mit zunehmender Umlaufszahl steigende Gegenspannung, verringert dadurch seinen Strom und würde einem Beharrungszustande mit niedrigerer als der normalen Umlaufszahl zustreben, wenn nicht inzwischen die vorgeschalteten Widerstände immer mehr verkleinert würden. Jede Verkleinerung des Widerstandes bringt eine neue Stromsteigerung, eine neue Beschleunigungsperiode und darauf einen neuen Abfall des Stromes mit sich, so daß der Motor schießlich nach Abschaltung aller vor dem Anker liegenden Widerstände an Netzspannung das bisher beschriebene Verhalten zeigt.

Für viele Fälle ist der Widerstand des Motors und der Zuleitung klein gegen den Anlaßwiderstand, für den dann als erste Annäherung

$$W_V = \frac{K}{I}$$

gesetzt werden kann, wobei K die Klemmenspannung und I den ersten Stromstoß bei stillstehendem Anker bedeutet.

Die Widerstände des Anlassers werden nach einer geometrischen Reihe zu kleiner werdenden Stufen geteilt, bis die letzte Widerstandsstufe, die am Anker liegt, $\lesseqgtr$ dem Ankerwiderstande ist.

Die Dicke der Anlasserdrähte wird gewöhnlich geringer gewählt, als für Dauerstrom. Wird Widerstand dauernd vor den Anker des in Betrieb befindlichen Motors geschaltet, so ist das für das Verhalten gleichbedeutend mit einer Vergrößerung des Ankerwiderstandes, die beim Nebenschluß- und beim Hauptschlußmotor zu einer Verringerung der Umlaufszahl führt. Dienen Anlaßwiderstände zugleich zur Umlaufsregelung, so werden sie dazu besonders eingerichtet und beanspruchen mehr Widerstandsbaustoff als gewöhnliche Anlasser. Regelstufen werden an Handanlassern als solche gekennzeichnet. Es ist auch für die Bemessung des Widerstandsbaustoffes von Wichtigkeit, ob der Motor belastet oder unbelastet anlaufen soll.

Nach der Zahl der verwendeten Betreiber kommt im wesentlichen der Nebenschluß- und in zweiter Linie der Hauptschlußmotor in Frage. Seiner größeren Einfachheit wegen sei jedoch der Hauptschlußmotor an erster Stelle behandelt. Im Gebiet der Steuerschalter kehrt er für weniger einfache Bewegungen wieder.

A. Zum Hauptschlußmotor.

Der Hauptschlußbetreiber wird durch einfaches Einschalten des Anlaßwiderstandes in den Motorstromkreis angelassen. Die Reihenfolge von Anlasser, Anker und Magnetwicklung würde gleichgültig sein, wenn man nicht darauf bedacht wäre, der Magnetspule gegen das Gestell, das doch meistens geerdet ist, ein niedriges Potential zu geben. Da bei 500-V-Anlagen gewöhnlich der negative Pol der Leitung (Straßenbahnen) geerdet ist, gilt als Regel obige Reihenfolge vom positiven zum negativen Pole.

Für die genaue Bemessung des Anlaßwiderstandes sind alle Widerstände des Kreises, die wegen der Hintereinanderschaltung einfach in die Rechnung eingesetzt werden können, zu berücksichtigen.

Obgleich das länger dauernde Vorschalten von Widerstand zur Verringerung der Drehzahl beim Steuern des Motors unwirtschaftlich ist, ist dieses Verfahren weit verbreitet.

Eine Vertauschung zwischen Motorklemmen und Leitung, also eine Umkehr des Stromes im Motor, führt keine Umkehr der Drehrichtung

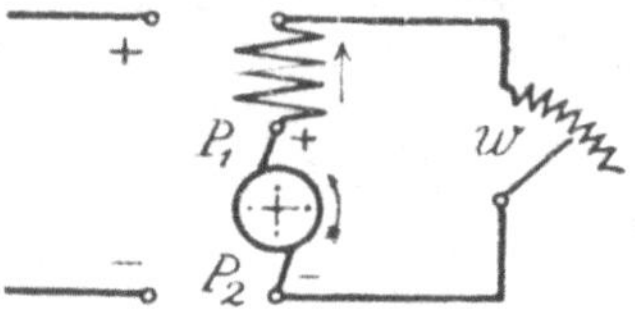

Bild 238.

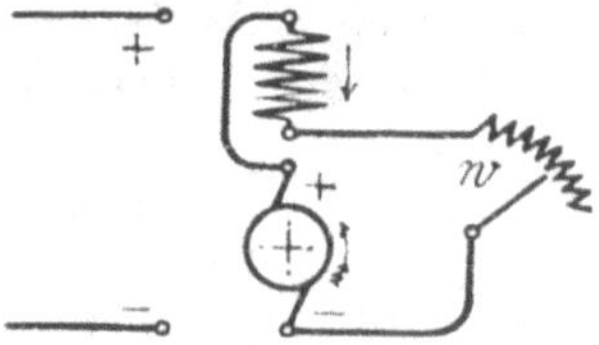

Bild 239.

herbei. Die Änderung der Drehrichtung ist möglich entweder mit alleiniger Umkehr der Stromrichtung im Anker oder mit alleiniger Umkehr der Stromrichtung in den Magnetspulen. Das erstere ist für Motoren mit einem Umlaufssinn einfacher, da in dem Falle, daß die gewünschte Drehrichtung nicht vorhanden ist, die Umkehrung des Ankerstromes sich mit Hilfe der beweglichen Bürstenkabel leicht vornehmen läßt. Für Wendemotoren ist die Umkehrung des Ankerstromes ebenfalls das übliche Verfahren.

Eine elektrische Bremsung durch den Anker erfolgt auf Grund der Tatsache, daß ein Motor zugleich auch als Generator wirken kann. Den durch kinetische Energie oder durch Abwärtsbewegung einer Last getriebenen Motor kann man nach Abschaltung vom Netz auf einen Widerstand arbeiten lassen, so daß der Fall eines belasteten Generators eintritt. Die an der Achse angreifende mechanische Arbeit setzt sich dadurch im Belastungskreise in Wärme um. Der Hauptschlußmotor bedarf beim Übergang vom Stromantrieb zu dieser Bremstätigkeit einer der Stromunterbrechung folgenden Neuerregung. Läuft ein Anker durch Strom getrieben in der an Bild 238 und 239 angegebenen Drehrichtung, so erzeugt der Anker, wie früher gezeigt wurde, bei dieser Drehrichtung und der gleichen Flußrichtung nach Abschaltung den Pluspol da, wo vorher der Pluspol des Netzes gelegen hatte. Die Magnetwicklung würde aber, wenn am Motor nichts umgeschaltet wird, bei einem Versuch nach Bild 238 eine Bremsung zu erzielen, den entgegengesetzten Stromrichtungssinn bekommen, als vor der Abschaltung vom Netz. Der durch rückbleibenden Magnetismus erzeugte Strom würde das Gestell entmagnetisieren; eine Selbsterregung und eine Bremsung würde nicht eintreten. Die Verbindungen zwischen Magnetwicklung und Anker sind vielmehr vor dem Beginn des Bremslaufes, so wie es Bild 239 angibt, umzuschalten. Nach dem darauf beim Einschalten des Widerstandes *w* erfolgten Schließen des Kreises erregt sich die Maschine, und die Bremswirkung kann je nach Einschaltung von größerem oder kleinerem *w* geregelt werden. Treibt eine zuvor gehobene Last den Motor bei ihrer Abwärtsbewegung umgekehrt, so ist die Magnetwicklung vor der Senkbremsung nicht umzuschalten.

An Stelle der Ankerbremsung tritt oft, vor allem bei Hebezeugen, eine Bremsung, wie sie in III, 3 M gekennzeichnet worden ist (Lüftungsbremse), wobei die Spule beim Beginn des Anlassens zur Lüftung des Bremsbandes eingeschaltet wird, während der ganzen Antriebsperiode eingeschaltet bleibt, und beim Ausschalten des Motors zur schnellen Stillsetzung der bewegten Teile abgeschaltet wird.

Genügt an einem Hebezeug bei hochgezogener Last und angeschlossenem Motor nach Vergrößerung des Vorschaltwiderstandes das Drehmoment nicht mehr zum Tragen der Last, so setzt sich bei fehlender Selbsthemmung die Last abwärts in Bewegung. EMK des Netzes und des Motors sind hintereinandergeschaltet, und der Strom verstärkt sich, bis sich die Last mit konstanter Geschwindigkeit senkt. Beim Ausschalten geht man jedoch schnell über diese Stufen hinweg, so daß die Lüftungsbremse einfällt.

Es sind nach obigem in vielen Fällen eine ganze Reihe von Schaltungen in bestimmter Aufeinanderfolge zur Steuerung eines Motors notwendig, und es erklärt sich daraus, daß in diesen Fällen an Stelle der gewöhnlichen Anlaßwiderstände Steuerschalter erforderlich werden, die mit geeigneter Vorbereitung der Schaltungen durch einfaches Drehen einer Kurbel oder eines Hebels die Schaltungen in richtiger Reihenfolge herstellen. Diese Steuerschalter sind unter IX, 5 C behandelt.

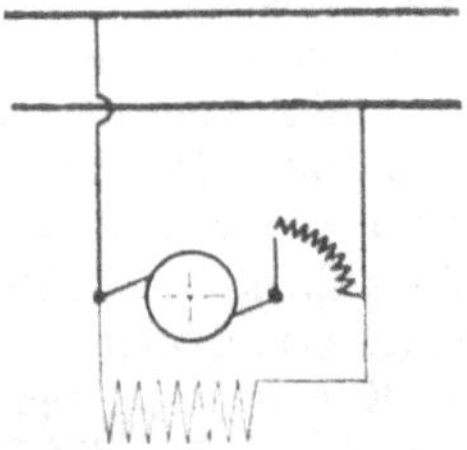

Bild 240. Grundsätzliches Anlaßschema eines Nebenschlußmotors.

B. Zum Nebenschlußmotor.

Der Nebenschlußmotor wird grundsätzlich nach Bild 240 angelassen: Der Anlaßwiderstand muß nur im Ankerkreise liegen, während der Nebenschluß beim Anlassen direkt an das Netz angeschlossen wird. Das Verfahren hat seine Begründung darin, daß ein in die Zuleitung zur Verzweigung geschalteter Widerstand die Spannung auch für den Nebenschlußkreis verringern würde, so daß die Magnetwindungen nicht den genügenden Strom führen und nicht den zur Herstellung eines genügenden Drehmomentes erforderlichen Fluß erzeugen würden. Ist W_A der (kleine) Ankerwiderstand und W_M der (große) Magnetwicklungswiderstand, so würden W_A und W_M in Parallelschaltung für den stillstehenden Anker in diesem Falle nach den Stromverzweigungsgesetzen ihre Ströme umgekehrt proportional zu den Widerständen einstellen; so z. B. würde ein Motor für 100 V und 50 A Ankerstrom bei einem Ankerwiderstande von 0,1 Ω und einem Magnetwicklungswiderstande von 100 Ω bei unrichtig geschaltetem Anlaßwiderstand und höchstem Ankerstrome einen Nebenschlußstrom von $50 \cdot 0{,}1 : 100 = 0{,}05$ A aufweisen, während dem Nebenschluß 1 A, also das 20fache zukommt. Das Anlaßdrehmoment würde erst bei praktisch nicht in Frage kommenden hohen Ankerstromstärken hergestellt werden.

Bild 240 könnte sofort verwendet werden unter Anbringung eines Ausschalters in der Zuleitung. Für die Bedienung wäre es dann erforderlich, folgende Reihenfolge einzuhalten: a) Anlassen: 1. Einlegen des Ausschalters bei offenem Anlaßwiderstand, 2. langsames, dem Anlauf des Motors folgendes Vorwärtsbewegen der Anlasserkurbel bis zum unmittelbaren Anschluß des Ankers; b) Ausschalten: 1. Herausziehen des Ausschalters, 2. Auslaufenlassen des Motors, 3. Ausschalten der Anlasserkurbel. Die Reihenfolge unter b hat folgende Begründung:

Die Nebenschlußwicklung darf infolge der schädigenden Wirkungen der Selbstinduktion keine plötzliche Stromunterbrechung erleiden. Der Anker des Nebenschlußmotors läuft, wenn der Strom in der zum Motor führenden Zuleitung unterbrochen wird, durch kinetische Energie getrieben weiter und erzeugt dabei mit der Annahme, daß der Magnetismus erhalten bleibt, einen Pluspol da, wo vorher der Pluspol des Netzes gelegen hatte. Der Nebenschluß ist daher, solange am Anlaßwiderstand nicht unterbrochen ist, noch von einem Strom durchflossen, der nach dem Abschalten vom Netz in der gleichen Richtung auftritt, wie vom Netz aus. Der Magnetismus bleibt daher nach Herausziehen des Ausschalters tatsächlich in der gleichen Richtung erhalten, nimmt aber mit allmählichem Nachlassen der Umlaufsgeschwindigkeit, der EMK des Ankers und des Erregerstromes bis zum Stillstand langsam ab. Als EMK tritt im ersten Augenblick nach der Unterbrechung die Spannung auf, die vorher die EMGK gebildet hatte. Nach dem Auslaufen würde auch die Anlasserkurbel in Ausschaltstellung gebracht werden dürfen, da dann der Erregerstrom zu Null herabgesunken ist.

Die oben angegebene Reihenfolge ist zu wenig einfach für den praktischen Betrieb und man ordnet bei den Handanlassern gewöhnlich nach Bild 241 oder 242 an.

Die Zuleitung führt auf der einen Seite (im Schema links) zu der gemeinsamen Klemme von Anker und Magnetwicklung. Auf der anderen Seite führt sie bei Bild 241 zum Drehpunkt D der Anlasserkurbel K, die so eingerichtet ist, daß sie mit Metallfedern erstens auf der Kontaktbahn des Anlaßwiderstandes und zweitens auf der Nebenschlußschiene N

schleift. Der der Ausschaltstellung zunächst liegende Knopf der Kontaktbahn ist mit *N* verbunden, so daß ein unausschaltbarer Kreis aus Anker, Anlaßwiderstand und Magnetwicklung gebildet wird. Beim Verdrehen der Kurbel liegt der Nebenschluß immer an Netzspannung, während ein der Stellung von *K* entsprechender Teil des Anlaßwiderstandes nur vor den Anker geschaltet ist. Bild 242 zeigt nur eine andere Anordnung zum Erreichen desselben Zweckes. Der Zuleitungsdraht rechts führt zu der Schiene *S*, die als Stromzuleitungsschiene bezeichnet sei, und auf die die Metallfedern der selbst metallisch zu denkenden Kurbel *K* beim Anlassen und in Betriebsstellung fest aufdrücken. Ein zweiter Satz von Kontaktfedern drückt auf die Kontaktbahn des Anlaßwiderstandes, und der Nebenschluß ist an den Drehpunkt *D* der Kurbel angeschlossen. Die Kurbel kann sich in der Ausschaltstellung nicht von dem letzten

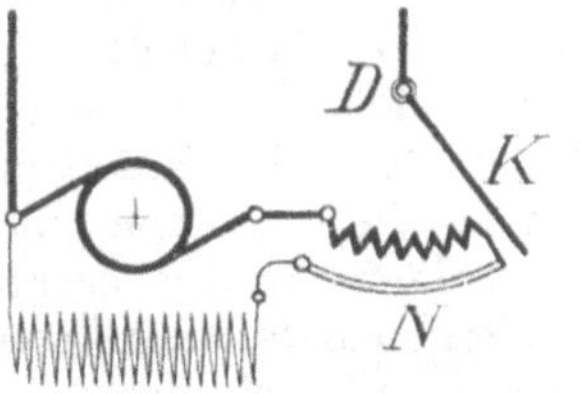

Bild 241. Normales Anlaßschema eines Nebenschlußmotors (1. Art).

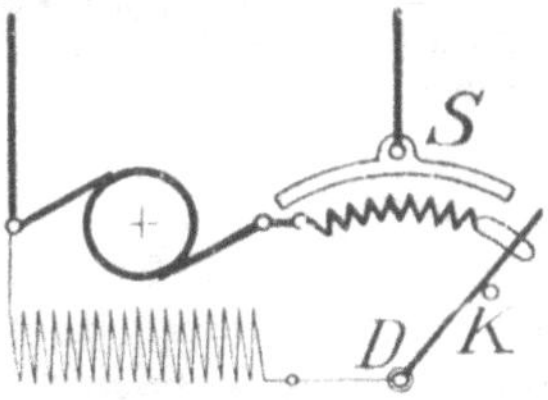

Bild 242. Normales Anlaßschema eines Nebenschlußmotors (2. Art).

Kontakt entfernen, und die Ausschaltung wird durch Abgleiten der Kurbel von *S* hergestellt. Verbindet man den in Bild 242 am weitesten nach rechts liegenden Knopf der Kontaktbahn mit *D*, so steht nichts im Wege, beide Federn der Anlasserkurbel in Ausschaltstellung auf Isolierstoff ruhen zu lassen.

Durch die Anordnungen nach Bild 241 oder 242, die als die normalen Anlaßschemata anzusehen sind, werden die Bedienungsvorschriften gegen den früheren Fall wesentlich vereinfacht. Immerhin kommen für die bisher behandelten Einrichtungen noch einige besondere Vorschriften in Frage:

a) Anlassen:

Falls die Zuleitung angeschlossen ist (Sicherung und Ausschalter!), ist die Kurbel langsam dem Anlauf des Motors folgend bis auf den Kontakt zu drehen, der den Anker unmittelbar anschließt (im Schema am weitesten nach links).

b) Ausschalten:

Die Anlasserkurbel ist von der Betriebsstellung aus schnell in die Ausschaltstellung zurückzudrehen.

Die bisher behandelten Einrichtungen können ohne weiteres nur da angewendet werden, wo der Motor unter kundiger Aufsicht steht, denn:

1. Es kann der Fall eintreten, daß die Stromzuleitung unterbrochen wird, sei es durch Abbrennen einer Sicherung oder durch eine andere Betriebsstörung. Bleibt in diesem Falle die Anlasserkurbel in ihrer Betriebsstellung stehen, so entsteht bei Neuanschließen der Leitung ein Kurzschluß, der die Sicherung des Motors oder die neueingesetzte Sicherung im Augenblick des Anschließens in Tätigkeit setzt. Bleibt der Motor aus unbekannten Gründen stehen, so ist also die Anlasserkurbel sofort in Ausschaltstellung zu bringen.

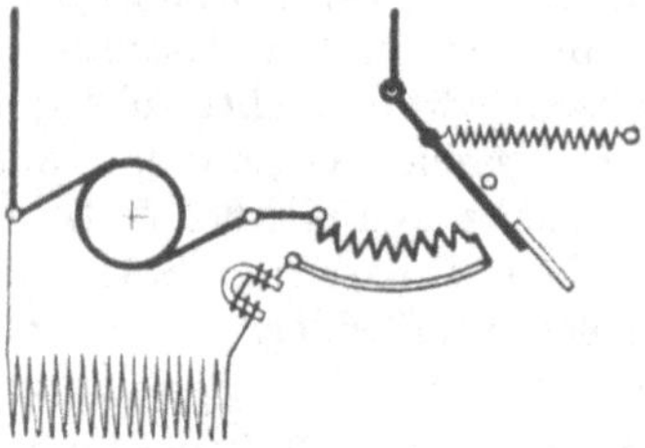

Bild 243. Normales Anlaßschema eines Nebenschlußmotors mit selbsttätiger Minimalabschaltung.

2. Die Kurbel darf, wenn der Anlasser nicht für das Gegenteil eingerichtet ist, nur in voller Betriebsstellung oder in voller Ausschaltstellung stehen bleiben, nicht aber in einer Zwischenstellung, denn die Widerstände gewöhnlicher Anlasser vertragen den dauernden Betriebsstrom nicht.

3. Es kann vorkommen, daß die an sich empfindliche Nebenschlußwicklung eine Unterbrechung oder durch schlechten Kontakt eine solche Stromschwächung erleidet, daß die Umlaufsgeschwindigkeit des Ankers unzulässig hoch wird. Auch in einem solchen Falle ist so schnell wie möglich auszuschalten, da die umlaufenden Teile bei weiterem Anwachsen der Geschwindigkeit durch Fliehkräfte zerstört werden können.

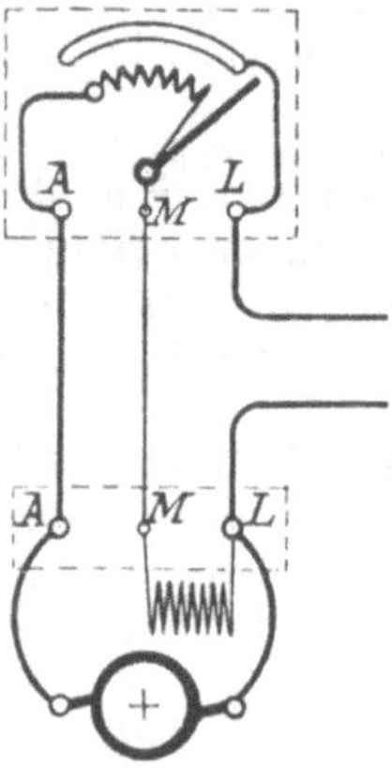

Bild 244. Anlaßschema mit Hervorhebung der Leitungsführung.

4. Eine Reihenfolge beim Ausschalten bzw. beim Einschalten ist auch bei Anwendung von Bild 241 oder 242 einzuhalten, da gewöhnlich auch zweipolige Ausschalter und Sicherungen im Motorkreise vorhanden sind. Damit ein nachträgliches Zurückdrehen der Anlasserkurbel nicht vergessen wird, ist es üblich, als Norm aufzustellen, daß beim Abschalten zuerst die Anlasserkurbel und dann der Ausschalthebel auf Unterbrecherstellung gebracht wird. Da aber eine Ausschaltung am Hebel möglich ist, empfiehlt es sich, immer vor dem Einlegen des Hebels sich von der Ausschaltstellung der Anlasserkurbel zu überzeugen.

Diese vier Punkte erledigen sich durch Anwendung des in Bild 243 ausgedrückten Gedankens:

Ein Elektromagnet liegt im Nebenschlußkreise und hält die Kurbel in Betriebsstellung fest. Aus jeder anderen Stellung wird die Kurbel durch Federkraft in die Ausschaltstellung gezogen. Ein solcher Anlasser bildet daher eine Sicherheitseinrichtung, die es ermöglicht, einen Motor auch ohne Aufsicht laufen zu lassen.

Unter besonderer Hervorhebung der drei Klemmen an Anlasser und Motor, sowie der drei zu beiden Teilen führenden Leitungen, zeigt Bild 244 die für einen Nebenschlußmotor gültige Schaltung. A bedeutet Ankerklemme, M Magnetwicklungs- und L Leitungsklemme.

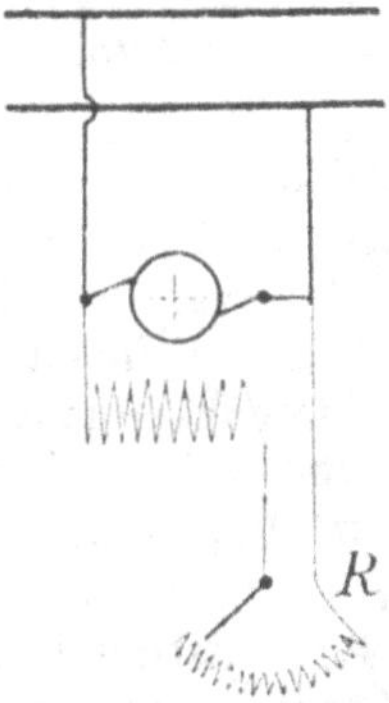

Bild 245. Schwächung des Flusses.

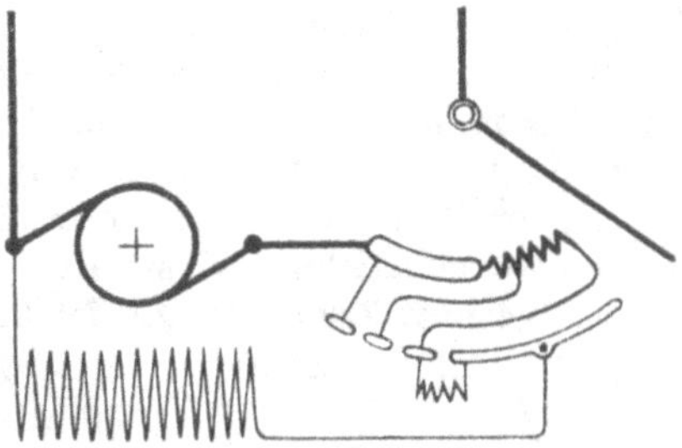

Bild 246. Anlaßschema mit Vorschaltwiderstand im Nebenschlußkreise.

Zeigt ein Nebenschlußmotor beim ersten Anschließen nicht den gewünschten Drehsinn, so wird der Strom nur im Anker umgekehrt, was in Bild 244 einer Kreuzung der Bürstenkabel entsprechen würde, während alles andere gleich bleibt.

Außer den bisher besprochenen gewöhnlichen Handanlassern kommen auch solche in Betracht, mit denen die Umlaufszahl gegen den normalen Fall erhöht werden kann. Die Erhöhung der Umlaufszahl erreicht man mit einem der Magnetwicklung vorgeschalteten Widerstande R (Bild 245), der den Fluß verringert und die in IX, 2 behandelten Erscheinungen hervorruft. Bild 246 gibt an, wie der Anlaßwiderstand bei der Drehzahlerhöhung mit verwendet werden kann.

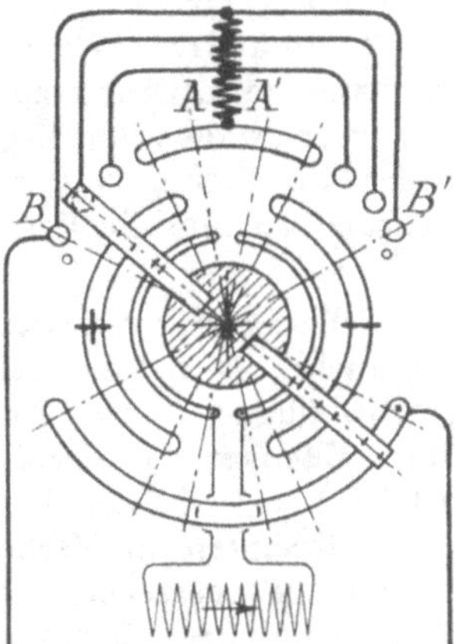

Bild 247. Wendeanlasser eines Nebenschlußmotors.

Bild 247 zeigt das Schema eines Wendeanlassers in Verbindung mit dem Motor. Die hier gezeichneten Schienen sind alle metallisch. An den mit + und — bezeichneten Schienen sollen die Pole der Zuleitung liegen. Der drehbare Teil hat die Gestalt eines zweiarmigen Hebels; beide Seiten des Hebels sind voneinander isoliert. Die eine Seite des Hebels bewegt sich nur im oberen, die andere nur im unteren Teil. Der Nebenschluß ist stets im gleichen Sinne durchflossen, während der Ankerstrom gewendet wird. B und B' bezeichnen die Betriebsstellungen für Rechts- und Linkslauf. Das Schema baut sich auf den in Bild 242 ausgedrückten Gedanken für die funkenlose Abschaltung auf. *A* bezeichnet eine bereits funkenlos unterbrechende Übergangsstellung für den Fall, daß von *B* aus, *A'* für den Fall, daß von *B'* aus zurückgedreht wurde. Zum Schluß in der Symmetriestellung ist der Nebenschluß unmittelbar in sich geschlossen.

1. Bremsmöglichkeit: Der am Netz liegende normal betriebene Nebenschlußmotor, der von außen ein Antriebsmoment in gleichem Drehsinn bekommt, wirkt dadurch, daß seine Umlaufszahl gegen den normalen Wert steigt, als Generator und schickt Leistung in das Netz zurück, die im Netz anderswo verbraucht wird. Der Übergang vom Motor zum Generator ist selbsttätig. Bei geringem Ankerwiderstand genügt eine geringe Zunahme der Drehzahl (Barmer Bergbahn).

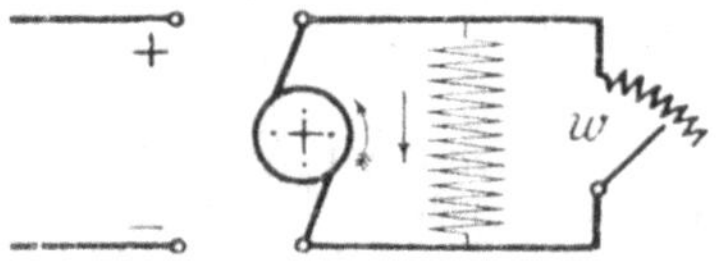

Bild 248. Auslaufbremsung.

2. Bremsart: Auslaufbremsung (Bild 248). Im Betreiberfall bleibt *w* offen, nach der Abschaltung vom Netz jedoch wird *w* eingeschaltet und verkleinert, um die umlaufenden Massen schnell zur Ruhe zu bringen. Die kinetische Energie setzt sich im wesentlichen in *w* in Wärme um. Das schnelle Bremsen wird dadurch begünstigt, daß der Motor erregt ausläuft.

3. Bremsart: Wird dem Motor nach Bild 248 länger dauernde mechanische Leistung zugeführt, so dauert auch die Bremsung länger. Der Bremswiderstand erfordert dabei mehr Wärmeabfuhr. Erhält der Anker im Erzeugerfall gegen den Betreiberfall die umgekehrte Drehrichtung, so sind die Verbindungen zwischen Anker und Magnetwicklung zu kreuzen.

Selbsttätige Anlasser, meist an Personen- und Warenaufzügen gebraucht, enthalten besondere Mittel zum Herstellen der Anlaßgeschwindigkeit. Die Schaltbewegung wird durch kleine Hilfsmotoren, durch Eisenkerne in Verbindung mit Spulen oder durch gehobene Gewichte betrieben. In beiden letzteren Fällen wird die Bewegung durch Luft- oder Ölbremsen in Verbindung mit Ventilen oder durch mechanische Hemmungen gesteuert. Hilfsmotoren und Spulen gestatten elektrische Einleitung der Schaltbewegung (Fernsteuerung, Steuerstromkreis), während für die mechanische Auslösung meist Steuerseile verwendet werden.

C. Steuerschalter (Kontroller) für Haupt- und Nebenschlußmotoren.

Unter Steuerschaltern versteht man Einrichtungen, die einen oder mehrere Motoren bei weniger einfachen Betriebsvorgängen durch einfache Bewegungen von Kurbeln oder Hebeln steuern. Sie enthalten meistens eine Steuerwalze, die durch geeignet verbundene Ringe oder Ringteile zusammen mit einer entlang einer Mantellinie angeordneten

Kontaktreihe vorbereitete Schaltungen durch Drehen der Walze in bestimmter Reihenfolge herstellt. Da es sich bei den durch Steuerschalter bedienten Motoren gewöhnlich um Spannungen in der Nähe von 500 Volt handelt, besitzen die Steuerschalter ein geschlossenes Gehäuse, so daß kein Spannung führender Teil von außen zugängig ist. Da bei diesen Spannungen an den Unterbrecherstellen größere Lichterscheinungen zum Erlöschen gebracht werden müssen, ist die magnetische Ausblasung allgemein zu finden. Die Bläserspule stellt entlang der ganzen Steuerwalze ein magnetisches Feld her, sobald Strom in der Zuleitung fließt. Mehrere hintereinandergeschaltete Unterbrecherstellen erleichtern die Ausschaltung. Zum Sichern der Schaltstellungen enthält der Schalter eine mechanische Einrichtung, gewöhnlich in Form eines Schnapprades mit zugehörigem Hebel.

Entweder besteht die Steuerwalze aus einem Zylindermantel aus Isolierstoff, auf dem die Ringe oder Ringteile befestigt sind, oder es sind ganze Teile der Steuerwalze aus einem Bronzegußstück hergestellt, wobei die einzelnen Teile voneinander isoliert zusammengesetzt werden. Die Kontaktfinger werden gewöhnlich aufgereiht mit Zwischenlagen isolierender Scheiben, die bis dicht an die Steuerwalze heranreichen, so daß ein Lichtbogen nicht von dem einen Kontakt zum anderen übergehen kann.

Die Bilder 249 bis 256 enthalten eine Entwicklung zum Verständnis der Steuerschalter von einfacheren zu zusammengesetzten Schaltvorgängen. Die starken ausgezogenen Striche von Ring zu Ring bedeuten Verbindungen innerhalb der Walze. In allen diesen Bildern, die ihre Erklärung durch die Unterschrift erhalten, sind links die Mäntel der Steuerwalzen mit der Belegung abgewickelt dargestellt, während die Rechtecke seitlich davon die Kontaktreihe bezeichnen. Die senkrechten, zum Teil mit Nummern versehenen Strichpunktlinien bedeuten diejenigen Linien, auf denen die Kontaktreihe betriebsmäßig stehen kann. Die gerissene Umrahmung bedeutet eine Begrenzung der Steuerwalzenmantelfläche.

Bild 252 kann als das Steuerschema eines Fahr- oder unter Anwendung eines Schneckenvorgeleges mit Selbsthemmung eines Hubmotors für Lasthebezeuge gelten, wenn die Fahrt- oder Hubbegrenzung dazukommt. Die beiden untersten Ringe, der Ausschalter für die Magnetwicklung, können fortfallen, wenn der Minuspol des Netzes, wie bei Straßenbahnanlagen üblich, geerdet ist. In diesem Falle würde die Magnetwicklung dauernd an dem geerdeten Minuspol angeschlossen bleiben.

Bild 255 kann beispielsweise als das Schema für die Steuerung eines Warenaufzuges gelten. Ein Schutzwiderstand *S* wird kurz vor dem Ausschalten zur Magnetwicklung parallel gelegt. Auch der Spule der Lösungsbremse kann (bisweilen geschieht das dauernd) ein Schutzwiderstand parallel geschaltet werden, der nicht zu klein bemessen sein darf, weil dadurch die Geschwindigkeit des Einfallens beeinträchtigt wird.

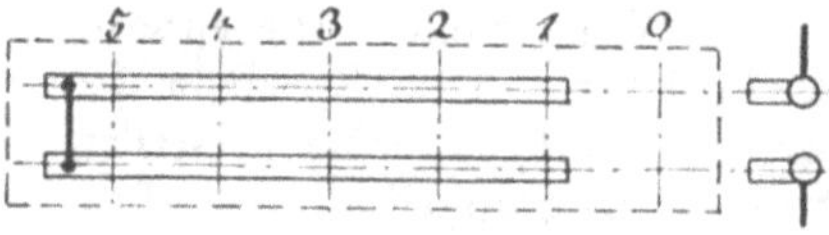

Bild 249. Ausschalter.

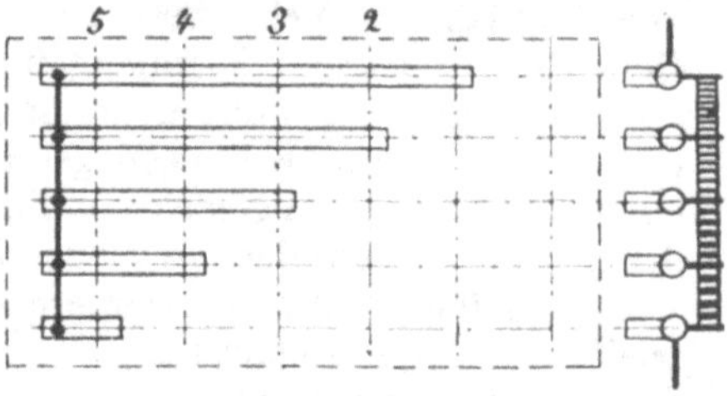

Bild 250. Stufenschalter.

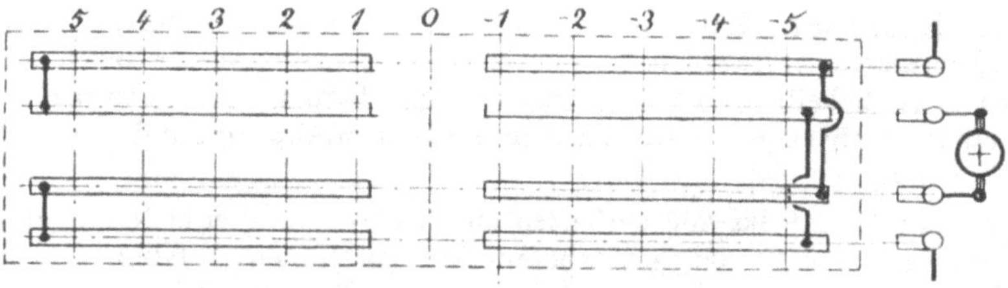

Bild 251. Umschalter (für den Anker).

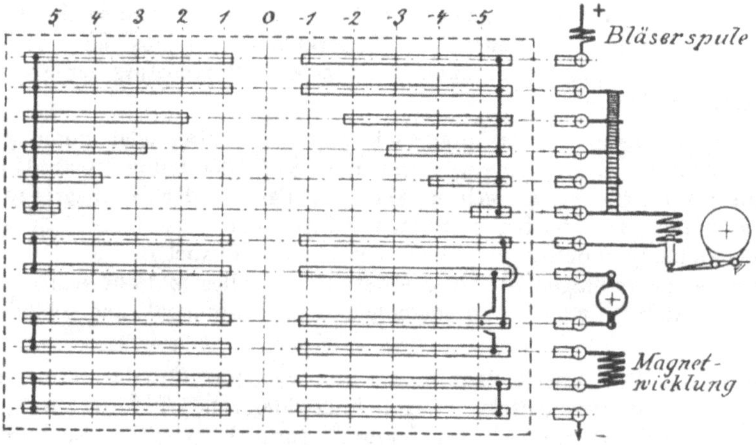

Bild 252. Schema für den Steuerschalter eines Hauptschluß-Wendemotors mit Hauptschluß-Lüftungsbremse.

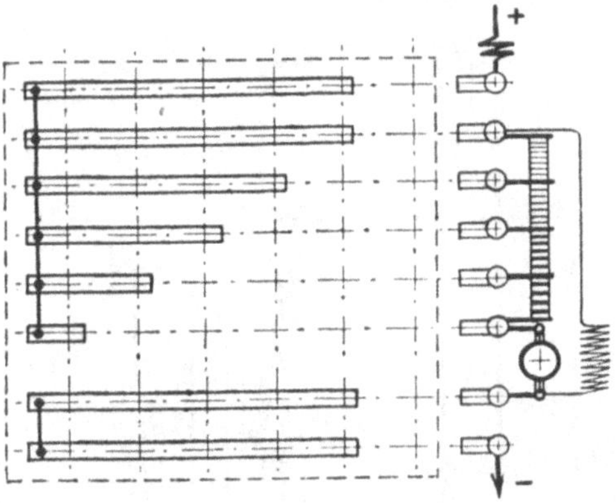

Bild 253. Gewöhnliches Anlaßschema eines Nebenschlußmotors für einseitigen Lauf ohne Bremsung in Steuerschalterform.

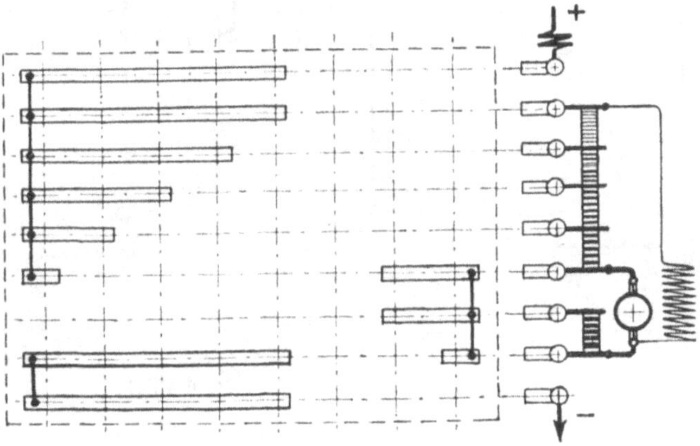

Bild 254. Anlaßschema eines Nebenschlußmotors für einseitigenLauf und Ankerbremsung zum Stillsetzen umlaufender Massen.

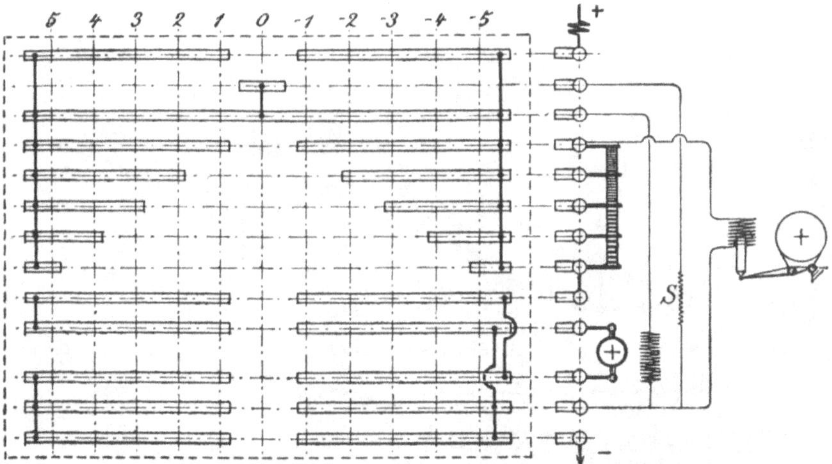

Bild 255. Schema für den Steuerschalter eines Nebenschlußwendemotors mit Nebenschluß-Lösungsbremse und Schutzwiderstand (*S*) für die Magnetwicklung.

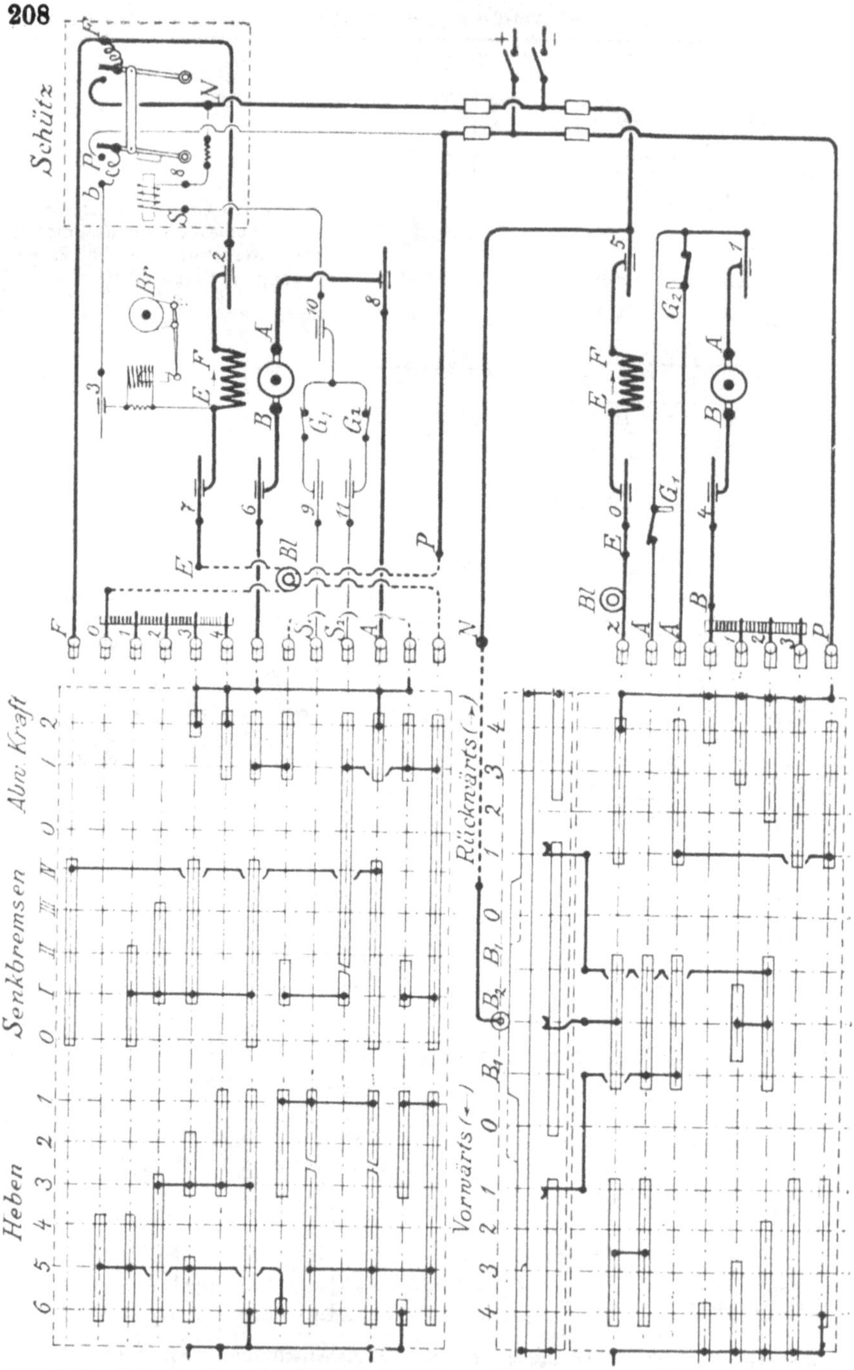

Bild 256. Schema einer Laufkatze mit Hub- und Fahrmotor und Grenzschaltern *G* an beiden Getrieben. Die Hub- und Senkschaltung hat Steuerstromkreis und Schütz (Siemens-Schuckertwerke).

D. Beispiel einer Druckknopfsteuerung eines Personenaufzuges.

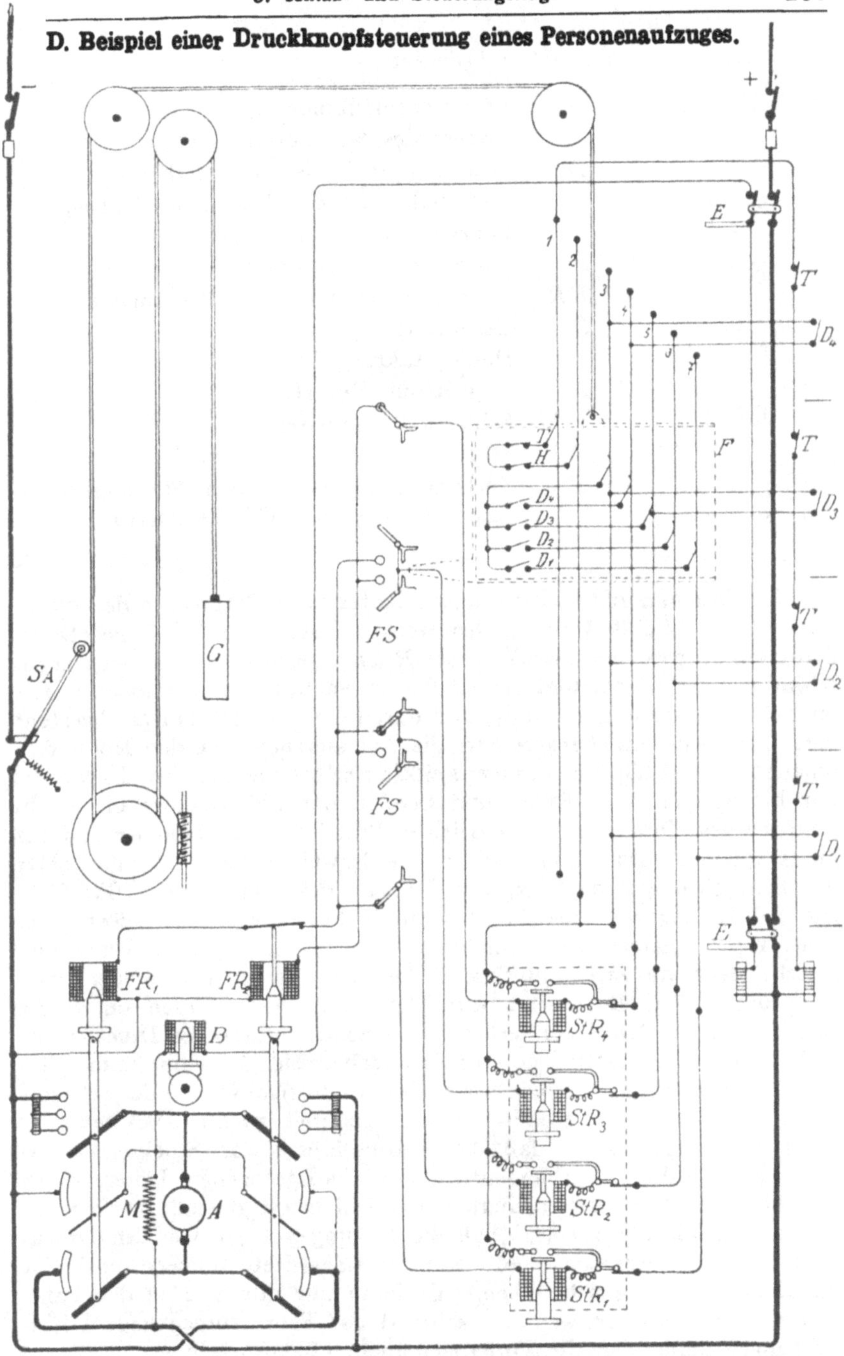

Bild 257. Druckknopfsteuerung eines Personenaufzuges.

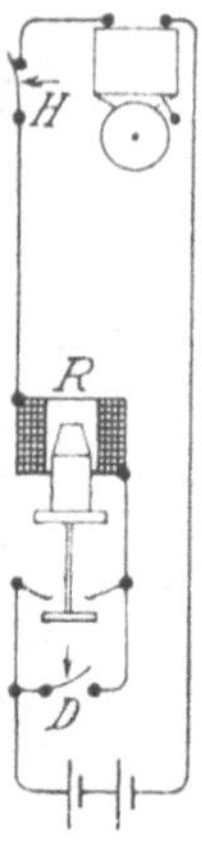

Bild 258.
Weckeinrichtung.

An Bild 257 bedeutet:

A	Anker des Hubmotors,
B	Bremse des Hubmotors,
D	Druckknöpfe im Steuerstromkreise,
E	Endschalter an den Enden des Hubes,
F	Fahrkammer,
FS	Fahrtrichtungsschalter,
FR	Fahrtrichtungsspulen an den Anlassern,
G	Gegengewicht,
H	Haltkontakt,
M	Magnetspule des Hubmotors,
SA	Schlaffseilausschalter,
StR	Stockwerkrelais,
T	Türkontakte, vier an den Fahrschachttüren, einer an der Fahrkammertür.

Die Druckknopfsteuerung kann leichter nach Besprechen der Weckeinrichtung (Bild 258) verstanden werden. Auf den bei *D* gegebenen Stromschluß wird der Eisenkern bei *R* eingezogen und zu *D* ein Nebenschluß gebildet, daher tönt die Schelle (in einem anderen Raume) weiter, bis der Betreffende geweckt ist und durch einen Druck auf *H* abgestellt hat. An Stelle des Weckers tritt die Anlasserspule, die den Motor einschaltet, worauf die Fahrkammer am Ziele selbst unterbricht. Es kommt nur hinzu, daß beim Rufen und Senden der Fahrkammer die Drehrichtung des Motors vom gegenseitigen Stand der Fahrkammer und des Zieles abhängt. Das zu ermöglichen, sind zwei gegeneinander blockierte Anlaßeinrichtungen da, FR_1 für Senken, FR_2 für Heben (Bild 257). Die Fahrtrichtungsschalter werden durch die Fahrkammer selbst (oder eine Proportionalbewegung) im Sinne eines später folgenden Rufes umgestellt. Nur am Ziele unterbricht die Fahrkammer den Steuerstromkreis durch *FS*. Eingeleitet wird die Fahrt beim Rufen durch die Druckknöpfe in den Stockwerken, beim Senden durch die Druckknöpfe in *F*. Wer einen Auftrag gegeben hat, beherrscht die Fahrkammer, bis sie am Ziele angelangt ist, und weiter durch sofortiges Öffnen der Schachttür oder Kammertür, wodurch ein *T* geöffnet wird. Daß man sie beherrscht, liegt daran, daß die Nebenschlüsse der Stockwerksrelais und die mit ihnen verbundenen doppelt ausgezogenen Leiter, deren Kontakte auf dem gerissen umrandeten Teil befestigt sind, durch jeden Ruf alle gehoben werden, so daß die Leitungen $4 \div 7$ von den Druckknöpfen her unterbrochen sind. Nur der eingeleitete Steuerstrom bleibt durch Schleifleitung *2* bestehen. Er kann nur durch *H* in der Fahrkammer unterbrochen werden; während der Fahrt sorgen andere Einrichtungen dafür, daß die Türen sich nicht öffnen lassen.

An Stelle der Schleifleitungen tritt bei der Ausführung ein bewegliches vieladriges Leitungsseil, das einerseits in mittlerer Höhe des Fahrschachtes, anderseits unter dem Boden von F befestigt ist. Die Schleifleitungen sind der besseren Übersichtlichkeit wegen gezeichnet.

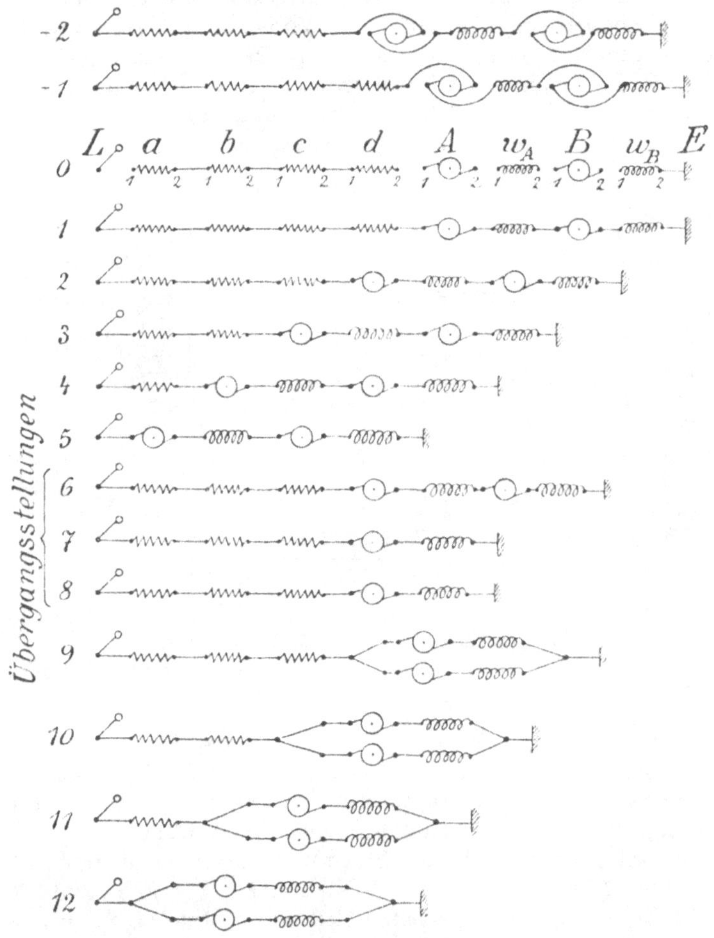

Bild 259. Schaltfolge für ein Beispiel eines Straßenbahnwagens.

E. Beispiel für die Steuerung eines Straßenbahnwagens.

Der Strom wird zu dem Wagen durch die mit dem Pluspol der Zentrale verbundene Oberleitung hin- und durch die Schienen, die an den Minuspol der Zentrale angeschlossen sind, zurückgeleitet. Die Spannung zwischen Oberleitung und Erde beträgt gewöhnlich 500 bis 550 Volt. Infolge der weiten Verzweigung der Schienen in der Erde ist der Minuspol gut geerdet, so daß die Schienen gegen ihre Umgebung keine erhebliche Spannung annehmen können. Zur Stromabnahme von der Fahrleitung dienen Rolle oder Bügel. Der Übergang zu den Schienen hin erfolgt durch die Räder.

Der Fahrdraht wird in mehrere Strecken geteilt, deren jede eine besondere Speiseleitung besitzt. Die Widerstände der Speiseleitungen werden angenähert gleich bemessen, so daß bei stärkster Belastung etwa 10 vH. der Spannung in ihnen verloren gehen. Die einzelnen Strecken sind voneinander isoliert, können aber durch Einlegen von Schaltern miteinander verbunden werden. Andere Schalter gestatten es, die

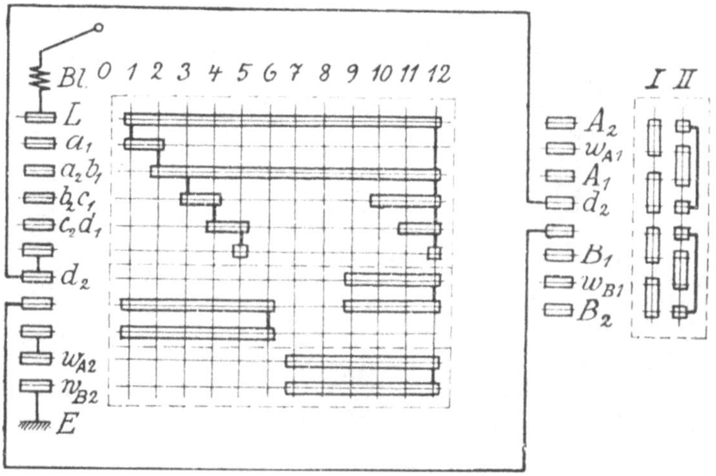

Bild 260. Beispiel eines Steuerschemas für einen Straßenbahnwagen.

Speiseleitungen an der Übergangsstelle zur Strecke zu unterbrechen. Jede Speiseleitung enthält in der Zentrale einen Maximalautomaten, der hauptsächlich bei Kurzschlüssen unterbricht. Jede Strecke der Oberleitung wird mit Blitzschutzvorrichtungen versehen.

Das vorliegende Beispiel der Steuerung eines Wagens, dessen Schaltfolge durch Bild 259, und dessen Steuerschema durch Bild 260 ausgedrückt ist, setzt, wie allgemein üblich, zwei Motoren voraus, die für alle Betriebsstellungen zugleich eingeschaltet sind, und von denen jeder auf eine Wagenachse arbeitet. Die Motoren können zu langsamer Fahrt hintereinander oder zu schneller Fahrt nebeneinander geschaltet werden. Eine Stromwendung im Anker bei hintereinandergeschalteten Motoren wird zur Rückwärtsfahrt benutzt und kann im Notfalle zur Bremsung dienen, während das Bremsen für dieses Beispiel in gewöhnlichen Fällen durch Anziehen einer Handbremse erfolgen muß.

In Bild 259 und 260 ist die Anschlußstelle an die Leitung mit *L*, die Anschlußstelle an die Erde mit *E* angedeutet.

Die vier nur zum Anlassen verwendeten Widerstände sind mit *a, b, c* und *d* bezeichnet, die Anker der beiden Motoren mit *A* und *B*, die zugehörigen Magnetwicklungen mit w_A und w_B. Mit den kleinen Zahlen *1* und *2* sind die Anschlüsse der betreffenden Teile verstanden. Bei Stellung *0* ist ausgeschaltet.

Die Schaltungen zur Rückwärtsfahrt sind in Bild 259 mit — *1* und — *2* bezeichnet. Die übrigen 12 Schaltungen dienen zur Vorwärtsfahrt, wobei aber die Schaltungen *6, 7* und *8* nur kurzzeitig als Übergangsstellungen gebraucht werden und nicht als Betriebsstellungen anzusehen sind. Schaltungen *1* bis *5* zeigen beide Motoren hintereinander, Schaltungen *9* bis *12* beide Motoren nebeneinander.

Der zugehörige Steuerschalter (Bild 260) besitzt zwei Walzen, von denen die kleinere nur zwei Stellungen (*I* und *II*) einerseits zur Vorwärtsfahrt, anderseits zur Rückwärtsfahrt aufweist. Die größere Walze, die Reglerwalze, hat außer der Ruhelage 12 Stellungen, die unter Einschaltung von *I* den Fällen *1* bis *12* in Bild 259 entsprechen. An den Kontaktfingern in Bild 260 ist in Übereinstimmung mit Bild 259 angegeben, an welche Teile sie angeschlossen sind.

Die Kurbel des Fahrtwenders kann nur in der Ausschaltstellung des Reglers bewegt werden und sperrt in ihrer Ausschaltstellung die Walze des Reglers; außerdem ist dafür zu sorgen, daß der Regler unter Einschaltung von *II* nicht über Stellung *2* hinausgelangen kann. Die große Walze kann aus 3 Metallgußstücken zusammengesetzt werden, die isoliert aneinander befestigt sind. Die Trennstellen sind in Bild 260 durch gerissene Linien angedeutet.

F. Leonardschaltung.

Anlassen und Steuern durch Vorschaltwiderstände erfordert an großen Betreibern, die viel angelassen und gesteuert werden müssen, viel Umsatz in Wärme. Die Anlage kann wirtschaftlicher gemacht werden, indem der Arbeitsmotor, der gleichmäßig fremd erregt ist, seinen Ankerstrom von einer Steuerdynamo bezieht, die durch einen mit ihr unmittelbar gekuppelten Steuermotor getrieben wird. Die Anker von Steuerdynamo und Arbeitsmotor sind ohne besondere Widerstände dauernd zu einem Kreise hintereinandergeschaltet. Der Erregerkreis der ebenfalls fremd erregten Steuerdynamo enthält einen Regler, durch den die im Verhältnis zum Gesamtstromverbrauch geringe Erregerstromstärke gewendet und in weiten Grenzen veränderlich gemacht werden kann. Der Anker des Arbeitsmotors richtet seine Drehzahl und Drehrichtung nach der vom Anker der Steuerdynamo gelieferten Spannung. Die Verluste sind hierbei nur gleich den Verlusten der drei verwendeten Maschinen. Der Arbeitsmotor wird gebremst, indem der Fluß der Steuerdynamo so weit geschwächt wird, daß die EMK des Arbeitsmotors diejenige der Steuerdynamo übertrifft. Sollen die Stöße des Betriebes das Netz, von dem aus der Steuermotor gespeist wird, nicht störend beeinflussen, so setzt man auf die gemeinsame Welle des Steuermotors und der Steuerdynamo ein schweres Schwungrad und sorgt dafür, daß der Steuermotor (s. IX, 4 C Doppelschlußmotor mit gleichläufigen Erregerwindungen) über die nötigen Drehzahlschwankungen verfügt (Ilgnerumformer). Kurzzeitige große Belastungen des Arbeitsmotors werden dabei z. T. dem Netz und z. T. dem Schwungrad entnommen, das in Zeiten geringerer Belastung des Arbeitsmotors sein Arbeitsvermögen allmählich aus dem Netz wieder erhöht.

G. Verhalten eines Motors unter bestimmten Annahmen.

61. Beispiel. Die im 59. Beispiel behandelte Maschine bekomme statt der Nebenschluß- 200 Hauptstromwindungen von $q = 34{,}6$ qmm Kupferquerschnitt und als Ankerwicklung $z = 384$ Leiter rundum von 2,6 mm Kupferdurchmesser. Sie werde an $K = 120$ V angeschlossen. Ihr Verhalten kurz am Netz — und durch die einzeln hintereinandergeschalteten Teile eines Anlaßwiderstandes $2{,}25 + 1{,}41 + 0{,}88 + 0{,}55\ \Omega$ mit dem Netz verbunden — ist zu berechnen.

Es beträgt:

Der Ankerwiderstand $W_A = \dfrac{2 \cdot 64 \cdot 4}{2 \cdot 2{,}6^2 \cdot \pi \cdot 57} = 0{,}212\ \Omega$.

Der Magnetwicklungswiderstand $W_M = \dfrac{2 \cdot 100 \cdot 1{,}27}{34{,}6 \cdot 57} = 0{,}129\ \Omega$.

Die Summe beider Widerstände $W_A + W_M = 0{,}341\ \Omega$.

Weiterhin wird eine Reihe von magnetischen Flüssen Φ' angenommen und die zugehörige Reihe von Stromstärken I bestimmt:

Nr.	$\Phi'_{\text{Maxw.}}$	$\mathfrak{Z}_{\text{Amperewind.}}$	$I_{\text{Amp.}}$
1	$2 \cdot 1840000$	$90 + 60 + 4800 + 1740 + 2720 = 9410$	47,05
2	$2 \cdot 1500000$	$75 + 50 + 3920 + 520 + 1096 = 5661$	28,30
3	$2 \cdot 1200000$	$70 + 46 + 3130 + 221 + 496 = 3963$	19,86
4	$2 \cdot 900000$	$65 + 43 + 2350 + 117 + 320 = 2895$	14,47

Die Flußverzerrung verringert den Fluß; zur Abkürzung sei $I \cdot 5600$ abgezogen, um den wirklichen Fluß Φ zu erhalten. An $(24 + 27) : 2 = 25{,}5$ cm Durchmesser oder $r = 12{,}75$ cm Radius ergibt sich damit die mittlere Dichte $\mathfrak{B}$ unter den Polschuhen (Gl. 65) und nach Gl. 114 und 115 die Umfangskraft P und das Drehmoment D bei der wirksamen Länge eines Ankerzweiges $l = 3070$ cm.

Nr.	Φ_{Maxw}	$\mathfrak{B}_{\text{Gauß}}$	P kg	D cm × kg
1	3416000	5350	78,7	1003
2	2841000	4430	39,2	500
3	2289000	3580	22,9	292
4	1709000	2670	12,1	154

Die Spannungsverluste e des Motors ergeben sich nach dem Ohmschen Gesetz, womit die EMKe E'' übrigbleiben, die aus Gl. 116 die sekundliche Drehzahl n' ergeben. Hieraus folgt die minutliche Drehzahl n.

Nr.	e_{Volt}	E''_{Volt}	n'	n
1	16,1	103,9	7,93	476
2	9,6	110,4	10,11	607
3	6,8	113,2	12,90	774
4	4,9	115,1	17,54	1052

Es beträgt:

Die Summe der gegebenen Vorschaltwiderstände 5,09 Ω.

Der größte Widerstand des Kreises $5{,}09 + 0{,}341 = 5{,}431\ \Omega = W_1$.

Der Widerstand der nächsten Stufe $5{,}431 - 2{,}25 = 3{,}181\ \Omega = W_2$.

„ „ „ „ „ $3{,}181 - 1{,}41 = 1{,}771\ \Omega = W_3$.

„ „ „ „ „ $1{,}771 - 0{,}88 = 0{,}891\ \Omega = W_4$.

„ „ des Motors allein $0{,}891 - 0{,}55 = 0{,}341\ \Omega = W_5$.

Die Stromstärke für stillstehenden Anker: $I_{W_1} = 22{,}1$, $I_{W_2} = 37{,}7$, $I_{W_3} = 67{,}7$, $I_{W_4} = [134{,}7]$, $I_{W_5} = [351{,}9]$ A, wobei die eingeklammerten Werte nicht mehr in Frage kommen.

Im Betriebe mit den 4 Stromstärken der obigen Tabellen ergeben sich zu den Widerständen W_1 bis W_5, sonst nach dem Verfahren der vorigen Tabelle, die Drehzahlen im Beharrungszustande:

Nr.	Stromstärke A	Drehmoment cm × kg	Minutliche Drehzahlen bei				
			W_1	W_2	W_3	W_4	W_5
1	47,05	1003	− 621	− 136	168	358	476
2	28,30	500	− 185	165	384	521	607
3	19,86	292	83	388	580	699	774
4	14,47	154	379	617	862	982	1052

Der Motor läuft bei den betreffenden Schaltstellungen und Drehmomenten, wo negative Umlaufszahlen angegeben sind, nicht an, es muß daher zum Anlauf die nächste Stufe eingeschaltet werden.

X. Sammler.

Vorbemerkung.

Die chemische Form des Arbeitsvermögens ist die günstigste für die Aufspeicherung größerer elektrischer Arbeitsvermögen, die über längere Zeit verwendbar bleiben sollen. Andere Akkumulatorenkonstruktionen haben sich den Bleiakkumulatoren bisher nicht als überlegen gezeigt, wenn man nicht die Sicherheit in den Händen Unkundiger als Vorteil ansehen will. Die chemische Speichermöglichkeit ist zum guten Teil der Grund dafür, daß bei vielen Kraftwerken, deren Gebiet über dasjenige einer mittleren Stadt nicht hinausgeht, Gleichstrom verwendet wird, selbst wenn ein großes Drehstromwerk den Gleichstrom mittels Umformung oder Gleichrichtung liefert. Ein besonderes Feld der Akkumulatoren sind Lastschlepper, Fahrzeuge, die in Städten und Werken, wo weite Entfernungen vom Ausgangspunkt nicht in Frage kommen, verwendet werden.

1. Die Grundlehre

des Bleisammlers ist in II, 2 und III, 2 C begonnen.

Nach dem Verfahren von Planté[Z47]) werden Platten aus reinem Hüttenblei, deren Oberflächen durch geeignete Bearbeitung vergrößert sind, in Schwefelsäure einem oftmaligen Ladungs- und Entladungsvorgang unterworfen. Dadurch nehmen die wirksamen Schichten an Dicke zu, die aufnehmbaren und abnehmbaren Elektrizitätsmengen werden größer, und der Akkumulator wird schließlich technisch brauchbar. Die Gasentwicklung tritt nur gegen das Ende der Ladung auf, während bis dahin die Ausscheidungsprodukte durch chemische Umwandlung nutzbar in der Zelle aufgespeichert werden. Die Formation dauerte bei dem ursprünglichen Plantéschen Verfahren lange. Der Preis der Akkumulatoren fiel dadurch recht hoch aus.

Das Verfahren von Faure[Z52]) beruht darauf, daß poröse, staubförmige Verbindungen von Blei und Sauerstoff (Bleiglätte PbO, Mennige Pb_3O_4), mit Schwefelsäure und Glyzerin, sowie anderen Zusätzen sirupöser Art zu einer Paste angemengt und auf ein Bleigerüst aufgetragen, sich schneller formieren, als das massive Blei, so daß nach einigen Ladungs- und Entladungsvorgängen die Formierung der Platten beendet ist. Der natürliche Zusammenhalt dieser Masse ist geringer als bei derjenigen, die aus massivem Blei gebildet wird. Für das Festhalten der aufgetragenen Masse muß durch die Form des Trägergerüstes gesorgt sein, um so mehr, da die Masse bei den chemischen Veränderungen, die sie im Akkumulator erleidet, ihr Volumen ändert.

Sobald in der Mitte der Platte eine undurchlöcherte Bleischicht liegt, von der aus durch Vorsprünge (Rippen usw.) die Masse getragen wird, so heißen die Platten Seelenplatten. Mit durchgehenden Öffnungen versehen sind die Gitterplatten. Die Platten werden entweder im ganzen gegossen oder in Teilen hergestellt und durch Bleinieten zusammengehalten; ihre Hohlräume sind mit aufgetragener Masse ausgefüllt.

Es hat sich herausgestellt, daß die Formierung des Bleies bei Verwendung reiner Schwefelsäure sehr langsam vor sich geht (Passivität), was für den Gebrauch einer Batterie erwünscht ist, da die Platten andernfalls bald gänzlich in wirksame Masse umgesetzt werden und zerfallen würden. Stärkere Bleiadern der Platten (Rippen, Ränder usw.) dienen außer dem Zusammenhalten auch zur Stromverteilung innerhalb der Platte. Ganz läßt sich der Zerstörungsvorgang auch bei reinster Schwefelsäure nicht vermeiden; falls dagegen besondere Stoffe in der Schwefelsäure enthalten sind, z. B. Spuren von Salpetersäure, von Chlor und Chlorverbindungen, geht die Zerstörung im Gebrauch schneller vor sich. Solche Unreinigkeiten sind daher peinlich fernzuhalten.

Gegenwärtige Formationsverfahren benutzen geeignete Zusätze (Kaliumperchlorat $KClO_4$, Perchlorsäure $HClO_4$), die dauernd der Batterie schaden würden, zur Beschleunigung der Formierung, wozu auch noch die Einhaltung bestimmter Stromdichten, Temperaturen usw. gehört, so daß die Herstellung von Platten nach dem Plantéverfahren ohne allzu großen Zeitaufwand ermöglicht wird. Die gegenwärtige Akkumulatorentechnik verwendet für große Zellen gewöhnlich als positive Platten Plantéplatten, die nach diesem Verfahren formiert sind, als negative solche mit aufgetragener oder eingebauter Masse. Die Akkumulatorenfabrik A. G. gießt ihre normalen positiven Platten in vorgewärmte Bronzeformen so, daß die Platte etwa bis zu 8fache Oberflächenentwicklung aufweist. Darunter ist verstanden, daß durch die feinen Bleirippen die tatsächliche Oberfläche etwa das 8fache der äußerlich gemessenen Plattenfläche beträgt. Diese Platte wird entweder einem dreiteiligen Formationsvorgang unterworfen, indem sie zuerst als braune, dann als graue und zuletzt wieder als braune Platte formiert wird; oder man verwendet einen zweiteiligen Vorgang, indem die Platte zuerst an den positiven und dann an den negativen Pol gelegt wird. Im letzteren Falle wird sie als graue Platte geliefert, während die Umwandlung ihrer Masse in Bleisuperoxyd am Bestimmungsorte nach Aufstellung der Batterie vorzunehmen ist. Das Auswaschen der Formationssäure aus den fertigen positiven Platten bildet eine Hauptaufgabe der Akkumulatorenfabrik, da die Lebensdauer einer Batterie davon abhängt. Als negative Platten verwendet die genannte Firma gewöhnlich Kastenplatten. Ein aus Hartblei (Zusatz von Antimon) hergestellter Rippenkörper trägt beiderseitig unter Vermittlung zweier durchlöcherter, außen liegender Bleibleche in seinen Hohlräumen negative aufgeschmierte Masse. Die einzelnen Teile der Platte werden nach dem Einschmieren durch Bleinieten zusammengefaßt. Diese Platte wird unformiert geliefert und am Bestimmungsorte nach Aufstellung der Batterie der Formation in reiner Schwefelsäure unterworfen.

Für die Einrichtung der einzelnen Zelle sind hauptsächlich folgende Punkte maßgebend: Die Oberfläche eines Elementes ist in der Regel so groß, daß die Platten zweckmäßig unterteilt werden müssen. Die positive Platte hat im Gebrauch wesentliche Volumänderungen durchzumachen; einseitige Beeinflussung würde ein Krummziehen der positiven Platten herbeiführen. Die Platten dürfen nicht bis auf den Grund des Gefäßes reichen, da sie durch herabfallende Masse kurzgeschlossen werden würden; sie werden vielmehr an Bleifahnen aufgehängt, so daß die wirksamen Teile der Platte ganz unter Schwefelsäure stehen. Das Plattensystem darf nicht hart gegen die Gefäßwände drücken, muß vielmehr infolge der eintretenden Volumenvergrößerung der positiven Platten die Möglichkeit einer Verschiebung und Ausdehnung finden, ohne daß die gegenseitigen Abstände der braunen und grauen Platten sich wesentlich ändern. Mit Erfüllung dieser Anforderungen befinden sich die braunen Platten (in Bild 8 schwarz dargestellt) stets zwischen zwei grauen. Eine Volumenvergrößerung der wirksamen Masse führt dadurch unter Vermeidung des Krummziehens nur eine Ausdehnung der Platte herbei.

Die braunen Platten einer Zelle sind miteinander und ebenso die grauen Platten miteinander durch Bleiteile verbunden. Die Verbindung erfolgt durch Bleilötung die in den Werken gewöhnlich unter Verwendung von Wassergasgebläseflammen, bei der Montage unter Verwendung eines Knallgasgebläses vorgenommen wird. Pollaklot ermöglicht auch die Anwendung des Lötkolbens, was zur Aushilfe willkommen sein kann, da die Anwendung der Knallgasflamme besondere Übung und Sachkenntnis voraussetzt. Durch die hier angedeutete Unterteilung der Platten kommt man auch bei Anwendung großer Elektrodenoberfläche zu bequemen Formen der Gefäße.

Der gegenseitige Abstand der Platten wird gehalten durch zwischen die einzelnen Platten gestellte Glasrohre oder dünne Holzwände mit Holzstäben. Bei Glasgefäßen findet man meistens die Platten am Rande des Gefäßes aufgehängt. Glasgefäße geben der Zelle eine Durchsichtigkeit, die zur Instandhaltung des Akkumumlators sehr erwünscht ist. Größere Gefäße werden aus Holz gezimmert und mit einer Bleiauskleidung versehen. Solche Gefäße verlangen in jedem Fall die Anwendung von isolierenden Stützplatten. Das Durchsuchen der Zellen zu ihrer Instandhaltung erfolgt in diesem Falle von oben unter Anwendung von Spezialglühlampen, die unter die Säure getaucht werden.

Akkumulatorenräume sollen kühl und staubfrei sein und zu keiner anderen Verwendung, als zur Aufnahme der Batterie dienen. Der Fußboden und seine Übergänge zu den Wänden sollen schwefelsäurefest sein (reiner Asphalt mit Quarzsandzusatz). Der Verputz der Wände und der Decke soll nach völligem Austrocknen mehrmals mit säurefester Emailfarbe gestrichen sein. Eine gute Durchlüftung der Akkumulatorenräume ist unerläßlich. Diese Anforderungen ergeben sich daraus, daß gegen das Ende der Ladung eine Gasentwicklung eintritt, bei der Schwefelsäurebläschen mitgerissen werden, die die Wände benetzen.

Die entwickelten Gase, die in besonderen Fällen explosibel sein können (gegen das Ende der Ladung hin entwickelt sich reines Knallgas), machen elektrische Glühlichtbeleuchtung in Akkumulatorenräumen notwendig; die Ausschalter der Lampen werden vorteilhaft außerhalb der Akkumulatorenräume angebracht, oder es müssen besondere säure- und tropfwassersichere Ausschalter verwendet werden. Die Anbringung außerhalb erhöht auch die Sicherheit gegen Zündung eines explosibelen Gasgemisches; aus demselben Grunde ist es gut, bei künstlicher Durchlüftung durch elektrisch betriebene Ventilatoren mit Kollektor den Ventilator in den Frischluftstrom zu setzen, so daß er bei offenem Abzug des Raumes Luft in den Raum hineindrückt. Auch das Betreten von Akkumulatorenräumen mit offener Flamme und brennender Zigarre ist als Vorsichtsmaßregel zu verbieten.

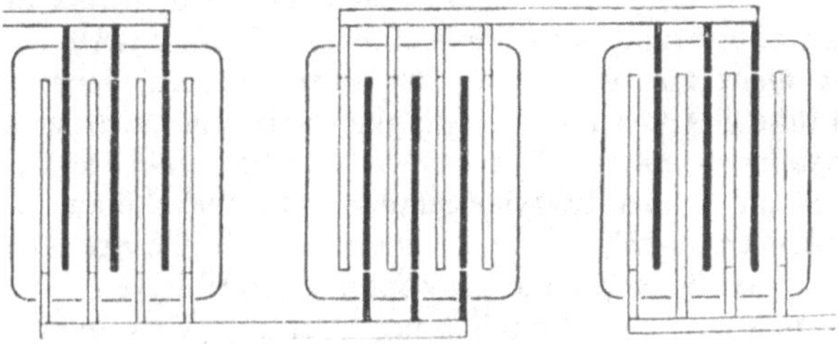

Bild 261. Quergestellte Platten.

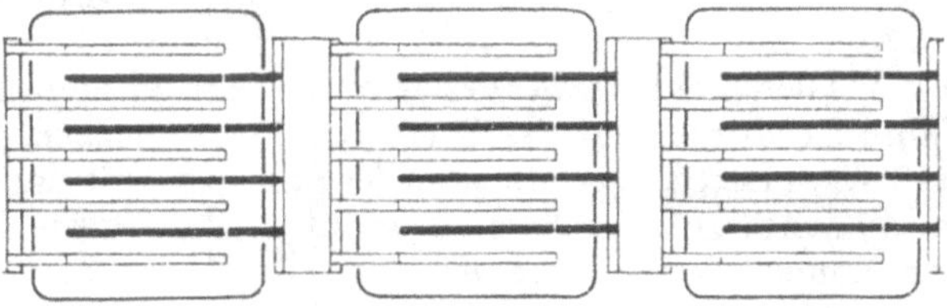

Bild 262. Längsgestellte Platten.

Die Leitungen in Batterieräumen werden aus blankem Kupferdraht hergestellt, auf besonders hohen oder mit Traufkante versehenen Porzellanrollen verlegt und mehrmals mit Emailfarbe gestrichen. Die bewegliche Gummiaderschnur der Handlampen (Durchleuchtelampen) wird zweckmäßig mit einem nackten Paragummischlauch geschützt.

Die Akkumulatoren werden zu einer Batterie entweder nach Bild 261 oder Bild 262 verbunden. Erstere Anordnung läßt bei Verwendung von Glasgefäßen zu, die Akkumulatoren von den sich bildenden Gängen aus leicht zu durchschauen, während letztere Anordnung den Vorzug geringeren Widerstandes der Verbindungsteile unter Annahme eines bestimmten Gewichtes dieser Teile besitzt.

Akkumulatoren in Batterieräumen werden auf einen starken, mit Schutztränkung versehenen Holzrahmen gestellt, der mit Glasunterlagen auf dem Fußboden ruht. Gestelle mit mehreren Stockwerken bilden einen Notbehelf bei Raummangel. Unter die einzelnen Zellen setzt man Porzellanfüße mit Traufkanten, um Erdschlüsse und Entladungen durch benetzte Oberflächen der Gefäße zu verhüten.

Um auf Reinheit der Schwefelsäure rechnen zu können, ist nur die besonders zu Akkumulatorenzwecken hergestellte Säure, Füllsäure vom spezifischen Gewicht 1,18 und leichtere Nachfüllsäure (spezifisches Gewicht 1,04), zu verwenden.

Für neuaufgestellte Batterien kommt Füllsäure allein in Frage. Sie soll über der oberen Plattenkante etwa mehrere Millimeter hoch stehen. Nach dem Füllen der Batterie folgt die erste Ladung (die endgültige Formation) und es gelten hierfür die in dem nächsten Abschnitt enthaltenen Angaben.

Bei der Verdunstung und dem Gasungsvorgang gegen das Ende der Ladung geht stets mehr Wasser verloren, als Schwefelsäure, so daß der Säurestand sich im Laufe der Zeit ändert. Mit dieser Änderung ist nicht zu verwechseln die durch verschiedenen Ladezustand herbeigeführte Änderung, die im nächsten Abschnitt erklärt wird. Bemerkt man nach einiger Zeit des Gebrauches eine Steigerung des spezifischen Gewichtes über 1,20 der geladenen Batterie hinaus, so hat man das Nachfüllen entsprechend einzurichten. An Stelle der leichteren Nachfüllsäure wird häufig auch die Anwendung destillierten Wassers ohne Schwefelsäurezusatz erforderlich sein. Vor der Verwendung des Wassers prüfe man wenigstens auf Chlor, das durch Kochsalzgehalt auftreten könnte und peinlich fernzuhalten ist. Man füllt hierzu eine Probe des Wassers in ein Reagenzglas, bringt einige Tropfen Silbernitratlösung hinzu und schüttelt das Gemisch. Tritt eine bläulichweiße Trübung ein, so darf das Wasser nicht verwendet werden. Um an destilliertem Wasser und Säure zu sparen und die Säure vor Verschmutzung zu schützen, deckt man Glasplatten über offene Zellen; damit tropft das angesäuerte Wasser in die Zellen zurück, das sich bei der Ladung niederschlägt und nicht in den Raum hinein verbreitet.

2. Das Laden und Entladen eines Bleiakkumulators bzw. einer Batterie ohne Rücksicht auf einen Zentralenbetrieb.

A. In elektrischer Hinsicht.

Ein betriebsfertiger Akkumulator weist bei Stromlosigkeit eine Spannung in der Nähe von 2 Volt auf, wobei die Zahl 2 zunächst als rohe Annäherung dienen möge. Zum Erreichen einer bestimmten Spannung sind daher für rohe Annäherung so viel Zellen hintereinander zu schalten, als die Zahl 2 in der gewünschten Spannung enthalten ist.

Bei der Ladung muß an die Klemmen der Batterie eine Elektrizitätsquelle (meistens eine Dynamomaschine) gelegt werden, deren Spannung höher ist, als die Batteriespannung, die im Kreise als Gegenspannung auftritt. Für die Ladung von konstanter Spannung aus befinde sich in der Leitung ein Strommesser und ein Widerstand, mit Hilfe dessen die Stromstärke der Ladung geregelt werden kann. Das Schema der Schaltung drückt Bild 263 aus, in dem *M* die Stromquelle, *B* die Batterie,

A den Strommesser und V einen auf M oder B umschaltbaren Spannungsmesser bedeuten möge.

Nur wenn die Stromquelle eine höhere Spannung zeigt, als die Batterie, darf der Stromkreis geschlossen werden, denn es arbeitet die Stromquelle mit ihrer EMK E gegen die Polarisationsspannung E_P der Batterie. Der Ladestrom hat dabei erstens diese Gegenspannung und zweitens die von dem Gesamtwiderstand des Kreises verbrauchte Spannung zu überwinden. Ist w_G dieser Widerstand, und I die Stromstärke, so muß die EMK betragen

$$E = E_P + I \cdot w_G \; ; \qquad (122)$$

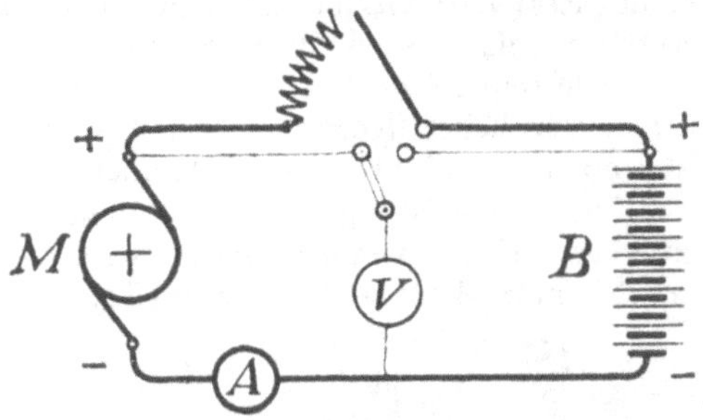

Bild 263. Ladeschema mit Vorschaltwiderstand (unwirtschaftlich! vgl. Bild 268).

ohne Rücksicht auf günstige Arbeitsausnutzung genügt also eine passende Wahl von w, die durch den regelbaren Vorschaltwiderstand erreicht werden kann, um bei gegebenem E und E_P einen gewünschten Ladestrom I zu erreichen:

$$I = \frac{E - E_P}{w_G} \, . \qquad (123)$$

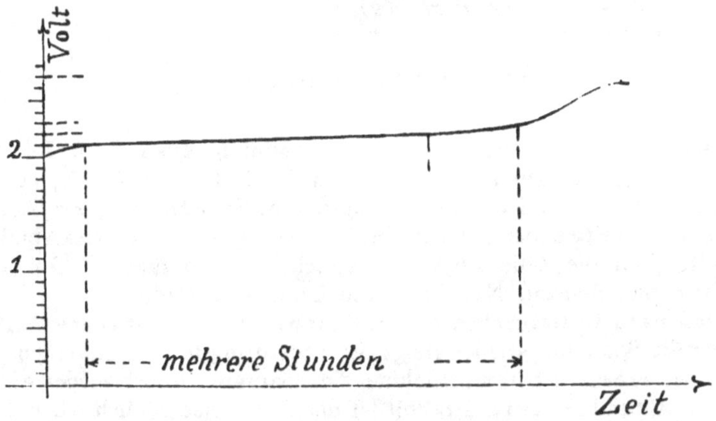

Bild 264. Anstieg der Ladespannung.

Die beim Fließen eines konstant gehaltenen Ladestromes an den Klemmen eines Akkumulators während der Dauer der Ladung auftretende Spannung verfolgt einen etwa durch Bild 264 gegebenen Verlauf. Die Spannung steigt von etwa 2,1 Volt aus, die sehr bald nach dem Einschalten erreicht sind, zuerst langsam im Verlaufe mehrerer Stunden. Während des langsamen Anstieges ist keine Gasentwicklung vorhanden. Sie setzt erst im späteren Verlaufe bei Beginn eines deutlicheren Spannungsanstieges ein und nimmt mit höher werdender Spannung bis zu lebhaftem „Kochen“ zu. Gasen alle Elemente an beiden Plattensystemen lebhaft (maßgebend ist das Entweichen reinen Knallgases) meistens bei 2,7 Volt an der Zelle, so kann die Ladung abgestellt werden. Nach Unterbrechung des Ladestromes geht die Spannung der Zelle schnell auf 2,2 Volt, nach einigem Stehen auf 2,1 Volt zurück. Ein wesentlicher Rückgang der Spannung des offenen Akkumulators ist von da ab nicht mehr vorhanden.

Zur Beobachtung werde ein Sammler entladen, indem ein Außenkreis an seine Klemmen gelegt wird, dessen Widerstand bis zu der gewünschten konstanten Stromstärke *I* geregelt wird. Unter dieser

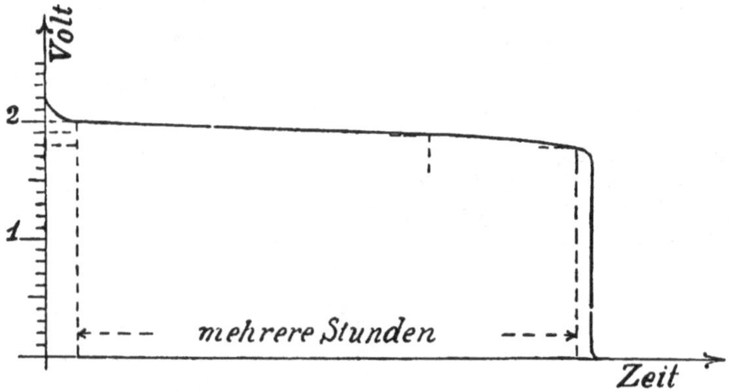

Bild 265. Abfall der Entladespannung.

Voraussetzung ändert sich die Entladespannung etwa nach Bild 265: Die Spannung fällt zuerst schnell bis in die Nähe von 2 Volt, genauer etwa auf 1,98 Volt, und von da aus langsam im Verlaufe mehrerer Stunden bis 1,8 Volt. Etwa bei 1,9 Volt beginnt ein etwas stärkerer Abfall zu 1,8 Volt. Hat die Zelle 1,8 Volt unterschritten, so fällt die Spannung sehr bald plötzlich zur Null hin. Die Zelle ist entladen.

Daß nach Unterbrechen des Entladestromes bei entladenem Akkumulator die Spannung wieder steigt, ist bedeutungslos, da bei einem Versuch einer erneuten Stromentnahme die Spannung sofort wieder abfällt.

Eine Entladung unter 1,8 Volt ist der Zelle unzuträglich. Um dieser Grenze nicht zu nahe zu kommen, wird meistens die Vorschrift erlassen, nicht unter 1,8 Volt zu entladen. Solche Vorschriften haben ihre Bedeutung, weil nicht alle Elemente einer Batterie zugleich entladen sind, vielmehr sind Verschiedenheiten der Menge und des Arbeitens der Masse nicht zu vermeiden. Wird eine Batterie weiter entladen, während einzelne Elemente entladen sind, so lädt der Entladestrom der übrigen Zellen die entladenen Zellen mit verkehrten Polen, wodurch diese Zellen bald unbrauchbar werden. Die Umpolung ist das Unzuträgliche.

Wenn ein Element durch eine zuvor beseitigte Ursache (Kurzschluß in der Zelle oder dgl.) in der Ladung zurückbleibt, dann durchschneidet man eine der Bleileisten, durch die das Element mit den Nachbarzellen verbunden ist, und verbindet mit Hilfe eines Kupferdrahtes und zweier Klemmen jedesmal so, daß das Element bei der Entladung der Batterie nicht mit entladen wird, bei der Ladung der Batterie jedoch an der Ladung teilnimmt.

Die Gleichmäßigkeit einer Batterie wird erhalten bzw. gebessert durch Anwendung reichlichen Kochens mit halber Stromstärke vor der Unterbrechung des Ladestromes und durch häufig (alle 2 bis 4 Wochen) wiederholtes Aufladen bei halber Stromstärke mit Ruhepausen von etwa einer Stunde bis zu dem Erfolg, daß sofort nach Einschalten des Ladestromes die Gasung beider Plattensysteme eintritt.

Stromüberlastungen sowohl bei Ladung als auch bei Entladung sind peinlich zu vermeiden, da sich die Platten dadurch werfen. Die Angaben der liefernden Werke in bezug auf zulässige Höchststromstärken sind genau zu befolgen. Innerhalb dieser Grenzen schadet eine reichliche Beanspruchung einer Batterie weniger als eine zu geringe Benutzung.

B. In chemischer Hinsicht.

Zur Erklärung der chemischen Vorgänge bei der Ladung und Entladung seien folgende Formeln herangezogen:

a) Vorgang bei der Entladung*:
braune Platte: $PbO_2 + H_2SO_4 + H_2 = PbSO_4 + 2H_2O$,
graue Platte: $Pb + SO_4 = PbSO_4$.

b) Vorgang bei der Ladung:
braune Platte: $PbSO_4 + 2H_2O + SO_4 = PbO_2 + 2H_2SO_4$,
graue Platte: $PbSO_4 + H_2 = Pb + H_2SO_4$.

Für eine Amperestunde geben die Formeln die Werte 3,85 g Pb, 4,46 g PbO_2, 3,66 g H_2SO_4, 0,67 g H_2O, zusammen 12,64 g, während praktisch 26,2 g/Ah oder bei 2 V 13,1 g/Wh beobachtet worden sind, d. h. auf 1 kg 77 Wh. Demgegenüber erreichen Fahrzeugbatterien 30 ÷ 35 Wh auf 1 kg Gesamtgewicht.

In jedem Falle wird die Schwefelsäure geschieden in 2H und SO_4; der Wasserstoff wandert mit dem Strome, SO_4 gegen den Strom. Mit dieser Vorstellung werden die obigen Angaben verständlich. Die Vorgänge a) und b) besagen, daß bei der Entladung Bleisulfat und Wasser entsteht, während bei der Ladung Bleisuperoxyd, Bleischwamm und Schwefelsäure zurückgebildet wird.

Die unter a) und b) angegebenen Veränderungen der Lösung erklären die Erscheinung, daß die Lösung eines entladenen Akkumulators

* Für beide Platten zusammen kann auch Fall *a* und *b* geschrieben werden: $PbO_2 + Pb + 2H_2SO_4 = 2PbSO_4 + 2H_2O$ und umgekehrt.

geringeres spezifisches Gewicht besitzt als diejenige eines geladenen. Die Änderung des spezifischen Gewichtes geht allmählich vor sich, so daß eine in die Lösung gebrachte Senkwage (ein Aräometer) Aufschluß über den Ladezustand der Zelle gibt. Der Unterschied im spezifischen Gewicht beträgt einige Zehntel; der erforderliche Säurestand für geladene und entladene Batterie wird häufig an der Senkwage mit Farbe hervorgehoben. Die Dichte der Säure wird so gewählt, daß die Lösung des fertig geladenen Akkumulators das spezifische Gewicht 1,20 (bei 15°) besitzt, weil sich diese Säuredichte in bezug auf die Haltbarkeit der Platten als die günstigste herausgestellt hat. Die Schwefelsäure hat in der Nähe dieser Dichte (bei 1,22) den Höchstwert der Leitfähigkeit, was im Interesse eines geringen inneren Widerstandes der Zelle von Bedeutung ist.

C. In Hinsicht auf entnehmbare und hineinzuschickende Elektrizitätsmenge und Arbeit.

Zu den nach den chemischen Formeln gegebenen Zahlen ist zu bemerken: Man muß bei gleicher Stromstärke während der Ladung mehr Amperestunden zuführen, als man bei der Entladung entnehmen kann.

Der Unterschied ist um so größer, je höher die Stromstärke gewählt ist. Die Erscheinung erklärt sich aus dem Auftreten von Nebenwirkungen, wie Gasentwicklung, Selbstentladung infolge von geringen Verunreinigungen der Schwefelsäure oder spurenweiser Bildung von Überschwefelsäure an der positiven, die an der negativen Platte wieder zu Schwefelsäure reduziert wird. Bei der Beobachtung der Vorgänge teilt man den Zeitraum eines gesamten Vorganges in gleiche Teile, von denen jeder die kurze Zeitdauer t (z. B. 1 Min.) habe, und bildet durch das Produkt dieses Zeitteils mit der jeweiligen Stromstärke I (Index E bedeutet Entladung, L Ladung) einen Teil der Elektrizitätsmenge. Die Summe dieser Teile, z. B. $\Sigma I_E t$, ist von Wert für die Beurteilung des Vorganges. Entsprechend der Tatsache, daß einem Akkumulator bei einer bestimmten Stromstärke eine bestimmte Elektrizitätsmenge entnommen werden kann, besteht die Auffassung einer Ansammlung von Elektrizitätsmengen in einer Zelle oder einer Batterie wie in einem Kondensator (I, 1 D); für die entnehmbare Elektrizitätsmenge $\Sigma I_E \cdot t$, ausgedrückt in Amperestunden, wird daher das dem Gebiet der Kondensatoren entlehnte Wort „Kapazität" verwendet. Die Verschiedenheit der Kapazität für ein und dieselbe Batterie bei verschiedenen Entladezeiten sei durch folgendes Beispiel gegeben:

Entladezeit	Entladestrom	Kapazität
8 Stunden 10 Minuten	6,25 Ampere	51,0 Amperestunden
5 „ 42 „	8,0 „	45,7 „
3 „ 42 „	11,0 „	40,8 „
2 „ 27 „	14,5 „	35,5 „
1 Stunde 20 „	23,0 „	30,6 „

Das Verhältnis der entnehmbaren und aufzuwendenden Elektrizitätsmengen bei bestimmten Stromstärken:

$$\eta_1 = \Sigma I_E \cdot t : \Sigma I_L \cdot t \tag{124}$$

heißt der Wirkungsgrad in Amperestunden. Er ist kein Wirkungsgrad in mechanischem Sinn, da es sich nicht um den Vergleich zweier Arbeiten handelt. Seine Höhe beträgt für ortfeste Batterien mittlerer Größe bei höchstzulässigem Strom etwa $\eta_1 = 0{,}9$.

Bildet man in bezug auf die Ladung und Entladung für jeden Zeitteil t das Produkt aus der Klemmenspannung K (K_E für die Entladung, K_L für die Ladung) und der Stromstärke des Akkumulators, sowie aus dem Zeitteil selbst, so heißt der Wert

$$\eta_2 = \Sigma K_E \cdot I_E \cdot t : \Sigma K_L \cdot I_L \cdot t \tag{125}$$

der Wirkungsgrad in Wattstunden. Er bildet einen Wirkungsgrad in mechanischem Sinn und beträgt für ortfeste Batterien mittlerer Größe bei höchstzulässigem Strom etwa $\eta_2 = 0{,}75$.

Falls für die Bilder 264 und 265 konstante und für Ladung und Entladung gleiche Stromstärke angenommen wird, ist η_2 ausgedrückt durch das Verhältnis der unter der Entladelinie (bis zu 1,8 V) und unter der Ladelinie (bis zu 2,7 V) liegenden Flächen.

Die Arbeitsverluste sind wesentlich bedingt durch die Abhängigkeit der EMK von der Säuredichte, die bei der Ladung an der Umsetzungsstelle höher, bei der Entladung niedriger ist, als die Dichte des mit der Senkwage gemessenen Elektrolyten, weil bei der Ladung im Innern der Platte Säure erzeugt, bei der Entladung verbraucht wird. Diese muß sich mit der Säure außerhalb der Platte ausgleichen, was von der inneren Reibung der Säure und der Porosität der wirksamen Masse sowie der Geschwindigkeit der Abscheidung oder des Verbrauches abhängt. Daher ist die Ladespannung höher, die Entladespannung tiefer, als die Ruhespannung und die Kapazität abhängig von der Entladestromstärke und der Temperatur. Die Temperatur wirkt hier ausgleichend, wie sich auch die meisten in Wasser löslichen Stoffe bei höheren Temperaturen schneller lösen. Verminderung der Entladestromstärke und Erhöhung der Temperatur erhöhen die Kapazität und die Entladespannung. Verminderung der Ladestromstärke erhöht zugleich den Wirkungsgrad in Wattstunden. Sammler nehmen bei der Entladung tiefere Temperatur als ihre Umgebung an. Gegen das Ende der Ladung steigt die Spannung stark durch das Auftreten der Überspannung bei der Entwicklung der Gase, namentlich des Wasserstoffes.

Der Spannungsverlust infolge inneren Widerstandes ist bei der Ladung zur Polarisationsspannung E_P zu addieren, bei der Entladung von E_P zu subtrahieren, damit die Klemmspannung erhalten wird. Es gilt daher für die Klemmenspannungen:

$$K_L = E_{PL} + I_L \cdot w \quad \text{und} \quad K_E = E_{PE} - I_E \cdot w \,. \tag{126, 127}$$

Der innere Widerstand einer Zelle kann unter Anwendung einer kurzen Unterbrechung des Entladestromes I_E (vgl. 10. Beispiel) angenähert bestimmt werden, indem man kurz vor der Unterbrechung die Klemmenspannung K_E und im ersten Augenblick nach der Unterbrechung die Spannung zwischen den Polen der Zelle mißt. Der dazu gebrauchte feine Spannungsmesser bleibt zur ersten und zweiten Messung an den Klemmen der Zelle liegen. Die zu zweit gemessene Spannung kann als die Polarisationsspannung E_{PE} angesehen werden, so daß sich der innere Widerstand der Zelle zu

$$w = \frac{E_{PE} - K_E}{I_E} \tag{128}$$

ergibt. Der innere Widerstand beträgt bei normalen Akkumulatoren zwischen 0,01 und 0,015 Ohm auf 1 qdm wirksame Fläche. Bei z qdm beträgt er das $1 : z$-fache des betreffenden Wertes und spielt in bezug auf die Energieverluste eine geringe Rolle.

Die bei der Ladung auftretende Polarisationsspannung E_{PL}, die als Gegenspannung zu der EMK der Stromquelle auftritt, bildet in ihrem Produkt mit dem Ladestrom I_L die in chemische Form sekundlich übergeführte Arbeit, die, abgesehen von den oben genannten Verlusten, die Nutzleistung bei der Ladung darstellt. Für den auftretenden Ladestrom ist maßgeblich die Differenz der Ladeklemmenspannung K_L und der Gegenspannung E_{PL}, sowie der Widerstand w der Zelle:

$$I_L = \frac{K_L - E_{PL}}{w}. \tag{129}$$

Obige Gleichung kann auch auf den ganzen Kreis bezogen werden; für diesen Fall ist an Stelle von K_L die EMK der Stromquelle und an Stelle von w der Gesamtwiderstand des Kreises zu setzen, während unter E_{PL} die Summe der Polarisationsspannungen sämtlicher hintereinandergeschalteter Elemente zu verstehen ist (Gl. 123).

Die Plattengröße eines Gefäßes richtet sich nach dem zulässigen Höchstwert der Betriebsstromstärke. Für ortfeste Batterien, deren Lebensdauer etwa 10 Jahre und mehr betragen soll, rechnet man im Mittel auf 1 qdm Stromdurchgangsfläche etwa $1 \div 1{,}5$ A, während für Fahrzeuge wesentlich höhere Werte ($3 \div 5$ A/qdm bei wesentlich kürzerer Lebensdauer der Zelle) verwendet werden.

D. Fehler und Abhilfsmittel.

Das Bleisulfat (s. unter B) kann bei Sammlern, die wenig gebraucht werden, auskristallisieren, vor allem, wenn eine völlig oder teilweise entladene Zelle längere Zeit ruht. Die schwer löslichen Kristalle setzen sich in Form von Nadeln in und an das Plattensystem und überziehen es mit einer Isolierschicht. Sulfatkristalle können Plattenteile und ganze Batterien unbrauchbar machen, da man die Platten schwer wieder von ihnen befreien kann. Teilweise sulfatierte Platten nehmen mit den bedeckten Stellen nicht mehr an den Vorgängen teil und tragen zu einer Überlastung anderer Stellen der Platten bei. Die Mittel zur Verhütung der Kristalle sind reichlicher Gebrauch der Zelle, sofortige Neuladung nach der Entladung, reichliche Überladung mit Ruhepausen und zeitweilige Dauerladung mit sehr schwachem Strome (etwa 1 vH. des normalen über mehrere Tage). Wie lange Zellen von einer Ladung zur anderen bei schwacher Benutzung oder Nichtbenutzung stehen dürfen, hängt von der Type ab und wird von den Werken einzeln vorgeschrieben. Betriebsbatterien empfiehlt sich bei Nichtbenutzung alle 2 Wochen neu zu laden.

Sehr schädlich, sowohl in bezug auf den Wirkungsgrad wie auf die Lebensdauer von Zellen, sind innere Schlüsse, die eine Entladung und Sulfatierung bei offenem Außenkreise herbeiführen. Schlüsse in der Zelle entstehen durch Krummziehen der Platten, durch herausfallende Masse oder durch Bleibäumchen, die allmählich wachsen. Bei der Wartung ist darauf sehr zu achten. Man erkennt das an zurückbleibender Gasung hinter anderen Zellen derselben Batterie. Die Ursache der Störung ist sofort zu beseitigen. Auf Einhalten des Plattenabstandes untersucht man vorteilhaft ganze Batterien von Zeit zu Zeit. Man beseitigt den Fehler bei krumm werdenden Platten durch vorsichtiges Einschieben passender, an den Enden in einer Flamme abgerundeter Glasstäbe oder Glasröhren, bei entstehenden Bleibäumchen durch Abstoßen dieser Teilchen mittels eines glatten abgerundeten Glas- oder Hartgummistabes. Es empfiehlt sich meistens, die grauen Platten den braunen nachzubiegen. Zellen mit Holzzwischenlage zwischen den Platten sind in diesem Sinne unübersichtlicher und schwieriger zu behandeln, aber auch durch die Zwischenlage gegen die Berührung besser geschützt.

Eine negative Platte mit aufgetragener Masse darf aus einer einmal betriebsfertig gemachten Batterie nicht für längere Zeit aus der Schwefelsäure herausgebracht werden. Es würde dabei eine als Verbrennung bezeichnete Oxydation unter Erwärmung der Platte auftreten, die einen Teil der im Akkumulator aufgespeicherten Arbeit verbrauchen würde. Negative Platten, die aus einer Zelle herausgenommen werden, bringt man daher zweckmäßig sofort in ein anderes, mit Akkumulatorensäure gefülltes Gefäß.

Die Gegenwart von Spuren bestimmter Metalle und ihrer Verbindungen wirken schädigend, von denen hauptsächlich Kupfer und Eisen genannt sei. Eisen gibt den Platten eine ungewöhnliche rötliche Färbung. Unter Vorhandensein schädlicher Stoffe in einer Zelle läßt sich häufig eine Besserung schaffen, indem der frisch geladene Akkumulator von seiner Säure befreit und mit neuer, reiner Säure gefüllt wird.

3. Sammler im Zentralenbetriebe.

A. Die Aufgabe

der Akkumulatoren in den Zentralenbetrieben besteht darin:

1. Zu Zeiten geringen Strombedarfes ohne Maschinenbetrieb, also bei ruhender Anlage, Leistung an das Netz abzugeben.
2. Zu Zeiten höchsten Strombedarfes parallel mit der Maschinenanlage zur Unterstützung der letzteren Leistung an das Netz abzugeben.
3. Bei kurzzeitigen Betriebsstörungen an der Maschinenanlage für diese Zeit die ganze Stromlieferung an das Netz zu übernehmen.
4. Pufferbatterie: An Zentralen mit stark wechselnder Leistungsabgabe durch Parallelschaltung mit der Maschinenanlage in kurzzeitigen Perioden bald Arbeit aufzunehmen, bald Arbeit abzugeben zum Zweck eines Ausgleiches der Maschinenleistung.

Die Wahl der Größe der Batterie in bezug auf die höchste Entladestromstärke und die Zeit der Beanspruchung mit höchstem Entladestrom richtet sich nach den Bedürfnissen des einzelnen Falles. Als Mittelwert möge der Fall gelten, daß der höchste Entladestrom etwa die Hälfte des höchsten Maschinenstromes und die Entladezeit bei diesem Strome 3 ÷ 4 Stunden betrage. Damit ist meistens die Möglichkeit gegeben, den Maschinenbetrieb in den Abendstunden zu unterbrechen. Bei den schwächeren nächtlichen Stromstärken reicht die Amperestundenzahl der Batterie dann bis zum Morgen aus.

B. Wahl der Zellenzahl, Hilfseinrichtungen.

Der gewöhnliche Zentralenbetrieb stellt die Anforderung, in jeder Belastung eine konstante oder zwischen zwei nahe beieinander liegenden Werten angenähert konstante Netzspannung zu halten. Als zulässige Spannungsschwankung rechnet man 2 vH. des Mittelwertes.

Eine Batterie muß in der Zellenzahl so bemessen sein, daß sie gegen das Ende der Entladung bei höchstem Entladestrome noch die Netzspannung herstellt. Da die einzelne Zelle normal bis 1,85, im äußersten bis zu 1,8 Volt entladen werden soll, ergibt sich die erforderliche Zellenzahl $z = K : 1{,}85$ bis $K : 1{,}80$, wobei K die Netzspannung in V bedeutet.

Da die Spannung der Zelle im Betriebe veränderliche Werte annimmt, ist die Netzspannung durch Anwendung eines Zellenschalters angenähert konstant zu halten. Er besteht aus einer Schaltvorrichtung, die es gestattet, während des Betriebes die zwischen zwei Leitungsdrähten liegende Zellenzahl zu verändern. In der Nähe von 100 V wird zu diesem Zweck an einem Ende der Batterie von jedem Verbindungsstück zwischen zwei Zellen je eine Leitung abgezweigt; die einzelnen Leitungen führen in der Reihenfolge, wie sie von den Akkumulatoren kommen, zu den einzelnen Knöpfen einer Kontaktbahn, über die eine Kurbel oder ein geradlinig geführtes Kontaktstück gleiten kann. Damit keine Stromunterbrechung beim Verstellen von Knopf zu Knopf eintritt, muß die Kontaktbreite des Gleitstückes größer sein, als die Breite des Isoliermittels zwischen den einzelnen Knöpfen. Damit ein unmittelbarer Kurzschluß der durch das Gleitstück geschlossenen Zelle in der Übergangsstellung vermieden ist, wird das Gleitstück zweiteilig hergestellt. Der Hauptkontakt des Gleitstückes wird mit der Netzleitung unmittelbar, der Hilfskontakt hingegen unter Vorschaltung eines Widerstandes verbunden; dieser Widerstand ist so bemessen, daß mit der Spannung zwischen zwei Knöpfen der Kontaktbahn der höchstzulässige Entladestrom entsteht. Die Entladeschaltung wird verdeutlicht durch Bild 266, das einen Kurbelzellenschalter voraussetzt. Ist das Kontaktstück geradlinig beweglich bei gerader Kontaktbahn, so entsteht der Spindelzellenschalter. In der Nähe von 200 V, wo 2 vH. der Netzspannung $\sim$ 4 V beträgt, legt man zwischen zwei benachbarte Kontakte stets zwei hintereinandergeschaltete Zellen.

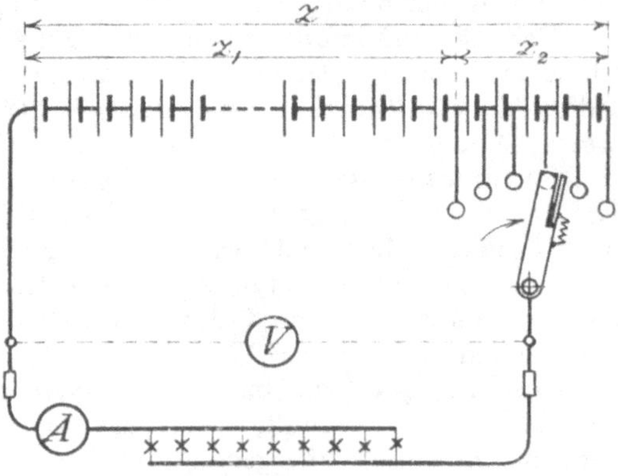

Bild 266. Entladeschaltung.

Der Schiebekontakt des Zellenschalters darf in Zwischenstellung nicht stehen bleiben, da in diesem Falle das durch den Schiebekontakt in sich geschlossene Element schnell entladen wird. Die im Betrieb vorkommenden Ruhestellungen des Gleitstückes werden an den Zellenschaltern durch besondere Mittel kenntlich und leicht einstellbar gemacht. Die Abmessungen müssen mit den Bezeichnungen (Bild 267) folgenden Bedingungen genügen:

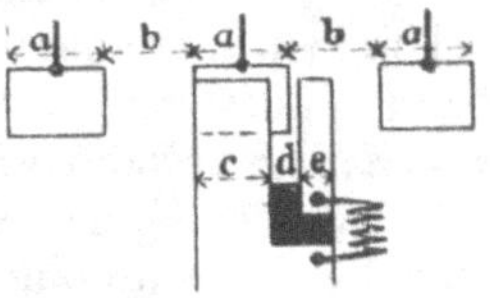

Bild 267. Zellenschalter-Gleitkontakt.

$$c < b;\ e < b;\ d < a;\ (c + d + e) > b;\ (a + b) > (c + d + e)\,. \quad (130)$$

Die am Zellenschalter liegenden Elemente heißen die Schaltzellen, die übrigen die Stammzellen. Die Zellenzahl der Stammbatterie erhält man (falls während der Ladung über die Sammler kein Strom an das Netz abgegeben werden soll), indem man die Netzspannung durch die Spannung der neu geladenen Zelle dividiert; man rechnet hierfür 2,1 V, oder, da sehr bald nach Einschaltung des Entladestromes die Spannung der Zelle um etwa 0,1 V fällt, häufig auch 2,0 V. Mit der Bezeichnung des Bildes 266 wird die Zellenzahl der Stammbatterie daher $z_1 = K : 2{,}1 \div K : 2{,}0$, während als Zellenzahl der Schaltzellen $z_2 = z - z_1$ zu rechnen ist. Die erforderliche Zahl der Zellenschalterkontakte und Zellenschalterleitungen wird hiermit in der Nähe von 100 V $z_2 + 1$, von 200 V $0{,}5 \cdot z_2 + 1$; im letzteren Falle ist z_2 auf eine gerade Zahl abzurunden.

Welche Werte für z und z_1 in den angegebenen Grenzen gewählt werden, richtet sich nach dem besonderen Fall. Jedenfalls folgt aus der Wahl des geringsten z und des größten z_1 die geringste Anzahl von Zellenschalterleitungen, die bei größeren Abständen zwischen Batterie und Schalttafel häufig die Kosten der Anlage merkbar erhöhen.

Der Akkumulatorenbetrieb unter Anwendung eines Zellenschalters ist so zu denken: Bei neu geladener Batterie beginnt die Entladung, indem der Gleitkontakt des Zellenschalters auf geringster Zellenzahl steht. Nimmt durch die Entladung die Spannung der Batterie ab, so stellt man, falls der zulässige Geringstwert der Netzspannung erreicht ist, das Gleitstück auf den benachbarten Knopf der Kontaktbahn zu nächst höherer Zellenzahl ein. Unter Beobachtung der Netzspannung wiederholt sich dieser Vorgang, bis bei entladener Batterie das Gleitstück auf dem äußersten Knopf der Kontaktbahn steht, wo die Zellenzahl am größten ist.

Die Ladung erfolgt, indem man mit der zuletzt genannten Stellung des Gleitstückes beginnt, denn die äußerste Zelle hat die geringste Amperestundenzahl abgegeben und kocht daher am ersten. Ist die äußerste Zelle fertig geladen, so stellt man das Gleitstück auf den zweit letzten Kontakt. Unter Beobachtung des Ladezustandes der jeweils letzten angeschlossenen Elemente verfährt man so weiter, bis schließlich gegen das Ende der Ladung nur noch die Stammbatterie angeschlossen ist. Gast diese gut, so ist die Ladung beendet.

Meistens wird die ladende Maschine so eingerichtet, daß sie imstande ist, bei normalem Ladestrom und 2,7 V jeder Zelle alle vorhandenen Zellen in Hintereinanderschaltung zu laden. Ihre Spannung muß demnach beim Ladestrom bis auf $z \cdot 2{,}7$ V gebracht werden können. Wenn $z = K : 1{,}8$ gewählt wird, so folgt, daß der Höchstwert der Ladespannung $2{,}7 : 1{,}8$ oder $^3/_2$ der Netzspannung beträgt. Dieser Punkt ist ungünstig, falls dieselbe Maschine die Ladung besorgen soll, die auch für das Arbeiten auf das Netz verwendet wird. Eine Maschine, die bei gleicher Umlaufszahl für zwei um 50 vH. auseinanderliegende Spannungen eingerichtet ist, besitzt bei der niederen Spannung eine schneller abfallende, also ungünstigere Belastungslinie, als eine Maschine, die nur für Netzspannung eingerichtet ist; der Nebenschlußregler solcher Maschinen enthält viel Widerstand und braucht eine große Anzahl von Kontakten.

Etwas gebessert werden diese Verhältnisse durch den oben angegebenen Gebrauch des Zellenschalters bei der Ladung, indem man so geringerer Spannungserhöhung bedarf, da gegen das Ende der Ladung eine Anzahl von Elementen abgeschaltet ist. Außerdem bessert diese Verhältnisse die Anwendung der halben Ladestromstärke bei Beginn der Gasung, was auch für die Batterie günstig ist.

Die Ladungsschaltung zeigt Bild 268, zu dem folgende Punkte hervorgehoben sein mögen:

Gegen das Ladeschema Bild 263 fällt in dieser Schaltung ein besonderer vorgeschalteter Widerstand fort, der bei günstigem Betrieb deshalb fortfallen muß, weil er unnötig die Ladespannung der Maschine erhöhen und Arbeit in Wärme, also eine nicht bezweckte Arbeitsform umsetzen würde. Der Gesamtwiderstand w_G des Kreises besteht nur aus der Summe der Widerstände der für die Schaltung notwendigen Teile, im wesentlichen des Maschinenankers, der Leitung und der Batterie. Alle diese Widerstände werden so gering wie möglich gehalten. Die Ladestromstärke wird durch den Nebenschlußregler R der Maschine M eingestellt.

Durch dieses Verfahren wird der für die Ladestromstärke I_L maßgebliche Spannungsverlust e_V des Kreises sehr gering im Vergleich zur EMK E und zur Polarisationsspannung E_{PL} des Kreises. Der Ladestrom

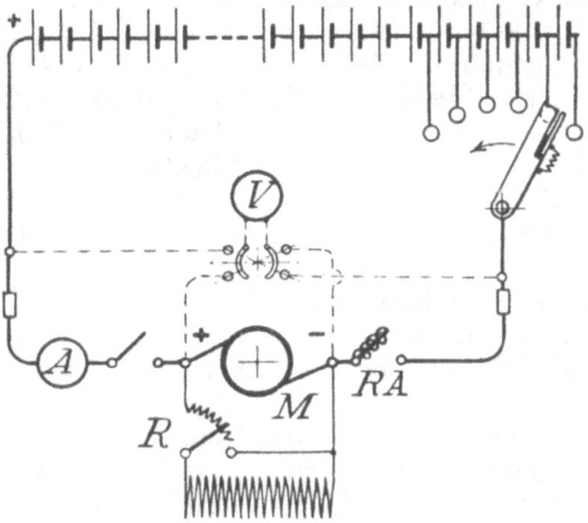

Bild 268. Ladeschaltung.

$$I_L = \frac{E - E_{PL}}{w_G} = \frac{e_V}{w_G} \qquad (131)$$

ist dadurch bei konstantem E_{PL} und geringer Veränderung von E großen Schwankungen ausgesetzt. Der Nebenschlußregler muß daher vorsichtig eingestellt werden. Vor dem Einschalten des Ladestromes ist mit einem und demselben Spannungsmesser V unter Benutzung eines Spannungsmesserumschalters zunächst die Spannung der Batterie abzulesen und dann die Spannung der ladenden Maschine einzustellen. Die Spannung der ladenden Maschine darf nur ein wenig höher sein, als die Sammlerspannung. Erst wenn diese Bedingung erfüllt ist, wird der Ladestromkreis geschlossen und seine Stromstärke geregelt.

Der Strommesser A, der in Bild 266 und 268 derselbe sei, ist als Gerät nach Deprez-d'Arsonval mit Nullstellung in der Mitte zu denken, damit je nach der Ausschlagsrichtung erkannt wird, ob Ladung oder Entladung vorliegt. Ist der Ausschlag von der Stromrichtung unabhängig, so ist außer diesem Gerät ein Stromrichtungszeiger im Kreise zu verwenden.

Der Ladekreis enthält einen Rückstromausschalter RA, der entweder ein Minimalselbstschalter oder besser ein mit Strom- und Spannungsspule arbeitender Automat sein kann. Er wird notwendig, da bei geringen Verkleinerungen der EMK der Maschine eine Umkehr der Stromrichtung eintreten kann. Dieser Umkehr geht ein Durchgang durch die Stromstärke Null voraus, der dann eintritt, wenn in obigem für I_L gegebenen Ausdruck $E = E_{PL}$ wird. Da die Differenz $E - E_{PL}$ stets einen geringen

Wert aufweist, können geringe durch Zufälligkeiten auftretende Schwankungen der Umlaufszahl die Gleichheit von E und E_{PL} herbeiführen. Wird nach diesem Augenblick die Induktionsspannung der Maschine nur noch um ein Geringes kleiner, so überwiegt die Polarisationsspannung der Akkumulatoren, die dadurch zur EMK des Kreises wird, während die Induktionsspannung der Maschine eine Gegenspannung bildet. Die Stromrichtung kehrt sich um, und die Akkumulatoren entladen sich in die Maschine hinein, die nun als Motor läuft. An Stelle eines Rückstromausschalters kann auch in besonderen Fällen eine Eisen-Aluminiumzelle (III, 2 E) mit geeignetem Elektrolyten treten. Die als Motor getriebene Nebenschlußmaschine läuft zwar beim Rückstrom im gleichen Sinn, wie vorher, denn das Feld behält die Richtung bei und die elektrischen Pole am Anker bleiben auch gleich, so daß man annehmen müßte, bei einer vorübergehenden Schwankung würden die Akkumulatoren über die Schwankung hinweghelfen, aber der Rückstrom wächst schnell auf gefährliche Höhe. Das Anwachsen hat vor allem seinen Grund darin, daß die Ankeramperewindungen sich umkehren. Der erst beim belasteten Generator im Sinne des Umlaufes verschobene Fluß, für den auch die Bürsten eingestellt sind, verschiebt sich mit auftretendem Rückstrom gegen den Umlauf, so daß die Induktionsspannung des Ankers mit Umkehr des Ankerstromes sich selbst verringert, während das Gegenteil zur Verhütung des Rückstromes erwünscht wäre. Durch die Verschiebung zwischen Bürstenstellung und Fluß ist die Wirkung vorhanden, als befände sich der Anker in einem zu schwachen magnetischen Felde. Er strebt dadurch nach Vergrößerung der Umlaufszahl und wirkt treibend auf die Antriebsmaschine, die dadurch das motorische Mittel absperrt und bei einmal entstandenem Rückstrom eine sich vergrößernde Belastung auf die elektrische Maschine wälzt. Die unter diesen ungünstigen Umständen laufende elektrische Maschine feuert stark, ihr Kollektor verliert die glatte Oberfläche, ihre Bürstenschleifflächen brennen aus, ihr hoher Strom schadet den Akkumulatoren und der Ankerwicklung. Gewöhnlich treten die Schmelzsicherungen des Kreises schnell in Tätigkeit und unterdrücken das beginnende Zerstörungswerk, das dann seinen Anfang findet, wenn der Selbstschalter versagen sollte.

Bei der Verwendung von Nebenschlußmaschinen kann gewöhnlich der Betrieb ohne weiteres von neuem beginnen, falls einmal bei versagendem Selbstschalter ein Rückstrom durch die Sicherungen ohne Schädigung der Anlage unterbrochen worden sein sollte. Doppelschlußmaschinen hingegen polen sich gewöhnlich beim Rückstrom um, da die im Hauptschluß liegenden Feldwindungen eine gegen die normale stark erhöhte Stromstärke führen und mit ihrer Amperewindungszahl gegen die Nebenschlußamperewindungen überwiegen. Erneute Erregung und erneuter Anschluß würde eine Hintereinanderschaltung von Maschine und Akkumulatoren zur Folge haben, wodurch beim Anschließen der vermeintlichen Ladeschaltung ein Kurzschluß mit doppelter Spannung entstehen würde. Bei Verwendung eines Spannungsmessers nach Deprez-d'Arsonval erkennt man den Fehler, indem der Zeiger des auf die Maschine geschalteten Instrumentes entgegengesetzt ausschlägt, hingegen verrät sich die Ummagnetisierung bei Verwendung der übrigen, z. B. Weicheiseninstrumente, vor dem Anschließen nicht. Man kann die Maschine ohne Schaltänderung von den Sammlern aus wieder richtigpolen, indem man nach dem Abheben der Bürsten die Reglerkurbel auf Ausschaltung bringt, dann die Maschinenhebel, etwaige sonst zur Ladung

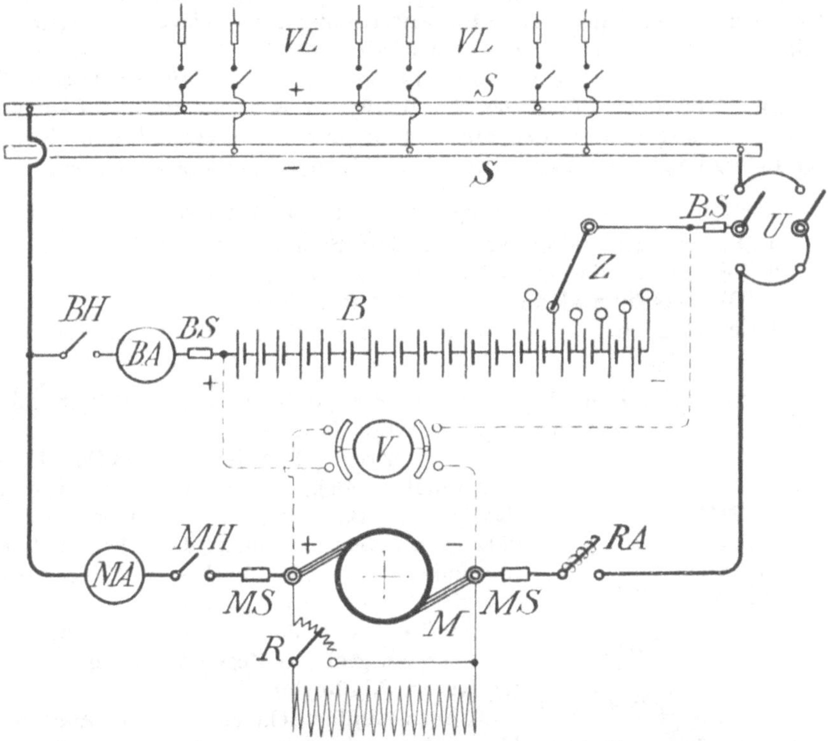

Bild 269. Kraftwerk mit Sammlerbatterie und Einfachzellenschalter.

einzulegende Batteriehebel und den Rückstromausschalter einlegt (ein Minimalautomat ist dabei festzuhalten) und hierauf die Reglerkurbel einmal langsam über ihre Kontaktbahn hin und her bewegt. Der Rückgang geschieht in der Reihenfolge: Reglerkurbel in Ausschaltstellung bringen, Rückstromausschalter, Maschinen- und Batteriehebel herausziehen, Bürsten neu auflegen!

Um Umständlichkeiten dieser Art zu vermeiden, wendet die Praxis in Verbindung mit Sammlern meistens nur Nebenschlußmaschinen an.

Läßt man die Erregerleitung der Maschine an dem einen Pol (vgl. Bild 268) nicht von der Bürste, sondern (Bild 268 die Erregerleitung rechts) von dem batterieseitigen Kontakt des *RA* ausgehen, so wird die Maschine von den Akkumulatoren aus, also stets (auch nach einem heftigen Rückstrom) richtig magnetisiert. Dieses Verfahren empfiehlt sich in allen Kraftwerken mit Akkumulatoren.

C. Kraftwerk mit Sammlerbatterie und Einfachzellenschalter.

Ein Beispiel der Schaltung zeigt Bild 269 mit den neuen Bezeichnungen: *MA* = Maschinenstrommesser, *B* = Akkumulatorenbatterie, *BH* = Batteriehebel, *BA* = Batteriestrommesser, *BS* = Batteriesicherung, *Z* = Zellenschalter, *U* = Umschalter.

Die Stellung von *U* nach oben bedeutet den Anschluß von *M* oder *B* an das Netz, nach unten den Anschluß von *B* an *M* für die Ladung. Das Schema gestattet also die Ladung nur bei abgeschaltetem Netz, bei Lichtanlagen am Tage, wenn keine Lampen gebraucht werden.

Die Anlage läßt folgende Betriebsmöglichkeiten zu:

1. Ladung der Akkumulatoren ohne Stromabgabe an das Netz.
2. Die Akkumulatoren allein arbeiten auf das Netz.
3. Die Maschine allein arbeitet auf das Netz.
4. Maschine und Akkumulatoren in Parallelschaltung arbeiten auf das Netz.

Betriebsfälle 1 bis 3 sind aus früheren Betrachtungen bekannt, nur müssen die Hebel der nicht gebrauchten Teile offen sein.

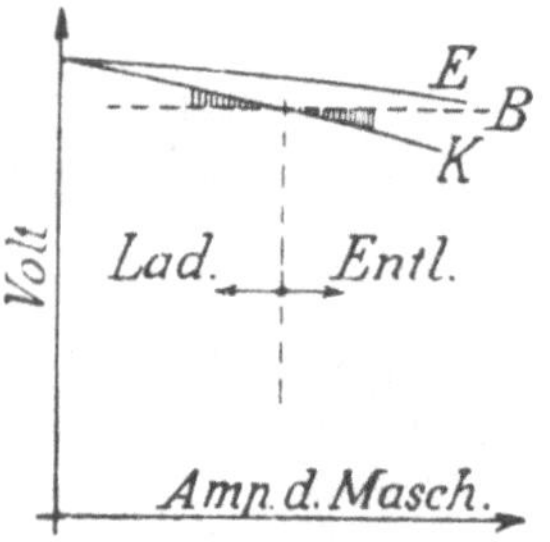

Bild 270. Pufferbatterie.

Der Betriebsfall 4 ist durch VIII, 12 B vorbereitet, indem an Stelle einer zweiten Maschine die Batterie tritt, und indem an der Batterie als Regelungsmittel der Zellenschalter verwendet wird. Bei sämtlichen Übergängen von dem einen Betriebsfall zum anderen ist zu beachten, daß der Zellenschalter im allgemeinen ein gröberes Regelungsmittel ist, als der Nebenschlußregler.

Nebenschlußmaschinen wendet man bei Akkumulatoren schon wegen ihrer fallenden Belastungslinie *K* (Bild 270) an, da gerade hierdurch die Schwankungen der Leistungsabnahme des Netzes von der Maschine ferngehalten und von der Batterie (Spannungslinie *B* in Bild 270) aufgenommen werden (Pufferbatterie).

D. Kraftwerk mit Sammlerbatterie und Doppelzellenschalter.

Es gilt Bild 271 mit den neuen Bezeichnungen: Z_E = Zellenschalter-Entladekurbel, Z_L = Zellenschalter-Ladekurbel, *ES* = Entladesicherung, *LS* = Ladesicherung, *EH* = Entladehebel.

Der Zellenschalter besitzt in Wirklichkeit eine Kontaktbahn und ein System von Zellenschalterleitungen. Im Schema sind diese Teile nur der Deutlichkeit wegen doppelt gezeichnet. Beide Kurbeln Z_E und

Z_L sind konzentrisch drehbar, voneinander isoliert und so angeordnet, daß beide Kurbeln auch auf demselben Kontakt stehen können. Beim Betrieb steht Z_E meistens auf geringerer Zellenzahl, als Z_L.

Der Doppelzellenschalter hat gegen die Schaltung Bild 269 den Vorzug, daß bei Anwendung einer großen Anzahl von Schaltzellen ein schwacher Strom während der Ladung an das Netz abgegeben werden kann. Zu dem Zweck sind viele Schaltzellen erforderlich, da gegen Ende

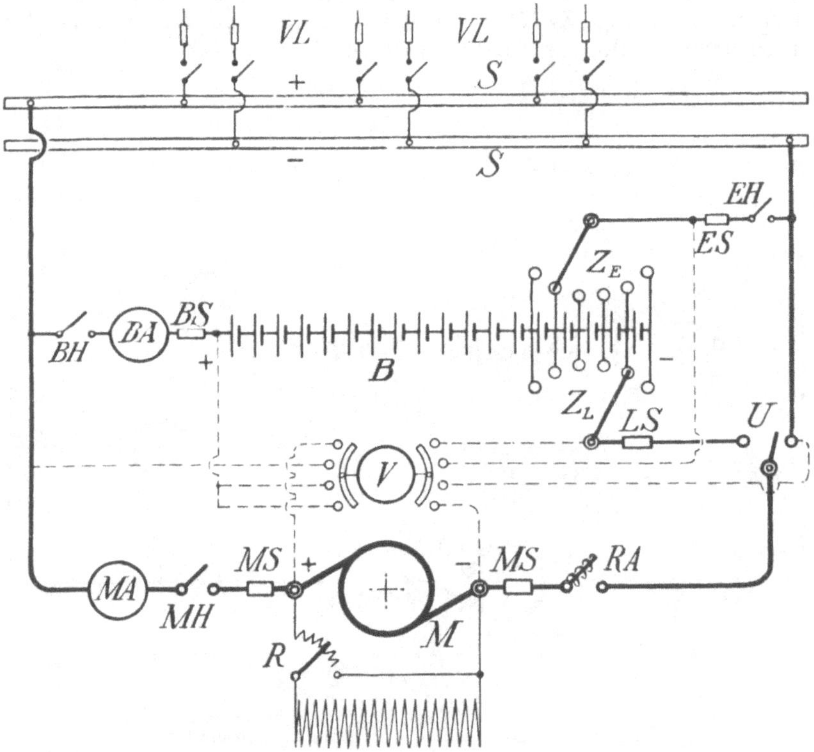

Bild 271. Sammlerbatterie und Doppelzellenschalter.

der Ladung in der Stammbatterie die Netzspannung aus Elementen von je 2,7 Volt hergestellt werden muß. Der Strom kommt jedoch von der Maschine. Netz und Stammbatterie sind nebeneinandergeschaltet. Damit die Anlage nicht zu sehr verteuert wird, findet man die über die normale Anzahl hinausgehenden Zellenschalterleitungen häufig mit geringerem Querschnitt ausgeführt, da ein Ladestrom nicht hindurchfließt. Es kann sich während der Ladung nur um Abgabe eines sehr geringen Stromes an das Netz handeln, da der in das Netz geschickte Strom der Stammbatterie entzogen wird. Der Ladestrom der Schaltzellen von Z_L bis Z_E, der größere Wert, wird an *MA*, derjenige der übrigen Batterie, der kleinere Wert, an *BA* abgelesen. Die Differenz beider Ströme wird an das Netz abgegeben. Bei Abgabe eines Netzstromes zieht sich die Ladung der Stammbatterie länger hinaus, wenn nicht die Schaltzellen für erhöhte Stromstärke geliefert sind.

E. Anlage mit Haupt- und Zusatzmaschine.

Der vorliegenden Betrachtung sei Bild 272 zugrunde gelegt. Es bedeutet darin außer früheren Bezeichnungen: *ZM* die Zusatzmaschine, *ZMS* die Sicherung, *ZMH* den Hebel, *RZ* den Regler und *RAZ* den Rückstromausschalter der Zusatzmaschine.

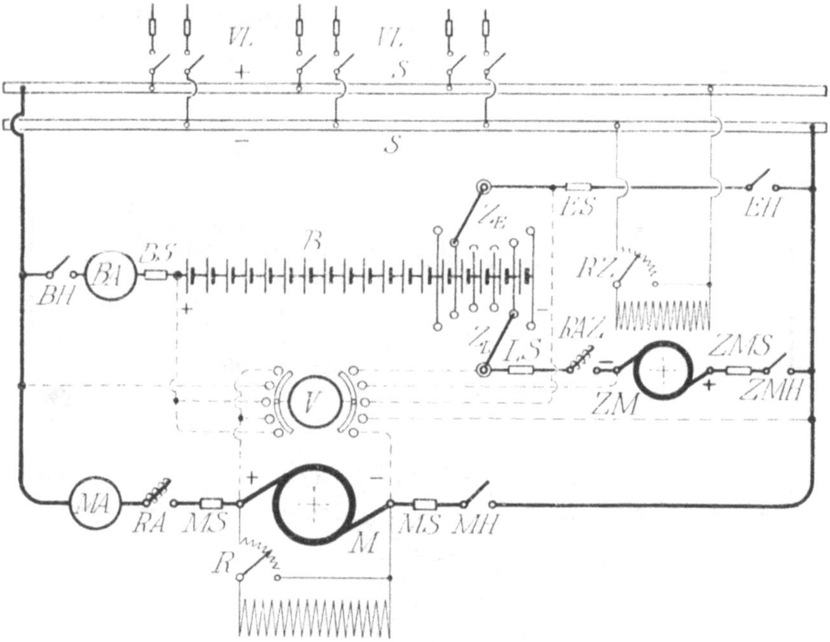

Bild 272. Zusatzmaschine und Doppelzellenschalter.

Die Schaltungen (Bild 271 und 272) gestatten beide, in allen Betriebsvorgängen ununterbrochen angenähert konstante Netzspannung zu halten, jedoch ist letzterem für größere Anlagen mit erheblichem Tagesbetrieb der Vorzug zu geben.

Dieses Schema vermeidet die Notwendigkeit der Spannungsüberhöhung der Maschine zur Ladung der Akkumulatoren und die mit der Überhöhung auftretenden Nachteile. Es vermeidet außerdem den Nachteil des vorigen Schemas, daß nur ein beschränkter Strom während der Ladung an das Netz abgegeben werden kann. Die Besserung wird dadurch erreicht, daß zwei Maschinen, die Hauptmaschine *M* und die Zusatzmaschine *ZM* für die Ladung hintereinandergeschaltet werden. Die

Hauptmaschine (durch Nebenschluß erregt) erzeugt Netzspannung, die Zusatzmaschine (im vorliegenden Beispiel von den Schienen aus erregt) eine von Null bis zu halber Netzspannung veränderliche Spannung. Während der Ladung kann ein unmittelbar der Hauptmaschine entnommener Strom in das Netz geschickt werden, für dessen Stärke die ganze Differenz zwischen der höchsten Maschinenstromstärke und der Ladestromstärke zur Verfügung steht. Die Zusatzmaschine ist für die Stärke des höchsten Ladestromes bemessen.

ZM wird in manchen Fällen von einer Kraftmaschine aus mit *M* zusammen, häufig jedoch auch elektrisch von den Schienen aus angetrieben.

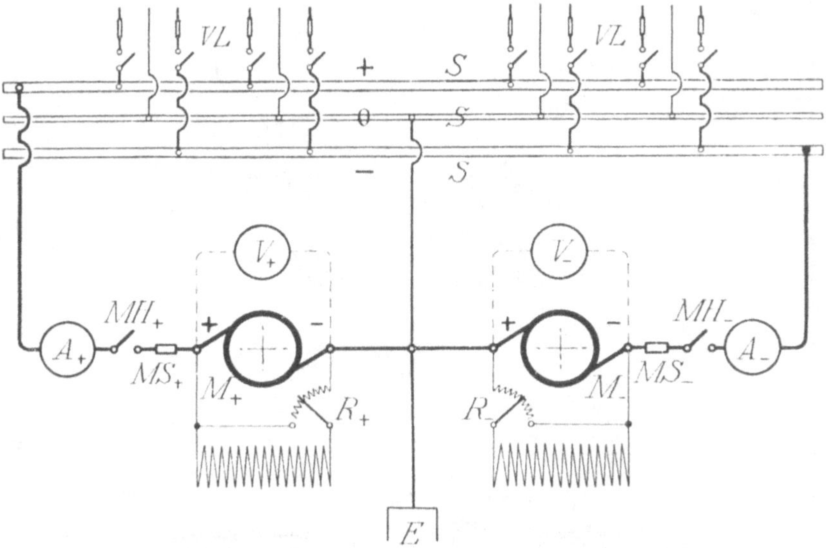

Bild 273. Dreileiteranlage ohne Akkumulatoren.

F. Spannungsteilung durch Sammler in Dreileiteranlagen.

Die nach Bild 273 geschaltete Anlage besitzt zwei gleiche hintereinandergeschaltete Nebenschlußmaschinen, die meistens auf einer Welle mit der Antriebsmaschine sitzen oder mit ihr unmittelbar gekuppelt sind. Das Verbindungsstück zwischen dem Pluspol der einen und dem Minuspol der anderen Maschine enthält den Angriffspunkt des geerdeten Mittelleiters. Beide Maschinen können unabhängig voneinander in ihrer Spannung geregelt werden. Die Anlage gestattet daher bis zur Belastungsgrenze der Maschinen beliebige Verschiedenheit in der Belastung beider Netzhälften. Das Schema bildet eine Verdopplung des mit Bild 224 gegebenen Schemas im Sinne der Hintereinanderschaltung. Für den Betrieb kommt daher auch alles, was in VIII, 12 A gesagt ist, in Betracht.

Es kann für eine Dreileiteranlage unter Verwendung voneinander unabhängiger Seiten jede der bisher behandelten Schaltungen im Sinne von Bild 273 verdoppelt werden, nur tritt dabei der Nachteil auf, daß zwei Maschinen von bestimmter Leistung teurer sind, als eine gewöhnliche Maschine derselben Stromstärke und der doppelten Spannung, also auch

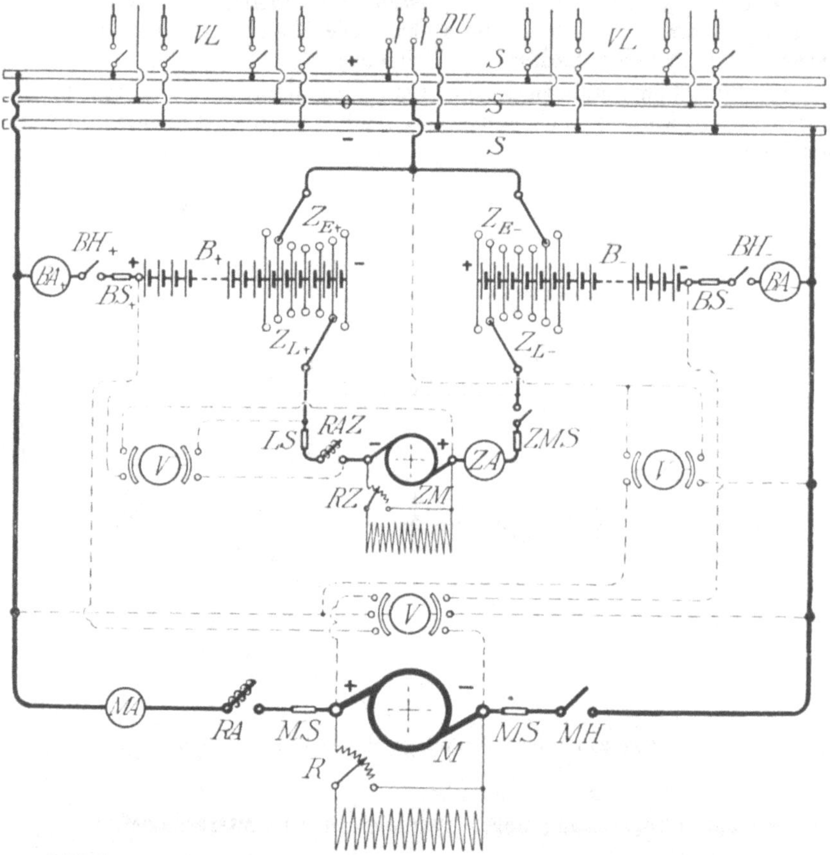

Bild 274. Dreileiteranlage mit Spannungsteilung durch Akkumulatoren.

der doppelten Leistung. Dieser Umstand hat dazu geführt, daß vielfach nur eine Maschine verwendet wird, während die Spannungsteilung durch die Akkumulatoren erfolgt. Eine Schaltung für diesen Fall gibt Bild 274. Es enthält zugleich eine Zusatzmaschine und zwei Doppelzellenschalter mit erhöhter Kontaktzahl. Die Zusatzmaschine lädt einen veränderlichen Teil der Schaltzellen in einem besonderen Kreise unabhängig von dem Strom der übrigen Batterie bis zu den Entladekurbeln. Nur, falls der Strom in beiden Kreisen gleich ist, kann von einer reinen Hintereinanderschaltung die Rede sein, wobei dann das Verbindungsstück zwischen den beiden Entladekurbeln stromlos ist als Verbindung zwischen zwei Punkten gleichen Potentiales, wenn nicht gerade das Netz in diesem Stück den Strom veranlaßt; das Verbindungsstück führt ohne Berücksichtigung eines Netzstromes die Differenz der Ladestromstärken des Haupt- und Zusatzkreises. Der Zusatzkreis bedarf daher auch eines Strommessers *ZA*.

Schemata nach Art von Bild 274 leiden an dem Nachteil, daß bei ungleicher Belastung der Netzhälften die beiden Batteriehälften in verschiedenen Entladezustand geraten, während beide Hälften in Hintereinanderschaltung geladen werden müssen. Das hat zur Folge, daß eine weniger entladene Hälfte bei der Ladung unnötig lange gasen muß, bis die stärker beanspruchte Seite fertig geladen ist. Man ist daher bestrebt, die Belastung beider Netzhälften gleichmäßig zu gestalten, was dann, wenn die Belastung dem Zufall überlassen ist, nicht immer durchgeführt werden kann. Die Belastung kann in manchen Fällen, falls es sich um den eigenen Lichtbedarf handelt usw., durch einen Dreileiterumschalter (*DU* in Bild 274) ausgeglichen werden, der einen bestimmten oder einen veränderlichen Teil der Belastung entweder zwischen + und 0 oder zwischen 0 und — legt. Der Übergang während des Betriebes ist nur mit einer Stromunterbrechung in dem betreffenden Zweige möglich. Am Tage kann der Ausgleich an passenden Netzanschlüssen häufig für die nächste Zukunft geregelt werden.

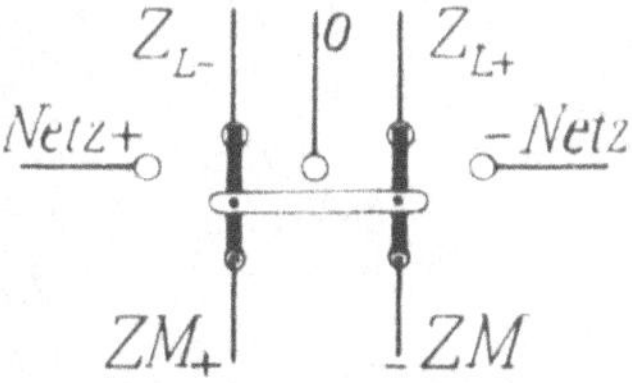

Bild 275. Umschalter.

Man kann auch den Ausgleich der Batteriehälften dadurch bewirken, daß man die Zusatzmaschine durch Verwendung eines Umschalters mit drei Stellungen (Bild 275) der stärker belasteten Batteriehälfte während der Entladung parallel schaltet, denn die Gesamtspannung der Zusatzmaschine ist gleich der Spannung einer Netzhälfte.

XI. Wechselstrom.

1. Grundlegendes.

Nur solche Wirkungen können verwendet werden, die quadratischen Charakter haben, wie Wärme-, elektromagnetische, Weicheisen- und dynamische Wirkungen. In den drei letzten Fällen handelt es sich um den vom Strom selbst erzeugten Fluß. Ist der Strom ein Wechselstrom, so sind mit den Flußänderungen dauernd induzierte EMKe verbunden, und wegen dieser Eigenschaft verwendet man den Wechselstrom. In der Stromkurve (Bild 276) sind die Ordinaten die Augenblickswerte i, worunter i_m den positiven Scheitelwert bedeutet, der hier in dem mittleren Zeitpunkt des Wechsels auftritt. Man unterscheidet den positiven und den negativen Wechsel; beide aufeinanderfolgenden Wechsel bilden zusammen eine Periode. Die Zahl der Perioden in der Sekunde ist die Frequenz. In der Nähe der Scheitelwerte ist der Strom in einem Zeitteilchen dt konstant, während in der Nähe von $i = 0$ in einem gleichen Zeitteilchen die Stromänderung $di : dt$ am größten ist.

Unter gewöhnlichen Widerständen werden solche Widerstände verstanden, die weder Ladungs- und Entladungs- (Kapazitäts-), noch Induktionserscheinungen hervorrufen, oder genauer, bei denen diese Wirkungen gegen andere verschwindend zurücktreten. Die einzige

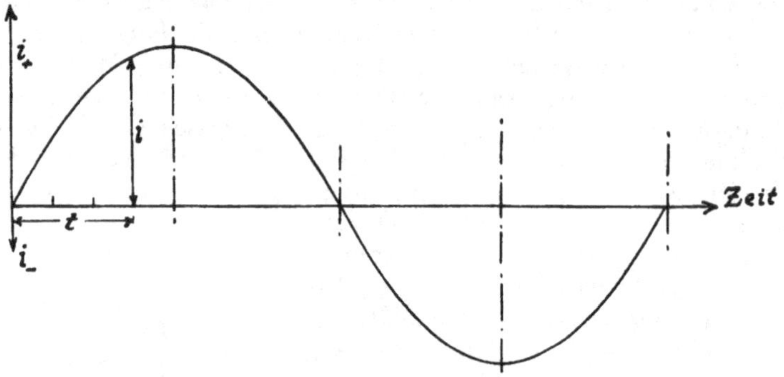

Bild 276. Stromkurve.

Leistung tritt an ihnen in Form von Wärme auf. Für gewöhnliche Widerstände gilt mit Augenblickswerten das Ohmsche und das Joulesche Gesetz in der bisher behandelten Form:

$$w = \frac{e}{i}, \quad e = i \cdot w, \quad i = \frac{e}{w}; \tag{132}$$

$$l = e \cdot i = i^2 \cdot w = \frac{e^2}{w} \text{ Watt.} \tag{133}$$

In diesem Falle wechseln e und i ihre Vorzeichen gleichzeitig, die Spannungskurve e und die Stromkurve i (Bild 277) liegen in derselben Phase* (sind konphas).

Die Wärmemenge in einem Zeitteilchen dt ist

$$dq = i^2 w\, dt \tag{134}$$

und die Wärmemenge in einer Periode T

$$q = \int_0^T i^2 w\, dt = w \int_0^T i^2\, dt. \tag{135}$$

* φάσις = Erscheinungsform, von anderen periodischen Bewegungen (Mondphasen) entnommen.

Da das Quadrat einer negativen Größe ebenfalls positiv ist, ist jede quadratische Wirkung (hier die Wärme) auch im negativen Wechsel positiv.

Reduziert man den Wert $w \int_0^T i^2\,dt$ (Bild 278) auf ein Rechteck,

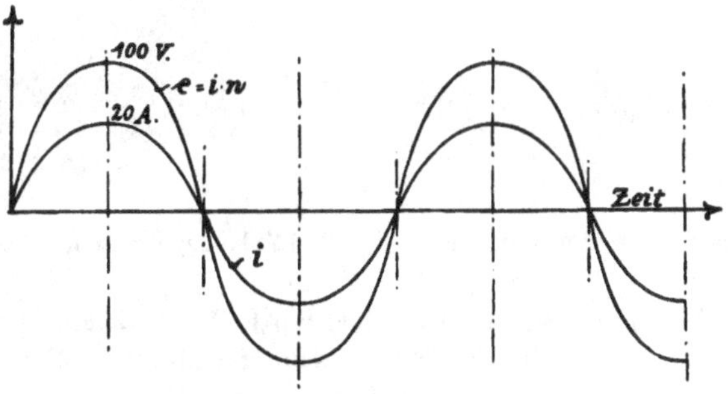

Bild 277. Strom- und Spannungskurve unverschoben.

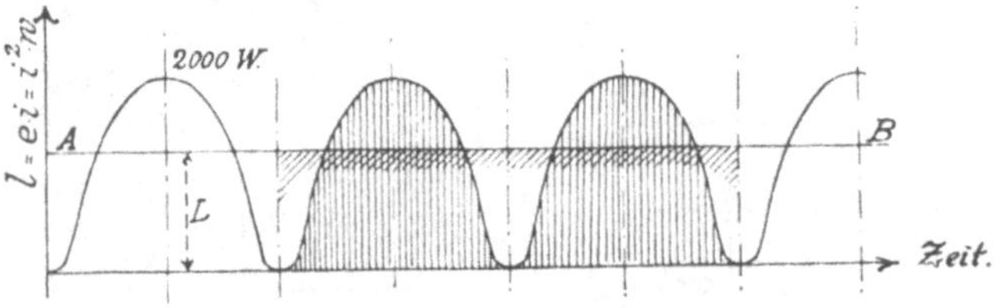

Bild 278. Kurve der Leistung für diesen Fall.

so erhält man hierfür als Höhe L, die effektive Leistung, d. i. diejenige Leistung, die ein Leistungsmesser (Bild 279) anzeigen würde. Die gröbere Stromspule mit den Klemmen *a* und *b* steht fest, die feinere mit einem Vorschaltwiderstand versehene ist beweglich. Ihr Zweig mit den Klemmen *a* und *c* ist wie ein Spannungsmesser geschaltet. Links etwa ist die Stromquelle, rechts der Verbraucher zu denken. Die Spulen wirken dynamisch aufeinander und die Federn der drehbaren Spule werden verhältnisgleich zur Leistung verdreht. Auf die Masse des drehbaren Teiles integrieren sich die Impulse.

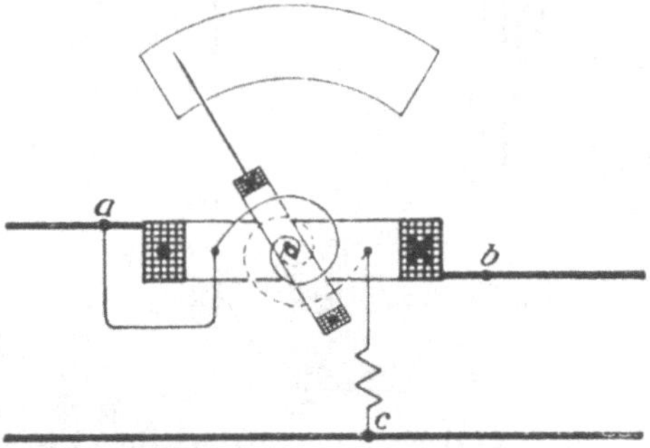

Bild 279. Leistungsmesser.

Nach demselben Verfahren kann man auch einen dynamischen Strommesser (Bild 280) arbeiten lassen, der mit seinen Klemmen *a* und *b*

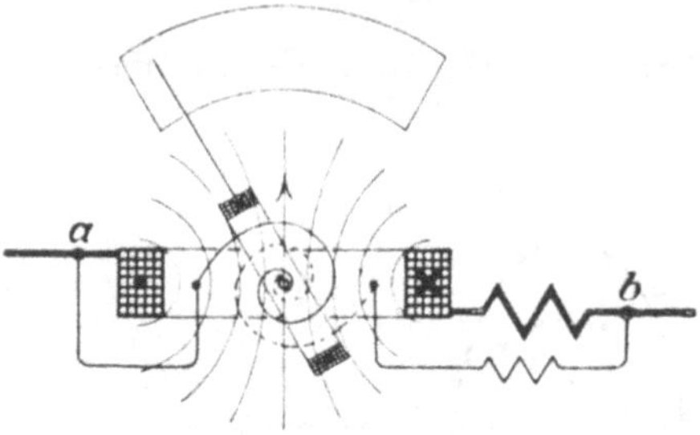

Bild 280. Dynamischer Strommesser.

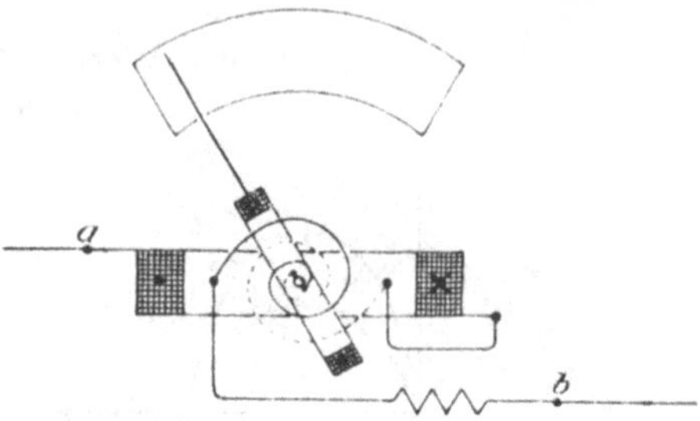

Bild 281. Dynamischer Spannungsmesser.

in den Kreis des Stromes *i* eingeschaltet wird. Hier wirken Drehmomente verhältnisgleich zu i^2. Das Meßgerät zeigt die effektive Stromstärke an

$$I = \sqrt[2]{\frac{1}{T}\int_0^T i^2\,dt}\,; \tag{136}$$

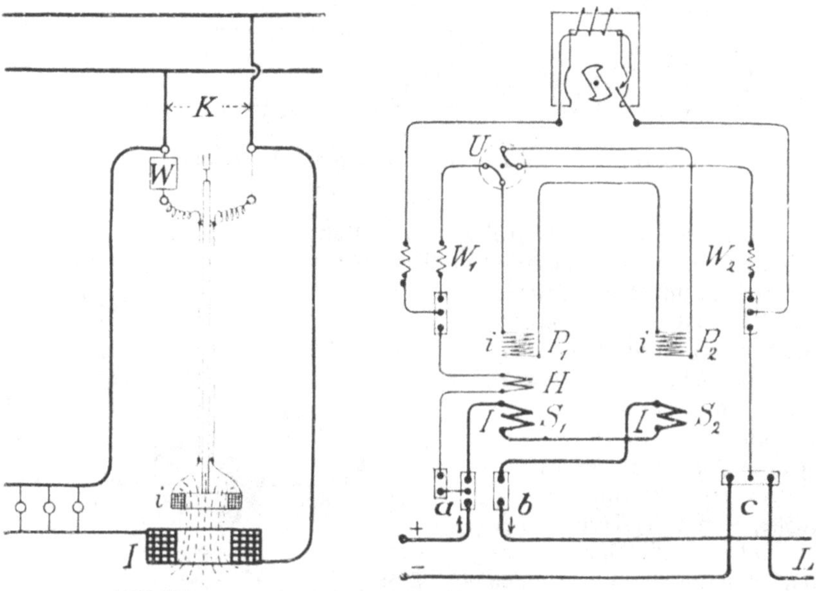

Bild 282. Pendelzähler (Aron). Bild 283.

wird dieser Strom mit dem Widerstande *w* multipliziert, so erhält man die Effektivspannung

$$E = I \cdot w = w \sqrt[2]{\frac{1}{T}\int_0^T i^2\,dt} = \sqrt[2]{\frac{1}{T}\int_0^T i^2 w^2\,dt} = \sqrt[2]{\frac{1}{T}\int_0^T e^2\,dt}; \qquad (137)$$

diese Spannung läßt sich mit dem dynamischen Spannungsmesser (Bild 281) messen, dessen Spulen (beide feindrähtig und mit einem Vorschaltwiderstand versehen) hintereinander liegen.

Schließlich verwenden die Zähler, die wie die Leistungsmesser geschaltet sind (Bild 282 und 283) zur Messung der Arbeit dynamische Wirkungen. Die Pendel werden durch diese Kräfte beschleunigt (Bild 282) oder auf einer Seite beschleunigt und auf der andern verzögert (Bild 283), damit gegen ein mit der Zeit fortschreitendes Laufwerk (Bild 282) oder mit Bezug auf die beiden Laufwerke gegeneinander (Bild 283) Differenzen der Umläufe herauskommen. Diese Differenzen sind zur Arbeit verhältnisgleich und werden auf dem Teilblatt angezeigt. Bild 283 ist ursprünglich für Gleichstrom gezeichnet, die gleiche Schaltung gilt jedoch auch für Wechselstrom.

2. Induktion und Selbstinduktion.

Gäbe es nur gewöhnliche Widerstände, so würde bei Wechselstrom mit Effektivwerten alles sein wie bei Gleichstrom:

$$w = \frac{E}{I}; \quad E = I \cdot w; \quad I = \frac{E}{w}; \quad L = E \cdot I = I^2 \cdot w = \frac{E^2}{w}, \qquad (138, 139)$$

was genügend genau nur bei reinen Beleuchtungsanlagen (keine Spulen und Transformatoren im Verbrauchskreise) und meistens auch bei Nickelindrahtwiderständen erfüllt ist.

Versuch:

Nach Bild 284, in dem links die Stromquelle zu denken ist, wurde ein Belastungswiderstand R zuerst an Gleichstrom, dann an Wechselstrom zu 50 Perioden / Sekunde angeschlossen; dabei war R

a) ein gewöhnlicher Widerstand,

b) eine Spule ohne Eisen.

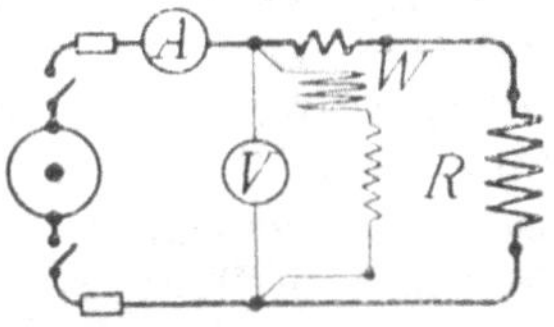

Bild 284. Schaltung.

Die Beobachtung ergab:

Nr.	gemessen				gerechnet	
		Watt	Amp.	Volt	Ohm	Volt × Amp.
1	a) Gleichstrom	964	17,8	54	2,92	964 Watt Leistung
2	Wechselstrom	1030	18,75	55	2,94	1030 Watt Leistung
3	b) Gleichstrom	1013	18,75	54	2,78	1013 Watt Leistung
4	Wechselstrom	92	5,75	66	11,5	380 Voltamp. Scheinleistung

Sobald an induktiven Widerständen Induktionsspannung im Verbrauchskreise auftritt, erscheint aus dem Quotienten Volt : Amp. der Widerstand größer, als bei Gleichstrom (Scheinwiderstand, Richtungswiderstand, Impedanz); das Produkt Volt × Amp. ist hierbei größer (Voltampere, Scheinleistung), als die wirkliche Leistung, die der Leistungsmesser angibt. Die mit Gl. 138, 139 angegebenen Verhältnisse bestehen also nicht mehr.

Bild 285 ist für die Erzeugung des Wechselstromes von Bedeutung: Ein Leiter bewege sich auf einer Kreisbahn durch einen homogenen Fluß von der Dichte $\mathfrak{B}$. Der Scheitelwert der Spannung $e_\frown$ tritt da auf, wo sich der Leiter rechtwinklig zu den Induktionslinien bewegt $\left(\frac{\pi}{2} \text{ und } \frac{3}{2}\pi\right)$.

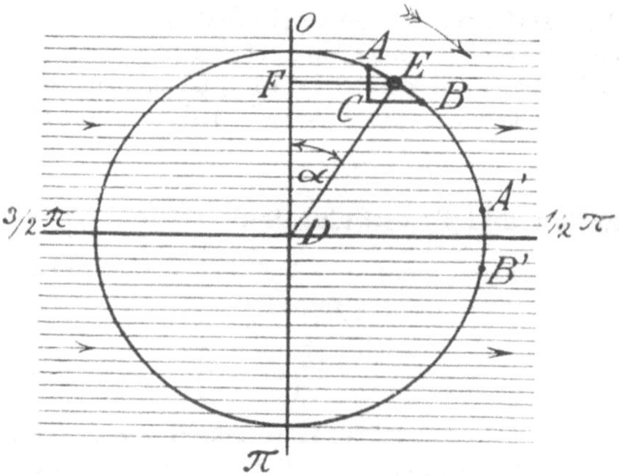

Bild 285. Leiter im Fluß.

Die Spannung ist gleich Null, wo der Leiter sich parallel zu den Induktionslinien bewegt (π und o bzw. 2π). Wird die Drehung von oben aus (o) im Uhrzeigerdrehsinn gemessen, dann gilt die Reihenfolge der Quadranten entgegengesetzt der Mathematik. Die induzierte EMK des Leiters unter $\sphericalangle\,\alpha$ beträgt

$$e_a = e_\frown \cdot \sin \alpha\,; \qquad (140)$$

damit ist alles ausgedrückt, was gebraucht wird, denn $\sin \alpha$ ist im 3. und 4. Quadranten negativ. Eine volle Umdrehung entspricht einer Periode.

Bilden weiterhin zwei einander gegenüberliegende Leiter eine Schleife, wobei jeder Leiter l cm lang sei und die Stirnverbindungen, jede gleich dem doppelten Radius, also $2\,r$ cm lang, rechtwinklig zu den Leitern geführt seien — in einer dieser Stirnverbindungen mögen sich Schleifringe zur Stromentnahme befinden —, so umschließt die Schleife im Höchstfalle Stellung $o \div \pi$:

$$\Phi = 2\,r\,l\,\mathfrak{B} \text{ Induktionslinien.} \qquad (141)$$

Bei ν Per./Sek. ist die Umfangsgeschwindigkeit

$$v = 2\,r\,\pi\,\nu \text{ cm/Sek.} \qquad (142)$$

Der Scheitelwert der Induktionsspannung für die gesamte Schleife wird dadurch

$$e_\frown = 2\,l \cdot 2\,r\,\pi\,\nu \cdot \mathfrak{B} \qquad (143)$$

und hierin $\mathfrak{B}$ durch Φ ersetzt

$$e_\frown = \frac{2\,l \cdot 2\,r\pi\nu \cdot \Phi}{2\,r\,l} = 2\,\pi\,\nu\,\Phi \text{ abs. Einheiten} \qquad (144)$$

oder

$$e_\frown = 2\,\pi\,\nu\,\Phi \cdot 10^{-8}\,\text{V}. \qquad (145)$$

Hat die Schleife z Windungen, so wird

$$e_\frown = 2\,\pi\,\nu\,z\,\Phi \cdot 10^{-8}\,\text{V}. \qquad (146)$$

Die $\sin^2$-Linie ist wieder eine Sinuslinie, jedoch mit doppelter Frequenz und mit einer Achse, die auf halber Höhe vom Quadrat des Scheitelwertes der 1. Potenz liegt (Bild 286); damit wird für sinusförmigen Verlauf der Effektivwert der Spannung und des Stromes:

$$E = \frac{e_\frown}{\sqrt{2}} \quad \text{und} \quad I = \frac{i_\frown}{\sqrt{2}}; \qquad (147)\ (148)$$

das auf die Induktionsspannung obiger Spule angewendet ergibt:

$$E = \frac{2}{\sqrt{2}} \cdot \pi\,\nu\,z \cdot \Phi \cdot 10^{-8} = 4{,}44 \cdot \nu\,z\,\Phi \cdot 10^{-8}\,\text{V}. \qquad (149)$$

Dabei ist Φ derjenige Fluß, der jede dieser Windungen im Höchstfalle durchsetzt, also ist Φ auch ein Scheitelwert und kann mit $\Phi_\frown$ bezeichnet werden. Dieselbe Induktionsspannung von Gl. (149) tritt auch an einer ruhenden Spule auf, wenn sie von einem sinusförmigen Fluß vom Scheitelwert $\Phi_\frown$ durchsetzt ist, der, kein Eisen vorausgesetzt, von einem sinusförmig wechselnden Strom erzeugt wird. Dieser Fall liegt bei obigem Versuch, Zeile 4 der Tabelle vor.

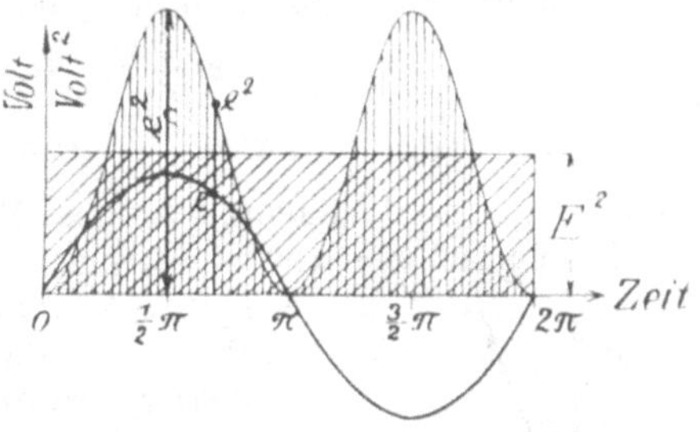

Bild 286. Effektivwert bei Sinusform.

An einer Spule ohne Eisen ist der Fluß zum Strome proportional, daher ist auch die Änderung des Flusses $d\Phi$ zur Änderung des Stromes di proportional, so daß eine Induktionsspannung

$$e_S = -\,\mathfrak{S} \cdot \frac{di}{dt} \qquad \text{(Anh. 6, Gl. 1)} \quad (150)$$

erzeugt wird, wobei $\mathfrak{S}$ der in VII, 3, 8. Vers. und Anhang (6) erkannte Selbstinduktionskoeffizient ist.

Ersetzt man in Gl. 140 den $\measuredangle\,\alpha$ durch die Zeit t, ausgedrückt in Sekunden, und die Frequenz ν, so wird

$$e_t = e_\frown \cdot \sin 2\,\nu\pi t, \qquad (151)$$

wobei auch $2\,\nu\,\pi$, die Winkelgeschwindigkeit der in Bild 285 unlaufend gedachten Spule, als die Kreisfrequenz ω bezeichnet wird. So ist auch für den Strom i zur Zeit t

$$i_t = i_\frown \cdot \sin 2\nu\pi t \tag{152}$$

zu setzen, wenn in Gl. 140 und 152 $e_\frown$ und $i_\frown$ zusammenfallen. Obige Selbstinduktionsspannung ergibt sich daraus zur Zeit t

$$e_{St} = -\mathfrak{S} \cdot \frac{d i_\frown \cdot \sin 2\nu\pi t}{dt} = -\mathfrak{S} \cdot i_\frown \cdot 2\nu\pi \cdot \cos 2\pi\nu t\,. \tag{153}$$

Die Differentialfunktion der Sinuslinie ist die Kosinuslinie, also eine Linie gleicher Kurvenform, die nur um 90° oder $\pi/2$ gegen ihre Integralfunktion verschoben ist. Daher wird auch durch Transformation die Kurvenform einer Sinuslinie nicht geändert. Der Scheitelwert der Selbstinduktionsspannung ergibt sich um 90° gegen den Scheitelwert des Stromes verschoben, und da für $t = 0$ nun $\cos 2\nu\pi t = 1$ wird, gilt

$$e_{S\frown} = -\mathfrak{S} \cdot i_\frown \cdot 2\nu\pi = -\mathfrak{S}\, i_\frown\, \omega\,; \tag{154}$$

im Gegensatz dazu werde die aus dem Ohmschen Gesetz sich ergebende Scheitelspannung mit

$$e_{w\frown} = -i_\frown \cdot w \tag{155}$$

bezeichnet, und es ergibt sich die erforderliche treibende EMK eines Stromkreises mit Selbstinduktion und Widerstand zur Zeit t aus

$$e_t + e_{wt} + e_{St} = 0 \tag{156}$$

zu

$$e_t = w \cdot i_\frown \cdot \sin 2\nu\pi t + \mathfrak{S} \cdot i_\frown \cdot 2\nu\pi \cdot \cos 2\pi\nu t\,. \tag{157}$$

Diese Addition gilt algebraisch. Das Polardiagramm (Bild 287) entsteht aus der Vorstellung der im homogenen Fluß umlaufenden Spule. Entsprechend dem Umstand, daß in dem als Stromerzeuger gedachten Leiter des Bildes 285 der Wert $e_\frown$ bei $\pi/2$ auftritt und daß bei alleinigem Vorhandensein von Widerstand auch $i_\frown$ in diesem Augenblick zutrifft, sei in Bild 287 von einem Pol O aus $i_\frown$ wagerecht aufgetragen. Denkt man sich einen Zeitpfeil, der um O in einer Periode eine volle Umdrehung in der Uhrzeigerdrehrichtung beschreibt, so kann man für jeden Augenblick den Wert der Stromstärke finden, indem man $i_\frown$ rechtwinklig auf den Zeitpfeil projiziert. Zur Spitze des Zeitpfeiles hin fallende Werte gelten als positiv, zur Feder hin negativ. Führt man das für alle Punkte der Bahn des Zeitpfeils aus, so erhält man die aus dem Zeunerdiagramm her bekannten 2 Kreise, das Bild der Sinus- (bzw. Kosinus-) linie in Polarkoordinaten. Auf dem Zeitpfeil können nun gleichartige Werte algebraisch addiert werden. Bildet man z. B. $i_\frown \cdot w = e_{w\frown}$, so ist dieser Wert in Richtung von $i_\frown$ von O aus gemessen anzutragen, denn $i_\frown$ und $e_{w\frown}$ sind konphas. Die Selbstinduktionsspannung $e_{S\frown}$ eines Kreises

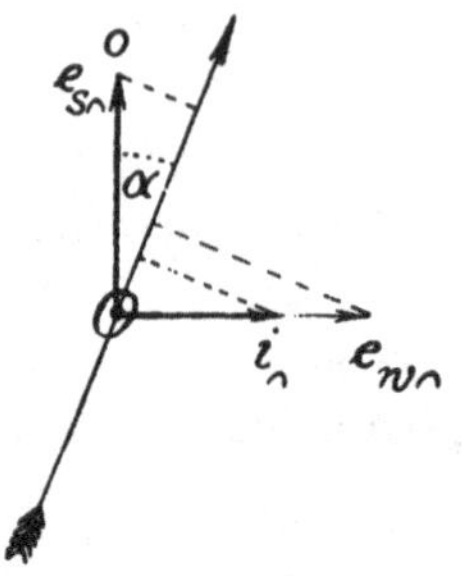

Bild 287. Zeitpfeil.

hingegen ist rechtwinklig dazu (in Bild 287 nach oben) anzutragen, da sie dem Kosinus folgt, der bei $\alpha = 0$ der 1 gleich ist; $e_{w\frown}$ und $e_{S\frown}$ sind um 90^0 zueinander verschoben.

Die algebraische Summe der Projektionen beider Scheitelspannungen ist diejenige Spannung, die in diesem Augenblick im Stromkreise treibend wirken muß, damit der Strom i fließen kann. Der Einfachheit wegen ist $e_{w\frown}$ nicht zu $i_\frown$ um 180 versetzt, was nach dem Ausdruck $e_{w\frown} = - i_\frown \cdot w$ notwendig wäre, und entsprechend ist auch bei $e_{S\frown}$ verfahren, damit man aus der Addition sofort die EMK des Kreises erhält und nicht erst den Gegenwert zu bilden braucht. Also $e_{w\frown}$ und $e_{S\frown}$ sind in Bild 287 und in weiterer Folge Komponenten der EMK, die zur Überwindung der mit Gl. 154 und 155 auftretenden Spannungen dienen. Die algebraische Addition in jedem Augenblick ausgeführt ergibt zwei Kreise mit dem Durchmesser

$$e_\frown = \sqrt{e_{w\frown}^2 + e_{S\frown}^2}\ ; \tag{158}$$

die Richtung der Durchmesser ist diejenige der Diagonale des aus $e_{w\frown}$ und $e_{S\frown}$ gebildeten Rechteckes. Es wird also eine sinusförmige treibende EMK zur Herstellung des Stromes in dem Kreise mit Widerstand und Selbstinduktion notwendig, deren Größe durch Gl. 158 und deren Richtung aus

$$\operatorname{tang} \varphi = \frac{e_{S\frown}}{e_{w\frown}} \tag{159}$$

bestimmt ist, wobei φ den $\sphericalangle$ zwischen $e_\frown$ und $i_\frown$ bzw. $e_{w\frown}$ bedeutet.

Allgemein gilt: Die Scheitelwerte zu addierender Größen, die auch andere Winkel als 90^0 zueinander bilden können, sind wie Komponenten in der Parallelogrammkonstruktion der Vektorgrößen zusammenzusetzen, damit nach Richtung und Größe der Scheitelwert gefunden wird, der die Komponenten ersetzt. Entsprechend ist bei der Zerlegung zu verfahren. Man bezeichnet solche Größen als zeitliche Fahrstrahlen (Vektoren) und Bilder nach Art von Bild 287 als zeitliche Vektordiagramme.

In dieser Darstellung gibt man gewöhnlich nur das stehende Bild an und der Gebrauch des Zeitpfeiles wird als selbstverständlich fortgelassen. Da sich in einem solchen Bilde auch bei den Augenblickswerten die Winkel zwischen einer Resultierenden und ihren Komponenten nicht ändern, kann man auch Vektordiagramme aus Effektivwerten zeichnen, wobei dann der Gebrauch des Zeitpfeiles keinen Sinn mehr hat. So können z. B. in einem Kreise Verhältnisse nach Bild 288 vorliegen. Der Drehpfeil für die Zeit gibt nur an, daß die Reihenfolge der Scheitelwerte zeitlich $e_{S\frown}$, $e_\frown$, $e_{w\frown}$ bzw. $i_\frown$ sein würde. Ähnlich kann auch das Bild des Versuches von S. 243 maßstäblich gezeichnet werden, indem der wahre Widerstand 2,78 Ω der Spule im Produkt mit 5,75 A den Wert $E_w = 16$ V ergibt, während die Klemmenspannung K der Spule in Höhe von 66 V die Diagonale des Rechtecks bildet. Damit ist

$$\cos\varphi = \frac{E_w}{K} = \frac{16}{66} = 0{,}242 \tag{160}$$

und

$$\varphi = 76^0\,0'\,;$$

damit wird

$$E_S = E_w \cdot \operatorname{tang}\varphi = 16 \cdot 4{,}011 = 64{,}18\ \mathrm{V}$$

und der Selbstinduktionskoeffizient der Spule im Verfolg von Gl. 154

$$\mathfrak{S} = \frac{E_S}{I\ 2\nu\pi} = \frac{64{,}18}{5{,}75 \cdot 2 \cdot 50 \cdot 3{,}14} = 0{,}0356\ \text{Henry}\,. \tag{161}$$

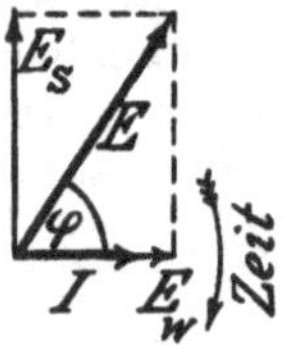

Bild 288. Effektivwerte.

Da bei der Spule ohne Eisen als einzige effektive Leistung die Joulesche Wärme $L = I^2 \cdot w$ auftritt, oder auch

$$L = E_w \cdot I = K \cdot I \cdot \cos\varphi\,, \tag{162}$$

so gilt auch

$$L = 66 \cdot 5{,}75 \cdot 0{,}242 = 92\ \text{Watt}\,.$$

Der Kosinus des Phasenverschiebungswinkels zwischen Klemmenspannung und Stromstärke heißt der Leistungsfaktor, da er nicht nur hier, sondern in allen Fällen mit dem Produkt aus Spannung und Stromstärke multipliziert, die technisch erkennbar auftretende und mit dem Leistungsmesser bestimmbare Leistung ergibt.

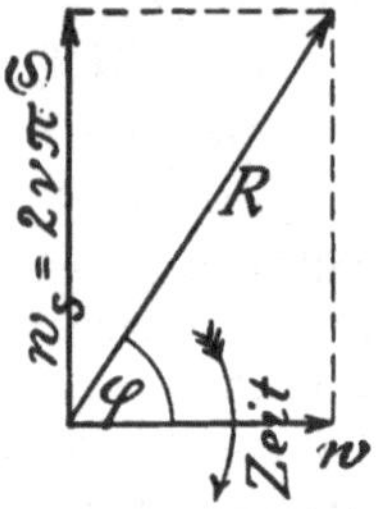

Bild 289. Widerstände.

In Bild 288 kann jede einzelne Spannung durch I dividiert werden; es ändern sich dadurch die Fahrstrahlen nur der Größe nach, hingegen bleiben die Winkel erhalten (Bild 289). Der Größe E_S in Bild 288 entspricht in Bild 289 die Reaktanz $w_s = 2\nu\pi\mathfrak{S}$, der Größe E_w der wahre Widerstand w, und der Größe E die Resultierende R aus $2\nu\pi\mathfrak{S}$ und w, die als Richtungswiderstand, Scheinwiderstand und Impedanz bezeichnet wird. Sämtliche Widerstände drücken sich aus in Ohm. Es gelten daher die Ausdrücke:

$$R = \sqrt{w^2 + (2\nu\pi\mathfrak{S})^2}\,, \tag{163}$$

$$\cos\varphi = \frac{w}{\sqrt{w^2 + (2\nu\pi\mathfrak{S})^2}}\,, \tag{165}$$

$$\sin\varphi = \frac{2\nu\pi\mathfrak{S}}{\sqrt{w^2 + (2\nu\pi\mathfrak{S})^2}}\,, \tag{164}$$

$$\operatorname{tang}\varphi = \frac{2\nu\pi\mathfrak{S}}{w}\,. \tag{166}$$

Würde an einem Leiter die Reaktanz groß sein gegen den wahren Widerstand, so würde eine Phasenverschiebung von nahezu 90⁰ herauskommen. Unter Annahme von genau 90⁰ gilt:

In demjenigen Augenblick, wo i den Scheitelwert besitzt, geht (Bild 290) die augenblickliche treibende EMK e durch Null, und die augenblickliche zugeführte Leistung ist ebenfalls der Null gleich. In demjenigen Augenblick, wo e den Scheitelwert besitzt, geht i durch Null und die augenblickliche zugeführte Leistung l ist ebenfalls der Null gleich. In den Zwischenfällen ist zu unterscheiden: 1. die Viertelperiode, in der e und i gleichzeitig positiv sind (Leistung positiv), 2. die Viertelperiode, in der e negativ und i positiv ist (Leistung negativ), 3. die Viertelperiode, in der e und i gleichzeitig negativ sind (Leistung positiv) und 4. die Viertelperiode, in der e positiv und i negativ ist (Leistung negativ). In der Zeichnung werden die Werte l durch jedesmalige Multiplikation zusammengehöriger Werte e und i gewonnen.

Die effektive Leistung ist in diesem Falle gleich Null, da ebensoviel Flächenteile der l-Kurve oberhalb, wie unterhalb der Achse liegen. Es ist für die Messung von Bedeutung, daß ein Leistungsmesser in diesem Falle auch keine Leistung anzeigen würde, obgleich Strom und Spannung vorhanden ist, denn die Impulse, die der bewegliche Teil erhält, sind nach der einen Drehrichtung ebenso groß, wie nach der anderen.

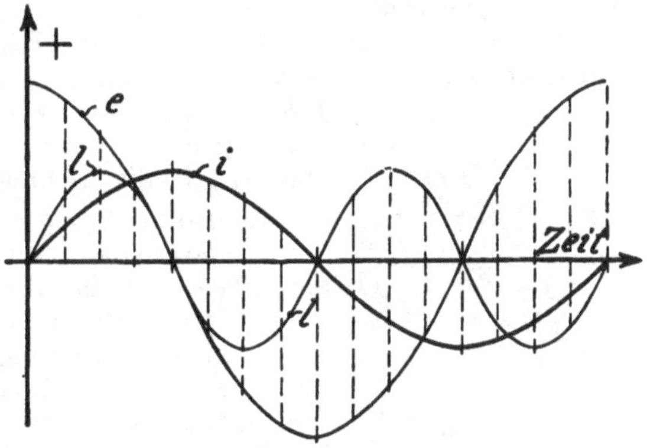

Bild 290. Leistungslinie.

Beträgt die Phasenverschiebung einen Zwischenwert zwischen 0° und 90°, so liegt zu beiden Seiten zwischen Leistungslinie und Achse eine verschieden große Fläche, so daß eine Differenz der Flächen in positivem Sinne übrigbleibt (Bild 291). Je kleiner die Phasenverschiebung ist, um so geringer wird der nach der negativen Seite liegende Teil, bis er bei $\varphi = 0$ ganz verschwindet. Es ist für die Messung von Bedeutung, daß ein Leistungsmesser in diesem Falle eine Leistung entsprechend dem positiven Rest anzeigen würde, der durch Subtraktion des negativen vom positiven Teile entstehen würde. Die Impulse, die auf den beweglichen Teil des Leistungsmessers nach beiden Drehrichtungen ausgeübt werden, sind zu den positiven und negativen Flächenteilen proportional. Der Leistungsmesser zeigt daher in allen Fällen die Effektivwerte der Leistung an, die aus dem Strom und der in Richtung des Stromes liegenden Spannungskomponente gebildet werden.

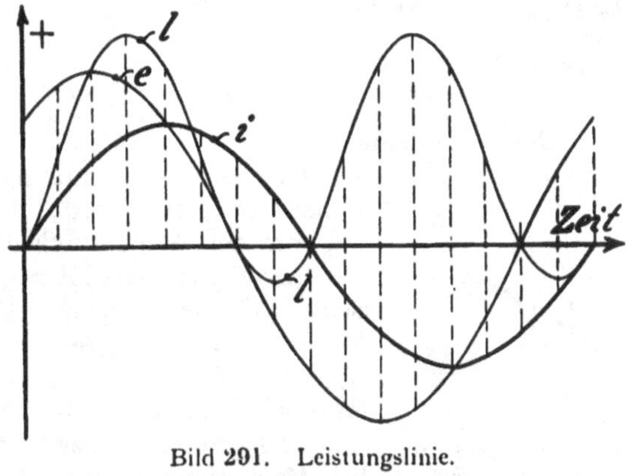

Bild 291. Leistungslinie.

Positive Arbeit stellt von der Stromquelle an die Spule abgegebene, negative von der Spule an die Stromquelle zurückgegebene Arbeit dar. Es pendelt also, sobald Phasenverschiebung vorliegt, ein Teil der Arbeit zwischen Spule und Stromquelle hin und her, während ein anderer Teil beständig von der Stromquelle aus an die Spule abgegeben wird. Der Leistungsmesser gibt das zeitliche Mittel aus den dem letzteren Teil der Arbeit entsprechenden Werten an.

Die effektive Leistung kann durch die Fläche OAC (Bild 292) dargestellt werden, die dadurch entsteht, daß an den Scheitelwert der treibenden Spannung der Scheitelwert der Stromstärke angetragen und um 90° verdreht wird. Die Erklärung gibt die Zeichnung und der Umstand, daß bei Sinusform $e_\frown = \sqrt{2}\ E$ und $i_\frown = \sqrt{2} \cdot I$ ist.

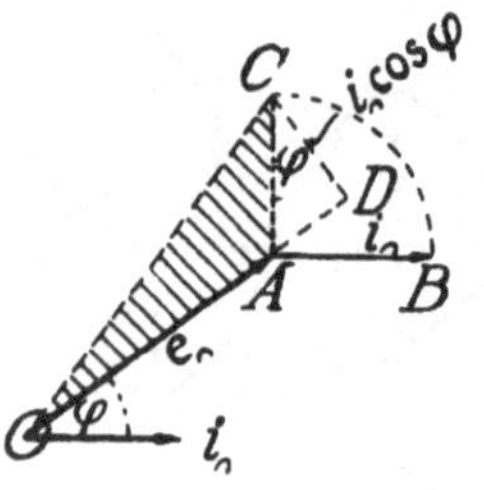

Bild 292. Effektive Leistung.

Anstatt den Strom als etwas Unteilbares anzusehen und die Spannung in Komponenten zu zerlegen, was physikalisch richtig ist, kann man auch die Spannung für etwas Festes halten und den Strom in Komponenten zerlegen, was nur richtige Rechenergebnisse in bezug auf die Effektivwerte liefert. Die eine Komponente ist der Wirkstrom I_w in Phase der Spannung, die andere, rechtwinklig dazu, der Blindstrom I_b (Bild 293). Dabei ergibt sich für Spulen ohne Eisen:

$$I_w = \frac{w}{R} \cdot I = I \cdot \cos\varphi \qquad (167) \qquad I_b = \frac{2\pi\nu\mathfrak{S}}{R} \cdot I = I \cdot \sin\varphi\,, \qquad (168)$$

wobei auch

$$I_w^2 + I_b^2 = I^2 \qquad (169)$$

ist. Diese Zerlegung kann auch dann noch aufrecht erhalten werden, wenn eine Spule Eisen enthält. Nur muß dann an Stelle des Selbstinduktionskoeffizienten, der nicht mehr konstant ist, mit den Winkelfunktionen gerechnet werden.

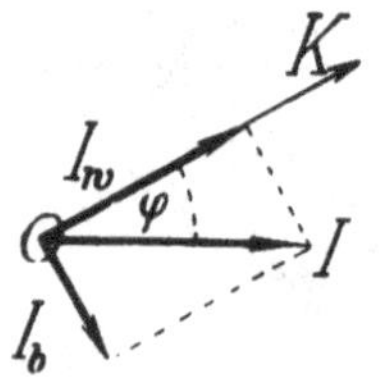

Bild 293. Wirkstrom und Blindstrom.

Die Spule mit Eisen nimmt außer der Jouleschen Wärme auch die Arbeit der Hysterese und Wirbelströme auf, deren Augenblicksleistungen wie die Werte $i^2 w$ oberhalb der zeitlichen Achse liegen. Also wird auch die Wirkkomponente des Stromes dadurch vergrößert gegen den Fall, daß dasselbe $\Phi_\frown$ bei Magnetisierung von Luft aufträte. Durch die Verwendung von Eisen wird aber $\Phi_\frown$ erheblich vergrößert, so daß auch die Selbstinduktionserscheinungen durch Einbringen eines Eisenkernes in eine Spule erheblich gesteigert werden. In dem Sinne kann die durch Bild 294 bis 296 ausgedrückte Steigerung verstanden werden.

Da es Betreiber gibt, Drehstrom- und Einphasenwechselstrom-Asynchronmotoren, die mit Verringerung ihrer Belastung wesentlich höhere Phasenverschiebung aufweisen, haben die Elektrizitätswerke ein Interesse daran, zu erreichen, daß die Betriebe der an sie angeschlossenen Werke so eingerichtet werden, daß möglichst nur vollbelastete Motoren

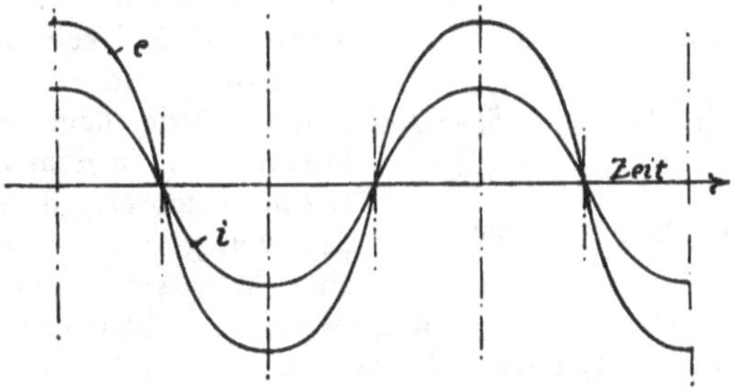

Bild 294. Widerstand selbstinduktionslos.

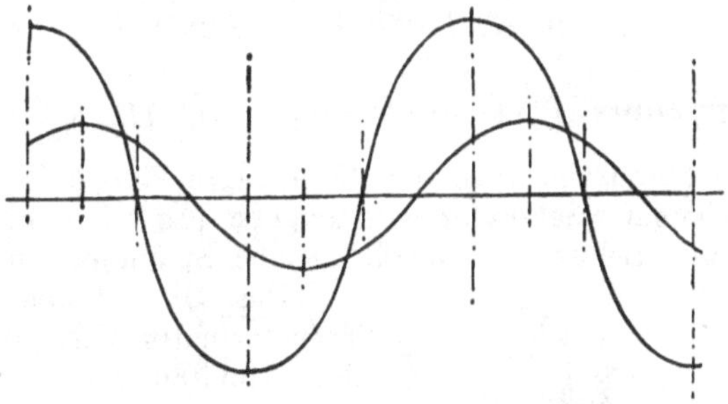

Bild 295. Widerstand mit geringerer Selbstinduktion.

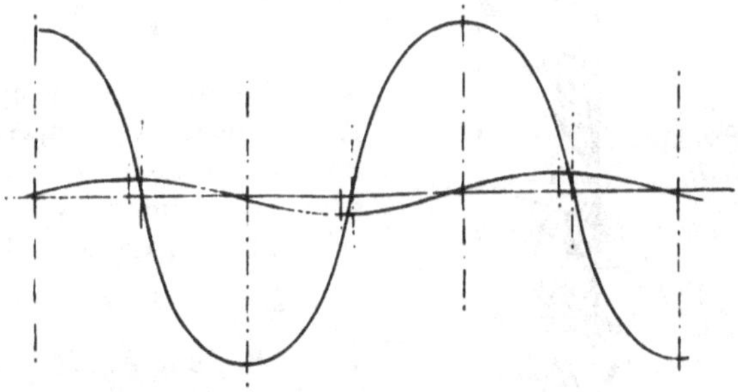

Bild 296. Vergrößerung der Selbstinduktion.

laufen; denn bei Phasenverschiebung zwischen Strom und Spannung hat das Elektrizitätswerk in seinen Stromerzeugern und Leitungen die Verluste in derselben Höhe aufzubringen, als ob der durch die Phasenverschiebung bei der vorhandenen Leistung verstärkte Strom ein ihm nutzbringender Wirkstrom wäre. Die gewöhnlichen Zähler zeigen aber nur die wirklich entnommene Arbeit an, es wird daher in besonderen Fällen vom Elektrizitätswerk außer dem gewöhnlichen Zähler auch ein Blindstrom- oder Sinuszähler aufgestellt, damit das Elektrizitätswerk den Verlusten, die ihm zugeführt worden sind, Rechnung tragen kann.

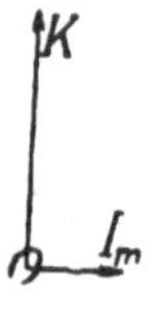

Bild 297.

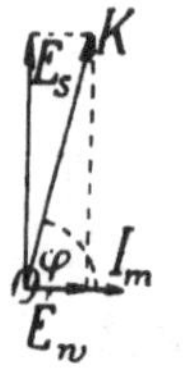

Bild 298.

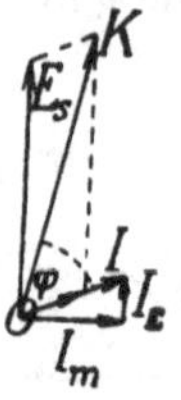

Bild 299.

Eine verlustlos magnetisierte Spule würde nach Bild 297 durchflossen sein, in dem I_m reinen Blindstrom bedeutet. Berücksichtigt man den wahren Widerstand, so kommt eine Arbeitsaufnahme durch Joulesche Wärme nach Bild 298 hinzu, wobei der Magnetisierungsstrom I_m zur Selbstinduktionsspannung E_S rechtwinklig steht. Das Hinzukommen des Eisens wird dann noch durch eine Arbeitskomponente I_E des Stromes ausgedrückt (Bild 299). Diese Komponente I_E kann bei bekanntem w durch eine Messung von K, I und L (Bild 284) bestimmt werden.

3. Der Umspanner (Transformator). (vgl. III, 4 A und V, 7—11.)

Wird der durch eine Primärspule erzeugte Fluß Φ in seinem ganzen Werte auch von einer Sekundärspule umgeben, so bekommt jede Windung der Primär- und Sekundärspule die gleiche Spannung, und es folgt:

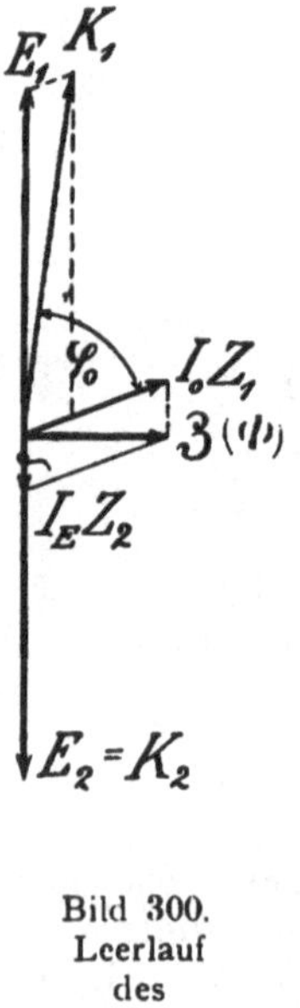

Bild 300. Leerlauf des Transformators.

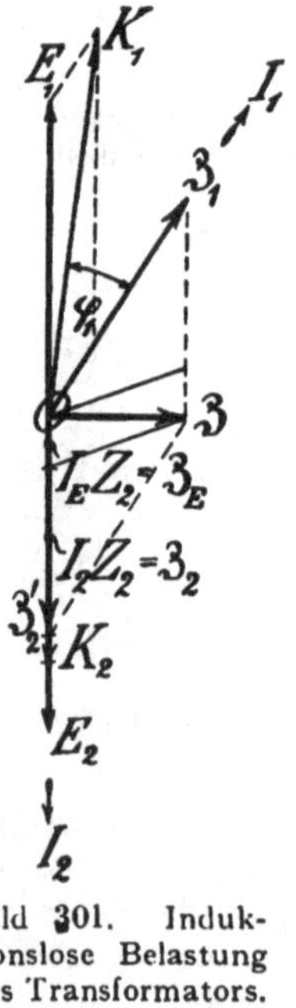

Bild 301. Induktionslose Belastung des Transformators.

Das Übersetzungsverhältnis des Transformators ist das Verhältnis der primären und sekundären Windungszahl:

$$\frac{K_{01}}{K_{02}} = \frac{Z_1}{Z_2}\,; \qquad (170)$$

hier können die Leerlaufklemmenspannungen K_0 eingesetzt werden, da die Verluste im Leerlauf gering sind. Wie groß die Windungszahlen Z sein müssen, ergibt sich aus

$$E = 4{,}44\,\nu\, Z\, \Phi_m \cdot 10^{-8}\ \text{V}\,, \qquad (149)$$

wobei K_{01} und K_{02} für das betreffende E einzusetzen sind. Nach früheren Festlegungen wurde in den zeitlichen Vektordiagrammen vom wagerecht nach rechts gezeichneten Strom aus für einen im Uhrzeigerdrehsinn laufenden Zeitpfeil nach oben nicht die Induktionsspannung selbst, sondern der vom Netz aus aufgebrachte Gegenwert, die EMK hierzu, aufgetragen. In der Sekundärspule wirkt die Induktionsspannung selbst, so daß im Verfolg von Bild 299 für den leerlaufenden Transformator Bild 300 entsteht, in dem E_2, die sekundäre EMK, gegen die primäre EMK E_1 um 180^0 verschoben ist. Bei verschiedenen Windungszahlen primär und sekundär reduziert man in den Diagrammen alle Werte auf dieselbe Windungszahl, gewöhnlich die primäre, so daß die Werte der einen mit denjenigen der anderen Seite zusammengesetzt werden können, und so daß auch E_1 und E_2 gleich lang werden.

Das Grundbild, E_1, E_2 und die dazu rechtwinklig stehenden zu I_m gehörenden Amperewindungen $\mathfrak{Z}$ (in gleicher Phase von Φ und I_m), ist auch in Bild 301 und 303 stark gezeichnet.

62. Beispiel. Ein leerlaufender Transformator (Manteltype) mit dem primären wahren Widerstande $w_1 = 0{,}28\ \Omega$ weist durch Strom-, Spannungs- und Leistungsmesser angeschlossen bei 50 Per./Sek. $K_{01} = 224$ V, $K_{02} = 66$ V, $L_0 = 80$ W und $I_0 = 1{,}5$ A auf. Der Querschnitt des in sich geschlossenen Eisens beträgt überall $F = 89$ qcm und die Länge der mittleren Induktionslinie $l = 36{,}4$ cm. Die primäre Spule besitzt $Z_1 = 101$ Windungen. Wie groß ist die Dichte, das Übersetzungsverhältnis, die sekundäre Windungszahl, die Spannung pro Windung, der Phasenwinkel φ_0, der Magnetisierungsstrom I_m und der den Eisenverlusten entsprechende Strom I_E sowie der Spannungs- und Leistungsverlust durch wahren Widerstand? Im weiteren sind festzustellen die Watt/kg des Eisens und die Amperewindungen/cm des Eisens.

Es beträgt:

Der Induktionsfluß: $\Phi_\frown = \dfrac{E_{01} \cdot 10^8}{4{,}44 \cdot \nu \cdot Z_1} = \dfrac{224 \cdot 10^8}{4{,}44 \cdot 50 \cdot 101} = 1000000$ Maxw.

Die Dichte: $\mathfrak{B}_\frown = \Phi : F = 1000000 : 89 = 11250$ Gauß.

Das Übersetzungsverhältnis: $\varepsilon = K_{01} : K_{02} = 224 : 66 = 3{,}394$.

Die sekundäre Windungszahl: $Z_2 = Z_1 : \varepsilon = 101 : 3{,}394 = 29{,}8$ Windungen.

Die Spannung/Windung: $E_{Wd} = 66 : 29{,}8 = 224 : 101 = 2{,}22$ V.

Der Leistungsfaktor im Leerlauf: $\cos\varphi_0 = \dfrac{L_0}{K_{01} \cdot I_0} = \dfrac{80}{224 \cdot 1{,}5} = 0{,}2380$.

Der Phasenverschiebungs-∢: $\varphi_0 = 76^0\,14'$.

Der Magnetisierungsstrom: $I_m = I_0 \cdot \sin\varphi_0 = 1{,}5 \cdot 0{,}9713 = 1{,}457$ A.

Der Strom für Eisenverluste: $I_E = I_0 \cdot \cos\varphi_0 = 1{,}5 \cdot 0{,}2380 = 0{,}357$ A.

Der Sp.-Verl. durch wahren Wid.: $E_{v0} = I_0 \cdot w_1 = 1{,}5 \cdot 0{,}28 = 0{,}42$ V.

Das Parallelogramm aus E_{01} und E_{v0} hat 224 V zur Resultierenden, während eine Komponente nur 0,42 V beträgt. Es fällt dadurch fast als eine Linie zusammen, so daß eine Unterscheidung von K_{01} und E_{01} und eine Unterscheidung des Phasenwinkels zwischen I_0 und K_{01} gegen I_0 und E_{01} unnötig ist. Damit ist auch einzusehen, daß das Übersetzungsverhältnis genau genug durch $K_{01} : K_{02}$ ausgedrückt ist.

Bei der Kleinheit der Jouleschen Wärme/Sek. im Leerlauf ($I_0^2 \cdot w_1 = 1{,}5^2 \cdot 0{,}28 = 0{,}63$ W gegen 80 W zusammen) kann der gesamte Leerlaufsverlust L_0 auf die Hysterese und Wirbelströme gesetzt werden. Damit beansprucht das Eisen bei der oben gerechneten Dichte $\mathfrak{B} = 11250$ Gauß bei einem Gewicht P des Eisens

$$\frac{L_0}{P} = \frac{80}{89 \cdot 36{,}4 \cdot 7{,}8} \cdot 1000 = 3{,}17 \text{ W/kg} ;$$

die magnetisierenden Amperewindungen sind das Produkt aus I_m und Z_1, daher $\mathfrak{Z} = 1{,}457 \cdot 101 = 147$ AW oder auf 1 cm des Induktionslinienweges

$$\mathfrak{Z} : l = 147 : 36{,}4 = 4{,}03 \text{ AW/cm};$$

I_m ist ein Effektivwert, während $\mathfrak{B}_n = 11250$ Gauß ein Scheitelwert ist. Um nach der Magnetisierungskurve (Bild 170) das Eisen beurteilen zu können, muß auch für den Strom der Scheitelwert $i_m = 1{,}457 \cdot \sqrt{2} = 2{,}06$ A gebildet werden, womit zu obiger Dichte $4{,}03 \cdot \sqrt{2} = 5{,}7$ AW/cm gehören. Der Einfluß der Luftspalte ist also wahrnehmbar, da diese Zahl für normales Eisen etwas zu hoch ist.

Der belastete Transformator wird durch die aus der primären und sekundären Spule resultierenden Amperewindungen $\mathfrak{Z}$ (Bild 301) magnetisiert, oder was dasselbe heißt, der Primärstrom stellt sich in einer solchen Stärke und Richtung ein, daß trotz der im Sekundärteil auftretenden Gegenamperewindungen der Fluß aufrechterhalten wird. Der Primärstrom I_1 steigt mit zunehmendem Sekundärstrom I_2, und der $\sphericalangle \varphi_1$ wird mit zunehmender Belastung kleiner, d. h. der Strom I_1 dreht sich mehr und mehr in die Wirkkomponente, wobei der Magnetisierungsstrom als konstant angesehen werden kann. Damit I_m und folglich φ_1 des belasteten Transformators klein ausfallen, verwendet man geschlossenes Eisen aus hochdurchlässigen Blechen. Damit I_E gering ausfällt, wird legiertes Eisen geringer Dicke verwendet. Wahl geringerer Dichte führt zur Verringerung beider Werte, aber auch zu geringerer Leistung bei gleichem Baustoffaufwande.

63. Beispiel. Für den Transformator des 62. Beispieles sei der wahre Widerstand der Sekundärwicklung $w_2 = 0{,}0272\ \Omega$. Für $I_2 = 21$ A sind die Werte K_2, I_1, φ_1, $\cos \varphi_1$ und K_1 für das gleiche $E = 224$ (66) V und induktionslose Belastung nach Bild 301 zu bestimmen.

Es beträgt:

Die Klemmenspannung an der Sekundärspule:

$$K_2 = E_2 - I_2 w_2 = 66{,}0 - 21 \cdot 0{,}0272 = 65{,}43 \text{ V}.$$

Der auf die Primärseite reduz. Sekundärstrom: $I_2' = \frac{I_2}{\varepsilon} = \frac{21}{3{,}394} = 6{,}18$ A.

Die Summe: $I_2' + I_E = 6{,}18 + 0{,}357 = 6{,}537$ A.

$$\operatorname{tang} \sphericalangle \mathfrak{Z}_1 O \mathfrak{Z} = \frac{I_2' + I_E}{I_m} = \frac{6{,}537}{1{,}457} = 4{,}49 .$$

$\sphericalangle \mathfrak{Z}_1 O \mathfrak{Z} = 77^0\,27'$.

$\sin \sphericalangle \mathfrak{Z}_1 O \mathfrak{Z} = 0{,}976$.

$\sphericalangle E_1 O I_1 = 90 - 77^0\,27' = 12^0\,33'$.

$\cos \sphericalangle E_1 O I_1 = 0{,}976;\quad \sin \sphericalangle E_1 O I_1 = 0{,}2173$.

Der Primärstrom: $I_1 = \dfrac{I_2' + I_E}{\sin \sphericalangle \mathfrak{Z}_1 O \mathfrak{Z}} = 6{,}70\ \text{A}$.

Der primäre wahre Spannungsverlust: $E_{v1} = I_1 \cdot w_1 = 6{,}70 \cdot 0{,}28 = 1{,}88$ V.

Die erforderliche primäre Klemmenspannung:

$$K_1 = E_1 + E_{v1} \cdot \cos \sphericalangle E_1 O I_1 = 224 + 1{,}88 \cdot 0{,}976 = 225{,}8\ \text{V}.$$

Die Breite des Parallelogrammes aus E_1 und E_{v1} fällt wiederum fast als eine Linie (1,88·0,2173), also ∼ 0,4 V zusammen, so daß $\sphericalangle E_1 O I_1$ als $\sphericalangle \varphi_1$ angesehen werden kann. Damit ist der primäre Leistungsfaktor in dieser Belastung $\cos \varphi_1 = 0{,}976$. Der gesamte gerechnete Spannungsverlust beträgt

$$(66 - 65{,}43) \cdot \frac{100}{66} + (225{,}8 - 224) \cdot \frac{100}{224} = 1{,}67\ \text{vH}.$$

Gegen das gerechnete Beispiel ergab der Transformator nach Bild 302 angeschlossen und bei 50 Per./Sek. induktionslos belastet, folgende Werte:

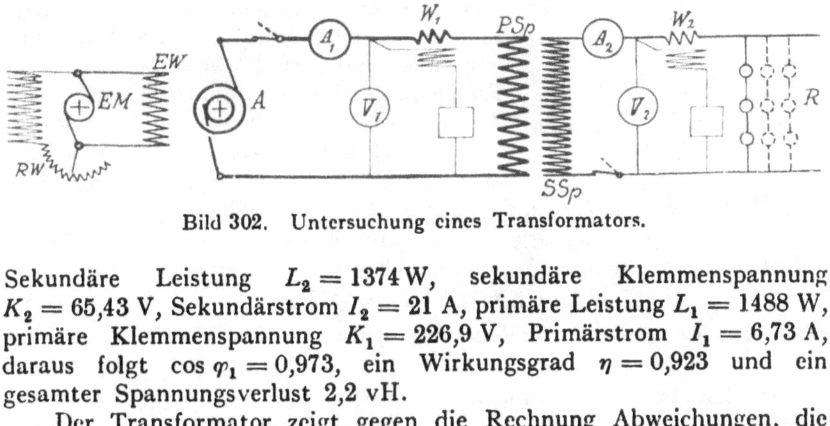

Bild 302. Untersuchung eines Transformators.

Sekundäre Leistung $L_2 = 1374$ W, sekundäre Klemmenspannung $K_2 = 65{,}43$ V, Sekundärstrom $I_2 = 21$ A, primäre Leistung $L_1 = 1488$ W, primäre Klemmenspannung $K_1 = 226{,}9$ V, Primärstrom $I_1 = 6{,}73$ A, daraus folgt $\cos \varphi_1 = 0{,}973$, ein Wirkungsgrad $\eta = 0{,}923$ und ein gesamter Spannungsverlust 2,2 vH.

Der Transformator zeigt gegen die Rechnung Abweichungen, die darauf zurückzuführen sind, daß außer dem Ohmschen auch ein induktiver Spannungsverlust auftritt. Es gibt außer den bisher berücksichtigten, beide Spulen gemeinsam durchsetzenden Induktionslinien: 1. Induktionslinien, die nur die primäre Wicklung oder ihre Teile, 2. Induktionslinien, die nur die sekundäre Wicklung oder ihre Teile umgeben und 3. Induktionslinien, die den zwischen der Primär- und Sekundärwicklung liegenden Raum so durchsetzen, daß die Sekundärspule um diesen Fluß ärmer wird. Es tritt „Streuung" der Induktionslinien auf, die um so erheblicher wird, je mehr man den Transformator belastet, wobei die Gegenamperewindungen der Sekundärseite zunehmen. Von der Berechnung der Streuung mag hier abgesehen werden.

Bei Selbstinduktion im Sekundärkreise (Bild 303) bildet die sekundäre EMK E_2 die Resultierende aus der in Phase von I_2 liegenden durch den wahren Widerstand w_2 der Sekundärwicklung auftretenden Verlustspannung $I_2 w_2$ und aus der sekundären Klemmenspannung K_2.

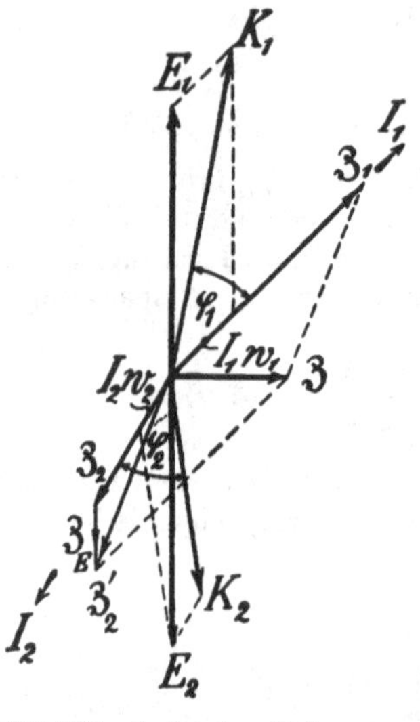

Bild 303. Induktive Belastung des Transformators.

Die resultierenden sekundären Amperewindungen $\mathfrak{Z}_2'$ werden erhalten, indem man die wirklichen sekundären Amperewindungen $\mathfrak{Z}_2$ mit den in Richtung von E_2 liegenden Eisenamperewindungen $\mathfrak{Z}_E$ zusammensetzt. Induktive Belastung im Sekundärkreise beansprucht bei gleichem I_2 ein vergrößertes I_1 und φ_1.

Bei induktiver Belastung ist auch der Spannungsverlust größer als bei induktionsloser Belastung. Den größten vorkommenden Spannungsverlust bei induktiver Belastung einschließlich der Streuung erhält man durch die Kurzschlußprobe. Die sekundäre Spule wird durch einen Strommesser kurzgeschlossen. An die primäre Spule legt man von Null ausgehend mit langsamer Steigerung bei der üblichen Frequenz diejenige Spannung, bei der der sekundäre Strommesser den in seiner Spule höchsten vorkommenden Wert I_2 anzeigt. Diese primäre Spannung K_K, die zugehörige Leistung L_K und die primäre Stromstärke I_1 wird beobachtet. Die Spannung K_K ist der größte vorkommende Spannungsverlust. Mit genügender Annäherung kann auch gesetzt werden:

$$L_K = I_1^2 w_1 + I_2^2 w_2 + L'_W, \tag{171}$$

wobei L'_W den Wirbelstromleistungsverlust in den Kupferwindungen bedeutet.

64. Beispiel. Der gerechnete Transformator wurde durch einen Strommesser kurzgeschlossen, der $I_2 = 21$ A angab, als bei 50 Per./Sek. $K_K = 5{,}4$ V an die Primärseite gelegt wurden. Ein Leistungsmesser zeigte dabei $L_K = 34{,}1$ W, während ein primärer Strommesser auf $I_1 = 6{,}41$ A ausschlug. Der vH-Satz des Spannungsverlustes und der Wirbelstromleistungsverlust in den Kupferwindungen sind zu bestimmen.

Es beträgt:

Der größte Spannungsverlust 5,4 : 224 = 2,41 vH.

Der Wirbelstromleistungsverlust in den Kupferwindungen:

$$L'_W = L_K - I_1^2 w_1 - I_2^2 w_2 = 34{,}1 - 6{,}41^2 \cdot 0{,}28 - 21^2 \cdot 0{,}0272 = 10{,}6\ \text{W}.$$

Damit der induktive Spannungsverlust, also die Streuung, gering gehalten wird, werden Primär- und Sekundärwindungen entweder nach Bild 32 nahe beieinander zylindermantelförmig oder nach Bild 304 abwechselnd aufeinander folgend in Scheibenspulen angeordnet. Man setzt dadurch dem Streufluß großen magnetischen Widerstand entgegen. Nach Bild 46, das nur Sinnbild sein soll, darf nicht angeordnet werden,

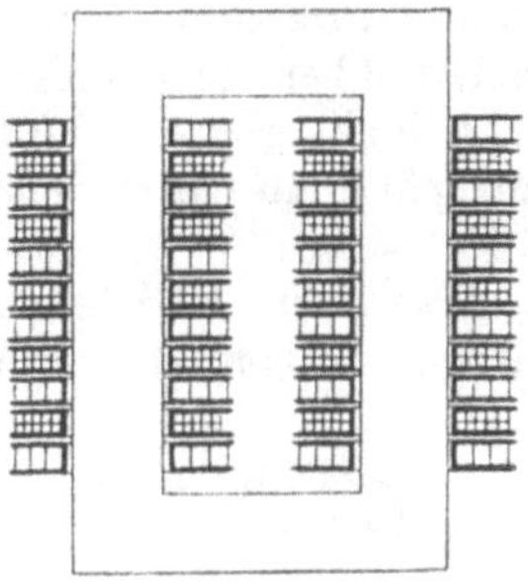

Bild 304. Kerntype.

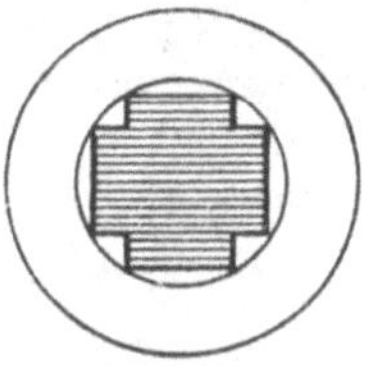

Bild 305. Kernquerschnitt.

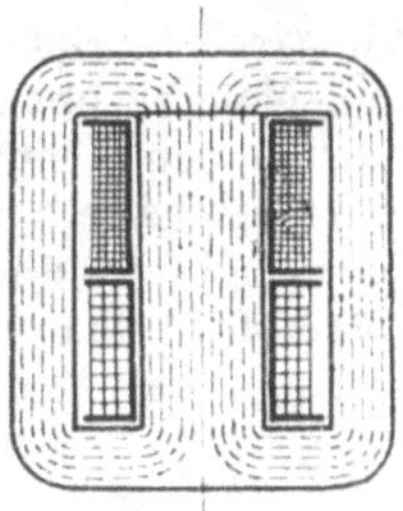

Bild 306. Manteltype, Stoßstelle abwechselnd versetzt.

da der Streufluß viel zu groß werden würde. Manteltypen hingegen (Bild 306, Spulenanordnung nur für kleine Transformatoren in Gebrauch) können mit guter Spulenverteilung sehr geringe Verluste zeigen. Einen häufig vorkommenden Kernquerschnitt stellt Bild 305 dar, bei dem Blätter nur in zwei Breiten gebraucht werden, und durch dessen Anwendung Wärmeableitungskanäle an günstiger Stelle liegen. Kerne und Joche, letztere wenigstens an einer Stelle, gewöhnlich aber oben und unten aufgesetzt, werden fest aneinander gezogen. Auch werden die Wicklungen gegen das Gestell und Teile der Wicklung gegeneinander fest versteift. Beste Isolierung ist selbstverständlich. Umspanner über einige 1000 V setzt man zur Erhöhung der Durchschlagfestigkeit und der Kühlung unter Öl; das Wasser ist aus der Wicklung und dem Öl herausgezogen. Der Sauerstoff der Luft wird dem Öl durch Verwendung dicht geschlossener Behälter mit Ausdehnungsgefäß (Ventil an oberster Stelle) ferngehalten. Selbst größte Umspanner werden im Behälter unter Öl versandt.

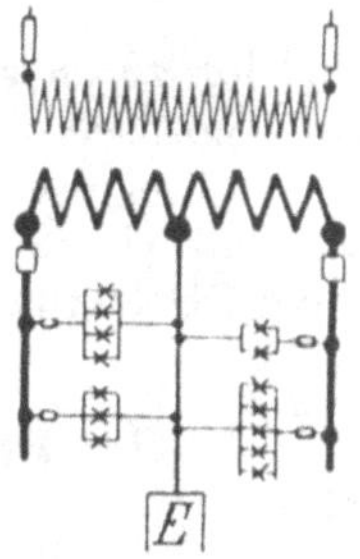

Bild 307. Wechselstromdreileiteranlage.

Dreileiteranlagen können bei Wechselstrom nach Bild 307 geschaltet werden. Die dünndrähtige Spule bedeutet die primäre Hochspannungswicklung, die dickdrähtige die sekundäre Niederspannungswicklung. Geerdet wird am Mittelpunkt der Sekundärwicklung unmittelbar am Transformator.

Sollen Transformatoren in Parallelschaltung gut arbeiten, d. h. eine Belastung entsprechend derjenigen ihres Gebietes bekommen, falls sie primär und sekundär ein gemeinsames Netz haben, so ist erforderlich, daß das Übersetzungsverhältnis der Windungen und die Kurzschlußspannung K_K gleich ist, während die durch Ohmschen Spannungsverlust herbeigeführten Abfälle der Spannung nur in weiteren Grenzen angenähert gleich zu sein brauchen. Beim Parallelschalten ist darauf zu achten, daß der Wickelsinn der primären und der sekundären Spulen zueinander an allen Transformatoren der gleiche ist (also nicht etwa primär parallel, sekundär hintereinander, was einen Kurzschluß bedeuten würde). Man erkennt die richtige Schaltung daran, daß bei angeschlossener Primärseite und einpolig angelegter Sekundärwicklung zwei hintereinander geschaltete Glühlampen zwischen den später zu verbindenden Punkten nicht leuchten.

Meßtransformatoren (Strom- und Spannungswandler, Bild 308 und 309) dienen bei Hochspannung dazu, den Gebrauch von Meßgeräten

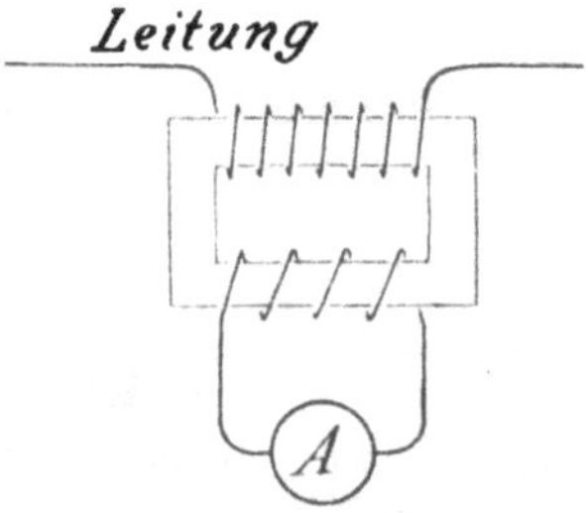

Bild 308. Stromwandler.

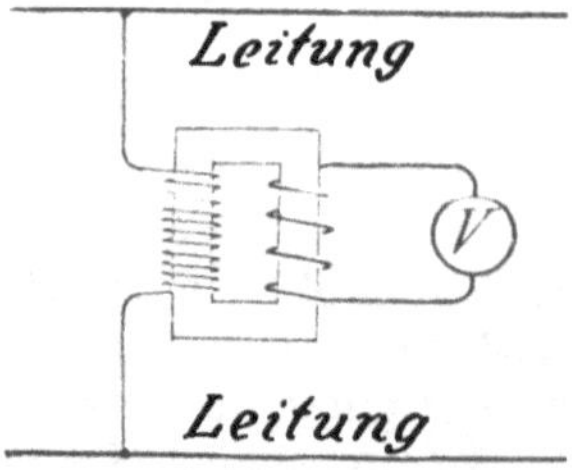

Bild 309. Spannungswandler.

gefahrlos zu machen. Das Meßgerät gehört zum Wandler, wie sonst zum Nebenschluß bei Strommessern oder zum Vorschaltwiderstand bei Spannungsmessern. Manche Firmen richten ihre Meßanordnungen so ein, daß ein Stromwandler und ein Spannungswandler zugleich für Strom-, Spannungs-, Leistungs- und Arbeitsmessung herangezogen wird.

4. Der Erzeuger (Generator) und der Synchronmotor.

(Vgl. VIII, Vorbemerkungen.)

Der mit Bild 174 angedeutete Erzeuger beruht auf dem mit Bild 285 ausgesprochenen Gedanken. Stromerzeuger dieser Grundanordnung sind durch den Dampfturbinenantrieb die Regel. Sie erfordern für 50 Per./Sek. 50 Umdr./Sek. oder 3000 Umdr./Min. Da für Wechselstromkraftwerke nur große Erzeuger in Betracht kommen, die nicht im Rahmen dieses Lehrbuches liegen, fallen alle Erörterungen über den Aufbau, der durch die elektrischen, magnetischen und mechanischen Verhältnisse bedingt ist (Hochspannung, Kompensieren der Ankeramperewindungen, Fliehkraft) fort. Gegenstand dieses Abschnittes soll nur sein, einige wichtige grundlegende Betrachtungen anzustellen.

Außer den obigen zweipoligen Erzeugern gibt es auch mehrpolige, von denen die vierpoligen, bei 50 Per./Sek. mit 1500 Umdr./Min. laufend, die größte Bedeutung haben. Die Wechselstrommaschine kann, wie Ähnliches vom Gleichstromgebiet her bekannt ist, auch als Betreiber stromaufnehmend aus dem Netz wirken. Auch in diesem Falle ist sie genau an die angegebenen Drehzahlen gebunden. Für diese Synchrongeneratoren und Synchronmotoren gilt:

Die sekundliche Umlaufszahl n' ist durch die sekundliche Periodenzahl ν und durch die Zahl p der Polpaare bestimmt nach dem Ausdruck

$$n' = \nu : p\,; \tag{172}$$

es gelten dafür beispielsweise folgende Werte:

Per./Sek.	ν	50				25				$16^2/_3$			
Polpaare . .	p	1	2	3	4	1	2	3	4	1	2	3	4
Pole	$2p$	2	4	6	8	2	4	6	8	2	4	6	8
Umläufe i. d. Sek.	n'	50	25	16,67	12,5	25	12,5	8,33	6,25	16,67	8,33	5,55	4,16
Umläufe i. d. Min.	n	3000	1500	1000	750	1500	750	500	375	1000	500	333	250

Die Wechselstrommaschine unterscheidet sich von der Gleichstrommaschine im wesentlichen dadurch, daß die mit mehreren parallelgeschalteten Zweigen arbeitende Ankerwicklung nicht nötig ist, daß vielmehr alle der Induktionswirkung ausgesetzten Leiter hintereinander geschaltet werden können.

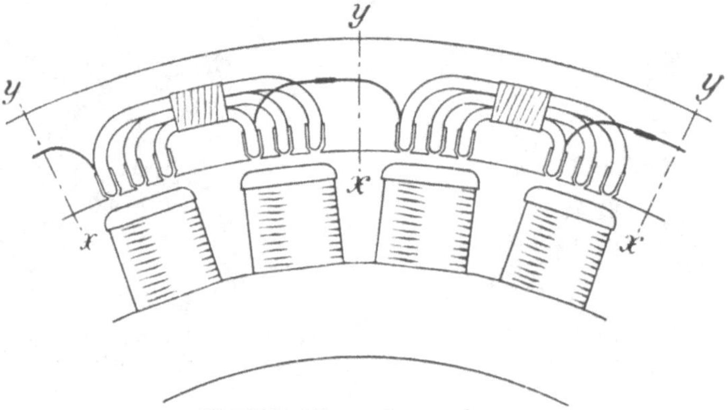

Bild 310. Generatoranordnung.

In der häufigsten Anordnungsweise steht der Anker fest, während sich ein mit Gleichstrom erregter Magnetkranz innerhalb der Polbohrung dreht (Bild 310 für eine vielpolige langsam laufende Maschine). Ankereisen und Erregerpolschuhe sind geblättert. Das Gehäuse preßt die mit nach innen gerichteten Zähnen versehenen Ankerblechpakete zusammen und zentriert sie. In den zwischen den Zähnen liegenden Nuten sind die

Ankerleiter in hochgradiger Isolierung untergebracht. Zur Ermittlung der Richtung der Induktionsspannung ist bei Anwendung der Handregel der Daumen nach der Relativdrehrichtung (als stünde das Feld fest und bewegten sich die Leiter) zu stellen. Die Anordnung (Bild 310) verwendet Spulen gleicher Wickelrichtung, so daß Ankerteile zwischen

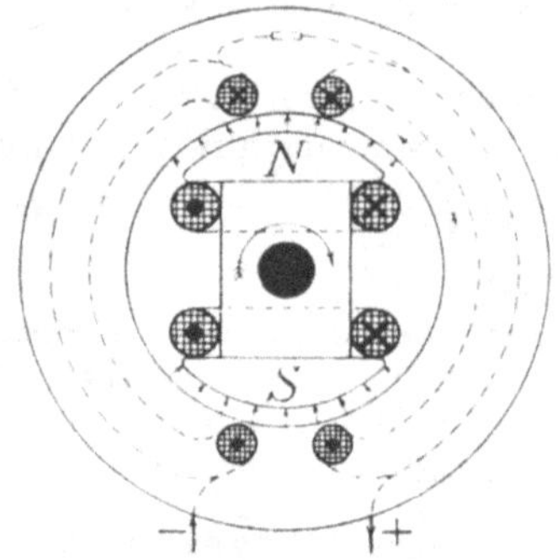

Bild 311. Zweipolige Maschine ($p = 1$).

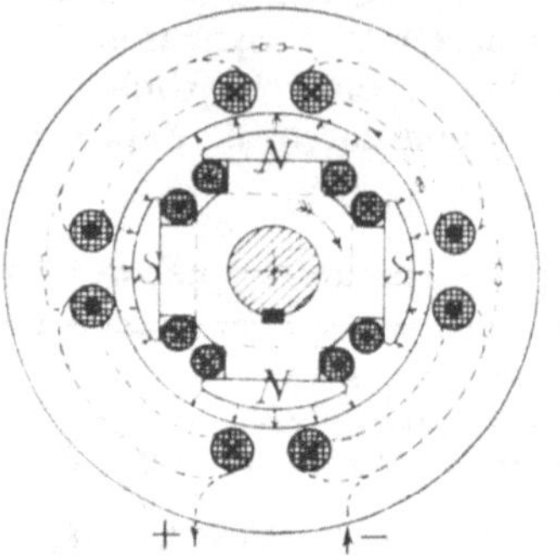

Bild 312. Vierpolige Maschine ($p = 2$).

den Trennstellen $x \div y$ herausgenommen und ausgewechselt werden können. Das Bild stellt zugleich eine Dreilochwicklung dar, die meistens angewendet wird. Die Bilder 311 und 312 zeigen sinnbildlich Ankerspulen abwechselnder Wickelrichtung. Die gerissen gezeichneten Teile

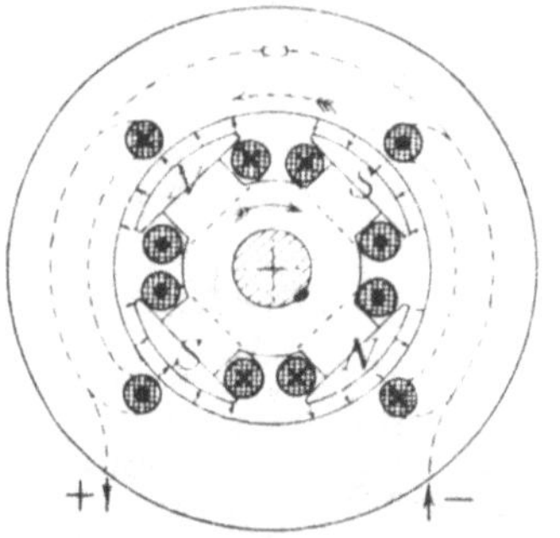

Bild 313. Vierpoliger Erzeuger induktionslos belastet.

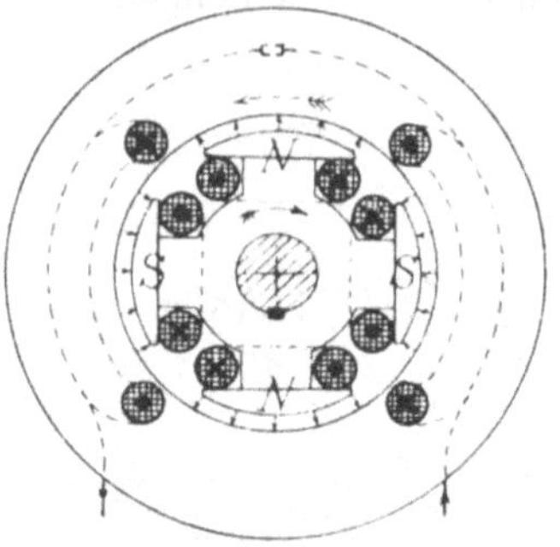

Bild 314. Vierpoliger Erzeuger induktiv belastet.

sollen an der Rückseite liegen, der gerissen gezeichnete Pfeil gibt die Relativdrehrichtung an. Die Zeichen + und − an den Polen der Ankerwicklung gelten für den betreffenden Wechsel. Die Stromrichtungszeichen am Erreger gelten für den Gleichstrom, der den Magnetspulen durch Schleifringe zugeführt wird.

Da bei induktiver Belastung der Scheitelwert des Stromes um eine Viertelperiode hinter dem Scheitelwert der EMK zurückbleibt, wirken in diesem Falle die Ankeramperewindungen entmagnetisierend beim

Erzeuger, was durch die Gegenüberstellung der Bilder 313 und 314 ausgedrückt ist. In Bild 313 bei induktionsloser Belastung liegt der Scheitelwert in der Achse des Poles, was nicht stört. Beim Zurückbleiben des Stromes gegen die EMK um 90⁰ elektrisch (bei der vierpoligen Type räumlich um 45⁰) liegt aber die entmagnetisierende Ankerleitergruppe auf Mitte Lücke (Bild 314), so daß die Spannung dadurch herabgedrückt wird. Der induktiv belastete Erzeuger hat daher eine schneller abfallende Belastungslinie bei konstanter Erregung als der induktionslos belastete; er bedarf zur Konstanthaltung der Spannung also auch einer größeren Steigerung der Erregerstromstärke.

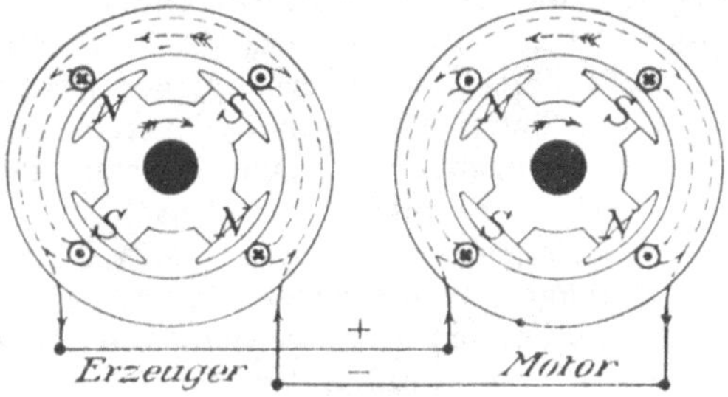

Bild 315. Synchronübertragung.

Eine Maschine gleicher Einrichtung kann, wie Bild 315 andeutet, in entgegengesetzter Weise, d. h. als Stromverbraucher benutzt werden. Dabei wirkt sie als Betreiber, solange mit jedem Stromrichtungswechsel auch ein entgegengesetzter Magnetpol vor die betreffende Spulenseite

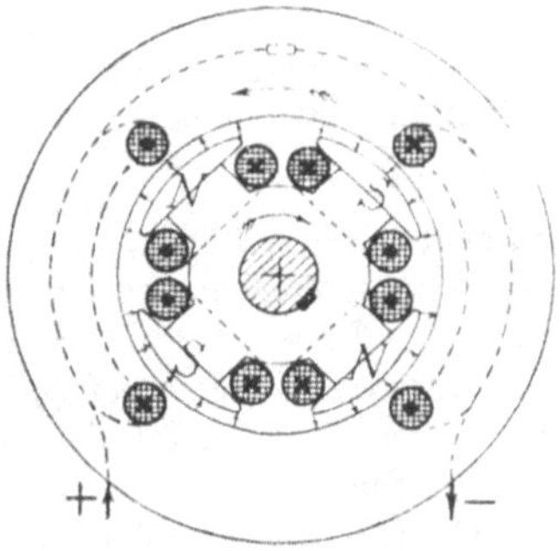

Bild 316. Günstigster Lauf des Synchronmotors.

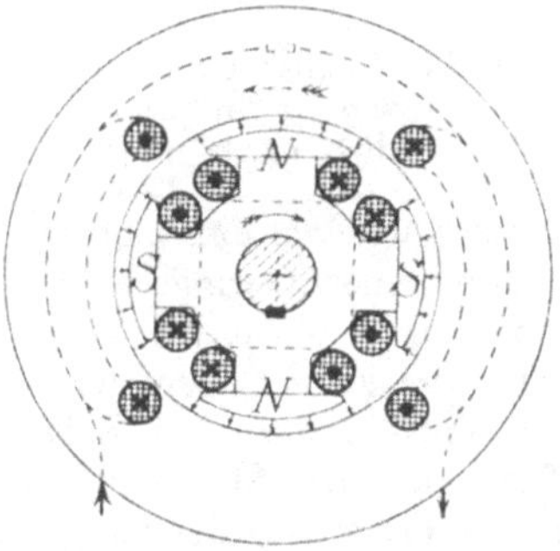

Bild 317. Phasenverschobener Strom am Betreiber.

rückt. Die Regel der linken Hand zeigt unter dieser Voraussetzung in Bild 315, Motorseite, nur Relativdrehmomente in Richtung des gerissenen, also auf den drehbaren Polkranz ausgeübte Drehmomente in Richtung des ausgezogenen Pfeiles an. Eine Rotations-EMGK spielt dieselbe Rolle, wie beim Gleichstrommotor. Bild 316 gibt die Maschine des Bildes 313 als Betreiber mit Einzeichnung des Flusses und der Gleichstromwicklung des Erregersternes wieder. Das Bild deutet an, daß EMK und Strom in gleicher Phase liegen, wobei die Leistung mit der geringsten Stromaufnahme aus dem Netz auftritt. Dagegen zeigt Bild 317 einen Grenzfall, nämlich den um 90⁰ gegen die Rotations-EMK zurückbleibenden

Strom, von dem im Bilde erkannt wird, daß er beim Betreiber im Gegensatz zum Erzeuger magnetisierend wirkt. Tritt überhaupt eine Phasenverschiebung zwischen Strom und Spannung auf, so bedarf es einer größeren Stromaufnahme aus dem Netz, damit die gleiche Leistung $L = K \cdot I \cdot \cos\varphi$ auf den Betreiber übertragen wird. Der Betreiber kann nur mit der aus Frequenz und Polzahl gegebenen Umdrehungszahl laufen, letztere ist also konstant und kann zur Rotations-EMK nicht beitragen. Sieht man überhaupt von Verlusten ab, so ist die Rotations-EMK des Betreibers gleich der Netzspannung, also ebenfalls konstant. Daher muß nach dem Induktionsgesetz der Fluß stets gleich sein. Ist die Maschine zu niedrig erregt, so nimmt sie durch Nachbleiben des Stromes Amperewindungen aus dem Netz auf; ist sie zu hoch erregt, so entnimmt sie voreilenden Strom, der entmagnetisierend wirkt. Bei einem bestimmten Erregergleichstrom erhält man den günstigsten Fall $\cos\varphi = 1$. Von Nullast bis Vollast kann der günstigste Fall dadurch

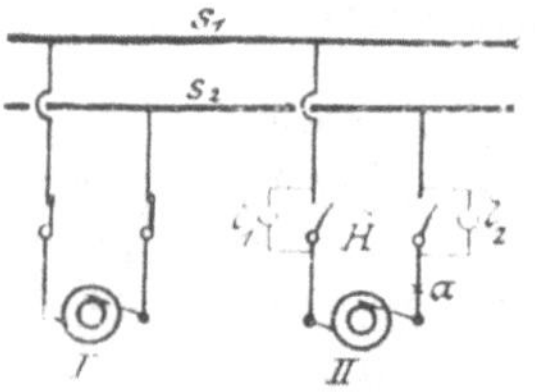

Bild 318. Synchronisiereinrichtung für Niederspannung in Dunkelschaltung.

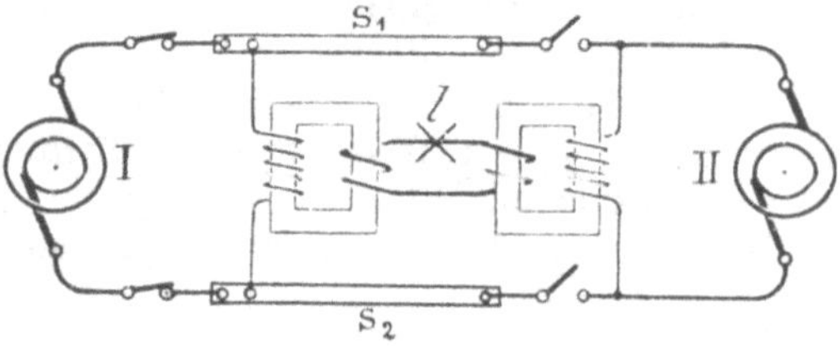

Bild 319. Synchronisiereinrichtung mit Meßtransformatoren.

eingestellt werden, daß man am Gleichstrom regelt, bis die Wechselstromaufnahme einen Geringstwert zeigt. Die Verschiedenheiten des Erregerstromes von Nullast bis Vollast für $\cos\varphi = 1$ sind nicht groß. Bei zu hohem oder zu geringem Erregerstrom fällt der Sychronbetreiber jedoch außer Tritt, ebenso bei Belastungsstößen. Beim Außertrittfallen vergrößert sich die Stromaufnahme, so daß die Sicherungen abtrennen. Trotz Vergrößerung der Stromstärke wirkt nach Aufgabe des Gleichtrittes kein als beständig empfundenes Drehmoment mehr.

Der Synchronmotor gewöhnlicher Art muß angedreht werden. Beim Andrehen ist nur der Leerlauf zu überwinden. Die Drehzahl muß in feiner Weise regelbar sein. Erst wenn genau die aus Frequenz und Polzahl sich ergebende Drehzahl vorliegt und dabei der zu dem betreffenden Wechsel gehörende Magnetpol vor der zugehörigen Ankerspulenseite sich befindet, darf, die richtige EMK vorausgesetzt, eingeschaltet werden. Alle drei Bedingungen zusammen werden erkannt durch das Synchronisieren: In Bild 318 bedeutet I den Generator, II die an ihn synchron anzuschließende Maschine; l_1 und l_2 sind die Phasenlampen und H ist der Schalter. Beim Andrehen ist der Schalter offen und das Licht der Lampen l_1 und l_2, jede einzelne für die Spannung des Netzes geeignet, schwankt zwischen Hell und Dunkel auf und ab. Das Spiel nimmt eine um so größere Zeitdauer an, je mehr sich die Andrehzahl der richtigen Drehzahl nähert. Sind die Lampen in diesem Spiel dunkel, wird *H* eingelegt. Legt man die Lampen zwischen den vier Schalterkontakten übers Kreuz, so ist einzuschalten, wenn die Lampen am hellsten sind (Hellschaltung). Bild 319 erreicht dasselbe für Hochspannung unter Verwendung von Spannungswandlern zur Phasenlampe *l* hin, die je nach Schaltung der Wandler auf Hell- oder Dunkelschaltung eingerichtet sein kann. Auch kann an Stelle von *l* ein Spannungsmesser treten.

Die an ein Netz angeschaltete Maschine *II* kann bei Leistungszufuhr von einer anderen Arbeitsquelle her auch als parallelgeschalteter Generator verwendet werden. Sie bleibt ebenfalls durch die synchronisierende Kraft mit dem Netz gekuppelt, aber entsprechend ihrer Leistungszufuhr kann sie Leistung an das Netz abgeben. Sie unterscheidet sich von einem Gleichstromerzeuger, der mit einem anderen Gleichstromerzeuger parallelgeschaltet ist, außer der Notwendigkeit des Synchronismus auch noch dadurch, daß ihr Leistungsanteil nicht mit dem Erregerstrom einstellbar ist, wie obige Betrachtung über die Konstanz der Amperewindungen verstehen läßt. Nur durch Zuführung größerer mechanischer Leistung mittels der Antriebsmaschine wird der Leistungsanteil des parallel arbeitenden Synchrongenerators erhöht. Mit dem Erregerstrom kann nur der Leistungsfaktor $\cos\varphi$ der synchronen Maschine geändert werden, der gewöhnlich in der Nähe von *1* eingestellt wird. Zur Kompensierung anderer Blindströme jedoch, die in der Nachbarschaft eines Synchronmotors aus dem Netz entnommen werden, kann $\cos\varphi$ durch Übererregung auf voreilenden Strom unterhalb *1* eingestellt werden. Entsprechendes gilt mit Übererregung für einen Synchrongenerator.

Um einen Wechselstromerzeuger kennen zu lernen, kann man eine Reihe von Versuchen anstellen, in denen

1. die Leerlaufspannung in Abhängigkeit von der Erregerstromstärke,
2. die Klemmenspannung, a) bei induktionsloser, b) bei induktiver Belastung ($\cos\varphi = \text{const}$), bei konstanter Erregung in Abhängigkeit von dem Belastungsstrome,
3. die Erregerstromstärke, a) bei induktionsloser, b) bei induktiver Belastung ($\cos\varphi = \text{const}$), bei konstanter Klemmenspannung in Abhängigkeit von dem Belastungsstrome und
4. die Kurzschlußcharakteristik

ermittelt wird. Zu 4: Man läßt die Maschine zunächst unerregt mit der normalen Umlaufszahl bei kurzgeschlossenen Klemmen unter Einschaltung eines Strommessers laufen. Dann erregt man mit langsam von Null aus steigendem Erregerstrome, bis dieser Strommesser einen bestimmten Strom anzeigt, zu dem der zugehörige Erregerstrom $I_{Err.}$ abgelesen wird. Nach Wegnahme des Erregerstromes öffnet man die Klemmen der Maschine und legt an sie einen Spannungsmesser. Wird nun der Erregerstrom wieder auf den oben gefundenen Wert $I_{Err.}$ gebracht, so zeigt der Spannungsmesser die Kurzschlußspannung, die als höchster Spannungsabfall bei induktiver Belastung für die betreffende Ankerstromstärke angesehen werden kann. Man erhält für verschiedene Kurzschlußstromstärken eine Reihe von Kurzschlußspannungen. Da der Selbstinduktionskoeffizient der Maschine durch Gegenwart des Eisens mit dem Strome veränderlich ist, erhält man nicht etwa eine gerade, sondern eine gekrümmte Kurzschlußlinie, wenn die Kurzschlußspannungen in Abhängigkeit von den Kurzschlußströmen aufgetragen werden.

Zur Erläuterung der Vorgänge in der Maschine mögen die Vektorbilder 320 bis 322 dienen.

Im Falle Bild 320 ist der Außenkreis selbstinduktionslos. K und $I\,w_A$ addieren sich algebraisch zur EMK E. Um von letzterer zur Leerlaufspannung E_0 zu kommen, ist auch der induktive Spannungsverlust der

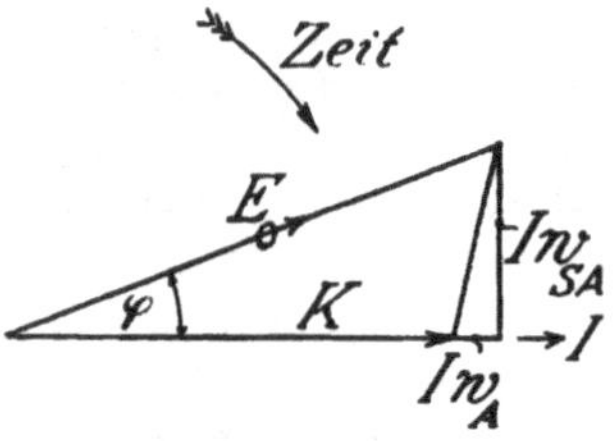

Bild 320.

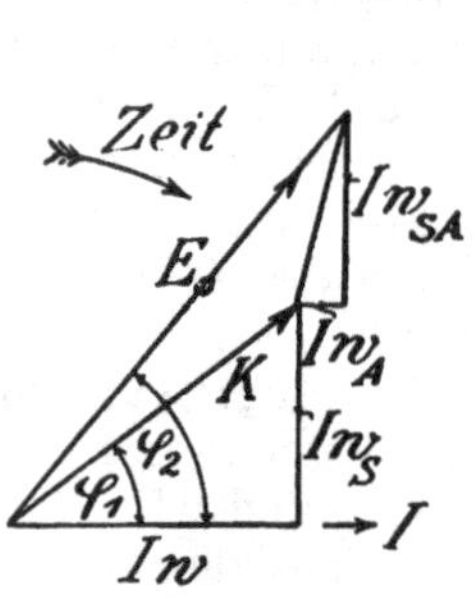

Bild 321.

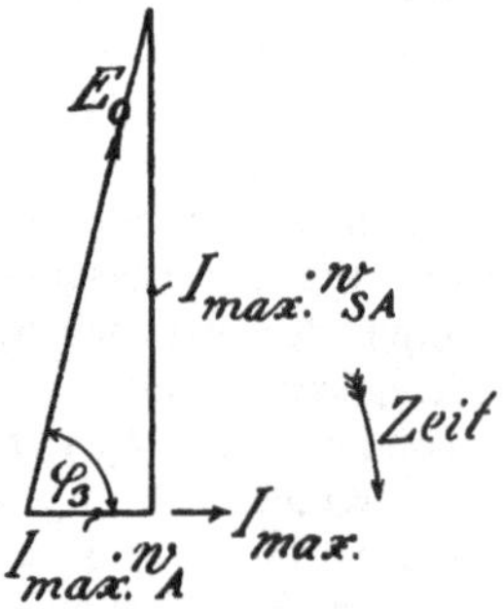

Bild 322.

Ankerwicklung $I \cdot w_{SA}$ nach Richtung und Größe zu addieren. K bleibt hinter E_0 um den $\sphericalangle\,\varphi$ zurück. Da $I\,w_A \perp I\,w_{SA}$ bleibt, und da beide Werte (angenähert für $I\,w_{SA}$) verhältnisgleich zu I bleiben, ist der geometrische Ort für E ein Kreisbogen über E_0 als Durchmesser und für K ein Kreisbogen über E_0 als Sehne.

Bild 321 zeigt bei demselben E_0 und dem gleichen Strome I das Schaubild an derselben Maschine bei Selbstinduktion im Außenkreise. K ist in diesem Falle geringer, als bei induktionsloser Belastung; w ist der wahre Widerstand, w_S die Reaktanz des Außenkreises. Die geometrische Summe von K und $I\,w_A$ ist die EMK E der Maschine. Bild 322 gilt für die kurz geschlossene Maschine ($K = 0$) bei dem gleichen E_0 wie oben und unter Annahme eines konstanten Selbstinduktionskoeffizienten. Das Dreieck dieses Schaubildes ist somit ähnlich demjenigen, das in Bild 320 und 321 für die Maschine gilt.

Für den Fall des Synchronmotors gilt Bild 323. Der Strom fließt gegen die EMK E'' der Maschine. Im ausgezogenen Fall ist der Strom gegen die Klemmenspannung K ein wenig verschoben, während das gerissen gezeichnete Bild I in Phase von K darstellt. Ist die Leistung konstant, so bewegt sich der spitze Winkel des Dreiecks der Spannungsverluste bei Veränderung der Gleichstromerregung auf der Leistungslinie* LL.

Der Synchronmotor wird gewöhnlich nur als großer Motor verwendet, wo geschultes Personal und leichte Andrehmöglichkeit, sowie das Bedürfnis zur Kompensierung des Leistungsfaktors vorhanden ist. Er besitzt hohen Wirkungsgrad und konstante Drehzahl. Diese guten Eigenschaften machen ihn in Zentralenbetrieben geeignet zum Betrieb von Gleichstrommaschinen, die mit ihm auf einer Achse sitzen, also zur Umformung von Wechselstrom in Gleichstrom dienen. Aus einer Sammlerbatterie auf der Gleichstromseite kann angedreht werden, indem die Gleichstrommaschine hierfür als Motor läuft. Häufiger ist jedoch der Einankerumformer zu finden, dessen umlaufender Anker zugleich als Synchronmotoranker und als Gleichstromgeneratoranker dient. Der Anker ist gebaut wie ein Gleichstromanker mit Kollektor. Bei der zweipoligen Maschine stehen jedoch zwei um 180° gegenüberliegende Kollektorstäbe mit Schleifringen in Verbindung, mit denen der Wechselstrom zugeleitet wird. Damit der Gleichstrom die geforderte niedrige Spannung bekommt, ist ein Transformator dem Einankerumformer vorgelegt, dessen sekundäre effektive Wechselspannung passend** bemessen ist. Diesen Transformator braucht der Zweiankerumformer nicht, da der Sychronmotor mit Hochspannung betrieben werden kann.

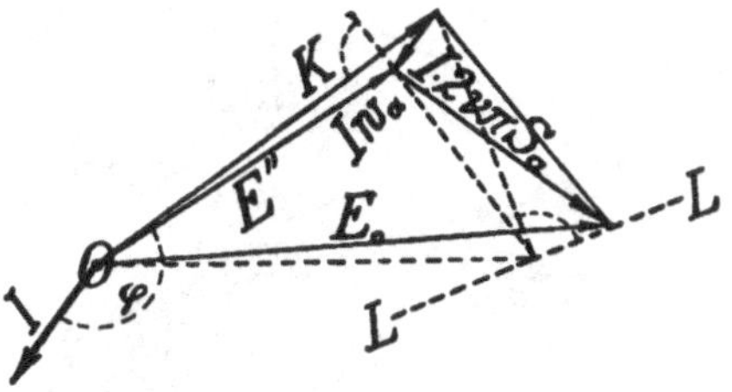

Bild 323.

5. Drehstrom (vgl. V, 11).

A. Vorbemerkung.

Der Synchronmotor ist kein Werkstattmotor. Aus dem Bedürfnis nach einem selbst anlaufenden Wechselstrommotor etwa mit den Eigenschaften eines Nebenschlußgleichstrommotors ist der Drehstrom entstanden. Den Kernpunkt dieses Abschnittes bildet daher der Drehstrommotor.

Zur Vorbetrachtung diene Bild 324. Drehe sich ein Dauermagnetkranz um eine zentrisch zu ihm angeordnete, mit vielen einzeln in sich geschlossenen Kupferspulen belegte Eisenmasse, die unabhängig vom Magnetkranz drehbar ist, so leuchtet nach den Induktionsgesetzen ein, daß der innere Teil, der Läufer (Rotor), sich mit in Drehung versetzen muß. Die in sich geschlossenen Spulen, deren Spulenseiten um eine Polteilung voneinander entfernt liegen, sind einer magnetischen

* Görges ETZ 1900, S. 189.

** Bei Sinusform der Spannungskurve leerlaufend rund auf das $1:\sqrt{2}$fache der Gleichstromspannung.

Änderungsgeschwindigkeit ausgesetzt. Die durch Induktion in den Läuferspulen erzeugten Ströme (Relativbewegung, Regel der rechten Hand) geben nach der Regel der linken Hand ein Drehmoment, mit dem der Rotor dem Magnetkranz nachzulaufen sucht. Die Höchstgeschwindigkeit des Läufers ist die Geschwindigkeit des Kranzes, denn mit ihr ändert sich der Fluß innerhalb der Läuferwindungen nicht mehr (reiner Leerlauf); die Drehzahl n_L des Läufers ist gleich der Drehzahl n_F des Flusses. Bleibt jedoch der Läufer nach, so wird die Änderungsgeschwindigkeit seiner Spulen verhältnisgleich zur Differenz der Drehzahlen; daher wird auch die EMK dieser Spulen und ihre Stromstärke dazu proportional:

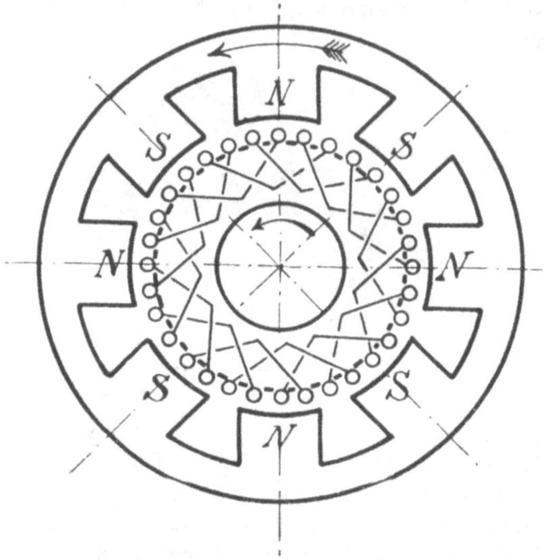

Bild 324. Vorbetrachtung zum Drehstrommotor.

$$e_L = -\frac{d\Phi_L}{dt} \cdot 10^{-8} = c\,(n_F - n_L) = i \cdot w_L\,, \tag{173}$$

wobei i die Stromstärke und w_L den Widerstand der Läuferspule, sowie c eine Proportionalitätskonstante bedeutet. Diese Gl. 173 ist richtig, solange die Selbstinduktions-EMK der Läuferspule keine Rolle spielt, d. h., solange die Frequenz in der Läuferspule gering bleibt, also bei geringem Nachbleiben des Läufers hinter der Geschwindigkeit des Flusses. Der Wert $n_F - n_L$ sind die Schlüpftouren und der Wert

$$\frac{n_F - n_L}{n_F} = \sigma \tag{174}$$

heißt der Schlupf oder die Schlüpfung, die gewöhnlich klein gehalten und in vH.-Teilen ausgedrückt wird. Ist z. B. $n_F = 750$, $n_L = 720$, so wird $\sigma = (750 - 720) : 750 = 0{,}04$ oder 4 vH. Der Läufer bleibt in der Sekunde um $30 : 60 = 0{,}5$ Umdrehungen zurück, die Läuferspulen wandern dabei an 2 Polpaaren vorüber, der Läuferstrom hat also die Frequenz $\nu_L = 2$ Per./Sek., bei der die Selbstinduktion der Läuferspulen vernachlässigt werden kann.

Der Strom i gibt im Produkt mit dem konstanten Flusse oder der magnetischen Dichte $\mathfrak{B}$ an der Eintrittsstelle in das Kerneisen des Läufers das Drehmoment

$$D' = c' \cdot \mathfrak{B} \cdot i \tag{175}$$

für eine Spule; für alle Spulen zusammen, wobei auch in die Konstante mit eingerechnet werden soll, daß der Effektivstrom des Läufers eingeführt ist, gilt dann:

$$D = c_1' \cdot \mathfrak{B} \cdot I = c_1 \cdot \sigma \,. \qquad (176)$$

Das Drehmoment ist also bei konstanter Geschwindigkeit des Flusses der Schlüpfung proportional; der stärker belastete Läufer läßt in seiner Drehzahl mehr nach, der weniger belastete läßt weniger nach und strebt in der Entlastung der Drehzahl des Flusses zu.

Der asynchrone Läufer rührt von der Allgemeinen Elektrizitäts-Gesellschaft (Dobrowolsky) her, während der Urheber des unter B folgenden Drehstromprinzipes G. Ferraris Z56) ist.

B. Beschreibung von Generator und Motor.

Das umlaufende magnetische Feld kann unter Anwendung mehrerer Wechselströme gleicher Frequenz, die aber gegeneinander zeitlich verschoben sind, von einem festen (gewöhnlich äußeren) Teile, dem Ständer (Stator), aus erzeugt werden. Das Übliche ist die Anwendung von drei Strömen:

Bild 325 stellt das Schema eines Teiles einer Wechselstrommaschine dar, bei der zwischen je zwei auf Nutenmitte stehenden Erregerpolen überall zwei weitere Nuten angeordnet sind. In den Nuten liegen Ankerspulen, die jedesmal zwei Nuten überspringen. Die in gleicher Höhe liegenden Spulen sind hintereinander geschaltet, wie die Grundrißzeichnung andeutet. Es sind somit in einem Anker drei Wechselstrommaschinen vereinigt, die von einem Erregerkranz magnetisiert werden. Die Wicklung in diesem Sinne ist fortgesetzt zu denken, bis ein Umgang um das Ankereisen vollständig ist. Die sechs Klemmen dieser drei Ankerwicklungen sind in der Grundrißdarstellung mit *1* und *1'*, *2* und *2'*, *3* und *3'* bezeichnet.

Wenn die Erregerpole an den Ankerspulen vorbeiwandern, bekommt jede einzelne der drei Ankerwicklungen zwischen ihren Enden eine wechselnde Spannung. Jede der drei Spannungskurven hat zu einer anderen Zeit ihren Scheitelwert. Bild 326 enthält unter dem Schema der Ankerwicklung die Spannungskurven der drei Wicklungen. Die Kurve *I* bezeichnet, von der wagerechten Achse aus gerechnet, die Spannung zwischen Klemme *1* und *1'*, *II* diejenige zwischen *2* und *2'* und *III* diejenige zwischen *3* und *3'*. Eine senkrechte Linie durch diese Kurven gibt an jeder Stelle gleichzeitige Werte an, und zwar gelten die Werte bei der angegebenen Bewegungsrichtung des Flusses (Feldes) gemäß der Stellung der in Bild 325 am Erregernordpol dick hervorgehobenen Mittellinie; dabei bedeutet das Vorzeichen die Polarität der Klemmen *1*, *2* und *3*. Die drei Spannungsphasen der einzelnen Wicklungen sind um gleiche Zwischenräume, also um 120°, gegeneinander verschoben.

Es sei nun an den Anker des in Bild 325 angedeuteten Generators eine zweite, vollständig gleiche Einrichtung angeschlossen, und zwar seien die gleich bezeichneten Klemmen beider Anker miteinander verbunden. Der Anker der zweiten Maschine ist der Ständer des Drehstrommotors, in dessen Bohrung der Läufer mit kleinem Luftraum drehbar angebracht ist. Von dem Generatoranker aus fließen um

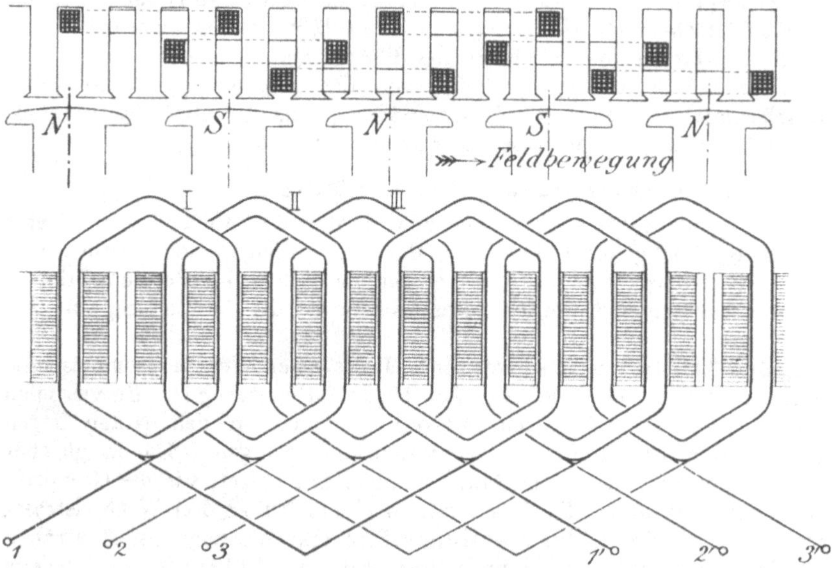

Bild 325. Drehstromanordnung (Sinnbild).

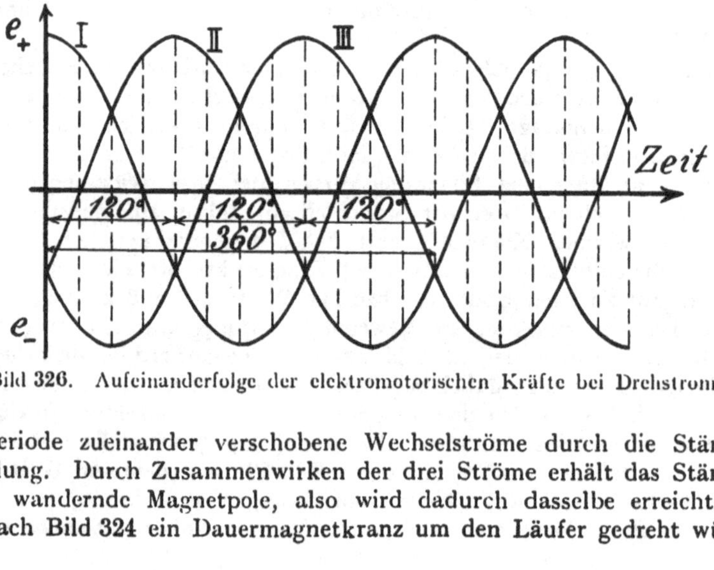

Bild 326. Aufeinanderfolge der elektromotorischen Kräfte bei Drehstrom.

$^1/_3$ Periode zueinander verschobene Wechselströme durch die Ständerwicklung. Durch Zusammenwirken der drei Ströme erhält das Ständereisen wandernde Magnetpole, also wird dadurch dasselbe erreicht, als ob nach Bild 324 ein Dauermagnetkranz um den Läufer gedreht würde.

Die Drehzahl des Flusses ist auf die Sekunde bezogen (nach Gl. 172) $n'_F = \nu : p$, wobei p die Zahl der Polpaare bedeutet, für die jede der drei Ständerwicklungen eingerichtet ist; also gilt auch die zu Gl. 172 gegebene Tabelle der Umläufe.

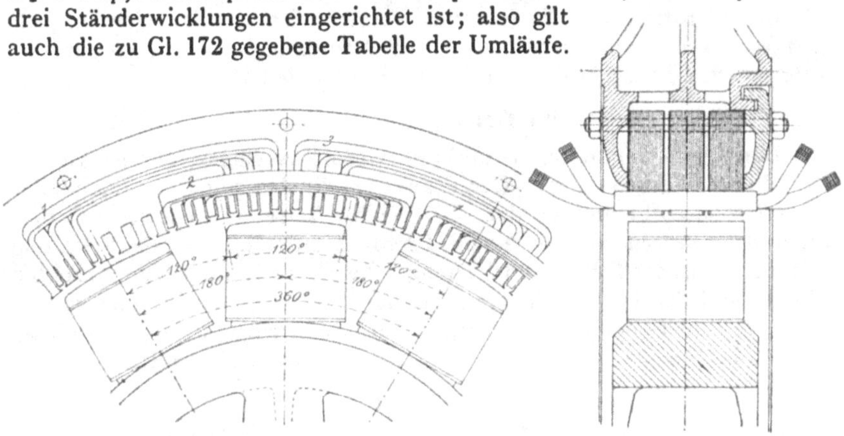

Bild 327. Generator für Drehstrom.

Das Ständereisen wird beim Generator wie beim Motor aus genuteten Blechen zusammengesetzt, die durch das Gehäuse zentriert und zusammengepreßt werden. Häufig besitzen die Blechpakete Luftschlitze für die Kühlung. Die Wicklung wird meistens als Dreilochwicklung (Bild 327) ausgeführt. Die Einlochwicklung, die dem Schema (Bild 325) zugrunde liegt, ist praktisch unmöglich. Bild 327 stellt zugleich die Aufeinanderfolge der zu den einzelnen Zweigen (Phasen) der Wicklung gehörenden Spulen durch Zahlen dar. Die Spulenköpfe sind gewöhnlich mit Bändern umwickelt und beanspruchen gewissen Abstand voneinander und vom Gestell. Das Nutenfutter muß hochgradigen Ansprüchen auf Isolation genügen. Auch die Polschuhe der Erregerpole sind geblättert. In einer ähnlichen Ständeranordnung befindet sich beim Motor die ebenfalls aus geblättertem Eisen hergestellte Läufermasse. Die in sich kurzgeschlossenen Läuferspulen können entweder gewickelt sein, oder sie entstehen nach Bild 328 durch die Käfiganordnung: Nahe dem Rande des Läufereisens sind Löcher eingestanzt, durch die Kupferstäbe gesteckt werden. An beiden Stirnseiten verbindet je ein kupferner Stirnring die vorstehenden Stabenden rundum. Der Luftraum vom Ständer- zum Läufereisen beträgt nur Bruchteile eines Millimeter. Der in Phasen

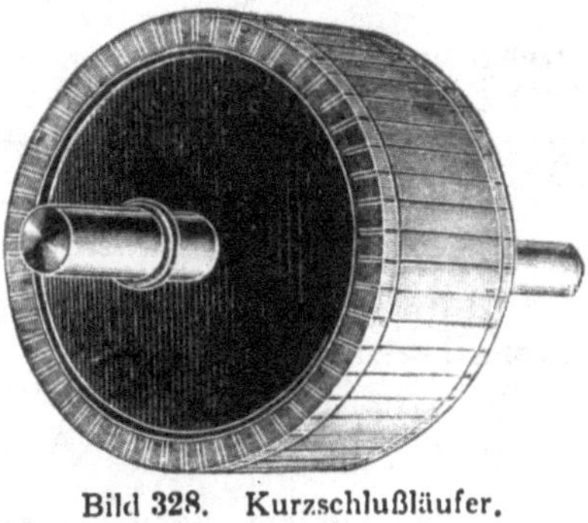

Bild 328. Kurzschlußläufer.

gewickelte Läufer enthält drei den Ständerwicklungen gegenüberliegende Wicklungsteile, die also ebenfalls um 120° gegeneinander versetzt sind. Für die nächstfolgende Betrachtung können diese Zweige jeder in sich kurzgeschlossen gedacht werden. Die Anordnung der Phasen für das Anlassen des Phasenläufers wird später behandelt.

C. Wirkungsweise des Motors.

Der Drehstrommotor (Induktionsmotor, Asynchronmotor) ist im Grunde ein Transformator. Der Ständer stellt den primären, der Läufer den sekundären Stromkreis dar. Die Wechselflüsse der einzelnen Ständerwicklungen setzen sich zu einem Drehfluß zusammen. Die Belastung ergibt sich aus der Differenz der Drehgeschwindigkeit des primär erzeugten Flusses und der Drehgeschwindigkeit des Läufers. Die Drehung kommt zustande, indem der vom Ständer in den Läufer eingeführte Drehfluß Φ_L im Läufer Ströme hervorruft, mit denen er das Drehmoment

$$D = c_1 \cdot \Phi_L \cdot \sigma \tag{177}$$

bildet. Die Zunahme der Schlüpfung σ hat dieselbe Bedeutung, wie die Zunahme der Belastung beim Transformator. Der von dem primären Teil erzeugte Fluß ist bei gleichbleibender Primärspannung für alle Belastungen gleich. Beim Induktionsmotor aber durchsetzt dieser Fluß Φ nicht in fast ganzer Höhe auch den Läufer, sondern wegen der räumlich getrennten Anordnung der primären und sekundären Wicklungen verläuft ein beträchtlicher Teil, der Streufluß Φ_S durch den Zwischenraum der beiden Wicklungen zum primären Teil zurück. Der Läuferfluß

$$\Phi_L = \Phi - \Phi_S \tag{178}$$

erzeugt im Läufer den Strom I_2, der in Abwesenheit selbstinduktiver EMKe um $^1/_4$ Periode dem Läuferfluß nachbleibt, d. h. im Vektorbild rechtwinklig zum Läuferfluß steht* und so mit dem Fluß ein Drehmoment bildet

$$D = c_2 \cdot I_2 \cdot \Phi_L \,. \tag{179}$$

Ist der magnetische Widerstand des Streuflusses $\mathfrak{W}_S$ und die primäre Stromstärke I_1, so gilt

$$\Phi_S = c_3 \cdot \frac{I_1}{\mathfrak{W}_S} \,; \tag{180}$$

Φ_L ist veränderlich, da Φ_S veränderlich, und wird erzeugt durch die jeweilige Differenz der Amperewindungen von Primär- und Sekundärstrom. Ist der aus Primär- und Sekundärstrom sich ergebende Magnetisierungsstrom I und der magnetische Widerstand des Läufers $\mathfrak{W}_L$, so gilt

$$\Phi_L = c_3 \cdot \frac{I}{\mathfrak{W}_L} \,. \tag{181}$$

---

* Da Φ_L sich auf die von der Sekundärspule umkreiste Fläche bezieht, ist I_2 in denjenigen Leitern am stärksten, die im dichtesten Flusse liegen.

Der Magnetisierungsstrom bleibt nicht, wie beim Transformator gleich, sondern läßt mit wachsender Belastung nach, weil I_1 und damit Φ_S zunimmt, Φ_L also (Gl. 178) abnimmt. Ist $I_2 = 0$, so gilt $I_1 = I$. Dieser Fall tritt ein bei Leerlauf, wenn die Schlüpfung gleich Null ist. Bei den Rechnungen mit den Strömen usw. liegt die Vorstellung zugrunde, daß der Läufer in Phasen gewickelt und die primäre und sekundäre Seite auf gleiche Windungszahl pro Phase bezogen sei.

Die Zunahme der Belastung hat also unmittelbar durch die entmagnetisierende Wirkung von I_2 die Abnahme des Läuferflusses und mittelbar durch das Anwachsen von I_1 die Zunahme des Streuflusses zur Folge. Der Unterschied zwischen dem streuungslosen Transformator und dem Induktionsmotor also beruht darin, daß das in Bild 329 gezeichnete Stromdreieck seine Lage und die Größe des Magnetisierungsstromes ändert. Der Fluß Φ, der die EMK induziert, liegt rechtwinklig

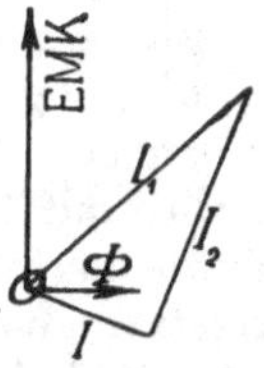

Bild 329.

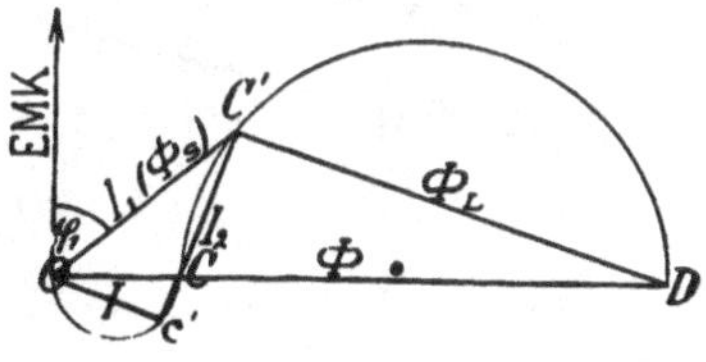

Bild 330. Heylanddiagramm.

zur EMK. Beim Transformator liegt auch der Magnetisierungsstrom rechtwinklig zur EMK und ist stets gleich, während beim Induktionsmotor Φ sich in Φ_S, in Richtung von I_1 und verhältnisgleich zu I_1, und in Φ_L zerlegt, also muß Φ_L veränderlich sein und in anderer Richtung liegen als Φ.

Aus obigen Betrachtungen, die sich an „Heyland, Eine Methode zu experimentellen Untersuchungen an Induktionsmotoren"* anlehnen, folgt im Grundzuge das Heylanddiagramm (Bild 330): Da $\Phi_L \perp I_2$ und $I \perp I_2$, und da das unveränderliche Verhältnis besteht

$$\frac{c_3 \cdot I}{\Phi_L} = \mathfrak{W}_L, \tag{181a}$$

sind die geometrischen Örter der Ströme Kreise, d. h., wenn sich die Belastung ändert, so müssen sich, damit diese Beziehungen bestehen bleiben, die Punkte c' und C' auf zwei Kreisen bewegen. Der Punkt C gilt für den reinen Leerlauf, bei dem algebraisch $\Phi_S + \Phi_L = \Phi$ ist. Das Verhältnis vom Maximum zum Minimum des Stromes ist $OD : OC = \mathfrak{W}_S : \mathfrak{W}_L$. Unter Berücksichtigung weiterer Vorgänge wird das Diagramm verwickelter und sei deshalb nicht weiter behandelt.**

* Sammlung Voit, elektrotechn. Vorträge, Bd. II. Stuttgart, Enke, 1904.
** Siehe G. Brion, Leitfaden. Leipzig, B. G. Teubner.

Damit der Induktionsmotor günstig arbeitet, muß $\mathfrak{W}_S$ groß — daher die Mehrlochwicklung und die Anordnung von Schlitzen zwischen den Zahnköpfen — und $\mathfrak{W}_L$ klein sein. Außerdem müssen die magnetisierenden Amperewindungen zurücktreten, daher der kleine Luftraum.

Die besprochene Maschine wirkt bei übersynchroner Drehzahl als asynchroner Generator, wenn ihr mechanische Leistung zugeführt wird und das Netz den Takt gibt. Die Kreise Bild 330 gelten rundum.

D. Verkettung, Transformation und Umformung.

Da bisher jede der drei Phasen als selbständige Wechselstromanlage betrachtet worden ist, mußte auch an sechs Leitungsdrähte für jede Maschine gedacht werden. Die drei Sinuslinien (Bild 326), die zugleich das Bild für die drei Ströme der einzelnen Phasen sein können, zeigen jedoch in jedem Zeitpunkte positive und negative Werte, die, algebraisch addiert, Null ergeben. Der Beweis hierfür wird mit Bild 331 geliefert: Würde man von drei um 120° versetzten Werten e_n für jeden Augenblick α die Projektionen auf den Zeitpfeil bilden, so würde dasselbe erreicht sein, wie bei der Drehung der 3 Strahlen OA, OB und OC, die von zwei feststehenden Kreisen, einem positiven und einem negativen immer an denjenigen Stellen geschnitten werden, die für den betreffenden Augenblick α gelten.

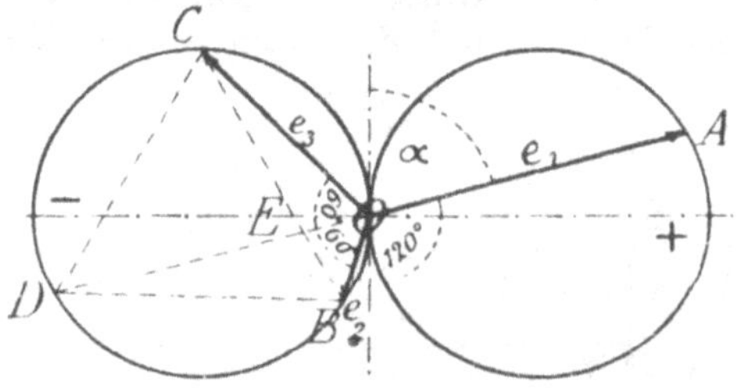

Bild 331. Zusammengehörige Augenblickswerte.

Wegen der 120°-Versetzung ist aber immer ein Dreieck BCD (D liegt A um 180° gegenüber) gleichseitig. Das Viereck $OBDC$ ist ein Kreisviereck, wofür (Ptolemäus) $\overline{OD}\cdot\overline{BC}=\overline{CD}\cdot\overline{OB}+\overline{OC}\cdot\overline{BD}$ gilt, oder da $\overline{BC}=\overline{CD}=\overline{DB}=a$, folgt $(-e_1)\cdot a = e_2\cdot a + e_3\cdot a$ oder

$$e_1 = -(e_2+e_3), \qquad e_1+e_2+e_3=0, \tag{182}$$

oder da die zugehörigen Ströme den Spannungen verhältnisgleich sein sollen,

$$i_1 = -(i_2+i_3)\,, \qquad i_1+i_2+i_3=0\,. \tag{183}$$

Die sinusförmigen EMKe der drei Phasen sowohl, als auch die Stromstärken ergänzen sich in jedem Augenblick zu Null. Letzteres ergibt, daß jede Phase Zuleitung für die beiden anderen sein kann und umgekehrt. Das wird erreicht erstens mit der Sternschaltung, die in Bild 332 für eine einzelne Maschine, in Bild 333 für die Verbindung eines Erzeugers mit einem Betreiber ausgedrückt ist. Die römischen Zahlen bedeuten die Klemmen der Maschine. Der mittlere Punkt ist der Sternpunkt. Durch die Verkettung muß die Summe der drei Ströme in jedem Augenblick bei beliebiger Kurvenform gleich Null sein. Vertauschung zweier

Leitungsanschlüsse (z. B. *I* mit *III'*, *III* mit *I'*) führt zur Umkehr der Drehrichtung. Für die Effektivwerte gibt Bild 334 Aufschluß. Von O aus gemessen sind E_1, E_2 und E_3 die Werte der EMK pro Phase, während $E_{1,2}$, $E_{2,3}$ und $E_{3,1}$ die verketteten Werte der Sternschaltung angeben. Wären E_1 und E_2 um 180° versetzt, so würde Hintereinanderschaltung vorliegen und $E_{1,2}$ müßte den doppelten Wert der Spannung pro Phase haben. So weist bei 120° $E_{1,2}$ usw. den $\sqrt{3}$ fachen Wert der Spannung/Phase auf als zwei Höhen in gleichseitigen Dreiecken mit der

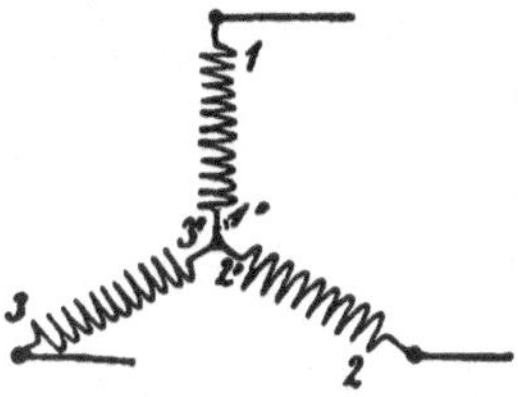

Bild 332.

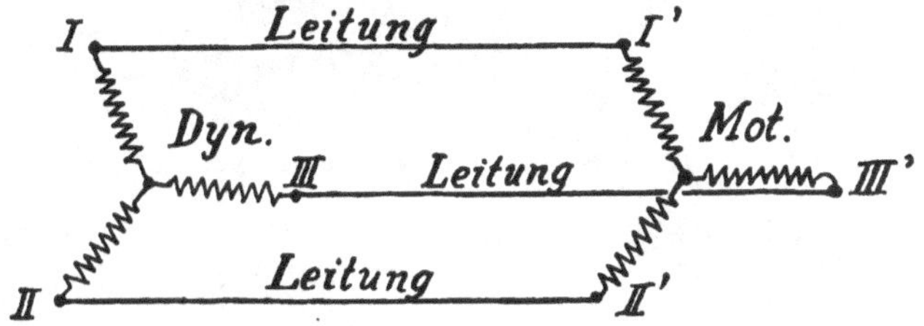

Bild 333. Sternschaltung.

Spannung/Phase als Seite. Die Stromstärke ist in der Leitung und in den Phasenwicklungen dieselbe, da von Sternpunkt zu Sternpunkt alles hintereinandergeschaltet ist. Für die Phasenverschiebung Null deutet Bild 335 die Lage der Ströme, die sich (nebenbei gezeichnet) zu einem gleichseitigen Dreieck in sich schließen, gegen die Lage der Spannungen an (30° bzw. 150° gegen die angrenzenden verketteten Spannungen).

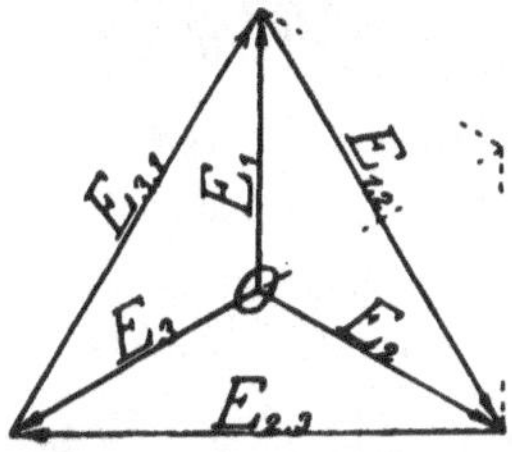

Bild 334. Effektivwerte.

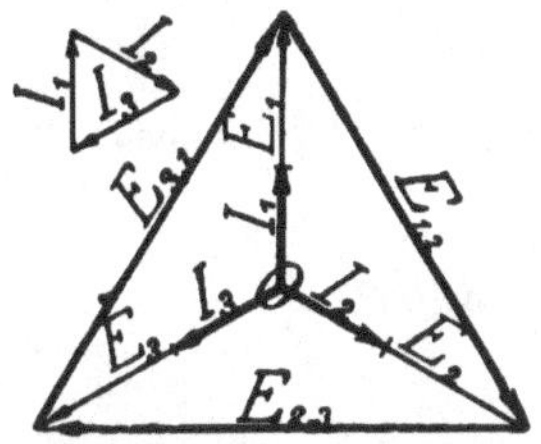

Bild 335. Ströme unverschoben.

Zweitens ist die Dreieckschaltung möglich, die durch Bild 336 und 337 dargestellt ist. Es gibt keinen Sternpunkt. Die Einrichtungen können so in sich geschlossen werden, da auch die Summe der EMKe in jedem Augenblick gleich Null ist (vgl. den Gleichstromanker mit zwei EMKen, die sich in jedem Augenblick zu Null ergänzen). Hier aber ist die Effektivspannung, die zwischen zwei Leitungen auftritt, dieselbe, die an jeder Phase, abgesehen von Verlusten, erzeugt wird, während sich die Ströme verketten. Führt jede Phasenwicklung die Stromstärke I, so fließt in der Leitung $I_{1,2} = I_{2,3} = I_{3,1} = I \cdot \sqrt{3}$. Mit vertauschten Bezeichnungen E und I würden auch hier die Bilder 334 und 335 gelten. Die Sternschaltung ist häufiger als die Dreieckschaltung anzutreffen.

Werden Erzeuger und Betreiber in obiger Weise miteinander verbunden, so ist noch die Frage offen: Wie werden die Glühlampen geschaltet? Hierüber geben die Bilder 338 und 339 Aufschluß, in denen jeder Lichtanschluß mit einem Kreise, jeder Motoranschluß hingegen mit seinem Schaltbild angegeben ist, wobei es grundsätzlich gleichgültig

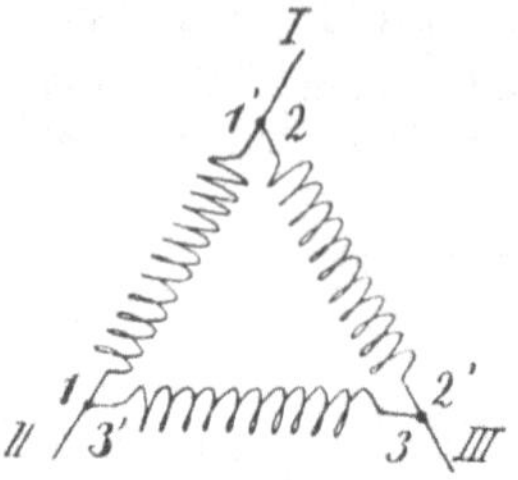

Bild 336.

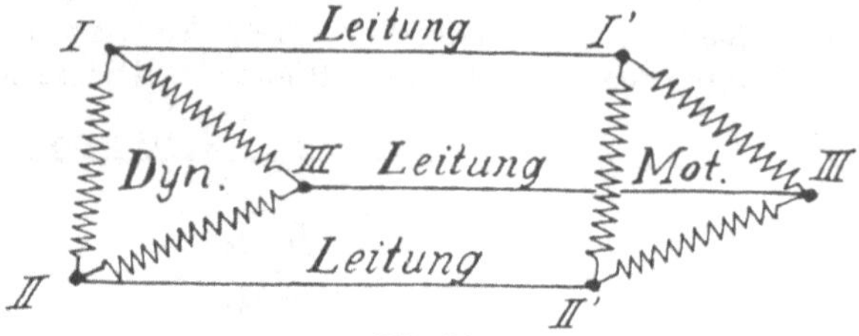

Bild 337.

Dreieckschaltung.

bleibt, ob Stern oder Dreieck, bei Erzeuger sowohl als auch Betreiber, vorliegt, wenn die EMKe zum Netz passen. Nur muß bei Anwendung des vierten Leiters (Nulleiters) die Stromquelle oder der an ihre Stelle tretende Transformator in Stern geschaltet sein. Man sieht also: Die

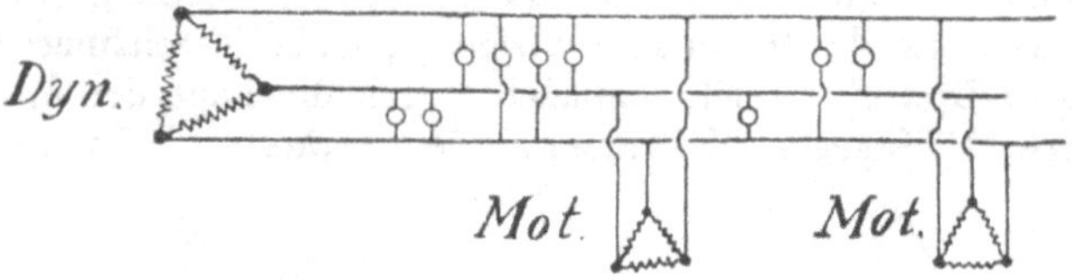

Bild 338. Lampen in Dreieckschaltung.

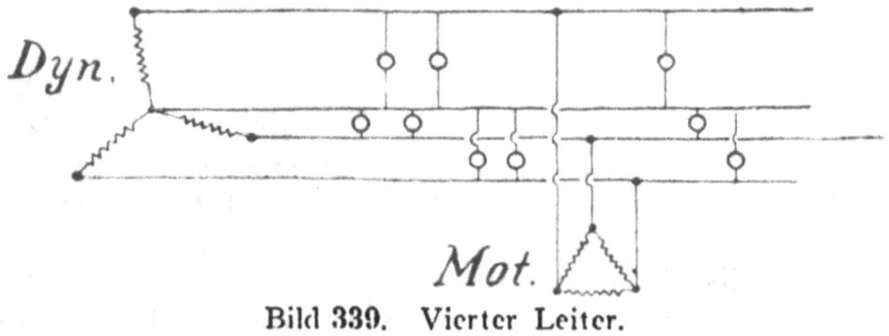

Bild 339. Vierter Leiter.

Möglichkeit, mit Wechselstrom einen brauchbaren Fabrik- und Werkstattmotor betreiben zu können, ist mit dem großen Nachteil verbunden, das gesamte Glühlicht nicht bloß, wie beim Dreileitersystem auf zwei Hälften, sondern hier auf drei Drittel des Netzes gleichmäßig verteilen zu müssen, auch so, daß gleichzeitig stets angenähert gleiche Stromstärken in den drei Phasen auftreten. In diesem Sinne ist die Drehstromanlage ein Notbehelf, mit dem man aber vielleicht für alle Zeit wird rechnen müssen. Bild 339 hat den Vorzug gegen Bild 338, daß Lampen zu 220 V in einer Anlage zu $220 \cdot \sqrt{3} = 380$ V verketteter Spannung verwendet werden, was in bezug auf den Motorbetrieb ebenso günstig ist, wie wenn in der Dreileiteranlage von 2×220 V Motoren mit 440 V betrieben werden: die Stöße der Motoren beeinflussen das Licht weniger oder bei bestimmten Leistungen für Licht und Kraft und bei gegebener Entfernung und gegebenem Spannungsverlust kommt man zu geringeren Leitungsquerschnitten gegen Bild 338. Die verkettete Anlage nach Bild 339 mit geerdetem Nulleiter gilt bei 3×220 V für Glühlicht als Niederspannungsanlage.

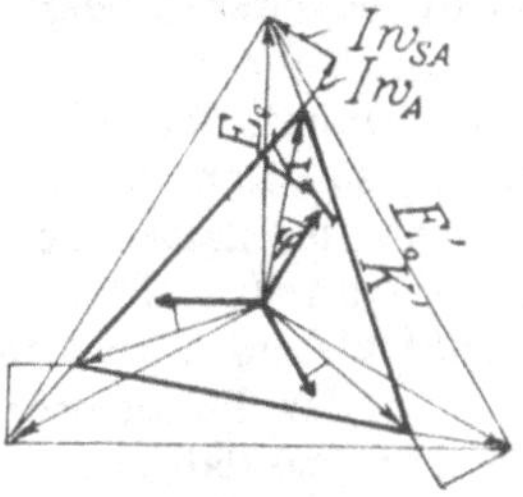

Bild 340.

Erzeugt ein Drehstromgenerator pro Phase die Leerlaufspannung E_0 und ist sein Strom I gegen die Klemmenspannung K des Generators um den $\sphericalangle \varphi$ verschoben, so gilt für Drehstrom in Weiterentwicklung des Bildes 321 das Bild 340, das die verketteten Werte der Spannung (für Sternschaltung) durch gestrichene Buchstaben andeutet.

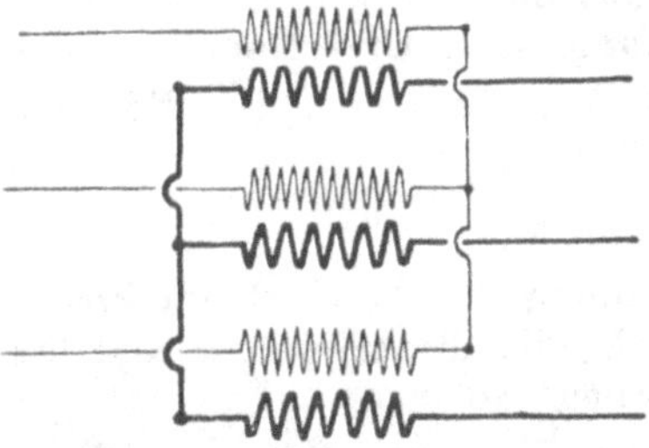
Bild 341. Drei Transformatoren in Sternschaltung.

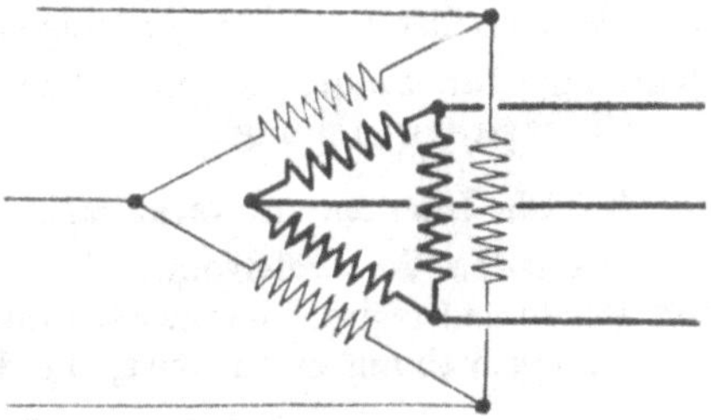
Bild 342. Drei Transformatoren in Dreieckschaltung.

Die Transformation durch drei einzelne Transformatoren geht nach Bild 341 oder 342 vor sich, während gewöhnlich dreischenklige Transformatoren nach dem Schema Bild 343 verwendet werden; nur stehen meistens die drei Kerne, die oben und unten durch je ein gemeinsames Schlußstück verbunden sind, in einer Ebene.

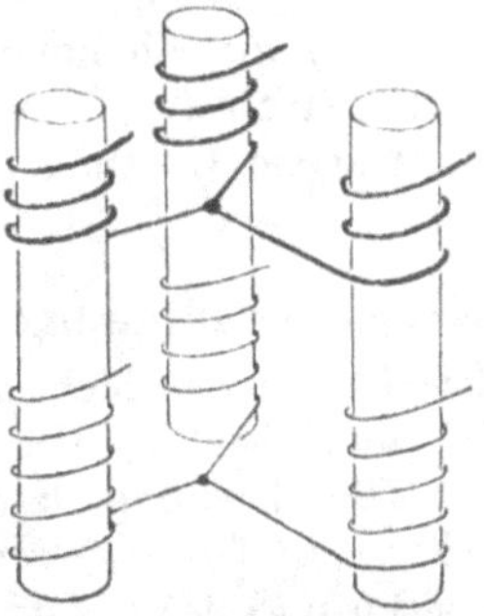
Bild 343. Schema eines Drehstromtransformators in Sternschaltung.

Sollen Drehstromtransformatoren parallel arbeiten, so ist außer den für einphasige Transformatoren gegebenen Punkten auf Phasengleichheit zu achten: Stern-Stern geschaltete Transformatoren werden verwendet mit ebensolchen oder mit Dreieck-Dreieck geschalteten, andernfalls müssen durchweg Stern-Dreieck oder durchweg Dreieck-Stern geschaltete verwendet werden; dazu gehört weiter, daß die Phasen bei allen Transformatoren in gleicher Reihenfolge angeschlossen sind. Zur Feststellung der richtigen Reihenfolge kann man bei dreipolig angeschlossenem, primärem Teil den sekundären Teil zunächst einpolig anschließen und dann die Glühlampenprobe machen (zwischen den weiter zu verbindenden Punkten angebrachte Glühlampen dürfen nicht leuchten), oder man verwendet Hilfsmotörchen zur Feststellung des Drehsinnes.

Stimmt der Wickelsinn der primären Seite gegen die sekundäre nicht, so kann das nicht durch Anschluß der Leitungen, sondern nur durch Umschalten der Verkettung in dem neu anzuschließenden Teile richtiggestellt werden, indem z. B. bei Sternschaltung einseitig die Sternpunktsklemmen zu Leitungsklemmen werden.

In der Praxis werden von der liefernden Firma die Klemmen gezeichnet, so daß unter Beachtung gezeichneter Kabelseelen der Anschluß nach äußerlichen Regeln erfolgen kann.

Synchronmotoren können wie für Einphasenwechselstrom auch mit Drehstrom betrieben werden, so daß auch der Einankerumformer möglich ist. Bei der zweipoligen Maschine werden drei um 120° zueinander versetzte Kollektorstäbe mit je einem Schleifring versehen. Der Effektivwert der zwischen je zwei Schleifringen erforderlichen Drehstrom-Leitungsspannung für Sinusform und Leerlauf beträgt das $\frac{1}{2} \cdot \sqrt{3} : \sqrt{2}$fache der Gleichstromspannung.

E. Die Leistung im verketteten System.

Nach den Wechselstromregeln wird durch drei Wechselstromkreise, von denen jeder die Klemmenspannung K, die Stromstärke I und die Phasenverschiebung φ aufweist, die Leistung

$$L = 3 \cdot K \cdot I \cdot \cos \varphi \tag{184}$$

übertragen. Das gilt auch für die Drehstromübertragung, wenn die Werte K und I sich auf jede einzelne Phase beziehen. Da durch die Verkettung in bezug auf die Leistung nichts geändert wird, dagegen sich einer der beiden Faktoren Spannung oder Stromstärke für die Leitung auf den $\sqrt{3}$fachen Wert gegen den Phasenwert erhöht, muß, wenn unter K_L die Klemmenspannung zwischen je zwei Leitungen und unter I_L der Strom in je einer Leitung verstanden wird, die durch das System übertragene Leistung

$$L = \sqrt{3} \cdot K_L \cdot I_L \cdot \cos \varphi \tag{185}$$

sein, gleiche Belastung der drei Phasen vorausgesetzt; φ bleibt der Winkel der Phasenverschiebung zwischen den Phasenwerten; $\sqrt{3} \cdot K_L \cdot I_L$ ist die Scheinleistung des Systems.

Die Leistung kann gemessen werden erstens nach den bisher bekannten Grundsätzen durch Messen der Einzelleistungen in den drei Phasen und deren Addition, bzw. bei gleicher Belastung der drei Phasen durch Messen einer Phasenleistung und Multiplikation mit 3. Das setzt aber das Vorhandensein eines Sternpunktes voraus, der nicht immer vorhanden, bisweilen auch nicht zugänglich ist. Daher ist zweitens ein anderes Meßverfahren mit Hilfe von zwei Leistungsmessern in Gebrauch, das sich auf folgende Betrachtung gründet:

Die Leistung wird bestimmt unter Ausgang von der für Sternschaltung allgemein gültigen Gleichung der augenblicklichen Leistung

$$l = e_1 i_1 + e_2 i_2 + e_3 i_3 , \qquad (186)$$

wobei e_1, e_2 und e_3 gleichzeitige Augenblickswerte der Spannung an den drei Phasen vom Nullpunkt aus bedeuten, während i_1, i_2 und i_3 die zu demselben Augenblick gehörigen Stromstärken der drei Phasen sein sollen. Addiert man zu Gleichung 186 beiderseits die Werte $e_1 i_2 + e_1 i_3$, so wird daraus:

$$l = e_1 (i_1 + i_2 + i_3) - e_1 i_2 - e_1 i_3 + e_2 i_2 + e_3 i_3 . \qquad (187)$$

Für verketteten Dreiphasenstrom gilt in allen Fällen, auch ohne die Annahme sinusförmigen Verlaufes, daß in jedem Augenblick

$$i_1 + i_2 + i_3 = 0 \qquad \text{(vgl. 183)} \quad (188)$$

ist. Daher gilt für die Leistung in jedem Augenblick:

$$l = i_2 (e_2 - e_1) + i_3 (e_3 - e_1) . \qquad (189)$$

Die Werte $e_2 - e_1$ und $e_3 - e_1$ sind in einem verketteten System augenblickliche Spannungen zwischen den Leitungen (Bild 344) *2* und *1*, sowie *3* und *1*; die Werte i_2 und i_3 augenblickliche Ströme in den Leitungen *2* und *3*. In Bild 344 sind die drei aus der Bildebene herausragend zu denkenden Leitungen im Querschnitt dargestellt. Durch den Kreispfeil sei der Drehsinn des Dreiphasenstromes angegeben. Die letzte Gleichung besagt:

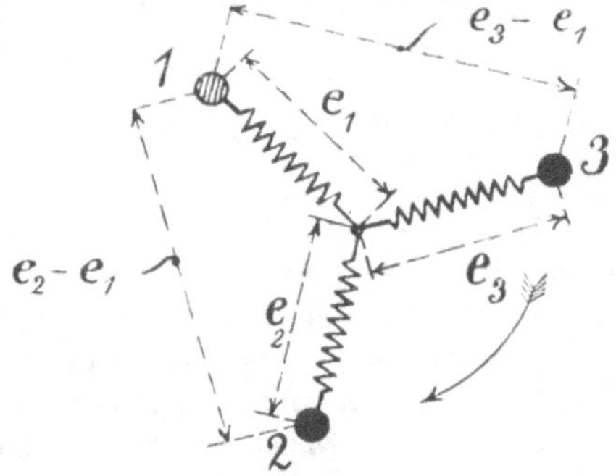

Bild 344.

Die augenblickliche Leistung einer Drehstromübertragung ist in jedem Fall gleich der Summe derjenigen Augenblicksleistungen, die sich zusammensetzen aus dem Augenblicksstrom zweier Leitungen und aus den Spannungen zwischen diesen Leitern und dem dritten Leiter, dessen Strom nicht in Betracht zu ziehen ist.

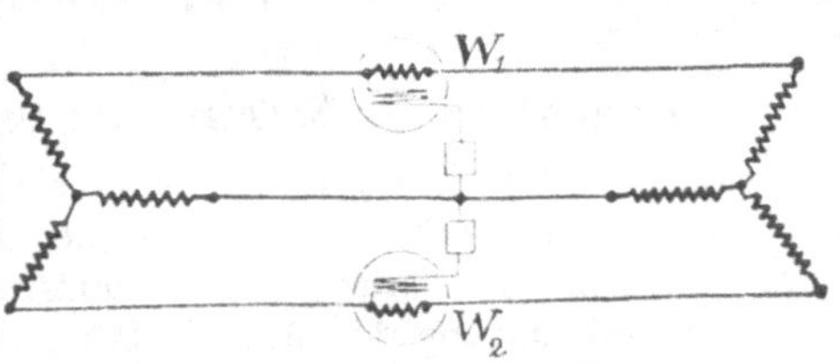

Bild 345. Leistungsmessung.

Obiger Satz ist von Wichtigkeit für die Messung, denn zwei nach Bild 345 geschaltete Leistungsmesser geben die Effektivwerte aus den den beiden Gliedern von Gleichung 189 entsprechenden Augenblickswerten an. Seien die Effektivwerte, die nach Bild 345 mit zwei Leistungsmessern gemessen sind, als L_1 und L_2 bezeichnet, so gilt:

$$L = \frac{1}{T}\int\left[i_2\,(e_2 - e_1) + i_3\,(e_3 - e_1)\right]dt = L_1 + L_2\,; \qquad (190)$$

oder in Worten:

Die effektive Leistung an einer verketteten Drehstromübertragung ist die Summe der mit zwei Leistungsmessern gemessenen Leistungen, wobei die Stromspulen in je einer Zuleitung liegen, während die Spannungsspulen gegen die dritte Zuleitung gerichtet sind.

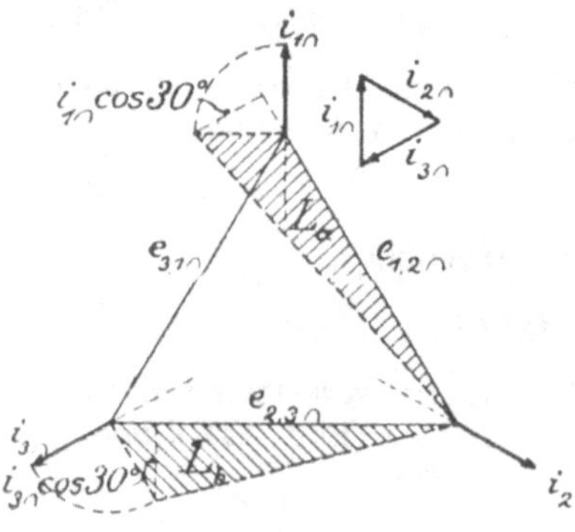

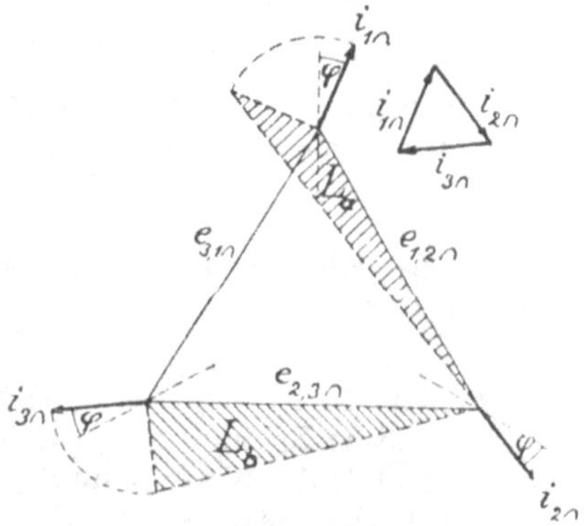

Bild 346. Zeichnerische Darstellung der Leistung. Bild 347.

Die Frage, ob die Verkettung durch Stern- oder Dreieckschaltung erfolgt ist, kommt für dieses Ergebnis nicht in Betracht. Eine der beiden Leistungen L_1 oder L_2 wird negativ, wenn die Phasenverschiebung zwischen Strom und Spannung über einen bestimmten Wert hinausgeht. Die Summe ist algebraisch aufzufassen.

Das für Einphasenstrom mit Bild 292 gegebene Verfahren ist mit Bild 346 und 347 für Drehstrom angewendet, und zwar Bild 346 für $\cos\varphi = 1$, wo die beiden Angaben der Leistungsmesser gleich sind, und Bild 347 für nachbleibenden Strom. Aus letzterem Bild ist zu ersehen, daß die Leistungsangabe L_a für $\varphi = 60^0$ der Null gleich und für $\varphi > 60^0$ negativ wird.

F. Bekämpfung der Nachteile des Drehstrommotors.

Vorzüge des Drehstrommotors mit Kurzschlußläufer gegen den Gleichstrom-Nebenschlußmotor sind der Fortfall des Bürstenfeuers und damit Fortfall der Unterhaltung empfindlicher Kollektoren, auch die einfache Einschaltung des Motors bis zu viel verwendeten Größen mittels dreipoligen Hebels. Nachteile sind: der kleine Luftraum, der bei unvorsichtiger Wartung des Motors zum Läuferschleifen führt, der große Anlaufstrom, der in seinen Spitzen beim Anlauf unter Betriebslast, die erhöhtes Anzugsmoment erfordert, etwa das Siebenfache des normalen Stromes beträgt, und die Möglichkeit, daß der Motor nach Durchbrennen der Sicherung in einer der Zuleitungen mit einer Phase weiterläuft, die dann überlastet wird und verbrennt. Die Sichrungsfrage wird gelöst durch einen dreipoligen Umschalter, der in Anlaßstellung den Strom durch stärkere Sichrungen führt und nach dem Anlassen umgelegt wird zu Kontakten, von denen aus der Strom durch schwächere Sichrungen zum Motor geleitet wird. Man läßt, um den hohen Anlaufstrom zu vermeiden oder auf Bruchteile von Sekunden zu beschränken, den Betreiber mit Kurzschlußläufer gewöhnlich nicht mit voller Last anlaufen, sondern ordnet Leerscheiben an. Bekommt die Läuferwicklung einen größeren Widerstand, so werden die Anlaßverhältnisse gebessert, jedoch ist der Abfall der Umläufe mit zunehmender Belastung größer. Die Siemens-Schuckertwerke stellen in der Riemscheibe untergebrachte Fliehkraft-Reibungskuppelungen her, mit denen der Motor leer anläuft und erst mitnimmt, wenn die endgültige Drehzahl nahezu erreicht ist.

Der Anlauf ist ungünstig, weil im stillstehenden Läufer die Frequenz nicht den behandelten kleinen Wert, sondern den hohen Wert (gewöhnlich $\nu = 50$ Per./Sek.) des Zuleitungsstromes hat. Dadurch überwiegt die durch Selbstinduktion der Läuferwicklung erzeugte Induktionsspannung gegen die Widerstands-Verlustspannung, und es tritt hohe Phasenverschiebung des Läuferstromes gegen die Läuferspannung ein, so daß der Läuferstrom an denjenigen Läuferleitern am stärksten ist, die in der Dichte Null liegen, während der Läuferstrom dort Null ist, wo die Dichte am höchsten auftritt. Damit entsteht kein Drehmoment. Nur durch die Unvollkommenheit der Verschiebung, die $< 90^0$ ist, entsteht das Anlaufdrehmoment. Durch Vergrößerung des Läuferwiderstandes wird die Phasenverschiebung im Läufer verringert, und dadurch bessert sich der Anlauf.

Bild 348. Drehstrommotor mit Schleifringen.

Betreiber für große Anlaufmomente (Bild 348) erhalten für den Anlauf erhöhten Läuferwiderstand durch Anwendung in Phasen gewickelter Läufer, deren Wicklung zu Stern oder Dreieck verkettet an drei gegeneinander isolierte auf der Welle angeordnete Schleifringe gelegt wird. Von hier aus kann ein nach Bild 349 angeordneter dreiteiliger

Anlaßwiderstand w_1, w_2, w_3 in den Läuferkreis geschaltet und durch Verstellen der Kurbel *K* zu Null hin, dem Anlauf des Motors folgend, verkleinert werden. Bei größeren Betreibern werden durch besondere Vorrichtungen nach dem Anlassen die drei Schleifringe kurzgeschlossen und dann durch Abheben der Bürsten freigemacht, um den Reibungsverlust und die Abnutzung zu ersparen. Der im ganzen richtig bemessene und richtig abgestufte Läufer-Widerstandsanlasser schafft günstige Anlaßverhältnisse, ähnlich wie sie beim Gleichstrommotor vorliegen.

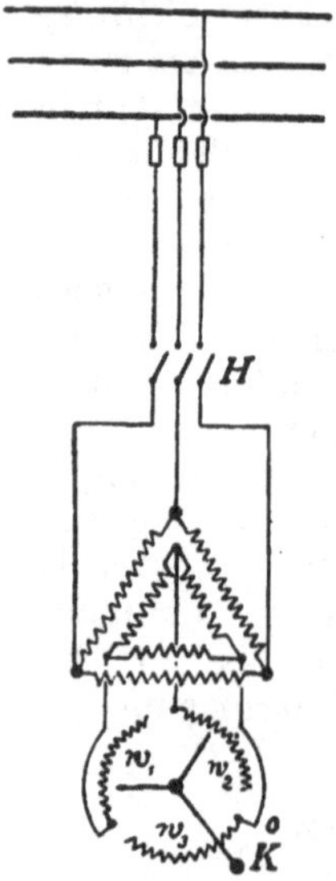

Bild 349.
Anlaßschaltung.

Da in gewöhnlichen Fällen beim Anlassen etwa die doppelten Drehmomente gegen diejenigen der gewöhnlichen Betriebsbelastung auftreten, erreicht man, daß an Schleifringmotoren der Anlaufstrom unter diesen Verhältnissen etwa den doppelten Wert hat.

Ähnliches mit dem Kurzschlußläufer zu erreichen, versucht Boucherot mit einem Doppelständer. Der eine ist fest, der andere ist um eine Polteilung drehbar. Jeder Ständer hat seine dreiphasige Wicklung. Die zugehörigen Läufer sitzen beide auf derselben Welle fest. Sie haben Käfigwicklung mit durchgehenden Stäben und mit Stirnringen an den beiden äußeren Stirnseiten, zwischen sich aber einen die Stäbe rundum verbindenden Nickelinwiderstand. Zum Anlassen wird der drehbare Ständer um eine Polteilung verstellt, wodurch die Läufer-EMKe gegeneinander geschaltet den Läuferstrom durch den Widerstand zwingen. Dem Anlauf des Motors folgend, wird der drehbare Ständer bis zur Übereinstimmung mit dem festen zurückgedreht. Der Motor von Brunken ersetzt das Verdrehen des einen Ständers durch eine Reihe von Schaltungen zwischen den Phasen des ersten und des zweiten Ständers vermöge einer auf dem Motor angebrachten Schaltwalze.

Außerdem führt die Görgessche Gegenschaltung (Siemens-Schuckertwerke) zu einem guten Anlauf: Der Läufer besitzt Sternschaltung, deren Leiter in jedem der drei Zweige so auf dem Läufer verteilt sind, daß die eine Gruppe (*a*) eine höhere EMK entwickelt, als eine andere (*b*), die ihr gegengeschaltet ist. Hat der Läufer seine endgültige Drehzahl nahezu erreicht, so werden die drei Stellen, an denen *a* mit *b* verbunden sind, durch einen Kurzschlußkontakt miteinander verbunden. Von nun ab wirkt der Läufer als Kurzschlußläufer.

Die Stromstöße beim Anlassen zu lindern, dient der Stern-Dreieckschalter, aber zugleich vermindern sich auch die Anlaßdrehmomente: Ein Motor, der z. B. für 220 V in Dreieckschaltung für den Betrieb eingerichtet ist, wird für das Anlassen in Stern geschaltet. In Sternschaltung ist der Motor für 380 V geeignet. Wird er für das Anlassen in Sternschaltung dennoch an 220 V gelegt, so treten in ihm die Stromstöße entsprechend schwächer auf. Er läuft damit leer an und erhält einen zweiten Stromstoß, wenn er nach dem Anlassen durch Umlegen des Stern-Dreieckschalters für den Betrieb die Dreieckschaltung erhält. Damit Umschaltung dieser Art möglich ist, zieht man alle sechs Klemmen der Ständerwicklung heraus, gewöhnlich zu der Anordnung:

$$\text{(entsprechend bisheriger Bezeichn.)} \begin{matrix} 3' & 1' & 2' \\ 1 & 2 & 3 \end{matrix} \text{ oder (Verbandsbez.)} \begin{matrix} Z & X & Y \\ U & V & W \end{matrix}.$$

Soll der Betreiber dauernd Sternschaltung haben, so werden die Klemmen *XYZ* durch eine Lasche verbunden; zur dauernden Dreieckschaltung dienen drei Laschen *UZ, VX, WY*. Der Stern-Dreieckschalter braucht also neun Anschlüsse.

Andere Bestrebungen richten sich auf die Verbesserung des Leistungsfaktors des Drehstrommotors im Betriebe. Der neue Asynchronmotor der Bergmann-Elektrizitätswerke greift zurück auf Heyland.* Der ruhende Teil trägt neben der gewöhnlichen Arbeitswicklung eine Hilfswicklung, die fest mit drei um 120° versetzten Bürstenstiften eines Kollektors verbunden ist. Auf dem Läufer, der mit Kurzschlußwicklung oder mit Schleifringen ausgeführt sein kann, befindet sich außerdem eine an den Kollektor angeschaltete Erregerwicklung, die aus der Hilfswicklung den Strom für die von ihr geleisteten Erregeramperewindungen entnimmt. Der kompensierte Drehstrommotor der Sachsenwerke vertauscht die Rollen der Wicklungen (Bild 350): Der vom Netz kommende Strom wird dem bewegten Teil zugeführt. Auf dem äußeren, ruhenden Teil befindet sich die Sekundärwicklung. Auf dem umlaufenden Teil befinden sich drei Schleifringe zur Zuführung des Netzstromes zur Primärwicklung und ein Kollektor, dessen drei um 120° versetzte Bürsten den aus einer mitumlaufenden Hilfswicklung entnommenen Strom für die Magnetisierung an die drei Phasen der Sekundärwicklung liefern. Mit den Betreibern der beschriebenen Art kann $\cos \varphi = 1$ oder φ nach Bedarf auch voreilend durch die Bürsten eingestellt werden. Die Lufträume dieser Motoren können, ohne daß das Verhalten des Motors darunter leidet, etwas größer sein, als diejenigen der gewöhnlichen Drehstrommotoren.

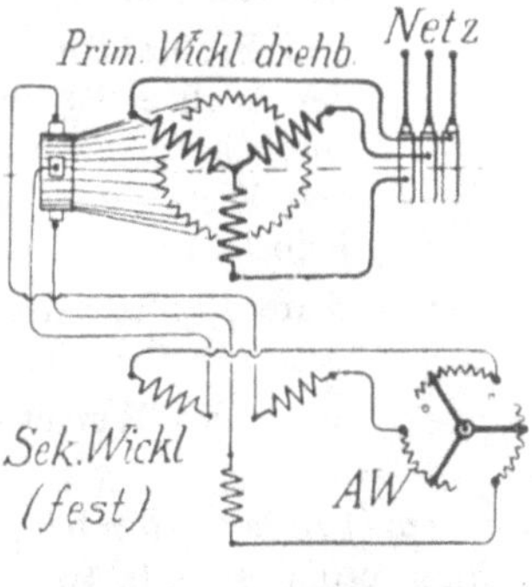

Bild 350. Schaltungsschema eines kompensierten Motors.

Der gewöhnliche Drehstrommotor kippt beim $2 \div 2{,}5$ fachen des normalen Drehmomentes, d. h. er bleibt stehen. Der Läufer mit größerem Widerstand kommt darauf, wenn er etwas entlastet wird, wieder von selbst auf seine Drehzahl, während der günstiger arbeitende Motor mit geringem Läuferwiderstand neu angelassen werden muß. Der kompensierte Drehstrommotor kann kurzzeitig stärker belastet werden.

* ETZ, 1901—02.

G. Rechnungen.

Für den Drehstrommotor gilt:

$$E = 2{,}22 \cdot k \cdot \nu \cdot z \cdot \mathfrak{B}_L \cdot F_L \cdot c \cdot 10^{-8}\ \mathrm{V}, \qquad \text{(vgl. 149)} \quad (191)$$

Dabei bedeutet:

E die EMK/Phase in Volt,

k den Spulenfaktor, der sich je nach der Zahl der

Nuten/Spulenseite $m =$	2	3	4	5	6
ergibt* zu $k =$	1	0,958	0,964	0,955	0,958,

ν die Statorfrequenz,

z die Zahl der Leiter/Phase,

$\mathfrak{B}_L$ den Scheitelwert der Dichte im Luftraum,

F_L die auf eine Polteilung vom Fluß Φ durchsetzte Fläche (qcm) des Luftraumes,

c den Flußfaktor. Würde der Fluß die Fläche F_L überall mit der Dichte $\mathfrak{B}_L$ durchsetzen, so würde $\Phi = \mathfrak{B}_L \cdot F_L$ sein; ein sinusförmiger Fluß vom Scheitelwert $\mathfrak{B}_L$ hat bei Einphasenstrom den Wert $\Phi = \mathfrak{B}_L \cdot F_L \cdot 2 : \pi = \mathfrak{B}_L \cdot F_L \cdot 0{,}637$; bei Drehstrom jedoch und bei der Zahl der

Nuten/Spulenseite $m =$	2	3	4	5	6
beträgt* der Fluß das $c =$	0,583	0,593	0,583	0,587	0,583

fache des Wertes $\mathfrak{B}_L \cdot F_L$.

Im Leerlauf durchsetzt derselbe Fluß auch den Läufer. Ist der Läufer offen, so gilt für Stillstand ebenfalls Gl. 192 mit demselben ν, so daß auch z auf den Läufer bezogen werden kann, wenn die „Läuferspannung" berechnet werden soll; nur ist am Läufer m ein anderes als am Ständer.

Die Leiter sind so stark zu wählen, daß sie bei gleichmäßiger Verteilung in den Nuten den Nutenraum ausfüllen. Der Fluß wird so gewählt, daß an der engsten Stelle, in den meisten Fällen am Zahnfuß des Läufers, ein gewisser Höchstwert der Dichte im Eisen (20000) nahezu erreicht, aber nicht wesentlich überschritten wird.

Der Fluß, mit dem im folgenden 65. Beispiel gerechnet wird, ist im Heylanddiagramm (Bild 330) durch die Strecke CD ausgedrückt. Während des Betriebes wird der Läuferfluß und die „Läuferspannung" in dem Maße kleiner, als $C'D < CD$ ist. Dieser „Läuferspannung" wirkt aber im Betriebe des Motors die Rotations-Induktions-EMK des Läufers (alles vom festen Punkt aus betrachtet) entgegen, so daß beim Umlauf, während des Betriebes vom Läufer aus betrachtet, nur der Spannungsverlust (d. i. „Läuferspannung minus Rotations-EMK") an der Läuferwicklung übrig bleibt. Isolationsfehler an der Läuferwicklung

* Siehe Heubach, Der Drehstrommotor (Springer, 1923), S. 383.

sind daher nur während des Anlassens, nicht aber im Betriebe empfindlich. Das Produkt der Rotations-Induktions-EMK und der Läuferstromstärke ist die auf den drehbaren Teil nutzbar übertragene mechanische Leistung, von der die mechanischen Verluste (Hysterese-, Wirbelstrom- und Reibungsverlust) des Läufers abzuziehen sind, damit die Nutzleistung des Motors erhalten wird.

65. Beispiel: Ein Drehstrommotor mit Schleifringläufer habe bei $\nu = 50$ Per./Sek. $n = 1000$ Umdr./Min. bei Leerlauf. Der Ständer habe außen 530 mm, innen 370 mm Durchmesser bei 30 mm einschließlich des Kopfes gerechneter Nutentiefe und bei 11,9 mm Nutenweite, wobei ein Schlitz von 3,3 mm Weite zwischen den Zahnköpfen vorhanden sei. Die Zahl der Nuten rundum betrage $Z_1 = 72$. Ein zugehöriger Läufer habe 369 mm Außendurchmesser und $Z_2 = 90$ Nuten rundum von ebenfalls 30 mm gesamter Tiefe und 6 mm Weite, unten halbkreisförmig gerundet, sowie zwischen den Köpfen einen Schlitz von 2,5 mm Weite. Die Breite des Eisens betrage äußerlich gemessen $B = 11$ cm. Die Wicklung des Ständers für Dreieckschaltung und $K = 478$ V ist zu bestimmen.

Der Motor muß sechspolig ausgeführt werden, und es beträgt:

Der Durchmesser an der engsten Stelle des Läuferzahnes:

$$36{,}9 - (6{,}0 - 0{,}6) = 31{,}5 \text{ cm.}$$

Die geringste Weite des Läuferzahnes: $\frac{31{,}5 \cdot \pi}{90} - 0{,}6 = 0{,}5$ cm.

Der mittl. Durchmesser des Luftraumes: $(37{,}0 + 36{,}95) : 2 = 36{,}975$ cm.

Die Polteilung: $\tau = 36{,}975 \cdot \pi : 6 = 19{,}36$ cm.

Die Nutenteilung des Ständers: $37 \cdot \frac{\pi}{72} = 1{,}616$ cm.

Die Zahnkopfweite des Ständers: $1{,}616 - 0{,}33 = 1{,}286$ cm.

Die Nutenteilung des Läufers: $36{,}9 \cdot \frac{\pi}{90} = 1{,}288$ cm.

Die Zahnkopfweite des Läufers: $1{,}288 - 0{,}25 = 1{,}038$ cm.

Die Polfläche, roh gerechnet: $F = \tau \cdot B = 19{,}36 \cdot 11 = 213$ qcm.

Die genauere Polfläche: $F_L = 213 \cdot \frac{\frac{1{,}286}{1{,}616} + \frac{1{,}038}{1{,}288}}{2} = 171$ qcm.

Die Zahl der Läuferzähne/Polteilung $= \frac{90}{6} = 15$.

Der Querschnitt der Läuferzähne an der engsten Stelle:

$$15 \cdot 0{,}5 \cdot 11 \cdot 0{,}9 = 74{,}2 \text{ qcm.}$$

Die Luftdichte im Scheitelwert: $\mathfrak{B}_L = 20000 \cdot 74{,}2 : 171 = 8680$ Gauß.

Die Zahl der Nuten/Phase im Ständer: $72 : 3 = 24$.

Die Zahl der Nuten/Spulenseite im Ständer: $24 : 6 = 4 = m_1$.

Die Zahl der Nuten/Phase im Läufer: $90 : 3 = 30$.

Die Zahl der Nuten/Spulenseite im Läufer: $30 : 6 = 5 = m_2$.

Geschätzt werden zunächst $E_v \sim 12$ V/Phase des Ständers als Verlust durch Widerstand. Damit ergibt sich:

Die EMK/Phase $E = K - E_v = 478 - 12 = 466$ V.

Die Leiterzahl/Phase

$$z = \frac{E \cdot 10^8}{2{,}22 \cdot k \cdot \nu \cdot \mathfrak{B}_L \cdot F_L \cdot c} = \frac{466 \cdot 10^8}{2{,}22 \cdot 0{,}964 \cdot 50 \cdot 8680 \cdot 171 \cdot 0{,}583} = 504\,.$$

Die Zahl der Leiter/Nut: $504 : 24 = 21$,

wobei der Fluß pro Pol: $\Phi = 8680 \cdot 171 \cdot 0{,}583 = 865000$ Maxwell ist.

Wenn das Nutenfutter im Ständer 1 mm stark ist, bleibt ein verfügbarer Raum/Nut von $9{,}9 \times 23$ mm; damit können nebeneinander 3 und übereinander 7 Leiter = 21 Leiter* von je 3,3 mm Außendurchmesser in einer Nut untergebracht werden. Das kann ausgeführt werden mit einem runden Leiter von 2,9 mm Kupferdurchmesser, der 6,6 qmm Querschnitt hat. Bei 2,8 A/qmm würde die Stromstärke/Phase $6{,}6 \cdot 2{,}8 = 18{,}5$ A und wegen der Dreieckschaltung in der Leitung $I = 18{,}5 \cdot \sqrt{3} = 32$ A betragen. Die Länge der Wicklung/Phase mag $0{,}38 \cdot 504 = 192$ m und damit der Widerstand/Phase warm $w = 192 \cdot 0{,}02 : 6{,}6 = 0{,}582\ \Omega$ und der Spannungsverlust/Phase $E_v = 18{,}5 \cdot 0{,}582 = 10{,}77$ V gegen 12 V, die vorher geschätzt wurden, betragen. Damit wird die zugeführte Leistung des Motors bei einem angenommenen** Leistungsfaktor $\cos\varphi = 0{,}85$

$$L_1 = \sqrt{3} \cdot K \cdot I \cdot \cos\varphi = 1{,}73 \cdot 478 \cdot 32 \cdot 0{,}85 = 22500 \text{ W}$$

und die Nutzleistung bei einem angenommenen** Wirkungsgrad $\eta = 0{,}87$

$$L_2 = 22500 \cdot 0{,}87 = 19600 \text{ W} \quad \text{oder} \quad 19{,}6 \text{ kW} \quad \text{oder} \quad 26{,}5 \text{ PS}.$$

Die Rechnung kann in obigem Sinne auch für den Läufer fortgesetzt werden, für den man gewöhnlich die effektive „Läuferspannung" 220 V nicht gern überschreitet, damit beim Anlassen die Niederspannungsgrenze eingehalten wird. Gegebenenfalls sind dazu Leiter parallel zu schalten.

Damit die Blindleistung

$$L_b = \frac{1}{4}\nu \cdot \frac{\mathfrak{B}^2}{\mu} \cdot F \cdot l \cdot 10^{-7} \text{ blinde Watt (vgl. Anh. 7, Ausdr. 6)} \qquad (192)$$

gering ist, wobei F den vom Fluß durchsetzten Querschnitt und l die von ihm durchsetzte Länge bedeutet, müßte für Luft ($\mu = 1$) zur Verringerung von L_b bei gleichem Fluß die Dichte $\mathfrak{B}$ kleiner und der Querschnitt F größer gewählt werden, was die Maschinen vergrößert, also bleibt übrig, den Luftweg l so gering wie möglich zu halten. Die Verringerung von ν fällt ebenso für die Maschinen (und Transformatoren) fort, weil Verkleinerung von ν den Querschnitt F proportional vergrößert;

* Trifft das nicht von Anfang an zu, so muß die Zahl der Leiter/Nut abgerundet und die Dichte $\mathfrak{B}_L$ danach umgerechnet werden.

** Die genauere Berechnung wird verwickelter und ist deshalb hier unterlassen worden.

sie hat nur Bedeutung für die Übertragungsleitungen. Für das Eisen ist $\mu > 1$, und für hochdurchlässiges Eisen liegen die Verhältnisse am günstigsten; man sucht vom Höchstwert μ, der bei $\mathfrak{B} \sim 8000$ Gauß und $\mu \sim 2700$ liegt, sich nicht allzu weit zu entfernen.

Die Blindleistung setzt sich mit der Wirkleistung geometrisch zur Scheinleistung zusammen. Z. B. kann ein Motor wirklich 4 und blind 3 kW, also scheinbar 5 kVA brauchen.

H. Leitungen bei Wechsel- und Drehstrom.

Ohne Berücksichtigung von Phasenverschiebungen ist bei einphasigem Wechselstrom mit Effektivwerten alles wie beim Gleichstrom. Wird eine Leitung als selbstinduktionslos gerechnet, ist ein Strom I aber gegen die am Ende der Leitung auftretende Spannung K_e um den Winkel φ_e verschoben, so gilt Bild 351; E_v ist das Produkt aus dem Strome und dem wahren Widerstande der Leitung. Der Phasenverschiebungswinkel φ_a am Ausgangspunkt der Leitung ist kleiner als φ_e, die Ausgangsspannung K_a ist kleiner als die einfach zusammengezählten Werte $K_e + E_v$.

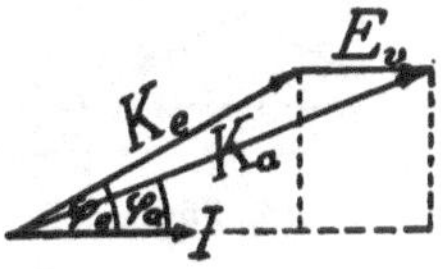

Bild 351.

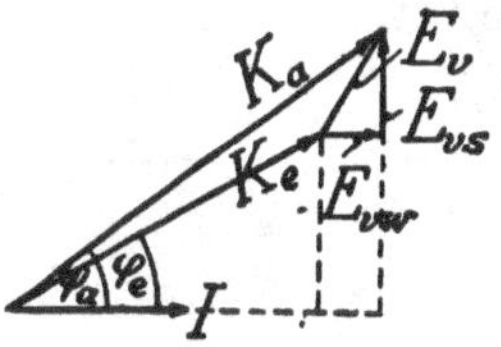

Bild 352.

Da jeder Leiter (Bild 141) mit Induktionslinien umgeben ist, die hier wechseln, ist er einer Induktionsspannung ausgesetzt. Dem wird Rechnung getragen, indem außer dem in Phase des Stromes liegenden Spannungsverlust E_{vw} durch wahren Widerstand auch ein rechtwinklig zum Strome auftretender Spannungsverlust E_{vs} durch Selbstinduktion eingesetzt wird. Beide Spannungsverluste ergeben die Resultierende E_v (Bild 352). Je nachdem der $\sphericalangle E_{vw} E_v \gtreqless \sphericalangle I K_e$, ist auch $\sphericalangle \varphi_a \gtreqless \varphi_e$; ist $\sphericalangle E_{vw} E_v = \sphericalangle I K_e$, so sind K_e und E_v einfach zu addieren. E_{vs} ist für verdrillte oder sonst nahe beieinander liegende Leitungen zu vernachlässigen und für Doppelfreileitungen, die nicht aus Eisen bestehen, auf l' km einmal gemessene Streckenlänge zu $I \cdot w_S$ einzusetzen, wobei

$$w_S = l' \cdot 2 \nu \pi \left(1 + 9{,}21 \log_{Br.} \cdot \frac{A}{r}\right) \cdot 10^{-4}\,\Omega\,; \tag{193}$$

dabei bedeutet außer den bekannten Größen r den Seilradius in Zentimeter und A den Abstand der beiden Stränge voneinander in Zentimeter. Für $\nu = 50$ Per./Sek. kann gesetzt werden

$$w_S = l' \cdot 0{,}28 \cdot \log_{Br.} \frac{A}{r} \quad \text{oder} \quad \sim l' \cdot 0{,}66\,\Omega\,. \tag{194}$$

Bei eisenumhüllten Wechselstromleitungen darf nicht der einzelne Leiter die Eisenumhüllung erhalten, sondern nur sämtliche hin und zurück führende Stromleiter zusammen erhalten eine einzige Umhüllung. Das bezieht sich hauptsächlich auf armierte Kabel und eiserne, zur Aufnahme von Leitungen dienende Rohre. Bei fehlerhaft angebrachter Eisenumhüllung an Wechselstromleitungen können mit genügend bemessenem Querschnitt starke Spannungsabfälle auftreten.

In vielen Fällen ist $\sphericalangle E_{vw} E_v \sim \sphericalangle I K_e$, so daß von der einfachen Zusammenzählung von K_e und E_v Gebrauch gemacht werden kann. Maßstäbliche Aufzeichnung und zeichnerische Behandlung solcher Rechnungen ist zu empfehlen, wenn diese Vereinfachung fortfällt.

Führt eine Leitung die Summe von Strömen (I_1 und I_2, Bild 353), die gegen die Spannung E um verschiedene Winkel φ_1 und φ_2 verschoben

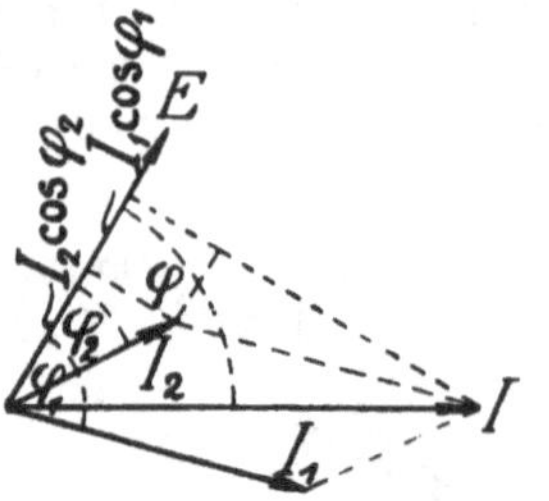

Bild 353.

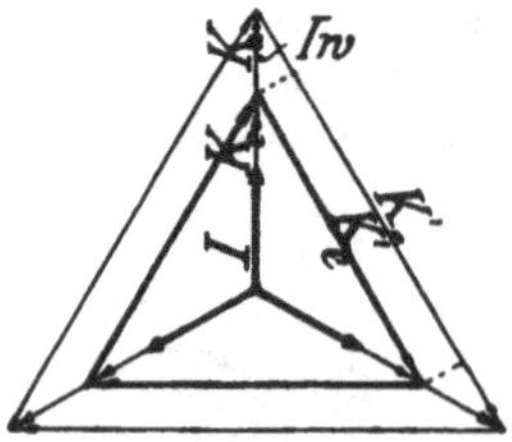

Bild 354.

sind, so ist die Summe dieser Ströme als Resultierende I des Parallelogrammes der Ströme zu bilden, deren $\sphericalangle \varphi = \sphericalangle IE$ in die Rechnung einzuführen ist. Auch ergibt sich die Leistung

$$L = E \cdot I_1 \cdot \cos \varphi_1 + E \cdot I_2 \cdot \cos \varphi_2 = E \cdot I \cdot \cos \varphi . \qquad (195)$$

Bei Drehstrom sind die Spannungsverluste der drei Leitungen immer in Stern geschaltet, wobei es gleichgültig ist, wie die Maschinen oder Transformatoren geschaltet sind. Für den einfachsten Fall, daß keine Phasenverschiebung zwischen Strom und Spannung auftritt, gilt Bild 354. Ist K_e' die Klemmenspannung zwischen je zwei der Leitungen am Ende und K_a' diejenige am Anfang der Dreifachleitung, so zeigt Bild 354 durch zwei halbe gleichseitige Dreiecke, daß

$$K_a' = K_e' + I \cdot w \cdot \sqrt{3} \qquad (196)$$

ist, wenn unter w der Widerstand jeder der drei Einzelleitungen verstanden wird.

Ist der Strom der Leitung phasenverschoben gegen die Spannung, so gilt ohne Rücksicht auf Selbstinduktion der Leitung Bild 355 (vgl. Bild 351); E_v ist hier nur Spannungsverlust durch wahren Widerstand, der in Richtung des Stromes auftritt. Solche Verhältnisse liegen vor, wenn die Leitungen nahe beieinander liegen, wie in Kabeln, oder wenn die Leiter sonst umeinander verdrillt sind.

Tritt Selbstinduktion an der Leitung auf, so wird nach Bild 356 verfahren, das auch zugleich für den Fall gilt, daß $\sphericalangle E_{vw} E_v \sim \sphericalangle I K_e$, so daß K_e und E_v ohne größeren Fehler einfach zusammengezählt werden können, was auch die Leistungsgleichung für diesen Fall beweist:

$$L_e + L_v = L_a\,, \tag{197}$$

$$\sqrt{3} \cdot K_e' \cdot I \cdot \cos\varphi + 3\,I^2 \cdot w = \sqrt{3} \cdot K_a' \cdot I \cdot \cos\varphi\,, \tag{198}$$

und da $E_{vw} = E_v \cdot \cos\varphi$, gilt auch

$$\sqrt{3} \cdot K_e' \cdot I \cdot \cos\varphi + 3 \cdot E_v \cdot I \cdot \cos\varphi = \sqrt{3} \cdot K_a' \cdot I \cdot \cos\varphi \tag{199}$$

oder

$$K_e' + \sqrt{3} \cdot E_v = K_a' \tag{200}$$

oder

$$K_e + E_v = K_a\,. \tag{201}$$

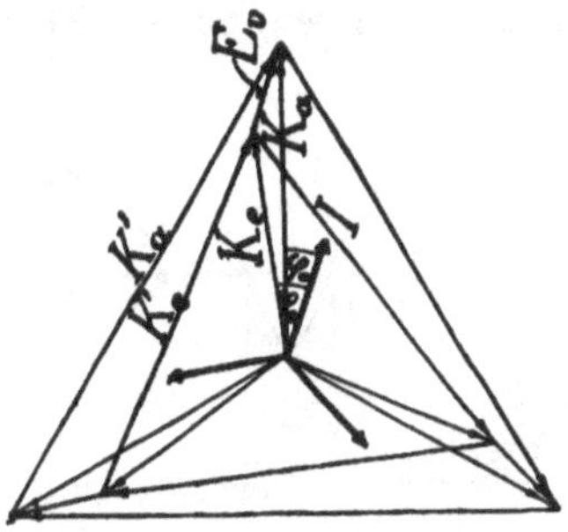

Bild 355.

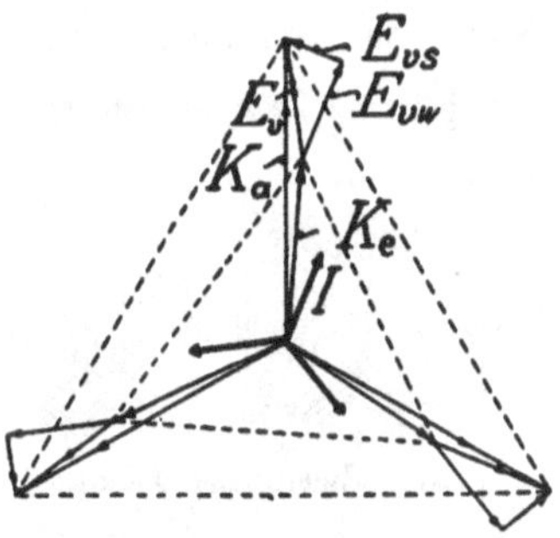

Bild 356.

Wird am Ende der Leitung ein Motor betrieben mit der Nutzleistung N PS, dem Wirkungsgrade η, dem Leistungsfaktor $\cos\varphi$ und der Klemmenspannung K_e', so ist die Stromstärke

$$I = \frac{N \cdot 736}{\sqrt{3} \cdot K_e' \cdot \eta \cdot \cos\varphi} \tag{202}$$

und bei l' m einmal gemessener Streckenlänge der Querschnitt der Leitung

$$q = \frac{l' \cdot I \cdot c}{E_{vw}} \text{ qmm} \qquad \text{(vgl. 44)} \tag{203}$$

oder unter der Voraussetzung, daß $\sphericalangle E_{vw} E_v = \sphericalangle I K_e$ sei,

$$q = \frac{l' \cdot N \cdot 736 \cdot c}{\sqrt{3} \cdot K_e' \cdot E_v \cdot \eta \cdot \cos^2\varphi}\,; \tag{204}$$

wird $K_a' - p \cdot K_a' = K_e'$ gesetzt, so gilt $E_v = \dfrac{p \cdot K_a'}{\sqrt{3}}$; ist p ein geringer Bruchteil, so wird daraus der Querschnitt:

$$q = \frac{l' \cdot N \cdot 736 \cdot c}{K_a'^2 \cdot p \cdot \eta \cdot \cos^2\varphi}\,. \tag{205}$$

Der induktive Widerstand einer Drehstrom-Freileitung bei gleicher Belastung der drei Phasen beträgt für Kupfer usw. (nicht Eisen)

$$w_S = l' \cdot 2\,\nu\,\pi \cdot 4{,}605 \log_{Br.} \frac{A}{r \cdot 0{,}78} \cdot 10^{-4}\,\Omega \qquad (206)$$

oder bei $\nu = 50$ Per./Sek.

$$w_S = l' \cdot 0{,}1447 \cdot \log_{Br.} \frac{A}{r \cdot 0{,}78} \quad \text{oder} \quad \sim l' \cdot 0{,}35\,\Omega\,, \qquad (207)$$

wobei r = Seilradius in Zentimeter,
A = mittlerer Abstand der 3 Stränge voneinander in Zentimeter,
l' = einmal gemessene Streckenlänge in Kilometer.

Liegen die 3 Stränge auf den Ecken eines Dreiecks, dessen Seiten a, b und c heißen, so ist $A = \sqrt[3]{a \cdot b \cdot c}$, liegen sie in einer Ebene, wobei die äußeren von dem mittleren die Entfernung a besitzen, so ist demnach $A = a \cdot \sqrt[3]{2} = 1{,}26\,a$ zu setzen.

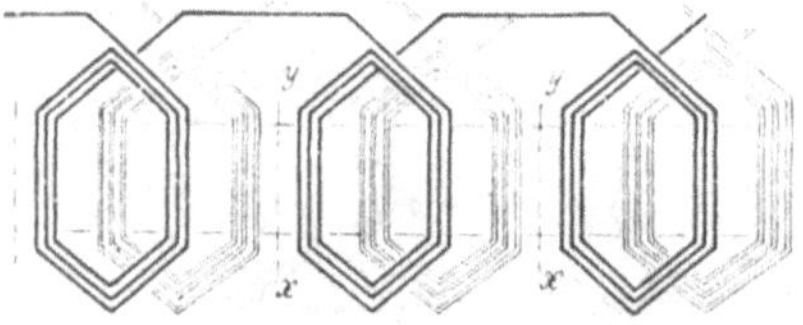

Bild 357. Zweiphasenwicklung.

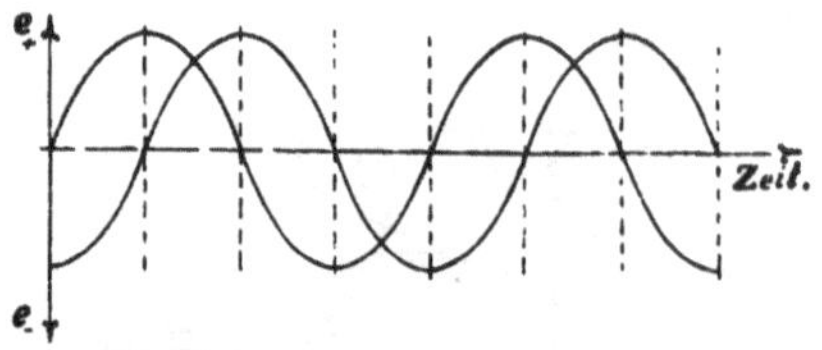

Bild 358. Zweiphasige EMKe.

Durch Hautwirkung (Skineffekt) wird ein Leiterquerschnitt nicht voll ausgenutzt, sondern der Strom zur Randfläche (Haut) hin zusammengedrängt. Das liegt daran, daß (Bild 141) das Innere eines Leiters von mehr Induktionslinien umgeben ist, als das Äußere. Somit ist entlang der Achse der induktive Widerstand größer, als entlang einer Mantellinie eines Drahtes. Daher wird bei gleichem Querschnitt auch der Ohmsche Spannungsverlust bei Wechselstrom größer, als bei Gleichstrom.

I. Asynchronbetreiber für Zwei- und Einphasenstrom.

Der Anker eines Zweiphasen-Stromerzeugers[Z 56]) ist nach Bild 357 geschaltet und enthält zwei um 90° gegeneinander versetzte Wicklungen. Zwischen den Klemmen der beiden Wicklungen entstehen bei dem Umlauf des Magnetkranzes Spannungen, die nach Bild 358 ebenfalls um 90° gegeneinander verschoben sind. Ist eine zweite genau so beschaffene Einrichtung an den Anker angeschlossen, indem einander entsprechende Klemmen miteinander verbunden sind, so erzeugen die von dem Generatoranker ausgehenden Ströme in dem zweiphasigen Ständer ebenfalls einen Drehfluß, der auf einen Läufer in der gleichen Weise einwirkt wie an dem Dreiphasenmotor.

Um drei Leitungsdrähte anwenden zu können, verbindet man zwei Klemmen der beiden Ankerwicklungen miteinander und läßt die Leitungen an der gemeinsamen Klemme und an den beiden übrigbleibenden Klemmen (Bild 359) angreifen. In der gleichen Weise schaltet man den Ständer des Motors, so daß für eine zweiphasige Übertragung Bild 360 entsteht. An der gemeinsamen Klemme greift der Mittelleiter, an den beiden übrigen greifen die Außenleiter an. Die Drehrichtung wird durch Vertauschen der beiden Außenleiter umgekehrt.

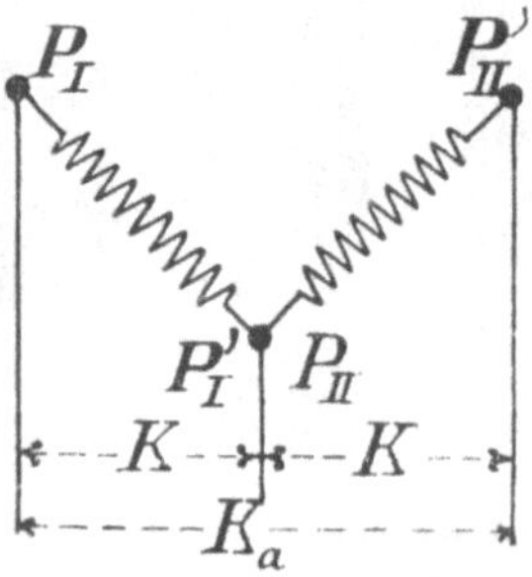

Bild 359.

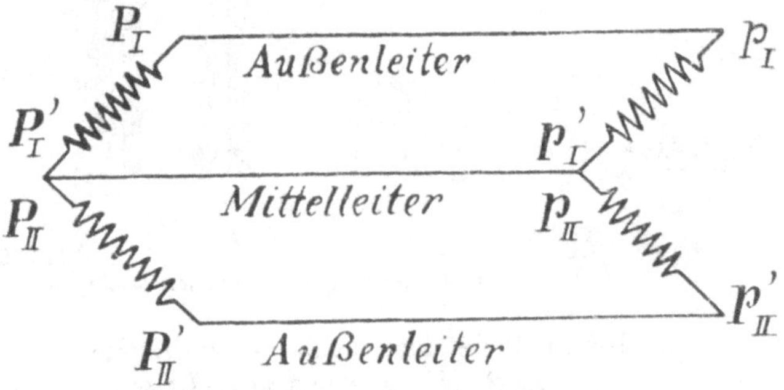

Zweiphasenschaltungen. Bild 360.

Die Lampen werden nach Bild 361 zwischen je einem Außenleiter und dem Mittelleiter angeschlossen.

Da der augenblickliche Scheitelwert der Außenleiterspannung $k_a = k \cdot \sqrt{2}$ sein muß, wobei k den Scheitelwert der Spannungen der einzelnen Phasen bedeutet, so folgt auch für den aus den Effektivwerten K der Einzelspannungen gebildeten Effektivwert der Außenleiterspannung

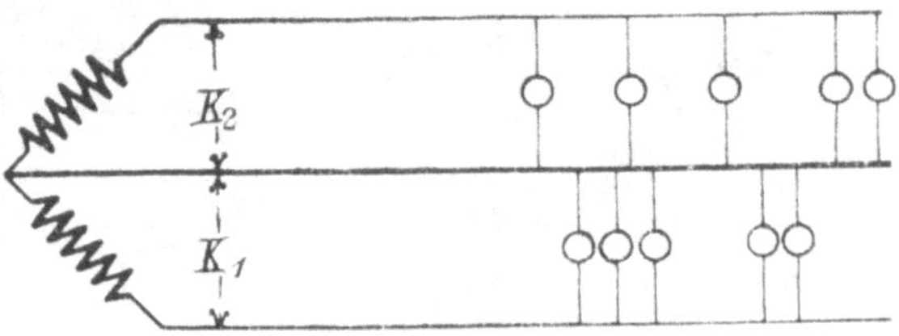

Bild 361. Lampenschaltung in der Zweiphasenanlage.

$$K_a = K\sqrt{2}. \tag{208}$$

Die Phase der Außenleiterspannung ist gegen beide Einzelspannungen um je 45° verschoben. Dasselbe gilt von den Strömen: Der Mittelleiter einer Zweiphasenanlage führt eine Stromstärke:

$$I_m = I\sqrt{2}, \tag{209}$$

wobei I den Strom in der Ankerwicklung und im Außenleiter bedeutet. Daraus folgt: Bei Verkettung beider Phasen bekommt der Mittelleiter bei gleichem Spannungsverlust den $\sqrt{2}$ fachen Querschnitt der Außenleiter. Hieraus ist auch die Umspannung nach Bild 362 und 363 ohne weiteres verständlich.

Die Leistung ergibt sich, wenn jede Phase die gleiche effektive Spannung K, den gleichen effektiven Strom I und die gleiche Phasenverschiebung φ besitzt

$$L = 2 \cdot K \cdot I \cdot \cos \varphi = \sqrt{2} \cdot K_a \cdot I \cdot \cos \varphi . \qquad (210)$$

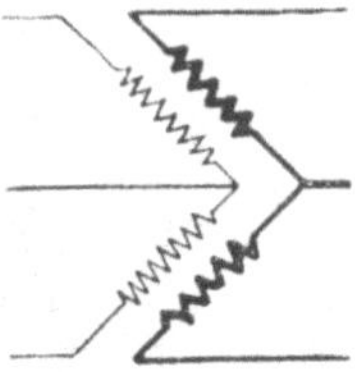

Bild 362.

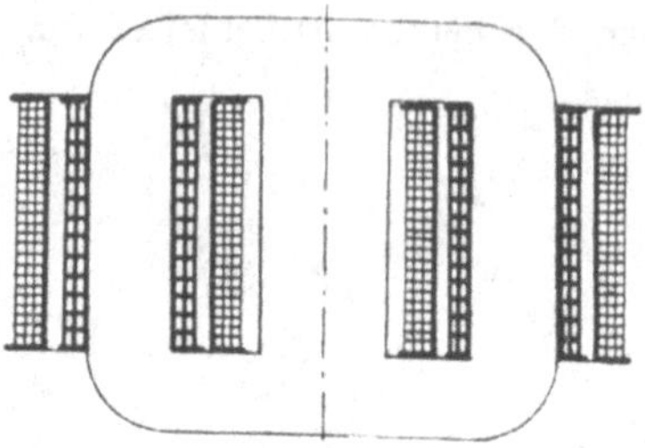

Bild 363.

Transformierung in Zweiphasenanlagen.

In jedem Falle, also auch bei induktiver Belastung, erhält man die Leistung durch Messung mit zwei Leistungsmessern, die in Bild 364 mit W_1 und W_2 bezeichnet und nach Angabe dieses Schemas zu schalten

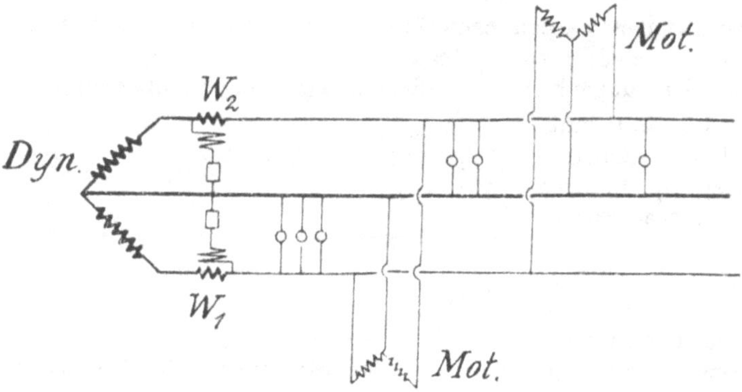

Bild 364. Leistungsmessung in der Zweiphasenanlage.

sind, als algebraische Summe der Angaben beider Meßgeräte. Wegen der den Zweiphasenanlagen anhaftenden Unsymmetrie werden sie nicht neu gebaut, jedoch werden von manchen Firmen die Läufer der Dreiphasenmotoren zweiphasig gewickelt.

Außerdem hat der künstlich erzeugte Zweiphasenstrom für die Ferraris Meßgeräte Bedeutung: Durch Parallelschalten eines induktiven und induktionslosen Widerstandes kann eine Phasenverschiebung von rund 90° in den beiden parallelgeschalteten Kreisen erreicht werden. Die von einem gewöhnlichen Wechselstrom aus auf diese Weise erzeugten, zueinander verschobenen Ströme werden durch eine im Prinzip den Ständer eines Zweiphasenmotors darstellende Einrichtung geschickt.

Der dadurch erzeugte Drehfluß übt auf eine in der Ständeröffnung drehbare (Läufer-) Spule eine drehende Kraftwirkung aus, die bei geringer Sättigung dem Quadrate des Stromes und des Flusses proportional ist. Mit der drehbaren Läuferspule dreht sich gegen die Kraftwirkung einer Spiralfeder ein Zeiger, an dem der Strom bzw. die Spannung abgelesen wird.

Die weitaus größte Bedeutung hat jedoch die 90°-Verschiebung für das Anlassen des Einphasendrehfluß- oder Einphasenasynchromotors. Eine vor den Polen eines einphasigen Wechselstromankers nach links oder rechts synchron umlaufende Kurzschlußspule findet vor jedem Pol den Fluß in der gleichen Stärke und Richtung vor, daher kann der Fluß einer Wechselstrommaschine auch als Drehfluß angesehen werden, nur mit dem Unterschied, daß beim Übergang vom einen Wechselpol zum anderen der Fluß einmal Null wird. Bleibt die Kurzschlußspule gegen die synchrone Drehzahl ein wenig zurück, so induziert sie bei sehr niedriger Frequenz Ströme, die auf sie im Sinne ihrer Bewegung treibend wirken, während sich diesem Strome ein schnell wechselnder Strom überlagert, dessen Drehmomente sich zu Null addieren und der nur Joulesche Wärme erzeugt. In der Belastung sinkt der Fluß durch die Wirkung des Läuferstromes nicht ganz zu Null herab, jedoch ist die starke Veränderlichkeit des Drehflusses in dem Sinne störend, daß für Einphasenmotoren größere Typen für bestimmte Leistungen angewandt werden müssen, und daß der Wirkungsgrad dieser Betreiber geringer als derjenige der Drehfeldmotoren ist. Der Läufer ist hier ebenso, zweiphasig oder dreiphasig, mit Kurzschluß- oder für Läuferanlassen mit Phasenwicklung eingerichtet, jedoch bedarf der Ständer außer seiner Hauptwicklung oder Hauptphase einer Hilfs- oder **Kunstphase**, die durch Parallelschalten zur Hauptphase und durch Anwendung geeigneter phasenverschiebender Mittel für das Anlassen einen zweiphasig erzeugten Drehfluß herstellt. Diese Mittel sind entweder Selbstinduktionen oder die im nächsten Abschnitt erwähnten Anlaßkapazitäten, oder man verwendet bei kleinen Motoren nur Widerstandskombinationen mit den Motorspulen der Haupt- und Hilfsphase zusammen. Die Anlaßdrehmomente sind ungünstiger als bei Drehstrommotoren, jedoch ist das Asynchronverfahren ein viel verwendeter Notbehelf, um bei Einphasenwechselstrom zu einem mit angenähert konstanter Drehzahl laufenden Betreiber zu kommen. Diese Motoren vertragen sehr geringe Schlüpfung. Bild 365 zeigt ein Beispiel einer Anlaßschaltung. Die Hauptphase hat die Klemmen U und V, die Kunstphase W und Z; K ist eine Anlaßkapazität;

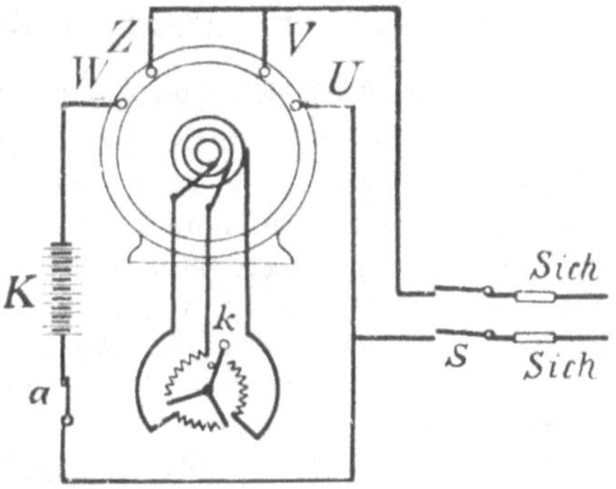

Bild 365. Anlaßschaltung eines Einphasen-Asynchronbetreibers.

an ihre Stelle kann ebensogut ein Toroid mit in sich geschlossenem, geblättertem Eisenkern treten, nur würde der Betreiber hiermit in umgekehrter Drehrichtung laufen. Betriebsmäßig werden jedoch zur Umkehr der Drehrichtung die Zuleitungen zu *W* und *Z* vertauscht. Zum Beginn des Anlassens steht die Kurbel *k* des Anlassers auf größtem Widerstand, Ausschalter *a* ist eingelegt, und dann wird der Hauptschalter *S* geschlossen. Der Widerstand im Läuferkreis wird langsam durch Verstellen von *k* verkleinert, bis eine gewisse Nähe des Synchronismus erreicht ist; dann wird Schalter *a* unterbrochen und *k* weiterhin zur Kurzschlußstellung geführt; von nun ab ist der Betreiber belastbar.

6. Kapazität im Wechselstromkreise.

A. Ohne Auftreten von Selbstinduktion.

Wo sich infolge statischer Erscheinungen Elektrizitätsmengen ansammeln können, oder wo infolge elektrolytischer Vorgänge die Erscheinungen einer Ansammlung von Elektrizitätsmengen für gleichwertig angesehen werden können, treten im Wechselstromkreise Erscheinungen auf, die nach ähnlichen Grundsätzen wie die Selbstinduktionserscheinungen behandelt werden können. Wird ein Kondensator (I, 1 *D*) in einen Gleichstromkreis eingefügt, indem jeder Belag mit einem Pol der Stromquelle verbunden wird, so kann ein Gleichstrom dauernd nicht hindurchfließen, hingegen lädt sich der Kondensator mit einer Elektrizitätsmenge. Ein Kondensator, der beim Anlegen an 1 Volt eine Amperesekunde aufnimmt oder nach Wegnahme der Stromquelle eine Amperesekunde abgeben kann, hat eine Kapazität von 1 Farad. Die Kapazität C ist proportional zu der bei 1 Volt aufgenommenen Elektrizitätsmenge und eine Konstante der Einrichtung. Mit Veränderung der Spannung ist die aufgenommene, bzw. abnehmbare Elektrizitätsmenge Q (Amperesekunden) der angelegten, bzw. von dem Kondensator angenommenen Spannung E (Volt) proportional:

$$Q = C \cdot E. \tag{2a}$$

Eine elektrolytische Kapazität entsteht durch Hintereinanderschaltung elektrolytischer Zellen (Eisen in Sodalösung usw.), (Anlaßkapazitäten); sie gibt infolge der Ausscheidungsprodukte (wie ein Akkumulator) Elektrizitätsmengen ab, wenn sie vorher an Spannung gelegt worden ist.

Kapazitätserscheinungen haben praktische Bedeutung dadurch, daß Kabel erhebliche Kapazität besitzen können. Geringe Kapazität besitzt jeder Leiter gegen einen zweiten oder gegen Erde, wobei die Luft das Dielektrikum bildet. Lange Kabelstrecken oder große Kabelnetze sind allmählich mit abschaltbarem Widerstand anzuschließen, damit der beim unmittelbaren Anschluß entstehende sehr starke Ladestrom vermieden wird, der mit den Erscheinungen eines Kurzschlusses auftritt; die Abschaltung von Kapazitäten kann ohne weiteres erfolgen (umgekehrt wie bei Selbstinduktionen).

An Wechselspannung gelegte Kapazitäten führen durch fortwährende Ladung und Entladung Wechselströme. Die im Kondensator vorhandene Elektrizitätsmenge ist nach Gl. 2a jederzeit proportional zu der Spannung unmittelbar am Kondensator. Der Kondensator besitzt bei Wechselstrom die höchste Ladung in dem Augenblick, wo die Spannung ihren Scheitelwert hat. Bis zu diesem Augenblick lädt sich der Kondensator, d. h. der Strom fließt bis zu diesem Augenblick in den Kondensator im Sinne der EMK hinein, also in der Richtung, wie er sie bei einem gewöhnlichen Widerstand aufweisen würde. Im Augenblick des Höchstwertes der Spannung ist der Strom gleich Null, und von diesem Augenblick ab entlädt sich der Kondensator, d. h. die Stromstärke kehrt ihre

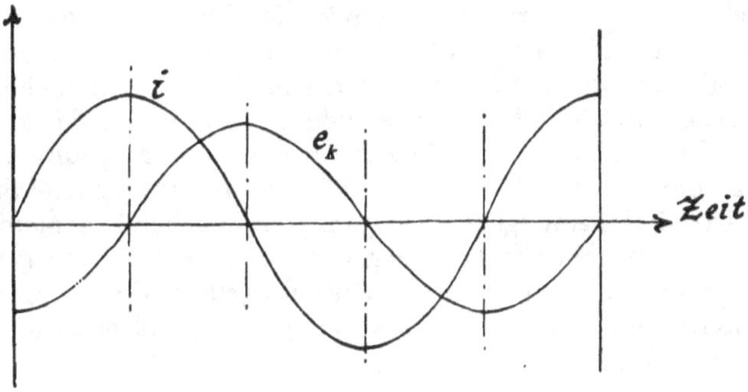

Bild 366. Phasenverschiebung durch Kapazität.

Richtung um. Die Vorgänge erläutert in rechtwinkeligen Achsen Bild 366: der Strom i eilt um 90° der an den Kondensator gelegten EMK e_k voraus. Im Isoliermittel der Kondensatoren, also auch der Kabel, tritt dabei Wärme auf, die durch Umelektrisierung des Isoliermittels herbeigeführt wird und mit der Jouleschen Wärme, die durch unvollkommene Isolation entsteht, nicht verwechselt werden darf. Die Umelektrisierungserscheinung und der dabei auftretende Wattverlust erinnert an die Ummagnetisierungserscheinung bei Eisen. Das dielektrische Nachbleiben an Kapazitäten wird als statische Hysterese bezeichnet.

Je mehr sich die EMK e_k in einem Zeitteilchen dt ändert, um so größer ist die Stromstärke i; die vom Kondensator angenommene Spannung e_k' ergänzt sich mit e_k zu Null.

$$e_k + e_k' = 0\,, \tag{211}$$

$$C \cdot de_k' = - i \cdot dt = - dQ\,, \tag{212}$$

woraus folgt

$$e_k' = - \frac{1}{C} \int i\,dt\,, \tag{213}$$

$$e_k - \frac{1}{C} \int i\,dt = 0\,. \tag{214}$$

Ist $e_k = e_{k_\frown} \cdot \sin 2\,\nu\,\pi\,t$, so wird die Stromstärke zur Zeit t

$$i = e_{k_\frown} \cdot 2\,\nu\,\pi\,C \cdot \cos 2\,\nu\,\pi\,t \tag{215}$$

und der Scheitelwert der Stromstärke zur Zeit $t = 0$, $t = 1 : \nu$ usw.

$$i_\frown = e_{k_\frown} \cdot 2\,\nu\,\pi\,C\,. \tag{216}$$

Wird nun zugleich auch ein Widerstand w in der Zuleitung zum Kondensator berücksichtigt, so kommt eine zur Überwindung von w dienende und zum Strom proportionale Spannung e_w hinzu, die sich mit e_k zu einer Resultierenden e_r zusammensetzt. Die Werte e_r sind die Augenblicksspannungen am Anfangspunkt der zum Kondensator führenden Leitung vom Widerstande w und diejenigen Spannungen, deren Effektivwert ein am Anfangspunkt der Zuleitung angeschlossener Spannungsmesser anzeigen würde. Die Werte i sind die Augenblickswerte des Stromes, deren Effektivwert ein im Kreise befindlicher Strommesser angeben würde. Zwischen e_r und i, bzw. deren Effektivwerten E und I tritt wiederum eine Phasenverschiebung auf, und zwar eilt der Strom um einen Winkel $\varphi < 90^0$ der resultierenden Spannung voraus. Die Erscheinungen sind ganz entsprechend denjenigen der Selbstinduktion, nur ist die Richtung der Verschiebung entgegengesetzt. Daher gilt auch alles entsprechend den bisherigen Gleichungen, wobei nur an Stelle des für Selbstinduktion gültigen Wertes $w_s = 2\nu\pi\mathfrak{S}$ (Bild 289) der Wert

$$w_k = -\frac{1}{2\,\nu\,\pi C} \tag{217}$$

tritt. Die kapazitive Komponente wird mit wachsendem C und ν kleiner, die Stromstärke also größer. Kleines C bei geringem ν in einen Stromkreis eingeschaltet, hat zur Folge, daß der Stromkreis unterbrochen erscheint. So können die Gleichungen zusammengestellt werden:

$$e_{r_\frown} \cdot 2\,\nu\,\pi \cdot \cos 2\,\nu\,\pi\,t \cdot dt = \frac{i}{C}\,dt + w \cdot di\,, \tag{218}$$

$$i = \frac{e_{r_\frown}}{\sqrt{w^2 + \left(\frac{-1}{2\,\nu\,\pi C}\right)^2}} \cdot \sin(2\,\nu\,\pi\,t + \varphi)\,, \tag{219}$$

wobei

$$\operatorname{tang}\varphi = \frac{-1}{2\,\nu\,\pi C \cdot w}\,, \tag{220}$$

$$R = \frac{E}{I} = \sqrt{w^2 + \left(\frac{-1}{2\,\nu\,\pi C}\right)^2}\,, \tag{221}$$

$$\sin\varphi = \frac{-1}{2\,\nu\,\pi C \cdot R}\,, \tag{222}$$

$$\cos\varphi = \frac{w}{R} = \frac{L}{E \cdot I}\,, \tag{223}$$

wobei die nicht besonders aufgeführten Bezeichnungen und Deutungen entsprechend den früheren gelten sollen.

Das Vektorbild 367 zeigt entsprechend dem früheren, Bild 289, die Werte obiger Gleichungen nach Größe und Richtung aufgetragen. In Phase von w liegt I, in Phase von R liegt E.

Größtes C bei größtem ν ergibt den Strom angenähert so stark, als ob w allein vorhanden wäre, jedoch kann dabei je nach dem Verhältnis $w_k : w$ immer noch eine erkennbare Phasenverschiebung vorliegen.

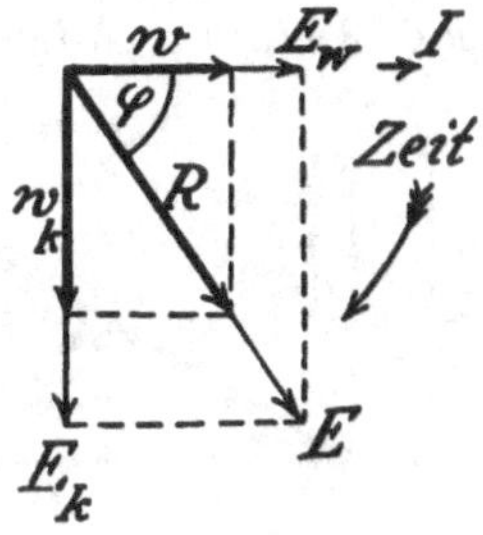

Bild 367.

Beim Auftreten von nur Kapazität und Widerstand ist, wie bei Selbstinduktion, die unmittelbar meßbare Effektivspannung E größer als jede einzelne ihrer Komponenten.

Lange verdrillte oder nahe beieinanderliegende Leitungen (Kabel), sowie andere großflächig mit geringem Isolationsabstand gegenüberliegende Metallteile können nicht durch (Ausklingeln oder andere) auf Wechselstrom beruhende Verfahren auf Isolation geprüft werden. In solchen Fällen muß die Isolierung stets mit Gleichstrom gemessen werden.

B. Mit Auftreten von Selbstinduktion.

Ein Vergleich der bei Selbstinduktion und Kapazität gewonnenen Ausdrücke der Spannungen und Widerstände läßt erkennen, daß es sich um Größen handelt, die in Vektordiagrammen vereinigt werden können. Ist eine Selbstinduktion mit dem Koeffizienten $\mathfrak{S}$ und ein Kondensator mit der Kapazität C in einem Stromkreise vom Widerstande w hintereinander geschaltet, so beträgt die Stromstärke, entsprechend der allgemeinen Gleichung, nach der ein veränderlicher Strom auftritt:

$$e + e_w' + e_s' + e_k' = 0 \tag{224}$$

oder

$$e - i \cdot w - \mathfrak{S} \cdot \frac{di}{dt} - \frac{1}{C} \int i \cdot dt = 0\,, \tag{225}$$

für Wechselstrom von Sinusform effektiv

$$I = \frac{E}{\sqrt{w^2 + \left(2\nu\pi\mathfrak{S} - \frac{1}{2\nu\pi C}\right)^2}} = \frac{E}{R} \text{ Ampere,} \tag{226}$$

und der Phasenverschiebungswinkel des Stromes gegen die EMK E ist bestimmt durch:

$$\sin\varphi = \frac{2\nu\pi\mathfrak{S} - \frac{1}{2\nu\pi C}}{R} = \frac{E_s - E_k}{E}\,, \tag{227}$$

$$\cos\varphi = \frac{w}{R} = \frac{E_w}{E}\,, \tag{228}$$

$$\operatorname{tang}\varphi = \frac{2\nu\pi\mathfrak{S} - \dfrac{1}{2\nu\pi C}}{w} = \frac{E_s - E_k}{E_w}\,. \tag{229}$$

Das Vektorbild 368 zeigt die Werte obiger Gleichungen nach Größe und Richtung aufgetragen. In Phase von w liegt I, in Phase von R liegt E. Die Summe der Reaktanzen ist also hier algebraisch zu nehmen.

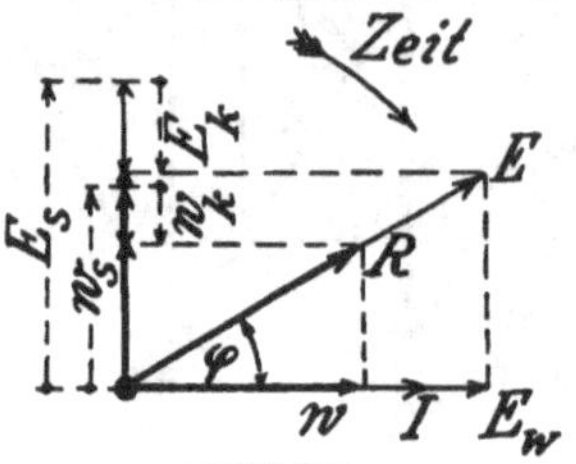

Bild 368.

Hohe Frequenz wird durch einen Kondensator leichter durchgelassen, als niedere (Blockkondensator), durch eine Selbstinduktion (Drossel) schwerer durchgelassen, als niedere.

Bei Hintereinanderschaltung von Selbstinduktion, Kapazität und Widerstand bleibt die Phase des Stromes gegen die am Kreise auftretende Spannung entweder zurück, oder sie eilt vor, je nachdem die infolge von $2\nu\pi\mathfrak{S}$ auftretende Spannung größer oder kleiner ist, als die von $1:2\nu\pi C$ herrührende Spannung.

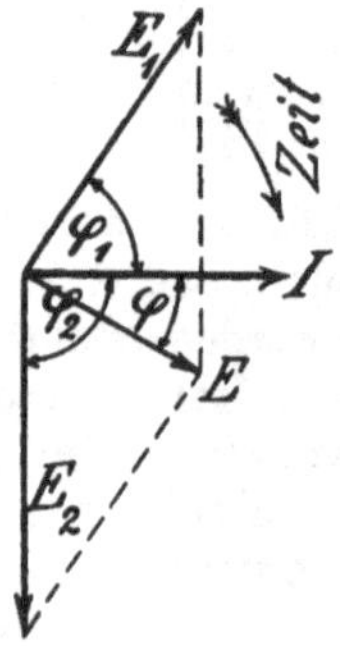

Bild 369. Selbstinduktion und Kapazität in Hintereinanderschaltung.

Bei bestimmter Bemessung von $\mathfrak{S}$, C und ν können sich Selbstinduktion und Kapazität gegenseitig aufheben, so daß eine Verschiebung $\varphi = 0$ eintritt.

Bei Hintereinanderschaltung einer Kapazität und einer Selbstinduktion kann jede einzelne und einzeln meßbare Spannungskomponente größer sein, als die an den hintereinandergeschalteten Widerständen auftretende Spannung, wozu Bild 369 die Erläuterung unter Voraussetzung einer widerstandslosen Kapazität (Spannung E_2, Winkel $\varphi_2 = 90^0$) und einer mit Widerstand behafteten Selbstinduktion (Spannung E_1, Winkel $\varphi_1 < 90^0$) gibt. Der Grenzfall des Vorganges ist zu denken bei $\varphi_1 + \varphi_2 = 180^0$ und $E = 0$, d. h. bei Verhältnissen, denen sich die Wirklichkeit nur nähern kann, da völlige Widerstandslosigkeit dazu gehören würde (Resonanz).

Resonanz tritt ein, wenn

$$2\nu\pi\mathfrak{S} = \frac{1}{2\nu\pi C} \quad \text{oder} \quad C\cdot\mathfrak{S}\cdot(2\nu\pi)^2 = 1 \tag{230}$$

ist. In diesem Falle setzt sich eine in Form eines elektrischen Feldes aufgespeicherte Arbeit in die Form eines magnetischen Flusses und umgekehrt zu gleichem Betrage um. Dabei pendelt also ein gewisser Betrag der Energie von der einen Einrichtung zur anderen und umgekehrt über, während im wesentlichen nur die in den Widerständen nach dem Jouleschen Gesetz verbrauchte Arbeit der Einrichtung zugeführt zu werden braucht. Es hat sich dabei herausgestellt, daß sich eine freie oder Eigenschwingung ergibt, wenn

$$w < \sqrt{\frac{4 \cdot \mathfrak{S}}{C}}, \tag{231}$$

deren Periode

$$T = \frac{1}{\nu} = \frac{2\pi}{\sqrt{\frac{1}{C \cdot w \cdot \frac{\mathfrak{S}}{w}} - \frac{1}{4\left(\frac{\mathfrak{S}}{w}\right)^2}}} = \frac{2\pi}{\sqrt{\frac{1}{C \cdot \mathfrak{S}} - \frac{w^2}{4\,\mathfrak{S}^2}}} \text{ Sek.} \tag{232}$$

beträgt. Ist w gegen $2\sqrt{\frac{\mathfrak{S}}{C}}$ zu vernachlässigen, wird daraus die Eigenperiode

$$T = 2\pi \sqrt{C \cdot \mathfrak{S}} \text{ Sek.} \tag{233}$$

oder die Eigenfrequenz

$$\nu = \frac{1}{2\pi\sqrt{C \cdot \mathfrak{S}}} \text{ Per./Sek. oder Hertz}^{Z42}. \tag{234}$$

Die Schwingung klingt um so schneller ab, je größer der Widerstand w ist und geht in eine einmalige Entladung gleicher Stromrichtung über, wenn obige Ungleichung 231 überschritten wird. Bei sehr kleinem w bedarf es nur einer geringen Energiezufuhr im Takte der Eigenschwingung, um die Schwingung aufrechtzuerhalten. Bei der freien Schwingung hängen Frequenz und Dämpfung nur von den Eigenschaften des Leitergebildes ab, nicht von einer äußeren EMK, während eine solche Schwingung, die nur durch eine äußere EMK und nicht von den Eigenschaften eines Leitergebildes abhängt, als erzwungene Schwingung bezeichnet wird. Das letztere trifft für die vielen Fälle der breiten Starkstromtechnik zu, weil bei den geringen Frequenzen ungeheuer große Kapazitäten zu einer Eigenschwingung mit den verwendeten Selbstinduktionen gehören würden. Ersteres ist ein angestrebter Fall in der drahtlosen Übertragung, auf den man einstellt. Hier sind die Frequenzen groß. Außer in diesem Gebiet kommt der Ausgleich von Leitungskapazitäten durch Selbstinduktionen (Pupinspulen) zur Erhöhung der Reichweite der Anlagen in der Fernsprechtechnik vor. Große Kabelübertragungen würden ohne Pupinspulen unmöglich sein.

In obigen Ausdrücken gelten C und $\mathfrak{S}$ in Farad und Henry. Das Farad ist eine sehr große Einheit, daher werden erhältliche Kapazitäten in dem millionten Teil eines Farad, dem Mikrofarad, ausgedrückt, um bequemere Zahlenangaben zu erhalten. Z. B. ist für einen Kondensator von $0{,}2\,\mu$ F das $C = 0{,}2 \cdot 10^{-6}$ einzusetzen. Für Selbstinduktionen liegt die Benennung durch Henry bequemer. Irreführend ist es aber, sowohl Kapazitäten, als auch Selbstinduktionen in „cm" auszudrücken; der einzige Vorteil ist, damit eine bequeme Handelsbezeichnung gefunden zu haben. Die Bezeichnung rührt daher, daß man ursprünglich glaubte, auch elektrische und magnetische Größen im absoluten Maßsystem durch die Grundgrößen Länge, Masse und Zeit ausdrücken zu können.

Auch die Formelgröße „L" für einen Selbstinduktionskoeffizienten rührt daher. Für magnetische und elektrische Größen kommt aber je eine vierte Grundgröße hinzu, und hierfür hat man die magnetische Durchlässigkeit μ_0 des leeren Raumes und die Dielektrizitätskonstante ε_0 des leeren Raumes gewählt und je gleich Eins gesetzt. Sind in „cm" gegebene Selbstinduktionskoeffizienten in Henry umzuwandeln, so sind die gegebenen Zahlen durch 10^9, sind in „cm" gegebene Kapazitäten in Farad umzuwandeln, so sind die gegebenen Zahlen durch $9 \cdot 10^{11}$ zu teilen.

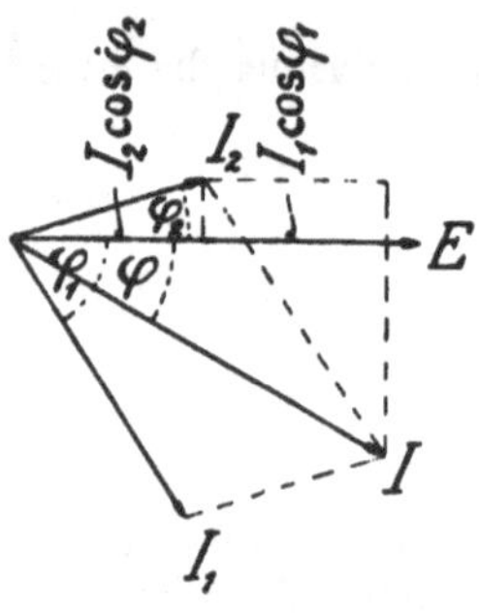

Bild 370. Selbstinduktion und Kapazität in Nebeneinanderschaltung.

Sind zwei Kapazitäten oder eine Kapazität und eine Selbstinduktion parallelgeschaltet, so gilt das bereits mit Bild 353 für Selbstinduktionen angewendete Verfahren, nur eilen bei zwei Kapazitäten beide Ströme I_1 und I_2 der Spannung voraus, während bei einer Kapazität und einer Selbstinduktion der Strom der ersteren vor der Spannung vorauseilt und derjenige der letzteren hinter der Spannung nachbleibt. Bild 370 zeigt eine solche Verschiebung für eine Selbstinduktion (I_1, φ_1) und eine stark mit Widerstand behaftete Kapazität (I_2, φ_2). Auch gilt in bezug auf die Leistungen der zu Bild 353 gegebene Ausdruck (195) für die Verhältnisse, wie sie hier vorliegen. Für alle Richtungswiderstände in Nebeneinanderschaltung gilt

$$\frac{I_1}{I_2} = \frac{R_2}{R_1}, \tag{235}$$

gleichgültig, ob die Verschiebung durch Selbstinduktion oder Kapazität hervorgerufen wird. Jedoch ist die Summe der Ströme immer geometrisch zu nehmen (I in Bild 353 und 370). Auch hier kann der Fall der Resonanz eintreten, wenn bei kleinen Widerständen die Ströme I_1 und I_2 nahezu um 180° auseinanderstehen, wobei der zugeführte Strom I sehr klein wird und nur wenig gegen E verschoben ist. Dann fließt ein starker Strom zwischen Kapazität und Selbstinduktion hin und her, dessen Takt durch geringe äußere Leistungszufuhr aufrechterhalten wird. Man unterscheidet in diesem Sinne die Spannungsresonanz und die Stromresonanz.

Parallelgeschaltete Kondensatoren mit den Kapazitäten C_1, C_2, C_3 usw. besitzen unter der Voraussetzung, daß der Widerstand ihrer Zuleitungen vernachlässigt werden kann, eine Ersatzkapazität:

$$C_P = C_1 + C_2 + C_3 + \dots . \tag{236}$$

Die Kapazität hintereinandergeschalteter Kondensatoren beträgt bei gleichen Bezeichnungen der Einzelwerte:

$$C_H = \frac{1}{\frac{1}{C_1} + \frac{1}{C_2} + \frac{1}{C_3} + \dots} . \tag{237}$$

Mehrere parallelgeschaltete Spulen mit den Selbstinduktionskoeffizienten $\mathfrak{S}_1$, $\mathfrak{S}_2$, $\mathfrak{S}_3$ usw. ergeben, falls ihre wahren Widerstände verschwinden, einen Ersatzselbstinduktionskoeffizienten:

$$\mathfrak{S}_P = \frac{1}{\frac{1}{\mathfrak{S}_1} + \frac{1}{\mathfrak{S}_2} + \frac{1}{\mathfrak{S}_3} + \ldots} . \tag{238}$$

Bei hintereinandergeschalteten Spulen sind die einzelnen Selbstinduktionskoeffizienten zusammenzuzählen, damit der gesamte Selbstinduktionskoeffizient erhalten wird:

$$\mathfrak{S}_H = \mathfrak{S}_1 + \mathfrak{S}_2 + \mathfrak{S}_3 + \ldots \tag{239}$$

Die Berücksichtigung der wahren Widerstände in Stromverzweigungen mit Selbstinduktion oder Kapazität führt zu weniger einfachen Ergebnissen.

7. Technische Entwicklungen.

A. Hochspannungstechnik.

Die Verwendung sehr hoher Spannungen ist dadurch möglich geworden, daß in Ketten aus Hängeisolatoren ein Mittel zur Isolierung von Freileitungen und in den Ölschaltern ein Mittel zur Unterbrechung von Strömen bei diesen hohen Spannungen gefunden worden ist. Die Spannung der ausgeführten Anlagen stieg von 60 bis 220 kV, und zu weiteren Steigerungen wird vorgearbeitet. Das Bedürfnis zu den hohen Spannungen liegt vor, weil die Wasserkräfte über die Länder ungleichmäßig verteilt sind, und weil in vielen Fällen die Energieübertragung durch den Draht günstiger ist, als Kohlenzüge über die Schienen rollen zu lassen. Im Sinne dieser Entwicklung ist es richtig, nur dort Elektrizitätswerke zu errichten, wo entweder Wasserkräfte vorhanden sind oder Kohlen unmittelbar gefunden werden. Diese Entwicklung führt zu Riesenwerken, die ganze Länder versorgen und die übrige Menschheit nur zu Abnehmern der elektrischen Energie machen. Die Drehstromgeneratoren sind mit Wasser- oder Dampfturbinen auf derselben Achse angebracht oder unmittelbar gekuppelt. Die Frequenz ist in ganz Europa 50, damit kann ein Werk das andere vertreten, denn die Umspannung ist jederzeit möglich. Nur die Bahnwerke mit 15 ÷ 25 Per./Sek. machen hiervon eine Ausnahme. Der Generator und sein auf die Fernleitungsspannung umsetzender Transformator bildet den ersten, die Zentralschaltanlage mit allen Bedienungs- und Abwehrmitteln den zweiten und die Fernleitungsanlage den dritten Teil, während von da aus die Energie durch die Hauptumspannwerke ihren Weg nimmt, deren nicht allzu viele über das Gebiet verteilt sind. Hier wird die Mittelspannung erzeugt, die man den vielen in den Verbrauchsgebieten verteilten Transformatoren zuschickt. Diese Riesenbetriebe würden den Nachteil mit sich bringen, daß bei Betriebsstörungen große Gebiete stillgesetzt werden, wenn nicht sinnreiche Mittel angewendet würden, die selbsttätig bewirken, daß nur dasjenige kleinere Gebiet abgeschaltet wird, in dem die Störung aufgetreten ist (Siemens-Schuckertwerke, Selektivschutz). Damit traten neue Anforderungen auf, indem die Betriebsmittel so eingerichtet werden mußten, daß ein Kurzschluß sekundenlang vertragen wird, bis der Selektivschutz gewirkt hat. Das Ausbleiben der Energie würde in solchen Fällen besonders stören, in denen bei Betriebsunterbrechungen große Werte vernichtet werden (Papierfabriken). In solchen Fällen findet man außer der Bezugseinrichtung für gewöhnlich stilliegende aber jederzeit betriebsbereite eigene Erzeugeranlagen, wofür auch besondere Dampfmaschinenregelungen bestehen (Proell), die bei großen Dampfspannungsschwankungen die Drehzahl konstant halten. Sonst aber tritt die eigene Betriebsreserve kleinerer Werke in den Hintergrund. Selbst Straßenbahnwerke schaffen ihre Sammlerbatterien ab, weil der Quecksilberdampfgleichrichter (XII, 2) neben dem Umformer die nötige „Reserve" bildet. Das Ausbleiben der Energie vom Großkraftwerk darf eben nicht vorkommen. Die Großkraftwerke müssen große Anforderungen erfüllen. Eine Kohlenbunkeranlage für 24 Betriebsstunden und die Beschaffung der Kohlen für diese Zeit im Laufe der Woche, damit am Sonntag ein Teil der Leute frei wird, ist etwas Erstrebenswertes. Aber auch andere Schwierigkeiten tauchen mit solchen Riesenwerken auf. Die kapazitiven, durch die Leitungen verursachten Leerlaufsströme sind bei den hohen Spannungen so groß, daß die Wahl der Größe jedes einzelnen der Riesenerzeugersätze nach unten dadurch begrenzt ist, daß dieser Erzeugersatz imstande sein muß, den Leerlaufstrom des Netzes zu vertragen, wenn eine der drei Leitungen Erde bekommen sollte. Aber auch ohne diesen Fall sind die kapazitiven Ströme beträchtlich und dürften für eine obere Grenze in der Wahl der Spannung mitsprechen.

B. Elektrisch betriebene Vollbahnen.

Da die Dampflokomotiven mit geringem Wirkungsgrad arbeiten, d. h. viel Kohle für die Leistungseinheit verbrauchen, sowohl auf der Fahrt, als auch durch Anheizen und Betriebsbereitschaft, und um in Tunnelstrecken die Rauchbelästigung zu vermeiden, hat man zum elektrischen Betrieb. gegriffen.

Die Größe der Leistung einer Vollbahnlokomotive ($\sim$ 1100 PS) und die weite Entfernung von den Kohlenlagern der Erde oder der zur Verfügung stehenden Wasserkräfte bis zu den Stellen des Energiebedarfs machen ebenfalls die Anwendung höchster Spannungen, also auch des Wechselstromes notwendig. Da aber der Drehstrom zweier in der Luft liegender gegeneinander isolierter Fahrdrähte bedarf, wenn als dritter Leiter die Schienen gewählt werden, ist er nicht recht am Platze, denn in Weichen und Kreuzungen ist ununterbrochene Stromzuführung aus allen drei Leitungen unmöglich, und auch in der freien Strecke befürchtet man Nachteile. Nur Italien hält an seinen Drehstrombahnen fest. Der Drehstrom hat auch den Nachteil, daß ein Hinausgehen über die normalen

Geschwindigkeiten nicht möglich ist, also ein Einholen von Zugverspätungen ist ausgeschlossen. Aus diesen Gründen hat sich in Deutschland und Amerika das Einphasensystem entwickelt.

Da die aus Eisen bestehenden Schienen zur Rückleitung dienen und die Selbstinduktion bei Eisenleitern ganz erheblich größer ist, als bei Nichteisen, muß zu niederen Frequenzen, 15, $16^2/_3$ und 25, gegriffen werden, damit die induktiven Spannungsverluste der Rückleitung nicht zu groß werden. Die effektive Spannung zwischen Fahrleitung und Schienen (Erde) beträgt gewöhnlich 15 kV, während gegenwärtig für Fernleitungen 60 kV einen Mittelwert bilden, der auch heute durch Kabel übertragen werden kann. Unterstationen sind in den Bahnhöfen und entlang der Strecken verteilt und eine Lokomotive braucht bei $\eta = 0{,}9$ und $\cos\varphi = 0{,}92$ rund $I = \frac{1100 \cdot 736}{15000 \cdot 0{,}9 \cdot 0{,}92} = 65$ A, die durch die Bügel dem Fahrdraht entnommen werden müssen. Für die Heizung der Personenzüge, die aus naheliegenden Gründen vorläufig mit Dampf betrieben bleiben muß, und für die Dampfpfeife besitzt die Lokomotive einen elektrisch beheizten Dampfkessel. Auf der Lokomotive befindet sich der Transformator, der von Fahrleitungs- auf Betreiberspannung, $\sim$ 300 Volt, umsetzt. Die Sekundärwicklung des Transformators ist in Stufen geteilt, so daß bequem angelassen und geregelt werden kann. Der Fahrschalter führt nur Steuerströme, die in der Nähe des Transformatorschachtes angebrachte Schütze bedienen. Der Betreiber arbeitet nach einem abgeänderten Hauptschlußprinzip. Beim Hauptschlußmotor würde Fluß und Ankerstrom zugleich wechseln, so daß das Drehmoment in jedem Wechsel die gleiche Richtung hat. Die unmittelbare Ausführung dieses Gedankens gibt es nur bei sehr kleinen Motörchen bis etwa 500 W. Bei größeren Ausführungen stört das Bürstenfeuer, da außer der Selbstinduktionsspannung in der stromwendenden Ankerspule auch die durch die Frequenz aufgedrückte Selbstinduktionsspannung kompensiert werden muß. Das führt zu Betreibern, die den Strom nur in den festen Teil zugeführt bekommen, während der gleichstromähnlich, also mit Kollektor gebaute Anker seinen Strom durch Induktion erhält. In der Verschiedenheit der hierbei angewandten Verfahren liegen die Verschiedenheiten der Systeme.* Der Betrieb ist am günstigsten in der Nähe des Synchronismus. Die Anzugsmomente sind so groß, und die Verringerung der Belastung bringt erhebliche Drehzahländerungen mit der Neigung zum Durchgehen in der Entlastung, wie beim Hauptschlußmotor. Von Zahnrädern, deren Entwicklung für größere Leistungen erst in der neuesten Zeit günstig gewesen ist, hat man anfänglich abgesehen und als Übertragungsmittel von dem im abgefederten Wageninnern angebrachten Motor aus zwei um 90° versetzte Schubstangen mit Doppelkurbelgetriebe angewendet. Hierzu war es nötig, etwa in Höhe der Radsatzachsen an dem ebenfalls im abgefederten Teil liegenden Rahmen

* M. Schenkel, Kommutatormaschinen (W. de Gruyter & Co. 1924).

eine Blindwelle anzubringen, auf die die Schubstangen wirken, und von der aus die Kräfte mit gelenkigen Kuppelstangen auf die Triebachsen übertragen werden. Erst die neueste Zeit verwendet Zahnräder auch für Vollbahnen, wobei gewöhnlich Doppelmotoren mit Trieblingen auf ein größeres, angenähert konzentrisch zum Radsatz angebrachtes Zahnrad wirken, das etwas kleiner als die Triebräder ist. Durch kunstvoll ersonnene Mittel wird das Drehmoment von diesem Zahnrad auf die frei spielenden Radsätze übertragen. Mit diesen Mitteln fallen die Betreiber, die nun höhere Drehzahlen bekommen können, kleiner aus, während sie sonst oft das gesamte Profil der Höhe nach einnehmen.

XII. Weitere Errungenschaften.

1. Atomlehre.

Der Forscher beobachtet Erscheinungen und sucht seine Wahrnehmungen aus der Summe von Beobachtungen zu eliminieren, damit er den Vorgang selbst vor seinem geistigen Auge erstehen läßt. So sind wir belehrt worden, daß der Ton kein Ton an sich ist, sondern aus Hin- und Herschwingen der Luftteilchen besteht, aus longitudinalen Wellen: die elastischen Schwingungen pflanzen sich in der Linie des Hin- und Hergehens der Teilchen fort. Erst unsere persönliche Wahrnehmung wird zum Empfinden des Tones. Auch für das Licht hat man Ähnliches feststellen können, aber das Licht ist eine viel kürzere und schnellere Schwingung des unelastisch starren und alle Körper durchdringenden Licht- oder Weltäthers. Da es kein Zusammendrücken und Ausdehnen gibt, ist hier nur die Drehung der Ätherteilchen um die eigene Achse und die Hin- und Herbewegung rechtwinklig zur Fortpflanzungsrichtung, die transversale Welle, möglich. Alle Wellenbewegungen stimmen darin überein, daß die Bewegung von Teilchen zu Teilchen sich überträgt. Jedes Teilchen wiederholt die dem Nachbarteilchen gegebene Bewegung, und zwar in Zeitabständen, die den Raumabständen des betrachteten Teilchens von dem ersten Teilchen direkt proportional sind. Erst durch das Auge empfinden wir das Licht als Licht. Für die Natur ist es nur die Ätherschwingung. Diese Schwingung, die im allgemeinen aus sehr vielen Einzelschwingungen verschiedener Perioden pro Sekunde und nach verschiedenen Richtungen besteht, läßt sich im Spektrum zergliedern, in dem die Strahlen der kürzesten Wellen, bei denen die Teilchen am schnellsten schwingen, am stärksten, die der längsten am wenigsten aus der geraden Fortpflanzungsrichtung abgelenkt werden. So erhält man das Farbenband, an dem man die schnellste Schwingung (violett) zu einer Wellenlänge von rund 0,4 tausendstel mm, die langsamste von rund 0,8 tausendstel mm gemessen hat. Da sich die

Schwingung mit 300000 km/Sek. fortpflanzt, kann man aus der allgemeinen Wellengleichung

$$\lambda \cdot \nu = v \tag{240}$$

die Zahl der Perioden/Sek. ausrechnen, wobei λ die Wellenlänge und v die Lichtgeschwindigkeit bedeuten, beide auf gleiches Längenmaß (gewöhnlich Zentimeter) und v außerdem auf Sekunden bezogen, bedeuten:

$$\nu \sim \frac{3}{4} \cdot 10^{15} \div \frac{3}{8} \cdot 10^{15} \text{ Per./Sek.}$$

Die Spektralanalyse (Kirchhoff[Z 37] und Bunsen[Z 36]) hat die Erkenntnis gebracht, daß beim Verbrennen bestimmter Grundstoffe in einer wenig leuchtenden Flamme aus den hellen Linien, die bei dem betreffenden Grundstoff an ganz bestimmten Stellen des Spektrums entstehen, der Grundstoff erkannt werden kann. Es gehören bestimmte Periodenzahlen/Sek. dazu, den Stoff zu definieren. Beobachtungen aus den verschiedenen Bereichen der Naturwissenschaft, wobei die Spektralanalyse eine große Rolle spielt, haben weiter ergeben, daß nicht nur Schall und Licht, sondern auch der Stoff uns vorgetäuscht wird, in dem Sinne, daß es nur kleinste positive und negative Elektrizitätsteilchen gibt, deren räumliche Ausdehnung viel viel kleiner, als die der kleinsten Stoffteilchen ist. Die positiven Teilchen kommen nur als Atomkerne vor, während negative Teilchen, ähnlich wie die Planeten die Sonne, den positiven Kern umkreisen. Hier gibt es bei bestimmten Kräften und Geschwindigkeiten Gleichgewichtslagen, wenn die Fliehkräfte der kreisenden Teilchen ebenso groß sind, wie die elektrostatischen Anziehungskräfte zwischen dem positiven Kern und dem negativen Teilchen. Je nach den im Atomkern angehäuften Teilchen (Protonen) und den ihn umkreisenden negativen Teilchen (Elektronen) unterscheiden sich die Grundstoffe.* In dem positiven Kern ist die Hauptmasse zusammengedrängt. Der unmittelbar von den Elektrizitätsteilchen eingenommene Raum ist sehr gering, so daß etwa die Raumeinnahme der Masse von 1 cbm Quecksilber auf wenige Kubikmillimeter umgerechnet werden könnte. Der Stoff erscheint als Stoff, weil die ungeheuer schnelle Kreiselbewegung jedes Atomes dem ganzen Atom etwas Körperhaftes gibt. Den einfachsten Aufbau hat das Wasserstoffatom; es besteht aus einem Proton und einem Elektron, das in $r < 6 \cdot 10^{-12}$ cm Entfernung etwa 6600 Billionen Umdrehungen/Sek.** um das Proton macht.

Man unterscheidet Stoffe, bei denen alle negativen Elektronen mit diesen Bewegungen an Atomkerne gebunden sind, das sind die Nichtleiter oder Dielektriken. Im Gegensatz dazu stehen die Stoffe, die außer diesen gebundenen auch freie negative Elektronen enthalten, das sind die Metalle. Vermehrt man den Bestand an negativen Elektronen eines

* Periodisches System der Elemente s. M. Born, Über Atomtheorie; ETZ, 1924, S. 889.

** Siehe P. Lenard, Experimentelle Atomistik, Z. d. VDI, 1921, S. 1253.

Körpers gegen seinen natürlichen Gleichgewichtszustand, so erscheint der Körper negativ elektrisch, vermindert man ihn, so erscheint er positiv elektrisch. Die Änderungen können nur verschwindend kleine Bruchteile sein, und wegen der geringen Masse negativer Elektronen erscheint Elektrizität unwägbar. Daß stofflich verschiedene Körper bei gegenseitiger Berührung oder Reibung elektrisch werden, der eine positiv, der andere negativ, beruht darauf, daß äußerste negative Elektronen von dem einen Stoff leichter abgestreift werden, als vom anderen, da die Stoffe ja verschieden sind und ihre Systeme verschiedenen Gleichgewichtsbedingungen der Kräfte für die in Frage kommenden äußersten Elektronen unterliegen.

Bewegte Elektrizitätsmengen sind gleichbedeutend mit elektrischem Strom. Jedes Atom hat durch die Kreiselbewegung seiner Elektronen eine magnetische Achse. Der elektrische Strom pflanzt sich durch Leiter fort, weil die Stromquelle ein elektrisches Feld zwischen ihren Polen erzeugt und die freien Elektronen durch elektrostatische Kräfte im Außenkreise vom negativen zum positiven Pol bewegt, also umgekehrt, als wir die Stromrichtung rechnen. Die Bewegung geht langsam zwischen den Stoffatomen hindurch, wobei durch die Zusammenstöße mit ihnen die Joulesche Wärme entsteht. Bei einigen Quadratmillimeter Querschnitt und wenigen Ampere beträgt die Elektronengeschwindigkeit einige cm/Sek.; aber weil die Bewegung starr ist, stelle man sich vor, man habe ein Rohr mit Glasperlen ausgefüllt, die den Querschnitt voll einnehmen. Drückt man einige Perlen an dem einen Ende in dieses Rohr hinein, so fallen ebenso viele Perlen am anderen Ende heraus. Bei Elektrizität pflanzt sich dieser Stoß „masselos“ mit Lichtgeschwindigkeit $v = 300000$ km/Sek. fort; das erweckt den Eindruck der großen Geschwindigkeit der Elektrizität.

Auch wäßrige Lösungen von Säuren, Salzen und Basen sowie feurig flüssige Stoffe, die bei gewöhnlichen Temperaturen Nichtleiter sind, enthalten freie Elektronen, die sich aber in fortwährender Bewegung befinden. Entweder sind ein Anion und ein Kation mit einem Elektron zu einem neutralen Molekül vereinigt, oder das Elektron macht sich bei der Kreiselbewegung der zu einem Molekül gehörenden Atome mit dem Atomkomplex des Anions vom Kation frei und verursacht dadurch die Spaltung in elektrisch geladene positive und negative Ionen. Gleichzeitig springt ein anderes Elektron samt seinem Atomkomplex an anderer Stelle mit einem Kation zur Bildung eines neutralen Moleküls über (Dissoziationstheorie von Arrhenius). Das Verhältnis der Anzahl der in freie Ionen gespaltenen Moleküle zur Gesamtzahl der Moleküle bleibt konstant, wenn die Temperatur und der Konzentrationsgrad der Lösung gleich bleibt. Die durch Spaltung entstandenen, teilweise positiven und teilweise negativen Ionen sind den elektrostatischen Kräften des Kreises unterworfen, und so leitet die Lösung, indem sie sich zersetzt.

Durch den hochgradig ausgepumpten leeren Raum, der nur noch vom Lichtäther durchsetzt ist, treten die Elektronen frei von Stoff hindurch, wenn zwischen Elektroden, die in den leeren Raum hineinragen, Spannung gelegt wird. Hier bewegen sich die Elektronen mit Geschwindigkeiten, die an die Lichtgeschwindigkeit herankommen, von der Kathode zur Anode, wodurch die Bewegung zu einer Strahlung wird (Kathodenstrahlen). Durch den Elektronenanprall leuchten gewisse Stoffe (z. B. Bariumplatincyanür) auf, auch leuchten die Glaswände, die den leeren Raum begrenzen, grünlich, und so kann man den Verlauf eines durch eine Blende begrenzten Kathodenstrahlenbündels sichtbar machen (Crookessche und Braunsche Röhren). Durch Annäherung eines Magneten werden die Strahlen nach der Regel der linken Hand abgelenkt.

Wo Kathodenstrahlen auf das Metall (Wolfram) der Anode (Antikathode unter 45°) treffen, entsteht außer der durch die Verzögerung der Elektronen in den oberen Schichten des Metalles auftretenden Wärmeentwicklung eine sehr kurzwellige Ätherschwingung ($\lambda = 0{,}05$ bis $0{,}5 \cdot 10^{-8}$ cm, erste „hart", letztere „weich", Röntgenstrahlen), die auch für das Auge undurchsichtige Stoffe durchdringt, durch natürliche Kristallflächen gebrochen (Röntgen-Spektroskopie), durch den Bariumplatincyanürschirm sichtbar gemacht werden kann und auf die photographische Platte einwirkt.

In verdünnten Räumen stoßen die Elektronen mit den Gasmolekülen zusammen und nehmen im allgemeinen an den Molekülverbänden teil (Ionen). Nur reine Edelgase [Helium, Neon, Argon, Krypton, Xenon, Emanation (Niton)], reiner Stickstoff und Metalldämpfe bilden Ausnahmen. Durch die vielen Zusammenstöße ist die Geschwindigkeit der Elektronen nicht groß und verhältnisgleich zur elektrischen Feldstärke (Volt/cm). Die Zusammenstöße mit den Ausnahmestoffen sind bei nicht zu großen Elektronengeschwindigkeiten elastisch. Bei einer weiteren geringen Steigerung der Geschwindigkeit verlieren die Elektronen ihre Energie plötzlich und das Gas leuchtet im Spektrum mit einer Linie (Farbe). Weitere Steigerungen geben an ganz bestimmten Werten wieder plötzlich neue Linien usw., bis an die als Ionisierungsenergie bezeichnete Grenze. Bei den Zusammenstößen der Elektronen mit dem Molekül nimmt letzteres Energie auf, indem die Bahn seines äußersten gebundenen Elektrons sich erweitert und verändert, und wobei das Molekül höhere Lichtenergie abgibt. Das äußerste Elektron wird „angeregt" und führt die Bezeichnung „Leuchtelektron", da das gesamte, von dem Gasmolekül ausgehende Licht durch die Bewegungen dieses Elektrons bestimmt ist. Die Leuchtstufen bei langsamer Steigerung der Feldstärke sind sprunghaft (Quantentheorie, Planck, Bohr). An der Grenze seiner Energieaufnahme geht das Leuchtelektron dem Verbande verloren, seine Bahn öffnet sich beim nächsten Zusammenstoß, es wird „herausgeschossen" aus dem Verbande, das Gas wird „ionisiert". Das freiwerdende Elektron stößt mit anderen Leuchtelektronen zusammen, die ebenfalls frei werden (Stoßionisierung). Durch Stoßionisierung nimmt die Leitfähigkeit des Gases schnell zu (vorgeschobene Blitzköpfe).

Durchsetzt Licht aller Wellenlängen ein anfänglich selbst nicht leuchtendes Gas, so werden die Leuchtelektronen dieses Gases durch das Licht bestimmter Wellenlängen angeregt und nehmen diese Energie auf, so daß in dem sonst kontinuierlichen Spektrum des Lichtes das Licht dieser Wellenlängen verschwindet (Kirchhoff, Fraunhofersche Linien); dabei beginnt das durchstrahlte Gas selbst in der Farbe zu leuchten, die ausgesiebt worden ist.

Fällt Licht auf eine frisch geschabte Metallplatte, so lädt sich diese Platte positiv elektrisch (lichtelektrische Wirkung, Hallwachs). Durch die Ätherschwingung werden die Leuchtelektronen des Metalles angeregt und verlassen den Verband mit geringen Geschwindigkeiten. Durch eindringende Luft „ermüdet" das Metall. In hochgradiger Leere wirkt die Lichtbestrahlung dauernd, so daß zwischen zwei durch die Gefäßwände eingeschmolzenen Elektroden bei der Bestrahlung ein Strom entsteht, der in dem äußeren Schließungskreise durch weiter zu besprechende Mittel verstärkt und nachgewiesen werden kann (lichtelektrische Zelle).

Durch Erhitzung der Kathode wird die Abgabe freier Elektronen erleichtert. Das längst bekannte Beispiel hierfür ist der Lichtbogen in atmosphärischer Luft. Im gasverdünnten und leeren Raume können die Elektronenwege länger sein (1. Quecksilberdampflampen, 2. Quecksilberdampfgleichrichter, 3. Verstärkerröhren, 4. Senderöhren). Bei 1 und 2 vergast das Quecksilber, das die eine Elektrode bildet, leichter, d. h. bei niederen Temperaturen, als Kohle (Graphit), oder Eisen, woraus die andere Elektrode besteht. Bei 3 und 4 erhitzt man die aus Wolfram (oder Wolfram mit Metalloxydüberzug) bestehende und an zwei Stellen eingeschmolzene Kathode durch eine Stromquelle niederer EMK (einige Akkumulatoren). Gegenüber der „Glühkathode" befindet sich in dem höchstgradig ausgepumpten* Glasgefäß die metallene Anode, während sich im Raume zwischen beiden eine stark durchbrochene Metallschicht, das „Gitter", befindet, dessen Zuleitung an dritter Stelle durch die Glaswandung durchgeführt ist. Legt man von niederer EMK (einigen Volt) aus zwischen Kathode und Gitter einen Stromkreis (Gitterkreis), und zugleich von höherer EMK aus (Nähe 100 Volt) zwischen Kathode und Anode einen zweiten Stromkreis (Anodenkreis), wobei die beiden Kreise ihren negativen Pol an der Glühkathode haben, so bewegen sich Elektronen von der Kathode z. T. zur Anode und z. T. zum Gitter. Schwankt im Gitterkreise die Spannung um einige Volt nach oben und unten von dem mittleren je nach der Röhrenverwendung als zweckmäßig angewandten Gitterpotential aus, so macht die Stromstärke im Anodenkreise entweder erhebliche Änderungen durch, die den Spannungsänderungen des Gitterkreises in gewissen Bereichen proportional sein können, oder die Röhre wirkt bei stark negativem Gitter absperrend, so daß nur Erhebungen der Gitterspannung in positivem Sinne zu einem Anodenstrom führen.

* ETZ, 1925, S. 52.

Gibt ein Stoff aus seinem Vorrat vorher gebundener Elektronen unter Zerfall der Atomkerne freie Elektronen und andere Strahlengattungen ab, so hat man es mit einer Änderung des Grundstoffes zu tun, und man nennt das den Atomzerfall. Die einzigen Stoffe, an denen man das seit längerer Zeit beobachtet, ohne daß durch menschliches Eingreifen daran etwas geändert werden kann, sind die radioaktiven Stoffe (Radium, Uransalze u. a.), die außer freien negativen Elektronen (β-Strahlen = Kathodenstrahlen) auch Heliumatome (α-Strahlen) abgeben, die mit großer Geschwindigkeit (z. B. 0,1 der Lichtgeschwindigkeit) abgeschleudert werden. Dabei werden große Energiemengen frei, gegen die die Wärmetönungen chemischer Verbindungen sehr gering sind. Der erste Fall einer künstlichen Atomzertrümmerung ist Rutherford beim Stickstoff durch Beschießung mit α-Strahlen, die große Masse haben, gelungen. Eine dritte Art der von radioaktiven Stoffen ausgehenden Strahlung (γ-Strahlen) sind Ätherschwingungen nach kürzerer Wellenlänge als die der Röntgenstrahlen.

Das magnetische Feld um den Stromleiter herum ist* zu deuten als eine Kreiselbewegung der den Leiter umgebenden Ätherteilchen. Da der Äther als vollkommener Isolator zwischen seinen Teilchen Elektronen (Maxwells Friktionsmoleküle) enthält, die sich nicht von der Stelle, wohl aber um Achsen drehen können, die durch ihren Mittelpunkt gehen, so wird eine Drehung einiger Ätherwirbel durch die zwischen Elektron und Äther sich einstellende (rotations)-elastische Verknüpfung sich auch auf die Nachbarschaft derart übertragen können, daß alle Wirbel auf einer Seite des Stromleiters eine Drehung im gleichen Sinne ausführen. Diese Bewegung erfolgt verlustlos, so daß zu ihrer Aufrechterhaltung keine Arbeit aufzuwenden ist. Verschieben sich nun die Elektronen im Leiter, so drehen sich die Ätherteilchen außerhalb des Leiters. Jedem Ätherwirbel muß eine Achse zuerteilt werden. Bezeichnet man die Enden der Wirbelachse als Pole, so erkennt man, daß die einander zugekehrten Enden zweier in gleicher Richtung sich drehender Ätherwirbel einer Trennung durch Auftreten einer elastischen Zugkraft zwischen ihnen widerstreben, da infolge der Fliehkraft die Wirbel sich radial ausdehnen, wodurch sich die Achsen zu verkürzen suchen. Die beiden ungleichnamigen Pole zweier zusammenstoßender Wirbelachsen ziehen sich daher an. Alle Wirbelachsen werden daher so aneinanderliegen, daß sie eine geschlossene Linie bilden. Hieraus ist auch möglich, die elektromagnetischen Induktionserscheinungen auf Grund der Elektronenbewegung zu deuten.

Die Atomistik erklärt vieles und hat zu vielen neuen Entdeckungen geführt, die ähnlich wie die einstige Errechnung des Neptun, der an der vorausberechneten Stelle auch wirklich gefunden wurde, das Siegel auf die Richtigkeit des bisher Gedachten aufgedrückt haben, aber vieles ist bisher unerklärlich und harrt der Lösung.

---

* A. Linker, Praktische Elektrizitätslehre. (Wilh. Knapp, Halle a. d. Saale.)

2. Quecksilberdampfgleichrichter

dienen zur Umsetzung ein- oder mehrphasigen Wechselstromes in Gleichstrom auf Grund der Ionenwanderung in Quecksilberdampf. In luftleer ausgepumpten Gefäßen befindet sich Quecksilber an der tiefsten Stelle, das in Verbindung steht mit dem Teil, der im Gleichstromkreise positiv sein soll; Quecksilber bildet die flüchtige Elektrode, während an höheren Stellen im Gefäß nichtflüchtige Elektroden aus Eisen oder Kohle (Graphit) angebracht sind, die mit den Wechselstrompolen in Verbindung stehen. Die festen Elektroden sollen kalt bleiben und werden zu Anoden, das Quecksilber, dessen Angriffsstelle heiß wird, bildet die Kathode. An der Kathode vergast Quecksilber, und vom heißen Angriffspunkt aus bewegen sich negative Elektronen, die mit Quecksilberatomen beladen sind, zu den Anoden hin. Diese Ionen machen den Quecksilbergasraum leitend, sie ionisieren ihn. Das vergaste Quecksilber verdichtet sich im oberen Raum des Gefäßes und fällt wieder zu Boden. Da die Anoden nicht heiß werden, senden sie keine Elektronen aus, und damit wird der Wechselstrom nur nach einer Richtung durchgelassen (Ventilwirkung), indem an derselben Anode der nächste Wechsel ganz ausfällt. Erwärmt sich die Anode nur zur Rotglut, so gilt sie als kalt, während bei Gelbglut die Ventilwirkung aufhört. Man bezeichnet diesen Fall als Rückzündung, die mit den Eigenschaften eines Kurzschlusses auftritt und durch Anwendung hochgradig reiner Baustoffe ferngehalten wird. Bestehen die Gefäße aus Glas, so bleiben sie dicht, solange sie und die Durchführungsstellen ganz sind. Die Anoden werden bei Glasgefäßen in seitlichen nach außen ragenden Armen angebracht. Bei Metallgefäßen gehört eine gewöhnlich elektrisch angetriebene Luftpumpe zum Gleichrichter, durch die die Luftleere durch zeitweiliges Pumpen dauernd aufrecht erhalten werden kann.

Kleine gläserne Gleichrichter werden durch Kippen von einer mit Quecksilber gefüllten über einen Widerstand angeschlossenen Hilfsanode aus gezündet, während große Gleichrichter mit Metallgefäßen über bewegliche Zündanoden verfügen, die durch einen Druckknopf unter Zwischenschaltung elektromagnetischer Übertragungsmittel zum Eintauchen gezwungen und elektromagnetisch gesteuert werden.

Zu Gleichrichteranlagen gehören besondere Umspanner. Bild 371 zeigt die Schaltung für Einphasenstrom, an der zu sehen ist, daß die beiden auf den Schenkeln verteilten primären Spulen nebeneinander geschaltet sind; die Sekundärspulen würden zur Wechselstromabnahme hintereinandergeschaltet sein; damit ist die rechte Klemme +, während die linke — ist und umgekehrt. Hierdurch wird jeder Wechsel für den Gleichrichter ausgenutzt. Damit in dem Augenblick, in dem der Wechselstrom die Stärke Null hat, der Lichtbogen nicht abreißt, muß außer dem Belastungswiderstand w im Gleichstromkreise eine induktive Spule w_S angebracht sein.

Liegt Drehstrom vor, so müssen die auf denselben Schenkeln untergebrachten Umspannerwicklungen primär im Dreieck, sekundär im Stern geschaltet sein (Bild 372 und 373). Für kleine Gleichrichter wird dreiphasige (Bild 372), für große sechsphasige (Bild 373) Gleichrichtung angewendet. In beiden Fällen bildet wieder der Sternpunkt der sekundären Wicklung den negativen Pol der Gleichstromseite. Da es keinen Fall gibt, in dem von allen drei Phasen zusammen der Lichtbogen die Stromstärke Null führen würde, ist die Selbstinduktionsspule im Gleichstromkreise unnötig. Schon bei dreiphasiger Gleichrichtung ist der Gleichstrom fast konstant, bei sechsphasiger gilt das in höherem Grade.

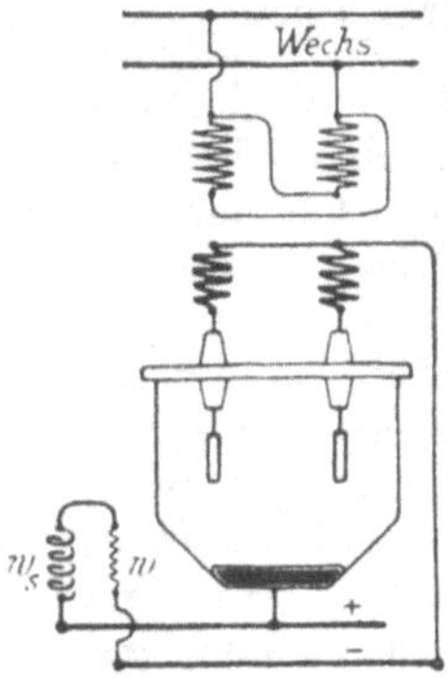

Bild 371. Einphasige Gleichrichtung.

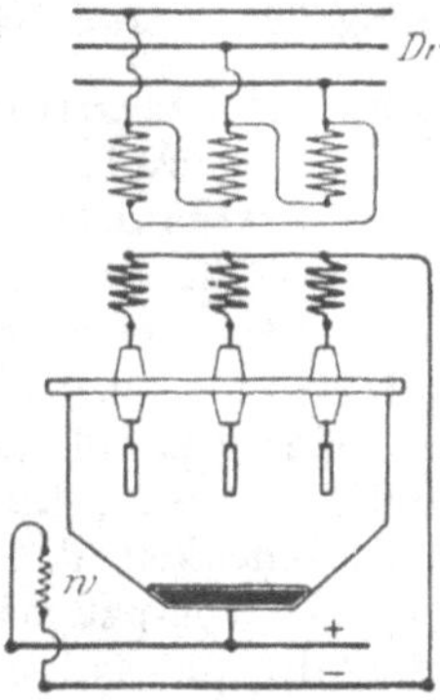

Bild 372. Dreiphasige Gleichrichtung.

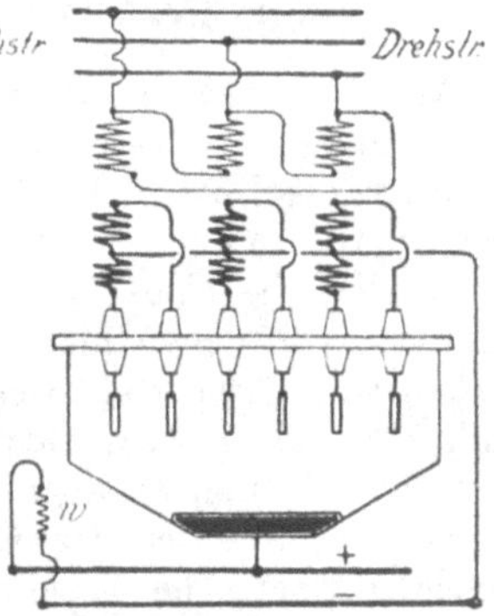

Bild 373. Sechsphasige Gleichrichtung.

Jede einzelne Sekundärspule führt nur dann Strom, wenn an ihr die Reihe ist. Diese Einzelstromstöße jeder Phase würden sich auf das Netz übertragen, wenn nicht die oben gezeichnete „Ringschaltung“ der Primärseite angewendet würde. Hier gleichen die in den magnetischen Flüssen aufgespeicherten Arbeiten die Stöße aus.

Da der Gleichrichtungsvorgang ohne mechanische und magnetische Verluste vor sich geht, und der Wärmeverlust hauptsächlich durch geringe Spannungssprünge an der Kathode und den Anoden (beide zwar nicht einander gleich, aber bei jeder Belastung angenähert gleichbleibend) bedingt ist, wird der Wirkungsgrad der Gleichrichter um so höher, je höher die verwendete Gleichstromspannung ist. Ist z. B. eine Gleichstromspannung von 580 Volt aufzubringen, und beträgt der Spannungsverlust im Gleichrichter 20 Volt, so muß der Gleichrichter 600 Volt Gleichstrom erzeugen. Bei dreiphasiger Ausführung ist dieser Wert mit 0,855, bei sechsphasiger mit 0,740 zu multiplizieren, damit man die Spannung jeder Phase von der Anode bis zum Sternpunkt in ihrem Effektivwert erhält; man würde also für sechsphasige Ausführung $600 \cdot 0{,}740 = 444$ Volt brauchen. Der Umspanner für sechsphasige

Ausführung ist für den 1,55 fachen Wert der Gleichstromleistung zu bemessen. Die Verlustwärme des Gleichrichters ist verhältnisgleich zur Stromstärke, nicht zu ihrem Quadrat. Der Wirkungsgrad des Gleichrichters für 600 Volt 1000 Ampere samt seinem Umspanner liegt zwischen $^1/_4$ und $^5/_4$ der Belastung zwischen 0,93 und 0,94 und beträgt noch bei 0,1 der Belastung $\sim$ 0,9.

Damit Gleichrichter von Bahnanlagen nicht unter einem unbequemen Potential von $\sim$ 500 V stehen, wird bei Anwendung von Metallgleichrichtern häufig der negative Pol an den Fahrdraht gelegt, wodurch der positive Pol und das Gleichrichtergehäuse geerdet ist.

3. Drahtlose Telegraphie und Telephonie.

Wir befinden uns überall in einem elektrischen und einem magnetischen Felde. Von jedem Punkt der Atmosphäre aus bis zur Erde herrscht Spannung, und die elektrische Feldstärke drückt sich aus durch Volt/m oder cm, die an der betreffenden Stelle auftreten. Niveauflächen gleichen Potentiales, die eine über der anderen liegen, sind Meeresspiegeln vergleichbar, von denen man weiß, daß sie auch niemals ruhig sind. Wir merken von diesen elektrischen Feldern gewöhnlich erst etwas, wenn die Feldstärke höher steigt, als daß sie von der Luft vertragen wird, d. h. beim Blitz. Zugleich aber ist zu bedenken, daß überall, wohin wir uns begeben, auch unter der Erde, die Kompaßnadel nach einer gewissen Richtung zeigt; die Erscheinung ist nirgend dieselbe, wenn man die Richtungen der wagerechten und senkrechten Komponenten der Kräfte und zugleich auch die Größe der Kräfte bedenkt, jedoch herrscht hier mit Magnetnadeln betrachtet eine große Beständigkeit und große Stetigkeit der zeitlichen Übergänge, so daß man sich sogar nach dem Kompaß richten kann und Karten hierfür (magn. Erdfeld) erst von 5 zu 5 Jahren zu ändern braucht. Der Kompaß ist ein grobes Mittel, da er schnelle Schwankungen nicht anzeigt, wenn die mittlere Gleichgewichtslage dieselbe bleibt. Schließlich kommt die Elektrotechnik hinzu, die gezeigt hat, daß jede Änderung eines magnetischen Flusses eine Induktionsspannung entlang einer Linie um den Fluß herum erzeugt, also ein elektrisches Feld, das auch vorhanden ist, wenn kein Drahtleiter den Fluß umgibt. Ebenso erzeugt jede Elektrizitätsbewegung einen magnetischen Fluß um die Achse der Elektrizitätsbewegung herum, auch wenn kein Eisenkreis um die Achse gelegt ist. Das magnetische Feld speichert aber einen Arbeitsvorrat auf, der beim Verschwinden des magnetischen Flusses einen gleich großen Arbeitsvorrat in einem elektrischen Felde zustande bringt (und umgekehrt), der die Linie des Verlaufes des magnetischen Flusses wirbelförmig umgibt, etwa wie die Ringe, die ein Raucher ausstößt, um eine geschlossene Bahn wirbeln. Diese Ringe vergrößern sich selbsttätig mit zunehmender Zeit ihres Bestehens langsam. Eine Störung im Gleichgewicht des magnetischen und elektrischen Zustandes pflanzt sich[242]) aber mit Lichtgeschwindigkeit fort, d. h. mit

$v = 3 \cdot 10^{10}$ cm/Sek. vergrößert sich der Radius der Bahn, die der magnetische Fluß um die Achse der Elektrizitätsbewegung herum verfolgt; da der Fluß bei seiner Ausbreitung abnimmt, bleibt auch das elektrische Feld um ihn herum im Vorwärtsschreiten der Ausbreitung bestehen, aber die Erscheinung wird um so schwächer, je weiter sich die Bahn des Ringes ausbreitet. Diese elektrischen und magnetischen Felder addieren sich mit den an jeder Stelle im Raume bestehenden Werten elektrischer und magnetischer Felder und geben bei einer Elektrizitätsverschiebung am Sendeorte in senkrechter Richtung etwa das Bild einer Welle, die ein in einen Teich geworfener Stein hervorruft. Wird aber eine dem Sinusgesetz folgende hin und her gehende Bewegung der Elektrizität am Sendeorte erzeugt, so gibt das eine stehende Welle in harmonischer Schwingung, d. h. es wandern vom Sendeorte aus ringförmige Gebilde magnetischer Flüsse, wobei der eine einen rechtsdrehenden, der nächste einen linksdrehenden Verlauf hat usw.; hierbei ändert sich für einen bestimmten festen Ort sowohl die magnetische Dichte in Richtung der wagerecht liegenden Peripherie der Welle, als auch die Stärke des elektrischen Feldes in senkrechter Richtung sinusförmig. Dabei ist die magnetische Dichte an der Stelle am größten, wo das elektrische Feld gleich Null, und das elektrische Feld am stärksten, wo die magnetische Dichte gleich Null ist; also ist genauer ausgedrückt das eine Feld dem Sinus, das andere dem Kosinus der mit der Kreisfrequenz multiplizierten Zeit proportional. Es herrscht also an jedem von den Wellen getroffenen Ort ein Energieaustausch zwischen elektrischer und magnetischer Feldenergie. Die Wellenlänge ist räumlich der Abstand von der Stelle, wo ein bestimmter Zustand in dieser Schwingung erreicht ist (z. B. $\mathfrak{H} = 0$) bis zu der Stelle, an der das nächste Mal wieder derselbe Zustand (z. B. $\mathfrak{H} = 0$) erreicht ist, in Richtung des Radius der Fortpflanzung gemessen. Da der Lichtäther der Träger dieser Erscheinung ist, gilt für diese Schwingung dieselbe allgemeine Gleichung, wie für das Licht:

$$\lambda \cdot \nu = v\,, \tag{240}$$

wobei die Formelgrößen dieselbe Bedeutung haben, wie früher. Sendet z. B. eine Stelle mit $\nu = 30000$ Schwingungen/Sek., so beträgt die Wellenlänge $\lambda = v : \nu = 3 \cdot 10^{10} : 30000 = 1 \cdot 10^{6}$ cm oder 10 km, und die Periode dauert $T = 1 : \nu = {}^{1}/_{30000}$ Sekunde. Die Elektrizitätsverschiebung an der Sendestelle besorgt die Antenne, ein bis in große Höhen ragender Leiter, der durch seine Selbstinduktion und Kapazität einen Schwingungskreis bildet. Die Eigenschwingung der Antenne gibt die Frequenz und die dadurch bedingte Wellenlänge der Übertragung an. Die Auffangvorrichtungen sind entweder, wenn der elektrische Teil der Schwingung mehr zu Geltung kommen soll, ebenfalls Hochantennen, oder, wenn der magnetische Teil der Schwingung verwendet wird, Rahmenantennen. Aus obigen Entwicklungen ist verständlich, daß die Ebene der Windungen einer Rahmenantenne senkrecht nach unten und in der Richtung der Fortpflanzung der Welle liegen muß. Auch ist zu verstehen, daß die Empfangs-Hochantenne am wirksamsten ist, wenn ihr Schwingungskreis durch induktive und kapazitive Bemessung auf dieselbe Frequenz (bzw. Wellenlänge) gestimmt ist, wie die Sendeantenne (Resonanz), daß sie aber nicht mit einem fehlerhaften Takt so stark mitschwingen darf, daß sie stört (sie darf nicht strahlen).

Vor der Besprechung eines Beispieles einer Sende- und einer Empfangsanlage sei noch erwähnt:

Die Reichspost hat in Deutschland allein das Recht der Nachrichtenübermittlung, daher sind die von den Postbehörden aufgestellten Anforderungen auch im drahtlosen Verkehr zu erfüllen.

Die für die Übertragung angewandten Frequenzen liegen außerhalb des Hörbereichs. Werden einer solchen Schwingung weitere Ätherschwingungen aufgedrückt, die angenähert dieselbe Frequenz haben, so addieren sich die Ausschlagsweiten in jedem Zeitteilchen algebraisch (Bild 374); es entstehen Schwebungen, deren einseitige einhüllende Linie in eine Luftwelle übergeführt, hörbare Frequenz haben kann. In der Telegraphie können hiermit in Morseschrift Zeichen gegeben werden, und in der Telephonie liegen die Verhältnisse ähnlich. Unter der Wellenlänge, in der eine Stelle sendet, versteht man die Wellenlänge der schnellen Schwingung innerhalb der Einhüllenden (s. Gl. 240). Die Wellenlängen des deutschen Rundfunks liegen gegenwärtig etwa bei 300 ÷ 750 m, diejenigen der Fernübertragungen höher.

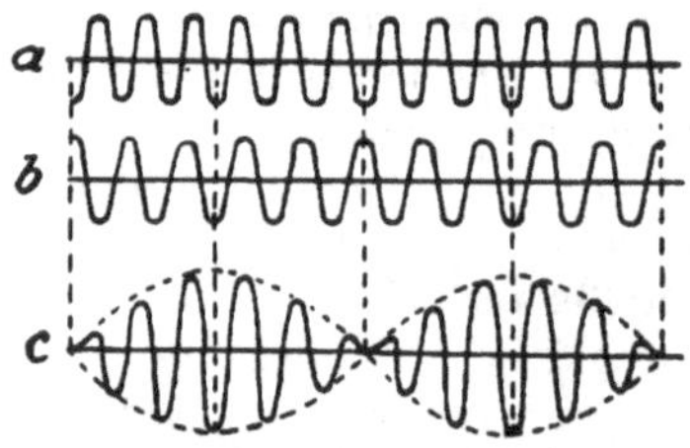

Bild 374. Schwebung.

Üben zwei Stromkreise induktive oder kapazitive Wirkung aufeinander aus, so hat sich hierfür der Ausdruck Kopplung herausgebildet. Führt z. B. Luft die Induktionslinien von einer Spule zur andern, so heißt „die Kopplung ist zu stark“ soviel wie „die Spulen müssen weiter auseinander gebracht werden“ oder „die Windungsebenen der beiden Spulen müssen mehr auseinandergedreht werden.

Honigwabenspulen: Wickelt man Spulen für drahtlose Verwendung so, wie man das seit alters her gewohnt ist, indem man erst den einen Zylindermantel vollwickelt, darüber den nächsten usw., so stören bei diesen hohen Frequenzen die kapazitiven Wirkungen der Windungen gegeneinander die induktiven Wirkungen, die die Spule hervorbringen soll. Man wickelt Spulen entweder nur in einer Schicht, oder in zwei Schichten, indem man erst eine innere, dann eine äußere, dann die daneben liegende äußere, dann die unter ihr liegende innere, darauf die neben dieser inneren liegende innere Windung wickelt usw.; schließlich sucht man bei Honigwabenspulen durch Kreuzung der Windungen gegeneinander mit dazwischenliegenden Hohlräumen die Kapazität der Windungen gegeneinander zu verringern.

Drehkondensator: Selbstinduktion und Kapazität eines Schwingungskreises gegeneinander können bequem durch Änderung der Kapazität abgestimmt werden: Verringert man die Fläche, mit der sich die Beläge eines Kondensators gegenüberstehen, so verringert man, wenn alles übrige gleich bleibt, die Kapazität. Eine bequeme Möglichkeit hierfür besteht darin, feste halbkreisförmige Aluminiumbleche mit Abständen von Luft oder Luft und Glimmer parallel übereinander zu schichten. In der Mitte haben die Halbkreisflächen eine konzentrische Aussparung. Zwischen den Hohlräumen der festen Beläge sind weitere halbkreisförmige Aluminiumblätter, im Durchmesser etwas kleiner, an einer Achse aufgereiht drehbar; die Anordnung sichert einen stetigen Übergang der Kapazitätswerte.

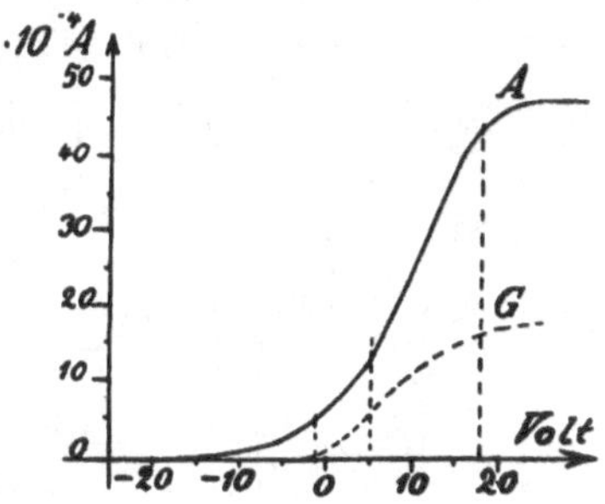

Bild 375. Charakteristik einer Glühkathodenröhre.

Elektronenröhren: Die Wirkungsweise der Elektronen- oder Glühkathodenröhren ist unter XII, 1 beschrieben. Hier folgt zunächst die Charakteristik in einem Beispiel für 120 V Anodenspannung (Bild 375). Als Abszisse sind die Gitterspannungen und als Ordinate die Stromstärken *A* im Anodenkreise und *G* im Gitterkreise aufgetragen. Von der Kathode geht die Summe beider Ströme aus. Will man zu den Gitterspannungsschwankungen proportionale Anodenstromänderungen erreichen, so dürfen die Spannungen an dieser Röhre zwischen Glühkathode und Gitter nur zwischen 0 und 18 V schwanken. Der Anstieg dieser Linie ist die Steilheit der Röhre. Elektronenröhren verwendet man als Schwingungserreger in Schwingungskreisen beim Senden, als Verstärker beim Empfang in Hochfrequenzkreisen, in Verbindung mit einem Siliciumkarbid- (Silit-) Stab zum Aussieben der Niederfrequenzschwingung aus der Hochfrequenz (Audion) an Stelle eines Detektors, der nur an Orten hoher Schwingungsenergie verwendet werden kann, sowie schließlich, meistens in Verbindung mit eisendurchsetzten kleinen Transformatoren zur Verstärkung im Niederfrequenzkreise.

Bild 376 zeigt ein Beispiel einer Sendeeinrichtung für Sprache und Musik. Gegen das Mikrophon *M* wird gesprochen. Der Strom wird dabei der Sprechbatterie entnommen. Durch einen eisendurchsetzten Transformator *Tr* überträgt man die Schwingungen auf den Gitterkreis der Röhre R_1. In den Röhren bedeutet *K* die Glühkathode, durch die Heizbatterie *HB* beheizt, *G* das Gitter und *A* die Anode. *AB* ist die Anodenbatterie, deren Strom durch den Widerstand *W* begrenzt ist. R_1 gibt die verstärkten Niederfrequenzschwingungen, die der Schwingung des Antennenkreises *E* (Erdungsstelle) ÷ *A'* (Antenne) aufgedrückt werden. Im Antennenkreise gibt der Drehkondensator *DK* und die Spule ohne Eisen S_1 in Verbindung mit der Röhre R_2 den Takt der

Hochfrequenz an. Der Gitterkreis von R_2 entnimmt durch die Spule S_2 Schwingungsenergie aus dem Kreise der Antenne, und R_2 führt in demselben Takte einen höheren Wert von Schwingungsenergie durch den Anodenkreis dem Antennenkreise zu, wodurch die Hochfrequenzschwingung dauernd aufrechterhalten wird (Gitterrückkopplung). Die Spannung von S_2 ist um $\sim 180^0$ gegen diejenige von S_1 verschoben, denn die Bedingung zum Aufrechterhalten der Schwingung ist, daß die Gitterspannung fällt, wenn der Anodenstrom steigt, und umgekehrt. Dem Anwachsen der Schwingungen wird durch die größte Elektronenaussendung des Glühfadens von R_2 eine Grenze gesetzt. Durch die gegenseitigen Widerstandsverhältnisse von R_1 und R_2 wird der Hochfrequenz die Niederfrequenz des Sprechkreises aufgedrückt. Die Drosselspule mit Eisen D verhindert den Übergang der Hochfrequenz in den Niederfrequenzkreis, und ein Blockkondensator den Übergang des Gleichstromes der Anodenbatterie in die Antenne. Der Umschalter U befindet sich an der Außenwand des Gebäudes und dient dazu, die Antenne kurz zu erden, wenn die Anlage nicht gebraucht wird, in jedem Fall bei Gewitternähe.

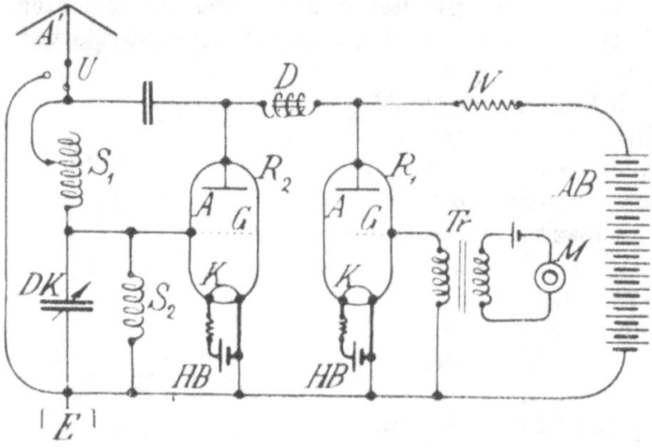

Bild 376. Sendeeinrichtung.

In dem mit Bild 377 wiedergegebenen Beispiel* einer Empfangseinrichtung ist die Rückkopplung wiederzuerkennen. Die Abstimmungsmittel sind die Spulen S_1 und S_2 und der Drehkondensator DK. Über den kleinen Kondensator (Gitterkondensator GK) ist das Gitter der Röhre R_1 angeschlossen, das über einen Silitwiderstand W_{Si} mehrerer $M\Omega$ mit der Glühkathode K verbunden ist. In dieser Schaltung wirkt das Gitter der Röhre R_1 (des Audions), nur wenn es gegen den Glühdraht positiv geladen ist, als Gleichrichter und stellt damit aus der Hochfrequenz des Antennenkreises die Niederfrequenz des Telephonkreises her, indem z. B. aus Bild 374c nur die in der oberen Hälfte liegenden Wechsel ausgesiebt werden, deren Zahl pro hörbare Schwingung in Wirklichkeit viel größer ist, als das Bild darstellt. Gleichzeitig treten Niederfrequenz und Hochfrequenz im Anodenstromkreise verstärkt auf. Der Anodenstromkreis enthält die Rückkopplungsspule S_3, die mit S_2 gekoppelt ist, und unmittelbar oder mittelbar das Telephon T. Der

* ETZ, Funksonderheft der ETZ, 1924, S. 36.

Hochfrequenzstrom fließt über den kleinen Kondensator K_1, der für die Niederfrequenz absperrt, zum Glühdraht zurück.

Eine besondere Feinheit der Telefunkenanordnung besteht darin, daß der Drehkondensator und die Kopplung $S_2 S_3$ mechanisch gleichzeitig gesteuert werden, so daß zu feste Rückkopplung nicht entsteht und benachbarte Empfänger nicht gestört werden können. Man hat also nur zwei Einstellvorrichtungen, den Knopf zur Wahl der gewünschten Wellenlänge (DK, S_2 S_3) und den Knopf am Widerstande w_1 zur Wahl der Lautstärke durch Veränderung des Heizstromes zu drehen. Die Einrichtung ist geeignet für Wellen von $\sim 250 \div 750$ m Länge (deutscher Rundfunk).

Die Röhren R_2 und R_3 dienen in Verbindung mit den Transformatoren Tr_1 und Tr_2 zur weiteren Niederfrequenzverstärkung, wenn

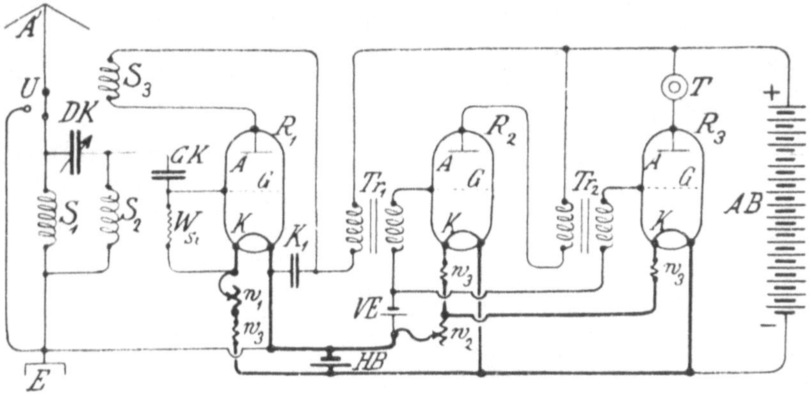

Bild 377. Telefunken-Empfangseinrichtung.

die unmittelbare Einschaltung des Telephones an Stelle der Primärspule von Tr_1 zu geringe Lautstärke ergeben sollte. VE ist das Vorspannelement zum Einstellen des günstigsten Potentiales für die Gitter, das bei Verstärkerröhren schwach negativ sein muß. Hier ist der Gitterstrom praktisch gleich Null und bei genügend hoher Anodenspannung die Änderung des Anodenstromes bedeutend genug, so daß mit sehr geringem Leistungsaufwand beträchtliche Verstärkerwirkung erreicht wird. Die Glühkathoden von R_2 und R_3 werden durch w_2 eingestellt, während sämtliche Röhren besondere Vorschaltwiderstände w_3 besitzen.

Den Transformatoren im Verstärkerkreise gebührt der Vorzug, daß sie hochgradig verstärkend wirken, aber ihnen ist der Nachteil eigen, daß sie für die sehr verschiedenen Frequenzen der Sprache und Musik nicht gleichmäßig verstärken können, sie haben vielmehr auffällig hervortretende Resonanzbereiche, wodurch sie die Übertragung entstellen können. Bei der Telegraphie, die nur den einen Summerton verwendet, sucht man gerade den Resonanzbereich auszunutzen. Man wendet in der Telephonie an Stelle der Transformatoren auch Widerstandsanordnungen an, in denen auch Kondensatoren zur Verblockung des Gleichstromes der Anodenbatterie gebraucht werden. Mit diesen Anordnungen ist die Verstärkung bei allen Frequenzen proportional, aber viel geringer; es muß also eine größere Anzahl von Verstärkerstufen angewendet werden. Auch Telephone und Schalltrichter haben Resonanzbereiche, die stören können. Geschickte Verteilung der Resonanzbereiche mehrerer Einzeleinrichtungen in derselben Verstärkeranordnung kann zu gleichmäßiger Verstärkung über die wichtigsten Frequenzbereiche führen.

Anhang.

1. (Zu S. 51.) Es betragen die jährlichen Kosten

$$K = \frac{lic}{e_v} \cdot l \cdot \gamma \cdot k_m \cdot p \cdot \frac{1}{1000} + e_v \cdot i \cdot t \cdot k_a \cdot \frac{1}{1000} \text{ℳ/Jahr},$$

wobei außer den zu Ausdr. (46) gegebenen Bezeichnungen die Stromstärke der Übertragung in Ampere mit i benannt sei. Wird die 1. Ableitung dieses Ausdruckes nach e_v gleich Null gesetzt, so ergibt sich der Geringstwert der Kosten bei einem e_v, das der Bedingung unterliegt:

$$-e_v^{-2} \cdot l^2 \cdot i \cdot c \cdot \gamma \cdot k_m \cdot p \cdot \frac{1}{1000} + i \cdot t \cdot k_a \cdot \frac{1}{1000} = 0;$$

hieraus folgt, da sich die Konstanten i und 1/1000 heben, der Ausdruck (46). Daß es sich um einen Geringstwert und nicht um einen Höchstwert handelt, ergibt der Umstand, daß die 2. Ableitung obigen Ausdruckes K nach e_v

$$e_v^{-3} \cdot 2 \cdot l^2 \cdot i \cdot c \cdot \gamma \cdot k_m \cdot p \cdot \frac{1}{1000}$$

für das e_v des Ausdruckes (46) positiv wird, sowie die Anschauung von Bild 45.

2. (Zu S. 97.) Ein von dem Mittelpunkt einer Kugel vom Radius r ausgehender körperlicher Winkel $d\omega$ schneidet aus der Kugeloberfläche einen Flächenteil $r^2 \cdot d\omega$ aus. Ist im Mittelpunkt der Kugel eine Lichtquelle angebracht, die unter dem betrachteten Winkel $d\omega$ die Lichtstärke J hat und auf dem Flächenteil die Beleuchtung E hervorruft, so bleibt unter demselben Winkel $d\omega$ für beliebiges r der Wert

$$dL = E \cdot r^2 \cdot d\omega = \frac{J}{r^2} \cdot r^2 \cdot d\omega = J \cdot d\omega$$

konstant, der als ein Teil des von der Lichtquelle ausgehenden gesamten Lichtstromes L aufzufassen ist. Sind zusammengehörende Werte durch gleichen Anhänger bezeichnet, so heißt das

$$dL = E_1 \cdot r_1 \cdot d\omega = E_2 \cdot r_2 \cdot d\omega = J \cdot d\omega,$$

woraus sich die Gleichungen (56) und (57) ergeben. Der gesamte Lichtstrom L eines nach allen Richtungen verschieden leuchtenden Körpers wird erhalten, indem man die einzelnen Werte dL über die gesamte Kugeloberfläche für lauter gleiche Raumwinkelteile $d\omega$ addiert:

$$L = \int_0^{4\pi} dL = \int_0^{4\pi} J \cdot d\omega;$$

daraus folgt für die räumliche Lichtstärke

$$J_0 = \frac{1}{4\pi} \int_0^{4\pi} J \cdot d\omega.$$

3. (Zu S. 114.) Auf Grund des Biot-Savartschen Gesetzes ist die von einem sehr kleinen Leiterteil dl, in Bild 149a mit l' bezeichnet, herrührende Feldstärke im Punkte P:

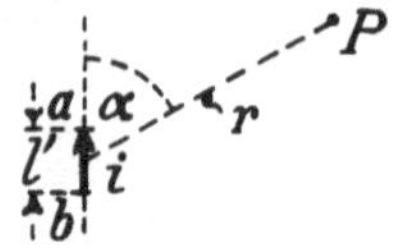

Bild 149a.

$$d\mathfrak{H} = i \cdot \frac{dl \cdot \sin\alpha}{r^2}, \tag{1}$$

wobei noch gilt:

i = Stromstärke,
α = Neigungswinkel des Stromleiterteiles zu P hin,
r = Abstand des Punktes P vom Leiterteil.

Die in endlicher Entfernung c von einem unendlich langen, geraden, von i durchflossenen Leiter auftretende Feldstärke ist daher:

$$\mathfrak{H} = i \int_{-\infty}^{+\infty} \frac{dl}{r^2} \cdot \sin\alpha\,, \tag{2}$$

wobei $r = \sqrt{l^2 + c^2}$ und $\sin\alpha = c : r$; daraus folgt:

$$\mathfrak{H} = i \cdot c \int_{-\infty}^{+\infty} \frac{dl}{(l^2 + c^2)^{3/2}} = \frac{i}{c} \left[\frac{l}{(l^2 + c^2)^{1/2}} \right]_{-\infty}^{+\infty} = 2 \cdot \frac{i}{c}\,. \tag{3}$$

Unter Anwendung absoluter Einheiten gilt: Im rechtwinklig gemessenen Abstande c cm von einem unendlich langen geraden Stromleiter, der die in absoluten Einheiten gemessene Stromstärke i führt, beträgt die Feldstärke $\mathfrak{H} = 2 \cdot i : c$ Dyn/Weber.

Beschreibt ein Magnetpol $\mathfrak{m}$ einen Weg l von einem Punkte l_0 zu einem Punkte l_1 im Felde, so tritt dabei die Arbeit auf

$$A = \mathfrak{m} \int_{l_0}^{l_1} \mathfrak{H}_l \cdot dl\,, \tag{4}$$

wobei dl das Differential des Weges und $\mathfrak{H}_l$ die in Richtung des Wegteilchens gemessene Feldkomponente bedeutet. Diese Arbeit ist in einem magnetischen Felde, das keine elektrischen Ströme enthält, auf jedem zwischen l_0 und l_1 gelegenen Wege gleich. Bei einer Bewegung im Sinne der Kraft wird unter Verringerung des in der Anordnung aufgespeicherten Arbeitsvermögens Arbeit geleistet; bei der Bewegung gegen die Kraft steigert sich das Arbeitsvermögen der Anordnung unter Arbeitszufuhr von außen. Beim Beschreiben einer in sich geschlossenen Linie ist die Arbeit gleich Null

$$A = \mathfrak{m} \int_{l_0}^{l_0} \mathfrak{H}_l \cdot dl = 0\,. \tag{5}$$

Der Wert $\int_{l_0}^{l_1} \mathfrak{H}_l\, dl$ ist das Linienintegral der magnetischen Feldstärke; er ist der Ausdruck der magnetischen Potentialdifferenz $\mathfrak{K}$ oder der MMK zwischen l_0 und l_1.

Enthält ein magnetisches Feld einen elektrischen Stromlauf und wird $\mathfrak{m}$ entlang einer in sich geschlossenen Bahn (Bild 149b) um den Strom i geführt, so ist die dabei auftretende Arbeit von Null verschieden und für jede beliebige Bahn stets dieselbe:

$$A = \mathfrak{m} \int_{0}^{0} \frac{2 \cdot i}{r} \cdot dl\,, \tag{6}$$

da $\mathfrak{H} = \frac{2i}{r}$ (nach 3) werden muß. Da die Arbeitskomponente jedes Wegteilchens (vgl. in Bild 149b für ein Beispiel $l' = r \cdot \alpha$) gleich $r \cdot d\alpha$ ist, so wird

$$A = \mathfrak{m} \int_0^{\alpha_1} 2i \cdot d\alpha, \qquad (7)$$

oder für einmalige Umfahrung eines Leiters der Stromstärke i

$$A = \mathfrak{m} \cdot 4\pi i; \qquad (8)$$

die MMK für einmaliges Umfahren eines Leiters der Stromstärke i Ampere beträgt

$$\mathfrak{K} = \frac{4\pi i}{10}, \qquad (9)$$

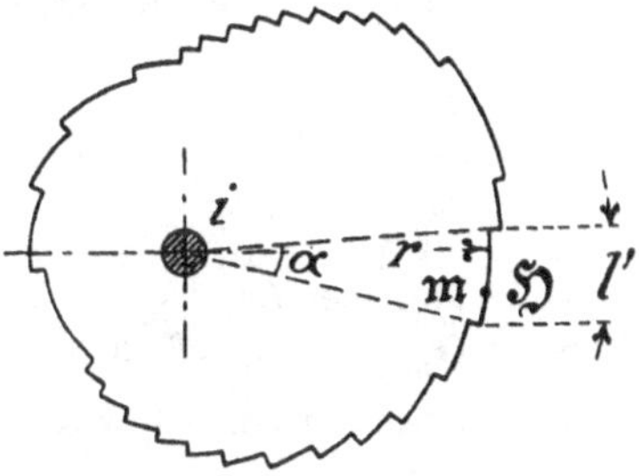

Bild 149b.

für $z$maliges Umfahren (es ist gleichgültig, ob der Strom den magnetischen Kreis oder der magnetische Kreis den Stromleiter $z$mal umfährt, Bild 149c)

$$\mathfrak{K} = \frac{4\pi i z}{10}. \qquad \text{(zu S. 127)} \quad (10)$$

4. (Zu S. 117.) Die Bezeichnung $\mathfrak{B}$ bildet einen Ersatz für den Differentialquotienten

$$-\frac{d\Phi}{dt},$$

Bild 149c.

wobei $d\Phi$ das Differential des Flusses und dt das Differential der Zeit bedeutet, in der $d\Phi$ von dem Leiter durchquert wird. So ruft der Vorgang eine augenblickliche Spannung hervor

$$E = -\frac{d\Phi}{dt} \cdot 10^{-8} \text{ Volt}.$$

Das Vorzeichen wird im Text des Lehrbuches nicht immer berücksichtigt; wo es auf Unterscheidung von Richtungen ankommt, werden die Handregeln verwendet. Das Vorzeichen kommt zustande wie folgt:

1. Wir bezeichnen in einer Schleife einen Strom im Drehsinn des Uhrzeigers als positiv.
2. Eine einen Strom in positivem Sinne treibende EMK heißt positiv.
3. Ein positiver Strom erzeugt im Innern seiner Schleife einen vom Auge des Beschauers fort gerichteten Fluß (Ampèresche Schwimmregel). Diese Richtung des Flusses muß entsprechend der auf einen Nordpol ausgeübten Kraftrichtung des Feldes als positiv bezeichnet werden.
4. Entsteht oder vergrößert sich in einer Stromschleife ein Fluß in positiver Richtung (Differentialquotient in diesem Falle positiv, da Zeit immer positiv), so wird dadurch nach der Regel der rechten Hand eine gegen die Uhrzeigerrichtung drehende, also negative Induktionsspannung erzeugt.

5. (Zu S. 119.) Gibt das Galvanometer bei der Stromstärke $i_{\text{abs.}}$ einen Ausschlag von α Teilen, so ist

$$C \cdot \alpha = i_{\text{abs.}},$$

wobei C die gewöhnliche Konstante für Dauerausschlag heißt ($i_{\text{abs.}} = i_{\text{Amp.}} \cdot 10^{-1}$). Ist τ die Schwingungsdauer des beweglichen Teiles, d. h. die von dem einen Durchgang durch die Ruhelage bis zum nächstfolgenden (für die halbe Periode) verstrichene

Zeit in Sekunden, so gilt für ein ungedämpftes oder schwach gedämpftes Gerät (beim Ausschwingen ist der nächste Ausschlag um einige vH. kleiner, als der vorhergehende), das den ballistischen Ausschlag β durch einen in der Ruhelage ausgeübten Stromstoß $\int i_{\text{abs}}\, dt$ von einer gegen τ sehr kurzen Dauer t_1 bis t_2 erhält,

$$C \cdot \frac{\tau}{\pi} \cdot \beta = \int_{t_1}^{t_2} i_{\text{abs.}}\, dt = \frac{1}{w} \int_{t_1}^{t_2} e\, dt = \frac{1}{w} \int_{t_1}^{t_2} - \frac{d\Phi}{dt} \cdot dt = - \frac{\Phi_{t_1} - \Phi_{t_2}}{w},$$

wobei π die Kreiszahl, w den Widerstand im Kreise des Induktionsstromes in absoluten Einheiten ($w_{\text{abs.}} = w_{\Omega} \cdot 10^9$), e die Induktions-EMK ebenfalls in absoluten Einheiten ($e_{\text{abs.}} = e_{\text{Volt}} \cdot 10^8$) und Φ den Fluß bedeutet, der die Windung durchsetzt. Handelt es sich um eine Induktionsspule von z Windungen, so steht statt $\frac{d\Phi}{dt}$ nun $z\,\frac{d\Phi}{dt}$. Wird die gesamte Änderung des Flusses $\Phi_{t_1} - \Phi_{t_2}$ mit Φ bezeichnet, so gilt demnach

$$\Phi = - C \cdot \frac{\tau \cdot \beta \cdot w}{\pi \cdot z}.$$

6. (Zu S. 127.) In Abwesenheit von Eisen wird in einem Leiter die Selbstinduktionsspannung

$$e = - \mathfrak{S} \cdot \frac{di}{dt} \tag{1}$$

erzeugt, wobei $\mathfrak{S}$ eine zu dem Leiter gehörende Konstante, den Selbstinduktionskoeffizienten des Leiters, i die Stromstärke und t die Zeit bedeutet; die Selbstinduktionsspannung ist also der Stromänderung in der Zeiteinheit verhältnisgleich. Die Maßeinheit für $\mathfrak{S}$ besitzt ein Leiter, der bei gleichmäßiger Stromänderung von 1 Ampere in der Sekunde durch Selbstinduktion 1 Volt erzeugt. Diese Einheit ist das Henry.

Besäße ein Leiter nur Selbstinduktion beim Widerstande Null, so würde die Stromstärke des an eine Stromquelle der konstanten EMK E und ebenfalls vom Widerstande Null gelegten Leiters in jedem Zeitteilchen gleichmäßig vom Strome Null bis zum Strome unendlich, also nach einer geraden Linie mit so viel Ampere/Sekunde zunehmen, als obiger Gleichung (1) entspricht. Berücksichtigt man den Widerstand W des Kreises dazu, so gilt

$$E - i \cdot W - \mathfrak{S}\,\frac{di}{dt} = 0, \tag{2}$$

wobei i die augenblickliche Stromstärke und $\frac{di}{dt}$ die für diesen Zeitpunkt gültige Stromänderung bedeutet. Daraus folgt:

$$\frac{E - i\,W}{di} = \frac{\mathfrak{S}}{dt} \quad \text{oder} \quad \frac{di}{E - i\,W} = \frac{dt}{\mathfrak{S}}, \tag{3}$$

$$\int_0^i \frac{di}{E - i\,W} = \int_0^t \frac{dt}{\mathfrak{S}}; \tag{4}$$

subst. $E - i\,W = u$, so folgt $i = (E - u) : W = \varphi(u)$ und $-1 : W = \varphi'(u)$ und

$$\int \frac{1}{E - i\,W} \cdot di = \int \frac{1}{u} \cdot \left(- \frac{1}{W}\right) \cdot du = - \frac{1}{W} \cdot \log_{\text{nat.}} u - C$$

$$= - \frac{1}{W} \cdot \log_{\text{nat.}} (E - i\,W) - C = \frac{t}{\mathfrak{S}} \tag{5}$$

$$\log_{\text{nat.}}(E - iW) = -W\cdot\frac{t}{\mathfrak{S}} - W\cdot C\;;\quad E - iW = e^{-\frac{W}{\mathfrak{S}}\cdot t}\cdot e^{-W\cdot C}\;;$$

setze $e^{-W\cdot C} = A$, so folgt $i = \frac{E}{W} - \frac{A}{W}\cdot e^{-\frac{W}{\mathfrak{S}}\cdot t}$;

da für $t = 0$ auch $i = 0$, folgt $\frac{E}{W} - \frac{A}{W} = 0$ und $A = E$; damit ist

$$i = \frac{E}{W}\left(1 - e^{-\frac{W}{\mathfrak{S}}\cdot t}\right), \tag{6}$$

worin zu verstehen ist unter

i = Augenblickswert der Stromstärke (Ampere),
t = Zahl der Sekunden zwischen dem Anschließen und dem betrachteten Augenblick,
E = Spannung der Elektrizitätsquelle (Volt),
W = Widerstand des Stromkreises (Ohm),
e = Basis der natürlichen Logarithmen 2,718,
$\mathfrak{S}$ = der Selbstinduktionskoeffizient des Kreises (Henry).

In Bild 165a ist der Verlauf des Anstieges gezeichnet, indem für die Werte der Gleichung bestimmte Annahmen gemacht worden sind. Mathematisch genau würde der Höchstwert erst nach unendlich langer Zeit eintreten.

Wird in einem Kreise plötzlich die EMK E der Stromquelle weggenommen, ohne daß der Kreis unterbrochen wird*, so fällt der Strom nach

$$i = \frac{E}{W}\cdot\left(e^{-\frac{W}{\mathfrak{S}}\cdot t}\right), \tag{7}$$

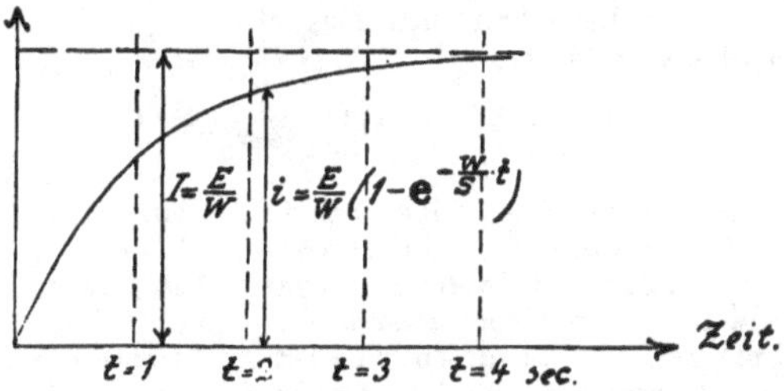

Bild 165a. Anstieg des Stromes bei Selbstinduktion.

wobei die oben genannten Bezeichnungen gelten, nur bedeutet t die Zeit nach Wegnahme der Spannung E. Der Abfall ist für bestimmte Werte von E, W und $\mathfrak{S}$ in Bild 165b gezeichnet.

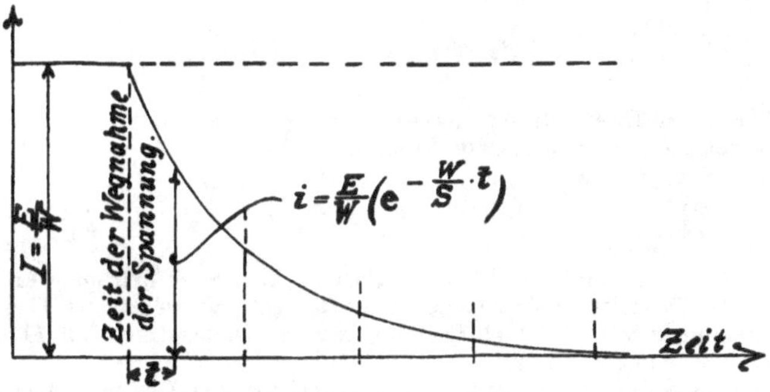

Bild 165b. Abfall des Stromes bei geschlossenem Kreise.

* Vgl. Schaltung Bild 165.

Für Spulen, zunächst ohne Eisen, die bestimmte äußere Abmessungen haben, ist der Selbstinduktionskoeffizient verhältnisgleich zum Quadrat der Windungszahl z. Das Quadrat entsteht, weil zunächst das Feld zu z und weiterhin die induzierte Spannung bei einem bestimmten Felde abermals zu z verhältnisgleich ist. Eine Spule von l cm axialer Länge, r cm Halbmesser und z Windungen hat

$$\mathfrak{S} = 10^{-9} \cdot 4\pi^2 z^2 r^2 : l \text{ Henry} . \qquad (8)$$

Über Spulen mit Eisen siehe Anhang 7b.

7. (Zu S. 137.) Ein vom Felde $\mathfrak{H}$ erfüllter Raum von dv ccm stellt ein Arbeitsvermögen dar

$$dA = c \cdot \mathfrak{H}^2 \cdot dv , \qquad (1)$$

wobei c eine noch anzugebende Konstante bedeutet; oder es gilt für einen endlichen Wert

$$A = c \int \mathfrak{H}^2 \cdot dv , \qquad (2)$$

d.h. bei einem Vorgang, mit dem in einem vom Felde erfüllten Raum das Feld ganz oder teilweise verschwindet, tritt ein Arbeitsvermögen in anderer Form auf; die Erzeugung eines vom Felde erfüllten Raumes erfordert einen Arbeitsaufwand. Zieht z. B. ein Hufeisenmagnet einen Anker an, so verschwindet der felderfüllte Raum zwischen Polen und Anker, dafür überwindet der Anker entlang seines Weges Kräfte.

Für die Arbeit eines Magnetpoles gilt Gl. (4), Anhang (3). Ein Magnetpol $d\mathfrak{m}$ wird ersetzt durch

$$d\mathfrak{m} = \frac{1}{4\pi} \cdot \mathfrak{H} \cdot \mu \cdot dF \text{ Maxwell} , \qquad (3)$$

wobei μ die Durchlässigkeit und dF den vom Felde $\mathfrak{H}$ eingenommenen Querschnitt in Quadratzentimeter bedeuten.

Stehen sich in einem magnetischen Kreise, dessen Fluß zur Hauptsache durch Eisen und an einem rechtwinklig zu den Induktionslinien geführten Spalt durch Luft verläuft, an diesem Spalt nahe beieinander zwei mit der magnetischen Dichte $\mathfrak{B}_E$ durchsetzte Eisenflächen von F qcm gegenüber, zwischen denen auf l cm Länge das Feld

$$\mathfrak{H}_{Sp} = \mathfrak{B}_E \qquad \text{(zahlenmäßig gleich)} \quad (4)$$

auftritt, so wird in Beziehung zu den Gleichungen (2) und (3) aus Gl. (4) des Anhanges (3) das Arbeitsvermögen im Luftraum

$$A_L = \frac{1}{8\pi} \mathfrak{H}_{Sp}{}^2 \cdot F \cdot l \text{ Erg} , \qquad (5)$$

während das im Eisenteile des Kreises von l_E cm Länge und der magnetischen Durchlässigkeit μ_E aufgespeicherte Arbeitsvermögen

$$A_E = \frac{1}{8\pi} \cdot \mathfrak{H}_E^2 \cdot \mu_E \cdot F \cdot l_E = \frac{1}{8\pi} \mathfrak{H}_E \cdot \mathfrak{B}_E \cdot F \cdot l_E = \frac{1}{8\pi} \mathfrak{B}_E{}^2 \cdot \frac{1}{\mu_E} \cdot F \cdot l_E \text{ Erg} \quad (6)$$

unter der Voraussetzung überall gleichen Querschnittes F beträgt. An Stelle von $1 : 4\pi$ der Gl. (3) tritt in den Gleichungen (5) und (6) wegen der Gegenseitigkeit der Einwirkungen von Pol und Feld an zwei gegenüberstehenden Flächen $1 : 8\pi$ (Maxwellsche Konstante).

In einem Kubikzentimeter Luftraum ist bei gleicher Dichte in dem Maße mehr Arbeit aufgespeichert, als in einem Kubikzentimeter Eisen, wie μ_E größer ist als 1.

Bewegen sich unter dem Einfluß der magnetischen Zugkräfte die beiden sich gegenüberstehenden Eisenflächen um ein Stück Δl gegeneinander, wobei $\mathfrak{B}_E = \mathfrak{H}_{Sp}$

unverändert angenommen sein möge, so bleibt A_E unverändert, während das im Luftraum aufgespeicherte Arbeitsvermögen sich verkleinert auf

$$A_L' = \frac{1}{8\pi} \cdot \mathfrak{H}_{Sp}^2 \cdot F \cdot (l - \Delta l) = \frac{1}{8\pi} \mathfrak{B}_E^2 \cdot F \cdot (l - \Delta l) \text{ Erg}, \tag{7}$$

demnach ist die Abnahme des gesamten Arbeitsvermögens

$$A_L - A_L' = \frac{1}{8\pi} \cdot \mathfrak{B}_E^2 \cdot F \cdot \Delta l \text{ Erg}; \tag{8}$$

der Gegenwert dazu beträgt

$$A_L'' = P \cdot \Delta l \text{ Erg}, \tag{9}$$

wobei P die dabei auftretende magnetische Kraft in Dyn bedeutet; das Gesetz von der Erhaltung des Arbeitsvermögens besagt also

$$A_L'' = A_L - A_L' = \frac{1}{8\pi} \cdot \mathfrak{B}_E^2 \cdot F \cdot \Delta l = P \cdot \Delta l \text{ Erg} \tag{10}$$

oder die magnetische Zugkraft im Spalt beträgt

$$P = \frac{1}{8\pi} \cdot \mathfrak{B}_E^2 \cdot F = \frac{1}{8\pi} \mathfrak{H}_{Sp}^2 \cdot F \text{ Dyn}. \tag{11}$$

Käme es nur auf das letzte Ergebnis an, so könnte einfacher entwickelt werden: Eine magnetische Menge dm oder $\mathfrak{B} \cdot dF : 4\pi$ erfährt im von $\mathfrak{B}$ durchsetzten Luftraume

$$dP = dm \cdot \mathfrak{B} = \mathfrak{B}^2 \cdot dF : 4\pi \text{ Dyn}$$

oder für F scharf begrenzte, gleichmäßig durchsetzte Quadratzentimeter unter Berücksichtigung der oben erwähnten Gegenseitigkeit

$$P = \frac{1}{8\pi} \cdot \mathfrak{B}^2 \cdot F \text{ Dyn}.$$

7a. Das in einem Fluß aufgespeicherte Arbeitsvermögen findet seinen Gegenwert in der elektrischen Arbeit, die durch Selbstinduktion, z. B. beim Entstehen des Flusses auftritt:

$$A = \int_{t=0}^{t=\infty} e \cdot i \cdot dt = - \mathfrak{S} \int_{t=0}^{t=\infty} i \cdot \frac{di}{dt} \cdot dt = - \mathfrak{S} \cdot \frac{i^2}{2}, \tag{12}$$

wobei in dem letzten Ausdruck der Endwert des Stromes für $t = \infty$ mit i bezeichnet sei. Aus dieser Gl. (12) und der Umformung der allgemeinen Formel für die Arbeit

$$\int_{t=0}^{t=\infty} e \cdot i \cdot dt = \frac{1}{w} \int_{t=0}^{t=\infty} e^2 \cdot dt$$

folgt für die Gleichsetzung:

$$\int_{t=0}^{t=\infty} e^2 \cdot dt - \mathfrak{S} \cdot \frac{i^2 w}{2} = 0, \tag{13}$$

d. h. je geringer der elektrische Widerstand w eines den Fluß umgebenden Stromkreises ist, um so geringer ist die Selbstinduktionsspannung, je größer der elektrische Widerstand, um so größer ist die Selbstinduktionsspannung in der zeitlichen Summe ihrer quadratischen Werte, wenn $\mathfrak{S}$ und i festliegen. Da der Strom um so schneller abfällt und der Widerstand eines Kreises um so schneller steigt, je schneller ein Unterbrecherlichtbogen erstickt wird, läuft alles auf eine hohe induktive Unterbrecherspannung hinaus, wenn eine zwischen ihren Windungen gut isolierte Spule plötzlich unterbrochen wird.

7b. Selbstinduktionskoeffizienten bei Eisen?

Versuchsbeispiel: Ein eisengeschlossener Elektromagnet von der EMK $E = 4{,}20$ Volt aus angeschlossen, weist nach $t = 1$, 3, 6 und 10 Sekunden die Stromstärken $i = 0{,}0375$, 0,0565, 0,0730 und 0,0850 Ampere auf, während sich die Stromstärke nach längerer Zeit auf $i_{max.} = 0{,}0933$ Ampere einstellt. Wie groß sind die Selbstinduktionskoeffizienten bei den einzelnen Strömen i aus Anh. (6), Gl. (6) zu rechnen?

Aus Anh. (6), Gl. (6) folgt

$$\mathfrak{S} = \frac{W \cdot t}{\log_{nat.} \dfrac{E}{E - iW}}.$$

Der Widerstand ergibt sich zu $\dfrac{E}{i_{max.}} = \dfrac{4{,}20}{0{,}0933} = 45{,}0$ Ohm.

Damit bestimmt sich der Selbstinduktionskoeffizient

bei 0,0375 Amp. zu $\mathfrak{S}_1 = \dfrac{45 \cdot 1}{\log_{nat.} \dfrac{4{,}2 \cdot}{4{,}2 - 0{,}0375 \cdot 45}} = 87{,}7$ Henry,

„ 0,0565 „ „ $\mathfrak{S}_2 = \dfrac{45 \cdot 3}{\log_{nat.} \dfrac{4{,}2}{4{,}2 - 0{,}0565 \cdot 45}} = 145{,}0$ „

„ 0,0730 „ „ $\mathfrak{S}_3 = \dfrac{45 \cdot 6}{\log_{nat.} \dfrac{4{,}2}{4{,}2 - 0{,}0730 \cdot 45}} = 177{,}4$ „

„ 0,0850 „ „ $\mathfrak{S}_4 = \dfrac{45 \cdot 10}{\log_{nat} \dfrac{4{,}2}{4{,}2 - 0{,}0850 \cdot 45}} = 186{,}5$ „

Daraus ist zu erkennen, daß bei Gegenwart von Eisen von einem konstanten Selbstinduktionskoeffizienten nicht mehr die Rede sein kann. Damit ist auch obige Formel zu Unrecht in diesem Beispiel angewendet worden. Das ließ sich auch aus der Arbeitsformel Gl. (6) dieses Anhanges erwarten, da alle Werte μ zwischen dem Anfangs- und Endwert durchlaufen werden.

Zeittafel.

1) Es ist seit dem Altertum bekannt, daß Bernstein, den man zuvor gerieben hat, die Fähigkeit besitzt, leichte Körper anzuziehen.

2) William Gilbert (1540 Colchester — 1603 London), Leibarzt der Königin Elisabeth, ist der erste, der die elektrischen Anziehungen von den magnetischen unterschied. Er hat das Wort „Elektrizität“ und „elektrisch“ nach dem griechischen Worte ἤλεκτρον (= Bernstein) geschaffen.

3) Galileo Galilei (1564 Pisa — 1642 Florenz) ist der erste Forscher, bei dem der Begriff der mechanischen Arbeit hervortritt. Lehre vom Fall und vom Pendel.

4) Otto von Guericke (1602 Magdeburg — 1686 Hamburg) rieb eine umlaufende Schwefelkugel mit der Hand und beobachtete außer den anziehenden auch die abstoßenden Wirkungen, sowie die Übertragung der Elektrizität durch Berührung.

5) Isaac Newton (1642 Grafschaft Lincolnshire — 1729 Kensington), Begründer der modernen Naturwissenschaft, des Gravitationsproblems und der Lehre vom Licht.

6) Stephan Gray unterscheidet 1729 Leiter und Nichtleiter.

7) 1745 Entdeckung der „Verstärkungsflasche" durch E. von Kleist zu Kammin (Pommern) und Cunaeus in Leiden.

8) Dufay, franz. Physiker, erkennt 1763 den Unterschied der „Glaselektrizität" und „Harzelektrizität".

9) Die durch Reibung erzeugte Elektrizität zieht seit 1750 das Interesse weiterer Kreise auf sich. Um diese Zeit wird auch die Möglichkeit der Fortleitung von Elektrizität durch Drähte über größere Entfernungen bekannt. Es entwickelt sich auch um diese Zeit die Kenntnis von der Wärmewirkung im von Elektrizität durchflossenen Drahte, und zwar zunächst im Entladungskreise der Leidener Flasche.

10) Benjamin Franklin (1706—1790), amerikanischer Privatgelehrter, Abgeordneter der Stadt Philadelphia, Erfinder des Blitzableiters, führt die Bezeichnungen positiv und negativ in das Gebiet der Elektrizitätslehre ein. Er konstruiert eine neue Form des Kondensators, die nach ihm benannte Tafel.

11) Aloisio (Luigi) Galvani (1737—1798), Arzt in Bologna, entdeckt 1780 Zuckungen an Froschschenkelpräparaten. Die Aufklärung hierfür erbringt

12) Alessandro Graf Volta (1745—1827), Como, der nachweist, daß es sich um elektrische Erscheinungen handelt, daß zwei verschiedene Metalle dazu gehören, die einerseits metallisch miteinander verbunden sein müssen, während anderseits das Präparat die beiden Metalle berührt. 1799 Voltaische Säule und Lichtbogen.

13) Die chemische Wirkung (Wasserzersetzung) des Stromes wird 1800 von Carlisle und Nicholson erkannt.

14) Auch für die „galvanische Elektrizität" stellt sich 1803 die Möglichkeit der Fortleitung über weitere Strecken heraus.

15) Charles Augustin de Coulomb (1736—1806), Paris, stellt mit der von ihm 1785 erbauten Drehwage die Gesetzmäßigkeit der Kraftwirkung für elektrisch geladene Körper und für Magnetpole auf.

16) Samuel Thomas von Sömmering, München, macht 1809 den Vorschlag zu einem Telegraphen, der die elektrochemische Wirkung benutzen soll.

17) Dominique François Arago (1786—1853), Paris, entdeckt die magnetisierende Wirkung des Stromes.

18) Humphrey Davy (1778—1829), London, Physiker und Chemiker, zeigt 1810 einen stehenden Lichtbogen.

19) Hans Christian Oersted (1777—1851), dänischer Physiker, entdeckt 1820 zu Kopenhagen die Ablenkung der Magnetnadel durch den Strom.

20) André-Marie Ampère (1775 Lyon — 1836 Marseille), Mathematiker und Physiker, Hauptätigkeit zu Paris, entdeckt die dynamische Wirkung des Stromes und behandelt ihre Gesetzmäßigkeiten; von ihm rührt die Bezeichnung „elektrischer Strom" her.

21) Thomas Johann Seebeck (1770 Reval — 1831 Berlin), Arzt und Naturwissenschafter, entdeckt 1822 zu Jena die Thermoelektrizität.

22) Georg Simon Ohm (1789 Erlangen — 1854), Physiker, Haupttätigkeit zu München, stellt das nach ihm benannte Gesetz auf in der Schrift: „Die galvanische Kette" (Berlin 1827 bei T. H. Riemann.

23) Daniell konstruiert 1836 das nach ihm benannte Element, das der Polarisation begegnet und dadurch konstanten Strom liefert.

24) 1836—1840 entdeckten De la Rive, Spencer und Jacobi die Möglichkeit, Kupfer aus $CuSO_4$-Lösung niederzuschlagen.

25) Jean Baptiste Biot (1774—1862), Paris, stellt mit Savart zusammen das nach ihnen benannte Gesetz, betr. die Kraftwirkung zwischen Strom und Magnetpol auf.

26) Michael Faraday (1791—1867), London, Physiker und Chemiker, Schüler Davys, erklärt die Wirkungsweise des Kondensators auf Grund der Influenz, begründet die Meßtechnik der „Voltaischen Ströme", indem er ihre Stärke nach der

chemischen Ausscheidung in der Zeiteinheit beurteilt (von ihm rührt die Bezeichnung Voltameter her), erkennt die Gesetzmäßigkeit der Elektrolyse, entdeckt 1831 die Induktionselektrizität im Stromkreise und stellt auf Grund von Eisenfeilbildern das magnetische Feld als ein System von Linien hin. 1833 entdeckt er, daß man durch Bewegung von Leitern in der Nähe magnetischer Pole elektrische Ströme erzeugen kann.

27) Johann Christian Poggendorff (1796—1877), Chemiker und Physiker, ist Urheber der nach ihm benannten Methode des Vergleichens von Spannungen, die für die Prüfung von Meßinstrumenten von Wichtigkeit ist (Kompensator). Zusammen mit Schweigger schafft er 1820 den Multiplikator.

28) Samuel Finley Morse (1791—1872), amerikanischer Maler, erhält in Deutschland die Kunde vom Elektromagnetismus und ersinnt 1832 den nach ihm benannten Schreibtelegraphen, der seit 1850 weiteste Verbreitung findet.

29) Karl August Steinheil (1801—1870), München, erbaut 1836 einen Drucktelegraphen und erkennt 1838 die Möglichkeit der Erdrückleitung (Nürnberg-Fürther Eisenbahn).

30) Julius Robert Mayer (1814—1878), Arzt in Heilbronn, stellt 1842 das Gesetz von der Erhaltung der Arbeit auf und begründet das Vorhandensein eines Wärmeäquivalentes für die mechanische Arbeit aus den Gasgesetzen, indem er den Unterschied von c_p und c_v erklärt.

31) James Prescott Joule (1818—1889), englischer Privatgelehrter, Salford, ermittelt 1843 durch Versuche das mechanische Wärmeäquivalent und das nach ihm benannte Gesetz, betr. die durch den Strom entwickelte Wärmemenge.

32) Jean Bernard Léon Foucault (1819—1868), Paris, Physiker, arbeitet 1851—1855 über Magnetismus und erbaut einen Apparat zur Umwandlung von mechanischer Arbeit in Wärme (Wirbelströme).

33) Karl Friedrich Gauß (1777—1855), Mathematiker in Göttingen, stellt ein absolutes Maßsystem für mechanische und magnetische Größen auf, in dem als Krafteinheit das Dyn auftritt, das der Masse 1 ccm Wasser von 4^0 die Beschleunigung 1 cm/sk^2 erteilt.

34) Wilhelm Eduard Weber (1804 Wittenberg — 1891), Physiker in Göttingen und Leipzig, dehnt das von Gauß geschaffene absolute Maßsystem auf elektrische Größen aus (1840—1846). Er weist nach, daß es sich bei Reibungselektrizität, Thermoelektrizität, Galvanismus und Faradayismus um eine und dieselbe Elektrizität handelt. Nadeltelegraph (1833) und Elektrodynamometer.

35) Charles Wheatstone (1802—1875), Physiker in London, Urheber des nach ihm benannten Meßverfahrens von Widerständen, erbaut 1838 einen Zeigertelegraphen und 1867 einen Schnelltelegraphen.

36) Robert Wilhelm Bunsen (1811—1899), Chemiker in Göttingen, Marburg, Breslau und Heidelberg, schafft 1841 das nach ihm benannte Element. Für die Beleuchtungstechnik wichtig sind seine Lichtmessungen (Schatten- und Fettfleckphotometer), sowie mit Kirchhoff zusammen angestellte licht- und strahlungstheoretische Untersuchungen (Spektralanalyse).

37) Gustav Robert Kirchhoff (1824—1887), Mathematiker und Physiker in Breslau, Heidelberg und Berlin, stellt die allgemeinen Gesetze der Stromverzweigungen auf. (Spektralanalyse s. 36.)

38) Fizeau (*1819) Messung der Lichtgeschwindigkeit durch Versuch und Anbringung des Kondensators am Induktionsapparat.

39) James Clerk Maxwell (1831 Edinburgh — 1879 Cambridge), kleidet Faradays Sätze in die folgerichtig durchgearbeiteten Formen der Wissenschaft.

40) William Thomson (1824—1907), Physiker in Glasgow, 1892 zum Lord Kelvin ernannt, ist Urheber des Quadrantenelektrometers, der Stromwage, der umlaufenden Zähler und des schreibenden Überseeempfängers für Kabeltelegraphie.

41) Hermann Ludwig Ferdinand von Helmholtz (1821—1894), Physiker und Physiolog zu Berlin, Erfinder des Augenspiegels, wirkt bahnbrechend auf energetischem Gebiet durch die Schrift „Über die Erhaltung der Kraft", Berlin 1847, sowie durch Arbeiten auf dem Gebiet der Elektrolyse.

42) Heinrich Hertz (1857—1894), Schüler von Helmholtz, weist die Fortpflanzungsgeschwindigkeit der elektrodynamischen Wirkung nach durch Erzeugung stehender Wellen und beweist, daß diese Fortpflanzungsgeschwindigkeit dieselbe ist, wie diejenige der Induktionswirkungen und des Lichtes.

43) Philipp Reis (1834—1874), Friedrichsdorf bei Homburg, ist Begründer des Telephonprinzipes durch Versuche vom Jahre 1861.

44) Alexis Graham Bell und Elisha Gray (1876), erste praktisch verwendbare Telephone (Brantford, Ontario).

David Eduard Hughes (1831 London — 1900 London), erbaut 1854 in Louisville (Kentucky) die ersten Ausführungen seines Typendrucktelegraphen. 1878 erfindet er das Mikrophon.

45) Luigi Pacinotti, Physiker zu Pisa, baut 1860 das Modell eines Ankers in Ringschaltung, ohne daß die Wichtigkeit dieser Erfindung weiteren Kreisen bekannt wurde.

46) Werner von Siemens (1816—1892) beschäftigt sich etwa seit 1847 mit der Telegraphentechnik zusammen mit J. G. Halske, nimmt 1849 Abschied aus einer militärischen Stellung und tritt selbst in die Firma ein. Er schafft den nach ihm benannten Zeigertelegraphen, den Typendrucker und das zweipolige Telephon. 1856 Erfindung des Doppel-T-Ankers und 1866 der dynamo-elektrischen Maschine. 1879 erste elektrische Bahn. Durch eine große Schenkung fördert er die Gründung der Physikalisch-Technischen Reichsanstalt.

47) Gaston Planté (1835—1889). Nachdem durch einen deutschen Arzt, namens Sinsteden, im Jahre 1854 ein Grundversuch für die Akkumulatoren veröffentlicht worden ist, erbaut Planté 1860 einen technisch verwendbaren Sammler.

48) Zénobe Théophile Gramme (1826 Belgien — 1901 Paris), setzt den ihm von Pacinotti anvertrauten Ringanker 1869 in die Tat um zugleich unter Anwendung des von Siemens herrührenden Dynamoprinzipes.

49) Pawel Nikolajewitsch Jablochkoff (1847—1894) zeitigt die nach ihm benannte Kerze, die 1877 in London an den Westenddocks ihren ersten Erfolg erlebt.

50) Friedrich von Hefner-Alteneck (1845—1904), Mitarbeiter an der Siemensschen Firma, erfindet 1872 den nach ihm benannten Trommelanker und 1879 die Differentialregelung von Bogenlampen; er ist Urheber der nach ihm benannten Einheit der Lichtstärke (1884), eines Riemendynamometers, der Innenpolmaschine und einer Wechselstrommaschine ohne Ankereisen (Scheibenanker).

51) Nach Anregungen für den Bau elektrischer Glühlampen seit Jahrzehnten rühren die ersten in die Tat umgesetzten Kohleglühlampen von Göbel (New York 1855) und marktfähigen Lampen (1860) von Swan (London) her.

Thomas Alva Edison verbessert 1879 die Kohleglühlampe und macht sie mit großer Tatkraft weiteren Kreisen bekannt.

52) Camillo Faure stellt 1881 einen Akkumulator nach seinem Verfahren her.

53) Johann Sigmund Schuckert (1846—1895), gründet 1873 zu Nürnberg eine mechanische Werkstatt. Er ist einer der ersten Erbauer von dynamo-elektrischen Maschinen und der Urheber der Parallelschaltung von Bogenlampen (Krizik).

54) Internationaler Elektrikerkongreß 1881 zu Paris. Es wird das Ampere, das Volt und das Ohm in Zusammenhang mit dem von Wilhelm Weber gegründeten absoluten Maßsystem angenommen.

55) Marcel Deprez, mit d'Arsonval Drehspulmeßgerät. Nebeneinanderschaltung von Glühlampen, Anwendung des Nebenschlußreglers und Vorführen einer Gleichstrom-Kraftübertragung bei Gelegenheit des Pariser Kongresses 1881.

56) Galileo Ferraris (1847—1897), Turin, veröffentlicht 1888 die Schrift: „Elektrodynamische Rotationen, hervorgerufen durch Wechselströme", in der die Entstehung eines Drehfeldes durch zwei um 90° verschobene Wechselfelder erklärt wird. Spätere Veröffentlichungen behandeln den Dreiphasenstrom.

57) In der Ausstellung zu Frankfurt a. M. wird 1891 von der Allgemeinen Elektricitätsgesellschaft in Verbindung mit der Maschinenfabrik Örlikon eine dreiphasige Kraftübertragungsanlage (Lauffen-Frankfurt, 175 km, mit Transformatoren auf beiden Seiten und 30000 V-Hochspannungsleitung) gezeigt.

Stichworte.

(Namen haben besonderes Verzeichnis)

Eigennamen und Firmen, Behörden, Verbände.